天津社科理论文库

2022年
重点学术活动成果集

天津市社会科学界联合会 ◎ 编

天津出版传媒集团
天津人民出版社

图书在版编目(CIP)数据

2022年重点学术活动成果集 / 天津市社会科学界联合会编. -- 天津 : 天津人民出版社, 2023.4
(天津社科理论文库)
ISBN 978-7-201-19339-7

Ⅰ. ①2… Ⅱ. ①天… Ⅲ. ①学术研究—研究成果—天津—2022 Ⅳ. ①G322.721

中国国家版本馆CIP数据核字(2023)第067892号

2022年重点学术活动成果集
2022 NIAN ZHONGDIAN XUESHU HUODONG CHENGGUO JI

出　　版　天津人民出版社
出 版 人　刘　庆
地　　址　天津市和平区西康路35号康岳大厦
邮政编码　300051
邮购电话　(022)23332469
电子信箱　reader@tjrmcbs.com

责任编辑　郑　玥
特约编辑　郭雨莹
装帧设计　汤　磊

印　　刷　天津新华印务有限公司
经　　销　新华书店
开　　本　710毫米×1000毫米　1/16
印　　张　53.5
插　　页　2
字　　数　600千字
版次印次　2023年4月第1版　2023年4月第1次印刷
定　　价　198.00元

前　言

2022 年，天津市社会科学界联合会坚持以习近平新时代中国特色社会主义思想为指导，立足“两个一百年”奋斗目标的历史交汇点，以天津市当代中国马克思主义论坛、天津市“新时代青年学者论坛”、学术年会等为载体，紧紧围绕深刻把握“两个确立”、自觉践行“两个维护”开展研究阐释，邀请国内顶尖专家学者作专题报告，开阔学术视野，全市广大哲学社会科学工作者热情参与，营造了浓厚的学术氛围。呈现以下特点：

坚持一个紧扣。即紧扣学习宣传贯彻党的十九届六中全会、党的二十大精神和习近平新时代中国特色社会主义思想。围绕“中国式现代化与人类文明新形态”这一主题，引领广大社科理论工作者深入研究阐释新时代十年党和国家事业取得的一系列历史性成就和历史性变革，不断深化马克思主义中国化时代化的实践探索与理论创新的自觉，在新时代新征程上续写精彩华章。

聚焦两个任务。聚焦“国之大者”，聚焦以学术展天津形象。全年共举办 4 场学术活动，在主题设置上突出学术创新性和现实针对性。具体包括：主题为“学习贯彻党的二十大精神 不断开辟二十一世纪马克思主义新境界”的天津市当代中国马克思主义论坛、主题为“中国式现代化与人类文明新形态”的天津市“新时代青年学者论坛”、主题分别为“学习贯彻习近平生态文明思想暨走好生态优先、绿色低碳高质量发展道路”“构建中国特色战略传播体系背景下的数字新闻与智能传播”的学术年会。在全年各类学术活动中，坚持聚集前沿热点，用学术展天津形象，收到了良好的效果。广大社科理论工作者在学术研究中进一步坚定“四个自信”，坚定听党话、跟党走的政治信念。同时，对“三个着力”领航天津所取得的斐然成绩达成了高度共识。

做到“三个结合”。即理论创新与实践经验相结合、学术研究与人才培养相结合、学术引领与扶持新兴学科发展相结合。在各场次学术活动中，特别是在“习近平生态文明思想暨走好生态优先、绿色低碳高质量发展道路”学术研讨会上，邀请了国家气候战略中心战略规划部、市生态环境局、滨海新区生态环境局、中新天津生态城管委会的相关负责同志交流发言，对天津大力调整产业结构，坚持减污降碳协同增效，破解“园区围城”“钢铁围城”，自觉推动绿色发展、循环发展、低碳发展作了介绍，既深化理论研究，为天津的高质量发展提供理论支撑，又在实践层面促进天津生态文明建设。会后形成的观点摘编也得到了市领导的充分肯定。此外，在引领学术前沿、扶持新兴学科方面发挥积极作用，举办数字新闻与智能传播学术研讨活动，推动学科发展与学术研究的革故鼎新。通过参与各场次学术活动，一批青年理论工作者脱颖而出，为哲学社会科学繁荣发展壮大了力量。

全市400余位社科理论工作者参加了全年各场次的学术活动，60余位国内知名专家学者应邀为各类学术活动作主旨报告和论文评审，形成了一批优秀研究成果。人民网、《天津日报》、津云等媒体对各场学术活动进行了报道。

本书遴选了一年来各场次学术活动的优秀学术成果，以期在发现和培养人才、引领学术前沿等方面发挥积极作用，团结带领全市社科理论工作者建功新时代、奋进新征程。

编　者

2022年11月10日

目　录

第七届天津市当代中国马克思主义论坛

天津市“新时代青年学者论坛”

优秀论文摘要

天津市社会科学界学术年会

优秀论文摘要

构建中国特色战略传播体系背景下的数字新闻与智能传播专场

优秀论文

优秀论文摘要

第七届
天津市当代中国马克思主义论坛

❖学习贯彻党的二十大精神
不断开辟马克思主义中国化时代化新境界

会议综述

2023 年 1 月 9 日，中共天津市委宣传部、天津市社会科学界联合会、天津师范大学共同主办，天津师范大学马克思主义学院、天津市当代中国马克思主义研究会承办的第七届天津市当代中国马克思主义论坛在天津师范大学召开，论坛主题为“学习贯彻党的二十大精神 不断开辟马克思主义中国化时代化新境界”。天津市委宣传部分管日常工作的副部长李旭炎、天津师范大学党委书记张玲在开幕式上致辞。天津市社会科学界联合会党组成员、专职副主席袁世军主持论坛开幕式。天津市委宣传部、天津市社科联有关负责同志，天津市高校宣传部、马克思主义学院主要负责同志现场参会，天津市思政课教师代表 300 余人线上参会。

中国社会科学院原副院长、世界社会主义研究中心主任、中国政治学会会长李慎明，中央党校一级教授、中央党校专家工作室领衔专家、中央党校原副教育长韩庆祥分别以“坚持和发展马克思主义是辩证有机的高度统一”和“领悟话语变化之道”为题作专家报告。北京大学马克思主义学院党委书记孙蚌珠、清华大学马克思主义学院院长朱安东、吉林大学马克思主义学院院长吴宏政、山东大学马克思主义学院院长张士海分别以“人民为中心的发展和中国式现代化”“中国式现代化的世界历史意义”“哲学社会科学创新是开辟马克思主义新境界的理论平台”“中国共产党是理论创新的典范”为题主讲专家论坛。与会专家在理论报告中围绕深刻认识马克思主义中国化时代化的理论创新、深刻把握开辟马克思主义中国化时代化新境界的经验逻辑、深刻体悟中国式现代化的时代内涵与现实意义三方面阐述了推进马克思主义中国化时代化理论创新的理论逻辑、历史进程和极端必要性等内容。

一、深刻认识马克思主义中国化时代化的理论创新

习近平总书记在党的二十大报告中深入阐述了开辟马克思主义中国化时代化新境界的重大问题，深刻指出中国共产党为什么能，中国特色社会主义为什么好，归根到底是马克思主义行，是中国化时代化的马克思主义行。不断推进中华民族伟大复兴，不仅需要理论的指导，更需要有不断发展的理论指导新的实践。与会专家认为马克思主义中国化时代化的重大命题深刻体现了以习近平同志为主要代表的中国共产党人推进理论创新的历史自信力和理论自觉性。中央党校一级教授、中央党校专家工作室领衔专家、中央党校原副教育长韩庆祥教授指出，党的二十大报告在话语表述上出现了一系列变化和创新。话语的背后是道，话语表述是一种思想，展示人们最直接的方面。通过话语表述的变化，可以解释其变化的关键点，深入领悟其背后的道。韩庆祥教授深入分析党的二十大报告中十个方面的变化创新，一是从“两个务必”到“三个务必”，把对全党精神风貌和工作作风的认识提高到新境界；二是从开辟马克思主义中国化时代化新境界，把对马克思主义的认识提高到哲学新境界、强国新境界、为人类实现现代化提供新的选择新境界；三是从“一个行”到“两个行”，把对“马克思主义行”的认识提高到新境界；四是从“八个明确”到

“十个明确”，把对习近平新时代中国特色社会主义思想主要内容的认识提升到新境界；五是从提出“两个结合”重大论断到对“两个结合”的内涵和实质展开的阐释，把对“两个结合”的认识提高到新境界；六是从看家本领到把握好世界观和方法论，把对习近平新时代中国特色社会主义思想的精髓要义的认识提高到新境界；七是从现代化对中国的冲击到中国式现代化为人类实现现代化提供新的选择；八是从中国式现代化新道路到成功拓展中国式现代化；九是从在经济领域贯彻新发展理念到规律性认识新发展理念；十是从大有大的难处到大党独有难题，要坚定不移，勇于自我革命永远在路上。韩庆祥教授通过十个方面的变化创新，勾画了马克思主义中国化时代化理论创新的全过程、多领域实践和理论探索。

山东大学马克思主义学院院长张士海教授指出，中国共产党是理论创新的典范。中国共产党把马克思主义与中国具体实际相结合的历史进程、主要成果、基本经验、时代要求凝结起来就是毛泽东思想、中国特色社会主义理论体系和习近平新时代中国特色社会主义思想“三大理论成果”。而“中国化时代化的马克思主义行”就是毛泽东思想行、中国特色社会主义理论体系行、习近平新时代中国特色社会主义思想行。从百年历史进程来看，中国化时代化马克思主义行的核心驱动就是中国共产党的理论创新能力。放在党的二十大报告的背景下、放在当今社会看这“三个行”，就是习近平新时代中国特色社会主义思想行。中国共产党理论创新的时代要求，是要牢牢把握习近平新时代中国特色社会主义思想的世界观和方法论，即必须筑牢“六个坚持”思想认识，这在一定意义上也是不断推进马克思主义中国化时代化的理论驱动，是习近平新时代中国特色社会主义思想非常鲜明的特点。

二、深刻把握开辟马克思主义中国化时代化新境界的经验逻辑

党的二十大报告把推进马克思主义中国化时代化确立为当代中国共产党人的庄严历史责任。与会专家学者就推进马克思主义中国化时代化的历史经验与变化逻辑进行了深刻阐释。中国社会科学院原副院长、世界社会主义研究中心主任、中国政治学会会长李慎明教授从“必须毫不动摇地坚持马克思主义”“发展马克思主义”“把坚持马克思主义和发展马克思主义内在有机高度统一起来”三个方面深刻分析了坚持和发展马克思主义的历史逻辑、理论逻辑、实践逻辑，指出坚持马克思主义是指坚持马克思主义的普遍原理，发展马克思主义主要是把马克思主义基本原理与各国实际和时代特征相结合的过程。坚持马克思主义的普遍原理就是要坚持解决矛盾的普遍性；坚持以中国实际和时代特征相结合，就是要坚持解决矛盾的特殊性；坚持马克思主义的普遍原理与中国实际和时代特征相结合，就是要坚持解决矛盾的普遍性与解决矛盾的特殊性相结合，只有这样才是真正坚持和发展了马克思主义。因此，要因地因时因势灵活运用马克思主义，勇于得出新的结论，创造出新的理论，指导新的实践，把坚持马克思主义和发展马克思主义从辩证有机地高度统一起来，用马克思主义中国化时代化创新理论成果推进具有许多新的历史特点的伟大斗争。同时，李慎明教授深刻探讨了“马克思主义中国化”与“中国化的马克思主义”的关系问题，指出马克思主义基本原理或是马克思主义的普遍真理，不仅属于中国，而且属于世界，是放之四海而皆准的真理，建议与会学者不要使用“中国化的马克思主义”这一概念。

吉林大学马克思主义学院院长吴宏政教授指出，哲学社会科学创新是开辟马克思主义中国化时代化新境界的理论平台。开辟马克思主义新境界，是充分建立在对理论先行性的意识和肯定基础上的。同时，理论的先行性并不

否定理论是产生于特定时代的，人的存在方式、行为习惯和生存活动需要理论支撑，一种新的理论肯定是和时代有关系的，但是这种理论不排除一旦产生之后是对人们的实践有先导性的。因此，不断开辟马克思主义中国化时代化新境界，一是理论先行就需要先有理论，需要我们自己的哲学社会科学来创新；二是理论创新要把“自在的理论”变成“自觉的理论”，理论工作者需要把在自在的状态下存在的理论变成自觉的理论体系；三是理论指导实践的过程就是把理论变成现实的过程，批判的武器不能代替武器的批判，要不断加强理论对实践的指导。

三、深刻体悟中国式现代化的时代内涵与现实意义

北京大学马克思主义学院党委书记孙蚌珠教授聚焦党的二十大报告中“中国式现代化”的相关论述，基于比较视角探讨了中国式现代化与资本主义现代化的差别，对以人民为中心的发展与中国式现代化的必要关系进行了深层次的研究。一是以资本为中心的发达国家的现代化和它的特征，在资本主义经济的运行中，资本、市场、政府是一致的，都是服从资本利益的，因此发展必然呈现出这样的特征：它必然是物化的社会，是一个阶级对另一个阶级的剥夺的两极分化的社会，是以对自然破坏性掠夺为代价的发展，这也是以资本为中心的发展或者是现代化在发展历史进程中的困境。二是以人民为中心的现代化和特征，中国式现代化的五个特征体现的都是以人民为中心，以人民为中心的发展是以人民为中心和以经济建设为中心两者的统一，以人民为中心的发展，阐明了发展和发展目的的统一。三是以人民为中心的现代化和以资本为中心的现代化的关系，资本主义现代化和社会主义现代化既有区别也有共同特征，中国式现代化为广大发展中国家开辟现代化新道路提供了新选择，拓宽拓展了世界现代化的路径，开辟了人类文明新形态。

清华大学马克思主义学院院长朱安东教授指出，世界历史可以分成两个

阶段，一是资本主义开创的世界历史阶段，二是从资本主义的世界历史阶段向共产主义的世界历史阶段转变的阶段。当前，我们仍处在转变的阶段当中。中国式现代化与西方现代化非常不同，我们推进的现代化是中国共产党领导的社会主义现代化。中国式现代化在世界历史上具有两方面的意义。一方面，为人类实现现代化提供了新的选择。中国共产党和中国人民为解决人类面临的共同问题提供了更多更好的中国智慧、中国方案、中国力量。另一方面，打破了帝国主义的体系，为其他的第三世界国家能够做另外一种选择提供了空间。中国式现代化是中国共产党人带领中国人民为人类和平和发展的崇高事业作出的伟大贡献。

论坛最后，天津市当代中国马克思主义研究会党支部书记、副会长张健华教授在会议总结发言中指出，与会专家从不同的主题和维度，深刻阐释了党的二十大报告中的理论创新和重点问题，充分展现了专家学者对于构建中国特色哲学社会科学学术体系、学科体系和话语体系的独创贡献，以及推动马克思主义中国化时代化的学术担当和学术责任，对于全面系统学习党的二十大精神具有重要的指导意义。

天津市当代中国马克思主义研究会会长、天津师范大学马克思主义学院院长杨仁忠教授主持专家报告阶段；天津市当代中国马克思主义研究会副会长寇清杰主持专家论坛阶段；天津师范大学马克思主义学院党委书记李青主持会议总结阶段。

无论时代如何变迁、科学如何进步，马克思主义依然占据着真理和道义的制高点。与会专家学者一致认为，马克思主义中国化时代化是党的二十大以对理论创新规律的科学认知作出的重大理论判断，是对当代中国马克思主义、21 世纪马克思主义的创新阐释。当前和今后一段时间，针对马克思主义中国化时代化的相关研究，应从理论创新上聚焦马克思主义中国化时代化重大命题研究中新概念与传统概念的有效衔接、差异阐释、理论基础和脉络研究，从实践应用上聚焦以马克思主义中国化时代化创新理论实现以中国式现代化全面推进中华民族伟大复兴的行动路径研究，持续分析和回答新时代中国坚持和发展中国特色社会主义的实际问题，用马克思主义中国化时代化创新理论呈现出具有更多中国特质的马克思主义理论形态。

与会专家学者一致表示，将继续深入学习贯彻党的二十大精神，大力推进习近平新时代中国特色社会主义思想学习研究和宣传阐释，积极引导天津市社科理论界在发展马克思主义理论学科、建构中国自主知识体系中展现“理论津军”的作为和担当，不断谱写马克思主义中国化时代化新篇章。

天津市“新时代青年学者论坛”

❖中国式现代化与人类文明新形态

会议综述

天津市"新时代青年学者论坛"是天津市委宣传部与天津市社科联共同为青年学者搭建的学术研究和交流平台，旨在引导青年学者聚焦国家需求、紧扣学术前沿、深入研讨交流、服务天津发展，致力于推出优秀研究成果，培养社科骨干人才，自2020年创办以来得到了广大青年学者的热情参与。论坛自3月面向全国社科理论界青年学者征集论文以来，吸引了经济学、马克思主义理论、政治学、管理学、哲学、艺术学、社会学、教育学、文学等众多研究领域的青年学者的广泛参与，共收到征文140余篇，评选出12篇优秀论文。7月22日，由市委宣传部、市社科联主办，天津市政治学学会、南开大学周恩来政府管理学院、南开大学中国政府发展联合研究中心、天津市滨海新区中华思想研究院共同承办的天津市"新时代青年学者论坛"(2022)在市社科联成功举办，本场论坛聚焦"中国式现代化与人类文明新形态"主题。

市委宣传部、南开大学有关负责同志分别致辞。中国人民大学国际关系学院院长杨光斌教授围绕现代化模式比较、英美式现代化与自由帝国秩序、中国式现代化道路的时间性等方面，重点阐释了中国式现代化的历史时间性及其历史逻辑,梳理了历程中所引发的世界秩序文明形态的深刻变革,提出了中国式现代化塑造的人类文明新形态的新特征。中共中央党校李锋、天津师范大学王俊雅、天津科技大学王锡森、天津职业大学李峥钰作为获奖代表,分别围绕全过程人民民主视域下的基层治理创新、重大突发事件的应急策略与国家治理模式探讨、中国式现代化对后发国家现代化的启示、中国式现代化新道路的内在逻辑等方面作了交流发言。

本次论坛主题具有很强的学术创新性和现实针对性,广大青年学者一致表示,要深刻感悟思想伟力,自觉以回答中国之问、世界之问、人民之问、时代之问为学术已任,在全面建设社会主义现代化国家、全面推进中华民族伟大复兴的新征程上贡献青春和力量。天津部分学术期刊负责同志,各高校、党校、社科院科研管理部门负责同志和青年学者100余人线上参会。

研究综述

刘逸韬

［摘要］习近平总书记在庆祝中国共产党成立100周年大会上的讲话中提出"两个创造"的重要论断，彰显了中国特色社会主义在世界历史发展中的重要地位，是中国共产党领导中国人民百年奋斗创新理论与实践的结果。这一论断使得"中国式现代化道路"和"人类文明新形态"及其因果包含关系迅速成为学界研究的热点，主要研究领域为相关概念的界定、以"两个创造"为主题的独立研究和"两个创造"的关系研究，其中，人类文明新形态引发学界较多的关注，集中在生成逻辑、内涵特征、意义贡献和构建路径等方面。根据既有研究可以得出，中国式现代化道路创造了人类文明新形态，彰显了中国特色社会主义在人类历史进程中的道路优势和道路自信，创新了人类文明的理论和实践路径。同时，在中国式现代化道路的出场语境下构建人类文明新形态的话语体系，掌握话语主动权和阐释权，不断增强人类文明新形态的文明创造力和文明吸引力，是中国智慧和当代实践交给我们的不可推卸的时代课题。

作者简介：刘逸韬，南开大学周恩来政府管理学院博士研究生。

[关键词]中国特色社会主义;中国式现代化;文明新形态;研究综述

一、研究现状概述

2021 年 7 月 1 日,习近平在中国共产党成立 100 周年大会讲话中指出:“我们坚持和发展中国特色社会主义,推动物质文明、政治文明、精神文明、社会文明、生态文明协调发展,创造了中国式现代化新道路,创造了人类文明新形态。”①“中国式现代化新道路”和“人类文明新形态”,二者都是新时代话语体系和语境下中国特色社会主义道路的集中表达,这表明我国坚持马克思主义,在改革和开放中不断汲取世界先进文明成果,结合中国当代实践,体现“中国式”特色标识与话语建构。2021 年 7 月 6 日,在中国共产党与世界政党领导人峰会上的主旨讲话中,习近平指出:“中国共产党将团结带领中国人民深入推进中国式现代化,为人类对现代化道路的探索作出新贡献。”②与过去贫穷和落后的发展相比较,当下中国式现代化道路在推进实现中华民族伟大复兴的同时,创造人类文明新形态,为人类现代化道路探索提供新的可能性。

2021 年 11 月 11 日,《中共中央关于党的百年奋斗重大成就和历史经验的决议》指出,“党的百年奋斗深刻影响了世界历史进程。党和人民事业是人类进步事业的重要组成部分。一百年来,党既为中国人民谋幸福、为中华民族谋复兴,也为人类谋进步、为世界谋大同,以自强不息的奋斗深刻改变了世界发展的趋势和格局。党领导人民成功走出中国式现代化道路,创造了人类文明新形态,拓展了发展中国家走向现代化的途径,给世界上那些既希望加快发展又希望保持自身独立性的国家和民族提供了全新选择”③。基于以上讲话

① 习近平:《在庆祝中国共产党成立 100 周年大会上的讲话》,《求是》,2021 年第 14 期。

② 习近平:《加强政党合作共谋人民幸福——在中国共产党与世界政党领导人峰会上的主旨讲话》,人民出版社,2021 年,第 7 页。

③ 习近平:《关于〈中共中央关于党的百年奋斗重大成就和历史经验的决议〉的说明》,《人民日报》,2021 年 11 月 17 日。

和决议,学界深刻认识到这一主题论断的重要性,并迅速展开了相关研究。

根据对权威数据库“中国知识资源总库(CNKI)”的搜索,时间段设置为2021年7月至2022年10月,以“中国式现代化道路”为主题词,检索出CSSCI来源期刊文章共有282篇,博士学位论文3篇,硕士学位论文5篇。以“人类文明新形态”为主题词,检索出CSSCI来源期刊文章共有173篇,硕士学位论文1篇。以“中国式现代化道路和人类文明新形态”为主题词,检索出CSSCI来源期刊文章共有50篇,研究范围涉及马克思主义理论、社会学、政治学、公共管理、哲学、历史等各学科,学术成果不断丰富,并保持一定的增速。以内容来划分,主要分为以下四个方面:

一是对相关概念进行了梳理和界定,主要集中在以下几组对象,“中国道路”“中国式现代化”“人类文明新形态”和“马克思主义文明观”,其中对“中国式发展道路”和“人类文明新形态”在概念内涵上的交叉尤为重要。

二是对中国式现代化道路的研究,主要内容为中国式现代化道路的理论逻辑、特征优势、主要成就等。

三是对人类文明新形态的研究,主要内容为人类文明新形态的生成逻辑、内涵特征、意义贡献和构建途径等方面。

四是对中国式现代化道路和人类文明新形态的关系研究,这一部分主要是论证在中国特色社会主义的前提下,中国式现代化道路创造、决定、生成、呈现了人类文明新形态,并从其他视角审视和进一步加强论证二者的因果包含关系。

综观近来的研究成果,学界对这一主题的研究已经从简单的概念阐释、内涵特征梳理发展到更深层的生成逻辑、理论关照等领域,不断完善其二者及其关系理论框架,提高研究层次,达到了一定水平。

二、相关概念的界定

“中国式现代化道路”和“人类文明新形态”的提出并非偶然，学界对于这两个宏大主题已有不少基础性的研究。从概念着眼，中国式现代化道路包含“中国式现代化”和“中国道路”两大概念系统，“人类文明新形态”包含“人类文明”和“人类文明新形态”两大概念系统，此外，也涉及了内涵极为丰富的马克思主义理论、中国传统文化理论和西方现代化理论等，在理论来源中梳理相关概念是研究这两个主题的关键。

（一）“中国式现代化”和“中国道路”

对中国式现代化道路的研究首先要搞清楚“中国式现代化”“中国道路”等概念。对这些概念，学界的研究较为丰富。不同学者从不同角度对“现代化”做了各种不尽相同的阐释和理解，罗荣渠在《现代化新论》一书中对“现代化”的概念界定如下：一是现代化是指在近代资本主义兴起后的特定国际关系格局下，经济上落后的国家通过大搞技术革命，赶上世界先进水平的历史过程；二是现代化即工业化，是经济落后国家实现工业化的进程；三是现代化是自科学革命以来人类急剧变动过程的统称，它不仅出现在工业、经济领域，同时也发生在知识增长、政治发展、社会动员、心理适应等各方面；四是现代化是一种心理态度、价值观和生活方式的改变过程，它可以被看作是代表我们这个历史时代的一种“文明的形式”。[①]这是一个较为全面的界定，其主要内涵为西方化、工业化、信息化、文明化等。但对于中国的现代化，其解释就要凸显中国特色的特殊性及其特有价值，中国的现代化是中国共产党领导的社会主义现代化，必须坚持以中国式现代化推进中华民族伟大复兴，既不走封闭僵化

① 罗荣渠：《现代化新论：世界与中国的现代化进程（增进版）》，商务印书馆，2004年，第9页。

的老路，也不走改旗易帜的邪路，坚持把国家和民族发展放在自己力量的基点上、把中国发展进步的命运牢牢掌握在自己手中。[①]这是中国式现代化最显著的特征，我国的现代化是人口规模巨大、全体人民共同富裕、物质文明和精神文明相协调、人与自然和谐共生、走和平发展道路的现代化。[②]同时，国内学者认为这一特征表现为世界性、主动性、全面性、协调性。[③]中国式现代化作为人类现代化发展历史长河中不可或缺的璀璨明珠，它是在自身实践发展和对西方现代化发展理论超越的实践中逐步形成并走向成熟的，具有一定的普遍性和特殊性。关于这一部分的研究浩如烟海，此处不再赘述。

(二)马克思主义文明观和人类文明新形态

对人类文明新形态的研究，离不开对“马克思主义文明观”的梳理，“随着中国特色社会主义文明建设实践的拓展，对文明的理论研究也逐步深入展开，实践和理论的发展都要求我们认真学习和研究马克思历史唯物主义文明观”[④]。马恩二人认为，文明在本质上是实践的，是人类社会发展到特定历史阶段的产物。他们二人曾高度评价摩尔根(L.H.Morgan)的著作《古代社会》，赞同其将人类历史划分为蒙昧、野蛮和文明三个时代的主张。在著作《家庭、私有制和国家的起源》中，恩格斯运用唯物史观对人类社会的早期状况做了系统考察，探究了文明时代到来的条件与过程。广义的文明是指人同动物相区别，“生产自己的生活资料，同时间接地生产着自己的物质生活本身”[⑤]。在西方文明中心论者看来，其他国家的现代化建设必定是一个融入资本主义文明的过

① 习近平：《高举中国特色社会主义伟大旗帜 奋力谱写全面建设社会主义现代化国家崭新篇章》，《人民日报》，2022年7月28日。

② 习近平：《新发展阶段贯彻新发展理念必然要求构建新发展格局》，《求是》，2022年第17期。

③ 张占斌、王学凯：《中国式现代化：特征、优势、难点及对策》，《新疆师范大学学报(哲学社会科学版)》，2022年第5期。

④ 林于良、刘广登：《论人类文明新形态对马克思历史唯物主义文明观的创新性贡献》，《学校党建与思想教育》，2022年第18期。

⑤ 《马克思恩格斯文集》(第1卷)，人民出版社，2009年，第519页。

程。而马克思从基于现实的人的物质生产劳动角度来理解人类文明,阐明了资本主义文明作为人类文明发展的一个过渡性阶段,终将被更高级形态的社会主义、共产主义文明所替代。所以在建设社会主义现代化强国的中国道路中构建人类文明新形态,开创了一种不同于西方文明的思想空间与实践样态,实现了文明发展从资本的对抗性逻辑向建设性逻辑的转变。[①]综上,马克思主义文明观以及马克思的历史唯物主义思想在世界历史的体现都为习近平总书记的重要论述提供了坚实而又丰沛的理论土壤。

学界对相关概念的界定主要围绕"中国式现代化道路"和"人类文明新形态"各自的相近领域。虽然尽可能详尽地解释其内涵,但还是存在概念不清晰,对二者概念的交集缺乏解释的问题,比如"道路"和"形态"在出场语境下是何种内涵?人类文明新形态的"新"是否完全可由中国式现代化道路的"中国式"进行解释?对此,学界还缺乏一定论述。

三、中国式现代化道路的研究

国内关于中国式现代化道路相关问题的研究由来已久。改革开放以来,我国经济社会快速发展,国际社会和国外学界开始关注支撑我国经济社会发展的道路选择。就研究范围与研究领域而言,中国式现代化道路相关研究成果复杂而广博,涉及政治学、哲学、经济学、社会学、人类学等各个学科领域。在各种关于中国式现代化道路的研究与讨论中,形成了观点各异的思想认知。

(一)"中国模式"和"中国道路"的提法之争

学术界对"中国模式"和"中国道路"的提法有不同争议。2004年,美国《时代》周刊高级编辑、美国著名投资银行高盛公司资深顾问乔舒亚·库珀在

① 张永刚:《现代文明的生发逻辑与人类文明新形态的时代建构》,《江苏社会科学》,2022年第5期。

英国伦敦外交政策中心发表了一篇调查论文《北京共识》,指出中国通过艰苦努力、主动创新和大胆实践,摸索出一个适合本国国情的发展模式。他把这一模式称为"北京共识",学界也开始对"中国模式"的提法做出讨论和反应。对于这一提法的内涵和概念外延是否恰当,其表现的特征是否有特殊含义等问题,国内学者一直有支持或反对两种不同声音。张维为认为"中国模式"是采取一种循序渐进的方式,不断摸索和积累过程中所吸取的一切优秀成果和经验,再将大规模的经济改革和较小规模的政治改革有机结合起来,从易到难进行改革和发展的模式。[①]郑永年认为:"'中国模式'是客观的,但看待'中国模式'的人是主观的,任何一个国家的人,任何一种文化的人,都有权利去解释这个模式。"[②]

但也有学者对此表示反对,他们认为"中国模式"的内涵强调一种定性的模式套路,而中国当代的现代化过程对这一解释还为时尚早。李君如认为:"'中国模式'这一说法要慎提,更多的主张研究'中国道路'。现在世界上研究'中国模式'对我们的道路探索是一个鼓励,但也应清醒认识到,我们的体制和道路还没有完全定性,还要继续探索,讲'模式'有定型之嫌,这既不符合事实,也很危险,不利于我们中国道路的后续发展。"[③]俞可平、黄平、高健、谢曙光也认为:"中国已经进入转型期,伴随着社会政治的改革,并且这一过程是渐进的、变化的,在这种情况下,我们谈论'中国模式'还为时过早。"[④]此外,有些学者更为认可"中国道路"的提法,这一提法的转变,体现了从学界到决策层对于中国的发展路程有着清晰辩证的理性视角,这也与"中国式现代化道路"的提法不谋而合,在一定程度上为马克思主义中国化提供了理论创新。

---

① 张维为:《一个奇迹的剖析:中国模式及其意义》,《理论导报》,2011 第 6 期。

② 郑永年:《中国模式——经验与困局》,浙江人民出版社,2010 年,第 4 页。

③ 李君如:《中国道路与中国梦》,外交出版社,2014 年,第 2 页。

④ 俞可平、黄平、谢曙光、高健主编:《中国模式与"北京共识":"超越华盛顿共识"》,社会科学文献出版社,2006 年,第 176 页。

(二)中国式现代化道路的理论逻辑

学术界对中国式现代化道路的理论逻辑有深刻讨论,基本上从马克思主义中国化、马克思主义唯物史观和唯物辩证法、马克思主义的世界历史思想,这三个角度出发寻求理论关照和创新。张旭认为:“中国式现代化道路的具体实践,是在与社会主义发展基本理论逻辑的相互促进中形成的。中国式现代化道路首先是对人类发展规律的崭新实践,是对既有现代化道路的超越,是中国共产党带领中国人民将马克思主义基本原理同中国具体实际相结合、同中华优秀传统文化相结合的成果,是马克思主义中国化的创新发展。”[①]宋吉玲认为:“自此,社会主义与现代化在中国实现了‘联姻’,马克思主义‘化’中国与中国现代化‘化’马克思主义的互动逻辑得以确立,中国社会主义现代化的历史进程与马克思主义中国化的历史进程内在地统一起来。”[②]张新平、荆玉杰从历史逻辑解释:“中国共产党在百年辉煌历程中坚持守正与创新相融合,实现马克思主义现代化理论中国化,走出了引领时代的现代化道路;坚持传统与现代相贯通,实现优秀传统文化时代化,走出了接榫古今的现代化道路;坚持独立自主与兼容并蓄相结合,实现外来经验本土化,走出了执中会通的现代化道路;坚持政党主导和人民主体相统一,实现人民利益最大化,走出了惠及全民的现代化道路。”[③]李涛结合唯物辩证法,“创造人类文明新形态的中国式现代化新道路具有改革、发展、创新、法治等四重生发逻辑,而一般性和特殊性的统一、前进性与曲折性的统一、守正性与创新性的统一、继承性与

---

① 张旭:《论中国式现代化道路的理论逻辑》,《当代经济研究》,2022 年第 8 期。

② 宋吉玲:《中国式现代化道路形成发展的辩证逻辑》,《中国矿业大学学报》(社会科学版),2022 年第 4 期。

③ 张新平、荆玉杰:《中国式现代化道路的历史审视:困境、生成与启示》,《兰州大学学报》(社会科学版),2022 年第 4 期。

借鉴性的统一,则是其显著的实践特征。"[①]董慧从唯物史观解释其意蕴,在这一视域下,中国的现代化过程经历了百年的风云变幻,"从思想资源和方法启示来看,马克思对现代化的历史唯物主义批判与反思,为中国式现代化作出了重要贡献"[②]。

(三)中国式现代化道路的特征和内涵

还有学者从不同角度诠释和丰富中国式现代化道路的特征和内涵。黄晓伟和卫帅从全体人民共同富裕的角度认识中国式现代化道路的核心特征,"中国式现代化的核心特征是中国共产党领导的、以人民为中心的现代化。从中国式现代化的宏观视域及其与西方现代化的比较视野审视全体人民共同富裕道路,意味着既不走封闭僵化的'平均主义'老路,也不走改旗易帜的'福利主义'邪路,要持续深化以人民为中心的收入分配制度改革"[③]。王程在经济理性和政治理性的关系中,从经济哲学的角度阐释中国特色社会主义对资本的激励和约束及中国传统"义利之辩"都切实表达了中国式现代化道路的优势特征,"把握中国式现代化道路的经济运动机理,须从中国特殊的现代化经济构成要素维度理解这一概念出场的运行逻辑和基本规则;从政治与经济的互动维度厘定制度文明的确定性意义;从经济伦理的支撑维度寻求中国精神的时代表达"[④]。中国式现代化道路对发展中国家的现代化道路同样提供了理论借鉴和现实启示,与西方的现代化相比,中国的现代化进程呈现出典型的后发型特征,正因如此,中国式现代化道路的成功对发展中国家更有借鉴意义,傅正认为:"中国共产党坚持群众路线,使群众真正参与了现代化进程,分

---

① 李涛:《中国式现代化新道路的生发逻辑、实践特征及成功经验》,《湖北大学学报》(哲学社会科学版),2022年第4期。

② 董慧:《中国式现代化的唯物史观意蕴》,《哲学研究》,2022年第6期。

③ 黄晓伟、卫帅:《论中国式现代化视域的全体人民共同富裕道路》,《北京航空航天大学学报》(社会科学版),2022年第5期。

④ 王程:《中国式现代化道路的经济哲学阐释》,《河北学刊》,2022年第5期。

享现代化成果。独立自主和群众路线使中国人民开辟了一条迥异于西方掠夺式的现代化道路,同时成功解决了发展中国家现代化的普遍难题。"[①]

此外,也有学者重点关注中国式现代化道路话语体系,这一体系是整体性、系统性解答中国现代化道路为什么取得如此成果的话语集合,沈伯平提出基于历史方位视角构建中国式现代化道路的话语体系,"从社会主义初级阶段到中国特色社会主义新时代、再到新发展阶段,这三者之间是一种相互包含、层层递进和跃升的关系,贯穿于其中的主线是社会主义初级阶段,这就为构建真实立体全面的中国道路话语体系提供了一以贯之的参照系"[②]。

综上,对检索到的相关文献资料进行梳理和整合,从中国式现代化道路的出场语境到话语体系的建立,学界都进行了由浅入深的探讨,对于这个宏大的主题,还需要结合当代中国现代化的进程,在其历史叙事、理论建构的维度上进行创新。主要涉及"中国式现代化"和"中国模式"等主题,缺乏整体性的关于"中国式现代化道路话语体系建构"的主题研究,系统性研究成果略显不足。

四、人类文明新形态的研究

"创造了人类文明形态" 是习近平总书记关于文明交流互鉴的一系列论述背景下对中国当代文明形态的高度总结,体现了马克思主义文明观和世界历史观,极大地丰富和发展了中国特色社会主义理论,对整个人类历史文明发展的客观规律做出了强有力的解释和贡献。学界对人类文明新形态的研究集中在生成逻辑、内涵特征、意义贡献和构建途径等方面。

---

① 傅正:《"两个创造"对发展中国家现代化道路的启示》,《哲学研究》,2021年第8期。

② 沈伯平:《基于历史方位视角构建中国式现代化道路的话语体系》,《教学与研究》,2022年第6期。

(一)人类文明新形态的生成逻辑

对于人类文明新形态的生成逻辑问题,学界的研究集中于“两个创造”的另一“创造”即中国式现代化道路的角度,但也有从其他角度研究这一问题的,比如人类命运共同体和全过程人民民主等。刘仓从三个维度进行阐释:“中国式现代化道路是人类文明新形态的实践逻辑;中国式现代化道路的发展历程是人类文明新形态的历史逻辑;马克思主义社会文明观是人类文明新形态的理论逻辑。”①杨奎、刘波从文明生成的逻辑理路出发,认为:“资本文明虽然开启了文明的现代化进程,但绝不是‘文明的终结’。该文明形态具有明显的历史局限性,唯有在克服其局限,扬弃其弊端基础上建立起更高级的文明新形态,才能为促进人类文明的和平发展、和谐进步开辟美好未来。”②杨丽、王中凝从政党政治的角度出发阐释人类文明新形态的生成逻辑理路,提出:“中国共产党以历史自觉和历史主动”,“坚持马克思主义中国化的理论主题、马克思主义时代化的理论格局和马克思主义大众化的理论”,“把握国内文明形态建构与世界指向的关系中,走出了中国式现代化道路”。③还有其他部分学者有不同的观点,袁航则认为人类命运共同体展现了人类文明新形态,“人类命运共同体从全人类的共同利益出发,立足中华优秀传统文化的‘天下’情怀,以整体性的理论视角实现了对全球治理旧秩序的重构,展现出前所未有的人类文明新形态”④。

① 刘仓:《人类文明新形态的生成逻辑、多维内涵和世界意义》,《陕西师范大学学报》(哲学社会科学版),2022年第4期。

② 杨奎、刘波:《人类文明新形态的逻辑生成、中国特色和世界意义》,《中国特色社会主义研究》,2022年第2期。

③ 杨丽、王中凝:《中国共产党创造人类文明新形态的逻辑理路》,《科学社会主义》,2022年第2期。

④ 袁航:《人类命运共同体:超越世界主义思潮的文明新形态》,《河南社会科学》,2021年第9期。

(二)人类文明新形态的内涵特征

对于人类文明新形态的内涵特征研究,学者们基本上从一般意义上的文明和文明形态的概念及外延出发,以马克思主义中国化的视角,分析人类文明新形态的中国特色社会主义特征。张凤莲、闫文静认为:“人类文明新形态是与以前的文明相比具有质的飞跃的新型文明,是以中国式现代化道路为基石的社会主义文明;人类文明新形态是超越西方工业文明,推动物质文明、政治文明、精神文明、社会文明、生态文明协调发展的全要素文明;是符合人类文明发展方向、兼容世界文明之大成的人类文明。”[①] 李丽认为要站在唯物史观的视角审视人类文明新形态,“在唯物史观视野中把握其内在本质和发展趋势,应着重关注三个向度。首先是阐明中国共产党百年奋斗创造人类文明新形态的历史进程及演进逻辑。其次是凝练人类文明新形态对资本主义文明的超越性,即人民逻辑超越资本逻辑、系统和谐超越分裂对抗、天下大同超越霸权思维。最后是基于人类文明发展规律反思人类文明新形态的本质。”[②]刘仓对此也有表述,他认为人类文明新形态有多重内涵,“生产力和生产关系基本适应的人类文明新形态;经济基础和上层建筑相协调的人类文明新形态;与世界文明交流互鉴的人类文明新形态;人与自然和谐共生的人类文明新形态”[③]。辛向阳认为,要科学把握“新”的内涵,包括中国共产党“胸怀天下”的领导气魄,中华文明为根基,社会主义现代化强国建设为指向。[④]寇清杰认为:“这一人类文明新形态是继承并超越人类已有文明的新型文明,是人类文明

---

① 张凤莲、闫文静:《人类文明新形态的时代内涵、生成逻辑与推进路径研究》,《东岳论丛》,2022年第8期。

② 李丽:《唯物史观视野中的人类文明新形态》,《马克思主义研究》,2022年第7期。

③ 刘仓:《人类文明新形态的生成逻辑、多维内涵和世界意义》,《陕西师范大学学报》(哲学社会科学版),2022年第4期。

④ 辛向阳:《科学把握人类文明新形态的基本内涵》,《江西师范大学学报》(哲学社会科学版),2022年第3期。

交流融合的产物，是赓续中华文明的现代文明新形态。它既否定了‘文明冲突论’，又终结了所谓‘历史终结论’，以全新面貌呈现在世界面前。”[①]佟德志认为，全过程人民民主与人类文明新形态有着密不可分的联系，“全过程人民民主重新确立了人民在民主中的主体地位，以合作原则取代制衡原则，以一致标准取代竞争标准，形成了全覆盖的客体定位、全方位的机构定位和全链条的程序定位，兼顾了民主的程序与实质，塑造了人类政治文明的新形态”，“回顾人类政治文明，尤其是人民民主的历史进程，我们可以发现，全过程人民民主就是人类政治文明新形态”[②]。

（三）人类文明新形态的意义贡献

对于人类文明新形态的意义贡献的研究，学者们从不同角度在以下几个方面基本达成共识：人类文明新形态是21世纪马克思主义中国化时代化发展的创新性成果，超越了以资本逻辑为核心的资本主义文明，是人类历史文明发展版图极为重要的组成部分，是全人类共同的价值体现。陈金龙、蒋先寒认为：“创造人类文明新形态，明确了实现中华民族伟大复兴的目标，为人类文明发展提供了新样态，既有利于摆脱‘西方文明中心论’给中国带来的话语困境，也有助于坚定‘四个自信’，无论对于中华文明发展还是对于世界文明发展，都具有重要价值。”[③]刘仓认为，人类文明新形态“创造出中华文明的新形态；拓展发展中国家走向现代化的途径；引领世界各国文明交流互鉴的方向”[④]。张士海认为人类文明新形态的价值意蕴是坚持以人民为中心，并从三个维度阐释，“从理论维度说，这是马克思主义关于人类文明新形态的本质要

① 寇清杰：《“人类文明新形态”的历史逻辑和时代价值》，《理论视野》，2022年第5期。

② 佟德志：《全过程人民民主与人类政治文明新形态》，《当代世界与社会主义》，2022年第4期。

③ 陈金龙、蒋先寒：《人类文明新形态的由来、特征与价值》，《学术研究》，2021第9期。

④ 刘仓：《人类文明新形态的生成逻辑、多维内涵和世界意义》，《陕西师范大学学报》（哲学社会科学版），2022年第4期。

求；从历史维度说，这是中国共产党探索人类文明新形态的历史结论；从现实维度说，这是新时代中国共产党完善人类文明新形态的目标指向”[①]。张凯认为，“以‘五大文明’进步为主要内容，凸显人类文明新形态发展结构的均衡性；以中国式现代化道路为现实依据，凸显人类文明新形态发展逻辑的先进性；以全体人民共同富裕为本质要求，凸显人类文明新形态发展目标的人民性”[②]。

寇清杰认为：“人类文明新形态的宣示，深刻揭示了中国共产党带领中国人民创造的百年伟业的人类文明史意义，极大地提振了中国人民的骨气、志气和底气。中国共产党人坚持把马克思主义与中华文明、中华文化在中国大地上、在中国人民的实践中不断结合并取得成功，是世界文明交流史上的光辉典范，充分证明一个国家悠久的本土文明与外来文明是可以成功结合并产生出新的优势和新的力量的。”[③]安维复认为：人类文明新形态是一种旨在建构人类命运共同体来避免文明冲突的新型文明。”[④]田鹏颖从意识形态价值的角度出发，认为：“人类文明新形态是人类文明发展史上一次伟大‘术语革命’，彰显了世界历史性意识形态价值。”[⑤]

（四）人类文明新形态的构建途径

对于人类文明新形态何以构建的问题，习近平指出：“文明差异不应该成为世界冲突的根源，而应该成为人类文明进步的动力。”[⑥]学者们基于实践指向，提出不同的优化、创新与引领的实践途径。刘喆琼、仲帅认为中国要发挥创新与引领作用，“摆脱文明话语困境，展现新时代大国文明话语自信；拓展现代化发展途径，为广大发展中国家提供中国方案；引领全新世界文明交往

---

① 张士海：《人类文明新形态的价值意蕴》，《北京联合大学学报》（人文社会科学版），2022第2期。
② 张凯：《人类文明新形态的基本特征与时代意蕴》，《思想理论教育导刊》，2022年第4期。
③ 寇清杰：《人类文明新形态的历史逻辑和时代价值》，《理论视野》，2022年第5期。
④ 安维复：《人类文明新形态的学理性考察》，《人民论坛·学术前沿》，2022年第Z1期。
⑤ 田鹏颖：《论人类文明新形态的意识形态价值》，《南京社会科学》，2022年第4期。
⑥ 习近平：《共同构建人类命运共同体》，《人民日报》，2017年1月20日。

思维，展现广阔的人类文明前景”[①]。孙代尧认为推动人类命运共同体的构建可以开辟一条新的现实途径，“中国共产党作为世界上最大最具使命性的政党，以致力于为中国人民谋幸福、为中华民族谋复兴、为世界谋大同的担当，提出积极推动构建人类命运共同体，以人类命运共同体之构建引领时代之变”[②]。张永刚认为要坚持已获成功的中国经验，“基于历史唯物主义文明观，必须坚持文明形态的社会主义性质不动摇，积极借鉴吸收资本主义文明有益成果，推动现代智能文明与中华优秀传统文化的有机对接，方能不断推动人类文明新形态的中国式创造与发展”[③]。此外，刘勇、邱雨则关注人类文明新形态的话语体系建构，“从话语内容之维看，人类文明新形态话语体系建构的内容主要包括理论主题、基本范畴、逻辑主线、价值内核等‘核心构件’。从实践战略之维看，人类文明新形态话语体系建构要‘言之有料’，注重话语创新性；要‘言之有理’，彰显话语说服力；要‘言之有方’，增强话语感染力；要‘言之有器’，提升话语传播力”[④]。张凤莲、闫文静认为要“坚持创新驱动，增强文明发展的活力；坚持美美与共，推动文明在交流互鉴中获得丰富发展；坚持和谐共生，推动文明协调发展；传承中华文脉，为人类文明新形态发展提供深厚支撑”[⑤]。

综上，学界初探了人类文明新形态的生成逻辑、内涵特征、意义贡献、构建推进等方面的研究，在一定程度上对这个主题的理论框架构建做出了贡献，但总体上来看还不够完善，并没有形成较为系统的话语体系和研究框架。

---

① 刘喆琼、仲帅：《习近平关于人类文明新形态重要论述的丰富内涵、生成逻辑与实践指向》，《理论视野》，2022 年第 4 期。

② 孙代尧：《中国政治发展新道路对人类政治文明的贡献》，《马克思主义研究》，2021 年第 12期。

③ 张永刚：《现代文明的生发逻辑与人类文明新形态的时代建构》，《江苏社会科学》，2022 年第 5 期。

④ 刘勇、邱雨：《人类文明新形态话语体系建构的多维阐释》，《思想教育研究》，2022 年第 8 期。

⑤ 张凤莲、闫文静：《人类文明新形态的时代内涵、生成逻辑与推进路径研究》，《东岳论丛》，2022 年第 8 期。

五、中国式现代化道路和人类文明新形态的关系研究

根据习近平总书记的论断，探讨中国式现代化道路和人类文明新形态的关系离不开中国特色社会主义这个前提。在这个前提下，探讨二者的关系及其逻辑阐释也成为了学界关注的热点之一。

（一）因果包含关系的提出

学界对于中国式现代化道路和人类文明新形态的关系有相对一致的认识，普遍认为中国式现代化道路创造、生成、呈现了人类文明新形态，人类文明新形态则作为高度凝练的抽象化概念包含了中国式现代化道路的全部内容。颜晓峰认为："中国式现代化道路是人类文明新形态的道路基石，人类文明新形态是中国式现代化道路的实践成果。"[①]孙代尧认为："中国式现代化新道路是中国共产党思想解放所形成的精神传统的逻辑结果，赋予了现代化的新内涵、新的结构功能和新的精神境界。中国特色社会主义创造了人类文明新形态，是一种总体性历史叙述，需要从总体上把握才能深刻理解。"[②]赵昌文认为："中国式现代化道路对人类文明具有独特的贡献，它创造了人类文明新形态，把人类几千年来追求的文明，通过中国自己的方式给出了一份答卷。"[③]王水兴认为："中国式现代化启示我们：无产阶级政党领导是创造现代化新文明形态的根本政治保证。独立自主是发展中国家创造现代化新文明形态的内在要求。劳动驾驭资本不仅是可能的，而且是现实的和必需的。中国式现代化超越了资本主义现代化，创造了人类文明新形态。"[④]刘洪愧和邓曲恒则认

① 颜晓峰：《人类文明新形态的道路基石》，《光明日报》，2021年8月18日。

② 孙代尧：《中国政治发展新道路对人类政治文明的贡献》，《马克思主义研究》，2021年第12期。

③ 赵昌文：《中国式现代化道路对人类文明的主要贡献》，《红旗文稿》，2021年第4期。

④ 王水兴：《中国式现代化新道路与人类文明新形态》，《学术界》，2021年第10期。

为,“现代化本质上是一种文明形态”,“由于现代化是文明进步的主要标志,非西方国家也在探索现代化工业文明的道路。但对于选择什么样的现代化发展模式,至今依然困扰着众多发展中国家”,“中国式现代化道路的成功无疑开辟了西方模式以外的现代化方案,并与其形成鲜明对比。因为中国式现代化不仅获得显著的发展成就,而且具有不同于西方文明的底蕴、社会属性、生产关系和上层建筑”,从世界历史的角度解释不同道路的选择造就了不同于西方世界的“人类文明新形态”。[①]黄广友和韩学亮分析了中国式现代化道路创造“人类文明新形态”的独特的有利条件及其崭新的文明路向,“中国式现代化道路之所以能够创造出‘人类文明新形态’,是因为,一方面,它具有独特的历史和现实方面的有利创造条件;另一方面,它以崭新的文明逻辑为实践路向”[②]。

(二)因果包含关系的多角度论证

此外,有学者从其他视角审视,进一步加强论证了二者的因果包含关系。方世南和马姗姗从从“五位一体”的文明协调发展来把握,“中国共产党团结带领人民创造的中国式现代化新道路和人类文明新形态,是我国物质文明、政治文明、精神文明、社会文明、生态文明协调发展的必然结果”,“从‘五位一体’的文明协调发展把握中国式现代化新道路和人类文明新形态,能够更加明晰社会主义现代化强国建设具有的整体性的价值诉求、价值定位和价值目标”。[③]黄承梁则选择生态文明这一独特视角,“100年来,我们党高度重视生态环境保护和生态文明建设,在中国特色社会主义总体布局形成、丰富和发展的历史过程中,我们党明确提出建设人与自然和谐共生的现代化,成为中国

① 刘洪愧、邓曲恒:《中国式现代化作为文明新形态的理论分析》,《经济学动态》,2022年第6期。

② 黄广友、韩学亮:《中国式现代化道路与人类文明新形态的生成——基于马克思恩格斯文明理论的分析》,《山东大学学报》(哲学社会科学版),2022年第3期。

③ 方世南、马姗姗:《从“五位一体”的文明协调发展把握中国式现代化新道路和人类文明新形态》,《思想理论教育》,2021年第11期。

式现代化的鲜明特征之一。生态文明是人类文明新形态的有机组成部分”[①]。李海平从大历史观的中国视野和世界历史的整体视角阐释了“我们坚持和发展中国特色社会主义,成功走出中国式现代化道路,创造了人类文明新形态,不仅对人类社会作出了‘生存性贡献’和‘发展性贡献’,而且还作出了‘和平性贡献’和‘文明性贡献’”[②]。王世泰和余达淮从马克思国家治理文明观的话语叙事视角阐释二者关系的逻辑架构和世界意义,“中国式现代化道路开创的中国特色社会主义文明形态则正如马克思恩格斯所叙述的那样:它按照自己的面貌为自己创造出一个世界。以多种视野和创新方法来剖析人类文明传承的一般规律和主要特征,以此来深入把握其现实基础、理论来源和核心要义,探究马克思国家治理文明观叙事视野中的中国特色道路的历史必然性、发展规律性、科学合理性,从而揭示中国式现代化道路何以可能、何以可行、何以可为的深刻道理”[③]。

综上,学界根据“两个创造”的论断,认为中国式现代化道路创造、生成、呈现了人类文明新形态,再者从其他视角研究这个关系认定,总体来说逻辑清晰,但是这一结论学界并没有给出严密的逻辑推理。此外,学界对二者话语体系的建构还较为分散,并没有形成整体系统的论述。

六、结语

显而易见,在人类发展的历史进程中,现代化的过程可以有多种道路选择,不同的道路理应生成不同的文明形态。当代中国所表现出的文明形态就是在中国共产党领导下选择中国特色社会主义道路,创造中国式现代化道路

① 黄承梁:《从生态文明视角看中国式现代化道路和人类文明新形态》,《党的文献》,2022 第 1 期。

② 李海平:《论中国式现代化道路与人类文明新形态》,《党政论坛》,2022 年第 2 期。

③ 王世泰、余达淮:《中国式现代化道路开创人类文明新形态的逻辑架构及世界意义——基于马克思国家治理文明观的话语叙事视角》,《南京社会科学》,2022 年第 1 期。

的实践成果。

学界对"两个创造"的论断进行了可观的论述和研究,达成了相对一致的共识:中国创造的人类文明新形态在物质现代化、精神文化现代化和文明身份认同层面都有重大的思想和价值体系意义,不论是从人类文明新形态的出场语境出发,还是从中国式现代化道路的因果包含层面着眼,都可以得出人类文明新形态是对人类文明进步做出极大贡献的一种总体性历史叙述。学界对"两个创造"的研究还在不断深入,对"两个创造"的阐释还在不断丰富,随着研究的深入,达成的系统性共识越来越多,这有利于扩展"两个创造"的学术语境。

学界对于相关研究的分歧并不是很多,主要集中于"中国道路"和"中国模式"的提法,人类文明新形态的内涵特征以及不同视角对"两个创造"的关系论证等方面。其中,尤其值得注意的是对人类文明新形态内涵构成的研究分歧,这对如何认识和发展人类文明新形态这一命题有着基础性影响。

学界的相关研究还存在一定的不足。比如,对于"两个创造"的关系问题,只是较为简单地论述了因果包含的创造关系,并没有给出严密的逻辑推理。学界对"中国式现代化道路话语体系"和"人类文明新形态话语体系"这两套话语体系的探讨还较为分散,没有形成整体系统的论述,也没有对其内容进行分类和整合。此外,习近平总书记指出:"今天,我们比历史上任何时期都更接近、更有信心和能力实现中华民族伟大复兴的目标。"中国式现代化道路和人类文明新形态的重大意义应该放眼全世界、全人类,这需要学界进一步明晰"两个创造"所包含的丰富内涵,在研究框架中建立更多的研究领域,比如对全过程人民民主、总体国家安全观、人类命运共同体、民族共同体等进行深入的整体性研究。

今天,国与国之间在舆论、文化、文明领域的竞争越来越凸显,中国式现代化道路与世界各国的现代化道路都迫切需要新型话语体系的建设。为了区别于西方中心论所代表的西方现代化道路和西方文明世界的文明形态,在学习西方先进的理论和实践经验时，着重建立新的话语体系彰显中国特色社会主义的优势和吸引力，如二者的话语体系建构理路，即中国式现代化道路的话语体系和人类文明新形态的话语体系在内容分析、框架构建等方面是否有所重合，如何使得“两个创造”的话语体系有机结合并发挥其强大的生命力等。换言之，如何牢牢掌握“两个创造”的话语主动权和阐释权，在日渐复杂严峻的国际竞争中保持中国和平发展的原则，是学界对这一主题深入研究的不可推卸的时代使命。

❖优秀论文

全国人大代表团制度与运作初探

诸冰璐　贾义猛

[**摘要**]以中共中央政治局常委为代表的党和国家领导人“到团组”是每年“两会”的重要例行活动,也是全国人大代表团制度运作的具体体现。在对全国人大代表团进行历史考察和制度释义的基础上,分析其运作过程,发现全国人大代表团在平衡规模与效率、加强党的领导和充分意见表达方面发挥着重要的功能。通过建立一种党与人大、中央与地方的沟通机制,加强了党领导下政治制度的有机性,优化了政治过程中的意见表达与综合,成为全过程人民民主建设的生动实践。

[**关键词**]全国人大代表团;代表团制度;意见表达与综合;全过程人民民主

一、问题的提出与文献综述

在每年“两会”期间,以中共中央政治局常委为代表的党和国家领导人会参加全国人大各代表团审议和全国政协各界别的分组讨论，与人大代表、政

作者简介:诸冰璐,南开大学周恩来政府管理学院硕士研究生;贾义猛,南开大学周恩来政府管理学院副教授。

协委员进行面对面地交流和沟通。这一活动虽然暂时没有官方定义,但在国内外媒体报道中长期以来被称为“下团组”。

关于“下团组”这一说法,曾有媒体提出质疑,即反对用“下”,认为这容易造成“领导在上,代表(团)或组在下”的错误印象。事实上,领导人与代表、委员是平等的:全国人大是最高国家权力机构,领导人作为人大代表中的一员,“两会”期间参加代表团讨论,参与审议报告,是履行法定权利、履行代表职责的体现,人大代表之间是平等的,没有高下之分;同理,领导人参加政协各组讨论主要是听取意见和建议,彼此平等交流。①近年来,新华社、人民网等官方媒体越来越多地采用“到团组”说法。②考虑到规范性和准确性,笔者也采用“到团组”说法,并将党和国家领导人参加全国人大代表团审议简称为“参团”,参加全国政协的界别分组或联组讨论简称为“参组”。

近年来,关于“到团组”的新闻报道越来越多,尤其是总书记的“到团组”活动,成为每年全国“两会”期间媒体关注的重点。表1是《中国经济周刊》根据公开报道整理的2013—2017年习近平总书记“两会”期间“到团组”情况。

表1　2013—2017年总书记“到团组”

	2013年	2014年	2015年	2016年	2017年
3月4日	科协、科技界委员联组会	少数民族界委员联组会	民革、台盟、台联委员联组会	民建、工商联委员联组会	民进、农工党、九三学社委员联组会
3月5日	上海代表团	上海代表团	上海代表团	上海代表团	上海代表团
3月6日	辽宁代表团	广东代表团	江西代表团		
3月7日		贵州代表团		黑龙江代表团	辽宁代表团
3月8日	江苏代表团		广西代表团	湖南代表团	四川代表团
3月9日	西藏代表团	安徽代表团	吉林代表团		
3月10日				青海代表团	新疆代表团

① 吴琛:《中国媒体应停用领导人两会“下团组”的提法》,《日本新华侨报》,2016年3月7日。

② 金佳绪:《四到团组,习近平强调这些“高频词”》,新华网,http://www.xinhuanet.com/2021-03/10/c_1127195186.htm;黄玥、范思翔:《从总书记50次到团组透视民主的质量》,新华网,http://www.news.cn/mrdx/2022-03/02/c_1310495609.htm。

续表

	2013 年	2014 年	2015 年	2016 年	2017 年
3 月 11 日	解放军代表团	解放军代表团			
3 月 12 日			解放军代表团		解放军代表团
3 月 13 日				解放军代表团	

资料来源:《中国经济周刊》采制中心据公开报道整理

作为“到团组”活动的重要组成部分,党和国家领导人的“参团”活动目前已成为全国人民代表大会每年例会期间的重要活动并逐步走向惯例化,也成为全国人大代表团制度运作的生动体现。不过,就笔者的考察范围内,学术界关于全国人民代表大会代表团制度的系统性研究成果还很少见。

有关人民代表大会制度的研究历来是国内外中国政治制度研究学者的主要研究领域之一。近年来,随着各级人大在国家政治生活中地位的不断强化和政治过程中实际作为的不断提升,国内外学者对当代中国根本政治制度的研究也取得了一些新进展,主要体现在:在研究对象上更加关注地方人大的制度与实际运作过程创新,[①]在研究方法上更加注重运用案例分析和实证、定量的分析方法,[②]在研究视角上更为深入,关于人大立法[③]、监督[④]、代表行为[⑤]等具体领域的专题、系统性研究成果逐渐增多,对人大某一具体机构,比如人大专门委员会[⑥]、主席团[⑦]等的研究也开始出现,并逐渐深化、细化。

① 冯亮、何俊志:《人大立法中政治与技术逻辑的互动——以 C 省人大常委会立法过程为例》,《学术研究》,2018 年第 8 期。

② 刘乐明:《全国人大代表个体属性与履职行为模式实证分析》,《深圳大学学报》(人文社会科学版),2020 年第 2 期。

③ 孙龙、熊俊潇:《近 35 年来地方人大立法的发展与评析——以北京市人大为例》,《新视野》,2015 年第 2 期。

④ 陈文博、宗祥夏至:《行政—立法关系视角下的地方人大监督研究——以北京市人大常委会监督工作为例》,《人大研究》,2017 年第 11 期。

⑤ 李翔宇:《中国人大代表行动中的“分配政治”——对 2009—2011 年 G 省省级人大大会建议和询问的分析》,《开放时代》,2015 年第 4 期。

⑥ 黄小钫:《地方人大专门委员会制度的三维结构》,《人大研究》,2018 年第 9 期。

⑦ 罗伟帆:《全国人大主席团制度探析》,南京大学,2015 年硕士研究生毕业论文,第 10 页。

在肯定人大在中国政治过程中发挥作用的同时，国内外学者进一步关注到，人大代表的履职行为具有地域性特征，尤其在利益表达的过程中，地域性色彩浓厚。在国内，何俊志、王维国、李翔宇等研究表明人大代表的内部激励和人员结构、专业特征，[①]以及外部政治、经济和社会条件，都会对他们的履职行为产生影响，选举制度、代表团机制、“代表—地方政府—地方人大”三者结盟关系，是人大代表表达地方利益的推动因素。[②]在国外，Melanie Manion 最早关注到这一现象，她指出地方人大的内部组织（internal organization）是推动代表在表达利益诉求的时候，以地域为中心而非以政策为中心的重要因素，一个明显的例子就是在每年召开的人大会议中，代表们按地方划分为不同的小组，使得讨论的内容带有地方性色彩。[③]在后续的研究中，她进一步发展出“肉桶政治”（pork barrel politics）[④]、“威权狭隘主义”（authoritarian parochialism）[⑤]等理论概念来阐释中国地方人大代表行为的特点及动因。Oscar Almén 从地域归属感和地域共同利益的角度来解释人大代表履职中的地域倾向，其论证的出发点也是人大的内部组织形式。[⑥]日本学者加茂具树认为地域倾向是人大代表履行法定职责、进行民意表达的表现。[⑦]

在既有研究成果中，关于人大代表团的研究大多分散在人民代表大会制

① 何俊志、王维国：《代表结构与履职绩效——对北京市 13 个区县的乡镇人大之模糊集分析》，《南京社会科学》，2012 年第 1 期。

② 李翔宇：《中国人大代表行动中的“分配政治”——对 2009—2011 年 G 省省级人大大会建议和询问的分析》，《开放时代》，2015 年第 4 期。

③ Melanie Manion, Chinese Democratization in Perspective: Electorates and selectorates at the Township Level, *The China Quarterly*, No.163, 2000, pp.764-782.

④ Melanie Manion, Authoritarian Parochialism: Local Congressional Representation in China, *The China Quarterly*, No.218, 2014, pp.311-338.

⑤ Melanie Manion, *Information for Autocrats: Representation in Chinese Local Congresses*, Cambridge University Press, 2015, pp.78-103.

⑥ Oscar Almén, Local people's congresses, Interests Groups and the Development of Rule of Law, *Fudan Political Science Review*, No.6, 2008, pp. 22-33.

⑦ 加茂具树：《人民代表大会：角色与功能的变迁》，《复旦政治学评论》，2008 年第 1 期。

度与过程研究成果中，全面、系统性的分析较少。在贾义猛和刚威总结的中国全国人大的“复合一院制”院制结构里，关注到“院内分团”，提出代表团制，作为整合中央与地方利益的非正式机制，是构成“复合一院制”的核心要素之一，并成为中国特色代议民主政治的具体制度支撑。①据笔者的考察，这是国内研究中最早关注并明确提出代表团具有地域性利益表达功能的研究成果。何俊志从党与人大关系的角度分析人大代表团在人大制度运行过程中的作用。②Chuanmin Chen 关注代表行为的过程和结果，提到代表与领导人在代表团或小组会议上面对面的互动是代表影响决策的重要方式之一。③Rory Truex 在论述人大在威权政体中的实际运作方式时，关注到存在代表团的制度安排，但没有全面和系统地分析代表团制度及其功能。④

在政治学领域，邹通祥已经对地方人大代表团作了较为详细的制度释义，⑤黄小钫基于对地方人大代表团制度历史发展的梳理，具体分析其结构和功能，指出地方人大代表团已成为代表会前开展准备工作、会议期间进行审议讨论等的基本活动单位和载体。⑥在法学界，主要是对代表团的权力、职责依照现有法律法规作考察和解读，具体在政治过程、实践背景下关注代表团运作行为的，只有最近兴起的关于人大代表“调团”问题的学术争论：从法律的角度探讨人大代表由于工作跨选举单位变动而调整所属代表团是否合法。⑦

总之，当前国内外关于人大制度与过程的一般性著作与专题性研究成果

① 贾义猛、刚威：《试论“复合一院制”：现代代议机构院制理论与中国人大院制结构的现实选择》，《南开大学法政学院学术论丛》，1999 年第 21 期。

② 何俊志：《作为一种政府形式的中国人大制度》，上海人民出版社，2013 年，第 102~105 页。

③ Chuanmin Chen, Getting Their Voices Heard: Strategies of China's Provincial People's Congress Deputies to Influence Policies, *The China Journal*, No.82, 2019, pp.1324–9347.

④ Rory Truex, Making Autocracy Work: Representation and Responsiveness in Modern China, Cambridge University Press, 2016.

⑤ 邹通祥：《地方人大代表团制度论探》，《人大研究》，1992 年第 6 期。

⑥ 黄小钫：《地方人大代表团研究》，《新视野》，2013 年第 3 期。

⑦ 苏绍龙：《调整全国人大代表所属代表团的法理审思》，《法学评论》，2020 年第 6 期。

已经十分丰富，学界关注人大代表的履职行为，并开始明确注意到代表团的制度安排和代表意见表达的“地域性倾向”之间的关系。不过，关于人大代表团或以代表团角度分析代表行为的系统性研究尚不多见。越来越多的学者注意到人大代表利益表达的地域性特征，然而对其背后的动因之一——代表团制度及其运作的研究还比较零散。有关地方人大代表团制度的研究成果已经出现，但关于全国人大代表团制度及其实际运作的系统研究成果尚未出现。

基于此，本文以全国人大代表团为研究对象，在进行历史梳理、制度分析的基础上，关注全国人大代表团的运作过程，探讨全国人大代表团在全国人大以及政治过程中发挥的作用，力图论证全国人大代表团制度及其有效运作是全过程人民民主建设的生动实践，构成中国特色社会主义民主创新的经典样本。

二、全国人大代表团制度形成、发展与完善

中国幅员辽阔，人口众多，社会结构复杂，在这样一个超大型社会实行和建设代议民主，需要充分考虑代表比例和人数。根据宪法和《中华人民共和国全国人民代表大会和地方各级人民代表大会选举法》(以下简称《选举法》)规定，全国人大代表的名额不超过3000人。就全国人大而言，每年“两会”，近3000名全国人大代表齐聚北京，规模之庞大，可谓“京华盛会”。由于代表人数较多，为保证会议的质量和效率，全国人大逐渐探索形成了代表团制度。

(一)预备阶段(1949—1953)

为了平衡规模和效率，早在中国共产党进行民主革命的时期就有分组讨论的历史。1931年，在中华苏维埃第一次全国代表大会上，来自中央与各个地方苏区、红军、全国总工会、全国海员总工会等610名代表，按照地域、军

队、工会团体等分为七个单位，组成七个代表团，[①]分组讨论大会的各项议程。

新中国成立初期（1949年—1953年），全国尚未建立人民代表大会制度，由中国人民政治协商会议全体会议代行全国人民代表大会的职权。当时参加政协的各个方面用“参加单位”来表述，也有“界”的提法，比如“全国工商界”“自由职业界”等。1949年，在一届政协召开前的会议筹备会上，通过了《关于参加新政治协商会议的单位及其代表名额的规定》，其中明确了参加政协会议的45个单位，具体包括14个党派单位、9个区域单位、6个军队单位、16个团体单位，之后又增设了1个特邀单位。[②]

因此，中国人民政治协商会议第一届全体会议的代表由党派、区域、军队、团体及特别邀请五个方面46个单位共662人组成。在具体讨论各项议题的时候，根据参加单位进行分组开会，实现了党派、区域、军队、界别多种方式的综合配置，比如《人民日报》报道了当时全体代表曾分11个组对新中国国旗、国徽的设计方案进行了讨论。[③]

可见，对代表进行分组，以提高讨论的充分性、高效性是代表数量规模较大的背景下推动全国性会议有效开展的必然之举。在实践过程中，往往根据代表的职业、界别、地域、人数进行分组。在人民代表大会制度尚未建立的预备阶段，全国政协代表的分组依据主要是延续历史惯例，将党派、区域、军队、界别等多要素进行融合。

（二）“代表小组”阶段（1954—1981）

1954年—1981年，全国人大会议期间，代表按照选举单位进行分组，以“代表小组”形式开展活动。在这一过程中，尤其是改革开放后，以“代表团”这

---

① 《第一次全国苏维埃代表大会的召开和中华苏维埃共和国的诞生》，江西人大，https://www.sohu.com/a/499632555_121106994。

② 杨羚：《浅议“人民政协界别”问题》，中国政协网，http://www.cppcc.gov.cn/zxww/2012/05/02/ARTI1335945839593159.shtml。

③ 《中国人民政协会议第三日 十八位代表发言坚决拥护三草案》，《人民日报》，1949年9月24日。

一称谓作为“代表小组”的上一级活动单位，开始酝酿产生。

1.“代表小组”活动（1954—1977）

1954年9月，第一届全国人民代表大会第一次会议召开，标志着人民代表大会制度在全国范围内的确立，人民政协代行全国人大职权的历史正式结束，但其仍继续发挥着人民民主统一战线的作用。在制度设计上，全国人大代表的选举更多考虑地域、人口和军队的代表性，政协委员则突出党派和界别。在开会期间，全国人大代表按选举单位（区域和军队）分组，进行政府工作报告、法律草案等的审议讨论，政协委员则改为按党派界别分组，取消了区域和军队分组，比如政协第二届全国委员会的参加单位包括11个党派、8个团体、9个界别、1个特邀，共计29个。

根据法律规定，这一时期全国人大代表按照选举单位进行分组，以“代表小组”形式开展活动、履行职权。关于人大代表的选举以及选举单位，1953年《选举法》基于高效性、地区性、代表性等原则综合考虑，明确了各级人大代表的名额以及选举单位。根据《选举法》规定，第一届全国人民代表大会代表，由42个地方行政单位（25个省、14个直辖市、内蒙古自治区、西藏地方和昌都地区，1136人）、1个军队单位（60人）和1个华侨单位（30人），共44个选举单位分别选出，总计1226人。[①]为了便于会议的召集、议题的讨论，代表按照选举单位分成33个代表小组，包括25个省代表小组、3个直辖市代表小组、1个内蒙古自治区代表小组、1个西藏地方代表小组、1个昌都地区代表小组、1个军队代表小组和1个华侨代表小组（第四届全国人大会议起取消）。第一届全国人大会议期间，通过了《全国人大组织法》（1954年），在法律上规定了全国人大代表按照选举单位组成“代表小组”，在全国人大每次会议召开前和召开的过程中，各代表小组需要就会议的各种事项进行充分讨论、交换意见。

在全国人大会议期间，党和国家领导人会看望人大代表，与代表们亲切

① 穆兆勇：《第一次全国人民代表大会实录》，广东人民出版社，2006年，第76页。

交谈,共商国是。例如,1956年第一届全国人大第三次会议期间,周恩来总理到人大广西代表驻地看望代表,[①]1958年、1959年全国人大期间曾会见不同方面的代表商讨教育、粮食等问题;[②]1965年第三届全国人大第一次会议上,毛泽东、刘少奇等同志与军队代表[③]、新疆维吾尔自治区代表[④]等握手交谈。

在小组讨论时,个别党和国家领导人也会前来参加小组会。如1958年全国人大会议期间周恩来作为北京人大代表到北京饭店参加小组会,[⑤]1960年第二届全国人大第二次会议在北京代表小组会上就北京市卫生工作与代表交流讨论。[⑥]《人民日报》也多次报道国务院派出大批工作人员到会,听取代表们的批评和建议,解答代表提出的询问。[⑦]

从1959年开始,全国人民代表大会和中国人民政治协商会议全国委员会开始同期举行,"两会"机制初步成形。一般,全国政协会议稍早于全国人大会议召开(提前1—3天),在全国人大召开后,政协委员会列席全国人大全体会议的几次重要会议。人大代表按地域和军队分组审议讨论政府工作报告等重要文件的同时,政协委员也按党派界别分组讨论人大和政协会议上的重要文件。

1966—1976年,"两会"基本停滞。1964年12月,第三届全国人大第一次会议和政协第三届全国委员会第一次会议同期举行,其后"文化大革命"在一定程度上对人大和政协各项工作的有序开展产生了不利影响,除了1975年

① 卢露:《从桂省到壮乡:现代国家构建中的壮族研究》,社会科学文献出版社,2016年,第663页。

② 中共中央文献研究室:《周恩来年谱:1949—1976(中卷)》,中央文献出版社,1997年,第287~501页。

③ 杜修贤:《毛主席同刘主席三届人大首次会议的军队代表顺元明亲切握物》,《人民日报》,1965年1月6日。

④ 杜修贤:《刘少奇主席同出席三届人大首次会议的新疆维吾尔自治区代表亲切握手》,《人民日报》,1965年1月6日。

⑤ 葛平:《周恩来与人民代表大会制度》,江苏人民出版社,2021年,第331页。

⑥ 中共中央文献研究室:《周恩来年谱:1949—1976(中卷)》,中央文献出版社,1997年,第675页。

⑦ 《全国人民代表大会继续分组讨论五年计划草案》,《人民日报》,1955年7月9日。

1月举行第四届全国人大第一次会议以外,“文化大革命”时期“两会”基本停止了运作,“代表小组”活动也暂停。

2.“代表团”称谓的酝酿(1978—1981)

改革开放以来,中国的民主法治建设进入新的历史时期。1978年,五届全国人大一次会议和全国政协五届一次会议同期举行,全国政协委员列席了全国人大会议,“两会”机制重启,人民代表大会制度和中国共产党领导的多党合作政治协商制度恢复生机与活力。在全国人大会议期间,代表积极履行职权,包括提议案、提质询、审议讨论等。

通过搜索《人民日报》数据库以及相关历史文献,发现虽然1954年《全国人大组织法》在法律上明确的是“代表小组”而非“代表团”,但是在实际运作过程中,“代表团”这一称呼已经出现并逐渐成为“代表小组”的上一级活动单位,尤其是改革开放后。比如,《人民日报》在1978年五届全国人大一次会议期间的报道中就多次使用“代表团”“代表团小组讨论”等说法;[①]在一些历史性文献上也出现过“代表团”的表述,比如五届全国人大三次会议关于宝钢质询案的两份大会材料中明确提到“北京市代表团第四小组”“上海市代表团第五小组”[②]。

与此同时,关于党和国家领导人看望全国人大代表、参加本选区代表小组讨论的报道开始增多。比如,《人民日报》关于1978年五届全国人大一次会议的报道:当时中共中央主席、中央军委主席和国务院总理华国锋一一参加北京代表团五个小组的小组讨论,紧接着去宁夏回族自治区和西藏自治区代

---

① 《五届人大和五届政协继续举行分组会议 华主席同代表们共商国家大计》,《人民日报》,1978年3月1日;《五届人大继续举行分组会议 叶剑英副主席参加解放军代表团小组讨论》,《人民日报》,1978年3月5日;《全国各族人民举行盛大游行欢庆五届人大胜利闭幕》,《人民日报》,1978年3月8日。

② 刘政:《五届全国人大三次会议上的质询案》,《中国人大》,2002年第22期。

表团开会的地方看望代表。[①]此外，中共中央副主席邓小平和中共中央副主席、人大常委会委员长叶剑英分别于3月2日、3月4日参加本选区解放军代表团的小组讨论，邓小平副主席还在3月2日下午先后去湖南、四川和云南代表团开会的地方看望代表，李先念副主席也参加了本选区——湖北的小组讨论。[②]

（三）“代表团”阶段（1982年至今）

1.代表团制度的法律化、规范化

1982年，新的《全国人大组织法》在法律层面上明确提出“代表团”概念，并对全国人大代表团的组建依据、法定职权等进行了详细规定[③]：全国人大会议召开前，代表按照选举单位组成代表团，并开代表团会议讨论大会的各项准备事项；在大会召开期间，人大代表以代表团为单位开展活动，包括在代表小组或者代表团会议上对各类议案、报告、人事任免方案进行审议讨论、充分发表意见，以代表团名义向大会提出议案、罢免案和质询案；明确在审议讨论的时候，代表有权向有关国家机关提出询问，要求其派人到会说明；在代表团以外的其他会议上（比如主席团会议、大会全体会议），代表团团长（或代表团推选代表），可以代表代表团发表意见。

1989年，《全国人大议事规则》颁布，在制度上细化了代表团的相关规定，将代表团的职权增加到了18项，[④]并明确了在代表团内部，可以划分若干“代表小组”，形成“团＋小组”的组织结构以及“代表团全体会议＋代表小组

① 《五届人大和五届政协继续举行分组会议 华主席同代表们共商国家大计》，《人民日报》，1978年3月1日。

② 《五届人大继续举行分组会议 叶剑英副主席参加解放军代表团小组讨论》，《人民日报》，1978年3月5日。

③ 《中华人民共和国全国人民代表大会组织法》，中国人大网，http://www.npc.gov.cn/wxzl/wxzl/2000-12/06/content_4425.htm。

④ 《中华人民共和国全国人民代表大会议事规则》，中国人大网，http://www.npc.gov.cn/wxzl/gongbao/1989-04/04/content_1481160.htm。

会议"的会议结构。实际组织过程中,为了便于审议讨论,规模较大的代表团根据人数多少细分为若干个代表小组,每个小组 20 人左右。

随着行政区划的调整,代表团数量略有变动,但始终保持着地域性特征,比如自 1998 年九届全国人大一次会议起,重庆市、香港特别行政区开始独立组团, 代表团数量增加到 34 个,2000 年九届全国人大三次会议增加了澳门特别行政区代表团,代表团数量达到 35 个。目前,参加全国人大会议的代表团共有 35 个,包括 32 个省级行政区(省、自治区、直辖市)代表团、2 个特别行政区代表团、1 个解放军和武警部队代表团。

以全国人大代表团为模本,地方各级人大组建地方人大代表团,并经实践摸索,陆续以地方立法的形式予以确认。由此,人大代表团制度在实践中形成并逐渐规范化。

2.代表团活动的公开化、定例化

1995 年八届全国人大三次会议,代表团首次开放团组活动,[①]允许国内外记者旁听,关于代表团全体会议和代表小组会议的新闻报道在国内外媒体上迅速增多,尤其是党和国家领导人参加各地方代表团审议,颇受媒体关注;2007 年代表团驻地信息首次对外公布,以便于联络。[②]开放的形式也多样化,各代表团通过安排代表团开放日、开展代表团审议的网络直播等多种方式促进全国人大会议期间代表团活动的公开化。与此同时,新时代对人大工作提出了新要求,需要在制度上、法律上对人大的组织运作加以完善:2021 年新修订《全国人大组织法》和《全国人大议事规则》,对会议纪律、会议程序、会议的公开化、信息化等进行了修改和完善,与代表团相关的主要包括对法律案等议案审议程序的精简和完善、对会议发言的规范,以及对代表团设新闻发

① 赵超、崔清新:《代表团是如何运行的》,人民网,http://politics.people.com.cn/n/2014/0306/c70731-24552387.html。

② 曹鹏程:《世界关注两会》,《人民日报》,2007 年 3 月 8 日。

言人、接受新闻媒体采访的支持。[①]

随着“两会”机制的发展完善，代表团活动逐渐形成一些定例。随着代表团活动的公开化，党和国家领导人看望各地方代表团代表、到代表团驻地与代表座谈、听取各项报告的审议等报道逐渐增多。通过搜索“人民日报图文数据库”，发现1982年至2019年，以中共中央政治局常委为代表的党和国家领导人在每年“两会”期间分别参加全国人大各代表团审议与全国政协各界别联组或小组会议讨论的“到团组”活动走向定例化：在时间上，1998年随着“全国政协会议开幕时间为3月3日、全国人大会议开幕时间为3月5日、全国政协会议比全国人大会议提前两天召开”的“两会”时间开始形成惯例，政治局常委的“到团组”时间也逐步固定下来，即在全国政协开幕后的第二天（3月4日，此时全国人大会议尚未召开）集中“参组”，而在3月5日全国人大开幕之后，则以“参团”活动为主；在范围上，2003年—2019年每年“两会”期间政治局常委参加各代表团审议，均实现35个代表团全覆盖，也是自2003年起，常委们参加全国政协各界别联组或小组会议讨论，实现了五年（一届）对政协34个界别的全覆盖。

总之，全国人大代表团制度在实践中形成并逐渐规范化、法律化、公开化。纵观历史发展过程，代表团是在人大会议召开前按照选举单位组建的，是人大代表开展会前准备活动以及会议期间履行职权、开展活动的基本单位，地域性特征明显：在全国人大会议召开前夕，每个省、自治区、直辖市、特别行政区和军队的人大代表各自组成代表团前来参会。实际上，在1954年人民代表大会制度建立之前，全国人大职权曾由政协全体会议代行，代表按参加单位进行分组，实现了党派、区域、军队、界别多种方式的综合配置。1954年，人民代表大会制度建立后，政协代行人大职权的历史结束，从第二届全国政协

① 《中华人民共和国全国人民代表大会组织法》，中国人大网，http://www.npc.gov.cn/npc/kgfb/202103/6b2c098fcd6e489d8d67b000ed7f70ea.shtml；《中华人民共和国全国人民代表大会议事规则》，中国人大网，http://www.npc.gov.cn/npc/kgfb/202103/7c3a08c769754809a420a3c635a4d5cf.shtml。

起，区域和军队方面的参加单位被取消，界别党派正式成为政协的基本组成单位，而区域、华侨和军队成为全国人大代表团的设置标准，第四届全国人大起演变为主要以区域和军队为准组建代表团。此后，尽管人大代表小组或代表团、政协组成单位或界别的具体设置数量有所调整变化，但人大代表团地域特征突出和政协界别为主的特点始终没变。人大代表团显著的地域性特征与人民政协显著的界别特色，使得中国政治过程中地域性利益表达与界别性利益表达实现相互结合，形成中国特色的"两会式"民主。

三、全国人大代表团的设置与运作

最新《全国人大组织法》和《全国人大议事规则》，对全国人大会议期间代表团的组织运作进行了以下四方面的规定：

（一）组建

全国人民代表大会会议正式召开前，代表按照选举单位组成代表团，并在代表团全体会议上推选团长（实践中一般为当选了全国人大代表的省级行政区的党委书记或人大常委会主任）、副团长。团长负责本代表团各项活动的组织，副团长予以协助。同时，代表团可以根据需要划分若干个代表小组，并在代表团会议上推选出小组召集人，负责小组成员的召集联络。

2022年，十三届全国人大五次会议于3月5日召开，在此之前，全国人大代表陆续抵达北京，在北京正式组建代表团，多数集中于3月3日下午在驻地举行代表团全体会议。比如，3月3日下午四川代表团在驻地举行全体会议，四川省人大常委会主任（同时是省委书记）负责主持并在会上发表讲话，强调会议精神、责任使命、会风会纪等事项，会议经过表决推选其为四川代表团团长，副团长若干；[①]上海市人大代表也于当日下午举行代表团全体会议，推选市人大常委会主任为团长、2位副团长，并组成3个小组，选出各自的召集人。[②]

（二）审议

全国人大各代表团的审议讨论，主要是在其代表团会议（包括代表团全体会议和小组会议）上进行的。在全国人大会议开幕前，各代表团会召开一次全体会议，在会议上不仅做好上述组建工作，还进行审议讨论，包括审议全国人大常委会提出的主席团和秘书长名单草案、大会议程草案、即将向大会提出的代表议案和建议以及大会其他准备事项，并充分交流，提出意见。全国人大常委会委员长会议将根据各代表团的意见加以调整并提请大会预备会议审议。比如，2022年3月3日下午的重庆代表团全体会议上，审议通过了本次大会主席团和秘书长名单（草案）、大会议程（草案），酝酿并以代表团名义提出关于支持重庆高水平建设西部陆海新通道、加快建设西部（重庆）科学城的两件代表团全团建议。[③]

全国人大会议召开期间，代表按照会议日程安排，在代表团会议上审议各项议案、报告和人事任免方案等，其间有关国家机关的部门负责人或工作人员需要到会，听取代表意见，回应代表询问。比如，按照2022年全国人大会议的日程安排（表2），重庆代表团3月7日举行小组会议，全国人大常委会法工委有关负责人参加此次会议，听取代表意见，与代表面对面交流。

---

① 《四川代表团举行全体会议》，《成都日报》，2022年3月4日。

② 《上海市代表举行组团会议》，上海人大，https://xw.qq.com/amphtml/20220303A0BM2N00。

③ 《重庆代表团提交全团建议》，《重庆日报》，2022年3月5日。

表2　十三届全国人大五次会议日程(3月5日—3月11日)

时间	会议主要内容
3月5日上午	大会开幕会:总理作政府工作报告
3月5日下午	各代表团全体会议:审议政府工作报告
3月6日上午	代表小组会议:审议政府工作报告
3月6日下午	代表小组会议:审查计划报告、预算报告及草案
3月7日上午	代表小组会议:继续6日下午的审查
3月7日下午	代表小组会议:审议地方各级人大和政府组织法修正草案、关于第十四届全国人大代表选举的各项决定、办法草案
3月8日上午	大会第二次全体会议:作全国人大常委会工作报告、两高工作报告
3月8日下午	代表小组会议:审议全国人大常委会工作报告;主席团第二次会议
3月9日上午	代表小组会议:继续审议7日下午的议题,审议两高工作报告;全国人大宪法和法律委员会会议
3月9日下午	代表小组会议:审议两高工作报告
3月10日上午	代表小组会议:审议关于政府工作报告、年度计划、年度预算的三个决议草案;主席团第三次会议
3月10日下午	代表小组会议:审议关于全国人大常委会工作报告、两高工作报告的三个决议草案;主席团第四次会议
3月11日上午	大会闭幕会:表决各项决议、决定和办法草案

资料来源:根据中国人大网整理自制

(三)提出议案

全国人大会议期间,代表团经团内过半数通过,可以以集体名义提出各类议案（1个团可提出普通议案和质询案、3个团以上联名可提出罢免案)和提议组建特定问题调查委员会(3个团以上联名)。

代表团普通议案可以在大会召开前酝酿提出,并完成会签(即代表联名签字附议)。比如,2021年上海代表团在全国人大会议召开前的代表团会议上,首次以代表团名义向大会提出关于制定《无障碍环境建设法》和修改《公司法》这两件代表团议案。①

① 王嘉旖:《全国人大上海代表团首次以代表团名义提交议案，究竟讲了啥？》，文汇客户端，https://wenhui.whb.cn/third/baidu/202103/05/394453.html。

代表团提出的质询案需要在有关代表团会议或主席团会议等正式会议上以面对面的方式得到受质询机关的口头答复，或者受质询机关的负责人以书面的形式进行答复。比如，1980 年五届全国人大三次会议期间，北京、上海、天津等 5 个代表团就上海宝钢建设问题，向冶金工业部提出质询，冶金工业部部长、副部长等参加了相关代表团会议，面对质询，当面给予回应。[①]

(四)联结沟通

全国人大会议期间，会议形式多样，包括大会全体会议、主席团会议、专门委员会会议、代表团会议、代表团团长会议等。代表团团长(或推选的代表)在联结沟通主席团、代表团、代表以及新闻媒界等方面发挥着重要的桥梁作用。

代表团团长(或推选的代表)可以将本代表团会议中代表关于各项议案、报告、人事任免方案以及其他重大专门性问题的意见进行综合，在主席团会议或代表团团长会议上，代表本团向主席团进行意见表达；可以在大会全体会议上代表本团向大会全体成员进行意见表达。当然，为保证各个会议的有序高效，发言议题和时间均有一定限制。

在联结沟通新闻媒界、对外开放方面，2021 年修订的《全国人大议事规则》增加了对代表团设新闻发言人、组织接受新闻媒体采访等的规定，强化了会议的公开性，推动会议开放的制度化。比如，2022 年全国人大会议期间，四川省人大常委会副主任受四川团的委托，成为本团新闻发言人，于 3 月 6 日晚、3 月 9 日晚进行新闻发布，介绍大会以来代表团活动情况。[②]

(五)代表团会议与“到团组(参团)”活动

目前，宪法有关全国人大的法律法规还没有关于中央领导人“参团”的明确制度规定，就此而言，党和国家领导人参加代表团活动在性质上主要是一

① 刘政:《五届全国人大三次会议上的质询案》,《中国人大》,2002 年第 22 期。

② 《3 月 10 日川观两会早报》,川观新闻,https://cbgc.scol.com.cn/news/3324090。

项实践中形成的非正式的惯例活动。不过,《全国人大议事规则》规定:“各代表团审议议案和有关报告的时候,有关部门应当派负责人员到会,听取意见,回答代表提出的询问。”这里的有关部门是指全国人大及其常委会、国务院和最高法院、最高检察院等国家机构的相关部门。这一规定为广义“到团组”活动(有关国家机构和部门的负责人员“参团”)提供了制度规定。另外,以政治局常委为代表的党和国家领导人一般都会当选为全国人大代表,作为代表,他们有义务参加自己所在代表团的会议。

由此,全国人大在拥有近3000名代表并坚持一院制的基础上,在会议期间,除听取工作报告和选举表决等需要召开全体会议之外,代表们参与审议和讨论工作更多依靠代表团会议(全体会议和小组会议),以有利于讨论和沟通,“大会”(全体会议)+“小会”(代表团会议)成为全国人大会议代表审议和讨论的主要工作模式,同时也为党和国家领导人“到团组”(参团)提供了基本制度环境。

四、全国人大代表团的基本功能

全国人大代表团在具体运作过程中发挥着重要的功能,主要体现在平衡规模与效率、加强党的领导和充分意见表达三方面,目前已成为人民代表大会制度有效运行的生动体现。

(一)平衡规模与效率

全国人大代表约3000名,按地域划分为35个代表团(除了解放军和武警部队代表团)。部分代表团人数较多、规模较大,为了便于审议讨论,再细分为若干代表小组,每组20人左右。根据法律法规,代表团在全国人民代表大会期间,组织和活动的形式主要为代表团全体会议和代表小组会议。

在全国人民代表大会会议举行前,代表团全体会议和代表小组会议主要开展会前准备工作，比如在会前的代表团全体会议上，推选代表团团长1名、副团长若干，酝酿提出代表议案和建议，讨论会议议程草案、各项名单草案以及其他准备事项。团长负责召集并主持代表团全体会议等组织工作，负责主席团、代表团、代表之间的联结沟通，多由党政部门的领导担任，副团长负责协助。类似，代表小组会议也推选出小组召集人，负责相应组织工作。代表团（小组）通过开展这些筹备工作，让代表们熟悉会议议程，以便在后续会议期间充分、高效地参与。

在全国人民代表大会会议过程中，全体会议、代表团会议和主席团会议等多种会议形式交替进行，人大代表履职的重要平台则是代表团会议（代表团全体会议和代表小组会议）。由于代表人数较多而会期较短，在全国人大全体会议上，代表们以代表团为单位，纵向就坐，很难保证每一位代表都有机会进行发言和表达意见；在专题座谈会、主席团会议等其他会议上，主要由代表团团长或代表团推选的代表参加，且发言时间有限制，更多是就普遍性的问题发言，因此人大代表的发言和讨论主要是在代表团全体会议和代表小组会议上。代表团全体会议和代表小组会议时间约占人大会期的三分之二。相比在大会全体会议上行使听取各项报告决议草案和议案的说明、任免、投票表决等选举民主式职权，代表们在代表团全体会议和代表小组会议上能充分讨论、民主协商，包括就各项工作报告、决议、议案等充分发表意见建议、对有关部门负责人进行询问和质询等。

组建代表团，一方面便于会议的组织和人员的联系，代表团团长或副团长在其中起到很重要的作用；另一方面在实践层面解决了由于代表人数较多而难以充分讨论的技术性问题，有利于代表们在规定的时间内对某些重大问题进行深入讨论、充分表达意见，推动不同的观点达成共识，提高审议效率与质量。

（二）加强党的领导

为了实现党的意志通过民主形式转化为国家意志，以及人民代表大会会议的顺利进行，全国人大代表团在实际运作过程中，形成了一种党与人民代表大会的联动机制，以保证党的决策能够在人民代表大会上得以有效实施，党的精神能够在人民代表大会上得以有效传达。

在全国人民代表大会召开之际，成立中共中央党的领导小组，以加强党的领导。同时，各代表团召开代表团党员会议，相应成立临时党支部，由各代表团中全体党员代表组成，在会议上选举产生党支部书记和副书记。正如代表团划分为若干代表小组，临时党支部也划分为若干党小组。①

各代表团临时党支部产生之后，在全国人大开会前夕（大会开幕前一天），党中央都会召开各代表团党员负责人会议，中央领导同志在会上作重要讲话，主要是传达党中央的精神，对“两会”提出一些具体要求，以保证其顺利开展，特别是要求共产党员以身作则，在思想上、政治上、行动上都和党中央保持一致，自觉遵守党中央的路线方针政策，以实际行动带动和影响全体代表。中央领导同志在各代表团党员负责人会议上发表的重要讲话，经代表团党员负责人和党小组负责人层层传达，要求全体党员遵照中央领导同志讲话精神，集中精力开好会议。

全国人大会议期间，全体会议、代表团会议和主席团会议等交替进行。全体会议上，代表们主要是听取各项工作报告、议案决议草案的说明，进行选举、投票表决；代表团会议既是代表们审议和讨论各种工作报告、议案决议草案的主要场所，也是党中央领导人传达政策精神的重要途径。代表团会议期间，党中央领导人一般都参加各代表团审议和讨论，他们在听取代表意见建议的同时，也会发表某些政策方向的重要讲话，从而成为代表学习和领会党

① 何俊志：《作为一种政府形式的中国人大制度》，上海人民出版社，2013年，第102页。

中央政策精神的机会。

主席团负责主持各类会议。主席团成员除了包括党和国家领导人，还包括各代表团团长。因此，代表团团长不仅担负着组织管理的重任，还充当信息传递的中介，比如团长将本代表团会议中代表的意见进行综合，在主席团会议上代表本团向主席团进行意见表达，将本代表团的审议意见、重要问题等汇报给主席团，会后将主席团意见反馈给本代表团。

为加强党中央对代表团的领导，省、自治区、直辖市代表团团长一般由该地方党委书记担任，在全国人大会议期间与党中央保持密切联系，随时准备接收并传达来自党中央的信息。在代表团全体会议和小组讨论会议上，他一方面需要时刻注意与党的方针政策保持一致，比如要从代表的讨论中预想到代表的投票倾向，如果有必要的话，还要设法向代表解释说明，以理解和支持党在人大会议中提出的政策；[①]另一方面也要负责考虑代表利益，及时反映代表诉求，协调代表与大会的关系。

（三）地方意见表达与全面利益整合相结合

代表团功能的发挥，是基于人大代表的职权，并体现出集体的意志。代表团以区域为单位开展活动，加强了同一区域代表的沟通，促进不同的观点达成共识，有助于代表集体行使职权，在全国整体利益统筹整合的基础上表达地方利益，体现“方言”与“普通话”的协奏共鸣，推动政治过程中意见表达与综合环节的改善与优化。全国人大会议期间，代表团通过提出议案（包括普通议案、质询案和罢免案）和建议、审议发言等方式向中央进行利益表达，中央也会通过办理议案和建议、到团听取意见等方式，及时回应代表。

1.提出议案和建议

在人民代表大会制度发展的初期，第一届至第五届全国人民代表大会将

① 孙哲：《全国人大制度研究（1979—2000）》，法律出版社，2004年，第66页。

代表提出的动议称提案。当代表提出提案后，由提案委员会进行审查并向大会提出审查报告。随着提案数量不断增加，短暂的代表大会难以承担起所有提案的审查工作。因此，从第六届全国人民代表大会起，代表提出的动议被划分为“议案”和“建议、批评和意见（简称建议）”[①]。

全国“两会”召开前，各个地方的全国人大代表充分准备，酝酿、提出议案和建议，并在会前活动中，集中会签，以满足提出条件。以代表团名义提出的议案、建议，需要代表团全体代表的附议签名，与一般议案、建议相比，凝聚着全团的共识，是集体智慧和意志的结晶，数量少、分量重，往往受到更多的重视。

各代表团通过向大会提议案、建议的方式，表达地方利益以寻求中央支持。例如，1992 年七届全国人大五次会议，四川代表团在审议关于兴建长江三峡工程议案的过程中，经代表小组会议讨论，以重庆组的名义向大会提交《请求专题研究与评价三峡工程对重庆市的经济与环境影响的议案》，希望中央考虑全团的意见，特别是重庆组的意见，几经努力，最终在决议草案中有所采纳。[②]

提出质询案也是代表团集体行使职权、表达利益的一种体现。《全国人大议事规则》规定全国人大会议期间，一个代表团可以以书面形式提出质询案，质询对象包括国务院及其各部门、国家监察委员会、最高人民法院和最高人民检察院，并要求这些机关以口头或书面形式及时予以答复。1980 年五届全国人大三次会议期间，北京、上海、天津等 5 个代表团就上海宝钢建设问题，向冶金工业部提出质询，冶金工业部部长、副部长等参加了相关代表团会议，面对质询，当面给予回应。[③]以代表团名义提出质询案，既体现了全国人大代表集体行使监督权，也展现了“方言”与“普通话”的协奏共鸣，优化了政治过

① 钟沛璋：《中华民族的新觉醒》，《人民日报》，1983 年 6 月 29 日。

② 黄济人：《三峡工程议案是怎样通过的：一个全国人大代表的日记》，重庆出版社，1992 年，第 146~170 页。

③ 刘政：《五届全国人大三次会议上的质询案》，《中国人大》，2002 年第 22 期。

程中的意见表达与综合。

2.审议发言

根据《全国人大议事规则》规定，各代表团开会审议的时候，有关国家机关的部门负责人或工作人员需要到会，听取代表意见，当面回应代表询问。实际运作过程中，全国人大会议期间，中共中央政治局常委、全国人大常委会、国务院等领导同志，都要与各代表团代表面对面交流，包括参加代表团会议、到代表团驻地看望代表等，听取代表的建议和意见，并当面给予回应，由此形成了一种领导层与代表、中央与地方生动的“面对面”沟通机制。

中央领导参加代表团会议（包括代表团全体会议、小组讨论会），同代表们一起审议政府工作报告、法律草案等文件，是各代表团与中央领导直接沟通交流、表达利益诉求的重要渠道。各代表团都会认真准备，派出身份适合的代表，在会上发言。2007 年十届全国人大五次会议期间，来自辽宁代表团的人大代表毛丰美反映昌图县河流水污染严重，并将污水装瓶带到会议现场，当时参加辽宁代表团审议的国务院秘书长立即表示去落实解决。当天，国家环保总局连夜召集相关人员研究，之后中央、省相继投入环境保护专项资金，着手启动昌图县河流污染整治工程。①毛丰美代表积极履行代表职权，多次在代表团会议上向中央领导人表达意见和提出建议，如 2014 年十二届全国人大二次会议期间，他向当时前来参加辽宁代表团审议的、主管农业的副总理，提出了提高农民养老费和农村干部收入、缩小城乡收入差距等建议意见。②

总之，全国人大代表团制度的有效运作，很好地解决了代表规模与效率问题，建立了党与人大、中央与地方的一种直接、生动、有效的沟通机制，优化了政治过程中的意见表达与综合，增加了政治制度的有机性，实现了党的领导、人民当家作主和依法治国的有机统一，是党领导下的全过程人民民主，笔者认为这或可称为“有中国特色的代表团政治”。

---

① 刘勇、毕玉才：《永远为农民说话的人大代表》，《光明日报》，2016 年 3 月 3 日。

② 吴铭：《代表发言受欢迎，有什么“道道”》，《政协天地》，2016 年第 4 期。

五、结语

党的十八大以来，党带领人民不断推进具有中国特色的社会主义民主政治建设，不断丰富民主的形式和内容，创造性地提出“全过程人民民主”理念。不同于西方侧重竞争性选举的代议民主，全过程人民民主强调选举、决策、管理、监督等各个环节全过程全链条的民主，实现选举民主与协商民主这两种重要民主形式的有机结合。

全过程人民民主，需要一定的制度予以体现和保障。人民代表大会制度作为中国的根本政治制度，可以说是发展全过程人民民主的最重要制度载体和实践途径。人民通过选举产生人大代表，组成国家权力机关，即人民代表大会，代表人民统一行使国家权力。作为国家权力机关，人民代表大会有决策权，人大代表在决策前进行意见表达、充分协商，以达成共识。

人民代表大会制度及其运作，充分体现了选举民主与协商民主有机结合的特点。在全国人大会议期间，代表以代表团为单位开展活动，代表团在运作过程中不仅具有选举、表决的功能，也具协商民主属性：代表们以代表团名义提出议案和建议，在代表团会议上就议案、工作报告等重要议题审议讨论、发表意见建议等，通过代表与代表之间、代表与领导人之间充分的交流协商，最后再交付表决，有效地实现了选举民主与协商民主相结合、地域性表达与全局性整合的特点，展现了全过程人民民主的真实性与有效性，成为全过程人民民主建设的生动实践，构成中国特色社会主义民主创新的经典样本。

参考文献

[1]《3月10日川观两会早报》，川观新闻，https://cbgc.scol.com.cn/news/3324090。

[2]Chuanmin Chen, Getting Their Voices Heard: Strategies of China's Provincial People's Congress Deputies to Influence Policies, *The China Journal*, No.82, 2019.

[3]Melanie Manion, Authoritarian Parochialism: Local Congressional Representation in China, *The China Quarterly*, No.218, 2014.

[4]Melanie Manion, Chinese Democratization in Perspective: Electorates and Selectorates at the Township Level, *The China Quarterly*, No.163, 2000.

[5]Melanie Manion, *Information for Autocrats: Representation in Chinese Local Congresses*, Cambridge University Press, 2015.

[6]Oscar Almén, Local people's Congresses, Interests Groups and the Development of Rule of Law, *Fudan Political Science Review*, No.6, 2008.

[7]Rory Truex, *Making Autocracy Work: Representation and Responsiveness in Modern China*, Cambridge University Press, 2016.

[8]曹鹏程:《世界关注两会》,《人民日报》,2007 年 3 月 8 日。

[9]陈文博、宗祥夏至:《行政—立法关系视角下的地方人大监督研究——以北京市人大常委会监督工作为例》,《人大研究》,2017 年第 11 期。

[10]《第一次全国苏维埃代表大会的召开和中华苏维埃共和国的诞生》,江西人大,https://www.sohu.com/a/499632555_121106994。

[11]杜修贤:《刘少奇主席同出席三届人大首次会议的新疆维吾尔自治区代表亲切握手》,《人民日报》,1965 年 1 月 6 日。

[12]杜修贤:《毛主席同刘主席三届人大首次会议的军队代表顺元明亲切握物》,《人民日报》,1965 年 1 月 6 日。

[13]冯亮、何俊志:《人大立法中政治与技术逻辑的互动——以 G 省人大常委会立法过程为例》,《学术研究》,2018 年第 8 期。

[14]葛平:《周恩来与人民代表大会制度》,江苏人民出版社,2021 年。

[15]何俊志、王维国:《代表结构与履职绩效——对北京市 13 个区县的

乡镇人大之模糊集分析》,《南京社会科学》,2012年第1期。

[16]何俊志:《作为一种政府形式的中国人大制度》,上海人民出版社,2013年。

[17]黄济人:《三峡工程议案是怎样通过的:一个全国人大代表的日记》,重庆出版社,1992年。

[18]黄小钫:《地方人大代表团研究》,《新视野》,2013年第3期。

[19]黄小钫:《地方人大专门委员会制度的三维结构》,《人大研究》,2018年第9期。

[20]黄玥、范思翔:《从总书记50次到团组透视民主的质量》,新华网,http://www.news.cn/mrdx/2022-03/02/c_1310495609.htm。

[21]加茂具树:《人民代表大会:角色与功能的变迁》,《复旦政治学评论》,2008年第00期。

[22]贾义猛、刚威:《试论"复合一院制":现代代议机构院制理论与中国人大院制结构的现实选择》,《南开大学法政学院学术论丛》,1999年第00期。

[23]金佳绪:《四到团组,习近平强调这些"高频词"》,新华网,http://www.xinhuanet.com/2021-03/10/c_1127195186.htm。

[24]李翔宇:《中国人大代表行动中的"分配政治"——对2009—2011年G省省级人大大会建议和询问的分析》,《开放时代》,2015年第4期。

[25]刘乐明:《全国人大代表个体属性与履职行为模式实证分析》,《深圳大学学报》(人文社会科学版),2020年第2期。

[26]刘勇、毕玉才:《永远为农民说话的人大代表》,《光明日报》,2016年3月3日。

[27]刘政:《五届全国人大三次会议上的质询案》,《中国人大》,2002年第22期。

[28]卢露:《从桂省到壮乡:现代国家构建中的壮族研究》,社会科学文献出版社,2016年。

［29］罗伟帆:《全国人大主席团制度探析》,南京大学,2015 年硕士研究生毕业论文。

［30］穆兆勇:《第一次全国人民代表大会实录》,广东人民出版社,2006 年。

［31］《全国各族人民举行盛大游行欢庆五届人大胜利闭幕》,《人民日报》,1978 年 3 月 8 日。

［32］《全国人民代表大会继续分组讨论五年计划草案》,《人民日报》,1955 年 7 月 9 日。

［33］《全国人民代表大会预算、法案等委员会完成预决算等三个审查报告》,《人民日报》,1955 年 7 月 29 日。

［34］《上海市代表举行组团会议》,上海人大,https://xw.qq.com/amphtml/20220303A0BM2N00。

［35］《四川代表团举行全体会议》,《成都日报》,2022 年 3 月 4 日。

［36］苏绍龙:《调整全国人大代表所属代表团的法理审思》,《法学评论》,2020 年第 6 期。

［37］孙龙、熊俊潇:《近 35 年来地方人大立法的发展与评析——以北京市人大为例》,《新视野》,2015 年第 2 期。

［38］孙哲:《全国人大制度研究(1979—2000)》,法律出版社,2004 年。

［39］王嘉旖:《全国人大上海代表团首次以代表团名义提交议案,究竟讲了啥?》,文汇客户端,https://wenhui.whb.cn/third/baidu/202103/05/394453.html。

［40］吴琛:《中国媒体应停用领导人两会“下团组”的提法》,《日本新华侨报》,2016 年 3 月 7 日。

［41］吴铭:《代表发言受欢迎,有什么“道道”》,《政协天地》,2016 年第 4期。

［42］五届人大和五届政协继续举行分组会议 华主席同代表们共商国家大计》,《人民日报》,1978 年 3 月 1 日。

［43］五届人大继续举行分组会议 叶剑英副主席参加解放军代表团小组讨论》,《人民日报》,1978 年 3 月 5 日。

［44］杨羚：《浅议“人民政协界别”问题》，中国政协网，http://www.cppcc.gov.cn/zxww/2012/05/02/ARTI1335945839593159.shtml。

［45］赵超、崔清新：《代表团是如何运行的》，人民网，http://politics.people.com.cn/n/2014/0306/c70731-24552387.html。

［46］中共中央文献研究室：《周恩来年谱：1949-1976（中卷）》，中央文献出版社，1997年。

［47］《中国人民政协会议第三日 十八位代表发言坚决拥护三草案》，《人民日报》，1949年9月24日。

［48］《中华人民共和国全国人民代表大会议事规则》，中国人大网，http://www.npc.gov.cn/npc/kgfb/202103/7c3a08c769754809a420a3c635a4d5cf.shtml。

［49］《中华人民共和国全国人民代表大会议事规则》，中国人大网，http://www.npc.gov.cn/wxzl/gongbao/1989-04/04/content_1481160.htm。

［50］《中华人民共和国全国人民代表大会组织法》，中国人大网，http://www.npc.gov.cn/npc/kgfb/202103/6b2c098fcd6e489d8d67b000ed7f70ea.shtml。

［51］《中华人民共和国全国人民代表大会组织法》，中国人大网，http://www.npc.gov.cn/wxzl/wxzl/2000-12/06/content_4425.htm。

［52］钟沛璋：《中华民族的新觉醒》，《人民日报》，1983年6月29日。

［53］《重庆代表团提交全团建议》，《重庆日报》，2022年3月5日。

［54］邹通祥：《地方人大代表团制度论探》，《人大研究》，1992年第6期。

重大突发事件的应急策略与国家治理模式探讨

——基于对“新冠疫情”的知识图谱可视化分析

王俊雅

[摘要] 新冠肺炎疫情暴发以来，学界关于疫情的学术省思一直持续跟进。以中国知网(CNKI)2020 年 1 月—2021 年 12 月“新冠疫情”2274 篇论文为样本，运用 CiteSpace 5.8R3 软件进行研究，根据研究机构和作者、关键词共现、聚类等分析，梳理研究热点与重大突发事件的发展趋势。研究发现：作为重大突发事件的新冠肺炎疫情研究范围广阔、在学界引起了强烈的关注，研究成果以独立研究为主；研究兼具现实导向和政策导向双重性质，从疫情防控、网络谣言控制到国家治理、人类卫生健康共同体建设等都受到了关注。

最后，对重大突发事件的应急策略和国家治理模式提出相应建议。

[关键词]新冠肺炎疫情；重大突发事件；应急策略；国家治理；CiteSpace

一、研究背景：新冠肺炎疫情下的学术关怀与学科发展

2016 年，习近平总书记《在哲学社会科学工作座谈会上的讲话》中提到：

作者简介：王俊雅，天津师范大学政治与行政学院讲师。

“我国哲学社会科学学科体系已基本确立，但还存在一些亟待解决的问题，主要是一些学科设置同社会发展联系不够紧密”，同时提出要发挥我国哲学社会科学作用，“要注意加强话语体系建设”。[①]新冠肺炎疫情暴发以来，不同领域、学科的专家也致力于从本专业入手对这一突发事件进行分析和提出应对之策。从学科建设的角度来看，突如其来的新冠肺炎疫情对于学界来说也是发挥学科功能、推动学科建设的一次契机。

正如社会学家马克斯·韦伯在《学术与政治》一书中所表明的一样，学者拥有一种“自我的清明”，“学术无法解除我们抉择的负担，无法代替我们承受抉择的责任和危险，但提供了对行动手段的认识、对可能结果的预期，有助于我们在抉择之后更为清醒而明智地行动”。从这个角度看，在祛魅的世界，“启人清明并唤醒其责任感”不仅是一种“学术的志业”，更是一种“政治的召唤”。[②]

从知识社会学的角度来看，知识的发展不但受到学科内部内史的线性作用的影响，更受到社会的决定作用的影响。以曼海姆为代表的社会学家基于马克思的“社会决定论”思想明确提出了“思想的社会境况论”观点，强调知识与社会之间的互动关系。[③]因此，本文理论旨趣在于透过在新冠肺炎疫情中的各学科的理论关照的“镜像”，找到各学科在学术与现实之间的理论关照点，并从不同学科视角为新冠肺炎疫情的防控和后疫情时代，我国的政治、经济、文化建设提供理论指导和政策支持。

二、“新冠疫情”作者和机构合作网络图谱分析

为了解新冠肺炎疫情对知识领域的扩展和影响，运用 CiteSpace 软件对新冠肺炎疫情的知识图谱和共现网络进行分析。在知网数据库中输入“新冠

① 习近平：《在哲学社会科学工作座谈会上的讲话》，《人民日报》，2016年5月17日。

② ［德］马克思·韦伯：《学术与政治》，冯克利译，商务印书馆，2018年。

③ ［德］卡尔·曼海姆：《意识形态与乌托邦》，黎鸣、李书崇译，商务印书馆，2000年。

疫情”,检索范围限定为 CSSCI 期刊,由于新冠肺炎疫情是从 2019 年 12 月兴起,是一个专有名词,出现的时间范围有自身的时效性,因而不设定具体的时间范围。共收集到相关论文 2366 篇。去除掉编者按、名人访谈、领导讲话、论坛综述、会议纪要等非学术性文献及与主题关联不大的文献,共收集到有效文献 2274 篇。运用 CiteSpace 软件对这些文献进行知识图谱的分析,可以有效探测出各学科对于新冠肺炎疫情的研究方向,为指导新冠肺炎疫情防控以及学科发展方向的总体把握提供抓手。

运行 CiteSpace5.8R3 软件对这 2274 条数据进行可视化分析,“Time Slicing=2019–2021,Years Per Slice=1,Node Types=Author,Top N=50”,绘制出新冠肺炎疫情研究作者的共现图谱。由图 1 可知,共有 322 个节点、184 条连线,网络密度为 0.0039。由此可以看出,虽然新冠肺炎疫情暴发仅有短短 2 年多的时间,但却在各个领域被广泛关注,共有 322 个作者发文探讨,并且各自领域之间角度不同,并未形成广泛的合作网络。从图 1 中可以看出,尽管有一些小范围的合作,然而合作者并没有形成发文量的主体。选取发文量 3 篇及以上的作者视为核心作者,共 52 位。

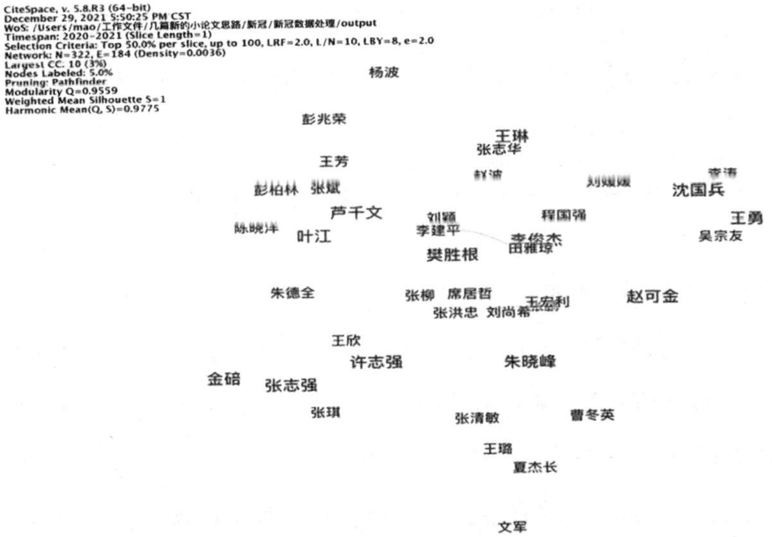

图 1　新冠肺炎疫情研究作者网络合作分布

表 1　新冠肺炎疫情研究核心作者统计

序号	作者	发文量	序号	作者	发文量	序号	作者	发文量
1	王琳	4	19	刘媛媛	3	37	李建平	3
2	张志强	4	20	张洪忠	3	38	吴宗友	3
3	卢千文	4	21	张斌	3	39	陈晓洋	3
4	朱晓峰	4	22	王璐	3	40	张鹏	3
5	王勇	4	23	刘尚希	3	41	席居哲	3
6	金碚	4	24	杨波	3	42	刘颖	3
7	沈国兵	4	25	张清敏	3	43	钟飞腾	3
8	叶江	4	26	彭兆荣	3	44	王晰巍	3
9	李俊杰	4	27	王芳	3	45	许鑫	3
10	徐志强	4	28	田雅琼	3	46	晋继勇	3
11	赵可金	4	29	彭柏林	3	47	刘志彪	3
12	樊胜根	4	30	张柳	3	48	刘婷艳	3
13	李涛	3	31	曹冬英	3	49	张建	3
14	薛小蕙	3	32	王欣	3	50	柴彦威	3
15	夏杰长	3	33	文军	3	51	肖文涛	3
16	张志华	3	34	王宏利	3	52	张伟	3
17	朱德全	3	35	程国强	3			
18	赵波	3	36	张琪	3			

运用同样的方法对新冠肺炎疫情的发文机构进行共现分析，发文量较大的机构分别为北京大学国际关系学院（15 篇）、中国人民大学公共管理学院（8 篇）、中央民族大学民族学与社会学学院（8 篇）、中国社会科学欧洲研究所（7 篇）、中国社会科学院亚太与全球战略研究院（7 篇）、中国传媒大学电视学院（7 篇）、中国财政科学研究院（6 篇）、南开大学周恩来政府管理学院（6 篇）、中国人民大学新闻学院（5 篇）、武汉大学社会学院（5 篇）等。从研究机构的类型来看，高校和研究院分庭抗礼，都进行了具有自身特色的研究；从研究的学科领域分析，研究方向具有多样性，国际关系、公共管理、社会学、传播学、新闻学等领域多有涉猎，证明新冠肺炎疫情在学界不仅被视作一件卫生安全突发事件，随着疫情的暴发，各学科从自身学科领域出发对其进行了多样

性的解读。

三、“新冠肺炎疫情”研究热点与主题分析

（一）新冠肺炎疫情关键词图谱分析与研究热点

运行 CiteSpace5.8R3 软件对这 2274 条数据进行可视化分析，“Time Slicing=2019-2021，Years Per Slice=1，Node Types=Keyword，Top N=50”，绘制出新冠肺炎疫情关键词共现图谱（见图 2）。由图 2 可知，（1）共有 88 个节点、235 条连线，网络密度为 0.0614。这说明新冠肺炎疫情研究领域广泛、热点较多，各研究之间具有比较强的关联性；（2）除了“新冠肺炎疫情”“新冠疫情”“新冠肺炎”等表明研究主题的关键词外，“突发公共卫生事件”“疫情防控”“全球治理”“应急管理”“人类命运共同体”“后疫情时代”“舆论引导” 等关键词字体较大，且研究节点较大，表明这些研究在整体的研究中出于比较中心的位置。

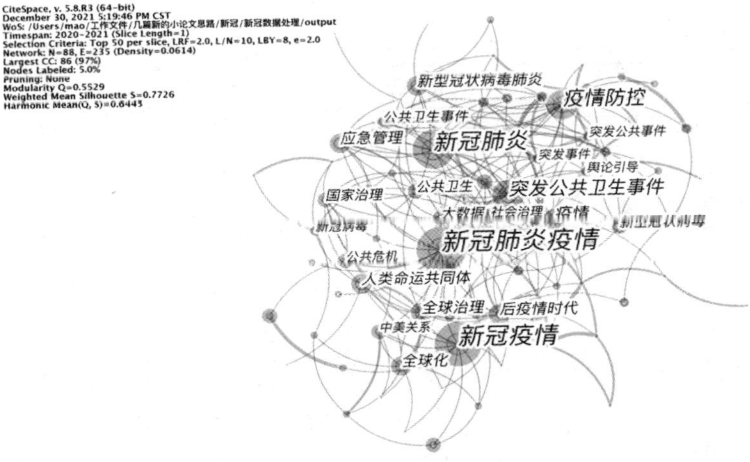

图 2 新冠肺炎疫情研究关键词共现图谱

关键词出现的频次是判断该研究领域研究热点的重要指标，也是了解学者关注焦点的一项重要依据。[①]根据文献统计的数据，对关键词共现知识图谱进一步挖掘，得到关键词频次的总体分布表，节选其中频数大于或等于16的34个高频关键词（见表2）。在这些高频关键词中，关注度最高的首先是对疫情本身性质和防控的探讨，“疫情防控”和“突发公共卫生事件”的频次分别达到139次和92次；其次，在疫情的公共卫生属性之外，疫情的全球性属性被研究者们高度关注。相关关键词有“全球治理”“中美关系”“全球价值链”“人类卫生健康共同体”等，词频分别达到39次、22次、17次和16次；另外，新冠肺炎疫情给社会生产和治理带来的新变化也是学者们关注的一个重要主题，体现在“后疫情时代”（40次）、国家治理（24次）、公共危机（20次）、财政政策（18次）、复工复产（17次）等关键词的频次方面。

表2　新冠肺炎疫情研究关键词出现频次

序号	关键词	出现频次	序号	关键词	出现频次
1	新冠肺炎疫情	632	18	中美关系	22
2	新冠疫情	398	19	舆论引导	21
3	疫情防控	139	20	突发事件	21
4	突发公共卫生事件	92	21	公共危机	20
5	疫情	63	22	新冠病毒	20
6	新型冠状病毒肺炎	44	23	财政政策	18
7	应急管理	44	24	新型冠状病毒肺炎疫情	18
8	后疫情时代	40	25	全球价值链	17
9	全球治理	39	26	主流媒体	17
10	人类命运共同体	37	27	货币政策	17
11	全球化	34	28	复工复产	17
12	公共卫生	31	29	大学生	17
13	新型冠状病毒	27	30	人类卫生健康共同体	16
14	大数据	26	31	重大疫情	16
15	公共卫生事件	25	32	图书馆	16

① Chen C, Science Mapping: A Systematic Review of the Literature, *Journal of Data and Information Science*, No.2, 2017, pp.1-40.

续表

序号	关键词	出现频次	序号	关键词	出现频次
16	国家治理	24	33	公共图书馆	16
17	突发公共事件	23	34	重大突发公共卫生事件	16

(二)新冠肺炎疫情关键词聚类分析与研究主题分析

由图 2 关键词共现图谱的运行结果可知,Modularity Q=0.5529,该数值大于 0.3,表明新冠肺炎疫情研究主题界限比较明显,联系较为紧密,聚类的内部结构显著，可以进一步进行聚类分析;Mean Silhouette=0.7726，数值大于 0.5,表明新冠肺炎疫情研究聚类具有较高的同质性,聚类的结果是较为合理的。因此,对新冠肺炎疫情研究的关键词进行聚类分析。聚类分析共得到 11 个聚类,剔除掉同质性较高的聚类结果,最后得到了 9 个聚类结果(见图 3),这 9 个聚类的标签分别是 #0 全球治理、#1 新冠肺炎疫情、#3 疫情防控、#5 新冠疫情、#6 信息疫情、#7 公共危机、#8 财政政策、#9 在线学习、#10 突发公共卫生事件。

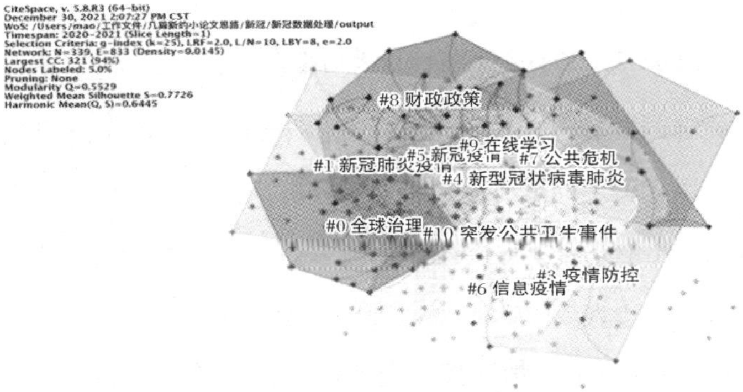

图 3　新冠肺炎疫情聚类图块

由于新冠肺炎疫情在 2019 年底暴发,考虑到研究的发表周期,相关文章出现不早于 2020 年 1 月,实际上研究的发表年度仅仅是 2020 年 1 月—2021 年 12 月。因此,进行时线图的绘制更能体现在这段时期内疫情关键词的准确聚类情况。运用 CiteSpace 软件，针对新冠肺炎疫情关键词选取“Timeline

View”功能进行聚类,得到新冠肺炎疫情相关聚类知识图谱(见图4)。在此期间,共出现了9个关键聚类,分别是#0突发公共卫生、#1新冠病毒、#2全球化、#3疫情防控、#4国家治理、#5网络谣言、#6世界卫生组织、#7新冠肺炎、#8美国、#9舆论引导等。

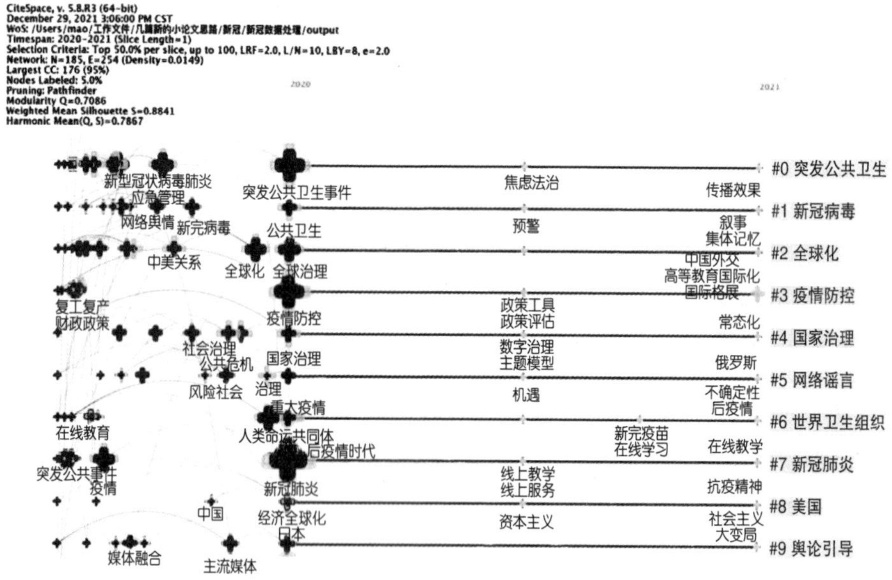

图4 新冠肺炎疫情关键词聚类时线图

将时线图聚类关键词及其出现频次与LSI算法下每个聚类的词条进行整理,得到表3。结合以上关键词聚类和相关词条分析,可以将新冠肺炎疫情相关研究大致分为以下几个方面:(1)对于突发公共卫生事件的应急策略研究,包括#0突发公共卫生等课题;(2)疫情防控的国家治理研究,包括#3疫情防控、#4国家治理等课题;(3)疫情防控与全球化的应对,包括#2全球化、#6世界卫生组织、#8美国等课题;(4)疫情防控的舆论引导以及网络谣言治理,包括#5网络谣言、#9舆论引导等课题。针对这几个方面的研究课题,不同学者出于不同的学科视角都进行了深入分析。

表 3 新冠肺炎疫情研究聚类标签及出现频次、相关词条

聚类号	关键词	出现频次	LSI 算法下每个聚类的相关词条
0	突发公共卫生	21	情报能力;疾控应急工作;情报预警
1	新冠病毒	21	网络舆情;信息疫情;指标体系;高等教育;风险感知
2	全球化	21	全球治理;人类卫生健康共同体;世界秩序;知识产权外交
3	疫情防控	19	疫情防控;基层治理;社会治理;微信互动;防控措施
4	国家治理	14	疫情防控;社会保障;应急机制;数字政务
5	网络谣言	14	社区治理;去中心化;历史记忆;谣言治理
6	世界卫生组织	14	全球卫生治理;非传统安全;公共外交;卫生外交
7	新冠肺炎	13	抗疫设计;火神山医院;防控效率;非参数估计法
8	美国	11	经济全球化;社会矛盾;应对策略;突发公共卫生事件
9	舆论引导	11	主流媒体;创新社会治理;新冠肺炎疫情防控

1.对于突发公共事件的应急策略研究

(1)关于城市建设的应急管理机制研究

陈云松通过大数据的算法，对全国各城市的疫情风险进行了科学评估，制定了一套城市系统风险量化评估方法,为以后的类似突发疫情防控提供了可参考的借鉴指标。[①]陈涛根据“韧性城市”“韧性社区”理论，提出了“韧性治理”的概念,通过提高社区应急管理韧性改善城市应对突发公共风险的准备方式。[②]卿菁则以武汉市新冠肺炎疫情防控的经验、困境为例，探讨了特大城市的疫情防控机制。[③]

(2)政府治理模式应急管理建设研究

黄瑶对新型举国体制的防疫政策进行了制度优势的分析；[④]赵发珍从大

① 陈云松等:《突发重大疫情下城市系统风险量化评估方法》,《西安交通大学学报》(社会科学版),2020 年第 4 期。

② 陈涛、罗强强:《韧性治理:城市社区应急管理的因应与调适》,《求实》,2021 年第 6 期。

③ 卿菁:《特大城市疫情防控机制：经验、困境与重构》,《湖北大学学报》(哲学社会科学版),2020 年第 3 期。

④ 黄瑶、王铭:《新型举国体制对防控新冠疫情的制度优势》,《理论探讨》,2021 年第 2 期。

数据模式下的“一体化”模式、[①]胡鞍钢从国家治理能力的多目标机制对制度的应急管理方面提出了建议。[②]对于信息的应急管理是政府应急管理的一个重要方面，彭宗超通过建立“五情”，即疫情、医情、政情、民情和媒情信息分析框架，对加强“一案三制”建设提供预警。[③]周晓英采用政策分析的方法对新冠肺炎疫情发展中暴露的信息问题进行了概述并提供了相应建议。[④]另外，在社会心态应急管理[⑤]、疫情下残疾人等困境群体应急管理等方面，也有相关研究。[⑥]

（3）关于突发公共卫生事件的研究

该方面论文涉及的子课题有如下两个方面：

一是以新冠肺炎疫情为契机，对公共卫生治理方面的相关举措和体系提出建设性建议。顾昕从专业化和去行政化的角度对中国疾病预防控制体系的治理变革提出了可行性策略，对疾控中心及其它相关主体的作用进行了反思。[⑦]孙点剑一则从疾控体系、公共卫生法律法规建设及卫生应急管理政策保障三个方面对新时代疾控体系建设给出了具体建议。[⑧]鲁全从公共卫生应急管理中的多主体合作机制入手，对于合作机制模式中的不同阶段进行了评价，认为疫情防控领导决策、医疗救治等阶段具有了比较良好的效果，而在疫

① 赵发珍、赵官虎：《大数据环境下面向突发公共卫生事件的一体化治理研究》，《电子政务》，2020年第5期。

② 胡鞍钢、李兆辰：《论国家治理能力的多目标机制——以中国抗击新冠肺炎疫情为例》，《河南师范大学学报（哲学社会科学版）》，2021年第6期。

③ 彭宗超等：《新冠肺炎疫情前期应急防控的“五情”大数据分析》，《治理研究》，2020年第2期。

④ 周晓英：《新冠肺炎疫情防控中的应急信息管理问题与对策研究》，《图书与情报》，2020年第1期。

⑤ 王俊秀、应小萍：《认知、情绪与行动：疫情应急响应下的社会心态》，《探索与争鸣》，2020年第4期；徐永顺等：《重大突发公共卫生事件中的居民情感需求挖掘》，《图书馆论坛》，2021年第9期。

⑥ 南方：《重视疫情防控中困境群体的服务鸿沟问题》，《公共管理评论》，2020年第1期；厉才茂等：《疫情之下对残疾人保护的实践与思考》，《残疾人研究》，2020年第1期。

⑦ 顾昕、宁晶：《走向专业化和去行政化》，《学习与探索》，2021年第1期。

⑧ 孙点剑一、李立明：《浅谈公共卫生与疾病预防控制体系建设》，《中国科学院院刊》，2020年第9期。

情监控、资源调动分配等领域的合作机制有待进一步完善。[①]还有学者从医护人才培养、[②]人力资源的配置等角度对疫情的人力资源共享平台的建设进行了优化调配的方案建设。[③]

二是关于政府部门在公共卫生方面的治理相关工作的探讨。何得桂对公共卫生事件中地方政府的信任演化逻辑进行了研究，提出在政府信任的“结构—过程—情景”框架，我国党争体制在应对公共危机治理上具有叠加优势。[④]杨志安从政府预算、[⑤]唐燕从疫情防控中的社区治理[⑥]角度出发进行了探讨。另外，关于公共卫生相关法治建设、全球化背景下的探讨[⑦]等方面的文章也有所涉及。

2.关于疫情防控的国家治理研究

(1)疫情下国家治理的“中国经验”

新冠肺炎疫情自发生以来，我国在治理能力现代化、政府响应机制等方面都经历了制度检视。田克勤从全球抗疫的背景下论证了“中国之制”的制度优势如何转化为“中国之治”的治理效能，并从“守正”和“创新”两个角度提供了建设的现实思路。[⑧]相比较而言，高静的研究则更为具体。同样基于新冠肺炎疫情，结合河南、浙江两省的案例，采用事件史分析方法，利用“压力—状态—响应”(PSR)模型，对于中央政府和地方政府的响应机制进行了研究。[⑨]

---

① 鲁全：《公共卫生应急管理中的多主体合作机制研究》，《学术研究》，2020年第4期。

② 师璐等：《公共卫生人才培养的问题与对策》，《中国高教研究》，2020年第5期。

③ 王巍等：《重大公共卫生事件中医护人力资源错配与反思》，《商业研究》，2021年第5期。

④ 何得桂、吴春来：《公共卫生应急治理中地方政府信任的演化逻辑与叠加优势》，《河南师范大学学报》(哲学社会科学版)，2021年第2期。

⑤ 杨志安等：《政府预算与突发公共卫生事件的应对》，《辽宁大学学报》(哲学社会科学版)，2020年第5期。

⑥ 唐燕：《新冠肺炎疫情防控中的社区治理挑战应对》，《南京社会科学》，2020年第3期。

⑦ 戴永红、王俭平：《生命政治学视角下公共卫生突发事件的全球治理》，《四川大学学报》(哲学社会科版)，2020年第4期；杨娜：《全球公共卫生难题及其治理路径》，《现代国际关系》，2020年第6期。

⑧ 田克勤、张林：《全球抗疫下的中国制度和治理优势思考》，《东北师大学报》(哲学社会科学版)，2020年第4期。

⑨ 高静、武彤：《突发公共卫生事件的政府响应机制与效能诊断》，《重庆社会科学》，2020年第5期。

另外，姜长云对此次疫情应急机制中的问题进行了检视，提出加强预防预警的理念，落实"属地管理为主"的实施机制。[①]

(2)互联网背景下数字政务的推进

徐玉德通过分析新冠肺炎疫情中数字政务的不足，对数字政务建设提出了针对性建议。[②]王钺则从"互联网 + 国家治理"的角度为提升我国突发公共卫生事件治理能力内在机制提供了研究参考。[③]

(3)国际比较视野下的国家治理经验

康晓从全球治理的角度思考，将新冠肺炎疫情视作构建人类命运共同体的新机遇，认为特定议题的开展将与国际组织的全球治理形成多层互补，促进全球治理进入新阶段。[④]宋培军对中美抗疫的历史路径进行了对比分析，认为中国抗疫的路径是创新力抗疫政治学的历史路径，而美国则处于抗疫社会学的阶段，两者之间存异求同是大势所趋。[⑤]还有一些学者对俄罗斯[⑥]、日本[⑦]等国家的防疫机制进行了反思。

3.全球化背景下疫情防控的应对策略

该领域研究也是此次新冠肺炎疫情下学界的一个热点。包括建设人类卫生健康共同体、全球卫生治理、卫生外交、知识产权外交等方面。有学者从公共卫生秩序的视角解读这次全球性疫情。如王贵国针对此次疫情，对形成于二战时期的国际公共卫生秩序提出质疑，并对此后国际公共卫生秩序的运作

① 姜长云、姜惠宸：《新冠肺炎疫情防控对国家应急管理体系和能力的检视》，《管理世界》，2020年第8期。

② 徐玉德、韩彬：《新冠疫情冲击下数字政务建设的挑战与应对》，《地方财政研究》，2021年第1期。

③ 王钺：《"互联网 + 国家治理" 破解突发性公共卫生事件的机理及其思考》，《情报理论与实践》，2021年第2期。

④ 康晓：《新冠疫情危机与全球治理新态势》，《国际论坛》，2021年第2期。

⑤ 宋培军：《中国抗疫政治学的历史基础、现实支点与全球抗疫走向》，《青海民族研究》，2021年第2期。

⑥ 费还汀、邹文卉：《俄罗斯新冠肺炎疫情防控机制分析》，《俄罗斯东欧中亚研究》，2021年第5期。

⑦ 魏志江、郑宇晴：《论公共卫生的"安全化"与"去安全化"》，《日本学刊》，2021年第1期。

提出了相应建议。[①]更多研究以国际关系学的研究方向为主。针对新冠肺炎疫情下的国际全球化形势，有学者对新冠肺炎疫情的全球化影响持乐观态度。李扬提出受到“全球价值链”的影响，资本的逐利性会使疫情后全球化在波折中得以发展，并为中国发挥全球价值链核心作用提供一种契机。[②]卢周来甚至提出新冠肺炎疫情的全球大流行可被视为地球的一次“自我拯救”，原因在于借助疫情，不同“边缘文明”可以被进一步整合。[③]也有学者用一种较为审慎的视角来看待这场全球性事件，认为其不仅是一种公共卫生应急事件，还是一种涉及国际经济发展乃至国际政治形势的大事件。如俞可平提出虽然全球化在根本上是有利于人类的普遍利益的，但是新冠肺炎疫情在某种程度上给全球化进程带来“重大扭曲”，逆全球化和反全球化趋势将在短期内加剧。[④]

4.疫情防控的舆论引导及网络谣言治理

（1）疫情暴发后的舆情研究

此类研究主要分为两类，一类是从各级主流媒体在疫情期间的报道为例，对媒体的社会职责、专业素养进行评价。如申耘箐以《新闻 1+1》为例、[⑤]刘明洋以《人民日报》为例、[⑥]邓志文以《新闻联播》为例，[⑦]对疫情期间的媒体报道进行了分析。以上不同形式的媒介通过事实报道和媒介引导，不但满足了公众的认知需要，更回应了公众的情感需求。另一类则从政府的舆论引导职责入手进行分析。如邓喆对政务微博的舆论引导的协同研究，[⑧]田光锋对地方

① 王贵国：《国际公共卫生秩序与后新冠前瞻》，《中国政法大学学报》，2020 年第 5 期。

② 李扬、车丽波：《后疫情时期经济全球化变局与中国应对》，《内蒙古社会科学》，2020 年第 5期。

③ 卢周来：《被瘟疫形塑的世界：历史回顾与当下思考》，《开放时代》，2021 年第 2 期。

④ 俞可平：《新冠肺炎危机对国家治理和全球治理的影响》，《天津社会科学》，2020 年第 4 期。

⑤ 申耘箐：《〈新闻 1+1〉新冠肺炎早期疫情报道探析》，《电视研究》，2020 年第 6 期。

⑥ 刘明洋、吴洁：《在理性权威中诉诸感性表达》，《中国出版》，2020 年第 17 期。

⑦ 邓志文：《突发公共卫生事件报道策略的数据分析》，《电视研究》，2020 年第 5 期。

⑧ 邓喆等：《“和声共振”：政务微博在重大疫情防控中的舆论引导协同研究》，《情报科学》，2020 年第 8 期。

党刊在疫情防控舆论引导中的作用的发挥等的研究。①

(2)关于网络谣言治理的探讨

关于网络谣言的研究主要从谣言形成的原因、谣言传播特征、谣言的平息和治理等方面展开。崔金栋提出要在对谣言的内容分类和平息方式进行有效分类的基础上,重点研究不同类型谣言在不同辟谣方式下的管控效果。②彭柳提出要建立官方、专家、媒体、专业辟谣组织、网络意见领袖共同搭建的平台,多方共同发力,压缩谣言滋生的时间空间以实现对谣言的治理。③与此相类似,陈雅赛通过对新冠肺炎疫情相关的网络谣言的文本分析,认为构建政府、专家和主流媒体的全媒体发布体系与辟谣平台,重视政府与民间平等对话的平台,是网络谣言治理之本。④

四、重大突发事件的应急策略与"中国经验"

通过对以上新冠肺炎疫情相关关键词共现和主题聚类的分析,可以发现针对此次疫情,不同高校、研究院等科研单位,不同学科、知识派系对于疫情都有所省思。新冠肺炎疫情的性质已经由卫生领域的突发安全事件扩展为重大突发公共卫生事件。围绕该事件,从短期的谣言治理、舆论引领,到长期的治理模式和应急机制的建设,从宏观的国家治理体系建设到微观的社区治理模式的经验借鉴,从立足本土对于基层政府应对、舆情引导的经验总结到在全球化背景下疫情对于全球价值链的影响和中国经验的应对策略,学界都展开了热烈的讨论。根据数据分析结果及思考,针对此次以新冠肺炎疫情为代表的

① 田光锋:《地方党刊如何打好疫情防控舆论引导战》,《传媒》,2020第22期。

② 崔金栋等:《基于大数据的多类型网络谣言平息方式实证研究》,《情报理论与实践》,2021年第4期。

③ 彭柳、陈红飞:《突发性重大公共卫生事件网络谣言文本特征及治理》,《华南师范大学学报》(社会科学版),2021年第2期。

④ 陈雅赛:《突发公共卫生事件网络谣言传播与治理研究》,《电子政务》,2020年第6期。

重大突发事件，从突发事件的即时控制到中国经验的制度积累，本研究提出以下几条应对策略。

（一）提高“互联网+”数字政务应急管理机制，加强谣言管理和舆情控制

此次重大突发事件与以往事件最大的不同之处在于信息时代的到来。信息时代，传统主流媒体的“把关人”角色不复存在，每个人都成为了自媒体的发声者，从某种程度上来说，人人都生活在“风险社会”之中。实际上，从20世纪70年代以来，人类对风险的感知已经从环境领域转移到整个社会领域，关于自然、社会体制、科学、技术、专家以及发展的理所当然的前提假设崩溃了，争论的主体也从专家和管理员转移到整个社会大众。在这样的背景下，公共卫生事件的发生无异于一种强烈的信号，刺激着公众的神经。公共卫生突发事件的发生无异给全球政治提出了新的挑战。实际上，关于疫情的谣言传播、公众的恐慌态度等等都是这一挑战的具体表现。

公共突发事件的发生，给各国执政者也提出了更加严格和全方位的要求，同时也为其提供了某种发展的机遇。新冠肺炎疫情最先发生在我国武汉地区，一些学者针对特大城市疫情的防控情况，总结出了发生经验，为后续相关疫情的城市管理提供了经验借鉴。[①]信息时代和风险社会的现实情况，使得谣言和舆情发展超过了过去同类事件的发生限度，然而同样在信息时代的背景下，也为政府在谣言治理、舆情引导乃至复工复产、数字政务等方面提供了新的机遇。针对突发公共安全事件的谣言处理，专家学者从不同角度提出了对策建议，然而总体上还是围绕搭建政府、专家、公众的全方位平台，以进行迅速、有效地处理为核心进行。针对疫情期间的政务处理，信息化手段也为政府提供了处理各种信息的抓手，以图书馆等公共服务的创新形式，以及文娱

① 卿菁：《特大城市疫情防控机制：经验、困境与重构》，《湖北大学学报》（哲学社会科学版），2020年第3期。

电影产业、旅游业等产业的复工复产等领域开展的“互联网+”模式，为重大突发公共事件发生后，政府的应急管理机制提供了重要经验。

（二）总结疫情管理“中国经验”，彰显我国现代化治理制度优势

新冠肺炎疫情发生后，除了对舆情引导和新闻报道的关注，对于这场全球范围内的重大突发事件，积极进行制度方面的总结是疫情给我们带来的更深层次的思考。针对疫情本身对制度进行的思考，从国家制度的宏观层面，到中央—地方关系的中观层面，以及地方社区治理的微观层面其实都有所涉及。在制度层面，主要是对中国的抗疫经验与中国制度本身相联系进行探讨，不论是舆情处理、应急管理，还是国家治理等方面，都是在中国道路、中国经验的基础上开展的疫情应对。这样的经验被一些学者总结为“抗疫政治学”①，实际上背后彰显的是我国在政治上的制度优势。在中央—地方关系层面，学者们也进行了不同程度的中观层次的研究，对于中央与地方之间的“压力—状态—响应”等模型及“属地管理为主”的实施机制等方面进行了探讨。在最基层的社区治理方面，不论是舆论引导还是对社区治理模式的探讨，疫情的发生都为总结和反思“中国经验”提供了绝佳素材。由疫情本身作为焦点扩散开来，由点至面，由表及里，对于中国制度本身的思考也成为学界最为关注的一个话题。

（三）积极应对全球化趋势，讲好中国故事

通过关键词共现和聚类分析可以看出，此次突发公共事件还有一个显著的特点，即具有公共性、全球性。“全球化”“世界卫生组织”作为聚类关键词被屡屡提及。与之相关的一些词汇，如“人类卫生健康共同体”“全球卫生治理”“卫生外交”也成为人们关注的热点话题。另外，同为世界大国的美国在防疫

① 宋培军：《中国抗疫政治学的历史基础、现实支点与全球抗疫走向》，《青海民族研究》，2021年第2期。

方面所做的工作也为中国学者特别关注。

在此背景下，做好防疫工作，对防疫政策的解读不仅是中国经验的总结，更是对外讲好中国故事的重要方式。在全球化背景下，从经济角度来看，我国对疫情的控制和处理为全球经济的复苏和稳定发挥了重要作用，与此同时，也为我国发挥全球价值链的作用提供了某种契机；从文化角度来看，疫情的全球波及为不同种族、文明间提供平等对话以新的机遇；从政治角度来看，各国对疫情的处理策略和能力被视为政府形象的窗口。尽管从短期来看，疫情对全球化造成了某种冲击和打压，然而如何通过制度优势展示中国经验的优势，向世界讲好中国故事，成为学界研究处理突发重大公共事件的另一个重要议题。

参考文献

[1]Chen C. Science Mapping: A Systematic Review of the Literature, *Journal of Data and Information Science*, No.2, 2017.

[2]陈涛、罗强强：《韧性治理：城市社区应急管理的因应与调适》，《求实》，2021 年第 6 期。

[3]陈雅赛：《突发公共卫生事件网络谣言传播与治理研究》，《电子政务》，2020 年第 6 期。

[4]陈云松等：《突发重大疫情下城市系统风险量化评估方法》，《西安交通大学学报》（社会科学版），2020 年第 4 期。

[5]崔金栋等：《基于大数据的多类型网络谣言平息方式实证研究》，《情报理论与实践》，2021 年第 4 期。

[6]戴永红、王俭平：《生命政治学视角下公共卫生突发事件的全球治理》，《四川大学学报》（哲学社会科版），2020 年第 4 期。

[7][德]卡尔·曼海姆：《意识形态与乌托邦》，黎鸣、李书崇译，商务印书馆，2000 年。

[8][德]马克斯·韦伯:《学术与政治》,冯克利译,商务印书馆,2018年。

[9]费还汀、邹文卉:《俄罗斯新冠肺炎疫情防控机制分析》,《俄罗斯东欧中亚研究》,2021年第5期。

[10]高静、武彤:《突发公共卫生事件的政府响应机制与效能诊断》,《重庆社会科学》,2020年第5期。

[11]顾昕、宁晶:《走向专业化和去行政化》,《学习与探索》,2021年第1期。

[12]何得桂、吴春来:《公共卫生应急治理中地方政府信任的演化逻辑与叠加优势》,《河南师范大学学报》(哲学社会科学版),2021年第2期。

[13]胡鞍钢、李兆辰:《论国家治理能力的多目标机制——以中国抗击新冠肺炎疫情为例》,《河南师范大学学报》(哲学社会科学版),2021年第6期。

[14]黄瑶、王铭:《新型举国体制对防控新冠疫情的制度优势》,《理论探讨》,2021年第2期。

[15]姜长云、姜惠宸:《新冠肺炎疫情防控对国家应急管理体系和能力的检视》,《管理世界》,2020年第8期。

[16]康晓:《新冠疫情危机与全球治理新态势》,《国际论坛》,2021年第2期。

[17]李扬、车丽波:《后疫情时期经济全球化变局与中国应对》,《内蒙古社会科学》,2020年第5期。

[18]厉才茂等:《疫情之下对残疾人保护的实践与思考》,《残疾人研究》,2020年第1期。

[19]刘明洋、吴洁:《在理性权威中诉诸感性表达》,《中国出版》,2020年第17期。

[20]卢周来:《被瘟疫形塑的世界:历史回顾与当下思考》,《开放时代》,2021年第2期。

[21]鲁全:《公共卫生应急管理中的多主体合作机制研究》,《学术研究》,2020年第4期。

[22]南方:《重视疫情防控中困境群体的服务鸿沟问题》,《公共管理评论》,

2020年第1期。

[23]彭柳、陈红飞:《突发性重大公共卫生事件网络谣言文本特征及治理》,《华南师范大学学报》(社会科学版),2021年第2期。

[24]彭宗超等:《新冠肺炎疫情前期应急防控的“五情”大数据分析》,《治理研究》,2020年第2期。

[25]卿菁:《特大城市疫情防控机制:经验、困境与重构》,《湖北大学学报》(哲学社会科学版),2020年第3期。

[26]申耘箐:《〈新闻1+1〉新冠肺炎早期疫情报道探析》,《电视研究》,2020年第6期。

[27]师璐等:《公共卫生人才培养的问题与对策》,《中国高教研究》,2020年第5期。

[28]宋培军:《中国抗疫政治学的历史基础、现实支点与全球抗疫走向》,《青海民族研究》,2021年第2期。

[29]孙点剑一、李立明:《浅谈公共卫生与疾病预防控制体系建设》,《中国科学院院刊》,2020年第9期。

[30]唐燕:《新冠肺炎疫情防控中的社区治理挑战应对》,《南京社会科学》,2020年第3期。

[31]田光锋:《地方党刊如何打好疫情防控舆论引导战》,《传媒》,2020第22期。

[32]田克勤、张林:《全球抗疫下的中国制度和治理优势思考》,《东北师大学报》(哲学社会科学版),2020年第4期。

[33]王贵国:《国际公共卫生秩序与后新冠前瞻》,《中国政法大学学报》,2020年第5期。

[34]王俊秀、应小萍:《认知、情绪与行动:疫情应急响应下的社会心态》,《探索与争鸣》,2020年第4期。

[35]王巍等:《重大公共卫生事件中医护人力资源错配与反思》,《商业研

究》,2021 年第 5 期。

[36]王钺:《“互联网 + 国家治理”破解突发性公共卫生事件的机理及其思考》,《情报理论与实践》,2021 年第 2 期。

[37]魏志江、郑宇晴:《论公共卫生的“安全化”与“去安全化”》,《日本学刊》,2021 年第 1 期。

[38]徐永顺等:《重大突发公共卫生事件中的居民情感需求挖掘》,《图书馆论坛》,2021 年第 9 期。

[39]徐玉德、韩彬:《新冠疫情冲击下数字政务建设的挑战与应对》,《地方财政研究》,2021 年第 1 期。

[40]杨娜:《全球公共卫生难题及其治理路径》,《现代国际关系》,2020 年第 6 期。

[41]杨志安等:《政府预算与突发公共卫生事件的应对》,《辽宁大学学报》(哲学社会科学版),2020 年第 5 期。

[42]俞可平:《新冠肺炎危机对国家治理和全球治理的影响》,《天津社会科学》,2020 年第 4 期。

[43]赵发珍、赵官虎:《大数据环境下面向突发公共卫生事件的一体化治理研究》,《电子政务》,2020 年第 5 期。

[44]邓喆等:《“和声共振”:政务微博在重大疫情防控中的舆论引导协同研究》,《情报科学》,2020 年第 8 期。

[45]邓志文:《突发公共卫生事件报道策略的数据分析》,《电视研究》,2020 年第 5 期。

[46]周晓英:《新冠肺炎疫情防控中的应急信息管理问题与对策研究》,《图书与情报》,2020 年第 1 期。

回应与拓新:世界历史经纬中的中国式现代化道路

王辛刚

[摘要]中国式现代化道路顺应了世界历史的发展趋势,构建了发展中国家在保持自身独立前提下快速发展的全新范式。与西方式现代化道路不同,中国式现代化道路立足自力更生而不是以殖民掠夺构筑起的先发优势,将多数人与自然和谐共生基础上实现共同富裕作为根本目标。它秉承了社会主义现代化的基本理念,坚持把人民群众作为自身发展的根本动力,但摒弃了"正统"社会主义对市场经济的固有偏见,以深化改革,发挥市场与计划的互补优势。与此同时,它借助马克思主义的工具"激活"历史传统中的有效因素,为国家现代化服务。中国式现代化道路既回应了人们基于现有模式的质疑,也拓新了世界现代化的路径。

[关键词]中国式现代化;世界历史;西方式现代化

世界历史中的现代化在纵向上体现为工业大生产力形态取代原有的农

作者简介:王辛刚,南开大学马克思主义学院讲师。

业大生产力形态,在横向上是突破一个个闭塞、独立、相互隔绝的农本经济所构成的国家疆域与地理界线,使之成为联系日益紧密的全球市场。世界历史中的现代化是一个有着共相的尚未完成的深刻变革过程,却在不同地区、不同民族演绎出了各具特色的模式或者路径。其中,中国式现代化道路是中国共产党领导中国人民在推进国家现代化建设的成功实践中形成的具有中国特色的理论形态和行动方案。在世界现代化历史的“纵”“横”经纬的比较视域中,可以更加清晰地看到,中国式现代化突破了西方式现代化道路的“发展锁定”,焕发了科学社会主义现代化的生机,激活了以儒家文化为代表的中华传统文化的优秀内核。

一、突破西方式现代化道路垄断的新模式

即使是马克思主义经典作家也承认,开启世界现代化历程的是资本主义生产方式。从15世纪末的大航海时代至20世纪初第二次工业革命完成,资本主义以摧枯拉朽之势在很大程度上重塑了整个世界。这种重塑表现为“过去那种地方和民族的自给自足和闭关自守状态,被各民族的各方面的互相往来和各方面的相互依赖所代替了。物质的生产是如此,精神的生产也是如此”[①]。在这一过程中,欧美国家凭借率先进行的政治制度革命、文化思想启蒙,以及殖民掠夺等综合优势确立了世界领先地位。原本在亚、非、拉地区占据统治地位的封建制度无力招架欧美列强的冲击,除日本等个例外的绝大多数国家都在“现代化”的概念下陷于落后。“现代化”逐渐将各国分为先发国家和后发国家,即发达国家和不发达国家两个层次。

一方面,欧、美、日等发达国家以自身长时间、高速度、多维度的深刻变革展示着现代化的图景,以至于在相当长时间内,亚、非、拉乃至欧洲内部部分

① 《马克思恩格斯文集》(第二卷),人民出版社,2009年,第35页。

落后地区都只能以其作为未来发展的样板。马克思限于所处的时代也要说，“工业较发达的国家向工业较不发达的国家所显示的，只是后者未来的景象”①。实际上，发达国家所塑造的现代化模板远远不只是“经济上的工业化”，还囊括着“政治上的民主化，社会上的城市化，文化上的世俗化，组织上的科层化，观念上的理性化”等诸多“症候”。②内在机理是个人、社会与国家相互关系按照资本主义法则通盘重构：“宗教、自然观、社会、国家制度，一切都受到了最无情的批判；一切都必须在理性的法庭面前为自己的存在作辩护或者放弃存在的权利。思维着的知性成了衡量一切的唯一尺度。”③近代以来，在资本主义哲学社会科学乃至自然科学领域内卓有建树的人物，如笛卡尔、莱布尼茨、斯宾诺莎、康德、黑格尔、培根、洛克等，无不是自觉或不自觉地践行着这种“理性”或“知性”的要求，阐释自己的学说或方法，共同为资本主义现代性的理性化和形式化奠基。在此基础上，市场经济与技术革新又如鸟之两翼，加速了资本主义社会秩序的确立与现代人生活样式的定型。④一句话，如果说资产阶级“按照自己的面貌为自己创造出一个世界”⑤，那么欧美发达国家就是其“理想世界”的样板间。

另一方面，发达国家在向世界展示现代化图景的同时，却在实际上封闭或阻滞了后发国家通往现代化的路径。对于后发国家来说，现代化首先意味着“采取高效率的途径（其中包括可利用的传统因素），通过有计划的经济技术改造和学习世界先进，带动广泛的社会改革，以迅速赶上先进工业国和适应现代世界环境的发展过程”⑥。但当一个个后发国家试图依据西方式现代化道路的模板按图索骥走向现代化的时候，却难以解除先发国家利用意识形

① 《马克思恩格斯文集》（第五卷），人民出版社，2009年，第8页。
② 童星：《现代性的图景：多维视野与多重透视》，北京师范大学出版社，2007年，第85页。
③ ［德］恩格斯：《社会主义从空想到科学的发展》，人民出版社，2014年，第36页。
④ 卢德友、杨士喜：《“中国道路”与新型现代性构建》，《天津社会科学》，2019年第2期。
⑤ 《马克思恩格斯文集》（第二卷），人民出版社，2009年，第36页。
⑥ 罗荣渠：《现代化新论：中国的现代化之路》，华东师范大学出版社，2013年，第12、13页。

态、贸易规则、技术壁垒、话语权力等先发优势构建起的“发展锁定”。结果是这些国家往往陷入所谓的发展陷阱之中,20世纪以来真正实现现代化的只有韩国一个不可复制的孤例。[①]尽管将多数国家未能实现现代化简单归因于此有失偏颇,但先发国家的“发展锁定”确是一个不争的事实。

“资产阶级使农村屈服于城市的统治……。它使未开化和半开化的国家从属于文明国家，使农民的民族从属于资产阶级的民族，使东方从属于西方。”[②]一个明显的例证是,西方式现代化道路所建构的话语权力仍在深刻影响着后发国家的道路选择。从一定意义上说,用“现代化”概念阐释人类社会历史运动替代自然历史发展的历程也是其外在表现。现代化理论的兴起很大程度上源自于二战后西方国家争取发展中国家的需要。在两极格局中,为争取在殖民制度废墟上形成的“第三世界”,西方理论界提出了关于新国家发展状态的观点,论证其走西方式现代化道路的必然性,强化西方式现代化道路在人类社会现代化进程中的唯一性,即现代化理论。受此影响,后发国家普遍将现代化作为发展目标,而“现代化”标准的最终解释权却始终掌握在西方手中。诚然,西方式现代化道路与世界历史的现代化转向有着一定的契合性,但以前者完全“覆盖”后者,在理论上存在缺陷、在实践中无法实现。

事实上,西方式现代化道路的先天不足在发展中日益暴露。从先发国家内部来说,经济发展“失调”、政治体制“失灵”、社会融合机制“失效”等具有根本性、制度性问题导致西方式现代化道路受到越来越多的质疑和批判。从后发国家来说,西方式现代化道路之于整个世界本质上也是一个陷阱。根本原因在于,“西方工业文明是建立在少数人富裕、多数人贫穷的基础上的;当大多数人都要像少数富裕人那样生活,人类文明就将崩溃”[③]。因而,无论是从自

① 贺雪峰:《论中国式城市化与现代化道路》,《中国农村观察》,2014年第1期。韩国的发展得益于冷战背景下以美国为首的西方国家的全力扶持,因而无论从国际形势,还是从西方国家的意愿、实力来说都难以复制。

② 《马克思恩格斯文集》(第二卷),人民出版社,2009年,第36页。

③ 习近平:《之江新语》,浙江人民出版社,2007年,第118页。

身发展还是作为世界发展的范本来讲,西方式现代化道路远未达到终结世界历史的高度,这为其它现代化模式留下了空间。

相较而言，中国式现代化道路与西方式现代化道路基本的不同点在于:一是基于马克思主义强调现代化的根本目的是为“现实的人”实现全面自由发展服务,而不是着眼于资源有限性问题以实现资本的最大收益。二是坚持共同富裕的目标，强调现代化的题中之义必须包括全部人口中的绝大多数,而不是由少数人享受和支配发展成果。三是坚持生态文明建设,强调现代化过程中要平衡与协调好人与自然的关系,而不是过度攫取自然资源甚至威胁到人类的生存与延续。正是在这样的意义上说,中国式现代化道路不是国外现代化发展的翻版,而是借助后发优势在借鉴吸取其经验教训基础上有着原创意义的新模式,拓展了广大后发国家走向现代化的路径。

二、秉承科学社会主义现代化的新实践

在世界现代化进程中,中国式现代化道路并非是西方式现代化道路之外的第一次尝试。以苏联式现代化为代表的社会主义现代化道路曾一度迸发出超凡的高效率,甚至险些越过“卡夫丁峡谷”。然而在过分突出与西方式现代化道路的对抗中,这种社会主义现代化道路最终走向僵化,不仅导致苏联在迫不得已的改革中解体,也为多数社会主义国家所抛弃。尽管如此,这种模式对包括中国式现代化道路在内的世界现代化过程仍然产生了深远影响。

苏联式现代化道路的有效性首先体现在瓦解沙皇专制制度、变革地主土地所有制及改造农民村社等方面。自 17 世纪彼得一世改革开始,俄国一直努力追求现代化,但直至 20 世纪初发展水平仍远远落后于欧美主要国家。[①]为改变这种状况,西欧派、斯拉夫派、民粹主义者、社会民主主义者轮番提出各

① 1913 年,美、德、英三国工业生产规模分别是俄国的 14 倍、3.6 倍、4.6 倍。参见 A.维什涅夫斯基:《镰刀与卢布——苏联保守的现代化》,联合人文出版社,1998 年,第 57 页。

自的主张，但一战的失败和20世纪初叶的革命足以证明俄国现代化在原有道路上走向了死胡同。与之形成鲜明对照的是，20世纪末的俄罗斯已经成为发达国家中的一员，并一度是世界上工业化水平最高的国家之一。究其原因，苏联式现代化道路在从传统俄国向现代国家转变过程中的关键作用不应被否定和忽视。同样不应回避的问题是剖析苏联式现代化道路走向失败的深层次原因。苏联式现代化道路是在既没有经历传统文化深刻变革，又缺少成熟的资本主义社会乃至资本原始积累的情况下，依托革命迅速转轨发展起来的。前者的缺失导致人的解放问题给国家的现代化带来了难以摆脱的潜在困扰，后者的不足致使传统力量在现代化发展的遮蔽中以新的形式保留并成为阻滞力量。

苏联式现代化道路可以视为孱弱的社会发展基础与人民迫切改变现状的普遍愿望相互调试的结果，发展的基本动力自然要依赖国有化、集体化、工业化以及指令性计划经济。这也决定了苏联式现代化道路的鲜明特点：一是按照斯大林关于苏联与资本主义“两个平行市场”的设想，在资本主义世界市场以外构建独立而封闭的经济体系。二是由国家政治性质和意识形态性质决定国家的经济性质，表现为将国有化和指令经济作为该模式形成和运转的基础。三是国家政权在现代化起步与运行过程中发挥决定性作用，在人民做主的名义下由国家掌握社会的全部财富、社会成员的全部命运以及国家经济与发展权力。四是把赶超资本主义国家、增强军事实力作为主要目标，意图在经济实力尚无法与资本主义对抗的情况下，依托军事力量形成相对均势。[①]这些特点可以成就苏联式现代化道路在短时间内凭借国家力量最大限度集中社会资源，实现落后国家对发达国家的赶超，尤其是在优先发展的某些行业或领域（如重工业或军事工业）。同样，它们也使得苏联式现代化道路在主要矛盾判断、经济结构平衡、社会利益协调等方面出现问题并长期得不到有效化

① 雷丽平：《俄罗斯的历史传统与苏联现代化》，《俄罗斯中亚东欧研究》，2004年第3期。

解,埋下了导致苏联解体的隐患。

在对苏联式现代化道路盖棺定论的时候,一些学者习惯将之与西方式现代化道路进行横向比较。应该说,在比较中总结经验教训有利于更好地把握现代化的方式与方向。问题是,比较研究要有科学的设定即要坚持马克思主义历史和辩证唯物主义,做到历史地具体地看问题。例如,一些学者简单指责苏联式现代化令农民付出了高昂的代价甚至不惜让他们“饿着肚子出口”,但是英国的圈地运动、法国与荷兰新贵族的崛起、西班牙牧羊主组织“麦斯塔”联盟的形成,以及美国对印第安土著居民、黑人奴隶的榨取,都可以说有过之而无不及。而在现代化长期性与曲折性方面,英国两次内战、美国两次革命(独立战争与南北战争)、法国三次帝国与五次共和国的更替、德国分裂与统一的反复同样可以与苏联解体等量齐观。两相对照,苏联式现代化道路基于对资本主义弊端的深刻洞见、追求社会平等与美好未来的向往不能被轻易否定,其关键问题也不是革命、政治冲突或者国家领袖的善恶,而是“以现代化形式出现的文明严重断层”,“未能及时吸取西方工业危机的教训,未能及时地消化现代化模式”。[①]换言之,苏联式现代化模式使俄国在20世纪实现了现代化,却没有实现社会主义现代化。

只有在这种比较中,后来者才能正确看待世界现代化的整体过程与未来走向。作为后起之秀,中国式现代化道路曾深受苏联式现代化的影响,甚至可以称其为标定社会主义现代化根本方向的“引路人”。两者在走向现代化的过程中有着颇多相似之处,包括专制主义的传统、民族资本主义先天不足、革命的转换手段、社会主义的前景描绘乃至体制僵化的沉疴。不同的是,中国式现代化道路在突破困境的改革中始终坚持立足本国国情不断推进马克思主义中国化,既充分运用历史传统、市场经济与科学社会主义的有利因素,又框定了“四项基本原则”等清晰边界。因而,中国式现代化道路可以在改革中迸发

---

① [俄]B.B.阿列克谢耶夫:《关于20世纪俄国现代化问题的若干思考》,《吉林大学社会科学学报》,2005年第5期。

出活力、张力，又避免走入老路、邪路，凭借实践中积累的有效性回应关于社会主义现代化的怀疑与偏见，使社会主义在21世纪的中国焕发出勃勃生机。

三、超越"儒家"现代化的新方案

世界现代化从来不是不可逾越的单一模式，根植于各地区、各民族的文化传统、现实情况与时代背景是普遍性的规律。即使是效仿欧美模式的一些东亚国家，也在推进现代化的过程中演绎出以日本、韩国为代表的具有东方文明特色的类型。一些中外学者将之命名为"儒家"现代化模式。中国式现代化道路也因声誉日隆常常被放入其中加以讨论。然而"国家的现代化是以形成某种现代性为指向的，而不单纯是经济上的增长与技术上的进步"①。这种现代性的指向，实际上就是一个国家或一种模式追求现代化的目标。正是在这里，脱胎于东方文明的中国式现代化道路与所谓"儒家"现代化模式出现了本质上的分野。

日本自"黑船事件"后很快确立了破除陋习、向西方学习，达到与西方各个强国并驾齐驱、成为世界强国的发展目标。如果说追求富强是世界各国现代化的普遍目标，那么何为富强则有着受民族文化影响的不同定义。历史证明，日本在追求富强的道路上一度走向了极端，凸显着日本现代化的特质。日本逐步确立"称霸世界"目标的深层次原因，可以概要归咎于两个方面：一是以资本主义作为文明改造工具和现代性指向的结果；二是自身文化的影响。关于前者，列宁曾精辟地总结到："帝国主义的重要特点，是几个大国争夺霸权，即争夺领土，其目的与其说是直接为了自己，不如说是为了削弱对方，破坏对方的霸权。"②日本崛起的时代恰恰是资本主义走向帝国主义的时代，追求国家富强的愿望在与西方列强的竞争中很容易膨胀为争霸世界的野心。关

① 陈嘉明：《中国现代化视角下的儒家义务论伦理》，《中国社会科学》，2016年第9期。

② 《列宁专题文集：论资本主义》，人民出版社，2009年，第178页。

于后者，梁启超早在20世纪初就曾提出：“日本乃小国，且无其所固有之学。故有他界之文化传入，则趋之若鹜，其变如响，不转瞬而全国亦与之俱化矣……”[①]而西方著名学者罗兹曼也在《中国的现代化》一书中表达过类似看法。再向前追溯，日本自12世纪末步入幕府时代以后，在600余年的时间里，“征夷大将军”都依靠武力掌握着全国朝政。实行“霸道”的漫长历史不可能不在日本的民族性格中打上崇尚武力、臣服强权的烙印。日本本就迷信于武力的民族性格在开埠事件中又一次得到强化，在看待和处理国际关系时更将“丛林法则”奉为圭臬。两者的相互作用深刻影响了日本现代化的指导思想：扎根于普通国民认知体系的“国家精神”支配了日本现代化的完成，它融合了西方基督教影响下的道德修养论与东方儒学、佛教思想。从正面来说，这既是“对儒学现代化的一次较为有效的尝试”，“也是日本资本主义得以形成的核心伦理支撑”[②]；从负面来看，日本的现代化保留了日本式官方儒学等过多传统因素而成为了“半截子的现代化”[③]。

与日本的情况相类似，韩国、新加坡等东亚国家或地区在实现现代化的过程中，尽管都在复制西方式现代化道路，却表现出了与欧美发达国家并不完全一致的内容与形式。差别形成的根源并不在于经济发展水平、民主选举制度等表象，而在于内在的文化机理。采用“儒家”现代化模式的国家或地区实际上借助了资本主义精神的“工具”，对自身所谓的“儒学”传统进行了现代化改造，使之适应于国家现代化发展的需要。

但是这些国家或地区历史上都居于儒家文化输出的末梢，难以作为长期居于文化中枢地位的中国现代化转型的案例供给。首先，中国在以“千年”为计的世界大历史中，所扮演的角色“集西方人在文化上无限景仰的古希腊罗

① 《梁启超全集》，北京出版社，1999年，第597页。

② 周菲菲：《儒学的现代化：日本修养主义的历史演进》，《深圳大学学报》（人文社会科学版），2021年第5期。

③ ［日］中村哲等：《论东亚经济的现代化》，东方出版社，1998年，第54页。

马和作为现代欧洲文明中心而备受倾慕的法兰西于一身”，而“中国人过去的生活标准是其他民族根本无法与之比拟的”①。中华文明达到的高度使其在与外来文化的交流中有着兼收并蓄的包容性，其次，中国自古以来就是一个幅员辽阔、人口众多的多民族国家。客观现实的要求使中国形成了在效率与能力方面堪称世界典范的传统官僚体制，与之相伴的则是在商品经济、中央与地方关系、市民社会、德治与法治、民本主义等诸方面形成了独具一格且影响深远的历史传统。最后，中国迈向现代化的历史呈现出资本主义近代化和社会主义现代化两个阶段，导致近代中国的发展与资本主义化、工业化并不同步，在现代化的第一阶段没能实现国家的资本主义化与工业化，反而陷入半殖民半封建社会的畸形状态。②历史传统与现实国情相互交织作用构成了中国现代化的独特背景，导致“世界上没有任何一个国家的现代化像中国面临着这样庞大的任务”③。

事实上，任何后发国家的现代化发展道路都要受到本土因素与外来因素的影响，“但外来模式更与其他现代化后来者的模式相似，而本土模式则反映着一个国家独具的历史背景”④。任务的复杂性与道路的相似性决定了中国的现代化可以向东亚诸国“儒家”现代化道路寻求借鉴与启发，但不能完全模仿。中国要顺利实现现代化，既要挖掘以儒家文化为代表的传统文化中与现代化发展相适应、能够起到文化支撑作用的因素，也要正视其在民主、权利等现代观念要素上的缺失，以及在传统日常生活深层结构和内在文化图式上形成的文化阻滞力。正如习近平总书记所指出的：“要坚持古为今用、以古鉴今，

① [美]基尔伯特·罗兹曼主编：《中国的现代化》，国家社科基金“比较现代化”课题组译，江苏人民出版社，2014年，第15页。

② 马敏：《现代化的“中国道路”——中国现代化历史进程的若干思考》，《中国社会科学》，2016年第9期。

③ 罗荣渠：《现代化新论——中国的现代化之路》，华东师范大学出版社，2013年，第404、405页。

④ [美]基尔伯特·罗兹曼主编：《中国的现代化》，国家社科基金“比较现代化”课题组译，江苏人民出版社，2014年，第4页。

坚持有鉴别的对待、有扬弃的继承，而不能搞厚古薄今、以古非今，努力实现传统文化的创造性转化、创新性发展，使之与现实文化相融相通，共同服务以文化人的时代任务。"[①]从这个意义上说，中国式现代化道路要把本土因素转化为现代化进程中坚持"中国本位"的重要思想资源，在具体做法或外在形式上可以参考"儒家"现代化道路的得失，而在本质上则必须坚持以马克思主义为指导。这也是中国式现代化道路超越"儒家"现代化道路的根本所在。

四、结语

从16世纪人类社会的历史演进为世界历史开始，现代化就以不同方式在世界各地展现。即使是在西方式现代化道路概念下的英国、法国、美国等资本主义国家在实现现代化的过程中，也会因变革方式、政治体制、经济结构、文化风俗等诸多因素的影响呈现出极为鲜明的差别。这说明现代化只有与各民族、各地区的具体情况相结合，才能得到稳定发展。

从文明转型的大历史观来看，世界现代化的各种模式或类型可以最简要地概括为：西方式现代化道路是西方文明与资本主义的结合，基本实现了西方文明的现代化转型；苏联式现代化模式是斯拉夫文明与社会主义的结合，极大推动了斯拉夫文明向现代化转型，却未能在社会主义现代化的框架下有所突破；以日韩为代表的东亚部分国家的现代化类型是东方文明与资本主义的结合，在促进东方文明现代化的过程中自成一家；中国式现代化道路是中华文明与社会主义的结合，承载着中华文明现代化转型与社会主义现代化的双重任务。其中，西方式现代化道路在过去500年世界现代化历史进程中居于主导地位，在精神财富和物质财富创造方面取得了极大成就，但也引发了一系列问题。自殖民时代开始，争夺资源而导致的战争、大量毫无意义的过度

① 习近平：《在纪念孔子诞辰2565周年国际学术研讨会暨国际儒学联合会第五届会员大会开幕会上的讲话》，人民出版社，2014年，第11页。

消耗、自然环境与人类生存之间平衡的破坏呈现出愈演愈烈的倾向。阿诺德·汤因比将之称为人类所面临的斯芬克斯之谜："人类将会杀害大地母亲，抑或将使她得到拯救？"①

在综合运用本土因素与外来因素对这一问题进行深入论析和解答的过程中，中国式现代化道路既回应了对既有现代化道路的质疑与挑战，又拓新了发展中国家顺应世界现代化发展潮流的路径。如前所述，既然现代化是人类历史上一场空前剧烈、影响深远且无可避免的社会变革，那么就要避免其演化为人类"杀害大地母亲"乃至自身的一场灾难。从这样的视角出发，中国式现代化道路在世界历史经纬中所具有的比较优势更加显明：从"人口多底子薄的东方大国"的客观实际出发，立足自力更生而不是依靠对外掠夺或攀葛附藤，着眼于全体人民的共同富裕而不是搞两极分化，日臻于物质文明与精神文明的协调发展而不是任由商品拜物教的泛滥，致力于人与自然的和谐共生而不是过度攫取自然资源，持续推动构建人类命运共同体、走和平发展道路而不是沿用零和博弈、"丛林法则"的陈旧观念。"中国人民的成功实践昭示世人，通向现代化的道路不止一条，只要找准正确方向、驰而不息，条条大路通罗马。"②总之，中国式现代化道路不仅是推动中华文明现代转型的成功实践、实现全面建成社会主义现代化强国的战略目标，也将为解决全人类共同面临的难题贡献中国智慧、引领世界现代化前进方向。

---

① ［美］汤因比：《人类与大地母亲：一部叙事体世界历史》（下册），徐波等译，上海人民出版社，2012年，第641页。

② 习近平：《论坚持全面深化改革》，中央文献出版社，2018年，第455页。

我国生态文明建设的社会学理论因应与实践路径

潘晓滨

[摘要]我国正处于由工业文明进入生态文明的关键转型期。虽然生态文明建设当下被赋予政治高度,但在实践层面推动所遇到的瓶颈问题也揭示出我国社会学理论因应的不足。和谐是社会学研究所追求的重要价值目标,而生态文明是建立于人与自然和谐、人际和谐与区域和谐等多个关系基础之上。通过梳理已有的社会学理论,生态文明建设的宏观层面推动与经济社会转型,可以从生态现代化理论中找到重要支撑,而风险社会理论与公众参与理论,则更加鲜明地从主体能动性与客观阻碍因素两个层面,指出生态文明建设制度体系完善的重要着力点所在。在实践路径上,未来我国生态文明制度体系的顶层设计,应更加有利于促进政府角色的转变、市场机制作用的发挥、科学技术的风险防范转向,以及社会各阶层自发行动,并重视国际环境治理合作在生态文明建设中的重要作用。

[关键词]生态文明建设;生态现代化;风险社会;公众参与

作者简介:潘晓滨,天津财经大学法学院副教授。

一、生态文明建设的基本问题

(一)生态问题与社会问题的交织——生态文明建设的提出

生态问题始终与工业化和城市化进程不可分割,且已成为工业文明社会进化过程中不可避免的负产物。自1750年工业革命以来,西方国家工业化发展从对生态局部性的大气、水、土壤等环境要素污染,扩展到海洋生态破坏、全球气候变暖这样的全局性影响。与西方国家的早发型系统生态问题所不同的是,我国爆发的生态问题在某种意义上属于后发型,我国进入工业文明的特殊路径以及在世界经济格局中的地位,导致了我国的生态问题由外部压力不断向内转化。[①]一方面,在近现代所经历的"落后就要挨打"的外部威胁下,我们必须把向现代工业文明的转型作为第一要务。我国改革开放后所经历的数十年经济发展,随着环境资源消耗所导致发展模式不可持续问题的爆发,加剧了经济、社会与人口增长与生态环境之间的矛盾。另一方面,在于当代已形成的世界经济格局和我国特殊的世界经济地位,特别是加入世界贸易组织(WTO)以来,我国日渐由世界工厂发展成为制造业大国。发达国家在向我国进行产业转移的同时,也将工业污染、健康公害等问题一起输入。这种不平等的世界经济体系,成为转移生态环境危机的结构性前提,而我国为了实现21世纪前20年的经济追赶也不得不被迫接受了这种强制性经济格局安排。在积累了一定的物质财富之后,生态问题的严峻性迫使我们必须反思这种赶超模式的合理性,同时也具有条件和能力向经济增长与环境友好并重的模式进行转变。

西方发达国家的历史发展表明,生态问题从来不会单独存在,或者仅仅

① 包智明:《社会学视野中的生态文明建设》,《内蒙古社会科学》,2014年第1期。

与经济发展相联系。生态系统与社会系统的关联性，决定了生态危机的深化与不可逆发展，非常可能转变为社会问题甚至社会危机。不同于生态的自然系统属性，社会系统是由政治、经济和社会等所形成的组织和制度体系。承载着经济发展与利益分配要素的社会系统，是导致生态问题的重要诱因，其实质是社会系统对生态自然环境侵蚀和破坏所造成的结果。但是这一传递过程从来不是单线的，遭受破坏的生态环境又是通过既有的社会结构反作用于社会系统，导致社会问题。[①]西方国家掀起的环境正义运动，正是这种反作用于社会系统的生态问题，所带来的损害和应对成本在不同社会阶层的分配不公，而导致阶层矛盾激化的社会问题。这种社会问题不仅仅局限于一国不同阶层、种族，以及不同区域的社区居民之间，同时也会通过不合理的国际分工，作用于区域和国家之间，导致国际社会的紧张关系，这也是人与人之间不和谐关系在某种意义上的放大化。

在我国，生态问题与社会问题相交织同样是一个棘手的问题。从国内层面来看，区域间经济发展不均衡所导致的污染产业转移和项目建设，激发了部分社区民众的抗议情绪，如厦门 PX 项目等多个地区的邻避运动所揭示出的潜在生态风险向社会问题的转化。[②]从国际层面来看，近 20 年经济的高速增长，使得我国已成为头号温室气体排放国，而温室气体的过量排放正是大概率导致全球气候变暖和其他次生气候灾害的主要原因之一，这种局面让我国在处理国际关系时倍感压力。[③]由此可见，传统的工业文明发展模式在我国已经不可为继，我们迫切需要一种新型文明之路，在国内和国际两个层面，来破解所面临的多层次、多维度相交织的生态问题和社会问题，生态文明建设的提出具有时代必然性。

---

① 戴庆锋：《社会学视阈下生态文明建设研究》，《三峡大学学报》（人文社会科学版），2012 年第 1 期。

② 蔡守秋：《厦门 PX 事件——环境民主和公众参与的力量》，《中国环境法治》，2008 年第 1 期。

③ 郇庆治：《“碳政治”的生态帝国主义逻辑批判及其超越》，《中国社会科学》，2016 年第 3 期。

(二)社会文明形态的变迁——生态文明的界定

针对生态文明的概念界定，不同的社会科学领域学者从学科背景出发，有着不同的观点。围绕“生态文明”到底是一种文明要素，还是一种类型的社会形态，学术界的争议始终存在。部分伦理学和法学学者认为，生态文明应当属于人类文明的一种新理念形式。环境伦理学学者认为，生态文明与物质文明、精神文明、政治文明等形态应当并列，而与社会形态中的原始文明、农业文明和工业文明相区别。这里，生态文明所定位的是人与自然的一种和谐关系，并不能单独构成社会形态，并必须蕴含在农业社会、工业社会等社会形态之中。[①]不仅仅是现代工业文明存在有取向环境友好的生态文明理念，在早期农业社会中由于资源土地的过度利用所导致的生态破坏，同样也是衍生出尊重自然、爱护自然和保护自然的生态文明要素。部分法学学者甚至直接将生态文明作为一种法的理念发展，将其作为可持续发展观等环境法学指导思想的高级阶段。[②]少数社会学学者也支持这种定位，他们认为，生态文明与物质文明、精神文明、政治文明等文明要素既有联系，又保持着自身一定的独立性。[③]同时，生态文明应当是农业社会或工业社会的一种生态化表现形式，属于一种特征而并非社会形态本身。

主流社会学学者认为，生态文明应当属于一种社会形态，即生态文明社会。这是因为生态问题所导致的社会变迁，要求人类社会必须由低级向高级发展，而生态文明建设所要打造的一种与生态和解的社会形态，本质上与社会建设是不可分的。[④]同时，社会学所秉持的和谐理念也进一步支撑了这一论

① 赵建军、杨博：《“绿水青山就是金山银山”的哲学意蕴与时代价值》，《自然辩证法研究》，2015年第12期。

② 蔡守秋：《中国环境资源法学的基本理论》，中国人民大学出版社，2019年，第116页。

③ 杨国昕：《生态文明应与物质、政治、精神文明并重——经济发展的视角》，《中共福建省委党校学报》，2003年第9期。

④ 洪大用：《科学理解生态文明努力建设美丽中国》，《中国高等教育》，2013年第19期。

断,即生态文明所要追求的是多维和谐关系,包括了人际和谐、区际和谐与代际和谐,基础是要依靠人与社会、人与自然的总体和谐,这一系列和谐关系构成了生态文明社会的特征。[①]也正因为如此,生态文明社会是对工业文明社会的反思和摒弃,是一种更高进阶的社会形态。[②]

本文所采取的观点是将生态文明作为一种社会形态,与原始文明、农业文明和工业文明相并列。换句话讲,生态文明社会是一类高级社会形态,是工业文明社会发展到后工业时代导致环境污染、生态破坏等不可持续状态下而应过渡到的社会模式。我国所提出的生态文明建设,正是要实现由工业文明向生态文明社会的进化。党的十九届四中全会所提出的完善生态文明制度体系,也正是要建设我国生态文明社会的政治、经济、文化和法律制度体系。我国生态文明社会的建设目标应该是基于国内与国际两个视角。[③]在国内层面,需要改变过去不重视生态保护的制度取向,将资源过度消耗、生态环境损害、生态系统效益等要素纳入到经济社会发展的评价体系中,建立符合生态文明社会要求的制度框架。在国际层面,作为新兴崛起的发展中大国,在全球生态环境危机日益严峻的当下,我国应积极参与全球环境治理,与世界其他国家一道构建符合全人类利益的国际生态文明制度体系。

二、生态文明建设的社会学理论基础

社会学着眼于社会良性运行与和谐发展的条件和机制研究,与生态文明社会的构建存在着内生联系。[④]生态文明强调的是,人的自觉与自律,实现人

① 夏光:《"生态文明"概念辨析》,《环境经济》,2009年第3期。

② 贾卫烈、杨永刚、朱明双等:《生态文明建设概论》,中央编译出版社,2013年,第3页。

③ 关盛梅:《以人际和谐为基础推进生态文明的社会建设——基于社会学视角的分析》,《学术交流》,2011年第2期。

④ 李培林:《社会学理论与经验》,社会科学文献出版社,2005年,第5页。

与自然关系的和谐，也追求人与社会关系的和谐，[①]这种和谐关系恰恰也是社会学所追寻的内容。社会文明形态的变迁迫切需要社会学理论的支撑，在我国大力推动生态文明建设实践的大背景下，社会学理论建构则显得格外重要。我国社会学界介入环境问题的研究相对最少，表现在针对生态问题运用社会学理论和分析范式的缺乏，[②]没有形成鲜明的环境社会学分支体系。与此同时，西方国家环境社会学的理论体系日臻成熟，从社会学早期学者孔德和涂尔干，再到对当代社会学发展做出重要贡献的哈勃和贝克等学者，其对生态问题与社会问题的分析具有完善的研究视角，与环境经济学一起，在环境政策和法律的形成中起到了重要的支持作用。[③]

（一）生态现代化——生态文明社会变迁的整体图景

作为西方主流的环境社会学理论基石，生态现代化理论结合了一系列学者的研究，其重要思想是后工业文明时代的到来是不可阻挡的，而这一切都是当代经济与科学技术发展的必然结果。生态现代化的理论渊源最早可以追溯自社会学创始人孔德的研究观点，他认为物理学方法可以用于研究人类社会，并把社会学分成静态（社会静力学）和动态（社会动力学）两个主要部分。静态学说侧重于对社会秩序的研究，以及社会结构诸因素相互作用的剖析，因此也被称作"社会解剖学"，而动态学说则重点分析了社会变迁与社会发展的规律性因素，这也被社会学学者称为"社会生理学"。[④]孔德的学术思想，尤其是关于社会动态学的理论分析框架，为生态现代化理论的提出奠定了重要基础。20世纪80年代，德国学者哈勃在传统的现代化理论基础上正式提出了"生态现代化"概念，他将这一理论定位于人类智慧所带来的科技进步与经

① 陈金清等：《生态文明理论与实践研究》，人民出版社，2016年，第32页。

② 张超、洪大用：《社会变迁与环境问题——当代中国环境问题的社会学阐释》，《学海》，2003年第3期。

③ 李勇进、陈文江：《生态文明建设的社会学研究》，兰州大学出版社，2018年，第56页。

④ 席恒：《孔德其人及对社会学的理论贡献》，《西北大学学报》（哲学社会科学版），2013年第4期。

济发展,将服务于生态环境的改善,人类社会从工业文明向生态文明的转化,就是生态现代化的本质。①

表 1 生态现代化理论发展的阶段性特征②

年代	代表人物	研究领域	主要观点与贡献
20 世纪 80 年代	哈勃(Huber) 西蒙尼斯(Simonis)	行业、 民族国家	●科技革新对环保的贡献 ●对政府机构的批评 ●市场对环保的贡献
20 世纪 90 年代	摩尔(Mol) 威尔(Weale) 维林(Wehling) 哈杰(Hajer)	OECD(经济合作与发展组织)成员国	●社会与政治过程的影响 ●科技作用的降低 ●注重社会、政府、市场三元主体对生态转型的作用 ●关注制度和文化的作用
21 世纪以来	哈勃(Huber) 布特尔(Buttel) 斯派尔格林(Spaar-graren)	全球范围	●消费的生态转型 ●生态的社会公平探讨 ●向非欧洲国家推广生态现代化理论

生态现代化理论提出之后,很快在西方社会学界形成了多个学派观点,并随着针对西方国家的国内内部问题的分析,向 OECD 国家之间以及全球范围的其他国家进行推广。生态现代化理论强调了一种温和的社会变迁方式,认为科技革新、政府作用的发挥、公民社会对政治的影响、私人机构与市场作用,对于生态社会转化的重要作用。其观点与西方产生的生态马克思主义学者(如奥康纳)观点形成了鲜明对比,后者更加强调生态问题是由资本主义制度自身运行所产生的,而应对生态危机以及由此产生的社会问题,唯有通过社会制度变革才能实现。③生态现代化理论学派的学者也支持社会变迁的必然性论断,但他们却并不支持对资本主义生产方式进行变革,而是从:①带来

① Bell, *The Ideology of Environmental Concern, in An Invitation to Environmental Sociology* (3rd Edition), Pine Forge Press, 2009, p.176.

② 李勇进、陈文江:《生态文明建设的社会学研究》,兰州大学出版社,2018 年,第 70 页。

③ 陈学明:《“生态马克思主义”对于我们建设生态文明的启示》,《复旦学报》(社会科学版),2013 年第 4 期。

生态问题的科学技术发展轨道的转变,②包括经营者、消费者、金融机构等多元市场主体的参与,以及生态环境外部性成本的内部化制度需求,③政府等公共机构在生态改革进程中的作用发挥,④公民社会在现代社会生态重建中的影响力等角度,确立了自己的观点。社会变迁学派的代表学者摩尔认为,生态现代化理论应当是一种对于工业社会反省性的制度重组,经济制度与法律制度在某种程度上都发生了社会发展方向上的转型和变革作用,这是一种深刻性的社会重构。①我国正处于工业文明社会中后期向生态文明社会过渡的关键期,经济、技术、文化、法律等多样性因素的手段融合,以及政府、市场和社会的多元化参与,都是生态文明建设的制度体系顶层设计需要考量的因素。

(二)风险社会——生态文明社会的转型关键

风险社会理论来源于20世纪80年代西方学界快速发展的现代化理论建构与反思,其既是对生态现代化社会变迁中一个关键影响因子的回应,同时也是对生态现代化理论体系进化过程中经常性争论的理论提纯。德国社会学家乌尔里希·贝克教授正是这一理论的最早提出者和代表学者。贝克的观点奠基于一种对于技术变革与社会进步的思维转换。在技术进步给我们所处的工业文明社会带来巨大财富的同时,无时无刻不在潜移默化地输出风险。早期工业社会阶段,人类需要工业技术来解放和发展生产力,因此存在一种对工业社会风险的容忍态度,因为17—19世纪人类更需要依靠生产发展来推动社会富裕。但是随着进入后工业文明时期,生活的殷实让我们必须重拾安全价值,包括生态风险在内的各类社会风险因素是人类社会发展不可小觑的内容。

当代的现代化社会已经进入到一个新型风险社会,技术变革使得人类进

① P.J.Mol,The Environmental Movement in an Area of Ecological Modernization,*In Goforum*,No.1,2000,pp.45-56.

入自己无法把控的陌生世界。[①]那么我们在反思现代化的同时，所开展的社会体制重塑，也应当着眼于社会动员和风险防范的全体系建设，科学技术因素导致的风险管理必须纳入到社会变迁的内容当中，这也正是生态文明建设的主旨所在。[②]风险社会的一个重要维度是风险的全球化，正如贝克教授指出的那样，虽然贫穷落后在民族国家之间是有国界的，但是化学烟雾却是民主的，西方工业文明几百年发展所产生的风险并不会受到风险产生地的限制，与此相反，这些风险会不断向全球扩散，更猛烈地影响发展中国家。我国作为处于经济赶超阶段的发展中国家，风险社会理论所带来的警示是值得思考的。

（三）公众参与——生态文明社会转型的能动力量

生态现代化的社会转型离不开每一个社会成员的支持和参与。在生态现代化理论体系中，多元主体的重要一极是公民社会，其中包括了宽泛概念的社会公众以及特定社区居民。在社会学发展的早期，法国学者涂尔干在《社会分工论》中指出，社会团结作为社会学的核心概念，是我们探索人与社会关系的重要内容，社会形态需要实现从“机械团结”向“有机团结”的转变。[③]工业文明所带来的生态问题往往需要由社会公众买单，这种环境损害或风险传导在社会分配的不均衡性，又会导致对生态公平和环境正义等社会性问题的反思。那么公众参与和社区参与，对于生态现代化的社会变迁是非常重要的一环。

公众参与概念的提出，起源于20世纪六七十年代西方国家的环境保护民众运动。西方工业国家一系列环境公害事件的爆发，以及蕾切尔·卡森所著《寂静的春天》等一批启蒙读物的发行，唤醒了公民社会的环境保护意识，正是他们的抗争促进了西方世界一系列环保行动付诸实施。公众参与理论由西

---

① ［德］乌尔里希·贝克：《风险社会——新的现代化之路》，张文杰、何博文译，译林出版社，2018年，第28页。

② 关盛梅：《以人际和谐为基础推进生态文明的社会建设——基于社会学视角的分析》，《学术交流》，2011年第2期。

③ 渠敬东：《涂尔干的遗产：现代社会及其可能性》，《社会学研究》，1999年第1期。

方社会学者率先提出，公众参与体现了一种环境民主的理念，其中作为参与主体的公众既可以是一个家庭、一个社会和一个社区的普通民众，也可以是不特定人群，公众参与的对象包括了对涉及其切身利益的政府公共决策的知情、参与和救济请求等。[①]具体到环境事务，世界银行在其第139号技术文件中，又将公众细分为直接受影响的人群、受影响团体的公共代表、其他感兴趣的群体。由公众结成的社会团体日益成为生态现代化社会转型的重要参与者，在西方世界也被称作非政府组织（Non-Governmental Organization，简称为NGO），其在环境保护公众活动中是最具有主观能动性且最有社会效益的组织形式。NGO可以在环境教育提高公众生态意识、作为利害关系人参与政府决策，以及对政府和企业形成社会监督等方面持续发挥作用。我国的生态文明建设需要包括公众在内的有效参与，促成社会转型中的“有机团结”。

三、社会学理论指引下我国生态文明建设的实践路径反思

把社会学理论引入实践分析，增强理论自觉并与“接地气”的中国经验相结合具有重要意义。通过底层视角从实践问题中寻找理论依据，挖掘倒逼路径中的积极因素，则对推动未来生态文明建设具有重要指引。生态现代化理论、风险社会理论、公众参与理论对我国生态文明建设实践的重要启示在于，社会转型的过程应基于一种系统化整体观和渐进性发展观的思考，其价值取向是社会学所追求的和谐关系，在社会变迁追求人类社会系统与自然系统和谐的同时，保障社会系统内部和谐，减少社会转型的摩擦成本。我国当下所要进行的生态文明制度体系建设应有利于促进多个方面工作的开展。在制度体系设计中，政府角色的转型、市场机制作用的发挥、科学技术与风险防范、社会各阶层自发行动的介入，在生态文明变迁中均起到重要作用。

---

① ［美］约翰·C.托马斯：《公共决策中公民参与：公共管理者的新技术和新策略》，孙柏瑛等译，中国人民大学出版社，2005年，第23页。

(一)引入地方政府绿色核算,实现官员生态考核转型

政府角色的转型是生态现代化理论首要关注的问题。对我国生态文明建设而言,如何把生态标准纳入对地方发展和官员政绩的评价是政府职能生态化转型的关键所在。一方面,我国应尽快将绿色效益与生态成本纳入到地方经济社会发展的核算体系当中,通过设计和编制生态环境资产负债表等路径打造我国的“GEP”核算制度。[①]另一方面,改变过去对地方官员的“唯GDP论英雄”的考核机制,构建起政绩考核的“生态标准”,实现政绩考核标准的生态化。目前,我国针对地方政府的环境保护督察,以及针对地方行政首长的生态环境损害离任审计与终身追责,都是在探索制度的倒逼效应,强化地方政府和公职人员的生态文明意识,保障外部约束向内控效果的转化,针对地方官员考核“生态标准”制度的建设是重点所在。[②]

(二)奠定绿色经济引导作用,着力保护市场主体权益

在现代国家普遍实行市场经济制度的大背景下,正确认识政府和市场的关系,充分发挥市场机制在应对生态问题上的作用,是生态现代化理论所关注的另一重要领域。我国是实行社会主义市场经济制度的国家,政府在生态文明社会转型中所应发挥的作用借助于市场机制才是合理的。但长久以来,我国更加倾向于采用严格的行政执法方式,来处理环境污染与生态破坏问题,包括按日计罚、查封扣押、停产限产等行政处罚制度的创新,都是围绕单纯的命令控制思路展开的,甚至部分地方政府在贯彻时,盲目采取了“环保一刀切”,对经济发展带来不必要的损害。[③]市场应当成为完成生态文明转型的中

---

① 蒋洪强、王金南、吴文俊:《我国生态环境资产负债表编制框架研究》,《中国会计学会环境会计专业委员会2014学术年会论文集》,2014年。

② 高桂林、陈云俊:《论生态环境损害责任终身追究制的法制构建》,《广西社会科学》,2015年第5期。

③ 潘晓滨:《增强服务意识 完善环保工作方式》,《天津日报》,2019年2月11日。

坚力量，而政府更应成为市场的引导者、纠正者和保护者。从宏观层面，环境税费、绿色补贴、绿色信贷等经济手段，应当成为政府促进市场的宏观调控工具。从微观层面，市场经济是法治经济，市场机制作用的发挥离不开私权利的有效保护，绿色生产、绿色消费、绿色流通等市场经济行为，实现真正的"污染治理有回报、生态友好有收益"，仍然需要配套制度的建立来促进市场调节功能的自发运行。

（三）抑制科学技术风险因子，促进生态友好创新格局

生态现代化理论认为科学技术的作用转变，是完成经济社会生态转型的关键要素。而风险社会理论却在警醒我们，忽视科学技术风险的工业社会发展，将会快速抵消科技所带来的经济效益。从某种意义上讲，科学技术是一把"双刃剑"，它既是带来生态危机的"刽子手"，善加利用下又能转化为生态保护的"卫道士"，那么国家科学技术的制度顶层设计则应当有利于发挥适应生态规律的"软技术"，同时限制甚至停止发展成倍增大工业社会风险的"硬技术"。[①]长久以来，我国在采取工业化道路和城镇化模式进行经济赶超的同时，技术引进与创新重点在于如何扩大生产规模、提高生产效率、增加经济利润、便利劳动力要素流动，而忽视了技术所带来的生态风险的转移和环境负外部性的累积，导致的结果是环境问题的健康转向与经济社会的不可持续发展。[②]那么在我国生态文明社会转型中，新的科学技术管理制度需要更专注于将环境保护、资源节约、清洁能源、循环经济纳入到技术促进的主要考虑因素，同时需要配套科学技术负面清单与限期淘汰制度，一方面加速形成对传统工业化路径下高环境损害技术工艺的清场，另一方面则要限制高生态风险技术的创造和引入。

① C. Kwa, Book Reviews: The Politics of Environmental Discourse: Ecological Modernization and the Policy Process, *Science Technology & Human Values*, No.2, 1998, pp.245-248.

② 郇庆治：《环境政治视角下的生态文明体制改革》，《探索》，2015年第3期。

（四）树立公民生态意识，保障多维度公众参与

生态现代化理论肯定了现代社会运动对生态政治转向的倒逼效果，其注重公民社会与政府、市场所形成的三元参与主体对生态现代化转型的重要作用。公众参与理论和西方国家生态现代化转型的已有实践，作为对生态现代化理论在实施层面的扩展，丰富了我国生态文明建设社会化参与可选择的制度工具库。进入21世纪以来，我国工业化进程特别是重工业的高速发展，导致的雾霾围城、地下水污染、村民铅中毒等一系列环境污染与公共健康事件，通过倒逼机制促使公众生态环境危机意识不断提升，而涉及社区居民的直接环境利益诉求表达不畅，则导致了一系列环境邻避运动问题，反核电、反垃圾场、反PX化工项目建设等，都反映出我国环境保护公众参与通道阻塞的制度缺失问题。

在我国生态文明社会转型中，公众参与的目标决定了制度手段的两个主要完善方向。①一方面，需要将提高社会公众的生态意识，培育环保领域的自治精神，纳入到制度化轨道，生态文明理念的宣传教育制度建设尤其重要，其中就包括了从单一促进公众绿色消费的经济活动，到涵盖绿色生活方式的方方面面。让绿色生活形成一种文化时尚，进而转化为公众内心中的道德责任，是强化生态文明宣传教育制度的终极目标。我国从2018年底开始大力推广的城市垃圾分类制度就是一个缩影，社区居民环境保护观念的养成是法律强制手段所无法达到的。另一方面，促进国家环境行政管理的民主化，保障公民环境参与权，通过制度手段平衡公众环境利益诉求是公众参与制度建设的重要维度。在具体制度体系建构中，仍需要不断完善环境信息公开、公众参与环境决策、公民组织环境公益诉讼等反馈机制，同时还需要重视培育有利于公民自治环保组织成长和成熟的制度环境。

---

① 史玉成：《环境保护公众参与的理念更新与制度重构——对完善我国环境保护公众参与法律制度的思考》，《甘肃社会科学》，2008年第2期。

(五)加强国际生态文明建设合作,共同应对全球性环境问题

社会学所追求的和谐关系在更高层面强调了不同民族国家之间的团结协调。全球绝大多数国家所采取的工业文明发展模式,决定着这些国家进行生态现代化转型的必然趋势,而仅仅是转型时间的早晚差异而已。西方发达国家历经200多年的工业社会发展,所累积的生态风险已经不仅仅局限在它们自己的管辖范围之内,而是扩大到其他所有后进的新兴工业化国家。风险社会理论所揭示的工业文明风险因素已经或正在转化为现实,并有比西方工业化国家以往的历史教训更加快速、强烈、集中的爆发趋势,这将是包括我国在内的所有发展中国家所不能承受之重。[①]气候变化及其全球次生灾害、生物多样性减损、公海塑料垃圾泛滥成灾、危险废物跨境转移等一系列国际环境问题,需要全球携手应对。我国始终重视在国际生态文明领域加强制度体系建设,在人类命运共同体和人与自然生命共同体思想的指引下,我国需要在低碳经济转型与生物安全风险防范等制度领域加快完善步伐,并积极为全球环境治理过程中贡献中国方案。

① 黄爱宝:《全球环境治理与生态型政府构建》,《南京农业大学学报》(社会科学版),2008年第3期。

“网络理政”的创新实践：现实梗阻与优化路径

——基于“主体—行为—成效”的三维视角

王　瑾

[摘要]“网络理政”作为互联网时代治理创新的一种新形态，是推进国家治理体系与治理能力现代化创新经验的典型代表。我国从中央到地方持续开展“网络理政”实践活动，需要通过构建“主体—行为—成效”的分析框架，整体深入把握我国“网络理政”的创新实践建设。当前，我国“网络理政”在治理创新举措方面取得新成果的同时，在具体操作中仍然面临着诸多挑战，包括主体层面：依赖“技术治理”的思维，理念转变不充分；行为层面：基层力量薄弱且缺乏专业知识，执行较僵化；成效层面：创新能力不足，尚未形成治理创新长效机制。这就需要从“主体—行为—成效”三个层面，强化创新主体“互联网＋治理”理念，面向“网络理政”理念转变；加大基层专业技术知识的支持，改进治理行为以提升基层治理水平；构建“网络理政”协同发展机制，提高创新能力，促进成效深化发展。

[关键词]网络理政；创新实践；现实梗阻；协同发展

作者简介：王瑾，天津师范大学政治与行政学院博士研究生。

一、问题的提出

近年来，在我国“互联网＋治理”理念的推动下，从中央到地方持续开展“网络理政”的创新实践，在破解治理碎片化、回应治理需求、调试治理行为等方面发挥着独特优势。中国“网络理政”的核心在治理，是治理的创新。基于这一认识，整体审视我国“网络理政”的实践创新建设，可以全面把握各级政府在“互联网＋治理”创新领域的广度与深度。当前，我国各地方积极开展不同领域、不同层次、不同内容的“网络理政”创新实践，取得了一系列实践成果。那么我国“网络理政”的创新实践建设取得了哪些成果？新时期还存在哪些现实梗阻？如何优化？这些是本文分析和探讨的主要问题。

“网络理政”是我国进入互联网时期衍生的本土化概念，是网络空间内治理创新的新模式。因此，国内关于“网络理政”主题的研究，主要集中在“网络理政”的概念、“网络理政”创新实践的实证分析和创新路径三个维度。从“网络理政”的概念来看，研究者们对“网络理政”的概念界定延续“网络问政”的基本理论，大多对“网络问政”的发生动因、创新优势、治理效果等方面进行了研究。如王景玉通过探讨网络问政与政府规制间的内在关系，发现大众的从众化倾向、政治效能感的刺激和传播是“网络问政”的发生动因；[①]桑颖在社会治理创新视角下探讨“网络问政”推动创新主体的多元化、治理方式的改进、治理理念的创新、社会透明度的提高等方面的治理优势；[②]王丛虎等实证分析了公民形成网络问政对象的选择偏好及其形成逻辑来进一步明确主体的职责划分，从而改善网络问政的效果。[③]与“问政”不同的是，从“网络问政”到“网

① 王景玉：《网络问政的政府规制研究》，中国社会科学出版社，2016年，第32页。

② 桑颖：《社会治理创新视角下我国网络问政的发展路径探析》，《科学社会主义》，2014年第3期。

③ 王丛虎、刘巧兰：《公民网络问政对象的选择偏好及其形成逻辑——基于4个地级市的调研》，《北京行政学院学报》，2021年第4期。

络理政"的发展是互联网时代的中国治理转型,核心是治理,更加强调治理主体的多元化、治理行为的多样化和治理成效的持续性,[①]其内涵比"网络问政"要宽泛许多。因此,研究者站在国家治理的高度,提出中国"网络理政"是在执政党主导下的国家和社会通过互联网,实现公共事务有效治理、公共利益全面增进的活动与过程,具体包括安全、开放、回应、协商和服务五种机制。[②]

关于"网络理政"创新实践的实证分析包括两个方面:一是对"网络理政"单个或多个案例的诠释分析,二是运用统计方法对"网络理政"实践的定量分析。诠释分析主要关注我国"网络理政"的治理能力建设和治理成效问题,在舆论新格局下信息代表了权力,而信息权力的不平衡既带来"信息孤岛"隐忧,也让政府在民主层面上的互动、服务、监督等方面表现出薄弱能力。[③]为评估"网络理政"的治理成效,一些研究者运用数据统计或模型建构,用数据的精确化、确定化尝试构建网络理政绩效评估体系,[④]归纳"网络理政"创新实践的动因、特征与成就,在把握我国"网络理政"发展趋势的同时考虑创新扩散的适用性问题。[⑤]"网络理政"的目标是建设数字政府、推动数字治理,对创新路径的研究以构建数字政府为治理目标,从理念、行为、能力三个方面提出优化路径。如虞崇胜等提出要强化和规范网络理政,需要政府转变对待互联网的传统观念,提高网络认知自觉,实现网上与网下有效衔接,从而将"网络理政"落到实处;[⑥]鲍静等从技术、行为、组织三个层面构建推进数字治理体系的框

① 沈国麟、李良荣:《网络理政:中国的挑战、目标和理念》,《新闻大学》,2018 年第 3 期。

② 沈国麟:《善治安心:中国网络理政的理念与实践》,华夏出版社,2017 年,第 29 页。

③ 张华:《权力互动视角下的政府网络信息公开——基于对省级政府网络理政能力的实证分析》,《情报杂志》,2017 年第 5 期。

④ 张雄、刘锦扬、朱胜:《构建地方政府网络理政绩效评估指标体系》,《商业经济》,2019 年第 8期。

⑤ 王少辉、许琼:《中国网络理政创新的特征、动因与成效——基于"中国网络理政十大创新案例"的多案例文本分析》,《电子政务》,2020 年第 1 期。

⑥ 虞崇胜、刘远亮:《从网络问政到网络理政:中国政府的网络认知自觉》,《天津行政学院学报》,2015 年第 4 期。

架，通过加强技术能力、规范能力和组织能力促进数字能力建设。[①]

综合来看，国内关乎“网络理政”的既有研究，引发了对“网络理政”建设更加深入的思考，对进一步深化“网络理政”的创新实践认识具有重要的指导意义。尽管研究者们已经充分认识到我国“网络理政”在不同领域的治理优势，但仍然缺乏整体性考察我国“网络理政”实践在治理创新层面的改革举措，对治理主体、治理行为和治理成效间的研究还不够深入。因此，本文通过建构“主体—行为—成效”的分析框架，结合对华南两市部分地区的实地调研与深度访谈，以及部分地区政府官方网站发布“网络理政”实践创新的相关信息辅以补充，整体考察我国“网络理政”的创新实践建设，并提出优化路径以促进创新成果的持续深化。

二、“新成果”：当前我国“网络理政”创新实践取得的成就

在多方参与和基层探索相结合的治理情境下，我国积极开展“网络理政”创新实践活动，在治理创新举措方面取得了一些“新成果”。从主体层面来看：多方创新主体参与，逐步推动治理主体的清晰化；从行为层面来看：以回应人民需要的治理方式，构建闭环式的治理机制；从成效层面来看：柔性治理能力显著提升，实现多面向的治理目标。

（一）主体层面：多方创新主体参与，逐步推动治理主体的清晰化

一直以来，我国治理创新建设致力于培育多元化的创新主体。我国“网络理政”的创新实践形成了“多方参与”的治理主体格局，具有逐步推动治理主体清晰化的优势。主要表现在，网络问题牵涉多方治理主体间的强关系，而实践中因标准不统一、范围不统一、业务不统一往往造成问题归属难以识别，解

① 鲍静、贾开：《数字治理体系和治理能力现代化研究：原则、框架与要素》，《中国行政管理》，2019年第3期。

决问题的主体十分模糊。也就是说，参与的主体多元化，但各主体间职责界定相对模糊，有时会引发执行偏差和治理失灵问题。开展"网络理政"促进治理问题的类别化、治理结构的扁平化、治理过程的集中化，加之平台数据化分析功能，能够进一步明晰问题归属和责任主体，逐步推动治理主体的清晰化。比如，很多地方政府搭建了"政民互动"平台，可以及时根据民众反馈的不同问题进行数据分析和部门匹配，通过数据统计清晰识别主体责任归属，并配套相应的奖惩机制，打破传统政府和民众的互动错位问题。

多方创新主体参与不仅能够推动治理主体的清晰化，也有助于形成多方主体"共享共治"的治理模式。可以说，共治的基础在于基层力量，关键点是多方参与，培育多元主体共治已经成为政府发挥"网络理政"优势，开展治理创新实践的基本形式。特别是伴随中央顶层治理重心向基层转移的目标定位，多地乡镇（社区）涌现大量"网络理政"创新建设，大幅度提升了社会主体参与比重。比如，华南某市搭建"智慧党建"平台，推进基层党建进村进屯，建立覆盖"城区—镇—村—屯"四级智慧云系统，打破以往偏远山区群众参与零渠道。各级政府的层层对接，进一步明确责任主体以及职责划分，多方纳入"智慧党建"平台的建设，扩充创新主体参与和监督乡村治理。

除此之外，企业作为治理主体也积极参与"网络理政"的创新建设。比如，浙江安吉新闻集团利用"融媒体"优势拓宽参与渠道，通过"一屏集成、一图展示、一网监管"整合党务、政务、村务，明确治理任务和监督主体，实现"村村互通、村村互帮、村村互学"是浙江安吉数字乡村建设培育多方创新主体参与、推动治理主体清晰化、赋能基层治理的创新典范。

（二）行为层面：以回应人民需要的治理方式，构建闭环式的治理机制

回应人民需要是我国"网络理政"实践创新的着力点，也是衡量现代国家治理行为成效的重要标准。"网络理政"的创新建设不仅运用现代信息技术增

添人民群众参政渠道，而且以回应人民需要的治理方式，构建闭环式的治理机制，实现集中需求、集中环节、及时响应。

闭环式的治理机制是指整合“地方资源”，搭建集约化平台，通过全方位、立体化的设计、统筹、架构、分配与反馈等环节，破解现实难题，回应人民需求的全闭环治理流程。成都市温江区为快速响应民众诉求，打破条线垂直管理造成的“看得见的管不着，管得着的看不见”问题，构建了“市民呼、社区应”“社区呼、镇街应”“镇街呼、区级应”的“三呼三应”民生需求全响应的闭环机制。在此机制下能够有效对接条线需求，缩小治理半径，及时回应群众诉求。同时，在为民答疑、为民解困方面，政府在其门户网站建立公众参与平台，对接“政务、微服务、互动”三大模块，搭建一站式互动平台。市民可以通过政府发布公众号，经上报、申请、查询、反馈等环节参与“问政”“督查”“征集”“访谈”等治理活动。针对市民的问询，各行政部门联合设立“部门在线回复统计”模块，运用大数据统计各行政部门在线回复市民咨询与投诉的情况，再通过上传、分配、统计、反馈的闭环治理机制，市民可以清晰地看到回复率与办结率，能够实现诉求到数据再到落地改进的全过程。

同样，一些地方政府以“数字政府”建设为导向，构建“一企一网，一网通达”的闭环式治理机制。比如，地方政府依托省级政务平台整合多项行政事务，本地以及外地企业可通过申请、查询、预约、续期、申报等服务闭环机制获得高效便捷的服务，进一步营造良好的营商环境。

（三）成效层面：柔性治理能力显著提升，实现多面向的治理目标

柔性治理是治理能力的重要体现，相比强制性的刚性治理，柔性治理的核心是以人为本，通过多元协商实现民主互动，并采取非强制性治理行为，灵活应对治理失灵现象的一种治理手段。在“网络理政”的实践中，面对人民群众的诸多诉求，打破传统管控型的治理模式，以开放的姿态通过多元主体的合作搭建协商平台，通过柔性治理手段回应各类诉求，能够有效实现多面向

的治理目标。

一方面，政府与社会通过加强内外合作，强化网络民主，提供一体化、精准化政务服务以提升服务能力、回应能力、协作能力以及学习能力，多管齐下采取柔性治理的方式实现诸多治理任务对应的治理目标。比如，宁波鄞州区发挥“自媒体”优势，扶持网络社会组织，建立了全省首家县域网络社会组织联合会以及网络基地，形成了党委统一领导、七大服务机制保障、八大常态活动支撑推进的“178（一起办）”网络社会柔性治理模式，突破传统刚性管制模式，把网络战线凝聚成“一条心”，由内而外提高政府与社会组织的协同治理能力，实现了数据资源共享、多项政务对接、网络公益与青少年引导等多面向治理目标。

另一方面，面临重大社情，在上级党政部门政策供给的部署牵引下，各地方政府积极运用刚柔并济的治理方式，依托大数据平台采取有效手段，全面提升全社会风险防控能力，实现维护社会秩序稳定以及提升政府应对风险能力的目标。比如，面对突如其来的新冠肺炎疫情，上海市大数据中心及时推出的“随申码”以真实数据为基础，联合大数据资源平台与移动端，市民以及返工返岗人员可通过“随申办”APP、支付宝、微信和“健康云”平台快速获取本人“随申码”，在化解社会消极情绪和保障社会秩序的同时，实现提升政府研判风险、有效防控的治理目标。

三、新时期我国“网络理政”创新实践面临的现实梗阻

新时期，我国“网络理政”的实践建设仍然处于爬坡探索阶段。信息化技术与传统管理体制的碰撞使得我国“网络理政”实践建设在回应现实需求上还存在一些现实梗阻，包括主体层面：依赖“技术治理”的思维，理念转变不充分；行为层面：基层力量薄弱且缺乏专业知识，执行较僵化；成效层面：创新能力不足，尚未形成治理创新长效机制。

（一）主体层面：依赖“技术治理”的思维，理念转变不充分

技术治理的路径依赖赋予“网络理政”工具理性的意义，实践中多以平台化、数据化建设为主，存在过度依赖技术治理的问题，忽略了人民群众的现实关怀。例如，一些地方“网络理政”的创新实践中普遍存在的问题是依赖“技术治理”思维延续传统电子政务的思路，把以往部分线下工作搬到线上，构建资源共享系统，却在实际操作中遇到多系统嵌套，无法实现互联互通的操作体验。另外，由于过度强调“技术治理”的工具理性，忽略了网络理政的治理特征和现实需求，追求构建数据大厦，或借助“机器人”弥补反馈滞后的短板，反而没有切实保障群众问询的有效性。

理念转变的不充分，体现在很多地方的“网络理政”建设仍然停留在网络问政阶段，加之过度依赖“技术治理思维”，存在着许多治理设计流于表面，有名无实的现象，治理过程中仍然以“问政”为主。比如，一些地方通过跨部门整合搭建多渠道互动平台，打破了传统分散问询、反馈的单一渠道。然而一些现有平台的功能仅仅停留在模块展示或数据展示来反映公民参与的程度，有些板块有题目没有内容，甚至存在信息空白或信息滞后现象，看见“问”，看不见“答”，充分说明治理主体的理念还停留在“问政”阶段，没有切实转向“网络理政”的治理理念。

（二）行为层面：基层力量薄弱且缺乏专业知识，执行较僵化

行为手段是治理理念的实施方式。为响应中央顶层“协作共治，推动治理重心向基层下移”的要求，各地方在加强跨领域、跨部门合作中积极扩充基层网络治理队伍，使其成为执行治理理念的主力军。但是在资源保障不足的情况下，基层力量在实际工作中仍显薄弱，加之缺乏专业技术知识的支持，基层队伍的治理手段较为僵化，导致治理水平低下。

笔者在走访调研过程中发现，华南地区的地方政府对基层治理队伍建设

十分重视。尽管工资待遇受地区经济发展水平的影响相对较低，但在网络宣传、动员鼓励等方面投入较大，并配有相应的补贴政策来支持基层治理队伍。虽然该地区已将网络云技术、大数据平台建设落地，大力投入基层治理队伍建设，但是由于层层加码、任务叠加，反而在基层队伍的日常管理工作基础上增加了技术性、专项性、临时性的工作任务。特别是一些基础性数据采集任务需要基层力量挨家挨户去排查统计，即使该地区设立了相应的鼓励机制，但完成时效和完成质量方面还是会因基层队伍力量薄弱而受到影响。加之整体基层队伍存在专业技术差异，缺乏专业化知识使得专职化程度不高，导致基层工作人员在实际操作中的治理手段僵化和执行偏差。

特别是一些偏远地区开展的“网络理政”实践存在只建设、学习少、培训少现象。笔者与华南两市的部分区县、村负责“网络理政”建设的专员进行深度访谈发现，当地对网络信息技术的基础设施十分重视，从无到有配备了相应智能化设施，比如运用远程网络搭建“智能云屏”，构建“条条”与“块块”对接的共享联动系统，研发包含政务服务、党建服务等一系列集约化服务于一体的软件。然而在实际操作中，很多基层人员没有接受过相关系统和软件专业知识的学习和培训，存在只会下载不会具体操作或者操作不熟悉、不熟练的现象，再向群众普及以及完成工作过程中频频受阻，执行效率低下。

（三）成效层面：创新能力不足，尚未形成治理创新长效机制

创新能力主要体现为治理主体的能动性，影响着治理的成效。尽管我国“网络理政”促进了创新主体综合能力的提升，但创新能力仍略显不足。在技术革新、人民需要与治理转型的外部压力，以及内部自我推进需求的多重动力下，治理主体势必需要通过提升创新能力，在治理目标与治理成效之间寻求与之匹配的可操作机制来保证创新成果的稳定性与持续性。

然而政府负责下的领导组织特征不可避免地采取集中统一的治理方式，这就导致在条块结构中大大降低了基层部门治理创新的自主能动性，一定程

度上也限制了基层自主创新能力。例如,一些地方政府响应顶层设计,垂直建立统一的治理栏目,但各层级政府在经济发展水平、资源基础保障、学习执行能力等方面均存在地区差异,治理栏目的规划与地区现实不符,符合地方现实的项目又因资源限制、规划不周而未能得以实现。因此,很多基层地区治理创新项目出现"挂空牌"现象。另外,一些地区自建立大数据平台和政民互动平台以来,数据互联互通的要求与公民线上诉求的大量激增"倒逼政府"从传统信息化治理方式向智能化转变以此提升治理水平,但是政府相关部门出于对治理成本的考虑而选择信息化的路径依赖策略,没有实现真正意义上的互联互通,加之信息不对称、体制壁垒等因素的影响,政府部门在短时间内难以形成快速有效的应对策略,导致一些相关部门在能力有限的情况下也很难去主动构建或完善原有机制。创新能力不足、尚未形成治理创新的长效机制,也持续带来智能技术"不智能"、业务标准"不统一"、政策供给"不及时"、治理主体"不积极"等问题。

四、我国"网络理政"创新实践的优化路径

面对新时期我国"网络理政"创新实践中存在的诸多挑战,不仅要着眼于政府内部的自我推进,还需持续关注治理主体、治理行为、治理成效间系统性和整体性的互动。在主体层面:强化创新主体"互联网+治理"理念,面向"网络理政"理念转变;在行为层面:加大基层专业技术知识的支持,改进治理行为以提升基层治理水平;在成效层面:构建"网络理政"协同发展机制,提高创新能力促进成效深化发展。

(一)主体层面:强化创新主体"互联网+治理"理念,面向"网络理政"理念转变

"互联网+治理"理念意味着治理主体既要借助互联网技术的强大优势推

动网络治理建设，又要治理好网络空间内关乎人民利益的公共事务。现代政府的治理创新理念，汲取了治理理论的核心论点，不仅关注治理主体结构、治理行为和过程，更加强调治理成效和治理质量。尽管我国“网络理政”治理创新实践已取得阶段性成果，但各地方实践因需而异、因地而异，面对共性问题亟须进一步强化“互联网＋治理”理念，面向“网络理政”理念转变。

关键行动是要破除传统固化观念，打破依赖“技术治理”的单一治理思维。治理理念决定着治理方式，是治理行动的先导。网络理政的核心在治理，在实践中要逐步推动从“问政”到“理政”的理念转向，不能打着“理政”的牌子仍然停留在“问政”阶段，而是要发挥好“技术治理”的优势，通过“理政”落实好“问政”。另外，领导者赋能是让地方治理创新从创新持续到创新深化的关键要素，也是落实“网络理政”理念的规划设计者。创新主体要立足实际，把握“互联网＋治理”的客观规律，学习理解“网络理政”理念的意蕴，逐步将其落实到治理过程的各个环节。基层治理队伍是“网络理政”理念的关键执行者，关系着“网络理政”的治理创新成效。对于地方基层力量，学习实施新的理念不能急于求成，需要予以培训和指导，结合基层实践，要培育具有“网络理政”理念的专业化队伍，不仅重视技术应用，还善于把握治理规律，将新理念积极落地实践，带动人民群众适应新的技术手段，从观念上“让我用”逐步转向“我要用”，切实向“网络理政”的理念转变。

（二）行为层面：加大基层专业技术知识的支持，改进治理行为以提升基层治理水平

我国“网络理政”创新实践以网络信息技术为基础，势必需要专业技术知识的支持。智能化技术本质上解放人力，但不能完全替代人力。在规避技术“负效应”的前提下，各地方要加大专业技术知识的投入和支持，不仅仅是对新理念、新技术的引进和学习，也包括对其他地区先进治理经验以及技术应用的学习，同时还要加强对领导干部以及行政人员的知识培训与考核。只有

自上而下共同提高应用智能化技术的能力，弥补知识空白，才能合力改进“网络理政”的治理行为。值得注意的是，技术知识的投入未必会得到有效产出，一方面技术应用会面临升级具有不稳定因素，另一方面技术应用需要与执行者进行磨合，难免出现问题会影响执行者的执行动力和治理行为的选择，这就需要在加大专业技术知识支持的同时构建容错机制来避免降低基层治理队伍的创新活力。

相比其他治理模式，“网络理政”不仅仅是通过程序革新来改善治理绩效的单一创新，还是重塑部门间的联动过程，改善原有治理行为来增进公共利益的合作创新。因此，为进一步改进基层队伍的治理方式，不仅需要加大专业技术知识的培训，也需要在治理过程中持续加强“政政互通、政社互通、政民互通”三方面内容。“政政互通”可以弥合治理流程脱节，目的是解决基层治理创新当中的“挂空牌”现象，打破治理手段僵化的局面。“政社互通”可以缓解庞大的基础数据任务和多样化诉求的治理压力，壮大基层治理队伍力量，促进多方参与调动治理主体的自主能动性。“政民互通”意味着公民积极参与、政府主动回应的良性发展态势。

（三）成效层面：构建“网络理政”协同发展机制，提高创新能力促进成效深化发展

构建“网络理政”协同发展机制，归根结底是把规划设计落地实践操作，并且实现创新系统的交互性。协同发展机制是联结治理创新规划与实施操作之间的纽带，关系着治理创新成效能否稳定可持续发展。因此，为巩固我国“网络理政”的实践成果持续深化发展，突破当前存在的现实梗阻，以“主体—行为—成效”为框架基础，需要构建领导治理机制、过程治理机制、协同治理机制与治理执行机制组成的“四轮联动”治理系统，以保证治理成效能够在网络环境中保持稳定，推动成果的可持续化。

领导治理机制是由组织当中的关键领导在拥有资源和合法性的条件下，

处于组织中心位置协调其他治理主体进行网络活动的开展和重大决策的部署。在多方创新主体参与的治理主体格局下，建构领导治理机制既有政府部门，也包含企业、社会组织和公民，目的是持续为治理创新行为"赋能"，使在适应外部环境的情况下各个创新主体都拥有嵌入其他治理系统的能力。为此，在治理过程机制与治理执行机制中发挥领导治理能力，为保证地方政府治理创新的民主性、持续性和有效性，就需要治理主体间不断协商。比如，通过协商，逐步清晰及认可多方治理主体的共同努力，以及在执行过程中所做出的贡献，这对于改进创新主体的治理行为是一种有效的选择和安排。那么构建协同发展机制既要保证治理主体对"网络理政"创新实践的民主性回应，也要平衡治理过程中的治理行为与治理成效联动的利益关系。通过对话、协商与合作，建立具有针对性、高效性的联动聚合机制，不断提升"网络理政"的治理创新水平，为创新成果的稳定持续发展提供强大的智力贡献。治理执行机制一方面是落地实施顶层决策，另一方面要在执行过程中鼓励治理主体的创新能动性，提高政府与社会的内生性创新能力。

总的来说，"网络理政"的创新实践是在满足人民需要和增进公共利益的核心目标下，以互联网技术的有效介入通过多元主体协同治理创新，推动创新主体在治理理念、治理行为、治理成效等方面进行系统性、整体性改革。在深入推进国家治理体系和治理能力现代化目标的进程中，"网络理政"的创新建设承担了重要一环并取得阶段性成果，这些都依赖于治理主体、治理行为和治理成效等方面形成的治理优势。整体考察我国"网络理政"实践创新建设，系统梳理和总结现阶段实践创新的成果是总结中国式现代化经验与规律的重要参照。本文通过构建"主体—行为—成效"的分析框架，力求全面、整体地反映我国"网络理政"创新实践的"新成果"与现实梗阻，通过尝试优化路径促进创新成果能够稳定持续发展，助力建设数字政府，为中国互联网治理事业贡献力量与智慧。

参考文献

[1]鲍静、贾开:《数字治理体系和治理能力现代化研究:原则、框架与要素》,《中国行政管理》,2019年第3期。

[2]桑颖:《社会治理创新视角下我国网络问政的发展路径探析》,《科学社会主义》,2014年第3期。

[3]沈国麟、李良荣:《网络理政:中国的挑战、目标和理念》,《新闻大学》,2018年第3期。

[4]沈国麟:《善治安心:中国网络理政的理念与实践》,华夏出版社,2017年。

[5]王丛虎、刘巧兰:《公民网络问政对象的选择偏好及其形成逻辑——基于4个地级市的调研》,《北京行政学院学报》,2021年第4期。

[6]王景玉:《网络问政的政府规制研究》,中国社会科学出版社,2016年。

[7]王少辉、许琼:《中国网络理政创新的特征、动因与成效——基于"中国网络理政十大创新案例"的多案例文本分析》,《电子政务》,2020年第1期。

[8]虞崇胜、刘远亮:《从网络问政到网络理政:中国政府的网络认知自觉》,《天津行政学院学报》,2015年第4期。

[9]张华:《权力互动视角下的政府网络信息公开——基于对省级政府网络理政能力的实证分析》,《情报杂志》,2017年第5期。

[10]张雄、刘锦扬、朱胜:《构建地方政府网络理政绩效评估指标体系》,《商业经济》,2019年第8期。

单位型社区的应急管理建设：以Q高校新冠肺炎防疫为例

何里程

[摘要] 新冠肺炎疫情引发的公共卫生危机推动以社区为代表的地方应急管理建设提上日程。既有研究关注传统社区的应急管理建设，忽视了成员具有共同身份、成员互动密切且具有一定人口规模和较为齐全社会功能的单位型社区在地方应急管理体系中的重要作用。文章以Q高校新冠肺炎疫情防控为案例，发现单位型社区在突发公共危机中通过构建高水平、高效率应急管理队伍体系，有效应对了新冠肺炎疫情对居民个体和社区整体的冲击。基于Q高校应急管理队伍体系的经验分析，本文提炼了单位型社区应急管理体系构建的安全与秩序两重维度，并尝试为单位型社区的应急管理建设路径提供新知。

[关键词]单位型社区；应急管理；公共危机；高校防疫

作者简介：何里程，南开大学周恩来政府管理学院硕士研究生。

一、序言

作为治理现代化的关键环节，地方应急管理建设深刻影响国家治理体系和治理能力现代化的进程。新型冠状病毒肺炎疫情（COVID-19）引发的公共卫生危机对全球秩序产生了深远影响，中国共产党领导下的地方政府通过社区防疫、调动资源和动员官员等政策组合有效应对抗击新冠肺炎疫情斗争重大战略成果。[①]可以说，中国政府通过新冠防疫塑造了“中国式”应急管理模式，彰显了中国特色社会主义的制度优势。[②]不同于其他国家的防疫模式，中国社区在基层联防联控、群防群治防线中发挥了重要作用，通过城乡社区构建的应急管理机制成为政府应急管理体系的重要组成部分。既有社区应急管理体制研究主要以传统居民社区为场域，例如围绕社区组织在应急管理过程中的承载能力，着重探讨社区在疫情应急管理中的基础作用；[③]以及对社区疫情防控中“志愿者 + 社区社会组织”等具体应急管理机制模式进行分析。[④]

既有研究只关注传统居民社区，忽视了当代中国社会广泛存在的其他社区形式。作为区别于传统居民社区的特殊社区，单位型社区在重大公共危机管理中的经验鲜有总结。一般居民社区以家庭为基本组成单元，家庭、个人原子化特征突出，社区社会功能也较为单一。单位型社区特指成员具有共同身份、成员互动密切且具有一定人口规模和较为齐全社会功能的工作生活共同

---

① Ciqi Mei, Policy Style, Consistency and the Effectiveness of the Policy Mix in China's Fight Against COVID-19, *Policy and Society*, No.3, 2020, pp.1-17.

② Alex Jingwei He, Yuda Shi & Hongdou Liu, Crisis Governance, Chinese Style: Distinctive Features of China's Response to the Covid-19 Pandemic, *Policy Design and Practice*, No.3, 2020, pp.242-258.

③ 张霄艳、孙枫华、方鹏骞：《城市社区在“新冠肺炎”疫情防控中的基础作用与思考》，《中国卫生事业管理》，2020 年第 5 期。

④ 张军、刘雨：《新冠肺炎疫情防控中的“志愿者 + 社区社会组织”模式服务效力及其反思》，《天津行政学院学报》，2020 年第 3 期。

体，[①]其中以科研机构、高等学校等事业单位最具代表性。单位型社区成员的共同身份导致了成员间频繁的互动交流，加之社区成员具有较大规模，无疑增加了社区危机传播与危机外溢的风险，单位型社区在地方重大公共危机中的应急管理更具独特性与挑战性，深刻影响着地方治理体系和治理能力的现代化。在疫情防控常态化背景下，单位型社区在突发公共性危机冲击下应当如何实现有效治理，进而融入社会疫情防控大局？

高等教育管理体制既是中国国家治理体系的重要组成部分，也是地方应急管理建设的关键环节。[②]以高校为代表的单位型社区既不同于以家户为基本单元的传统社区，也不同于一般意义的“单位”：第一，高校成员规模庞大且交流互动频繁，风险应对最具挑战性；第二，高校成员对高校提供的基本生活保障依赖度较强，高校具备极为全面的社会保障功能，维持高校正常秩序的压力更为突出；第三，高校成员呈现高流动性，在突发公共危机背景下极易引发危机外溢；第四，高校师生员工数量庞大，突发公共危机时，超大规模的集中人口易造成应急管理的超大压力。因此，高校在理论上是应急管理建设中最具挑战性的社区单元。高校在成员构成与管理层面的特殊性正是单位型社区基本社会特征的典型，提炼高校的应急管理经验有助于丰富单位型社区应急管理的研究。同时，剖析以高校为代表的单位型社区何以应对重大公共危机有助于完善地方应急管理体系，进一步促进国家治理体系和治理能力的现代化。

本研究以天津市 Q 高校的新冠肺炎防疫过程为案例，立足 Q 高校 2022年 1 月 8 日疫情暴发至 2022 年 2 月中旬正常开学的危机处置过程，尝试提炼单位型社区的应急管理新知。2022 年初，天津市突发新型冠状病毒肺炎疫

① 赵炬明：《精英主义与单位制度——对中国大学组织与管理的案例研究》，《北京大学教育评论》，2006 年第 1 期。

② 李兰、阎凤桥：《高校领导的条块流动基于北京地区高校领导流动的空缺链分析（1978—2018）》，《社会》，2021 年第 3 期。

情，地处病毒感染传播核心区的Q高校师生员工生命健康安全面临威胁，该校在防疫初期面对诸多挑战：第一，缺乏对师生员工信息的全面掌握，如何保障留校和在外师生员工的相对安全；第二，基本物资供应出现短期紧张，如何满足在校师生员工合理生活需求；第三，校园应急管理遭遇人力紧缺，如何应对"人少事多"的困局；第四，封闭管理情境下，校园公共设施与空间的安全如何维护；第五，校园地处高风险区，如何应对师生员工可能滋生的恐慌情绪。一般而言，这些挑战是任何单位型社区在应急管理初期可能面对的普遍问题，Q高校案例具备典型性。Q高校通过创新工作机制，妥善应对上述应急管理难题，校园防疫转危为安：第一，Q高校依托网络信息工作平台及时掌握校园师生员工的流动数据，为后续管理提供有效的信息来源；第二，Q高校通过"一人一策"等机制创新有效保障在校师生员工的基本生活；第三，Q高校通过组建临时应急队伍等创新举措应对人力资源不足；第四，Q高校领导干部下沉一线，确保校园公共安全维护与监管的全覆盖；第五，Q高校通过自媒体宣传以及举办线上文体活动稳定网络舆情，引导师生员工积极应对危机冲击。因此，对于Q高校的案例分析不仅有助于补齐既有理论对于单位型社区应急管理建设研究的不足，还能为地方应急管理建设提供宝贵的单位型社区危机应对经验，具有理论与实践双重意义。

回顾分析Q高校疫情防控中面临的挑战与应对的举措，高校应急管理队伍体系建设在Q高校有效克服安全、秩序等方面的难题和充分确保疫情防控策略高质量落实过程中发挥了决定性作用。充分发挥高校管理特征和成员专业优势，建构高素质、高水平的应急管理队伍体系是Q高校作为单位型社区危机应对的突出特征。本研究第二部分对Q高校新冠肺炎防疫的应急管理队伍体系实践经验进行要点分析，并在第三部分提炼Q高校在危机应对过程中蕴含的单位型社区应急管理建设的新知。

二、单位共同体:Q 高校应急管理体系与队伍建设

具备成熟的管理体系和一支高素质、高效率的应急管理队伍是社区危机应对的重要基础。疫情冲击之下,单位型社区整体及成员个人的生命安全和生活秩序面临着重大挑战,如何有效落实危机应对措施、确保危机得到充分防控是单位型社区乃至所有居民社区面临的共同难题。区别于一般居民社区组织管理体系薄弱和队伍成员构成单一的特点,单位型社区在应对新冠肺炎疫情过程中充分体现出了应急管理体系和队伍建设的独特性,通过强有力的组织管理体系和广泛的志愿服务资源的运用,打造了危机应对的"单位共同体",实现了对社区整体危机应对的分级管理,并依托单位型社区成员间密切的关系网络保障了危机应对管理和相关措施的落实。因此,本文认为着重就单位型社区应急管理的组织管理体系和人力资源发掘进行探究,有助于充分认识单位型社区危机冲击和组织应对的独特性,并以此为基础为进一步全面认识单位型社区应急管理体系建设提供新视角。

在疫情暴发之初,Q 高校人力资源体系面临以下几个方面的挑战:第一,Q 高校部分行政职工无法返校在岗,校园应急管理面临"人少事多"的挑战;第二,校园安保、物业等第三方公司临时缺员严重,校园公共设施与空间存在安全管理隐患;第三,病毒检测和轨迹追踪等专业性人员欠缺,危机排查保障不足。为有效维护校园安全和管理秩序,Q 高校创新工作形式,灵活发掘人才队伍,高度重视校区公共安全建设,有效提升了危机状态下校区管理组织能力与日常安全管理能力。总结 Q 高校应急管理体系和队伍建设经验主要体现在如下四个方面。

(一)高校管理队伍体系的重组与赋能

突发公共危机具有普遍性,在深刻影响高校居民正常生活工作秩序的同

时也对高校组织管理体系产生了巨大冲击。在新冠肺炎疫情冲击之下，病毒对高校组织管理体系成员的影响直接损害了高校行政管理体系正常机能，如何在短时间内恢复并加强组织管理队伍体系是决定高校危机处置速度和效度的关键。

1.创新工作方式，恢复校园管理组织能力

为解决疫情防控职工欠缺的难题，Q高校通过多渠道充实校园管理组织，以创新工作方式确保高校危机应对体系的高效运转。第一，利用数字化办公、远程办公等方式组织行政管理队伍迅速投入信息筛查、舆论引导等工作，依托既有网络信息工作平台实现师生员工流动信息排查全覆盖，为危机应对提供坚实的数据保障；第二，组织校园食堂、超市、商店灵活用工，化解校园服务职工不足难题，优先保障校园师生基本生活必需品供应体系的正常运转。以工作方式的变革推动高校生活秩序的平稳，为高校危机应对奠定坚实的组织基础。

2.依托高校应急管理预案赋能组织管理体系

鉴于新冠肺炎疫情长期以来的广泛影响，Q高校不断建立健全突发公共危机事件的应急管理预案设置，并于前期开展针对性的实际演练。第一，在组织体系层面，Q高校建立以疫情防控工作领导小组、协调工作小组为核心的应急管理体系机制，在综合协调、学生工作、医疗工作、校园环境、食品安全、校园保卫、舆论宣传、物资保障、经费保障、本科教学、研究生教学、留学生、教师、干部、科研攻关、港澳台等方面建立工作小组体系，以党政统筹方式赋能高校危机应对的管理体系（见图1）；第二，在预案实际排演层面，Q高校自2020年初新冠肺炎疫情暴发以来逐渐实现了疫情防控的常态化，应急管理预案不断健全完善，先后多次开展了全员核酸检测、校园重点封控等方面的实际演练，锻炼和培养了一批具备应急管理能力的师生骨干。

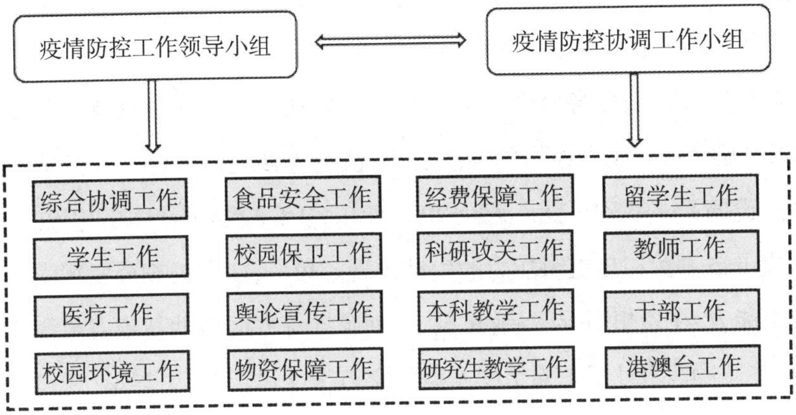

图1　Q高校疫情防控应急管理工作小组体系示意图

(二)高校志愿服务资源利用的激发与最大化

高校师生普遍具有较为强烈的志愿精神、志愿能力和较强的校园共同体归属感,师生群体成为了高校可以充分利用的优质志愿服务资源。Q高校在确保安全的基础上,面向核酸检测、信息排查、食堂管理、商业运行保障、楼宇管理、在线教学等多方面招募志愿者4000余人次,有效弥补了Q高校应急管理与校园秩序建设面临的人力不足难题。

1.充分发挥高校成员较高志愿素质水平

Q高校作为国内知名高等教育学府,师生成员具备较高素质水平。长期以来,Q高校注重对师生爱国情怀、爱校精神的培养,并将志愿服务活动纳入学生培养体系,在师生群体中形成了甘于奉献、敢于志愿的精神和认知,为充分发挥高校师生参与危机应对队伍体系奠定了思想意识基础。此外,高校成员中党员、团员数量占比突出,充分发挥师生群体中党员、团员等先锋模范个人、群体作用成为了Q高校有效调动应急管理队伍体系的重要渠道。通过党员、团员亮身份、明责任、勇担当等方式鼓励先进师生参与志愿服务活动,并有效增强了师生凝聚力,引领师生群体形成了主动配合、积极作为的危机应对氛围。Q高校通过对师生群体志愿意愿和志愿能力的引导发挥,夯实了高校应急管理队伍体系的后备基础。

2.激发高校成员自主性和自组织社团效用

高校师生志愿服务资源的另一基础要素在于师生成员具有较强的自主性和组织能力，高校自组织的师生社团、协会等共同体成为了应急管理队伍体系建设的又一基础单元。截至2021年末，Q高校学生社团多达127个，是高校成员自主性和自组织能力的生动体现。第一，Q高校充分发挥学生社团自组织能力，在思想引导、兴趣建设、心理疏导等方面帮助高校成员摆脱恐慌心理，并通过学术社团志愿组织开展居家打卡文体活动，引导学生科学、合理制定学习计划，丰富学生学习交流活动。第二，Q高校积极调动教师资源开展各类线上志愿学术文体活动，据不完全统计，Q高校自2022年初疫情发生以来，依托校内外优秀师资力量开展专业讲座、主题读书会等学术活动近200场。Q高校对师生自组织能力的运用，使得高校有效应对了危机带来的隐性冲击。

（三）高校危机应对的分级管理策略

在迅速健全应急管理队伍体系、发挥校园志愿资源等举措基础上，Q高校得以在较短时间内组建起一支素质过硬的应急管理队伍和一套较为敏捷的管理体系，如何实现管理体系的有序运转和应急队伍的充分作用是Q高校需进一步思考的难题。Q高校通过建立应急管理的权责体系、推动责任和干部下沉等举措，发挥了校园应急管理体系和队伍的有序作用。

1.完善高校组织管理权责清单体系

权责清单制度是旨在促进公共部门权力与责任相匹配、提升治理效能的制度。在危机管理背景下，极易引发基层“权力小、责任大”的失衡，建立层层递进、和谐匹配的权力清单和责任清单是确保管理体系整体高效运转的重要保障。Q高校在全校疫情防控领导小组等应急管理机制基础上，陆续推动直属校级、院级单位及各附属职能部门制定危机应对权力体系、责任体系，不断细化各级单位危机处置流程设计、危机预警与评估体系等预案，实现了全校危机应对的横向与纵向相结合、权力与责任相协调的组织体系。依托层层部署、层层落实逐步建立危机应对的权责清单，推动了高校组织管理体系的体制化。

2.推动责任和干部下沉防控一线

基层一线是高校危机处置的基础和核心。由于人员集中、流动性强，师生宿舍是疫情防控的重中之重，此外高校科学实验室、动物研究中心以及校园公共场所在疫情防控中的安全也直接影响着Q高校管理秩序。Q高校通过以下方式落实校区安全管理：第一，以宿舍楼为基本单元，推动领导干部、管理骨干下沉到楼，设置宿舍管理员与驻楼辅导员开展宿舍管理、消杀、物资发放等工作；第二，为实时了解在校师生员工个人安全状况，建立"每日每人清查制度"，以宿舍为单位进行线下安全检查，切实了解师生员工安全状态，防止安全意外事故发生；第三，推动实验室及公共场所管理责任下沉，先后协调解决影响实验室、动物中心等易发安全事故场所的物资与人员挑战，并建立实验室定期巡查制度。推动危机管理责任和干部下到一线，增强了Q高校组织体系应急管理的灵敏性。

（四）高校成员关系网络的保障效用

不同于一般居民社区成员之间缺乏联系的状况，Q高校师生群体之间具有较为密切的联系与认同，存在于高校成员之间的潜在关系网络对高校应急管理队伍体系的运转起到了重要的保障作用。

1.积极推动高校成员开展互帮互助活动

高校师生成员的密切联系衍生出了成员间较为强烈的情感基础和对高校的认同意识，为促进疫情防控背景下师生成员开展互帮互助活动奠定了基础。第一，Q高校发动教师队伍主动关心关爱学生学习生活状况，并要求研究生导师落实定期与学生联系交流的要求，通过教师队伍推动学生群体生活和学习秩序的稳定；第二，Q高校鼓励校内外师生群体开展帮扶活动，畅通与校内外师生群体沟通渠道，发挥师生群体的力量和资源，先后协调解决了校内外师生就医、用药、住宿等合理需求。

2.依托高校管理条例和体系落实防控措施

高校不同于一般居民社区的另外一大特征是，作为典型的单位型社区对师生群体具有组织管理的效力，即高校作为单位对其所属成员具有条例管理和处分的权限并深刻影响着师生群体的个人发展。因此，高校管理条例是疫情防控法律屏障之外的又一限制性保障措施，在高校师生群体之中形成了隐性的制约和限制网络。Q高校不断健全完善疫情防控管理条例，将校规校纪作为推动防控措施落实和执行的潜在保障，对于违反校园疫情防控规定的行为予以及时处理，推动师生群体自觉服从学校统一安排，有效落实高校疫情防控措施。

通过高水平、高效率应急管理队伍体系的建设和运转，有效提升了Q高校在突发危机冲击下的处置能力和效率。Q高校最终未出现新冠肺炎疫情的聚集性感染与传播，并在疫情防控期间有效提升了高校组织管理队伍素质水平，增强了师生群体凝聚力和对"单位共同体"的归属感。基于Q高校疫情防控的实际经验不难发现，单位型社区在突发公共危机事件中面临着诸多区别于一般居民社区的挑战，同时单位型社区在危机应对中也具备一般居民社区无法利用的优势，究其核心则在于单位型社区应急管理体系与队伍的建设与效能的发挥。可以说，数量可观、素质过硬的应急管理队伍体系是单位型社区危机应对的重要基石，那么单位型社区较为完备的应急管理体系应当如何构建？Q高校在疫情防控中的全景式举措又能为认识单位型社区应急管理体系贡献哪些新知？

三、单位型社区应急管理安全与秩序维度的构建

完备、成熟的应急管理体系是有效防止突发公共事件发生和减少突发公共事件不利影响的重要保障,既有研究忽视了不同于传统居民社区的单位型社区的应急管理建设。调研发现,Q 高校的疫情防疫主要围绕两个维度展开:一方面,Q 高校通过信息全面排查、病毒核酸检测、限制传播途径等方式维护师生员工生命健康安全;另一方面,Q 高校保障师生员工基本生活需求、创新管理体系、维护校园公共安全,并对网络舆论和师生员工心理健康进行积极干预,稳定了校园社会秩序。总的来看,Q 高校的案例不仅有助于理解中国抗疫的制度优势,也丰富了地方应急管理建设的理论与实践经验。单位型社区应急管理建设普遍包含以下主要任务:第一,全面掌握社区居民流动信息并确保数据的精确性与真实性;第二,组建社区应急管理队伍体系并有效维护社区管理秩序;第三,确保社区物资供应充足并满足社区居民对社区功能服务供应的高度依赖性;第四,防范社区出现重大网络舆情事件并引导社区营造健康积极的舆论网络环境;第五,积极干预社区成员心理并有效调动社区成员关系网络效能;第六,着重关注危机冲击中的社区公共设施与空间安全。综上,文章提炼了单位型社区应急管理体系的两个维度:安全与秩序。确保居民生命安全是单位型社区应急管理建设的首要目标,恢复并稳定社区生活秩序是单位型社区应急管理建设的关键。

(一)安全维度

通过有效地预防、回应、化解各种危机来保障人民安全是任何应急管理体系的最高准则和根本出发点。[①]在单位型社区应急管理体系建设中,社区成

① 吴兴军:《公共危机管理的基本特征与机制构建》,《华东经济管理》,2004 年第 3 期。

员个体安全与社区环境安全是危机应对的首要难题。围绕个体安全,单位型社区应急管理应当首先排查和核实社区居民遭遇突发公共危机冲击的程度,确认居民个人生命健康安全。其次,单位型社区应急管理要及时阻断危机传播扩散途径,防止危机危害更多居民安全。围绕社区安全,单位型社区应急管理应当加强监管,有效维护社区公共设施、空间正常运转,避免在危机情境下爆发社区意外安全事故。立足个体与社区双重视角,着力确保单位型社区安全建设,推动完善单位型社区应急管理体系。

(二)秩序维度

秩序既是应急管理体系建设的目标也是应急管理体系得以有效作用的关键屏障。单位型社区应急管理体系中秩序维度的建设同样围绕个体与社区两个维度。居民个人正常生活秩序是单位型社区秩序建设的关键,在充分保障居民个人生活物资供应基础上,应当着重了解个人就医用药等特殊需求并加强对个人心理健康的积极引导。社区正常运转秩序是单位型社区秩序建设的基础,要加强社区组织管理力量,及时引领网络舆论并有序安排社区日常管理工作。通过有效整合单位型社区应急管理体系秩序建设要点,推动单位型社区实现危机秩序与常态秩序的结合,在有效应对危机冲击的同时确保社区有序运转。

总的来看,安全与秩序是单位型社区应急管理体系建设的两大核心维度,分别从居民个体与社区整体视角对安全与秩序维度进行具体解析有助于厘清单位型社区应急管理体系建设工作要点,从而尝试搭建起单位型社区应急管理体系的两大维度(见图2)。同时需要注意的是,单位型社区应急管理体系的两个维度对于传统社区应急管理建设也具有一定普遍性的指导意义,确保居民生命安全、维护社区良好秩序是基层应急管理体系建设所应共同遵循的目标。

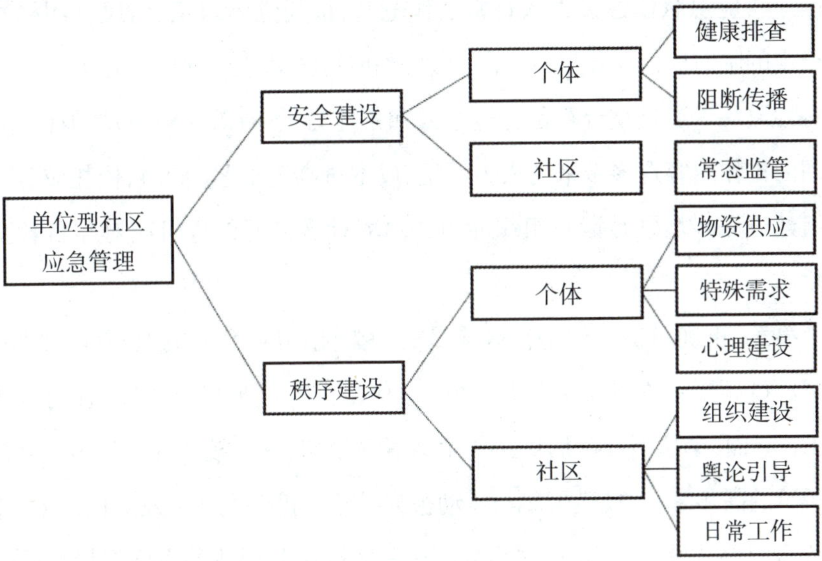

图 2　单位型社区应急管理体系两个维度示意图

四、单位型社区应急管理建设的应对思路

单位型社区应急管理建设既具备一般社区的普遍共性，也呈现出显著特性。基于 Q 高校应急管理的实践经验，本文认为单位型社区作为一种特殊的社区组织，应急管理建设应遵循以下思路。

第一，单位型社区应急管理建设需要"摸清"社区整体运转的内容与成本。单位型社区相较于一般居民社区肩负着更为丰富的保障功能，社区成员的饮食、住宿、消费、文体活动、身心健康都将成为单位型社区应急管理的工作内容。在此基础上，单位型社区要想维持社区正常秩序则要对应急管理人力资源、物资供应、运维保障、组织公信力等投入成本进行精确衡量，将社区应急管理建设成本控制在合理区间。对社区整体运转的内容与成本进行全面梳理，指导单位型社区应急管理的科学决策。

第二，单位型社区应急管理应做好"临时应急队伍"的整合预案。单位型社区应将应急队伍建设纳入日常工作范畴，依托党团组织、居民社团构建较为稳定的临时应急队伍“后备军”，做好临时应急队伍组建的工作方案并开展针对性演练。通过整合社区先进个人和集体力量，有效化解单位型社区应急管理因工作内容众多带来的人力不足、成本过高等难题。同时，依托应急队伍的组建进一步增强社区自组织能力，培养社区良好的危机应对与自救互助文化。

第三，正确对待单位型社区成员的频繁流动的“危”与强归属感的“机”。社区成员频繁交流与高凝聚力的统一，构成了单位型社区应急管理的显著特征。一方面，单位型社区居民工作生活联系密切，具有较强的空间聚集性。社区居民的高频率、大规模聚集与流动极易导致危机爆发和引发危机外溢，并造成负面后果。另一方面，单位型社区居民对社区共同体的高度依赖与单位型社区组织体系对社区居民的全面保障增强了社区成员对于社区的身份归属感与责任感。单位型社区居民在危机管理过程中体现的个人归属感，为引导居民积极配合危机管控、参与志愿活动、开展邻里互助提供了良好契机。单位型社区需要谨慎对待社区居民的频繁交流特征，及时做好危机应对预案。同时，要充分培养、发挥居民的社区归属感，增强单位型社区应急管理的内部合力。

社区建设过程中建构起来的社区不再是传统意义上的地域社会生活共同体，而是一个国家治理单元。①作为国家治理单元的单位型社区，肩负实现国家政策、社会控制和社会整合的职责，在地方应急管理体系中发挥着重要的基础单元作用。Q高校在疫情应急管理中的实践经验从安全与秩序两个维度较为完整地体现了单位型社区应急管理的特征，为总结归纳单位型社区应急管理建设提供了典型案例。基于Q高校案例经验，单位型社区应急管理体系可从安全与秩序两个维度尝试构建，并以居民个体和社区整体对安全与秩序建设进行细化。单位型社区应急管理体系两大维度的构建有助于明确单位

① 杨敏：《作为国家治理单元的社区——对城市社区建设运动过程中居民社区参与和社区认知的个案研究》，《社会学研究》，2007年第4期。

型社区应急管理建设的思路,完善我国基层治理的分析体系,为挖掘中国制度优势贡献新知。还需指出,应急管理建设作为全面、系统的工程,本文通过Q高校的实践经验从安全与秩序维度对单位型社区应急管理体系的解析属管中窥豹,单位型社区典型案例经验还有待不断丰富。

参考文献

[1]Alex Jingwei He,Yuda Shi & Hongdou Liu,Crisis Governance,Chinese Style:Distinctive Features of China's Response to the Covid-19 Pandemic,*Policy Design and Practice*,No.3,2020.

[2]Ciqi Mei,Policy Style,Consistency and the Effectiveness of the Policy Mix in China's Fight Against COVID-19,*Policy and Society*,No.3,2020.

[3]李兰、阎凤桥:《高校领导的条块流动基于北京地区高校领导流动的空缺链分析(1978—2018)》,《社会》,2021年第3期。

[4] 吴兴军:《公共危机管理的基本特征与机制构建》,《华东经济管理》,2004年第3期。

[5] 习近平:《在全国抗击新冠肺炎疫情表彰大会上的讲话》,《人民日报》,2020年9月9日。

[6]杨敏:《作为国家治理单元的社区——对城市社区建设运动过程中居民社区参与和社区认知的个案研究》,《社会学研究》,2007年第4期。

[7]张军、刘雨:《新冠肺炎疫情防控中的“志愿者+社区社会组织”模式服务效力及其反思》,《天津行政学院学报》,2020年第3期。

[8]张霄艳、孙枫华、方鹏骞:《城市社区在“新冠肺炎”疫情防控中的基础作用与思考》,《中国卫生事业管理》,2020年第5期。

[9]赵炬明:《精英主义与单位制度——对中国大学组织与管理的案例研究》,《北京大学教育评论》,2006年第1期。

❖优秀论文摘要

破与立：中国式现代化对后发国家现代化的启示

王锡森

中国式现代化破解了后发国家现代化进程中面临的诸多难题、悖论与困境，拓展了后发国家走向现代化的途径。

第一，中国式现代化打破“历史终结”谬论，实现社会主义制度与市场经济有机结合。在福山看来，人类经济已经发展到后工业时代，信息、科技知识和服务取代重工业成为经济发展支柱，现代自然科学中所蕴含的技术理性天然要求经济自由化，即建立完全市场经济体制。这种带有浓厚新自由主义色彩的经济言论过于极端并且片面。市场机制能够优化资源配置和激励劳动，促进生产力的解放和发展，但市场调节存在着逐利性、滞后性和不确定性的隐患，如果任由市场逻辑发挥作用，非常容易出现市场失灵现象，甚至会导致经济危机。因此，对于后发国家来说，如何合理利用市场经济体制成为现代化进程中急需解决的问题。而中国将社会主义制度与市场经济体制有机结合，建立起社会主义市场经济体制，发挥出社会主义制度和市场经济体制两方面

作者简介：王锡森，天津科技大学马克思主义学院讲师。

本文系天津市“新时代青年学者论坛”（2022）优秀论文，后收录于《理论与现代化》。

的优越性，既实现了效率，又实现了公平，推动中国现代化朝着全体人民共同富裕的方向扎实推进。

第二，中国式现代化走出“亨廷顿悖论”，实现现代化腾飞与保持社会秩序稳定的有机结合。亨廷顿认为，“现代性孕育着稳定，而现代化过程却滋生着动乱”，经济和社会的现代化会对政治和政治制度带来破坏性影响，许多发展中国家的现代化常常因为政治体制的软弱而被打断。所以对这些国家来说，实现现代化首要的问题是要建立一个合法的公共秩序，实现权威的合理化和权力的集中，而强有力的政党是政治集中的最理想选择。中国式现代化“创造了世所罕见的经济快速发展奇迹和社会长期稳定奇迹”，根本原因就在于中国形成了中国共产党这个现代化事业的坚强领导核心。中国共产党通过不断增强自身社会号召力与凝聚力、建立严密组织体系、设计实施科学施政方针、坚守人民至上的价值追求等举措保障了社会稳定。

第三，中国式现代化破解“文化危机”困境，实现坚守优秀传统文化内核与返本开新、守正创新的有机结合。以马克斯·韦伯为代表的西方学者将现代化首先在西方发生归结于西方特有的理性文化，因此他民族要想实现现代化就需要输入和引进异质的西方文化，并用西方文化来全面取代原有的传统文化。面对挟现代化以自重的西方文化的强力冲击，发展中国家主要采取全盘西化、坚守民族文化、文化调和等方式来应对，但都无法准确地定位传统文化与西方文化二者之间的关系。中国共产党凭借辩证唯物主义和历史唯物主义的指导，确立起对传统文化历史意义和现代价值的科学认知，在现代化进程中推动传统文化的更新与再生，并以兼收并蓄、各取所长的态度对待包括西方文化在内的各种外来文化，科学协调了传统文化与西方文化关系，找到了文化价值体系重建与复兴的正确道路。

第四，中国式现代化打破“依附发展”难题，实现独立自主、自立更生与对外开放的有机结合。依附理论认为在当前由资本主义主导的世界经济体系中，掌握资本、技术、管理以及贸易规则的发达国家处于中心主导地位。那些没有原始积累的发展中国家则处于外围边缘地位,形成了对发达国家的全方位依附。这是发展中国家未能实现现代化的根本原因。对于如何摆脱依附状态,激进依附论者提出“脱钩”,改良依附论者提出“依附发展”,但这两种方式都存在不同程度的缺陷。而中国共产党制定了独立自主、自立更生与对外开放相结合的发展策略,将独立自主、自力更生作为现代化的根本立足点,同时引进发展所需要的资金、技术和先进管理经验,并通过扩大出口来加速资本积累。由此,破解了依附困境,成功融入世界经济体系,并从“边缘”逐渐上升为“中心”。

全过程人民民主视域下的基层治理创新

——以北京市接诉即办改革为案例

李　锋

习近平总书记强调:“我国全过程人民民主是全链条、全方位、全覆盖的民主,是最广泛、最真实、最管用的社会主义民主。”基层治理是国家治理的基石,基层治理的目标是基层治理能力和水平的现代化,而现代化必然要求民主的原则和精神在基层治理领域的应用。因此,基层治理创新与实现全过程人民民主具有内在一致性。本文在全过程人民民主理念的视域下审视基层治理创新,并以北京市接诉即办改革为案例。

在这个过程中,我们可以看到基层治理创新中的民主要素。首先,坚持以人民为中心。全过程人民民主强调民主应该能“管用”,能解决现实问题。第二,坚持民主参与和民主监督。全过程人民民主的概念强调参与主体、参与内容的全面。北京市强调必须全面响应民众的诉求,并通过回应率、解决率和满意率进行考核,鼓励更多人民群众的参与。第三,坚持民主立法。全过程人民

作者简介:李锋,中共中央党校(国家行政学院)政治和法律教研部副教授,北京大学国家治理研究院助理研究员,清华大学数据治理研究中心兼职研究员。

本文系天津市“新时代青年学者论坛”(2022)优秀论文,拟收录于《北京社会科学》。

民主通过抓住民主立法的关键，将人民群众的主体地位具体地、现实地反映在民众的立法意见中，发挥中国特色社会主义民主立法的优势，使得立法过程可以满足人民日益增长的美好生活需要。

此外，全过程人民民主具有很强的可治理性。通过北京市接诉即办的案例，我们可以透视基层实践如何在保障人民民主主体地位和人民合法权益的基础上实现了民主的可治理性。第一，党建引领多样化民众诉求。人民群众在根本利益上具有一致性，但是多元化利益诉求具有复杂性和多样性的特点。北京市接诉即办改革牢牢把握党建引领这条主线，北京市委坚持对接诉即办改革的整体领导，建立了一把手负责机制，利用党的权威来整合分化的利益诉求。第二，实现公共权力与公民权利的良性互动。全过程人民民主通过公民参与的全过程性，积极鼓励民众参与各项公共事务与公共决策，并鼓励公民参与并监督公共权力的运行。第三，科技支撑民众诉求处理。北京市主动通过自动文本分析与大数据分析，提炼出高频的诉求，形成"每月一题"，通过科技方式预测可能出现的治理难题，保障了接诉即办与主动治理的有机结合。

通过以北京市接诉即办改革为案例，我们可以看到超大城市基层治理创新如何将民主作为治理工具，而民主理念如何通过制度设计、治理体系和科技支撑成为可治理的民主。在全过程人民民主的视域下审视中国的治理创新实践，我们可以将民主作为审视基层治理创新的工具和标准。民主价值与治理绩效之间应该是相互推动、互相促进的，通过好的民主实现良政善治，通过治理更好落实民主价值，实现民主与治理之间的耦合与互构，并由此打造具有中国特色的中国故事，丰富属于中国实践的中国民主故事和民主话语体系。

我国国家治理现代化的发展进路与理论逻辑

——中国化时代化的马克思恩格斯国家学说

杨新莹　徐靖楠

治理包括了主体、方式、效能三要素的有机动态统一。国家治理现代化就是国家治理体系与治理能力的现代化。国家治理体系是在党领导下管理国家的制度体系，国家治理能力则是运用国家制度管理社会各方面事务的能力。我国国家治理现代化历经如下不断深化和发展的逻辑进路：“国家治理现代化”这一概念在党的十八届三中全会上首次提出，党的十八届五中全会将国家治理现代化内涵从宏观视野谋划到路线具体明晰，党的十九大明确描绘出了国家治理现代化的具象化时间表和路线图，党的十九届四中全会聚焦了支撑我国发展的根本、基本和重要制度，党的十九届五中全会从“十四五”规划和二〇三五远景目标的角度谋划了从2021年至2035年用十五年的时间将国家治理现代化从“应然”变为“现实”，党的十九届六中全会全面总结了新时代我国治理现代化的成功经验。

作者简介：杨新莹，天津科技大学马克思主义学院副教授、硕士生导师，南开大学马克思主义学院博士；徐靖楠，天津科技大学马克思主义学院硕士研究生。

本文系天津市“新时代青年学者论坛”（2022）优秀论文，后收录于《理论与现代化》。

我国国家治理现代化理论是中国化时代化的马克思恩格斯国家学说，具体体现为以下四个方面。一是马克思恩格斯“国家的产生与职能”理论从关于宗教与国家的问题、关于市民社会与国家的问题、关于国家职能问题三个方面展开对国家的产生与职能的探讨，国家治理中的“善治”理论继承了“国家的产生与职能”理论并结合时代特征进行了创新和发展。二是马克思恩格斯“共产主义两个阶段与国家”理论探讨了共产主义分为第一阶段（社会主义阶段）和高级阶段（共产主义阶段），在不同阶段国家职能不同，“现代化国家”治理目标继承了“共产主义两个阶段与国家”理论，并绘制了朝着共产主义第一阶段迈进的美好图景。三是马克思恩格斯关于社会和国家的“三个共同体”理论遵循了从“自然形成的共同体”到“虚幻共同体”再到“真正共同体”的逻辑理路，国家治理中的人民性价值旨归决定了我国国家治理现代化朝着“真正共同体”迈进的治理模式。四是马克思恩格斯“人民民主专政”理论认为社会主义国家政权是无产阶级和广大人民在对少数反抗社会主义的势力和个人实行专政的同时，在人民内部实行广泛而真实的民主。我国全过程人民民主继承了“人民民主专政”理论，并以中国特色民主政治制度设计及其实践丰富了其时代内涵，是行得通、真管用、有效率的制度安排，开辟了“中国之治”的制度典范。

中国式现代化道路的内在逻辑

李峥钰

中国式现代化道路的本质规定在于在吸收现代性积极成果的同时必然地肩负起超越现代性的历史重任，至少蕴含着理论、现实、实践与目标四重逻辑。

一、一般与特殊相统一的理论逻辑

人类社会发展是在人与自然的生产关系和人与人的交往关系的交互作用下来推进的，具有历史的普遍的必然性。世界历史的出现是基于现代化生产方式而来的。中国式现代化道路正是人类社会发展一般规律在个别国家民族的特殊体现，蕴含了一般与特殊相统一的理论逻辑。历史与实践让中国人民选择了一条有别于欧美资本主义的、中国特色的民主革命和社会主义发展

作者简介：李峥钰，天津职业大学马克思主义学院副教授。

本文系天津市“新时代青年学者论坛”（2022）优秀论文，后收录于《中学政治教学参考》。

基金项目：天津市哲学社会科学规划项目“政治哲学视角下共同体思想嬗变历程的研究”（TJKS19-007）。

道路，在现代条件下争取民族独立与国家解放，积极投身建设发展，推动社会主义现代化，推进世界历史进程，始终展现出鲜明的理论、实践、政党以及指向特色。

二、对立与认同相统一的现实逻辑

中国式现代化道路是探索在两种制度根本对立中对现代化生产方式认同并扬弃进而开创的现实之路，蕴含着对立与认同相统一的现实逻辑。资本主义制度与社会主义制度同属世界历史现代化范畴，但又具有原则性的对立。资本增殖与对外扩张是资本主义推动现代化进程的原则，社会发展和人民共享是中国特色社会主义推动现代化进程的基本原则。本质上，中国式现代化道路归属于现代化道路，它旗帜鲜明，占有现代化但又不局限于现代化，吸收现代化创造的积极成果，与世界市场建立联系，改造落后的生产方式，选择与资本主义制度不同的社会发展道路，巩固和发展社会主义。

三、占有与抑制相统一的实践逻辑

中国特色社会主义道路是在资本主义现代化生产方式已然存在并形成世界历史的背景下开创的，坚持市场经济的运行机制是其必由之路。一方面，占有现代化积极成果，运用市场经济的运行机制，参与世界经济大循环，建设社会主义现代化。另一方面，用制度优势扬弃异化、抑制市场经济的负面效应、反思超越现代化，不断探索适合自身的现代化发展道路，坚定社会主义举旗定向的市场经济，蕴含占有与抑制相统一的实践逻辑。

四、扬弃与超越相统一的目标逻辑

中华民族伟大复兴的航向不仅展现在“党领导人民成功走出中国式现代化道路”,还积极地表明我们“创造了人类文明新形态”。因为社会主义定向下的现代化事业,扬弃着资本主义现代化生产方式,坚定自己道路并直面全球性问题,积极主张全球性意识,倡导并践行新型国际关系,直指“大道之行,天下为公”的人类命运共同体。中国式现代化道路继承占有现代化又超越现代化,是在合作共赢、天下大同中推动世界历史走向真正人类历史的康庄大道,蕴含着扬弃与超越相统一的目标逻辑。

中国式道德现代化的前提逻辑、演进脉络和经验价值

舒高磊

国家现代化既包括政治、法律等外在制度要素，也涉及道德、心态等内在文化秩序，其中道德领域的现代化图景更具本源性意义：道德将国家伦理要求内化为公民价值自觉，这种“应然规范－实然品性”的德育机制成为国家治理现代化的必要手段；还能透过生活表象诊断深层次社会问题，特别是反馈国民的价值观念及其心理活动。中国式现代化道路蕴含着深刻的道德印记：一方面，这是中华伦理文明现代转型的历史必然——道德作为国家这种“伦理实体”的结构性要素，本就内蕴着顺应生产关系迭代变革的现代化潜能；另一方面，为社会主义现代化国家建设提供精神支撑——国家治理需要具备正当规范性和善恶解释力的道德工具，借此奠定其赓续发展的伦理根基。

中国式道德现代化内蕴着传统共同体转型的前提逻辑，展现出疏解现代性道德文化症候的可能空间：经济基础转型所导致的利益关系分化撬动了社

作者简介：舒高磊，南开大学马克思主义学院讲师。

本文系天津市“新时代青年学者论坛”(2022)优秀论文，后发表于《道德与文明》。

会道德标准的普遍性根基,应然道德规范在实然道德场域的适用矛盾逐渐凸显;集权秩序瓦解增强了道德生活的自由化张力,使公德与私德的意识形态对抗愈发激烈;道德转型进程滞后于其他领域的变革诉求,新旧道德秩序更替的未完成状态无法提供完满的伦理制度保障;马克思主义伦理思想在近代道德讨论中脱颖而出,在民主主义革命运动中进入道德现代化转型的历史视野。

中国共产党着眼民族复兴的理想愿景来建构现代化道德秩序,提出合人民性的社会主义道德建设方案,历经服务革命战争—服务国家建设—服务改革开放—服务新时代的演进脉络(阶级革命伦理—国家建政伦理—改革开放伦理—民族复兴伦理),始终遵循着无产阶级权益诉求和历史唯物主义规律,映现着社会主义国家意识形态的向善精神,唤醒主体自知的道德觉悟、建构集体共享的道德制度、维护兼容多样的道德秩序、塑造和谐向善的道德格局。中国式道德现代化通过把握善恶世界的经验规律引领道德实践:就伦理实体的向善潜能而言,政治伦理属性与公民道德素质相融合;就道德秩序的和谐主题而言,普遍规范(价值权威性)与自由意识(道德独立性)相联结;就国家治理格局的协同机制而言,需要以德治国与依法治国的辩证结合;就国家治理领域的互动意义而言,需要物质文明与精神文明的统筹兼顾。

马克思主义基本原理同中华优秀传统文化相结合:方式及价值

王玉福

在庆祝中国共产党成立100周年大会上，习近平总书记明确提出了把“马克思主义基本原理同中华优秀传统文化相结合”的重大命题,反映出我们党对理论创新规律的科学认识,对理论自信的庄严宣示,对马克思主义中国化推进方向的精确把握。“相结合”的过程不是一个简单拼凑聚集的过程,而是遵循形式—内容—价值的结合路径,由浅入深、由表及里,在话语建构、内容阐释、价值塑造三重维度上深入结合。

首先是形式层面的结合,体现为“借言赋意”。所谓“借言赋意”,一方面是指在推进马克思主义中国化的过程中，要借用中华优秀传统文化的力量,采用人民群众喜闻乐见的话语表达方式,使人民群众更好地理解马克思主义基本原理;另一方面是指要运用马克思主义的立场观点方法,结合时代发展需要,赋予中华优秀传统文化新的时代内涵,使其焕发新的活力。作为形式层面

作者简介:王玉福,天津师范大学马克思主义学院博士研究生。

本文系天津市“新时代青年学者论坛”(2022)优秀论文,后发表于《实事求是》。

的结合，“借言赋意”主要是在表述方法上的创新，是在相互借鉴基础上的崭新创造。在这一过程中，马克思主义基本原理有了中华民族独特的语言和风格，中华优秀传统文化中具有恒久意义的命题也被赋予了新的时代意蕴。

其次是内容层面的结合，体现为“耦合再造”。推动马克思主义基本原理同中华优秀传统文化相结合，不仅要“彻外”，在外在形式上着力；更需要“彻里”，深入到内容的供给，即在“耦合再造”中实现内容上的结合。在这一过程中，马克思主义基本原理与中华优秀传统文化缺一不可，不能侧重一方忽视另一方，更不能用一方兼容另一方。“耦合再造”的结果是“双发展”，即马克思主义基本原理得以丰富、中华优秀传统文化得以绽放时代光彩。

最后是精神层面的结合，体现为“价值重塑”。“相结合”的过程，也是一个价值重塑的过程。通过把共产主义理想和大同社会理想相结合、把马克思主义爱国观同爱国主义的民族传统相结合、把马克思主义斗争精神与自强不息的民族精神相结合、把马克思主义的人类情怀同中国传统天下观相结合，能够创造出体现中国价值、符合马克思主义思想精髓的新理念。

“理论在一个国家实现的程度，总是取决于理论满足这个国家的需要的程度。”推动马克思主义基本原理同中华优秀传统文化相结合，能够为继续推进马克思主义中国化指明行动路径、为坚定文化自信夯实根基、为实现第二个百年奋斗目标提供理论指导、为破解世界发展难题贡献中国方案、为推动人类文明进步注入不竭动力，对新时代党和国家事业的发展具有重要意义。

天津市社会科学界学术年会

❖习近平生态文明思想专场

会议综述

2022年8月31日，由天津市社科联、天津市教委主办，天津科技大学、天津滨海新区区委宣传部承办的“学习贯彻习近平生态文明思想暨走好生态优先、绿色低碳高质量发展道路”学术研讨会在天津科技大学滨海校区召开。会议结合近年来天津市推动习近平生态文明思想在津沽大地的扎实实践开展理论研讨和实践交流，进一步深化对习近平生态文明思想重大意义、丰富内涵、核心要义、实践要求的理解和把握。

国家气候战略中心战略规划部主任柴麒敏、天津市生态环境局副局长陆文龙、天津市滨海新区生态环境局局长刘海英、中新天津生态城管委会副主任孙晓峰、天津财经大学马克思主义学院教授钟彬、天津师范大学政治与行政学院副教授刘学斌、天津科技大学经济与管理学院教授孙振清作了交流发言。

如何应对“气候新常态”，天津在共建全球生态文明中有哪些作为？国家气候战略中心战略规划部主任柴麒敏在主旨报告中充分肯定了天津为实现“双碳”目标不断完善政策体系的积极作为。他说，天津市率先出台《天津市碳达峰碳中和促进条例》，开创了以制度创新促进实现“双碳”目标和协调解决

“双碳”工作重大问题的先河。“中新天津生态城通过发展新型电力系统、零碳智能交通、光储直柔建筑等，依靠科技创新破解绿色发展难题，成为以‘双碳’工作引领和倒逼实现高质量发展的‘试验田’。”

与会者认为，习近平生态文明思想深刻回答了为什么建设生态文明、建设什么样的生态文明、怎样建设生态文明等重大理论和实践问题，为生态文明建设提供了科学、全面、长远的指导思想和实践指南。在习近平生态文明思想的科学指引下，天津进一步坚定不移走高质量发展之路，十年绿色变革，实现了生态环境质量总体性、历史性、突破性好转，为建设人与自然和谐共生的现代化大都市打下坚实基础。

与会者表示，要深刻认识习近平生态文明思想的重大理论价值和实践意义，不断加强对习近平生态文明思想的研究阐释、宣传普及、咨政建言精准服务决策的力度，在新的赶考之路上交出更加优异的答卷。

❖优秀论文

因顺、自制与求福

——习近平生态文明思想的传统底蕴与时代创新

刘学斌

[**摘要**]习近平生态文明思想代表了生态文明观念的新进展，广泛吸纳了各时期、各方面的经验，特别是作为中国智慧的当代结晶既有深厚的传统文化底蕴也有时代性的创新。主要体现在因顺、自制、求福三个方面。在继承了传统因顺观念遵循、借助自然规律的合理内容的同时，又以现代科学和马克思主义哲学为基础，体现出坚实的科学性、更强的主动性。在继承了传统自制观念的主动约束自我、勤俭节约的同时，又对现代工业社会强大力量正反两方面的影响有清醒认识，在自制上更重视法律、制度的硬约束。在继承了传统幸福观念注重现世幸福、精神幸福的同时，更追求生活富足生产发展、自我肯定的人与自然和谐、对自然美的由衷欣赏。

[**关键词**]因顺；自制；求福；习近平生态文明思想；传统文化

作者简介：刘学斌，天津师范大学政治与行政学院副教授。

人类的历史就是一部文明不断发展演变的历史，一方面是文明程度的提高，一方面是文明范围的拓展。生态文明是人类文明史的一个重要进展，一方面是人类文明向生态环境领域的拓展，另一方面也是人类文明程度、文明意识提高的表现。“生态文明是人类在适应自然、利用自然过程中建立的一种以人与自然共生和谐为基础的生存和发展方式。”[①]目前，生态文明仍在建设阶段，仍是人类努力追求的理想状态。生态文明也是中国人孜孜以求的。从党和国家到人民群众都企盼生态文明，努力建设生态文明。无论是在“五位一体”总体布局还是“四个全面”战略布局中，生态文明建设都居于重要地位。而指导中国生态文明建设的是习近平生态文明思想。

习近平生态文明思想是解决环境生态问题，实现生态文明的最新思想成果，是中国乃至人类探索生态文明经验的总结和提炼，是当代中国生态文明观的集中体现和代表。习近平生态文明思想既是以马克思主义分析、解决环境生态问题的成果，也是马克思主义与中国优秀传统文化结合的成果。就后者而言，习近平生态文明思想既有深厚的传统文化底蕴，同时也体现了时代的创新。关于习近平生态文明思想中的传统文化因素，学界已经有一些研究。有代表性的如张乾元、冯红伟认为继承了传统的自然观、实践观、财富观、生产观、治理观，[②]郇庆治分析了习近平生态文明思想对中国典籍的引用，[③]柯进华认为习近平生态文明思想包含了中国传统山水文化中的生态思想资源。[④]这些研究无疑是有启发意义的，但仍有很多议题需要探讨。中国传统文化博大精深，习近平生态文明思想高瞻远瞩，其间的关联紧密而复杂，可以从不同

① 卫列、刘宗超：《生态文明愿景、理念与路径》，厦门大学出版社，2020年，第1页。

② 张乾元、冯红伟《习近平生态文明思想对优秀传统生态文化的传承与发展》，《西北民族大学学报》（哲学社会科学版），2020年第6期。

③ 郇庆治：《习近平生态文明思想中的传统文化元素》，《福建师范大学学报》（哲学社会科学版），2019年第6期。

④ 柯进华：《习近平生态文明思想中的传统山水文化元素》，《湖北社会科学》，2021年第9期。

角度进行研究。本文拟从因顺、自制、幸福三个方面揭示习近平生态文明思想的传统文化底蕴，并指出习近平生态文明思想对传统生态观念的时代创新。

一、因顺：人类与自然和谐的基本思路

“因顺”是中国传统思想文化中的一个重要观念。[①]它不是关于个别领域、方面的思想观念，而是兼具宏观和微观，有广泛适用性的思想观念，处于世界观、方法论层次。中国传统思想文化中关于如何认识和处理人与自然的关系，或者说如何看待和处理生态环境问题的基本理念和思路便是因顺。

从字面上看，因顺由因和顺两字组成。按照《说文解字》，因的本义为“就”[②]，顺的本义为“理”[③]。因又引申出依、顺、凭借等含义，顺又引申出沿、循、顺从、顺应、适合、趁便等含义。所以因和顺的字义是高度一致的，同时也是高度相关的，顺为理，而要做到理又必须做到因。因和顺结合成的因顺概念和单个字的含义基本是一致的，包含了顺从、顺应、遵循、凭借、借用等。因顺的含义丰富，但大致可以归结为两个向度：遵循和凭借。前者指要依从、遵守某种规则、规律、要求。后者则包含借助、依据的意思。相较而言，前者有一些被动含义，后者则有一些主动含义。前者是避免不好的结果或状态，后者则是追求好的结果或状态。因顺在中国思想文化史上对应的文本材料非常多样，不仅包括因、顺、因顺，还包括法、则、律等。从因顺的角度可以更好地理解中国传统思想和文化，当然也包括传统生态思想。

中国传统思想和文化中的生态思想非常丰富，因顺则是其中非常核心的一点，某种程度上甚至可以说，传统生态思想可以归结为因顺。在生态思想

① 关于中国传统思想文化中的因顺观念，笔者撰有论文《因而顺之以成至治：中国传统国家治理观中的因顺论》(《理论月刊》，2016 年第 4 期)。但该文论述的是传统国家治理中蕴含的因顺观念，与本文有很大不同。

② 《说文解字·囗部》。

③ 《说文解字·页部》。

中，因顺就是要求人们用因顺的态度和方式去对待自然、生态、环境，处理和自然、生态、环境的关系，从而达到和谐共生的状态。传统生态思想中因顺观念的思维逻辑可以从三个方面理解。

人是自然的产物是人要因顺自然的原因之一。人是生物的一种，是自然界生物进化的产物。这是基本的科学事实。恩格斯曾指出："我们统治自然界，决不象征服者统治异民族一样，决不象站在自然界以外的人一样，——相反地，我们连同我们的肉、血和头脑都是属于自然界，存在于自然界的。"[①]古人虽然对人类起源于自然的科学事实缺乏清楚的了解，但也意识到了人是来源于自然的，和自然存在着天然的联系。如荀子比较了人和自然界的其他事物和生物，既强调了人的特殊性，也指出了人和其他生物的共同性。[②]这种把人视为自然的产物，认为人和自然之间存在天然关系的观念，当然不会将自然视为异己性的力量，不会将人与自然的关系视为一种对抗性的关系，而是强调人和自然之间的联结和共生，强调人对自然的依从。

人要因顺自然还因为人和自然都有共同的根源。如果说前一点是对历史的回顾和事实的探究，那么这一点就是哲学的把握和抽象的思辨。古人并不仅仅满足于对具体事物的观察和思考，而是在此基础上进一步探究世界的终极原因，逐渐形成了天、道、理等终极性的概念。如道家将之前就有的道的概念改造成了一个高度抽象的核心范畴，进而建构了宏大的以道为根基的宇宙观。道被认为是世界的根源。人类和自然界的万事万物都来源于道，是道运动的结果。"道生一，一生二，二生三，三生万物。"[③]又如，儒家也有类似的认识。早期，儒家将天作为本源，认为性来自于天之命，即源于天。"天命之谓性；率性之谓道；修道之谓教。"[④]性不仅包括人性，也包括物性。即人和万事万物的

---

① ［德］恩格斯：《自然辩证法》，人民出版社，1971年，第159页。

② 《荀子·王制》。

③ 《老子》第四十二章。

④ 《中庸》第一章。

本性都根源于天。后期，儒家发展出了与道家的道相类似的天理概念，将全世界统一于天理。这样，人和自然在根源上是统一的。这决定了人和自然之间可以也应该有和谐的关系。

人和自然规律相通，也是人类要因顺自然的原因之一。这同样是哲学层面的思考。在道家的思维中，道不仅是世界的本体，也是世界的根本规律。道支配着世界和万事万物的运行，也包括人类社会的运行。人类和万事万物都有自己的规律。但它们的规律都根源于道，是道的具体体现。所以人类的规律和自然的规律其实是相通的。这也从根本上决定了，人类和自然可以相沟通，并建立密切和谐的关系。早期儒家思维的抽象程度不如道家，但也同样有人类和自然规律相通的意识。“万物并育而不相害。道并行而不相悖。”[①]万物并育、道并行的和谐景象实际源于万事万物规律相通，并同样归原于最高规律。另外，在道家的思想中，人类和自然的规律都来源于道，但两者在层次上还是有区别的。“道大，天大，地大，人亦大。域中有四大，而人居其一焉。人法地，地法天，天法道，道法自然。”[②]与人类相比较，自然要更为基础和深层，自然的规律也要更深刻、更根本。天地的规律也就是自然界的规律，要比人类世界的规律更高，更接近于道本身。所以人类可以通过了解自然界的规律来了解道，同时也了解自身的规律，人首先需要效法自然界的规律。儒家也认为人类应效法自然界，“上律天时，下袭水土”[③]。自然界比人类更本源更深刻，人类理应效法自然，模仿自然，这也是人类因顺自然的含义之一。人们希望并相信通过因顺可以实现人与自然的和谐共生。从历史看，因顺观念确实在一定程度上影响了人们的生产、生活，起到了一定积极作用，成为传统生态思想的精华。

中国传统生态思想是对当时实践和经验的反映，习近平生态文明思想则主要是对当代实践和经验的反映，同时也是对传统经验的继承和发展。因顺

① 《中庸》第三十章。

② 《老子》第二十五章。

③ 《中庸》第三十章。

即是其中之一。“人类发展活动必须尊重自然、顺应自然、保护自然，否则就会遭到大自然的报复。这个规律谁也无法抗拒。”[①]习近平生态文明思想同样强调对自然规律的遵循，以规律作为自身行动的凭借，包括在修复环境上也要尊重自然。[②]习近平生态文明思想同样强调，人是自然的产物，人与自然之间的共生关系。在看到习近平生态文明思想对传统生态文明思想中因顺观念的继承的同时，也要意识到当代的生态文明思想，对传统因顺观念不是简单地承认、接受、移用，而是在新的基础上进行了新的创造，相对原有的因顺观念而言，实现了巨大的发展。

首先，习近平生态文明思想有坚实的科学依据。如前文所述，传统的因顺观念是建立在人是自然的产物等一系列认知结论的基础之上的。但是由于当时生产力水平和科学水平的有限，人们的这些认知结论又是基于有限的观察、经验的，其中还有很多是主观的体验、哲学的思辨、充满智慧的想象。所以其科学性是有限的，尽管因顺的想法确实符合了自然和人类的需要。而习近平生态文明思想则建立在远超古代水平的现代自然科学和哲学社会科学的基础之上。当代，借助于现代科技，人类对于宇宙的起源、地球的起源、生物和人类的起源和发展有了更多更清楚的认识，对自然和生态环境的运动及其规律也有了更多更切实的把握，对人类和人类社会的发展运行等也有了更多规律性的认识。所以人们对于处理生态问题所需要遵循的规律或者说道，有了更多更科学的认识，从而因顺也变得更为可靠。“我们对自然界的整个统治，是在于我们比其他一切动物强，能够认识和正确运用自然规律。”[③]同时，在关于人与自然关系的哲学理解上，古人的观念主要是客观唯心主义和主观唯心主义。习近平生态文明思想则是基于马克思主义哲学的，强调世界的物质性、物

① 习近平：《为建设世界科技强国而奋斗：在全国科技创新大会、两院院士大会、中国科协第九次全国代表大会上的讲话》，人民出版社，2016年，第12页。

② 中共中央文献研究室编：《习近平关于社会主义生态文明建设论述摘编》，中央文献出版社，2017年，第57页。

③ [德]恩格斯：《自然辩证法》，人民出版社，1971年，第159页。

质的运动性和运动的规律性。这也是对传统因顺观念的巨大发展。

其次，习近平生态文明思想体现出高度的主动性。传统因顺观念既包含遵循也包含利用。但重点是遵循，而且是带有较多被动性的、无奈的、机械性的遵循，有较强的服从性。这主要是因为在当时的条件下，在强大而变幻莫测的自然力面前，人们的认识和能力都非常有限，承受的自然压迫还比较大。所以人们强调因顺，一方面体现出高明的智慧，另一方面也包含着无奈、恐惧、祈求心理。当然，对如何在保护自然的同时利用自然，考虑的就不太多。当代的因顺则建立在强大的科学技术和较高的生产力水平之上，更多地体现了对自然生态和人类自身命运的深切关怀。同时，对自然规律的遵循也不是被动的，而是主动的、积极的、建设性的。如对气候变化的积极应对。[①]这也是与传统因顺思想的一个非常大的不同。

二、自制：人类与自然和谐的主动选择

自制指自我约束。自制也是生态思想中的重要内容。生态思想试图在人和生态环境间建立良好关系。而在人类和生态环境的关系中，人是具有意志、具有目的的一方，生态环境本身没有意志，只是依据自然规律对人类产生影响或对人类的行动作出反应。所以良好的关系主要基于人类的主动行动。而这种主动行动主要是人类的自我约束。人与生态环境关系的恶化，以及人类遭受的来自自然生态的灾祸，许多时候与人类的不当的、过分的行为有关。所以要和自然生态和谐相处，人类必须能够自我约束即自制。前文所讲的因顺内含着行为要受到约束，所以某种意义上也可以认为是一种自制。但和此处所讲的自制仍有不同。因顺强调的是应该做什么，如何去做，自制则侧重明确不应该做什么，并如何切实不去做。自制是很多生态思想包含的重要内容，中

① 中共中央文献研究室编：《习近平关于社会主义生态文明建设论述摘编》，中央文献出版社，2017年，第130~131页。

国传统生态思想也不例外。中国传统生态思想乃至整个中国传统思想文化中都注重自制,甚至可以称之为特色。

中国传统生态思想中的自制观念,首先来自于对人口增长、人类欲求和物资财富之间矛盾的认识。古人认识到人类在生产和生活中有各种各样的物质欲求。这些物质需求是与人的存续相联系的,无法消除,也难以遏制。而且人类物质欲求的特点是缺乏边界,几乎是无限的,每一次物质欲求满足之后都会有新的欲求,欲求也会越来越大。人们不断膨胀的、难以遏制的物质欲求与物质资源的供给之间存在深刻的矛盾。而且人们需要的物质资源都来自于对自然界的索取,在不断增长的物质欲求的推动下,人们对自然界的索取也是无尽的,从而给自然带来很大的压力,反过来又会影响人们的生存和生活。所以这一矛盾必须得到有效控制和解决。首要的办法就是克制,以降低对物质资源和自然的压力。古人不仅发现了人的物质欲求和物质资源之间的矛盾,还发现了人口增长带来的物质和自然的压力。古人意识到按照正常的繁衍速度,人口数量的增长是比较快的。而物质资料产出的增长速度并没有这么快,所以会出现大量人口的物质资源的需要和有限的物质资源产出之间的矛盾。“今人有五子不为多,子又有五子,大父不死而有二十五孙,是以人民众而货财寡,事力劳而供养薄。”[①]这种矛盾必然会增加对自然的压力,使人类和自然之间的矛盾变得紧张起来。同时,也会增加人类社会内部的矛盾。所以也需要人类社会的自我克制和管理。

中国传统生态思想中的自制观念还来自于对自然灾害和人类行为之间关系的认识。自然灾害对人类的生产生活有很大的破坏,在古代的生产力水平和科学条件之下,这种破坏更为显著。人们希望避免自然灾害或减少自然灾害的破坏性,所以非常注意观察和研究自然灾害。人们认为自然灾害和自己的某些行为之间存在着关联。当然,由于主客观条件的限制,古人的这些认

① 《韩非子·五蠹》。

识之中，既有科学性的内容，也有很多臆想或迷信的内容。比如，有一种影响非常大的观念是天人相关，认为天也就是自然和人之间存在着神秘性的关联，同时天又是有意志的至上的权威，所以自然灾害代表了天对人的不满，意味着人有不当的行为。又如，认为自然界的各种事物——山川河流动物植物都有灵性，人类如果不尊重就会受灾。所以为了避免自然灾害，人类就需要自我克制。

注重自我约束和克制是中国传统思想和文化的重要特色之一。在处理人与自然的关系上同样主张克制。自我克制首先体现在降低或限制物质需要，追求简朴生活，注重节约。古人认为，人们众多而又难以满足的物质欲求是造成很多社会问题以及人和自然关系问题的根源。所以要实现社会和谐以及人与自然的和谐，就必须从根源着手，控制人的欲望。人的物质需求无法根本消除，所以就只能限制或降低。具体就是降低到满足人的基本生存生活需要的程度上。在这个限度之外，都是不必要的或有害的，应该消除。与此相伴随的就是追求简朴的生活方式。在古人的观念和记载中，社会的和谐、风俗的醇厚和简朴是高度关联的。节约一方面降低了人们的物质需要，另一方面减少了对于社会生产和自然的压力，所以受到特别的鼓励。自我克制还体现在以精神和道德上的满足为主要追求上。中国传统思想和文化注重人的生老病死，正视人们关于衣食住行的正常需要，但更注重精神和道德领域的追求。如《论语》中被孔子称赞的颜回就是轻物质重精神的典型。[①]这其实也是自我克制的一种形式。物质需要方面的自我克制属于直接的限制性的措施，注重精神和道德满足则属于转移需求方向的引导性、鼓励性的措施。中国传统思想和文化，特别是儒家思想和文化，把道德放在非常高的位置，认为道德的提高才是人最本质的需要，是人生中最大的事。[②]所以人们真正应该重视和着力解决的不是自己的物质需要，而是道德和精神上的需要。人们应该把主要的心思和

① 《论语·雍也》。

② 《孟子·离娄下》。

精力都放在自己的精神和道德上。这样既减轻了对物质资源供给的压力，也减轻了对自然的压力。

习近平生态文明思想同样继承了传统生态思想的自制成分，同时又有新的发展。习近平生态文明思想同样强调人类的自我克制，限制自身的不合理需求，改变生产方式和生活方式，以及节约资源，反对浪费。“大力增强全社会节约意识”①，“要在全社会牢固树立勤俭节约的消费观，树立节能就是增加资源、减少污染、造福人类的理念，努力形成勤俭节约的良好风尚”②。对于这种继承和发展，可以从几个方面理解。

习近平生态文明思想中自我克制的前提与传统有差别。当代社会是现代社会，是工业社会、信息社会。古代社会是传统社会，是农业社会、前工业社会。古人看到了人类无限膨胀的欲求，对自然界的索取，以及人口膨胀给自然带来的压力。但古代社会人口数量有限，增长缓慢，技术能力低，对自然环境的影响总体上还是比较有限的。而工业社会和技术革命所带来的巨大生产力，使人们可以以空前的规模和速度向自然索取资源，这一方面促进了人类财富的增长，另一方面给自然带来的压力和破坏也远超前工业社会，资源枯竭、空气污染、水体污染、温室效应、气候异常等不仅非常严重，而且很多时候超出了一个国家的范围，成为全球性问题。此外，当代社会，人口所带来的自然和环境压力也是空前的。所以人们主动严格的自我克制，在当代显得更为必要。

习近平生态文明思想自我克制的依据与传统不同。在当代，随着认识能力和水平的提高，人们对自身行为和自然环境变化之间因果关系的了解和理解达到了新的水平，更清楚地认识到了人类所具有的破坏能力。这是一种科学和理性的理解，而不再是道德或神秘角度的理解。这有助于人们更好地、有

① 中共中央文献研究室编:《习近平关于社会主义生态文明建设论述摘编》，中央文献出版社，2017年，第19页。

② 中共中央文献研究室编:《习近平关于社会主义生态文明建设论述摘编》，中央文献出版社，2017年，第118页。

针对性地去控制自身的行为，避免造成破坏或改善自然生态。同时，与传统时代人们的自我克制主要靠道德和信仰不同，当代生态文明的建设和生态问题的解决，除了依靠人们思想觉悟的提高，社会风气的转变以外，还更多依靠法律制度和经济机制。即更注重依靠法律制度的硬规则和经济引导作用。“建立体现生态文明要求的目标体系、考核办法、奖惩机制。”[①]“政府要强化环保、安全等标准的硬约束。”[②]习近平生态文明思想中的节约更注重建设性。传统生态文明重视简朴生活，强调节约节俭，主要意味着一种农业社会的简单的、淳朴的生活，节约和节俭主要在日常生活和消费领域。当代的节约和节俭，除了在日常生活和消费领域以外，其实更主要的是在生产领域，强调对能源的节约使用，对资源的集约使用和循环利用。“水资源、水生态、水环境超载区域要实行限制性措施，调整发展规划，控制发展速度和人口规模，调整产业结构，避免犯历史性错误。”[③]

三、求福：人类与自然和谐的人文意蕴

求福是指对美好生活即幸福的追求。幸福是古今中外人们的共同追求。幸福也是中国古人执着追求的，在中国思想和文化中也有非常重要的地位。中国人理解的幸福的一个很重要的特点是现实社会中的幸福。中国文化总体上缺乏对宗教的痴迷和对虚无缥缈世界的追求。中国人追求的幸福主要是一种基于现实社会的，有实际内容的现世的幸福。中国传统生态思想也非常注重幸福。

---

① 中共中央文献研究室编：《习近平关于社会主义生态文明建设论述摘编》，中央文献出版社，2017年，第99页。

② 中共中央文献研究室编：《习近平关于社会主义生态文明建设论述摘编》，中央文献出版社，2017年，第103页。

③ 中共中央文献研究室编：《习近平关于社会主义生态文明建设论述摘编》，中央文献出版社，2017年，第104页。

中国思想文化传统中与环境生态有关的幸福主要有以下三种情形。

一是返璞归真，融入自然的幸福。道家认为世界的本质是道，道的特点是自然。道家认为人类和人类社会的发展是对原初的道、德的背离。这样，人类社会越发展离自然越远。一般认为属于人类社会文明的很多东西，比如智慧、法令等，在道家看来都是对自然的背离，也是对人的损害，甚至是社会动乱、矛盾和人们痛苦的源头。[①]庄子更认为治理社会的努力恰恰会扰乱社会。道家的思想可以说是对人类社会也包括对人类和自然关系的非常深刻的批判。在他们看来，要让人类变得正常，让人类和自然的关系变得正常，就应该返璞归真，融入自然，也就是人类应当回归自然的本性。因为人类本身就是来自于自然的，而在自然之中，人的生活才是安适的。回归自然就是人变得和自然界中的其他生物一样，是一种自然的存在，从而完全融于自然之中，成为自然的有机组成部分。[②]此时，人是最幸福快乐的。

二是低物质需求，高精神追求的幸福。在古代社会，由于社会的产出非常有限，同时也由于社会政治制度的限制，很多人的物质需求是很难得到比较好的满足的。如果鼓励大家追求物质需要的满足，一方面会使很多人感到失望和挫败，另一方面会造成社会矛盾和生态环境压力。所以在社会导向上主要是使人们追求基本生活需要的满足，倡导知足常乐。同时，引导人们追求道德和精神层面的提高和满足。在个人修养上追求成仁成圣，在家庭生活上追求家庭和睦，在社会生活上追求社会和谐。其目的是将人们的注意力从自然引导到社会，从物质引导到精神，从外部引导到内部。通过调低物质需要，注重精神需要，实现人生的幸福。

三是寄情于山水林泉的幸福。在古代社会，自然不仅是人们获取物质资源的对象，也是人们审美的对象。[③]从与自然的互动、连接中获得的美好精神

① 《老子》第十八章、第五十七章。

② 《庄子·外篇·马蹄》。

③ 《论语·雍也》。

体验也属于幸福。特别是很多文人士大夫,在目睹到社会的弊端,体验到人生的苦恼后,往往走向自然,试图从自然的风光、景物中获得精神的慰藉,放松心情,体验美感。还有人选择隐居,以更亲密地接触自然。另外,人造的园林景色通过人为的方式体现自然的旨趣,渗透了人对自然的理解,可以说是一种人与自然的和谐相处,也给人带来了精神的愉悦。这些从自然中获得的美好体验也是一种幸福,是一种更具美感和诗意的幸福。

习近平生态文明思想同样继承了传统生态思想,对幸福生活的追求,同时又赋予了新的含义,提高到了新的水平。习近平生态文明思想有大量内容都是关于幸福的。“良好生态环境是最公平的公共产品,是最普惠的民生福祉。对人的生存来说,金山银山固然重要,但绿水青山是人民幸福生活的重要内容,是金钱不能代替的。”[①]中国共产党对新时代我国社会主要矛盾的判断,突出强调了人民日益增长的美好生活需要,并以满足这种需要为改革和发展的方向。[②]美好生活实际就是幸福生活。习近平生态文明思想不仅追求幸福,而且对幸福的理解与传统也有较大的不同。

习近平生态文明思想中的幸福是一种高物质水平,同时也有高精神追求的幸福。现代社会发达的生产力和科学技术为人们的幸福提供了更高的物质基础。生态文明建设固然要求对人们的物质需求进行一定的约束,但这种因素主要针对的是浪费资源、破坏环境、危害生态的,不合理的、过度的,损害人类身体健康和社会发展的物质需求,而不是人们正常合理的物质需要。传统时代,人们是通过将物质需要水平限制在基本生活需要上来减轻对社会和自然的压力,当代社会则不仅肯定人们的基本需要,也正视人们的发展需要,致力于既对环境友好又能提高生活水平。同时,现代社会也注重人们精神上的

① 中共中央文献研究室编:《习近平关于社会主义生态文明建设论述摘编》,中央文献出版社,2017年,第4页。

② 习近平:《决胜全面建成小康社会夺取新时代中国特色社会主义伟大胜利》,《人民日报》,2017年10月28日。

幸福，只是并不是以精神上的满足去弥补物质上的匮乏，而是使精神需要和物质需要都得到合理的满足，让两者相得益彰。

习近平生态文明思想追求的是人不同于自然又与自然和谐的幸福。古代的部分思想观念看到了社会给人带来的痛苦，认为这是人走出自然与自然分离的结果，而人本来是自然的一部分，所以人只有摆脱社会的束缚，消除自身的社会性，彻底回归到自然界中，才能得到愉悦和幸福。这种观念有其合理性的一面，但解决问题的思路无疑是不合理、不可行的。人类的发展之中当然存在着各种问题，但总的看来仍是一个进步、上升的历史。人们需要解决面临的问题，但出路并不是回到过去。习近平生态文明思想同样追求人与自然的和谐共生，但这种和谐共生并不是要否认人的社会性质，让人彻底回归到动物，而是在肯定人的本性的前提下，和自然形成良性互动的格局。即是自我肯定基础上的和谐，而非否定基础上的和谐。

习近平生态文明思想对自然之美的欣赏，更多的是科学、休闲、娱乐意义上的。习近平生态文明思想同样包含着对自然之美的肯定、欣赏和体验。但与传统时代也有明显的不同。传统时代，人们寄情于山水园林，除了审美、娱乐之外，还带有一定的逃避社会苦难，回归简朴生活的意味。而在当代人们接触和欣赏自然，更多的是为了缓解工作压力，放松身心，感受自然的神奇和奥秘等，是一种轻松愉悦的活动。

总之，人类和自然生态之间是复杂的互动关系。人们很早之前就意识到了这种关系的重要性，并致力于处理好这种关系。中国古人探索思考所形成的生态思想就是关于这一问题的思想成果，是中国优秀传统文化的重要组成部分。习近平生态文明思想，既继承了传统生态思想的合理成分，又做出了重要的创新和发展，是新时代建立人和自然和谐共生关系应遵循的指导思想。

人与自然和谐共生的现代化三重阐释

钟　彬　王心力　彭　琪

[摘要] 人与自然和谐共生的现代化是中国式现代化概念体系中的有机组成部分,是中国全面建设社会主义现代化国家命题中的必有之义。这一命题的提出具有科学的理论基础、深厚的现实依据和系统的实践进路。建设人与自然和谐共生的现代化要坚持绿色发展理念指引、强化自主创新科技支撑、发动多元主体齐抓共管、树立系统观念协同治理、坚持依法依规重拳治污和推进国际协作命运与共。

[关键词]习近平生态文明思想;人与自然和谐共生;中国式现代化

习近平在党的十九届五中全会上将人与自然和谐共生总结为中国式现代化五个中国特色之一,多次明确提出人与自然和谐共生是中国现代化建设

作者简介:钟彬,天津财经大学马克思主义学院教授;王心力,天津财经大学马克思主义学院在读硕士研究生;彭琪,天津财经大学马克思主义学院在读硕士研究生。

基金项目:天津市教委社会科学重大项目(2021JWZD12),天津市社科联重点理论研究课题(TJSKL-ZL-007)。

的战略目标。人与自然和谐共生的现代化旨在破解人类现代化进程中出现的经济发展与环境保护悖论，力图实现人类与自然之间合理的物质变换，探索出一条生产发展、生活富裕、生态良好的现代化新路。生态文明是人类社会继农业文明和工业文明之后新的文明形态，是中国创造的人类文明新形态中的关键内容，是现代人类文明最鲜亮的标识。人与自然和谐共生的现代化道路是中国共产党对西方在资本逻辑驱使下“掠夺自然式”现代化道路的摒弃与超越。在新时代清晰阐释人与自然和谐共生的现代化所蕴含的理论根脉、现实张力和实践进路对于加深对中国式现代化道路的理解意义重大。

一、人与自然和谐共生的现代化之理论根脉

人与自然和谐共生的现代化是当下中国全新的实践探索，新实践更需要科学的理论指导。人与自然和谐共生的现代化不是无本之木、无源之水，而是源于科学理论根脉的现代化战略目标。人与自然和谐共生的现代化继承于马克思主义关于人与自然关系的思想，承袭于中华民族传统生态思想，生长于中国共产党人生态文明思想，是习近平生态文明思想在中国现代化问题上的具体展开。

第一，马克思主义关于人与自然关系思想是建设人与自然和谐共生的现代化的理论来源。马克思主义关于人与自然关系思想分布于《1844年经济学哲学手稿》《资本论》和《自然辩证法》等马克思恩格斯所著的经典文献之中。马克思主义首先认为人类得以繁衍生息的根本依托是自然界，自然界为人类生活提供了最基本的物质条件，人类归根结底是自然界的一部分。同时，马克思主义认为人类劳动所必需的生产资料来源于自然界，自然界是人类劳动存在的必然前提，自然资源是构成生产力的基本要素，“没有自然界，没有感性的外部世界，工人什么也不能创造”[①]。人在自然界面前不是消极被动的，人类

① 《马克思恩格斯选集》(第一卷)，人民出版社，2012年，第52页。

通过劳动对自然界发生改造作用,自然界通过人类劳动实现从“自在自然”到“人化自然”的转化。更为重要的是,马克思主义认为人与自然的命运紧密相连,二者间构成高度相关的共同体,特别是当人对自然的影响突破一定限度时,自然必然会反过来惩罚人类,人类的文明成果也会被恶化的生态环境反噬。与之相对应,马克思主义倡导人与自然之间应当建构和谐关系,马克思在《资本论》中提出了人和自然之间要实现合理的物质变换思想,“在最无愧于和最适合于他们的人类本性的条件下来进行这种物质变换”[①]。恩格斯在《国民经济学批判大纲》中也提出了类似的观点,即人类与自然应当实现和解。

第二,中华民族传统生态思想是建设人与自然和谐共生的现代化的文化根基。农业在古代中国经济结构中长期占据绝对的优势地位。由于农业生产高度依赖自然生态环境,保护生态环境对于保护农业生产力具有重要意义。因此,古代中国在几千年来的农耕实践中形成了以尊重自然、顺应自然和保护自然为主要观点的中华民族传统生态思想。这一思想是中华民族“尚和合”思想在人与自然关系问题上的展现,是中华优秀传统文化中的有机组成部分。中国古人将人与自然看成相互联系的一体,主张将天地人三者统一起来看待,形成了“天人合一”的和谐自然观。荀子从人与自然和谐的角度出发,提出“天行有常,不为尧存,不为桀亡”“万物各得其和以生,各得其养以成”等观点,倡导人类应当尊重和顺应自然规律,注重自然生态环境的系统保护。同时,中华民族传统生态思想主张合理地有限度地向自然界索取资源,认为如果人类从自然界中合理地索取资源,那么自然界对人类的回馈将是慷慨的。反之,人类不仅无法持续地从自然界中获得丰富的资源,而且自然生态环境的恶化将会对人类造成威胁。与之相适应,古代中国形成了一系列致力于环境保护的国家治理制度,如旨在顺应自然环境生长时令规律以涵养自然资源的“时禁制度”和专门管理自然生态资源的“虞衡制度”。

---

① 《马克思恩格斯文集》(第7卷),人民出版社,2009年,第928~929页。

第三，中国共产党人生态文明思想是建设人与自然和谐共生的现代化的理论基础。在革命、建设和改革的实践进程中，中国共产党人以马克思主义关于人与自然关系思想为指导，与时俱进地形成了一系列生态文明思想。毛泽东在革命与建设实践中，立足鸦片战争以来连年战争对我国国土生态环境的破坏和我国自然资源禀赋的客观实际，围绕国土绿化、水利建设、江河治理、水土保持、资源节约等方面发表了一系列重要论述，形成了丰富的生态文明思想。改革开放后，在经济迅速增长的同时也出现了生态环境恶化等问题，党和国家提出了一系列新的生态环境保护理念、制度和战略，党的生态文明思想和国家环境保护实践进入新的历史阶段。邓小平强调要重视法律和制度在环境保护中的重要作用，强调："应该集中力量制定刑法、民法……和其他各种必要的法律，例如……森林法、草原法、环境保护法……等等，做到有法可依，有法必依，执法必严，违法必究。"[①]江泽民科学分析世界上现代化建设的正反两方面经验，提出："许多经济发达国家走了一条严重浪费资源、先污染后治理的路子，结果造成了对世界资源和生态环境的严重损害"[②]，将可持续发展战略纳入我国现代化战略全局，以避免走上"先污染后治理"的发展"老路子"。胡锦涛立足我国迎来的难得战略发展机遇期，深刻分析我国自改革开放以来经济高速增长带来的一系列环境问题，强调要转变经济增长方式，提出："如果不从根本上转变经济增长方式，能源资源将难以为继，生态环境将不堪重负。"[③]

第四，习近平生态文明思想是建设人与自然和谐共生的现代化的最新理论指南。党的十八大以来，以习近平同志为核心的党中央立足新的历史出发点，深刻总结党和国家生态文明建设的成败得失，着眼中华民族伟大复兴战略全局，将生态文明建设纳入"五位一体"总体布局通盘考虑，以前所未有的

① 《邓小平文选》(第二卷)，人民出版社，1989年，第146~147页。

② 《江泽民文选》(第一卷)，人民出版社，2006年，第533页。

③ 《十六大以来重要文献选编》(中)，中央文献出版社，2006年，第313页。

力度推进生态文明建设，提出一系列新理念、新思路、新举措，形成了习近平生态文明思想。坚持中国共产党的领导、生态兴则文明兴、“两山论”的发展理念、良好生态环境是最普惠的民生、走绿色发展之路、协同治理山水林田湖草沙、用最严格制度和最严密法治加强环保治理、培育全体人民环保的行动自觉和全球共建清洁美丽的世界等方面共同构成了习近平生态文明思想的主要内容。这一思想系统回答了“为什么建设生态文明、建设什么样的生态文明、怎样建设生态文明”的重大理论和实践命题，实现了马克思主义关于人与自然关系思想与中国生态文明建设实践和中华民族传统生态思想的“两个结合”，实现了中国共产党人生态文明思想新的飞跃，批判超越了西方现代化建设进程中“先污染后治理”的“老路子”，将辩证思维、系统思维、底线思维和法治思维等一系列科学思想方法贯穿其中，是系统完整、逻辑严密的科学理论体系。习近平生态文明思想对于中国共产党人在新时代新征程上接续推进生态文明建设，对于丰富和拓展人与自然和谐共生的现代化的理论内涵和实践意蕴都具有重要价值。

二、人与自然和谐共生的现代化之现实张力

问题是理论创新的起点，任何一种科学的理论都是来源于对现实问题的准确回应。建设人与自然和谐共生的现代化正是中国共产党立足我国自然资源禀赋、顺应人民对美好生活的向往和实现中华民族永续发展作出的重要战略部署。

第一，建设人与自然和谐共生的现代化是对我国自然资源禀赋现实状况的回应。正如马克思所说，“人们自己创造自己的历史，但是他们并不是随心所欲地创造，并不是在他们自己选定的条件下创造，而是在直接碰到的、既定

的、从过去承继下来的条件下创造”[①]。自然资源情况决定着国家经济社会发展的战略纵深，是一国基本国情的重要组成部分，对国家发展道路的选择具有重要影响。丰富的自然资源禀赋对国家发展能够起到正向的推动作用，短缺的自然资源禀赋会对国家发展提出严峻挑战。有关数据显示，“2017年，我国耕地保有量居世界第三位，但人均耕地面积不足1.5亩，不足世界平均水平的1/2；2019年，我国人均水资源量2048立方米，为世界平均水平的1/4，且时空分布极不平衡；油气、铁、铜等大宗矿产人均储量远低于世界平均水平，对外依存度高；森林面积33亿公顷，居世界第五位，人均森林面积仅为世界平均水平的1/5，近一半木材依赖进口”[②]。可见，我国自然资源呈现出总量多而人均保有量少、种类丰富而分布不均衡等特点。因而，我国现代化建设自然资源需求与自然资源禀赋现实之间的矛盾构成我国建设人与自然和谐共生现代化的现实张力。

第二，建设人与自然和谐共生的现代化是对人民美好生活向往现实需要的回应。习近平指出：“人民对美好生活的向往，就是我们的奋斗目标。”[③]改革开放后，我国经济社会持续发展，人民生活水平不断提升，人民需求已经从“有没有”转向“好不好”，人民对美好生活向往的内涵也随着时代的发展而不断拓展，从最早的吃饱穿暖已经发展到对更美丽的环境、更优质的教育、更安全的社会、更公平的机会等的追求，其中人民对蓝天、碧水、净土等更良好生态环境的需求是新时代人民对美好生活向往的重要组成部分。习近平指出：“人民群众对环境问题高度关注，可以说生态环境在群众生活幸福指数中的地位必然会不断凸显。”[④]如果片面地追求发展速度而任由环境破坏下去，日益恶化的生态环境将不仅有害于人民的生命健康和生活质量，有害于人民对

① 《马克思恩格斯选集》(第一卷)，人民出版社，2012年，第669页。

② 《中共中央关于制定国民经济和社会发展第十四个五年规划和2035年远景目标的建议》辅导读本，人民出版社，2020年，第381~382页。

③ 《习近平谈治国理政》(第一卷)，外文出版社，2018年，第4页。

④ 习近平：《论坚持人与自然和谐共生》，中央文献出版社，2022年，第33页。

美好生活的向往，而且有悖于中国共产党为人民执政的初心与使命。日益恶化的生态环境必然导致人民群众的不满，甚至引发群体性事件，从而对我国现代化事业持续稳定推进造成威胁。因而，人民对美好生态环境向往与我国生态文明建设现实之间的矛盾构成我国建设人与自然和谐共生现代化的现实张力。

第三，建设人与自然和谐共生的现代化是对中华民族永续发展现实要求的回应。人类文明发展史充分证明，生态兴则文明兴，生态衰则文明衰。恩格斯曾说："我们不要过分陶醉于我们人类对自然界的胜利。对于每一次这样的胜利，自然界都对我们进行报复。"[①]如果忽视对自然生态环境的保护，日益恶化的生态环境也会成为反噬发达文明自身的强大力量。在人类文明发展史中，中国、古巴比伦、古埃及和古印度得以成为四大文明古国，很大程度上是因为得到了肥沃土地和充沛水源等优质自然地理环境的孕育。但是古巴比伦和古埃及最终却因生态环境恶化而衰落，我国的楼兰古国也曾因自然环境的破坏而被淹没在沙漠之中。西方发达国家也曾在现代化进程中由于生态环境的破坏发生过"世界八大公害事件"，仅仅洛杉矶光化学烟雾事件就造成了近千人死亡，导致75%以上的市民患上红眼病，为人类社会带来的教训不可谓不惨重。

中华文明作为古老悠久的人类文明之一，生态环境良好与否与中华民族能否永续发展紧密相关。改革开放后，由于一段时间以来发展模式粗放，自然环境污染、生态系统退化、资源约束趋紧等问题日趋严重，日益成为威胁我国经济社会持续健康发展不可忽视的风险。如果任由自然生态环境破坏下去，生态风险难免演化为阻碍或迟滞中国现代化进程乃至中华民族伟大复兴的重大风险，中华民族永续发展将遭受严重威胁。因而，中华民族永续发展要求与我国自然生态环境保护现实之间的矛盾构成我国建设人与自然和谐共生现代化的现实张力。

① 《马克思恩格斯选集》(第三卷)，人民出版社，2012年，第998页。

三、人与自然和谐共生的现代化之实践进路

在中国特色社会主义新时代,我国生态文明建设已经取得不少历史性成就,但是仍旧存有短板,各类生态破坏和环境污染事件时有发生,生态系统退化和自然资源趋紧仍旧是制约我国社会主义现代化强国建设质量的重要因素。建设人与自然和谐共生的现代化还有很长的路要走,需要坚持绿色发展理念指引、自主创新科技支撑、多元主体齐抓共管、系统观念协同治理、依法依规重拳治污、国际协作命运与共等一系列实践举措予以支撑。

第一,坚持绿色发展理念指引。绿色是五大新发展理念之一,是人与自然和谐共生的现代化的最鲜明特征。理念是实践的先导,成功的现代化实践必须由科学的发展理念来指导,理念是否适合于客观实际决定着发展的成效。经济发展与生态保护之间的关系是绿色发展理念所要解决的核心命题。经济发展与生态保护并非悖论,而是完全可以同时兼顾的一对目标。经济发展与生态保护二者不可偏废,畸重经济发展将陷入“人类中心主义”,最终会致使生态环境恶化,加剧人与自然关系的紧张;畸重生态保护将陷入“生态中心主义”,导致国家经济发展的停滞以至人民生活改善的止步。习近平指出:“一定的发展实践都是由一定的发展理念来引领的。”[①]具体而言:一是将生态环境状况纳入政绩评价体系,纠正单纯以GDP论英雄的政绩观,实行严格的自然资源资产离任审计和责任追究制度,促使各级领导干部形成保护自然生态环境推动绿色发展的思想自觉和行动自觉。二是形成绿色发展空间格局,建构绿色生态产业结构,在城市建设、产业发展、乡村振兴等领域引入绿色理念,因地制宜地发展生态旅游、生态农业等绿色产业,实现自然生态资源向经济效益和社会效益的转化。

① 习近平:《论坚持人与自然和谐共生》,中央文献出版社,2022年,第104页。

第二，坚持自主创新科技支撑。现代化进程愈发展，科学技术的地位愈突出。科学技术是改善人类劳动的途径之一，日益成为调节人与自然关系的重要关节点。科技高水平自立自强是我国建设人与自然和谐共生的现代化必须依靠的战略支撑，要依靠科技自主创新破解绿色发展难题，为实现绿色生产方式和生活方式转型提供技术依托。习近平指出："绿色循环低碳发展，是当今时代科技革命和产业变革的方向，是最有前途的发展领域，我国在这方面的潜力相当大，可以形成很多新的经济增长点。"[①]具体而言：一是以科技自主创新驱动经济绿色发展。聚焦污染防治、新能源技术、全球气候变化、碳循环机理、生物多样性保护、生态恢复治理等生态文明建设领域的重大需求组织科研力量集中攻关，产出一批自主水平高、管用有效的科研成果。建立产学研协同机制，缩短需求端与供给端距离，促进科技创新成果加快转化为绿色发展效能。二是完善政策支持体系促进绿色科技自主创新。改革生态文明建设领域科研管理体制，加强科研经费支持，实行重点研究课题揭榜挂帅制度，扩大科研人员创新自主权，为科研人员松绑减负。重点扶持建强生物、生态、环境保护等学科体系，培养高质量人才，建强科研人才队伍。

第三，坚持多元主体齐抓共管。中国自然生态环境的多样性和现代化建设的复杂性共同决定了中国建设人与自然和谐共生的现代化必须依靠多元主体共同发力，凝聚起齐抓共管的治理合力。我国人与自然和谐共生的现代化是共建与共享的统一体，引入多元主体参与、凝聚多方力量共建是共享良好生态环境的必然前提，同时必须将全民共享优美生态环境作为多元共建的最终目的和归宿。习近平提出要"坚持党委领导、政府主导、企业主体、公众参与"[②]，构建多元主体参与的生态文明建设大格局。具体而言：一是发挥党的领导核心作用，各级党组织要负责统筹协调生态文明建设领域中各类重大、复杂、突出问题，调动各方力量积极参与生态保护工作。二是政府要发挥主导作

① 习近平：《论坚持人与自然和谐共生》，中央文献出版社，2022年，第105~106页。

② 习近平：《论坚持人与自然和谐共生》，中央文献出版社，2022年，第7页。

用，担负起自然资源管理和环境保护监督等责任，加强构建和完善生态环境保护制度体系，加大生态保护领域执法力度。三是企业特别是国有企业要肩负起主体责任，在生产经营中主动践行绿色发展理念，加快生产经营设备环保改造，自觉形成绿色低碳的生产方式。四是公众要发挥基础作用，要带动全社会踊跃参与，鼓励各类社会机构、公益组织、民间团体发挥独特作用，推动将生态文明教育纳入国民教育体系，在全社会形成尊重自然、保护环境、节约资源的共同意识，鼓励全民自觉形成绿色低碳的生活方式，开展植树造林、垃圾分类、能源节约和光盘行动等全民环保行动。

第四，坚持系统观念协同治理。山川、江河、森林、田地、湖泊、草原、沙漠等共同有机地构成自然生态系统，各元素间相互依存、互相影响。习近平将自然生态系统中各元素间的内在关系表述为“人的命脉在田，田的命脉在水，水的命脉在山，山的命脉在土，土的命脉在树”[①]。自然生态系统中任何一种元素的污染和破坏，都将在生态系统中通过“链条式传导”对其他元素造成影响和破坏，从而对自然生态系统产生全局性影响。建设人与自然和谐共生的现代化是一项系统工程，要着眼大局、立足长远，以保持自然生态环境的原真性和完整性为原则，推动自然生态系统中各元素一体保护和系统治理，必须多管齐下、综合治理，避免因“头痛医头、脚痛医脚”导致污染传导而增加治污成本。具体而言：一是以保护优先、自然恢复为原则，推进生态系统保护和修复，着力筑牢国家生态安全屏障，深入大规模开展国土绿化行动，加强土地荒漠化治理和湿地保护。二是提高生态系统质量和稳定性，关键是要守牢生态保护红线、永久基本农田和城镇开发边界“三条高压线”，同时建构以国家公园为主体的自然资源保护地体系，通过一系列制度和法治举措切实加强我国生物多样性保护。

第五，坚持依法依规重拳治污。法治是现代化国家治理体系中最鲜明的

① 习近平：《论坚持人与自然和谐共生》，中央文献出版社，2022年，第42页。

标志，是现代化国家治理能力的最根本依托。通过建立和完善一整套制度体系将党和国家的战略举措固定下来是保障党和国家战略举措落实、落地、落细的重要方式。建设人与自然和谐共生现代化的长期性、复杂性和系统性共同决定了利用法律和制度方式的必要性，要将法律和制度的刚性转化为生态环境治理的效能。习近平指出："只有实行最严格的制度、最严明的法治，才能为生态文明建设提供可靠保障。"具体而言：一是要科学制定法律法规，在生态环境保护督查以及自然资源监管监督等方面集中力量组织立法修法，解决好行政执法与刑事司法脱节问题。二是要严格执行法律法规，继续严格实施中央环境保护督察制度，加强环境保护执法检查，确保法律法规真正成为带电的"高压线"。三是生态文明建设举措制度化，着力在生态环境保护、资源高效利用和生态保护修复等方面建立和完善制度，及时将生态文明建设实践中的先进经验和有效做法通过制度的形式固定下来。

第六，坚持国际协作命运与共。世界现代化浪潮的大趋势使各国间的联系日益紧密、多样、复杂，世界已经结成命运与共的人类命运共同体。一国的生态环境污染往往会通过河流、洋流、大气等传导至其他国家，环境问题日益成为全人类必须面对的全球性挑战。地球是全人类共同生活的唯一家园，地球自然生态环境的状况关乎全人类的福祉、命运与未来。全人类同在地球生命共同体之中，阻止生态环境继续恶化，建设清洁美丽的世界是全人类的共同责任，需要各国携手团结。习近平指出："人类是命运共同体，保护生态环境是全球面临的共同挑战和共同责任。"①具体而言：一是完善全球生态治理体系。遵循共同但有区别的责任原则，践行真正的多边主义，支持联合国和G20等多边机制在全球生态治理方面发挥作用。推动国家间生态治理合作，加大对发展中国家生态环境治理的技术和资金支持，弥合国家间绿色发展鸿沟。二是中国要在全球生态环境治理中发挥积极有为和示范引领作用。主动承担

① 习近平：《论坚持人与自然和谐共生》，中央文献出版社，2022年，第13~14页。

与国情和发展阶段相称的国际责任，为全球提供更多的自然生态公共产品，认真履行《联合国气候变化框架公约》等国际公约，为全球生态治理提供中国智慧、中国方案。

人与自然和谐共生的现代化道路具有开放性和发展性的鲜明理论品格。随着我国社会主义现代化建设不断推进，对人与自然关系的把握必将不断深入，人与自然和谐关系的构建路径也必将不断清晰，这将为人与自然和谐共生的现代化赋予更科学、更丰富的理论内涵。

习近平生态文明思想的哲学思维与科学方法

沈　慧

[摘要]习近平生态文明思想的哲学思维主要包括求实思维方式、辩证思维方式和法治思维方式等,这些哲学思维方式及其科学工作方法集中体现了习近平生态文明思想的方法论要求。习近平生态文明思想运用求实思维方式形成了尊重历史、立足实际和注重实践的指导思想。习近平生态文明思想运用辩证思维方式形成了系统协同、着眼长远和化解矛盾的指导思想。习近平生态文明思想运用法治思维方式形成了制度保障和法治保障的工作思路。

[关键词]习近平生态文明思想;哲学思维方式;科学工作方法;实践发展

党的十九届六中全会总结了十八大以来我国生态文明建设上所取得的显著进步与重大成就。我国生态环境保护历史性成就的取得,关键在于我们始终遵循了求实思维、辩证思维和法治思维等哲学思维方式,并在实践中灵

作者简介:沈慧,天津理工大学马克思主义学院副教授、天津市中国特色社会主义理论体系研究中心特约研究员。

基金项目:天津理工大学2020年度教学基金一般项目“习近平法治思想融入高校思政课教学研究”(YB20-30)。

活运用这些哲学思维方式的科学工作方法。求实思维方式、辩证思维方式和法治思维方式及其相对应的科学工作方法共同构成了习近平生态文明思想的科学方法论体系，集中体现了习近平生态文明思想的方法论要求，不断推动着我国新时代生态文明建设的实践发展。

一、习近平生态文明思想的求实思维方式及其科学工作方法

求实思维方式是在辩证唯物主义唯物论和认识论的理论基础上，把“客观存在决定主观意识、主观愿望必须符合客观实际”这两个核心观点“转换为人们的思维方式”[①]，其核心要义是求真务实。习近平生态文明思想运用求实思维方式客观地把握生态环境问题，以实事求是的态度思考和探索生态文明建设的相关问题，形成了尊重历史、立足实际和注重实践的指导思想。

（一）前提：尊重历史与把握当下

贯彻落实求实思维方式的前提是尊重历史，在人类社会历史发展的客观存在中发现历史规律并总结实践经验用以更好地指导现实。人与自然的关系贯通了人类文明发展的历史，“生态兴则文明兴，生态衰则文明衰”[②]，从人类文明发展史的角度审视生态发展是历史赋予我们正确看待和适当解决人与自然和谐共生问题的机会，机会需要有力把握。习近平生态文明思想没有辜负这一关键机会，党的十八大以来，习近平总书记高度运用求实思维方式站在大历史观的宏阔视野下，纵贯人类生态文明发展史，立足中华传统文化中的生态观念和治理智慧，以史为师、以史为鉴，将中西方生态文明发展的历史经验教训提炼升华为指导思想与科学工作方法来推动中国特色社会主义新

① 韩庆祥等：《哲学思维方式与领导工作方法》，红旗出版社，2018 年，第 15 页。

② 中共中央文献研究室编：《习近平关于社会主义生态文明建设论述摘编》，中央文献出版社，2017 年，第 6 页。

时代生态文明建设工作的实践发展。

尊重历史的现实指向就是把握当下，在习近平生态文明思想指导下用科学的工作方法解决生态文明建设的现实问题。首先，将“四史”学习教育常态化融入生态保护与治理等相关具体工作。“我国生态环境矛盾有一个历史积累过程，不是一天变坏的”①，我们要从党史、新中国史、改革开放史和社会主义发展史四个贯通的历史整体中培养历史思维，总结历史经验，汲取历史教训。其次，从中国和世界的历史进程中把握自然生态规律和社会发展趋势。我们现代化道路的选择要立足中国的过去、现在与未来，不能走西方先污染后治理的老路，我们要从西方现代化发展的经验教训和中国环境污染的历史代价中抓住人类幸福的本质，并以此确立生态文明建设的价值导向、衡量标准和努力方向。最后，结合唯物史观人民群众是创造历史的主体深刻领悟生态文明建设的历史主体及其重要意义。生态文明建设是人民群众共有共建共享的绿色事业，“每个人都是生态环境的保护者、建设者、受益者，没有哪个人是旁观者、局外人、批评家，谁也不能只说不做、置身事外”②。人民群众是生态文明建设的历史主体，比如在污染防治攻坚战中，人民关注是防治焦点、人民意见是民生重点、人民力量是治理源泉、人民满意是攻坚标准、人民利益是根本原则。

（二）中心：立足实际与把握发展

贯彻落实求实思维方式的中心是立足实际，从客观实际出发，正确了解和把握客观实际是前提和关键，在此基础上制定工作决策和规划方案用以指导实践。中国共产党的百年奋斗历程始终坚持了一切从中国实际情况出发的根本原则，一次又一次地实现了马克思主义中国化时代化的理论创新与实践发展。习近平生态文明思想从党的百年奋斗经验中汲取力量，始终坚持将马

① 中共中央文献研究室编：《习近平关于社会主义生态文明建设论述摘编》，中央文献出版社，2017年，第8页。

② 习近平：《论坚持人与自然和谐共生》，中央文献出版社，2022年，第12页。

克思主义基本原理与中国具体情况相结合，坚定不移奉行一切从实际出发的根本原则，既有顶层设计上的把舵领航，如突出生态文明在“五位一体”总体布局中的重要地位，完整、准确、全面贯彻新发展理念；[1]也有观念方针上的纠偏扶正，如改变观念是解决生态环境问题的根本，加快转变经济发展方式等；更有具体措施上的有效落实，如公民有法定植树的义务、垃圾分类、绿色出行、光盘行动等，无不立足我国生态环境保护的现实状况、问题原因，以及生态文明建设的现实必要和重大意义等层面的科学把握和客观研判。

立足实际的关注焦点就是把握发展，立足现实情况展望未来发展。首先，加强调查研究。调查研究是中国共产党人的传家宝，我们在生态文明建设中要把这一工作方法用对用好用实，真正做到深入实地调研，深入群众确情。解决生态问题离不开现场调研和科学分析，要因地制宜、因时制宜地将中央精神与地方生态环境保护以及治理特色有效结合起来。其次，发扬实事求是的精神。实事求是不仅是中国共产党人的重要思想方法，也是具体的做事态度和工作要求。习近平总书记在谈到黄河流域生态保护问题时强调：“以水而定、量水而行，因地制宜、分类施策，上下游、干支流、左右岸统筹谋划”[2]，具体一地一事的生态问题都会因地理、气候、资源乃至人文、经济、社会发展等不同情况而各有差别，这就是“实事”，在每个具体“实事”的基础上探求各自的“是”，是将生态文明建设落到实处的关键。最后，体现超前意识。工作中的超前意识离不开对未来发展趋势的科学预判，这是意识能动作用的鲜明体现。习近平1989年在福建工作期间就谈到闽东振兴的关键在于林业发展，“林业有很高的生态效益和社会效益”[3]，今天我们看到闽东以“林业特色产业”“闽东森林城市群建设”以及“生态产品价值实现机制”等融入新发展阶段，正不

① 《习近平在中共中央政治局第二十七次集体学习时强调 完整准确全面贯彻新发展理念 确保“十四五”时期我国发展开好局起好步》，新华网，http://jhsjk.people.cn/article/32017264。

② 习近平：《习近平谈治国理政》（第三卷），外文出版社，2020年，第377页。

③ 习近平：《摆脱贫困》，海峡出版发行集团、福建人民出版社，1992年，第110页。

断推进高质量的发展进程。[①]可见,在生态文明建设相关工作中需要牢固树立超前意识,工作要打出提前量,把握未来发展的主动权。

(三)重点:注重实践与把握实效

贯彻落实求实思维方式的重点是注重实践,实践是马克思主义基本原理与中国具体实际相结合的根基,注重实践是推进马克思主义中国化时代化发展的必然要求。习近平生态文明思想的主要创立者习近平在从基层到中央的长期工作中形成了对不同行政区域范围内生态文明建设规律的科学认识和深刻思考,强调"各级领导干部要率先垂范、身体力行,以实际行动引领广大干部群众像对待生命一样对待生态环境"[②],为习近平生态文明思想的形成和发展奠定了深厚的实践基础。

注重实践的价值目标是把握实效,用实践验证认识的真理性并达到改造世界的目的。首先,发扬求真务实的工作作风。生态环境保护和污染治理工作事关民生福祉和人类可持续发展,容不得半点含糊,"每一次我们人类对自然界的胜利,自然界都对我们进行报复"[③],因此我们必须发扬求真务实的工作作风,做真做实调查研究、科学评估工作思路、用科学的绿色的方式解决各种生态问题。对违背这一要求的现象,习近平总书记曾这样批评:"对搞'假生态'、不计成本追求任期内视觉效果变化的地方干部要提出警戒。"[④]其次,注重实干,善用真理标准。实践的内在要求就是实干,邓小平曾强调:"任何事情都是人干的"[⑤],实干突出了实践的价值要求与行动品质,是中国共产党人鲜明的风采。这种注重实干的精神不是蛮干苦干,而是体现真理标准的科学的人民的实践,如浙江省安吉县十余年来践行"两山"理念,"安吉模式以鲜活生

---

① 《绿满闽东 山林"生财"》,《闽东日报》,2022年3月20日。

② 习近平:《论坚持人与自然和谐共生》,中央文献出版社,2022年,第72页。

③ 《马克思恩格斯文集》(第9卷),人民出版社,2009年,第559~560页。

④ 习近平:《论坚持人与自然和谐共生》,中央文献出版社,2022年,第57页。

⑤ 《邓小平文选》(第二卷),人民出版社,1994年,第221页。

动的实践，证明了‘两山’重要思想的力量，引领安吉和浙江走向社会主义生态文明新时代”[①]。最后，积极探索创造性实践路径，提高生态文明建设实效性。用实践来检验真理并不是目的，真理是我们认识世界改造世界的武器和手段，习近平生态文明思想的价值目标指向人与自然和谐共生的现代化发展，“中国要实现工业化、城镇化、信息化、农业现代化，必须要走出一条新的发展道路”[②]，比如 2022 年北京冬奥会火炬点燃的“微火”创意充分显示出中国高质量发展的决心、勇气和力量。

二、习近平生态文明思想的辩证思维方式及其科学工作方法

辩证思维方式是在马克思主义唯物辩证法的理论基础上，整体性思考、关联性分析和过程式考察自然、人与社会之间关系的科学方法，其核心要义是和谐共生永续发展。习近平生态文明思想运用辩证思维方式全面、联系、发展地看待和分析生态文明建设相关问题，“树立大局观、长远观、整体观”[③]，形成了系统协同、着眼长远和化解矛盾的指导思想。

（一）全局：系统协同与统筹发展

贯彻落实辩证思维方式的全局要求是系统协同，“不谋万世者，不足某一时；不谋全局者，不足谋一域”[④]，生态文明是一个多要素多环节多阶段构成的动态系统工程，要求各要素各环节各阶段协同共进开展生态文明建设。不论

① 光明日报调研组：《生态文明建设的“安吉密码”——浙江省安吉县践行“两山”重要思想调研》，《光明日报》，2017 年 12 月 1 日。

② 《在哈萨克斯坦纳扎尔巴耶夫大学演讲时的答问》（2013 年 9 月 7 日），《人民日报》，2013 年 9 月 8 日。

③ 《在参加十二届全国人大四次会议青海代表团审议时的讲话》（2016 年 3 月 10 日），《人民日报》，2016 年 3 月 11 日。

④ ［清］陈澹然：《寤言二·迁都建藩议》。

是中华传统文化中“天人合一”的朴素的系统观念，还是辩证唯物主义自然观中的“社会是人同自然界的本质的统一”[①]，都为习近平生态文明思想提供了深厚的哲学基础。生态文明建设内容各要素之间、生态文明建设和“五位一体”总体布局的其他组成部分之间，均体现了层层递进的系统性建设与协调式发展。2018年，习近平在全国生态环境保护大会上的讲话中提出了新时代推进生态文明建设的六项原则，其中蕴含着丰富的系统协同性全局要求：其一，树立生命共同体的科学理念；其二，协调处理生态文明建设和经济社会发展之间的辩证关系；其三，积极推动和参与全球生态环境保护与全球环境治理。

系统协同的根本点是统筹发展，从全局维度出发，生态文明建设不可能仅仅聚焦一点发力，要在系统联动上下功夫，实现系统合力、统筹发展。习近平生态文明思想科学阐述了“自然—人—社会”之间的内在规律，强调生命共同体就是一个统一的有机系统，系统施治是维系人类生存和发展的基本要求。一方面，拓展运用生态系统治理理念，统筹兼顾、协同处理生态发展与政治、经济、社会、文化、法治等各方面之间的辩证关系；另一方面，灵活掌握全方位、全地域、全过程的系统治理工作方法，如习近平总书记在治水方面提出了“五个统筹”，“治水要统筹自然生态的各要素，不能就水论水”[②]。这方面具体的例子有很多，具有代表性的如福建莆田木兰溪生态文明建设实践就是从单一治水到山水林田湖草系统治理的典型。[③]再如，江西赣州寻乌县废弃稀土矿山综合治理实践，经历了从“每个部门都有行动，但步调难得一致”到“统筹推进四大类工程的全覆盖治理”，探索总结出了“山上山下、地上地下、流域上下游”的“三同治”模式，成为全国废弃矿山治理典范。[④]

① 《马克思恩格斯文集》(第1卷)，人民出版社，2009年，第187页。

② 中共中央文献研究室编：《习近平关于社会主义生态文明建设论述摘编》，中央文献出版社，2017年，第56页。

③ 中共中央组织部组织编选：《贯彻落实习近平新时代中国特色社会主义思想在改革发展稳定中攻坚克难案例——生态文明建设》，党建读物出版社，2019年，第291~306页。

④ 赖永峰、刘兴：《“稀土王国”努力弥补生态欠账——江西赣州废弃稀土矿山环境综合治理纪实》，中国青年报，经济日报，https://baijiahao.baidu.com/s?id=1680123134158258013&wfr=spider&for=pc。

(二)时效:着眼长远与持续发展

贯彻落实辩证思维方式的时效要求是着眼长远,久久为功,用持续发展的眼光进行战略布局和制度设计。一方面,从生态文明建设长远意义的角度,生态文明建设是关系到人民群众切身利益、国家民族前途命运、人类生存发展的生死攸关的大事。习近平总书记经常用“功在当代,利在千秋”“对子孙后代高度负责”“造福子孙后代”等来强调“生态文明建设是关乎中华民族永续发展的根本大计”①,是人类千秋万代要持之以恒为之奋斗的生存事业。另一方面,从生态文明建设的复杂性和长期性的角度,生态文明建设要用耐心、执着和担当来成就“功成不必在我、功成必定有我”的使命和境界。

着眼长远的落脚点是实现可持续发展,从时效维度出发,生态文明建设不可能是一日之功,也不可能一劳永逸,要以生态价值优先性为原则长远谋划、科学决策和精准实施。首先,尊重客观规律。习近平总书记强调“我们要构筑尊崇自然、绿色发展的生态体系”②,生态文明建设以崇尚自然和绿色发展为基本方针。其次,遵循生态价值优先性原则。生态环境保护要置于经济社会发展的突出位置,“不能因小失大、顾此失彼、寅吃卯粮、急功近利”③,不能因为眼前利益而影响或干扰生态文明建设。在政绩考核上要突出生态环境指标的权重,进一步完善经济社会发展考核评价机制与体系。最后,宏观—中观—微观的系统安排,体现在战略谋划、科学决策和精准实施三个层面。宏观的战略谋划体现在节约资源和保护环境的基本国策、“五位一体”总体布局和“四个全面”战略布局等,显示出我们要走出一条实现中华民族永续发展的现代化生态文明之路。在生态文明建设的过程中主要是涉及中观制度决策与微观政策实施的问题,需要我们在实践中推进、在推进中落实、在落实中深化、在

① 《中共中央关于党的百年奋斗重大成就和历史经验的决议》,《人民日报》,2021年11月17日。

② 《十八大以来重要文献选编》(中),中央文献出版社,2016年,第697~698页。

③ 《在云南考察工作时的讲话》(2015年1月19日),《人民日报》,2015年1月22日。

深化中反思、在反思中总结,步步为营,“持之以恒推进生态文明建设,一代接着一代干,驰而不息,久久为功”[①]。

(三)关键:化解矛盾与和谐发展

贯彻落实辩证思维方式的关键要求是化解矛盾,唯物辩证法的对立统一规律揭示了事物发展的根源是事物内部的矛盾运动,事物的矛盾是普遍存在的,事物的矛盾是把握事物发展规律性的根据,也是寻求化解矛盾路径的密钥。生态文明建设过程中各种现实问题层出不穷、各种利益关系错综复杂,呈现矛盾交织加叠的局面,我们迫切需要科学有力的指导思想与具体有效的工作方法。面对生态文明建设的诸多新情况新问题,我们需要以习近平生态文明思想为指导,贯彻落实辩证思维方式的关键要求,从矛盾分析中找到化解矛盾的核心问题、方式方法以及解决路径,从而促进事物的和谐发展。

化解矛盾的立足点是和谐发展,生态文明建设中不可避免地会出现各种难题、困境和挑战,化解这些矛盾的出发点和立足点一定是有利于自然—人—社会的和谐共生与永续发展。首先,根据唯物辩证法矛盾分析方法,着力解决重点突出问题。党的十八大以来,生态文明建设因其重要性和日益暴露的“短板”问题而被提升到“五位一体”总体布局中更突出的位置,各类环境污染问题成为“民生之患、民心之痛”[②],必须下大力气解决好人民群众“急难愁盼”的生态环境问题,同时针对性解决大气污染、水污染、土壤污染等各类污染防治问题,时刻关注生态安全,做好应对各种生态环境风险挑战的准备。民生问题无小事,这些都是容易诱发社会不稳定的生态问题,一定要重点突出、具体施策,让人民群众切身感受到生态治理的成效,“在绿水青山中共享自然

① 《对河北塞罕坝林场建设者事迹作出的指示》(2017 年 8 月),《人民日报》,2017 年 8 月 29日。

② 《在省部级主要领导干部学习贯彻党的十八届五中全会精神专题研讨班上的讲话》(2016 年 1 月 18 日),人民出版社单行本,第 18 页。

之美、生命之美、生活之美”[①]。其次，在正视矛盾中找到化解矛盾的根据。最为典型的就是“两山”[②]重要思想，“绿水青山”与“金山银山”是一对典型的关于生态保护与经济发展的矛盾，从两者之间的对立统一关系中发现只有立足生态文明建设，才能真正实现经济社会的永续发展。最后，加强全民生态文明意识的培育。生态文明建设是人民事业、全民工程，是关系到子孙后代繁衍生息、利国利民的大事要事，每个公民都有责任和义务爱护生态环境。党的十八以来，生态文明理念已经深入人心，但仍然需要不断加强全民生态文明意识的培育，重点是青少年生态文明观的养成。用生态意识和实际行动浸润人心，潜移默化塑造生态文明建设合格接班人，为自然生态和谐发展共同奋斗。

三、习近平生态文明思想的法治思维方式及其科学工作方法

法治思维方式是一种“综合性的思维方式”[③]，是综合运用法律概念、法律原则、法律规则和法律方法思考和解决问题的科学方法。在浙江工作期间，习近平就强调法治思维方式的重要性，指出“和谐社会本质上是法治社会”[④]。2018 年，习近平总书记在全国生态环境保护大会上强调“用最严格制度最严密法治保护生态环境”[⑤]，这也是加强生态文明建设必须坚持的原则之一，集中体现了习近平生态文明思想的法治思维方式及其方法论要求，凸显了法治思维方式指导及其方法论运用的必要性和紧迫性。习近平生态文明思想运用法治思维方式，在思考和解决生态文明建设相关问题上强调规范性、制度性、体系性和治理性，形成了制度性保障与法治性保障两个方面的指导思想。

---

① 习近平：《论坚持人与自然和谐共生》，中央文献出版社，2022 年，第 225 页。

② “我们既要绿水青山，也要金山银山。宁要绿水青山，不要金山银山，而且绿水青山就是金山银山。”摘自习近平：《论坚持人与自然和谐共生》，中央文献出版社，2022 年，第 40 页。

③ 刘平：《法治与法治思维》，上海人民出版社，2013 年，第 167 页。

④ 习近平：《之江新语》，浙江人民出版社，2007 年，第 204 页。

⑤ 习近平：《论坚持人与自然和谐共生》，中央文献出版社，2022 年，第 13 页。

(一)制度保障:体制建构与制度执行

贯彻落实法治思维方式强调完善制度保障,没有规矩不成方圆,生态文明建设要发挥制度性保障效能,就必须有完善的制度体制建构与制度运行机制,我国以往生态环境保护存在的突出问题往往是与制度保障方面存在短板或漏洞密切相关。2015 年,《生态文明体制改革总体方案》印发,指出以建立健全“八项制度”[①]为主要内容构建起生态文明体制改革的基本框架。经过多年的努力和发展,“我们建立起了一整套生态文明制度体系”[②],目前,我国生态文明制度的“四梁八柱”虽已初步建构起来,但未来之路仍任重而道远,时刻面临着适应新发展、迎接新挑战以及制度的具体化等问题,如“双碳”目标提出以来,围绕碳达峰碳中和基本构建起“1+N”政策体系、碳排放统计核算体系等体制性变革。

生态文明制度保障不仅要完善体制建构,还要使制度真正“活起来”,“制度的生命力在于执行,关键在真抓,靠的是严管”[③],目前主要体现在制度的全过程监管上。首先,源头防治的事前监管。如在污染防治攻坚战中,“坚持源头防治是治本的措施”,通过调整“四个结构”,做到“四减四增”。[④]其次,过程严

---

① 《生态文明体制改革总体方案》提出生态文明体制改革的目标:到 2020 年构建起由自然资源资产产权制度、国土空间开发保护制度、空间规划体系、资源总量管理和全面节约制度、资源有偿使用和生态补偿制度、环境治理体系、环境治理和生态保护市场体系、生态文明绩效评价考核和责任追究制度等八项制度构成的产权清晰、多元参与、激励约束并重、系统完整的生态文明制度体系,推进生态文明领域国家治理体系和治理能力现代化,努力走向社会主义生态文明新时代。参见中华人民共和国中央人民政府网站:http://www.gov.cn/gongbao/content/2015/content_2941157.htm。

② 《中宣部就经济和生态文明领域建设与改革情况举行“中国这十年”系列主题新闻发布会》,观察者网,2022-05-12,https://www.guancha.cn/politics/2022_05_12_639376.shtml。

③ 习近平:《论坚持人与自然和谐共生》,中央文献出版社,2022 年,第 13 页。

④ 具体为调整产业结构,减少过剩和落后产业,增加新的增长动能;调整能源结构,减少煤炭消费,增加清洁能源使用;调整运输结构,减少公路运输量,增加铁路运输量;调整农业投入结构,减少化肥农药使用量,增加有机肥使用量。参见习近平:《论坚持人与自然和谐共生》,中央文献出版社,2022 年,第 203 页。

管的事中监管。如“十三五”期间的一项重要工作是在我国环保管理体制改革中，全面推开省以下环保机构监测监察执法垂直管理制度，“有利于增强环境执法的统一性、权威性、有效性”[①]。最后，后果严惩的事后监管。习近平总书记曾多次强调对破坏生态环境的要严惩重罚，建立责任追究制度，实行生态文明建设责任制和自然资源离任审计制，“只有真追责、敢追责、严追责，做到终身追责”[②]，才能真正发挥制度效能。生态文明建设制度的全过程监管体现了我们在制度执行上的观念转变与工作成效，但这还远远不够，下一步还是要在制度的执行力上下大功夫。

（二）法治保障：体系运行与法治治理

贯彻落实法治思维方式强调加强法治保障，全面依法治国是一项系统工程，中国特色社会主义法治体系建设处于统揽全局的地位，是全面依法治国的总抓手，生态文明法治体系是中国特色社会主义法治体系的重要组成部分，为生态文明建设提供法治保障和治理依据。

第一，完备的生态文明法律规范体系，这是立法层面的要求。2021年11月25日生态环境部举行的新闻发布会上强调我国“生态环境领域法律法规体系已经基本形成，生态环境各主要领域已经基本实现有法可依”[③]，其中，“十三五”期间制定、修订了《中华人民共和国湿地保护法》《中华人民共和国噪声污染防治法》《中华人民共和国核安全法》等13部法律、17部行政法规。展望未来，生态文明立法工作要继续遵循科学立法、民主立法等原则，不断提高立法质量和效率，大力推进环境法典的编纂。

第二，高效的生态文明法治实施体系，这是执法、司法和守法等环节协同

① 习近平：《论坚持人与自然和谐共生》，中央文献出版社，2022年，第103页。

② 习近平：《论把握新发展阶段、贯彻新发展理念、构建新发展格局》，中央文献出版社，2021年，第267页。

③ 《我国生态环境领域法律法规体系基本形成》，光明网，https://m.gmw.cn/baijia/2021-11/29/35343917.html。

发力的系统要求。法律的生命力在于实施，生态法治实施体系的重点是有效衔接执法、司法、守法等各个环节，强化宪法实施效果与力度、完善法治政府职能与效能、提高司法公信力影响力和培育全民守法与生态保护责任感等。

第三，严密的生态文明法治监督体系，这是以规范和约束生态环境保护和污染治理公权力运行为主要内容的监督系统。在生态文明建设过程中，根据有权必有责、用权受监督的原则，坚决纠正有法不依、执法不严、违法不究等权力行使瑕疵问题。另外，贯彻落实"健全党统一领导、全面覆盖、权威高效的监督体系"[①]的总体部署，形成系统的监督合力，推进生态文明法治监督体系规范化、制度化和系统化。

第四，有力的生态文明法治保障体系，这是确保生态文明法治体系高效运转的各方面保障条件。完善生态文明法治保障体系的重点主要包括：加强政治和组织保障，如加强党的集中统一领导；提高物质条件保障，如"各级财政特别是中央财政支出要向污染防治攻坚战倾斜"[②]；完善人才保障、加大人才供给，如加强生态文明法治人才培养等；落实法治文化保障，如全民生态法治宣传教育活动等。

第五，完善的生态文明党内法规体系，这是完善生态文明法治体系的重要内容。党章中明确规定了建设社会主义生态文明，这不仅是党员的义务与责任，也是全党共同奋斗的政治任务。建立完善的生态文明党内法规体系，同样包括规范体系、实施体系、监督体系和保障体系的党内制度的体制设计、不断完善与有效运作。另外，生态文明党内法规体系更加强调底线意识，为加强生态文明建设，深化党和国家机构改革，组建生态环境部，整合职能统一监管，坚守生态保护红线。以党内法规的形式出台一系列生态文明建设改革文件、制度安排和问责办法，切实落实对党员、领导干部最严格的考核问责制度。

---

① 《中共中央关于坚持和完善中国特色社会主义制度 推进国家治理体系和治理能力现代化若干重大问题的决定》，新华社，http://www.gov.cn/zhengce/2019-11/05/content_5449023.htm?ivk_sa=1024320u。

② 习近平：《论坚持人与自然和谐共生》，中央文献出版社，2022年，第204页。

2020年，中办、国办印发了《关于构建现代环境治理体系的指导意见》[①]，指出实施过程中，在夯实党政主体责任、生态环境法治建设、健全市场机制、引导企业机制和构建全面行动体系五个方面取得了一些成效。可见，生态文明法治体系的完善和发展对生态环境治理能力和水平的提升至关重要。

四、结语

习近平生态文明思想的哲学思维主要体现在求实思维方式、辩证思维方式和法治思维方式等方面，并在这些哲学思维方式上形成了一系列的科学工作方法。综合运用哲学思维方式及其科学工作方法反映了习近平生态文明思想合目的性的要求，在此基础上实现守护绿色家园、建设美丽中国的美好蓝图，是习近平生态文明思想合价值性的体现，是人民至上的充分彰显，是合目的性的旨归。

① 《中宣部就经济和生态文明领域建设与改革情况举行"中国这十年"系列主题新闻发布会》，观察者网，https://www.guancha.cn/politics/2022_05_12_639376.shtml。

习近平生态文明思想中的中华传统诗学文化基因

李　云　杨海艳

[摘要]从诗性的空间环境，到诗性的文化意蕴，再到对诗意生活的追求，习近平生态文明思想表现出的诗性特征与中华传统诗学文化存在着多层次的关系，表明对中华优秀传统文化思想的深层次吸收和创新性转化。中华传统诗学中尊重生命的人文精神，人与自然和谐共处、尊重自然、顺应自然的物我关系，以自然本真为最高形式的审美特质，与习近平生态文明思想多有相通之处。

[关键词]习近平；生态文明；诗学文化

习近平新时代中国特色社会主义思想是马克思主义基本原理同中国具体实际相结合、同中华优秀传统文化相结合的最新成果，生态文明思想是其中的重要组成部分。关于习近平生态文明思想与中华优秀传统文化关系的研

作者简介：李云，天津科技大学文法学院副教授；杨海艳，天津理工大学马克思主义学院副教授。

基金项目：天津市哲学社会科学规划项目“近代天津报刊文学与城市文化转型研究”（TJZW20-003）。

究，当前较多的研究成果是将其与中华传统哲学思想相结合，对于其与中华传统诗学文化之间关系的研究则还很少，只有少数的学人进行了初步讨论：一种思路是立足古代，找出古代诗歌中合于新时代思想之处，如刘晓雪的《我国古代山水田园诗中生态文明思想研究》（2016）等，挖掘古代山水田园诗中蕴含的生态文明思想；另一种思路是立足当代，讨论生态文明思想与当代诗学的关系，如赵依的《习近平生态文明思想与新时代自然诗学》（2021）等，侧重于阐释习近平生态文明思想对新诗写作的指导性意义；但还没有对习近平生态文明思想中蕴含的中华传统诗学文化基因给予充分的阐释和讨论。中国自古是一个重视诗的国度，自先秦就形成的“诗教”传统，绵延几千年，是中华优秀传统文化的核心组成部分。诗被称为是“民族文化的骄傲，民族精神的旗帜、民族智慧的火炬”①。本文拟从优秀传统文化基因方面来探讨习近平生态文明思想与中国传统诗学文化之间的关系及意义。

一、习近平生态文明思想的诗性特征

习近平生态文明思想具有诗性特征，常常给人以诗意的遐想，如：“让群众望得见山、看得见水、记得住乡愁，让自然生态美景永驻人间，还自然以宁静、和谐、美丽。”②让人民由山水生发对家乡故土的热爱，流露出一种诗意的情怀。习近平生态文明思想的诗性特征表现在三个方面：

1.建设诗性的空间环境

建设绿水、青山的优美环境，在习近平生态文明思想中占有重要位置。绿水、青山是中国诗歌中的基本元素，使习近平生态文明思想表现出构建诗性空间环境的特点。早在20世纪80年代末，习近平担任中共宁德地委书记时，

---

① 陈洪主编：《大学语文》，高等教育出版社，2016年，第275页。

② 中共中央党史和文献研究院编：《十九大以来重要文献选编》（上），中央文献出版社，2019年，第450页。

就注重保护森林，严禁盲目采伐，强调“经济、生态、社会三大效益的统一”①。进入 21 世纪，他进一步认识到生态文明的重要性，2003 年任浙江省委书记时，提出“人类只有一个地球，地球是我们的共同家园”②等重要的思想观点，努力打造经济繁荣、山川秀美、社会文明的“绿色浙江”，建设优美舒适的宜居环境。当时我国改革开放二十余年，初见成效，进入到一个新的发展阶段，他态度鲜明地表示建设小康社会“既要 GDP，又要绿色 GDP”③。在习近平生态文明思想的形成过程中，受到西方式现代化不良后果的启示，认识到“当今世界都在追求的西方式现代化是不能实现的，它是人类的一个陷阱”④。所以在科学发展观指导下，他要探索一条中国式的可持续发展的现代化道路。他强调，我们追求人与自然的和谐，经济与社会的和谐，通俗地讲，就是既要金山银山，又要绿水有山。在其思想中有着对中华优秀传统文化的吸收和现代性转化。

中国诗歌历史悠久，有多种风格、流派，也形成了多种理论主张。但整体来看，无论哪一阶段，哪一流派，对绿水青山等自然环境的表现是诗歌不可缺少的基本元素。盛唐时诗歌达到高峰，山水田园诗中对优美的诗性环境表现得最为集中，如孟浩然的《过故人庄》：“绿树村边合，青山郭外斜”，王维的《山居秋暝》：“明月松间照，清泉石上流”等，都表现出宁静、自然的山水田园之美，这些诗句对我们国人来说并不陌生，从中小学就开始学习，耳熟能详，其中表现的美景令人向往。习近平生态文明思想中提出的绿水青山，往往使人产生诗意的遐想。

2.具有诗性文化意蕴

除建设诗性的空间环境之外，习近平生态文明思想的核心精神，人与自

---

① 习近平：《摆脱贫困》，福建人民出版社，1992 年，第 85 页。
② 习近平：《之江新语》，浙江人民出版社，2007 年，第 13 页。
③ 习近平：《之江新语》，浙江人民出版社，2007 年，第 37 页。
④ 习近平：《之江新语》，浙江人民出版社，2007 年，第 118 页。

然和谐共生，还自然以宁静、和谐、美丽，表现出诗性的文化意蕴。习近平曾说："我们中华文明传承五千多年，积淀了丰富的生态智慧。'天人合一'、'道法自然'的哲理思想，'劝君莫打三春鸟，儿在巢中望母归'的经典诗句，'一粥一饭，当思来处不易；半丝半缕，恒念物力维艰'的治家格言，这些质朴睿智的自然观，至今仍给人以深刻警示和启迪。"[①]从这段话中可以看到，他受到中华优秀传统文化多方面的启发：一是中国传统的哲学思想，二是中国古代诗歌，三是中国传统风俗和道德。关于第一种和第三种，学界已多有论述，不再赘述，我们重点看来自中国古代诗歌的影响。习近平在讲话中所引的诗句题为《鸟》，作者是唐代的白居易，全诗为："谁道群生性命微，一般骨肉一般皮。劝君莫打枝头鸟，子在巢中望母归。"这首诗强调自然万物与人类众生平等，既包含着人与自然和谐相处的自然观，又包含着对万物生命的博爱观，劝人们不要打杀枝头的鸟儿，就是劝人尊重自然中的生命万物，要有仁爱之心。此种仁爱观在中国传统哲学思想中可以找到源头，诗歌生动形象地将其展示出来，更易给人留下深刻的印象。与白居易的《长恨歌》《琵琶行》《卖碳翁》等脍炙人口的诗篇相比，此首小诗在白居易集中颇不显眼，习近平却从中读到古人的自然观，一方面可见他对中国古代诗歌阅读的深入与广博，另一方面也可见他从古诗中生发的当代文明生态理念。

习近平生态文明思想中蕴含着来自中华优秀传统文化的多方面基因，包括传统哲学的、诗学的以及风俗习惯的等，而这三方面在精神上实际是相通的，"你中有我，我中有你"地存在于中华优秀传统文化中。其中，诗学文化具有十分独特的地位，中国古代的诗歌往往承载着一定的哲学思想，以其独特的艺术魅力在社会中发挥着特殊的作用。孔子曾经强调诗的重要性："《诗》可以兴，可以观，可以群，可以怨。"[②]诗歌生动的艺术形象和感情对人具有感发

---

① 中共中央文献研究室编：《习近平关于社会主义生态文明建设论述摘编》，中央文献出版社，2017年，第6页。

② 张少康编：《中国历代文论精选》，北京大学出版社，2003年，第8页。

激励的作用，通过诗歌可以观察社会风俗和人心，诗可以使人民团结、社会稳定，还具有干预现实、批评社会等作用。《毛诗大序》中也曾指出诗的强大功能："正得失，动天地，感鬼神，莫近于诗。先王以是经夫妇，成孝敬，厚人伦，美教化，移风俗。"[①]认为诗歌具有纠正得失，感动天地，感动鬼神的作用，历代先王以诗歌治理国家，使家庭之间夫妇和谐，老幼之间上下有序，能够敦厚人伦，美善教化，转移风俗。

中华传统诗学思想中蕴含着中华优秀传统文化精髓，往往被学者们认为是中华传统文化的皇冠上最为耀眼的明珠，可以为古今的哲学思想提供有价值的养分。荀子在论述其思想时，也往往从《诗经》中寻找与其观点相契合的诗句，与其"天时""地利""人和"自然和谐的思想观念相印证。[②]习近平曾多次引用荀子的一些话来说明中国古代哲学中蕴含的生态文明思想，也曾多次从诗的角度来说明生态文明的重要性。他在海南考察时，提到苏轼被贬海南儋州时所写的诗句，如"云散月明谁点缀，天容海色本澄清"（《六月二十日夜渡海》），此句侧重指蓝天碧海自然风光之美；"飞泉泻万仞，舞鹤双低昂"（《和陶〈拟古〉九首其四》），此句侧重指飞鸟、动物在清泉群山中自由生存；"丹荔破玉肤，黄柑溢芳津"（《和陶〈始春怀古田舍〉二首其二》，此句所指是美好的生态环境产出的无污染、纯天然的鲜美果实。从他所引用的诗句可见，他的愿望是保护海南优美的生态环境，人、动物、植物在美好的大自然中和谐共处，使其成为全国人民共享的诗意空间，如他所说："13 亿中国人应该有环境优美、适宜度假的地方。"[③]他到湖南时，曾引用毛泽东同志的诗句"洞庭波涌连天雪，长岛人歌动地诗。我欲因之梦寥廓，芙蓉国里尽朝晖"（《答友人》），以及宋代范仲淹《岳阳楼记》中的"沙鸥翔集，锦鳞游泳；岸芷汀兰，郁郁青青"，"长烟一空，皓月千里，浮光跃金，静影沉璧"，文中描述的是未被污染的原生态的自

① 张少康编：《中国历代文论精选》，北京大学出版社，2003 年，第 29 页。

② 崔文恒等编：《荀子评注》，远方出版社，2007 年，第 204 页。

③ 陈昌丽、刘陈姣编：《习古知今：领导干部经典古诗文读本》，贵州教育出版社，2015 年，第 378 页。

然美景，鸥鸟群飞，鱼类畅游，兰草萋萋，湖水澄澈，天空明净，所以他感叹："那都是美景啊！"[①]到湘西时，他就想起了沈从文在《边城》和《萧萧》等作品中描写的湘西山青水碧的美丽风光。从他的种种诗意联想中可以看到，诗歌中描绘的美景对他有着相当的吸引力与感染力，他从前人的诗歌等作品中受到启发，他的理想是把全国各地，从城市到农村，都建设成充满诗意的地方，这是新时代的一项伟大工程。

3.追求全民诗意生活

习近平生态文明思想中表现出对全民诗意生活的追求，建设生态文明，建设美丽中国，"给子孙留下天蓝、地绿、水净的美好家园"[②]，从他所使用的蓝天、绿地、净水等意象来看，这个家园就是一个充满诗意的家园，与诗人们笔下对诗意生活的描摹非常相同。诗人戴望舒，1944年在沦陷的香港，曾经写下对诗意美好生活的向往："一个安乐的家，环绕着淙淙的泉水声，冬天曝着太阳，夏天笼着清荫，白天有朋友，晚上有恬静……"[③]戴望舒在香港曾参加文艺抗战活动，受过日寇监狱的折磨，对国家遭受侵略的苦难有深刻的体会，他在《我用残损的手掌》中写："岭南的荔枝花寂寞的憔悴 / 尽那边，我蘸着南海没有渔船的苦水。"[④]憔悴的荔枝花，没有渔船的海水不仅是生态文明遭到破坏，而且象征着祖国大好河山的沦陷和被敌寇蹂躏。戴望舒及其同时代的人们，对美好的诗意生活怀有热烈的追求，泉水、太阳、清荫、恬静构成他们理想中的诗意家园。

在中国诗学中，美好的自然环境不仅代表着生态环境良好，还有着更深一层的意蕴，即象征着政治环境的清明，人民生活的幸福、美好。对诗意生活

① 中共中央文献研究室编：《习近平关于社会主义生态文明建设论述摘编》，中央文献出版社，2017年，第51页。

② 新华社总编室编：《治国理政新实践：习近平总书记重要活动通讯选》(一)，新华出版社，2019年，第603页。

③ 戴望舒：《戴望舒诗》，浙江文艺出版社，2001年，第131页。

④ 戴望舒：《戴望舒诗》，浙江文艺出版社，2001年，第120页。

的追寻,是历代中国人民的一种共同目标,蕴含在中华传统诗学当中。陶渊明笔下的“桃花源”堪称代表,那里有肥沃的良田,美丽的池塘,绿桑翠竹,男女老幼,怡然自乐,宁静、自然、和谐的生活。但是在中国几千年的历史中,这只是一个梦想中的存在,具有文学的虚构性。习近平立足马克思主义,吸收中华优秀传统文化,提出具体可行的计划:“我们将坚持以人为本,全面推进经济建设、政治建设、文化建设、社会建设、生态文明建设,促进现代化建设各个方面、各个环节相协调,建设美丽中国。”[①]从经济、政治、文化、社会、生态等多方面来建构真实的诗意生活,以此来建设美丽中国,正是对当代的、现实的“桃花源”的追求。

无论是城市,还是农村,都要因地制宜,回归自然,实现一种诗意的生活。习近平用诗意的语言描绘了这一宏伟蓝图:“环境就是民生，青山就是美丽，蓝天也是幸福。要像保护眼睛一样保护生态环境,像对待生命一样对待生态环境。”[②]他运用凝练的排比和形象的比喻来说明保护生态环境的重要性,但他的诗不是停留在纸面上,而是建构在祖国大地上。

二、中华传统诗学文化精神与习近平生态文明思想的相通之处

从诗性的空间环境,到诗性的文化意蕴,再到对诗意生活的追求,表现出习近平生态文明思想与中华传统诗学文化存在的多层次关系。习近平生态文明思想之所以表现出诗学文化基因,首先是因为中国几千年的诗教传统形成一条生生不息的文化长河,蕴含着历代先贤们宝贵的经验、丰富的智慧,由此

① 中共中央文献研究室编:《习近平关于社会主义经济建设论述摘编》, 中央文献出版社,2017年,第4页。

② 中共中央文献研究室编:《习近平关于社会主义生态文明建设论述摘编》, 中央文献出版社,2017年,第8页。

形成独特的中华传统诗学文化精神，与习近平生态文明思想多有相通之处，可简要概括为以下三个方面。

1.中华传统诗学中尊重生命的仁爱精神，与习近平生态文明思想中“以人为本”的思想相合

中国自古有“诗言志”与“诗缘情”之说，诗歌缘于个体生命的真切感动，由此产生了尊重个体生命的诗学精神。如叶嘉莹所说：“诗歌之主要作用，是在于使人感动，所以写诗之人便首先须要有推己及人与推己及物之心。”[①]诗心与儒家的仁爱精神相通，诗人不仅有爱人之心，以天地之心为心，还要对花鸟草木都有仁爱之心。前文所引白居易的《鸟》，就表现了推己及物的尊重生命之情与仁爱精神，此种人文精神与习近平生态文明思想中“以人为本”思想相合。

2.中华传统诗学中人与自然和谐共处，尊重自然，顺应自然的物我关系，与习近平生态文明思想中“人与自然和谐共生”的思想相通

自然与生命是中国诗歌的两大源头：诗的产生或者是来自自然的触动，或者是来自生命的感动。而自然环境往往是触发生命感动的媒介，刘勰在《文心雕龙·明诗》中曾说：“人禀七情，应物斯感；感物吟志，莫非自然。”[②]陆机在《文赋》中也曾说：“遵四时以叹逝，瞻万物而思纷。悲落叶于劲秋，喜柔条于芳春。”[③]自然界万物的变化都会触发人的感情和诗情。钟嵘在《诗品》中表述得更为细致：“气之动物，物之感人，故摇荡性情，形诸舞咏。”[④]人与自然万物相应相感，由此摇荡人的性情，形成舞蹈与诗歌，“春风春鸟，秋月秋蝉，夏云暑雨，冬月祁寒”，大自然中的风、月、云、雨、鸟、蝉等，都会催发生命的感动而产生诗。由此，中国诗歌自古就形成了尊重自然、顺应自然，与自然和谐相处，甚

① 《顾随全集4》，河北教育出版社，2000年，第653页。

② 刘勰：《文心雕龙》，北京燕山出版社，2001年，第52页。

③ 张少康编：《中国历代文论精选》，北京大学出版社，2003年，第74页。

④ 张少康编：《中国历代文论精选》，北京大学出版社，2003年，第118页。

至融为一体的物我关系，此种诗学精神与习近平生态文明思想中“人与自然和谐共生”的思想相通。

3.中华传统诗学以自然本真为最高形式的审美特质，与习近平生态文明思想中“还自然以宁静、和谐、美丽”的思想相通

自然本真是中华传统诗学最高的艺术境界。在传统诗学中，人与自然的关系十分微妙：从表层上看，是在空间上追求回归自然，所以自晋宋以来历代都有大量山水田园诗产生；但空间上的回归并非中国诗学的最高追求，其最高追求是在精神上达到人与自然（物我）为一的境界，由此实现人的自然本真状态，陶渊明、李白、苏轼等一流的大诗人莫不如此。苏轼在《赤壁赋》中所表现的“且夫天地之间，物各有主。苟非吾之所有，虽一毫而莫取。惟江上之清风，与山间之明月。耳得之而为声，目遇之而成色。取之无禁，用之不竭，是造物者之无尽藏也，而吾与子之所共适”①，就表现了尊重自然万物、与自然合一，达到最佳自然本真生命状态的境界。中华传统诗学在审美上以自然为最高的艺术境界，李白的“清水出芙蓉，天然去雕饰”，陆游的“文章本天成，妙手偶得之”就是这一精神的具体体现。由此，中华传统诗学形成以宁静、自然、和谐为美的艺术特质，陶渊明、王维、孟浩然、柳宗元、韦应物等人的山水田园诗，都有此种审美特点，与习近平生态文明思想中“还自然以宁静、和谐、美丽”是相通的。

习近平生态文明思想之所以包含一定的诗学文化基因，还在于习近平是一位有着诗人情怀的领导人。在中国文学史中，政治家兼有诗人情怀堪称一种文化现象，从汉武帝刘彻，到魏武帝曹操，唐太宗李世民等都是颇有成就的诗人；司马光、欧阳修、范仲淹、王安石等大诗人大文豪，也往往兼有政治家的理想抱负与身份；新中国的领袖中，毛泽东、周恩来等领导人，也都有着诗人的情怀和优秀诗作，抒发胸襟抱负、理想和志意。此种颇为独特的文化现象，

① 张伯行选编，肖瑞峰点校：《唐宋八大家文钞》，上海古籍出版社，2019年，第214页。

与中国传统的诗教思想密不可分。习近平酷爱读书,从《习近平的七年知青岁月》《习近平用典》等书中可以看到,他阅读了大量古今中外的文学经典著作,对中国历代诗人李白、杜甫、白居易、杜牧、杜荀鹤、苏轼、陆游、杨万里、于谦、郑燮等都颇为熟悉,曾经在讲话中多次引用他们的诗作。他本人也曾经写作诗词,如《念奴娇·追思焦裕禄》,这首词的小序很值得注意:"中夜,读《人民呼唤焦裕禄》一文,是时霁月如银,文思萦系……"[①]可见,他是一位有着仁心锐感的领导人,因看报纸通讯而触发了诗情,产生了不可遏制的灵感。但与一般诗人不同的是,促使他产生诗思的是心系天下的政治家情怀:"为官一任,造福一方,遂了平生意。绿我涓滴,会它千顷澄碧。"[②]习近平身为政治家而兼有诗人情怀,在其生态文明思想中包含并自然地流露了诗性情怀,优美的环境、美好的生活、诗意的栖居,是全人类共同的追求,具有鲜明的文化凝聚力。

三、习近平生态文明思想吸收中华传统诗学文化的意义

习近平生态文明思想中表现出的中华传统诗学文化基因,表明习近平生态文明思想对中华优秀传统文化的深层次吸收和创新性转化,具有多方面的意义。

1.彰显了习近平生态文明思想深厚的文化底蕴

中华传统诗学文化中蕴含的精神、智慧富有启发性,习近平对其十分重视,在多次讲话中都曾引用中国古典诗句,挖掘其中的精神意蕴。他还曾指出过学习历史和诗歌的价值:"学史可以看成败、鉴得失、知兴替;学诗可以情飞扬、志高昂、人灵秀"[③],他自己无论对史,还是对诗,都有着广博的学习、吸收。

---

① 《怎样做合格党员》编写组编:《怎样做合格党员》,党建读物出版社,2016年,第114页。

② 《怎样做合格党员》编写组编:《怎样做合格党员》,党建读物出版社,2016年,第114页。

③ 中共浙江省委党校、浙江行政学院编:《文化自信与浙江实践》,浙江人民出版社,2017年,第4页。

习近平生态文明思想在吸收优秀传统文化的基础上进行创新性的转化，彰显出深厚的文化底蕴。

2.表明中华优秀传统文化具有当代价值与意义

中华传统诗学文化在世界上具有独特性，是中华优秀传统文化的核心部分，其中蕴含的丰富生态文明精神与马克思主义相结合之后，使马克思主义更加符合中国具体实际，对人民更加具有号召力。建设生态文明、建设美丽中国，关键是要改变人类与大自然的关系，克服人类贪婪、自私、急功近利、奢侈享乐等弊端，培养长远的眼光与高远的理想，实现人与自然和谐发展。中华传统诗学精神凝聚着民族的优秀文化基因，深深地印刻在民族记忆中，能够唤起广大人民的情感共鸣，引导人们建立正确的生活观念，对抗工业文明带来的浮躁风气，回归优美的诗意人生和淳朴的生活方式。

3.有助于明确生态文明的建设方向和实现诗意生活的目标

习近平曾明确地反对"'土豪'式的生活方式，纵欲而无节制"[①]，此种生活的特点是重视物质与金钱的享受，奢侈炫耀、浪费无度，故号召社会崇尚勤俭节约的良好风尚，建立重精神轻物质的诗意生活，使人们减少物质和能源的浪费，自觉地追求精神的审美——山水之乐，建立一种合理、先进、文明、健康、绿色的新型生活方式。

习近平生态文明思想的目标是把中国建设成为一个诗意的美丽桃花源，使全国人民都过上幸福、美好的生活，将历史上虚构的诗学想象建设为社会主义的现实美景，体现出中国共产党的伟大创造精神，也体现出中国共产党的初心：为中国人民谋幸福，为中华民族谋复兴。习近平生态文明思想还希望建设一个美丽的地球，与其所提出的人类命运共同体相呼应，引领全世界人民共建美好家园、实现诗意生活，充分体现出中国特色社会主义的道路自信、理论自信、制度自信和文化自信。

---

① 中共中央文献研究室编：《习近平关于社会主义生态文明建设论述摘编》，中央文献出版社，2017年，第118页。

参考文献

[1]崔文恒等主编:《荀子评注》,远方出版社,2007 年。

[2]《共产党宣言》,人民出版社,2014 年。

[3]人民日报评论部编:《习近平用典》,人民日报出版社,2015 年。

[4]《习近平谈国理政》(第一卷),外文出版社,2018 年。

[5]袁士硕主编:《中国古代文学史》,高等教育出版社,2016 年。

[6]张少康主编:《中国历代文论精选》,北京大学出版社,2003 年。

[7]张岱年、方克立主编:《中国文化概论》,北京师范大学出版社,2004年。

[8]中共中央文献研究室编:《习近平关于社会主义文化建设论述摘编》,中央文献出版社,2017 年。

[9] 中共中央马克思恩格斯列宁斯大林著作编译局编译:《马克思恩格斯论中国》,人民出版社,2018 年。

[10]中共中央文献研究室编:《习近平关于社会主义生态文明建设论述摘编》,中央文献出版社,2017 年。

底蕴、意涵、旨归：习近平生态文明思想的三维价值探析

张健华　鲍金崧

[摘要]习近平生态文明思想具有深厚的价值底蕴、丰富的价值意涵和明确的价值旨归。中华传统生态观、马克思主义生态观、中国化的马克思主义生态观蕴藏着深厚的逻辑体系和理论内涵，构成了习近平生态文明思想的价值底蕴。在此基础上，习近平生态文明思想在深耕历史文化、推动经济发展、促进民生福祉、强化系统治理、宣扬法治思维、提供全球借鉴等方面发挥了重要的理论指导作用，构成了习近平生态文明思想的价值意涵。站在以人民为中心的价值立场上，实现人的自由而全面发展、指导中国共产党长期执政、引领中国人民坚定“四个自信”、推动中国生态文明建设成为实现第二个百年奋斗目标的题中应有之义，构成了习近平生态文明思想的价值旨归。站在新的历史方位上，梳理好、研究好、阐释好习近平生态文明思想之中深藏的价值意蕴，对于推进中国特色社会主义生态文明建设具有重要理论指导意义。

[关键词]习近平生态文明思想；马克思主义生态观；生态文明建设

作者简介：张健华，天津财经大学马克思主义学院教授；鲍金崧，天津财经大学马克思主义学院硕士研究生。

价值意蕴是一种思想能够达成人民共识、形成社会风尚、促进事业发展的重要支撑。党的十八大以来，习近平总书记立足中国发展和人民需要的具体实际，综合考虑“两个大局”因素，对新时代党和国家生态文明建设事业中的一系列理论上和实践上的重大问题进行了深邃思考和科学判断，围绕新时代生态文明建设为谁建、怎样建等重大时代课题，在理念、思想、战略上形成了一系列创新理论成果。习近平生态文明思想的价值底蕴、价值意涵、价值旨归共同作用，构成了其饱含的价值意蕴。价值底蕴彰显了习近平生态文明思想的文化基因、理论积淀、经验遵循，价值意涵彰显了习近平生态文明思想在文化、经济、民生等方面的实践应用，价值旨归明确了以“人民至上”为价值立场的未来实践向度。

一、价值底蕴：中华传统生态观、马克思主义生态观、中国化马克思主义生态观的当代价值体现

党的十九届六中全会审议通过的第三个历史决议给出明确说法，将习近平新时代中国特色社会主义思想定义为“中华文化和中国精神的时代精华”，同时也给出“马克思主义中国化新的飞跃”的明确定位。习近平新时代中国特色社会主义思想中关于生态文明建设的重要内容，形成了习近平生态文明思想，这既是马克思主义生态观和中华传统生态观在新时代背景下的理论创新成果，也是对历届党的领导人形成的中国化的马克思主义生态思想的继承和发展。

（一）中华传统生态观为习近平生态文明思想种下了深刻的文化基因

习近平生态文明思想继承了中华传统生态观的古老智慧。在过去五千年历史长河的早期，人类文明的延续发展深受自然生态环境的影响，这阻碍了人类社会的进步，但若以辩证的眼光看问题，不难发现这也促进了智慧的中

国古人对人与自然关系进行了深刻的思考。在古代诸多思想中,儒家的“天人合一”思想、道家的“道法自然”思想、佛家的“众生平等”思想等为习近平生态文明思想的形成和发展种下了深刻的文化基因。其一,儒家文化中认为“天”与“人”是和合统一的关系。这里的“天”就是指代向人类提供生活生产资料并被人类劳动不断改造的自然界;这里的“人”就是指代依赖自然界提供的外部环境而生存并受到自然界客观规律制约的人类。儒家的“天人合一”思想认为人与自然界应当是贯通统一的综合体,同时要尊重自然规律的客观性,要“畏天命”。其二,道家文化认为自然之“道”最终制约着人类的生产生活。《道德经》中的表述是“人法地,地法天,天法道,道法自然”,其中的深意则是认为人类的劳动活动受大地的制约,大地受上天的制约,上天受“道”的制约,“道”受自然的制约。虽然说把“道”作为自然法则犯了客观唯心主义的错误,但是“道法自然”所表达的自然界对人类的制约,使古代中国的人们认识到在改造客观世界时要遵守客观规律。其三,佛家文化中认为世间众生在本质上都是平等的。佛家思想认为万事万物之间的关系都因“缘”而起,并将世间万物规定为十二种存在形态,但不论是何种存在形态,它们身上都存在“佛性”,近而认为“众生平等”。

(二)马克思主义生态观为习近平生态文明思想提供了深厚的理论积淀

习近平生态文明思想是用马克思恩格斯等人关于人与自然关系的思想指导中国具体生态文明实践,并在实践中梳理总结出来的创新理论。在马克思恩格斯的许多著作中都能看到其关于人与自然关系的重要论述,这也是马克思主义生态观中的核心问题。其自然环境先在观、自然规律制约观、自然资源资料观等内容对于习近平生态文明思想的逐步形成和创新发展起到了理论积淀的作用。其一,马克思主义生态观认为自然环境是先于人的存在而存在的。在《反杜林论》中恩格斯曾指出:“人本身是自然界的产物,是在自己所处的环境中并且和这个环境一起发展起来的。”[①]马克思主义生态观是唯物主义的观点，认为自然界的存在不以人的意志为转移，人类是自然界发展和进化出来的，自然环境为人类的生存、进化、发展提供物质和精神的条件。其二，马克思主义生态观认为人类的生产生活活动受客观自然规律的制约。正如恩格斯在《自然辩证法》中指出：“我们决不像征服者统治异族人那样支配自然界”，“我们连同我们的肉、血和头脑都是属于自然界和存在于自然界之中的”。[②]人类在享用自然界提供的生产生活资源的同时，其改造自然界的实践活动还要受到自然界的制约，人类并不能完全凌驾于自然界之上。如果不按规律办事，不遵循客观存在的自然规律，产生的严重后果最终将由人类自己承担。其三，马克思主义生态观认为自然世界为人类的生产生活提供所需的生产资料。正如马克思在《1844年经济学哲学手稿》中指出：“没有自然界，没有感性的外部世界，工人什么也不能创造。”[③]根据马克思主义自然观的说法，这里的“资料”有两方面的含义，一是自然界为人类本身生存提供资料，即以食物、气候、地质等要素，满足人类生存需要的饮食、居住等方面的条件。二是自然界能够为人类的生产劳动提供初级的物质资料，为人类的劳动活动提供具体的劳动对象，这也使得人类劳动得以产生和存在。

（三）中国化马克思主义生态观为习近平生态文明思想提供了生动的经验遵循

习近平生态文明思想是在中国化马克思主义生态观的应用实践中形成的，是对党的历届领导人关于生态文明建设的重要思想的继承和发展。由于马克思主义生态观基本原理的科学性和实践性，历届党的领导人坚持以马克思主义为指导，在对不同时期的生态文明建设的思考和实践中不断创新和发

① 《马克思恩格斯文集》（第九卷），人民出版社，2009年，第38页。

② 《马克思恩格斯文集》（第九卷），人民出版社，2009年，第560页。

③ 《马克思恩格斯选集》（第一卷），人民出版社，2012年，第52页。

展着马克思主义生态观。党的历届领导人在各个时期形成的中国化的马克思主义生态观构成了完整的理论体系,这为习近平生态文明思想的形成和发展提供了生动的经验遵循。

其一,以毛泽东同志为主要代表的中国共产党人围绕保障农业发展,形成了兴修水利、植树造林的生态思想。新中国成立初期,中国水利工程事业并不发达,毛泽东在重视农业经济发展的同时注意到,恶劣气候带来的自然灾害对国家经济发展和人民生命财产安全都造成了极大的威胁,指出:“水利是农业的命脉,我们也应予以极大的注意”[①],强调兴修水利以保障农业发展;同样围绕农业发展,毛泽东强调要“消灭荒地荒山……在一切可能的地方,均要按规格种起树来,实行绿化”[②]。

其二,以邓小平同志为主要代表的中国共产党人形成了植树造林全民化、法制化、科技化的生态思想。在毛泽东号召人民植树造林的基础上,邓小平进一步提出要“植树造林,绿化祖国,造福后代”[③],呼吁人民群众都参加到植树造林运动中;邓小平强调要将科学技术,尤其是生物技术应用到生态环境保护中,要在遵循自然发展规律的前提下充分发挥科技的力量;他还提出要用法制的手段管理生态环境保护工作,强调要解决生态环境保护上的法律缺位问题,并在其大力推动下出台了《森林法(试行)》《环境保护法(试行)》等相关法律。

其三,以江泽民同志为主要代表的中国共产党人形成了突出资源保护、立足长远的可持续发展的生态思想。他立足中国的现代化建设,强调“必须把实现可持续发展作为一个重大战略”,“要把控制人口、节约资源、保护环境放到重要位置”[④],将生态环境保护这一基本国策摆在了更高的位置。

---

① 《毛泽东选集》(第一卷),人民出版社,1991 年,第 132 页。

② 《毛泽东文集》(第六卷),人民出版社,1999 年,第 509 页。

③ 《邓小平文选》(第三卷),人民出版社,1993 年,第 21 页。

④ 《江泽民文选》(第一卷),人民出版社,2006 年,第 463 页。

其四，以胡锦涛同志为主要代表的中国共产党人围绕创新和改革，进一步深化可持续发展的生态思想。党的十七大指出全面建设小康社会的奋斗目标之一就是建设生态文明，这也是这一概念首次被写入党代会报告中；同时，“建设资源节约型、环境友好型社会”[①]也被列为建设创新型国家的重要内容。

二、价值意涵：习近平生态文明思想的理论指导

习近平生态文明思想坚持马克思主义的指导，始终闪烁着马克思主义生态观的光辉。党的十八大以来，习近平总书记针对生态文明建设提出了许多新观点、新表述、新论断，科学地阐释了生态与人类文明发展的关系、生态与经济社会发展的关系、生态与人民生活福祉的关系、生态与法治法规治理的关系、生态与全球人类发展的关系，形成的生态文明观、生态发展观、生态民生观、生态法治观、生态全球观等构成了习近平生态文明思想较为完整的思想体系。

（一）坚持以史为鉴，把握习近平生态文明思想中的历史文化价值

“生态兴则文明兴，生态衰则文明衰。”自然生态环境不仅向人类提供生产生活所需的物质资料，还制约着人类文明的发展演进，如果违反自然生态法则，就会遭到自然界的报复，人类文明中从不缺少这样的案例。在国际上，与古代中国并称四大文明发源地的古代埃及、古代印度和古代巴比伦，凭借自然资源丰富的发源地优势，曾在人类文明历史上留下了浓墨重彩的一笔，然而随着文明的发展、生产生活的需要，人们开始肆意砍伐森林，无节制地开发，最终降祸于人类自己，古埃及文明、古印度文明、古巴比伦文明渐渐地退出了人类文明的历史舞台。在中国发展历史中，也发生过文明消失的历史悲

① 《胡锦涛文选》(第三卷)，人民出版社，2016年，第402页。

剧。起源于罗布泊地区的楼兰文明，曾是古丝绸之路的重要周转点，然而由于战争破坏，绿地被破坏殆尽，也致使一度繁荣的楼兰文明消失于一夜之间。生态文明中蕴含着丰富的历史文化底蕴，要想保护住在漫漫历史长河中形成的民族历史文化，保护好生态文明必定是题中应有之义。习近平总书记继承和发展了党的历届领导人关于坚持可持续发展的思想，站在中华民族伟大复兴的战略全局上精心谋划，将生态安全看作是影响生态文明发展的重要板块。党的十八大以来，习近平总书记坚持忧患思维，坚持“功在千秋”的长远考虑，推动党和国家生态文明建设事业取得了许多历史性成就。

（二）坚持绿色发展，把握习近平生态文明思想中的经济发展价值

“绿水青山就是金山银山。”人类从来不能完全做大自然的主人，而只能在客观自然规律的制约下进行改造世界的主观活动，人类通过各种劳动而发展社会经济的改造活动也是如此。面对人民日益增长的物质财富需要，我们需要提高经济增长速度，但一定要在符合客观规律的基础上进行，要进行高质量发展，不能以破坏生态环境为代价。如果只片面地进行“竭泽而渔”式的经济开发，最终只能酿成“缘木求鱼”的后果。习近平总书记提出的“两山”论，深刻阐释了人类社会经济发展和生态环境的关系，他提出要在“生态保护、环境质量、资源利用”三个方面设置红线，要通过严格的管控，设置使生态环境的功能、面积、性质不受到严重破坏的“红线”；要通过严肃的问责，设置使生态环境变好而不变坏，同时注重改善保护的“底线”；要通过适度的把握，设置使自然资源开发不透支后人所需的“上线”。这样通过对生态资源开发“上纲上线”，对人们改造世界的经济活动进行限制，才能实现生态保护和经济发展的“双赢”。

（三）坚持人民至上，把握习近平生态文明思想中的民生福祉价值

拥有良好的生态环境才能为人们提供优质的生产生活资料，生态环境问

题是关系民生的重大社会问题，“良好生态环境是最普惠的民生福祉”。一方面，生态环境会对人的身体健康产生直接影响。以前人们只需要面对大自然中的恶劣天气、疾病传染带来的威胁，随着人类社会的快速发展，由于违反自然规律导致的水、土、气等方面的污染问题，进一步威胁着人民的身体健康和生命安全。另一方面，生态环境状况直接影响人们的精神状态。人民对自然环境的视觉感官会直接带来心理情绪的变化，郁郁葱葱的青山、蔚蓝色的天空、清澈的水流都能使人心旷神怡，在达到精神放松的同时，满足人们对美好生活环境的需要。而荒漠化的土地、灰蒙蒙的天空、浑浊的河水将使人们产生对环境的厌恶感，导致心情不畅，影响人们的精神体验。党的历届领导人都注意到了保护环境对造福民生的重要意义，党的十八大以来，习近平总书记立足人民对美好生态环境的需要，提出了一系列新观点新方略。他强调民生无小事，始终要把生态文明建设和造福民生紧密结合起来。他指出：“环境就是民生，青山就是美丽，蓝天也是幸福”[①]，强调要在物质上和精神上都能够满足人民日益增长的优美生态环境需要。他呼吁广大人民要自觉行动起来，增强生态保护意识，践行生态道德要求，开展生态保护行动。

（四）坚持系统思维，把握习近平生态文明思想中的系统治理价值

“山水林田湖草是生命共同体。”人与自然之间存在着辩证统一的普遍联系，生态文明建设的核心问题是要解决好人与自然的关系，同样的，生态环境中的各类自然主体之间也存在着普遍的联系，大自然的生物链牵一发而动全身。因此，治理自然生态中出现的问题，必须要吸收“和合文化”中的智慧，将整个自然界中的各要素看作普遍联系、相互作用的统一体。要以系统性思维指导生态治理工作，才能把握治理工作的科学性、确保治理行动的可行性、实现治理措施的实效性。习近平总书记站在生态治理全局的高度，将自然生态

① 习近平：《论坚持人与自然和谐共生》，中央文献出版社，2022年，第11页。

治理这一“系统性工程”中各要素的关系比作“生命共同体”，并指出在山水林田湖草的治理工作中，要采取一体化行动，把土地荒漠化、水土流失等过度开发导致的生态问题统筹施策，“全方位、全地域、全过程开展生态文明建设”。

（五）坚持依法治国，把握习近平生态文明思想中的法治思维价值

“用最严格制度最严密法治保护生态环境。”推动法治建设深入党和国家事业的各个领域，生态法治建设不可或缺。即使运用了系统性思维开展生态治理，这过程中必须还要有强制执行的保障措施，也就是要将法治思维贯穿生态文明建设的全过程。党的历届领导人都曾指出要制定相应的规则、制度、法律来约束人们改造自然世界的主观活动，但由于生态治理问题的系统性、复杂性、发展性，我国生态法治保护措施仍然存在着“体制不健全、制度不严格、法治不严密、执行不到位、惩处不得力”的难题。在“四个全面”这一重大战略布局之中，习近平总书记将“全面依法治国”摆在重要地位，体现在生态环境治理领域，习近平总书记强调要“令在必信，法在必行”[①]。他指出要用严格的制度和严密的法治约束和规范生态文明建设，强调要注重制度的刚性和权威在制度执行时不能留有余地、不能打折扣；要加强对负责干部的责任审查，体现出有多大权力就要承担多大的责任；要对严重破坏生态环境的责任人实行终身追责，打消生态环境破坏者的侥幸心理；要抓典型加以惩治，让生态法治真正成为有“利齿”的老虎。

（六）坚持胸怀天下，把握习近平生态文明思想中的全球借鉴价值

“共同构建地球生命共同体。”随着全球生产力的发展，经济全球化不断加深，这使得生态环境问题成为一个世界性问题。除了生态系统内部构成的“山水林田湖草生命共同体”，全球人类在与自然生态相处的过程中还构成了

① 习近平：《论坚持人与自然和谐共生》，中央文献出版社，2022年，第13页。

“地球生命共同体”，因此保护生态环境要秉持全球视野。生态环境治理需要全球各国人民共同参与，只有全体人类团结一心，在修复和保护生态环境这一共同使命上下功夫、出力气、做贡献，才能保证地球整体生命和人类共同命运不受自然生态灾难和人为生态灾害的威胁。然而由于全球各个国家政治体制、文化自觉、意识形态、经济水平等的差异，在推动生态治理全球化的进程中，还存在着各种各样难以调和的困难。

党的十八大以来，习近平总书记放眼人类整体发展，在对许多重大理论和实践问题的思考中，围绕“人类命运共同体”展开了一系列重要论述，更是在《生物多样性公约》第十五次缔约方大会领导人峰会上提出要“共同构建地球生命共同体”。他强调：“保护生物多样性有助于维护地球家园，促进人类可持续发展。”[①]并在讲话提出倡导各国人们携手合作的四条建议，分别是生态文明建设为引领、绿色转型为驱动、人民福祉为中心、国际法为基础。

三、价值旨归：坚持以人民为中心的根本立场

“人民至上”是党的百年奋斗重大历史经验中的重要一条。党的十八大以来，以习近平同志为核心的党中央领导集体坚持为人民服务的根本宗旨，坚持群众路线，在党和国家生态文明建设事业上谋篇布局，制定了一系列重大战略方针，处处体现着发挥人民主体地位和人民享有生态文明建设成果的统一性。

（一）“人民至上”的价值立场彰显马克思主义实现人的自由而全面的发展的价值目标

人类产生于自然界的进化发展之中，人的发展受到自然界的束缚和制约，马克思主义坚持唯物主义，主张发挥主观能动性，在符合客观规律的基础上

① 习近平：《论坚持人与自然和谐共生》，中央文献出版社，2022年，第291页。

认识世界、改造世界,最终实现人的自由而全面的发展。习近平生态文明思想坚持将马克思主义基本原理同中国具体实际相结合,对生态文明建设过程中人的发展问题进行深刻思考和科学判断,坚持为人的自由而全面的发展保驾护航。

其一,习近平生态文明思想坚持生态保护与经济发展相统一。针对社会经济发展遇到的各类生态问题,及时转变发展思路、变革生产方式、推行绿色发展理念,结合实际发展需要,不断调整国民经济结构,发挥生态文明建设带来的经济效益,保障人民劳动权益和劳动收入,最终能够保障人民在物质文化需要上的满足。

其二,习近平生态文明思想坚持生态发展与人民生命健康相统一。“身体是革命的本钱”,人民要实现个人理想,首先需要一副健康的体魄。习近平生态文明思想重视保障人民生命财产安全,紧抓污染防治攻坚战,全面打响“蓝天保卫战、碧水保卫战、净土保卫战”,为人民群众打造健康安全的生活环境。

其三,习近平生态文明思想坚持生态建设与文化建设相统一。文化的力量不容小觑,总是潜移默化地影响着人的认知和发展。习近平生态文明思想倡导在全社会宣传生态保护文化,使人民群众达成“以保护环境为荣”的正确价值观念,促进人民群众思想觉悟提升,进而促进人民群众的发展。

(二)“人民至上”的价值立场指出中国共产党长期执政的经验遵循

“建设什么样的长期执政的马克思主义政党、怎样建设长期执政的马克思主义政党”作为三个重大时代课题之一,回答这个问题,要从党的百年奋斗重大历史经验中汲取智慧。在习近平生态文明思想中关于党领导中国生态文明建设工作的内容里,充分体现着“人民至上”的价值立场,形成了中国共产党回答长期执政问题的重要答案。

其一,习近平生态文明思想强调人民主体地位。党的群众路线的要求始终不变,那就是在开展工作时要坚持“从群众中来,到群众中去”的方法,这首先就要求党在长期执政过程中突出人民群众的主体地位,问政于民、共享于民,不仅要主动教育人民群众树立环保意识,还要在丰富多样的保护生态活动中引导人民群众树立行动自觉。

其二,习近平生态文明思想符合人的发展规律。中国共产党始终是以马克思主义为指导的执政党,坚持唯物主义观点,在开展生态文明建设工作中顺应生态环境变化规律、政党执政规律、人的发展规律,深入挖掘马克思主义关于人的发展规律的观点,并不断将其发展成为中国化的理论,指导中国共产党执政。

其三,习近平生态文明思想站稳人民根本立场。习近平生态文明思想在指导具体实践的工作中体现着浓厚的人民情怀,始终遵循着全心全意为人民服务的价值立场,始终重点关注人民群众急难愁盼的生态民生问题,始终将人民群众的根本利益作为工作的出发点和落脚点,始终体现着中国共产党长期执政的宗旨所向。

(三)"人民至上"的价值立场引领中国人民坚定"四个自信"

信心能够增强力量,人民群众对党的道路、理论、制度、文化的信心,为坚持和发展中国特色社会主义和实现建设社会主义现代化强国提供内生动力和内在保障。习近平生态文明思想始终站在人民的立场谋篇布局,走为人民幸福谋利益的道路,讲符合人民发展规律的理论,定保障人民权益的制度,扬符合人民群众口味的文化,这样的道路、理论、制度、文化形成的组合,人民群众怎会不自信?

其一,走为民谋利的中国特色社会主义道路。生态为民的道路选择是在历史的实践活动中,由中国人民给出的答案,最符合中国人民的民生福祉和利益诉求。

其二,讲科学促民的马克思主义理论。马克思主义理论经百年时光依然被奉为经典,构建人与自然的和谐关系以保障人的自由而全面的发展彰显了其科学性、真理性的底色。

其三，定保民权益的中国特色社会主义制度。中国特色社会主义制度以其完整、科学的结构体系和具体内容，保障人民群众权利，维护人民群众享有美丽生态环境的权益，彰显着巨大的制度优越性。

其四，扬人民乐见的中国特色社会主义先进文化。习近平生态文明文化闪烁着科学的马克思主义光辉，彰显着深厚的中华优秀传统文化底蕴，体现着鲜明的时代精神内涵，时刻激发着人民群众理论性的、历史性的、实践性的文化自豪感。

（四）"人民至上"的价值立场推动中国生态文明建设发展

站在新时代的历史方位上，中国生态文明建设面临国内国外两个大局的挑战，既要符合中华民族伟大复兴的需要，又要顺应人类生态文明发展大势。习近平生态文明思想统筹考虑"两个大局"的时代背景，不仅将其"人民至上"的生态文明思想融入国内发展的重大战略布局之中，还在世界百年未有之大变局中展现中国智慧。

其一，习近平生态文明思想对于中华民族伟大复兴具有极大的推动作用。其思想中具有丰富的人民内涵，不仅表现在保障人民生态权益之上，还表现在其生态文明建设问需于民、问策于民的过程中。这样一来，政策制定者既能听到人民群众对优美生态环境的呼声，又能充分利用人民群众的智慧，制定合理政策，人民主体充分参与生态文明建设大大推动了中华民族伟大复兴向前进。

其二，习近平生态文明思想向世界人民展现了伟大的民族智慧和大国担当。中华民族自古以来从不吝于分享成功经验，习近平总书记多次在国际会议中向世界各国介绍中国做法、中国经验，充分向世界证明了中华民族伟大智慧；中国在立足本国生态文明建设的同时做到长远考虑，站在全人类生态文明发展的角度上，习近平总书记提出的"人类命运共同体"思想，向世界贡献中国力量，彰显了新时代大国担当。

参考文献

[1]《马克思恩格斯选集》(第一卷)，人民出版社，2012年。

[2]《马克思恩格斯文集》(第九卷)，人民出版社，2009年。

[3]《毛泽东文集》(第六卷)，人民出版社，1999年。

[4]《邓小平文选》(第三卷)，人民出版社，1993年。

[5]《江泽民文选》(第一卷)，人民出版社，2006年。

[6]《胡锦涛文选》(第三卷)，人民出版社，2016年。

[7]习近平：《论坚持人与自然和谐共生》，中央文献出版社，2022年，第291页。

[8]刁生虎：《习近平生态文明思想对中华传统生态智慧的传承与发展》，《江苏社会科学》，2022年第2期。

[9]高帅、孙来斌：《习近平生态文明思想的创造性贡献——基于马克思主义生态观基本原理的分析》，《江汉论坛》，2021年第1期。

[10]耿步健：《论习近平生命共同体理念的整体性逻辑》，《探索》，2021年第3期。

[11]刘斌：《论习近平生态文明思想的人民性特征》，《山东师范大学学报》(社会科学版)，2022年第2期。

[12]石路、张慧：《"两个结合"：阐述习近平生态文明思想的新视角》，《河南师范大学学报》(哲学社会科学版)，2022年第3期。

[13]燕连福、赵建斌、毛丽霞：《习近平生态文明思想的核心内涵、建设指向和实现路径》，《西北农林科技大学学报》(社会科学版)，2021年第1期。

[14]叶琪、黄茂兴：《习近平生态文明思想的深刻内涵和时代价值》，《当代经济研究》，2021年第5期。

京津冀区域碳转移的驱动因素和补偿机制研究

王文治　李　菁

［摘要］准确测定京津冀区域的碳转移量及其驱动因素，对于合理分配区域内省（市）的碳排放责任、推进省域间碳减排合作和低碳协同发展具有重要意义。本文基于2007—2017年的中国区域间投入产出表，运用MRIO模型测算了省域间需求、出口和反馈效应引致的碳转移，并采用差分LMDI分解法追溯了京津冀区域净碳转移的驱动因素。结果表明，研究期间中国碳排放总量持续增加，但增速趋缓，京津冀区域消费侧碳排放高于生产侧碳排放，呈现碳排放净转出，区域内北京和天津碳排放净流出河北，生产责任原则下河北承担了较高的碳排放责任。贸易规模效应促进了京津冀三省域净碳流动增加，但贡献率逐年下降；贸易产业结构效应的贡献率迅速提升，显著促进了京津两省域碳转移增加，而对河北的碳转移呈现阻力作用；贸易技术效应显著抑制了京津两省域碳转移增加，而促进了河北碳转移的上升；贸易地理结构

作者简介：王文治，天津师范大学经济学院教授；李菁，天津师范大学经济学院副教授。

基金项目：国家社会科学基金一般项目“碳排放责任共担核算体系与中国区域碳减排合作路径研究”（19BJY084）。

效应的贡献率较低。基于测算结果，本文提出京津冀区域应实施“共担+补偿”的碳减排合作机制，通过责任共担、碳转移补偿、产业结构调整和建立碳减排技术共享平台等方式推进京津冀区域碳减排合作。

[**关键词**]京津冀；碳转移；MRIO模型；差分LMDI模型

一、引言

京津冀区域是我国最发达的三大城市集群之一，以全国2.3%的国土面积容纳了约8%的人口，2021年创造了8.39%的GDP，实现了11.4%的出口，同时亦是能源消耗和碳排放的重点区域，根据中国碳核算数据库（CEADs）发布的历年省级碳排放清单数据测算，京津冀碳排放占全国比重呈现先上升后下降趋势，从1997年的11.07%，上升至2000年的峰值12.32%，后持续下降至2019年的6.52%。区域内碳排放结构失衡，河北碳排放占京津冀碳排放总量的74.02%，且其碳排放强度（1.69万吨/亿元），显著高于北京（0.19万吨/亿元）和天津（0.98万吨/亿元）；区域外周边煤炭富集省域山西和内蒙古碳排放占比从1997年的10.22%迅速上升至2019年的21.75%，呈现此消彼长的特征。目前生产责任原则计量方法容易引致省域间碳转移问题，且伴随中国省际贸易的迅速增长，中国省际贸易所引致的碳转移范围和规模比国际贸易更大（石敏俊等，2012），一个省域的碳减排责任可能会转移到其他省域（Chen et al.，2016），且省际碳转移量的增加不仅会影响中国每个省份的碳减排效率，还会对中国所有省域之间的碳减排合作产生负面影响（Li et al.，2016）。2015年4月30日中共中央政治局召开会议，审议通过《京津冀协同发展规划纲要》，会议指出“推动京津冀协同发展是一个重大国家战略”，并强调“要在京津冀交通一体化、生态环境保护、产业升级转移等重点领域率先取得突破”[①]。因

① 邓琦、金煜、饶沛：《京津冀协同发展规划纲要获通过》，人民网，http://politics.people.com.cn/n/2015/0501/c1001-26935006.html。

此，推进生态环境协同是京津冀可持续发展的重要保障。然而，京津冀区域内和区域外的碳转移使得生产责任原则和消费责任原则下界定的省域碳排放量存在巨大差异，进而产生较大争议，不利于区域内省域间的碳减排合作。因此，准确追溯京津冀二市一省的碳转移数量、方向、途径及其驱动因素，是准确界定其碳排放责任、设计有效的省域间碳减排合作机制和实现京津冀区域低碳协同发展的重要基础。

二、文献综述

国家（或地区）碳转移反映了该国（或地区）出口隐含碳和进口隐含碳的差额，围绕贸易隐含碳研究主要涉及全球、国家和省域三个维度。在全球视角下，Peters et al.（2011）研究表明，国际贸易中的碳排放量从 1990 年的 43 亿吨（占该年全球碳排放总量的 20%）增加到 2008 年的 78 亿吨（占该年全球碳排放总量的 26%）。Andrew 和 Peters（2013）对 41 个国家贸易隐含碳的测算研究发现，2007 年出口对本国生产侧排放的贡献为 8%~64%，中位数值为 29%。此外，国际贸易隐含碳存在显著失衡，发达国家出口隐含碳低于进口隐含碳，而发展中国家则相反。张文城和彭水军（2014）测算了 1995–2009 年 28 个发达国家和 12 个发展中国家的生产侧和消费侧碳排放，发现发展中国家对发达国家存在大量的环境服务净出口，存在突出的“南北资源环境负荷转移”问题。在国家视角下，中国出口隐含碳约占全部生产侧碳排放的 24%~31%（彭水军等，2015；Su 和 Thomson，2016），且承担了较高的碳排放净流入。在省域视角下，研究表明省际间贸易隐含碳占中国全部碳排放的比重为 15.2%~64.22%（Guoet al.，2012；Liu et al.，2015）；省域间碳转移方向呈现从沿海发达省域流向中部和西部欠发达省域（Feng et al.，2013；Zhang et al.，2014；Zhou et al.，2018），且能源富集和重化工省域的商品流出隐含碳相对较高（石敏俊等，2012；Liu et al.，2015；Liu 和 Wang，2017）。

针对贸易隐含碳驱动因素的研究多采用结构分解分析法(Structural Decomposition Analysis,SDA)和指数分解分析法(Index Decomposition Analysis,IDA)。SDA 分解需基于投入产出模型(Casler 和 Rose,1998),以分析各种最终需求因素对碳排放增加的影响(Su et al.,2017)。彭水军等(2015)发现 1995-2009 年中国生产侧和消费侧碳排放量的快速增长主要是由于国内最终需求规模的增长和生产部门投入结构的变化,国内生产部门碳排放强度下降是制约中国生产侧和消费侧碳排放量增加的最重要因素。Zhao et al.(2016)将碳排放分解为国内外能源排放因素、能源使用结构、能源密集度、中间品贸易结构、生产技术、最终品出口市场份额、总需求等 14 个因素,发现其中只有 7 个因素显著影响碳排放。Zhong et al.(2017)则在 MRIO 框架下使用 SDA 方法研究北京、天津、上海、重庆四个城市包含在出口与进口中的能源排放及其来源。Liu et al.(2019)使用 MRIO-SDA 方法发现生产结构、国内最终需求、出口等因素促进了中国 2007—2010 年 SO2 排放的增加。与 SDA 相比,IDA 无需基于投入产出数据,而仅需要区域或行业的汇总数据,鉴于其简洁性和灵活性,IDA 方法亦得到了广泛的应用。

在众多的 IDA 方法中,LMDI 在分解碳排放影响因素方面优于其他方法(Ang et al.,2004)。潘文卿等(2017)根据中国 1997 年至 2014 年碳排放增长与经济发展水平特征,划分了四个阶段,从区域、产业和能源结构三个层面采用 LMDI 方法将影响中国碳排放增长的因素分解为 6 个驱动因素,结果表明人均产出为第一助长因素,能源强度为第一制约因素。能源结构的贡献率不断下降,并从助长因素逐渐转变为制约因素,2007 年后产业结构也呈现制约作用。人口的区域结构变动和人口总量变动的影响作用相对较低。鉴于省级数据的可获取性和准确性低于国家级数据,王锋等(2010)将“三层”压缩为“两层”,从 6 部门和 8 种能源两个层面分析了中国各省碳排放在不同阶段的驱动因素。鲁万波等(2013)亦采用“两层 LMDI 分解法”分析了 1994-2008 年中国不同经济增长阶段碳排放的影响因素。Shao et al.(2014)使用 LMDI 方法与聚类分析方法，计算天津热力与电力行业的碳排放系数，发现高排放、低效率的行业在天津经济与产业发展中起重要作用，能源利用效率的改善是促进当地有效的能源保护与减排的重要因素。

综上，目前针对京津冀区域净碳转移特征及其驱动因素的系统研究仍缺乏。此外，本文的主要边际贡献如下：首先，测算方法上鉴于中国省域间投入产出表与世界投入产出表不同，即各省域的总产出中除中间品和最终品外，还包含出口和误差项，进而使得出口和误差项也成为引致各省域碳排放的因素之一。本文改进了 Meng et al.（2018）的测算模型，并结合中国区域间投入产出表结构特征，对区域生产侧碳排放实施细致分解，重点分析了省域间需求、出口以及反馈效应引致的碳转移。其次，现有的 SDA 或 LMDI 模型主要分别对区域的出口隐含碳或进口隐含碳实施分解，缺乏对区域净碳转移（出口隐含碳与进口隐含碳差额）的分解研究。本文改进了王锋等（2010）和鲁万波等（2013）的 LMDI 两层完全分解法，采用差分 LMDI 分解法将区域间的净碳转移分解为贸易规模效应、贸易地理结构效应、贸易产业结构效应和贸易技术效应。最后，基于测算结果，本文提出“共担 + 补偿”的京津冀区域碳减排合作机制。

三、测算模型和数据来源

（一）区域间碳排放空间转移的测算模型

根据国内多区域投入产出表的结构，区域间的投入产出关系呈如下恒等式［式（1）所示］：

$$\begin{bmatrix} \boldsymbol{X}^1 \\ \boldsymbol{X}^2 \\ \vdots \\ \boldsymbol{X}^G \end{bmatrix} = \begin{bmatrix} \boldsymbol{A}^{11} & \boldsymbol{A}^{12} & \cdots & \boldsymbol{A}^{1G} \\ \boldsymbol{A}^{21} & \boldsymbol{A}^{22} & \cdots & \boldsymbol{A}^{2G} \\ \vdots & \vdots & \vdots & \vdots \\ \boldsymbol{A}^{G1} & \boldsymbol{A}^{G2} & \cdots & \boldsymbol{A}^{GG} \end{bmatrix} \begin{bmatrix} \boldsymbol{X}^1 \\ \boldsymbol{X}^2 \\ \vdots \\ \boldsymbol{X}^G \end{bmatrix} + \begin{bmatrix} \mathrm{Y}^{11} & \mathrm{Y}^{12} & \cdots & \mathrm{Y}^{1G} \\ \mathrm{Y}^{21} & \mathrm{Y}^{22} & \cdots & \mathrm{Y}^{2G} \\ \vdots & \vdots & \vdots & \vdots \\ \mathrm{Y}^{G1} & \mathrm{Y}^{G2} & \cdots & \mathrm{Y}^{GG} \end{bmatrix} \begin{bmatrix} 1 \\ 1 \\ \vdots \\ 1 \end{bmatrix} + \begin{bmatrix} \mathrm{EX}^1 \\ \mathrm{EX}^2 \\ \vdots \\ \mathrm{EX}^G \end{bmatrix} + \begin{bmatrix} \varepsilon^1 \\ \varepsilon^2 \\ \vdots \\ \varepsilon^G \end{bmatrix}$$

式(1)中,表示各区域分行业的总产出向量,矩阵 A 表示区域间各部门中间品的投入产出关系,即区域间分行业中间品直接消耗系数矩阵。$B=(I-A)^{-1}$ 表示区域间分行业中间品完全消耗系数矩阵。Y 表示各区域的最终品消费矩阵。与 WIOD 的世界投入产出表不同,国内区域间投入产出表中增加了出口和误差项,ε 表示各区域出口向量,表示各区域总产出误差项向量。根据 $(I-A)\times B=I$,当以区域 1 为研究对象时,存在如下等式,$B^{11}=L^{11}+L^{11}\sum_{r\neq1}^{G}A^{1r}B^{r1}$;$B^{1u}=L^{11}\sum_{r\neq1}^{G}A^{1r}B^{ru}$;$\sum_{u\neq1}^{G}B^{1u}=L^{11}\sum_{r\neq1}^{G}A^{1r}\sum_{u\neq1}^{G}B^{ru}$。

将上述等式带入式(1),则区域 1 的总产出可分解为式(2)

$$X^1=B^{11}Y^{11}+B^{11}\sum_{v\neq1}^{G}Y^{1v}+\sum_{u\neq1}^{G}B^{1u}Y^{ur}+\sum_{u\neq1}^{G}B^{1u}\sum_{V\neq1,r}^{G}Y^{uv}+\sum_{u\neq1}^{G}B^{1u}Y^{u1}+\sum_{u}^{G}B^{1u}(EX^u+\varepsilon^u)\quad(2)$$

设 $\hat{f}^1$ 为区域 1 各行业单位产出碳排放对角矩阵,该矩阵对角线上元素为各行业的碳排放系数,非对角线上值为 0,整理后可得区域 1 全部碳排放的完全分解式,如式(3)所示。

$$C^1=\hat{f}^1L^{11}Y^{11}+\hat{f}^1L^{11}\sum_{r\neq1}^{G}Y^{1r}+\hat{f}^1L^{11}\sum_{r\neq1}^{G}A^{1r}\sum_{u}^{G}B^{ru}Y^{ur}+\hat{f}^1L^{11}\sum_{r\neq1}^{G}A^{1r}\sum_{u\neq1}^{G}B^{ru}\sum_{V\neq1,r}^{G}Y^{uv}+\hat{f}^1L^{11}\sum_{r\neq1}^{G}A^{1r}\sum_{u}^{G}B^{ru}Y^{u1}+\hat{f}^1L^{11}\sum_{r\neq1}^{G}A^{1r}\sum_{u\neq1}^{G}B^{ru}EX^u+\hat{f}^1L^{11}EX^1+\hat{f}^1L^{11}\sum_{r\neq1}^{G}A^{1r}B^{r1}EX^1+\hat{f}^1L^{11}(\varepsilon^1+\sum_{r\neq1}^{G}A^{1r}\sum_{u}^{G}B^{ru}\varepsilon^u)\quad(3)$$

以区域 1 和区域 2(设 $r=2$)为例时,区域 1 向区域 2 中间品和最终品流出隐含的碳排放(C_EX^{12})如式(4)所示[①],共包含 5 项:(1)$\hat{f}^1L^{11}Y^{12}$,表示区域 1 最终品流出区域 2 引致的区域 1 碳排放;(2)$\hat{f}^1L^{11}A^{12}\sum_{u}^{G}B^{2u}Y^{u2}+\hat{f}^1L^{11}A^{12}\sum_{u\neq1}^{G}B^{2u}\sum_{V\neq1,2}^{G}Y^{uv}$,表示其他区域最终需求引致区域 1 中间品流出区域 2 所引致的区域 1 碳排放;(3)$\hat{f}^1L^{11}A^{12}\sum_{u\neq1}^{G}B^{2u}EX^u$,表示其他区域出口引致区域 1 中间品流出区域 2 所引致的区域 1 碳排放;(4)$\hat{f}^1L^{11}A^{12}\sum_{u\neq1}^{G}B^{2u}Y^{u1}$,表示区域 1 最终需

① 鉴于误差项无经济含义,和中未包含误差项引致的碳排放。

求引致区域1中间品流出区域2所引致的区域1碳排放，即最终需求反馈效应引致的碳排放；(5)$\hat{f}^1L^{11}A^{12}B^{21}EX^1$，表示区域1出口引致区域1中间品流出区域2所引致的区域1碳排放，即出口反馈效应引致的碳排放。进一步定义(1)和(2)为区域间需求引致的区域1碳排放；(3)为出口引致的区域1碳排放；(4)和(5)为反馈效应引致的区域1碳排放。当加总区域1对所有区域商品流出隐含碳时，可得区域1全部商品流出隐含碳 $C\_EX^1=\sum_{u\neq 1}^{G}C\_EX^{1u}$。同理式(5)表示区域2向区域1商品流出隐含碳($C\_EX^{21}$)，亦可视为区域1从区域2商品流入隐含碳，则区域1全部商品流入隐含碳为 $C\_IM^1=\sum_{u\neq 1}^{G}C\_EX^{u1}$。

$$\mathrm{C\_EX}^{12}=\hat{f}^1L^{11}Y^{12}+\hat{f}^1L^{11}A^{12}\sum_{u}^{G}B^{2u}Y^{u2}+\hat{f}^1L^{11}A^{12}\sum_{u\neq 1}^{G}B^{2u}\sum_{V\neq 1,2}^{G}Y^{uv}+\hat{f}^1L^{11}A^{12}\sum_{u\neq 1}^{G}B^{2u}EX^u+\hat{f}^1L^{11}A^{12}\sum_{u\neq 1}^{G}B^{2u}Y^{u1}+\hat{f}^1L^{11}A^{12}B^{21}EX^1 \quad (4)$$

$$\mathrm{C\_EX}^{21}=\hat{f}^2L^{22}Y^{21}+\hat{f}^2L^{22}A^{21}\sum_{u}^{G}B^{1u}Y^{u1}+\hat{f}^2L^{22}A^{21}\sum_{u\neq 2}^{G}B^{1u}\sum_{V\neq 1,2}^{G}Y^{uv}+\hat{f}^2L^{22}A^{21}\sum_{u\neq 2}^{G}B^{1u}EX^u+\hat{f}^2L^{22}A^{21}\sum_{u\neq 2}^{G}B^{1u}Y^{u2}+\hat{f}^2L^{22}A^{21}B^{12}EX^2 \quad (5)$$

进一步，区域1和区域2之间双边净碳转移如式(6)所示：

$$T^{12}=C\_EX^{12}-C\_EX^{21} \quad (6)$$

结合式(4)、式(5)和式(6)，引致区域1和区域2之间净碳转移(T^{12})的因素可分为区域间需求、出口和反馈效应引致的净碳转移。$T^{12}>0$ 表示区域1碳排放净流入，即区域2引致区域1中间品和最终品流出产生的碳排放高于区域1引致的区域2碳排放；$T^{12}<0$ 表示区域1碳排放净流出。容易得出区域1和区域2之间的净碳转移量相等，但方向相反。当加总区域1对所有区域的净碳转移后，区域1总净碳转移为：$T^1=C\_EX^1-C\_IM^1$。

(二)区域间净碳转移变化驱动因素的差分 LMDI 分解

区域 1 在时期[0,T]的总净碳转移的变化如式(7)所示：

$\triangle T^1 = T_t^1 - T_0^1 = (C\_EX_t^1 - C\_IM_t^1) - (C\_EX_0^1 - C\_IM_0^1) = (C\_EX_t^1 - C\_EX_0^1) - (C\_IM_t^1 - C\_IM_0^1)$ (7)

其中,0 和 t 分别表示两个时期,C_EX^1 为区域间需求、出口和反馈效应所引致的区域 1 商品流出隐含碳为，为区域 1 商品流入隐含碳。进一步将 C_EX^1 和 C_IM^1 分解为 4 因素加总,如式(8)和式(9)所示：

$$C\_EX^1 = \sum_{u\neq1}^{n} C\_EX^{1u} = \sum_{u\neq1}^{n}\sum_{j=1}^{J}(EX^1 \times \frac{EX^{1u}}{EX^1} \times \frac{EX^{1u,j}}{EX^{1u}} \times \frac{C\_EX^{1u,j}}{EX^{1u,j}}) = \sum_{u\neq1}^{n}\sum_{j=1}^{J}(EXC^1 \times EXNS^{1u} \times EXIS^{1u,j} \times EXT^{1u,j}) \quad (8)$$

$$C\_IM^1 = \sum_{u\neq1}^{n} C\_EX^{u1} = \sum_{u\neq1}^{n}\sum_{j=1}^{J}(IM^1 \times \frac{EX^{u1}}{IM^1} \times \frac{EX^{u1,j}}{EX^{u1}} \times \frac{C\_EX^{u1,j}}{EX^{u1,j}}) = \sum_{u\neq1}^{n}\sum_{j=1}^{J}(IMC^1 \times EXNS^{u1} \times EXIS^{u1,j} \times EXT^{u1,j}) \quad (9)$$

式（8）中,EX^1 表示区域 1 全部商品流出总额，定义为贸易规模效应(EXC^1)；$\frac{EX^{1u}}{EX^1}$表示区域 1 向区域 u 商品流出占区域 1 商品流出总额的比重，定义为贸易地理结构效应($EXNS^{1u}$)。$\frac{EX^{1u,j}}{EX^{1u}}$表示区域 1 的 j 产业向区域 u 商品流出占区域 1 向区域 u 商品流出总额的比重，定义为贸易产业结构效应($EXIS^{1u,j}$)；$\frac{C_EX^{1u,j}}{EX^{1u,j}}$表示区域 1 的 j 产业向区域 u 单位商品流出隐含的碳排放,定义为贸易技术效应($EXT^{1u,j}$)。同理可定义式(9)中区域 1 商品流入隐含碳的 4 种分解效应。

基于鲁万波等(2013)LMDI 分解方法,本文最终得出区域 1 在[0,T]时期总净碳转移变化量的差分 LMDI 分解加法形式如表 1 所示（推导过程参见附件1)。

表 1　区域 1 总净碳转移变化量的 LMDI 分解①

效应	分解式	
贸易规模效应	$\sum_{u\neq 1}^{n}\sum_{j=1}^{J}W_E^{1u,j}\ln\left(\frac{EXC_t^1}{EXC_0^1}\right)-\sum_{u\neq 1}^{n}\sum_{j=1}^{J}W_M^{u1,j}\ln\left(\frac{IMC_t^1}{IMC_0^1}\right)$	
贸易地理结构效应	$\sum_{u\neq 1}^{n}\sum_{j=1}^{J}W_E^{1u,j}\ln\left(\frac{EXNS_t^{1u}}{EXNS_0^{1u}}\right)-\sum_{u\neq 1}^{n}\sum_{j=1}^{J}W_M^{u1,j}\ln\left(\frac{EXNS_t^{u1}}{EXNS_0^{u1}}\right)$	
贸易产业结构效应	$\sum_{u\neq 1}^{n}\sum_{j=1}^{J}W_E^{1u,j}\ln\left(\frac{EXIS_t^{1u,j}}{EXIS_0^{1u,j}}\right)-\sum_{u\neq 1}^{n}\sum_{j=1}^{J}W_M^{u1,j}\ln\left(\frac{EXIS_t^{u1,j}}{EXIS_0^{u1,j}}\right)$	
贸易技术效应	$\sum_{u\neq 1}^{n}\sum_{j=1}^{J}W_E^{1u,j}\ln\left(\frac{EXT_t^{1u,j}}{EXT_0^{1u,j}}\right)-\sum_{u\neq 1}^{n}\sum_{j=1}^{J}W_M^{u1,j}\ln\left(\frac{EXT_t^{u1,j}}{EXT_0^{u1,j}}\right)$	
权重	$W_E^{1u,j}=\frac{C\_EX_t^{1u,j}-C\_EX_0^{1u,j}}{\ln C\_EX_t^{1u,j}-\ln C\_EX_0^{1u,j}}$	$W_M^{u1,j}=\frac{C\_EX_t^{u1,j}-C\_EX_0^{u1,j}}{\ln C\_EX_t^{u1,j}-\ln C\_EX_0^{u1,j}}$

(三)数据来源

鉴于国内多区域投入产出表非逐年编制,本文选取刘卫东等(2012 和 2014)编著的 2007 年和 2010 年中国省域间投入产出表(不包含香港、澳门、台湾地区和西藏)。为尽可能增加样本数量,本文同时选取 CEADs 公布的 2012 年、2015 年和 2017 年省域间投入产出表。各省域分行业的碳排放数据来自 CEADs,该数据采用能源相关的行业测算方法(Energy-Related Sectoral Approach),涉及 18 种化石能源的排放,具体测算方法可参考 Shan et al.(2018)。

刘卫东等(2012 和 2014)的投入产出表分类为 30 省域、30 部门,CEADs2012 年的省域间投入产出表与刘卫东等(2012 和 2014)编著的投入产

① 在 LMDI 分解加法形式下,总效应等于 4 种效应表达式的和。

出表区域和部门分类一致；2015年和2017年的投入产出表为31省域、42部门分类（包含西藏），CEADs提供的各省分行业碳排放数据为47部门。为保证数据研究的一致性，在尽可能保留原有行业分类的基础上，本文将2007年、2010年、2012年、2015年和2017年的投入产出表与碳排放数据的行业分类进行合并(具体行业匹配表可参见附件2)，最终生成5年30省域、22行业投入产出数据及分省域22行业碳排放数据。此外，由于城市和农村居民生活能源消耗碳排放数据与投入产出表的行业分类难以对应，故本文将其剔除，仅涉及各省域各行业生产能源消耗所产生的碳排放。

四、测算结果分析

(一)中国30省域碳排放结构特征

鉴于全国视角下30省域的生产侧碳排放与消费侧碳排放相等，表2显示了2007—2017年30省域生产侧碳排放结构。总体上看，中国30省域的碳排放总量从2007年的65.46亿吨碳上升至2017年的93.67亿吨碳，2007—2012年期间年均增长速度约为7.8%，2012—2017年期间年均增长速度下降为0.6%，总体碳排放达峰趋势明显。碳排放结构主要表现为：本省域需求引致的碳排放占比介于39.3%~54.1%之间；本省域出口引致的碳排放占比介于10.8%~14%之间；反馈效应引致碳排放占比微乎其微，介于0.6%~0.7%之间；外省域需求引致的碳排放占比逐年增加，介于33.5%~41.8%之间；外省域出口引致的碳排放占比介于6.3%~10.3%之间；误差项引致的碳排放绝对值占比介于0.2%~11.5%之间。综上，外省域需求、外省域出口和反馈效应引致的商品流出隐含碳占比介于42.5%~49.9%之间，显著高于国家层面出口隐含碳占全球碳排放的比重(介于20%~29%之间，Peters et al.，2011；Andrew和Peters，2013)，因此省域间碳转移不容忽视，且导致省域在生产侧碳排放和消费侧碳排放上存在巨大差异，其中省域间需求和出口是引致碳转移的主要因素，反馈效应引致的碳转移较少。

表2 2007-2017 中国30省域生产侧碳排放结构单位:亿吨

年份	本省域需求	本省域出口	反馈效应	外省域需求	外省域出口	误差项	合计
2007	25.8	9.2	0.4	21.9	6.7	1.5	65.46
	39.3%	14.0%	0.7%	33.5%	10.3%	2.2%	
2010	36.1	8.8	0.5	27.6	5.9	0.9	79.86
	45.2%	11.0%	0.6%	34.5%	7.4%	1.2%	
2012	49.2	11.2	0.6	34.7	5.8	-10.5	90.91
	54.1%	12.3%	0.6%	38.2%	6.3%	-11.5%	
2015	36.1	9.8	0.6	38.2	6.8	-0.2	91.40
	39.5%	10.8%	0.6%	41.8%	7.5%	-0.2%	
2017	39.8	9.0	0.6	37.3	6.8	0.2	93.67
	42.4%	9.7%	0.6%	39.9%	7.2%	0.2%	

2017年,各省域生产侧和消费侧碳排放结构,首先,从生产侧碳排放来看,河北、山西、内蒙古、辽宁、江苏、山东、河南和广东的碳排放量较高,8省域生产侧碳排放量介于461.03MT~774.15MT之间,合计占全部生产侧碳排放的50.35%。其中，本省域需求和本省域出口引致的本省域碳排放占比高于70%的省域包括湖北、广东、四川、云南和青海,介于72.74%~80.48%之间。外省域需求、外省域出口和反馈效应引致的本省域碳排放占比高于60%的省域包括北京、内蒙古、吉林、黑龙江、上海、海南、陕西和宁夏,介于61.89%~68.05%之间。其次,从消费侧碳排放来看,河北、江苏、浙江、山东、河南和广东的碳排放量较高,6省域消费侧碳排放量介于529.93MT~902.55MT,合计占全部消费侧碳排放的42.95%。其中,本省域需求和本省域出口引致本省域碳排放占比高于70%的省域包括山西、内蒙古、福建、山东、湖北、四川和新疆,介于71.5%~86.26%之间;本省域需求、本省域出口和反馈效应引致的外省域碳排

放占比高于60%的省域包括北京、吉林、上海、黑龙江、浙江、江西、河南、海南、重庆和陕西，介于60.65%~92.91%之间。最后，京津冀地区2017年合计生产侧碳排放量为885.4MT，占全国碳排放量的9.47%；其消费侧碳排放量为1019.24MT，占全国碳排放量的10.9%。

从生产侧和消费侧碳排放的差额来看，省域间需求、出口和反馈效应引致的区域间净碳转移量（总净碳流出量等于总净碳流入量）从2007年971.27MT上升至2017年的1559.17MT。2017年15省域呈现净碳流出（如图1所示），其中广东、北京、浙江、重庆和河南的净碳转出量较高，合计占全部净碳转出量的78.0%；相反，内蒙古、山西、山东、河北和辽宁的净碳转入量较高，合计占全部净碳转入量的68.9%。与王安静（2017）研究结论相似，国内省域间碳转移特征呈现从京津地区、东部和南部沿海省域向中部和北部地区转移，能源富集型省域承接了越来越多的净碳流入。京津冀区域总体呈现净碳流出，5年合计净碳流出量分别为42.01MT、34.92MT、71.36MT、65.75MT和135.06MT，其中北京和天津一直为净碳流出，两省域合计净碳流出占全部净碳流出的比重为16.21%~25.41%，是主要净碳流出省域，河北一直呈现净碳流入，净碳流入占全部净碳流入的比重为9.95%~18.47%，是主要净碳流入省域。

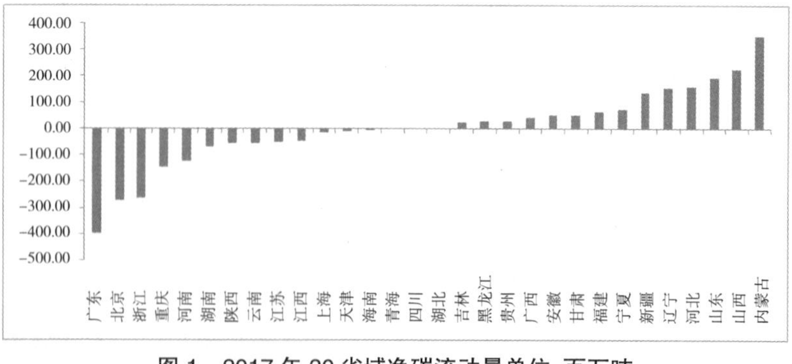

图1　2017年30省域净碳流动量单位：百万吨

（二）京津冀区域内与区域外碳排放流动特征

依据上文的研究结果，总体来看京津冀地区是全国主要的碳排放流动区，其中省域间需求引致的区域净碳流出合计123.91MT，占绝对优势；出口引致的区域净碳流出合计4.8MT；反馈效应引致的区域净碳流出合计5.13MT。区域内和区域外的碳排放流动结构特征如图3所示（仍以2017年为例）。首先，2017年京津冀区域中，河北省域内碳排放较高（图2中圆形大小）为326.85MT，仅低于山东、江苏和广东；北京和天津省域内碳排放分别为24.52MT和69.12MT；低于全国平均水平163.11MT。区域内北京引致河北碳排放33.55MT，河北引致北京碳排放2.81MT，北京向河北净流出碳排放30.74MT；北京引致天津碳排放6.44MT，天津引致北京碳排放0.96MT，北京向天津碳排放净流出5.48MT；天津引致河北碳排放9MT，河北引致天津碳排放3.82MT，天津向河北碳排放净流出5.18MT。区域内北京呈现较高的碳排放净流出，河北承接了主要的碳排放净流入。其次，从商品流出隐含碳来看，区域外省域引致北京碳排放合计40.24MT，主要省域包括河南、广东、湖南、江苏和重庆；区域外省域引致天津碳排放合计53.04MT，主要省域包括河南、浙江、广东、江苏和新疆；区域外省域引致河北碳排放合计316.67MT，主要省域包括浙江、广东、江苏、河南和重庆。从商品流入隐含碳来看，北京引致区域外省域碳排放合计278.87MT，主要省域包括内蒙古、山东、新疆、黑龙江和山西；天津引致区域外省域碳排放合计68.75MT，主要省域包括江苏、河南、内蒙古、辽宁和山东；河北引致区域外省域碳排放合计197.39MT，主要省域包括山西、内蒙古、山东、新疆和安徽。综上，京津冀区域碳转出主要流向内蒙古、山西、山东等省域，而主要承接了浙江、江苏、广东和河南等省域的碳转入。

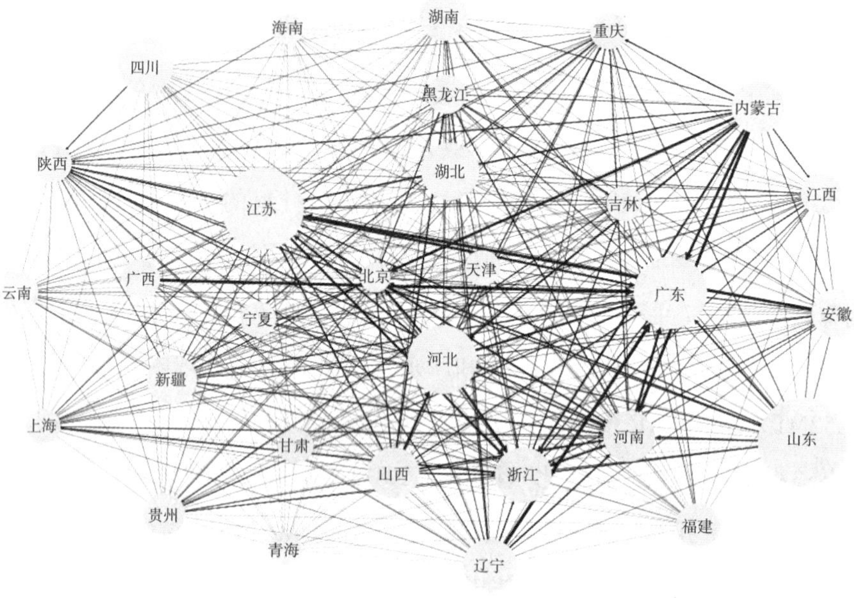

图2 2017年京津冀区域内和区域外碳排放双边流动图

(三)京津冀区域净碳转移变化驱动因素的分解结果

京津冀区域净碳转移变化驱动因素的差分LMDI分解结果如表3所示。2007年至2010年期间，北京和河北的净碳转移量增加，上升幅度分别为43.12%和30.65%，天津净碳转移量下降4.7%，北京和天津净碳转出，河北净碳转入。贸易规模效应是3省域净碳转移量增加的重要促进因素，其贡献率介于36.55%~69.62%之间；贸易地理结构效应均呈现阻力因素，贡献率介于13.2%~26.78之间；北京和河北的贸易产业结构效应为促进因素，天津为阻力因素，该因素对河北碳转移量增加的贡献率较高；贸易技术效应一致为显著的阻力因素，其贡献率介于21.95%~41.83%之间。综上，该时期贸易规模效应、贸易地理结构和贸易技术效应对3省域总净碳转移量的变化贡献率较高，贸易规模效应呈现显著的促进因素而贸易地理结构和贸易技术效应呈现显著的阻力因素。贸易产业结构效应对3省域净碳转移量变化的贡献率相对较低。

2010 年至 2012 年间，北京和河北的净碳转移量进一步增加 106.64%和 31.33%，天津净碳转出量继续下降 44.89%。贸易规模效应的贡献率呈现下降，介于 3.91%~29.66%之间，但均呈现促进因素；贸易地理结构效应贡献率相对显著，介于 48.01%~86.96%之间，北京为促进因素，河北和天津为阻力因素。贸易产业结构效应的贡献率显著增加，介于 415.07%~1517.67%之间，北京和天津呈现阻力因素，河北呈现显著的促进因素。贸易技术效应的贡献率介于430.83%~1467.99%之间，与贸易产业结构效应相反，北京和天津呈现显著的促进因素，河北呈现显著的阻力因素。总之，该时期贸易产业结构效应和贸易技术效应对各省域净碳转移量变化的贡献率较高、影响方向相反，贸易规模效应和贸易地理结构效应的贡献率相对较低。相对前一时期，该阶段贸易产业结构效应贡献率大幅上升的原因可归结为自 2010 年开始我国对碳排放的控制措施逐渐升级，且重点省域实施了更加严格的环境管制政策。例如，2011 年国家发改委在北京、天津、上海、重庆、湖北、广东和深圳 7 省市启动碳排放权交易试点工作，东部沿海省域通过产业结构调整和转移，主动降低高碳排放产品的生产并增加其对外采购。各省域产业结构变化使得污染密集型的行业趋于集中在少数省域，进而增加了高碳产品的跨省流动数量，推进了省域间碳转移的增加。因此，贸易产业结构效应成为该阶段影响区域净碳转移的主要促进因素。

2012 年至 2015 年 3 省域净碳转移量均上升，介于 13.43%~40.02%之间，北京和天津依然呈现净碳转出，河北为净碳转入。贸易规模效应的贡献率相对较低，介于 5.04%~32.7%之间，且均呈现为促进因素；贸易地理结构效应贡献率也相对较低，介于 8.96%~45.24%之间，北京和天津为阻力因素，河北为促进因素。贸易产业结构效应最显著，其贡献率介于 80.16%~1228.07%之间，北京和天津均呈现显著的促进因素，河北呈现显著的阻力因素。贸易技术效应的贡献率介于 70.38%~1200.94%之间，北京和天津均呈现显著的阻力因素，河北呈现显著的促进因素。综上，该时期贸易产业结构效应和贸易技术效应对各省域净碳转移量变化的贡献率仍较高，但影响方向相反。

2015 年至 2017 年 3 省域净碳转移量均下降，介于 1.14%~73.2%之间，北京和天津依然呈现净碳转出，河北为净碳转入。贸易规模效应的贡献率相对较低，介于 0.02%~16.54%之间，且仍均呈现为促进因素；贸易地理结构效应贡献率介于 11.5%~16.79%之间，均为阻力因素。与上一阶段相同，贸易产业结构效应在北京和天津均呈现显著的促进因素，河北呈现显著的阻力因素。贸易技术效应在北京和天津均呈现显著的阻力因素，河北呈现显著的促进因素。

综合上述 4 阶段影响，贸易规模效应驱动京津冀区域净碳转移增加，呈现促进因素，但其贡献率在 2007—2010 阶段较显著，自 2010 年后贡献率逐渐减弱，因此通过控制省域间贸易流量来抑制京津冀区域的碳转移效果将不显著。贸易产业结构效应对京津冀区域净碳转移变化影响的贡献率逐渐提升，自 2012 年后该因素显著驱动了北京和天津净碳转移的增加，抑制了河北净碳转移的上升，因此通过调整京津冀区域商品流动结构、抑制高碳排放行业的空间转移是未来控制京津冀区域净碳流动的有效途径。贸易技术效应是北京和天津净碳转移增加的阻力因素，且贡献率持续较高，2012 年后技术效应对河北呈现显著的促进因素，相对北京和天津，河北商品流动隐含的碳排放强度还需进一步下降。总之，“调结构、提技术、降强度”是控制京津冀区域各省域净碳转移增加的有效途径。

表 3　京津冀区域净碳转移变化驱动因素的 LMDI 分解结果(2007—2017)

单位:百万吨

时期	省域	总效应	贸易规模效应	贸易地理结构效应	贸易产业结构效应	贸易技术效应
2007-2010	北京	-35.55	-57.40	11.31	-7.57	18.10
		43.12%	69.62%	-13.72%	9.18%	-21.95%
	天津	3.68	-46.00	20.97	3.01	25.70
		-4.70%	58.73%	-26.78%	-3.84%	-32.82%
	河北	37.19	44.34	-16.01	59.62	-50.76
		30.65%	36.55%	-13.20%	49.13%	-41.83%
2010-2012	北京	-125.83	-4.62	-102.61	489.77	-508.37
		106.64%	3.91%	86.96%	-415.07%	430.83%
	天津	33.50	-18.80	43.52	538.84	-530.06
		-44.89%	25.19%	-58.31%	-721.99%	710.22%
	河北	49.66	47.01	-76.10	2405.81	-2327.06
		31.33%	29.66%	-48.01%	1517.67%	-1467.99%
2012-2015	北京	-32.74	-79.74	110.31	-811.98	748.68
		13.43%	32.70%	-45.24%	333.01%	-307.05%
	天津	-16.46	-8.99	3.68	-505.16	494.00
		40.02%	21.85%	-8.96%	1228.07%	-1200.94%
	河北	60.35	10.49	70.22	-166.87	146.51
		28.99%	5.04%	33.73%	-80.16%	70.38%
2015-2017	北京	3.14	-45.75	31.80	-238.34	255.43
		-1.14%	16.54%	-11.50%	86.18%	-92.36%
	天津	42.16	-0.01	9.67	-33.85	66.36
		-73.20%	0.02%	-16.79%	58.78%	-115.22%
	河北	-113.50	31.57	-44.65	-523.08	422.66
		-42.27%	11.76%	-16.63%	-194.80%	157.40%

注:各省域总效应中的百分比表示该时期净碳转移量的变化率,贸易规模效应、贸易地理结构效应、贸易产业结构效应和贸易技术效应中的百分比分别表示其对净碳转移量变化率的贡献率,其中各省域净碳转移量变化率 = 贸易规模效应贡献率 + 贸易地理结构效应贡献率 + 贸易产业结构效应贡献率 + 贸易技术效应贡献率。

（四）京津冀区域碳转移补偿机制设计

鉴于京津冀区域内和区域外均存在较高碳转移，北京和天津显著净碳流出，河北净碳流入，在生产责任原则下河北将承担较高的碳排放责任，本文提出在京津冀协同发展背景下，采用共担责任原则来界定3省域的碳排放责任，并实施“共担+补偿”的区域碳转移补偿机制。针对“责任共担”，本文提出以贸易利益为分配因子对京津冀区域内和区域外各省域间的净碳转移量实施两两分配，进而重新界定京津冀3省域的碳排放责任。参照王文治和陆建明（2016）研究，以各省域商品流出中隐含的增加值代表其贸易利益，则省域间最终品消费和出口引致的双边增加值流动可由式（10）计算。

$$\begin{bmatrix} V^{11} & V^{12} & \cdots & V^{1n} \\ V^{21} & V^{22} & \cdots & V^{2n} \\ \vdots & \vdots & \vdots & \vdots \\ V^{n1} & V^{n2} & \cdots & V^{nn} \end{bmatrix} = \begin{bmatrix} \widehat{V}^{1} & 0 & \cdots & 0 \\ 0 & \widehat{V}^{2} & \cdots & 0 \\ \vdots & \vdots & \vdots & \vdots \\ 0 & 0 & \cdots & \widehat{V}^{n} \end{bmatrix} \begin{bmatrix} B^{11} & B^{12} & \cdots & B^{1n} \\ B^{21} & B^{22} & \cdots & B^{2n} \\ \vdots & \vdots & \vdots & \vdots \\ B^{n1} & B^{n2} & \cdots & B^{nn} \end{bmatrix} \begin{bmatrix} \widehat{Y}^{11} & \widehat{Y}^{12} & \cdots & \widehat{Y}^{1n} \\ \widehat{Y}^{21} & \widehat{Y}^{22} & \cdots & \widehat{Y}^{2n} \\ \vdots & \vdots & \vdots & \vdots \\ \widehat{Y}^{n1} & \widehat{Y}^{n2} & \cdots & \widehat{Y}^{nn} \end{bmatrix} \quad (10)$$

式（10）中，V表示省域间最终需求和出口引致的双边增加值流动矩阵，$\hat{V}$表示各省域分行业单位产出增加值对角矩阵，矩阵$\hat{Y}$为省域最终品消费矩阵和出口对角矩阵之和，V^{ij}则表示省域i商品流出到省域j中包含的本省域增加值，则分配因子$\theta ij = \frac{V^{ij}}{V^{ij} + V^{ji}}$，即省域j最终品需求和出口引致的省域i商品流出中内含的省域i增加值占两省域双边增加值流动总额的比重，该值越高表明省域i在国内双边贸易中获得较高的经济利益，则应分担更多碳排放责任，最终省域i在责任共担下的碳排放量可依据式（11）计算：

$$C_S^I = C^{ii} + \sum_{j \neq i}^{n} \left[\theta^{ij} \times C\_EX^{ij} + (1 - \theta^{ij}) \times C\_EX^{ji} \right] \quad (11)$$

式（11）中，C^{ii}表示省域i最终品需求和出口引致的本省域碳排放，包括式（3）中的$\hat{f}^{i}L^{ii}Y^{ii} + \hat{f}^{i}L^{ii}EX^{i}$。当$\theta^{ij} = 1(j \neq i)$，表示省域i与其他省域的双边贸易中，其获得全部贸易利益，则所有净碳转移量都应记录在省域i，即省域i

责任共担下的碳排放量等于其生产侧碳排放；反之，当 $\theta^{ij}=0(j\neq i)$，则所有净碳转移量都应记录在其他省域，即省域 i 责任共担下碳排放量等于其消费侧碳排放。

“补偿”，即区域间碳转移资金补偿，本文以共担责任原则下的省域碳排量为基准，如净碳流入省域生产侧碳排放仍高于其共担责任下的碳排放，则可依据一定的碳排放价格向引致其净碳流入的省域提出碳转移金额补偿，用以补偿净碳流入省域额外承担的环境成本。针对碳排放价格，本文选取 2021 年全国碳排放权交易市场的第一笔交易价格，即 52.78 元 / 吨，则 2017 年京津冀 3 省域碳转移补偿金分配结果如表(4)所示：

表 4　京津冀区域内和区域外碳转移补偿金分配(2017)　　单位:亿元

省域	碳排放责任(MT)			区域内省域补偿额(亿元)			区域外合计补偿额(亿元)	总补偿额(亿元)
	生产侧	消费侧	责任共担	北京	天津	河北		
北京	68.52	343.38	92.77		–0.34	–0.97	–11.57	–12.88
天津	132.42	147.83	135.95	0.34		–0.43	–1.80	–1.89
河北	686.09	530.87	644.93	0.97	0.43		20.24	21.64

从责任共担的结果来看，2017 年共担责任原则下京津冀 3 省域的碳排放量介于生产责任原则和消费责任原则下的碳排放量，体现了责任共担原则，其中北京和天津责任共担后碳排放量比其生产侧碳排放上升了 35.39% 和 2.67%，河北下降了 6%；相反北京和天津责任共担后，碳排放量比其消费侧碳排放下降了 72.98%和 8.04%，河北上升了 21.48%。当以责任共担下的碳排放量为基准，按照本文的“补偿”原则，北京需要向天津和河北支付 0.34 亿元和0.97 亿元碳转移补偿金，向区域外省域合计支付 11.57 亿元碳转移补偿金，共计支付 12.88 亿元；天津需要向河北支付 0.43 亿元碳转移补偿金，从北京获得 0.34 亿元补偿金，向区域外省域支付 1.8 亿元，共计支付 1.89 亿元；河北从北京和天津分别获取 0.97 亿元和 0.43 亿元碳转移补偿金，从区域外省域合计获取 20.34 亿元，共计获得 21.64 亿元。总体来看，通过责任共担 3

省域按照其贸易利益大小分担了碳排放责任，进一步按照“碳转移补偿原则”将省域内生产侧碳排放超出其共担责任的部分，由引致其碳排放的其他省域支付补偿金，区域内净碳流入省域河北可获得1.4亿元补偿金，而净碳流出省域北京需支付1.31亿元补偿金，进而实现区域内省域间碳减排合作。当然“共担+补偿”的省域间碳减排合作亦可在全国省域间实施，进而缩减省域间碳排放差异和碳排放流动量。

五、结论与政策建议

论文主要结论为，首先，2007年至2017年间中国碳排放总量持续增加，虽未达峰，但增长速度已明显趋缓。省域间贸易隐含碳占比介于42.5%~49.9%之间，显著高于全球平均贸易隐含碳占比，因此国内省域间商品流动引致的碳转移普遍存在，其中省域间需求和出口是引致碳转移的主要因素，反馈效应引致的碳转移微乎其微。省域间碳转移呈现从京津地区、东部和南部沿海省域向中部和北部地区流动，净碳流出省域分布趋于分散，而净碳流入省域分布趋于集中，西部和北部的能源富集型和重工业密集省域承接了主要的净碳流入。京津两省域是主要净碳流出省域，河北是主要净碳流入省域。其次，区域内北京和天津引致河北较高碳排放，河北承接了主要的区域内碳转移，与京津冀区域碳转移量较高的省域包括广东、浙江、江苏、山西、内蒙古、河南、山东、重庆、辽宁等。再次，贸易规模效应、贸易产业结构效应和贸易技术效应是京津冀区域净碳转移变化的重要驱动因素，贸易地理结构效应的贡献率相对较低。贸易规模效应呈现显著的促进效应，但自2010年后其贡献率逐渐减弱；贸易产业结构效应的贡献率逐渐增强，2012年后对京津两省域碳转移增加呈现促进作用，对河北呈现阻力作用。贸易技术效应长期对北京和天津碳转移增加呈现显著的阻力效应，而2012年后对河北碳转移的增加呈现显著促进效应。最后，鉴于京津冀区域内和区域外均存在较高的碳转移，以生产责任原则来界定省域碳排放责任有失公平，通过责任共担京津冀3省域碳排放责任介于生产侧碳排放和消费侧碳排放之间，更加公平折中，缩减了省域间碳排放的差异性。在责任共担的基础上进一步通过碳转移补偿机制，对净碳流入省域额外承担的环境成本实施金额补偿，有利于降低其提升减排技术的成本和控制区域内省域间碳转移量。

基于论文研究结论，主要政策建议如下：首先，鉴于京津两省域呈现净碳转出，应重点考虑从消费端来抑制碳排放和碳转移的增加，例如在区域内积极推动绿色生产与绿色消费，进一步强化生态环境宣传教育，引导绿色生活和绿色消费等行为，采用补贴和税收减免的方式鼓励区域内企业优先采购低碳的原材料，进而倒逼生产端企业实施低碳生产，降低其碳排放强度。其次，实施区域内省域间“共担+补偿”的碳减排合作机制。鉴于生产责任原则和消费责任原则在核算省域碳排放责任时均存在不足，责任共担不失为一种折中的计量方法，可打破区域内行政壁垒，在统一核算的基础上，以共担责任下的省域碳排放量为基准，实施碳转移金额补偿，进而降低河北的减排成本和激励其碳减排技术的提升，同时金额补偿也能有效抑制京津两省域碳转出量。最后，调整产业结构，推进碳减排技术的升级和共享。从差分LMDI分解结果来看，目前影响京津冀区域净碳转移变化的主要因素是贸易产业结构效应和贸易技术效应。针对贸易产业结构效应，需要将区域产业政策和环境政策统一考虑，控制省域间碳转移增加。针对贸易技术效应，不断提升区域内各省（市）的碳减排技术能有效降低其碳排放量和碳转移量，可建立区域内碳减排技术共研共建共享平台，通过技术合作减少域内省域间碳减排技术的差异性。

参考文献

[1]刘卫东、陈杰、唐志鹏等:《中国2007年30省区市区域间投入产出表编制理论与实践》,中国统计出版社,2012年。

[2]刘卫东、唐志鹏、陈杰等:《2010年中国30省区市区域间投入产出表》,中国统计出版社,2014年。

[3]鲁万波、仇婷婷、杜磊:《中国不同经济增长阶段碳排放影响因素研究》,《经济研究》,2013年第4期。

[4]潘文卿、刘婷、王丰国:《中国区域产业CO2排放影响因素研究:不同经济增长阶段的视角》,《统计研究》,2017年第3期。

[5]彭水军、张文城、孙传旺:《中国生产侧和消费侧碳排放量测算及影响因素研究》,《经济研究》,2015年第1期。

[6]石敏俊、王妍、张卓颖等:《中国各省区碳足迹与碳排放空间转移》,《地理学报》,2012年第10期。

[7]王安静、冯宗宪、孟渤:《中国30省份的碳排放测算以及碳转移研究》,《数量经济技术经济研究》,2017年第8期。

[8]王锋、吴丽华、杨超:《中国经济发展中碳排放增长的驱动因素》,《经济研究》,2010年第2期。

[9]王文治、陆建明:《中国对外贸易隐含碳排放余额的测算与责任分担》,《统计研究》,2016年第8期。

[10]张文城、彭水军:《南北国家的消费侧与生产侧资源环境负荷比较分析》,《世界经济》,2014年第8期。

[11]Andrew R M, Peters G P., A Multi-region Input-Output Table Based on the Global Trade Analysis Project Database(GTAP-MRIO), *Economic Systems Research*, 2013, 25(1).

[12]Ang B W, Liu F L&Chung H S., A Generalized Fisher Index Approach to Energy Decomposition Analysis, *Energy Economics*, 2004, 26(5).

[13]Casler S.D., Rose A., Carbon Dioxide Emissions in the U.S. Economy: A Structural Decomposition Analysis, *Environmental and Resource Economics*, 1998, 11(3).

[14]Chen G, Hadjikakou M&Wiedmann T., Urban Carbon Transformations: Unravelling Spatial and Inter-Sectoral Linkages for Key City Industries Based on Multi-Region Input-Output Analysis, *Journal of Cleaner Production*, 2016, 163.

[15]Feng K, Davis S J&Sun L, et al., Outsourcing CO_2 within China, *Proceedings of the National Academy of Sciences*, 2013, 110(28).

[16]Feng K, Siu Y L&Guan D, et al., Analyzing Drivers of Regional Carbon Dioxide Emissions for China: A Structural Decomposition Analysis, *Journal of Industrial Ecology*, 2012, 16(4).

[17]Guan D, Peters G P&Weber C L, et al., Journey to World Top Emitter: An Analysis of the Driving Forces of China's Recent CO_2 Emissions Surge, *Geophysical Research Letters*, 2009, 36(4).

[18]Guo J, Zhang Z&Meng L., China's Provincial CO_2 Emissions Embodied in International and Interprovincial Trade, *Energy Policy*, 2012, 42.

[19]Li J S, Xia X H&Chen G Q, et al., Optimal Embodied Energy Abatement Strategy for Beijing Economy: Based on a Three-Scale Input-Output Analysis, *Renewable and Sustainable Energy Reviews*, 2016, 53.

[20]Liu H, Liu W&Fan X, et al., Carbon Emissions Embodied in Demand - Supply Chains in China, *Energy Economics*, 2015, 50.

[21]Liu Q, Long Y&Wang C, et al., Drivers of Provincial SO_2 Emissions in China-Based on Multi-Regional Input-Output Analysis, *Journal of Cleaner Production*, 2019, 238.

[22]Liu Q, Wang Q., Sources and Flows of China's Virtual SO_2 Emission

Transfers Embodied in Interprovincial Trade: A Multiregional Input-Output Analysis, *Journal of Cleaner Production*, 2017, 161.

[23]Meng B, Peters G P&Wang Z, et al., Tracing CO_2 Emissions in Global Value Chains, *Energy Economics*, 2018, 73.

[24]Peters G P, Minx J C&Weber C L, et al., Growth in Emission Transfers Via International Trade from 1990 to 2008, *Proceedings of the national academy of sciences*, 2011, 108(21).

[25]Peters G P, Weber C L&Guan D, et al., China's Growing CO_2 Emissions a Race between Increasing Consumption and Efficiency Gains, *Environmental Science & Technology*, 2007, 41(17).

[26]Shan Y, Guan D&Zheng H, et al., China CO_2 Emission Accounts 1997-2015, *Scientific Data*, 2018, 5.

[27]Shao C, Guan Y&Wan Z, et al., Performance and Decomposition Analyses of Carbon Emissions from Industrial Energy Consumption in Tianjin, China, *Journal of Cleaner Production*, 2014, 64.

[28]Su B, Thomson E., China's Carbon Emissions Embodied in (normal and processing)Exports and Their Driving Forces, 2006-2012. *Energy Economics*, 2016, 59.

[29]Su B., Ang BW&Li Y., Input-Output and Structural Decomposition Analysis of Singapore's Carbon Emissions, *Energy Policy*, 2017, 1059(6).

[30]Zhang Z, Hewings G J D., The Effects of Direct Trade within China on Regional and National CO_2 Emissions, *Energy economics*, 2014, 46.

[31]Zhao Y, Wang S& Zhang Z, et al., Driving Factors of Carbon Emissions Embodied in China-US Trade: A Structural Decomposition Analysis, *Journal of cleaner production*, 2016, 131.

[32]Zhong Z, He L&Wang Z., Geographic Sources and the Structural Decom-

Position of Emissions Embodied in Trade by Chinese Megacities: The Case of Beijing, Tianjin, Shanghai, and Chongqing, *Journal of Cleaner Production*, 2017, 158.

[33]Zhou D, Zhou X& Xu Q, et al., Regional Embodied Carbon Emissions and Their Transfer Characteristics in China, *Structural Change and Economic Dynamics*, 2018, 46.

附件:差分 LMDI 分解过程

遵循已有研究,本文基于 J 个产业部门和 n 个区域的双边碳转移数据改进"LMDI 两层完全分解法",分析贸易规模效应、贸易地理结构效应、贸易产业结构效应和贸易技术效应等四种效应对区域间净碳转移变化的影响,方法如下:

首先,定义省间需求和出口所引致的区域 1 碳排放(商品流出隐含碳)为 $C\_EX^1 = \sum_{u \neq 1}^{n} C\_EX^{1u}$,区域 1 需求和出口所引致的外区域碳排放(商品流入隐含碳)为 $C\_IM^1 = \sum_{u \neq 1}^{n} C\_EX^{u1}$。分别将 C_EX^1 和 C_IM^1 分解为 J 个产业部门和 n 个区域的四因素加总,如式(1)和式(2)所示。式(1)中,区域 1 商品流出隐含碳可分解为 4 种效应:EX^1 表示区域 1 全部的商品流出总额,定义为贸易规模效应(EXC^1);$\frac{EX^{1u}}{EX^1}$表示区域 1 向区域 u 商品流出占区域 1 商品流出总额的比重,定义为贸易地理结构效应($EXNS^{1u}$)。$\frac{EX^{1u,j}}{EX^{1u}}$表示区域 1 的 j 产业向区域 u 商品流出占区域 1 向区域 u 商品流出总额的比重,定义为贸易产业结构效应($EXIS^{1u,j}$);$\frac{C_EX^{1u,j}}{EX^{1u,j}}$表示区域 1 的 j 产业向区域 u 单位商品流出隐含的碳排放,定义为贸易技术效应($EXT^{1u,j}$)。同理可定义式(2)中区域 1 商品流入隐含碳的 4 种分解效应。

$$
\begin{aligned}
\mathrm{C\_EX}^1 = \sum_{\mathrm{u}\neq 1}^{\mathrm{n}} \mathrm{C\_EX}^{1u} &= \sum_{u\neq 1}^{n}\sum_{j=1}^{J} EX^1 \times \frac{EX^{1u}}{EX^1} \times \frac{EX^{1u,j}}{EX^{1u}} \times \frac{C\_EX^{1u,j}}{EX^{1u,j}} \\
&= \sum_{u\neq 1}^{n}\sum_{j=1}^{J} EXC^1 \times EXNS^{1u} \times EXIS^{1u,j} \times EXT^{1u,j}
\end{aligned} \quad (1)
$$

$$
\begin{aligned}
\mathrm{C\_IM}^1 = \sum_{\mathrm{u}\neq 1}^{\mathrm{n}} \mathrm{C\_EX}^{u1} &= \sum_{u\neq 1}^{n}\sum_{j=1}^{J} IM^1 \times \frac{EX^{u1}}{IM^1} \times \frac{EX^{u1,j}}{EX^{u1}} \times \frac{C\_EX^{u1,j}}{EX^{u1,j}} \\
&= \sum_{u\neq 1}^{n}\sum_{j=1}^{J} IMC^1 \times EXNS^{u1} \times EXIS^{u1,j} \times EXT^{u1,j}
\end{aligned} \quad (2)
$$

其次，以区域1商品流出隐含碳为例，式(1)两侧对时间t求微分可得式(3)

$$
\begin{aligned}
\frac{dln(\mathrm{C\_EX}^1)}{dt} = \sum_{u\neq 1}^{n}\sum_{j=1}^{J} \frac{EXC^1 \times EXNS^{1u} \times EXIS^{1u,j} \times EXT^{1u,j}}{\mathrm{C\_EX}^1} \Bigg(&\frac{dlnEXC^1}{dt} + \frac{dlnEXNS^{1u}}{dt} \\
&+ \frac{dlnEXIS^{1u,j}}{dt} + \frac{dlnEXT^{1u,j}}{dt} \Bigg)
\end{aligned} \quad (3)
$$

基于式(3)，定义权重为式(4)

$$
W_E^{1u,j}(t) = \frac{EXC^1 \times EXNS^{1u} \times EXIS^{1u,j} \times EXT^{1u,j}}{\sum_{u\neq 1}^{n} \sum_{j=1}^{J} EXC^1 \times EXNS^{1u} \times EXIS^{1u,j} \times EXT^{1u,j}} \quad (4)
$$

对式(3)在时期[0,T]上进行定积分可得式(5)：

$$
\begin{aligned}
\frac{\mathrm{C\_EX}_t^1}{\mathrm{C\_EX}_0^1} = exp\Bigg[\sum_{u\neq 1}^{n}\sum_{j=1}^{J} \int_0^T W_E^{1u,j}(t) \Bigg(&\frac{dlnEXC^1}{dt} + \frac{dlnEXNS^{1u}}{dt} + \frac{dlnEXIS^{1u,j}}{dt} \\
&+ \frac{dlnEXT^{1u,j}}{dt} \Bigg) dt \Bigg]
\end{aligned} \quad (5)
$$

鉴于区域间商品流动及碳转移的数据是离散形式，Ang et al.（2001）提出的LMDI分解形式有效解决了残值和不一致性等问题，式（5）可改写为近似乘法等式，如式（6）所示：

$$\frac{C\_EX_t^1}{C\_EX_0^1} \cong exp\left[\sum_{u\neq 1}^{n}\sum_{j=1}^{J} W_E^{1u,j}(t^*)\, ln\left(\frac{EXC_t^1}{EXC_0^1}\right)\right] \times exp\left[\sum_{r\neq s}^{n}\sum_{j=1}^{J} W_E^{1u,j}(t^*)\, ln\left(\frac{EXNS_t^{1u}}{EXNS_0^{1u}}\right)\right] \times exp\left[\sum_{r\neq s}^{n}\sum_{j=1}^{J} W_E^{1u,j}(t^*)\, ln\left(\frac{EXIS_t^{1u,j}}{EXIS_0^{1u,j}}\right)\right] \times exp\left[\sum_{r\neq s}^{n}\sum_{j=1}^{J} W_E^{1u,j}(t^*)\, ln\left(\frac{EXT_t^{1u,j}}{EXT_0^{1u,j}}\right)\right] \tag{6}$$

式（6）中，$W_E^{1u,j}(t^*)$为离散型式下分解等式的权重，$t^* \epsilon [0, T]$。Ang et al.（2001）研究将$W_E^{1u,j}(t^*)$进行了如下定义（式7所示），进而有效解决了分解残值问题。

$$W_E^{1u,j}(t^*) = L(C\_EX_t^{1u,j}, C\_EX_0^{1u,j}) / L(C\_EX_t^1, C\_EX_0^1) \tag{7}$$

式（7）中 $L(X,Y) = L(X,Y) = \begin{cases} (X-Y)/(lnX - lnY), X \neq Y > 0 \\ X, X = Y > 0 \end{cases}$

再次，基于式（6）的分解乘法形式，进一步对其两侧取对数，得出式（8）：

$$ln\left(\frac{C\_EX_t^1}{C\_EX_0^1}\right) = \sum_{u\neq 1}^{n}\sum_{j=1}^{J} W_E^{1u,j}(t^*)\left[ln\left(\frac{EXC_t^1}{EXC_0^1}\right) + ln\left(\frac{EXNS_t^{1u}}{EXNS_0^{1u}}\right) + ln\left(\frac{EXIS_t^{1u,j}}{EXIS_0^{1u,j}}\right) + ln\left(\frac{EXT_t^{1u,j}}{EXT_0^{1u,j}}\right)\right] \tag{8}$$

将式(7)带入式(8),可得式(9)

$$ln\left(\frac{C\_EX_t^1}{C\_EX_0^1}\right)=\sum_{u\neq 1}^{n}\sum_{j=1}^{J}\frac{(C\_EX_t^{1u,j}-C\_EX_0^{1u,j})/(lnC\_EX_t^{1u,j}-lnC\_EX_0^{1u,j})}{(C\_EX_t^1-C\_EX_0^1)/(lnC\_EX_t^1-lnC\_EX_0^1)}\left[ln\left(\frac{EXC_t^1}{EXC_0^1}\right)+ln\left(\frac{EXNS_t^{1u}}{EXNS_0^{1u}}\right)+ln\left(\frac{EXIS_t^{1u,j}}{EXIS_0^{1u,j}}\right)+ln\left(\frac{EXT_t^{1u,j}}{EXT_0^{1u,j}}\right)\right] \tag{9}$$

简化式(9),可得出区域1商品流出隐含碳LMDI分解的加法形式,如式(10)所示:

$$C\_EX_t^1-C\_EX_0^1=\sum_{u\neq 1}^{n}\sum_{j=1}^{J}\frac{C_{EX_t}^{1u,j}-C_{EX_0}^{1u,j}}{\ln C_{EX_t}^{1u,j}-\ln C_{EX_0}^{1u,j}}\left[\ln\left(\frac{EXC_t^1}{EXC_0^1}\right)+\ln\left(\frac{EXNS_t^{1u}}{EXNS_0^{1u}}\right)+\ln\left(\frac{EXIS_t^{1u,j}}{EXIS_0^{1u,j}}\right)+\ln\left(\frac{EXT_t^{1u,j}}{EXT_0^{1u,j}}\right)\right] \tag{10}$$

其中权重为:$W_E^{1u,j}=\frac{C\_EX_t^{1u,j}-C\_EX_0^{1u,j}}{lnC\_EX_t^{1u,j}-lnC\_EX_0^{1u,j}}$.

同理区域1商品流入隐含碳LMDI分解的加法形式如式(11)所示:

$$C\_IM_t^1-C\_IM_0^1=\sum_{u\neq 1}^{n}\sum_{j=1}^{J}\frac{C\_EX_t^{u1,j}-C\_EX_0^{u1,j}}{lnC\_EX_t^{u1,j}-lnC\_EX_0^{u1,j}}\left[ln\left(\frac{IMC_t^1}{IMC_0^1}\right)+ln\left(\frac{EXNS_t^{u1}}{EXNS_0^{u1}}\right)+ln\left(\frac{EXIS_t^{u1,j}}{EXIS_0^{u1,j}}\right)+ln\left(\frac{EXT_t^{u1,j}}{EXT_0^{u1,j}}\right)\right] \tag{11}$$

其中权重为:$W_M^{1u,j}=\frac{C\_EX_t^{1u,j}-C\_EX_0^{1u,j}}{lnC\_EX_t^{1u,j}-lnC\_EX_0^{1u,j}}$.

最后,区域1在时期[0,T]的总净碳转移的变化量为:

$$\triangle T^1=T_t^1-T_0^1=(C\_EX_t^1-C\_IM_t^1)-(C\_EX_0^1-C\_M_0^1)=(C\_EX_t^1-C\_EX_0^1)-(C\_IM_t^1-C\_IM_0^1) \tag{12}$$

根据式(10)、式(11)和式(12),区域1在[0,T]时期总净碳转移变化量的LMDI分解加法形式如下表所示:

附表1 总净碳转移变化量的LMDI分解①

效应	分解式	
贸易规模效应	$\sum_{u\neq1}^{n}\sum_{j=1}^{J}W_E^{1u,j}\ln\left(\frac{EXC_t^1}{EXC_0^1}\right)-\sum_{u\neq1}^{n}\sum_{j=1}^{J}W_M^{u1,j}\ln\left(\frac{IMC_t^1}{IMC_0^1}\right)$	
贸易地理结构效应	$\sum_{u\neq1}^{n}\sum_{j=1}^{J}W_E^{1u,j}\ln\left(\frac{EXNS_t^{1u}}{EXNS_0^{1u}}\right)-\sum_{u\neq1}^{n}\sum_{j=1}^{J}W_M^{u1,j}\ln\left(\frac{EXNS_t^{u1}}{EXNS_0^{u1}}\right)$	
贸易产业结构效应	$\sum_{u\neq1}^{n}\sum_{j=1}^{J}W_E^{1u,j}\ln\left(\frac{EXIS_t^{1u,j}}{EXIS_0^{1u,j}}\right)-\sum_{u\neq1}^{n}\sum_{j=1}^{J}W_M^{u1,j}\ln\left(\frac{EXIS_t^{u1,j}}{EXIS_0^{u1,j}}\right)$	
贸易技术效应	$\sum_{u\neq1}^{n}\sum_{j=1}^{J}W_E^{1u,j}\ln\left(\frac{EXT_t^{1u,j}}{EXT_0^{1u,j}}\right)-\sum_{u\neq1}^{n}\sum_{j=1}^{J}W_M^{u1,j}\ln\left(\frac{EXT_t^{u1,j}}{EXT_0^{u1,j}}\right)$	
权重	$W_E^{1u,j}=\frac{C\_EX_t^{1u,j}-C\_EX_0^{1u,j}}{\ln C\_EX_t^{1u,j}-\ln C\_EX_0^{1u,j}}$	$W_M^{u1,j}=\frac{C\_EX_t^{u1,j}-C\_EX_0^{u1,j}}{\ln C\_EX_t^{u1,j}-\ln C\_EX_0^{u1,j}}$

附表2 行业合并对照表

行业编号	CEADs公布的CO2排放行业分类	CEADs(2015,2017)的IOT行业分类	刘卫东等(2007、2010)和CEADs(2012)的IOT行业分类
1	Farming, Forestry, Animal Husbandry, Fishery and Water Conservancy	农林牧渔产品和服务	农林牧渔业
2	Coal Mining and Dressing Petroleum and Natural Gas Extraction Ferrous Metals Mining and Dressing Nonferrous Metals Mining and Dressing Nonmetal Minerals Mining and Dressing Other Minerals Mining and Dressing	煤炭采选产品 石油和天然气开采产品 金属矿采选产品 非金属矿和其他矿采选产品	煤炭开采和洗选业 石油和天然气开采业 金属矿采选业 非金属矿及其他矿采选业

① 在LMDI分解加法形式下,总效应等于4种效应表达式的和。

续表

行业编号	CEADs公布的CO2排放行业分类	CEADs(2015,2017)的IOT行业分类	刘卫东等(2007、2010)和CEADs(2012)的IOT行业分类
3	Food Processing Food Production Beverage Production Tobacco Processing	食品和烟草	食品制造及烟草加工业
4	Textile Industry	纺织品	纺织业
5	Garments and Other Fiber Products Leather, Furs, Down and Related Products	纺织服装鞋帽皮革羽绒及其制品	纺织服装鞋帽皮革羽绒及其制品业
6	Timber Processing, Bamboo, Cane, Palm Fiber & Straw Products Furniture Manufacturing	木材加工品和家具	木材加工及家具制造业
7	Papermaking and Paper Products Printing and Record Medium Reproduction Cultural, Educational and Sports Articles	造纸印刷和文教体育用品	造纸印刷及文教体育用品制造业
8	Petroleum Processing and Coking	石油、炼焦产品和核燃料加工品	石油加工、炼焦及核燃料加工业
9	Raw Chemical Materials and Chemical Products Medical and Pharmaceutical Products Chemical Fiber Rubber Products Plastic Products	化学产品	化学工业
10	Nonmetal Mineral Products	非金属矿物制品	非金属矿物制品业
11	Smelting and Pressing of Ferrous Metals Smelting and Pressing of Nonferrous Metals	金属冶炼和压延加工品	金属冶炼及压延加工业
12	Metal Products	金属制品	金属制品业
13	Ordinary Machinery Equipment for Special Purposes	通用设备 专用设备	通用、专用设备制造业
14	Transportation Equipment	交通运输设备	交通运输设备制造业

续表

行业编号	CEADs 公布的 CO2 排放行业分类	CEADs (2015,2017)的 IOT 行业分类	刘卫东等(2007、2010)和 CEADs (2012)的 IOT 行业分类
15	Electric Equipment and Machinery Electronic and Telecommunications Equipment Instruments, Meters, Cultural and Office Machinery	电气机械和器材 通信设备、计算机和其他电子设备 仪器仪表	电气机械及器材制造业 通信设备、计算机及其他电子设备制造业仪器仪表及文化办公用机械制造业
16	Other Manufacturing Industry	其他制造产品 金属制品、机械和设备修理服务	其他制造业
17	Production and Supply of Electric Power, Steam and Hot Water	电力、热力的生产和供应	电力、热力的生产和供应业
18	Production and Supply of Gas Production and Supply of Tap Water	燃气生产和供应 水的生产和供应	燃气及水的生产与供应业
19	Construction	建筑	建筑业
20	Transportation, Storage, Post and Telecommunication Services	交通运输、仓储和邮政	交通运输及仓储业
21	Wholesale, Retail Trade and Catering Services	批发和零售 住宿和餐饮	批发零售业 住宿餐饮业
22	Others	信息传输、软件和信息技术服务 金融 房地产 租赁和商务服务 科学研究 技术服务 水利、环境和公共设施管理 居民服务、修理和其他服务 教育	租赁和商业服务业 研究与试验发展业 其他服务业

续表

行业编号	CEADs公布的CO2排放行业分类	CEADs(2015,2017)的IOT行业分类	刘卫东等(2007、2010)和CEADs(2012)的IOT行业分类
		卫生和社会工作 文化、体育和娱乐 公共管理、社会保障和社会组织	

“双碳”目标与经济稳定持续发展关系研究

李春花　孙振清

[摘要]“双碳”目标意味着中国经济发展方式的转变、新发展格局和新发展理念下，新增长动能的变化。中国的经济实践表明经济增长和碳排放脱钩、高增长率和高质量发展是有可能实现且并不矛盾。本文选取一些典型城市的面板数据，试图验证经济增长和碳排放之间的关系，并找出碳达峰规律。分析结果显示，几个模型均存在环境库兹涅茨曲线，验证了 EKC 的假设。本文从区域协同实现“双碳”目标的角度提出了“双碳”目标为导向，实现高质量增长、低碳经济与能源转型的协同目标；发挥各地区在资源禀赋、区位优势等方面的比较优势；全国范围内优化和重新规划能源版图；探索有中国特色的低碳发展道路等政策建议。

[关键词]“双碳”；高质量增长；可持续发展；EKC；协同

作者简介：李春花，天津科技大学经济与管理学院副教授；孙振清，天津科技大学能源环境与要绿色发展研究中心（天津市高校智库）主任，碳中和研究院执行院长，经济与管理学院教授。

基金项目：天津市社科重点应用调研课题“天津打造能源先锋城市研究”（2202010）。

一、引言

2020年9月，中国向全世界宣布和承诺“二氧化碳排放力争于2030年前达到峰值，争取2060年前实现碳中和”的“双碳”目标。2021年10月，国务院印发《2030年前碳达峰行动方案》，提出了到2025年单位国内生产总值（GDP）二氧化碳排放比2020年下降18%、单位GDP能源消耗比2020年下降13.5%的目标。中国已经形成比较完整和系统的“1+N”政策体系。

应对气候变化和提出“双碳”目标是中国高质量发展与可持续发展的内在需要。中国到2035年要基本实现社会主义现代化和到本世纪中叶建成社会主义现代化强国，实现经济稳定持续发展，绿色低碳转型是根本路径。中国必须抓住经济转型的好时机，以“双碳”目标推动高质量发展，作为经济发展的新引擎和新动力，引领全球经济增长新浪潮。

2030年前实现碳达峰、2060年前实现碳中和是中国作出的重大战略布局和决策，碳达峰碳中和目标下，中国经济社会将发生广泛而深刻的全面变革。研究实现“双碳”目标和经济稳定持续发展的关系和本质，对于探索和选择合理有效的绿色发展、低碳转型路径具有重要意义。

二、“双碳”目标和经济稳定持续发展关系

人类经历农耕文明，进入工业文明之后，在获得了比以前更丰富的物质财富的同时，也破坏了生态资源引发环境危机、造成了气候变化等诸多环境问题。我们必须寻找缓解人与自然的紧张关系、人与自然和谐的经济发展道路，实现从工业文明到生态文明的转换。全世界对于实现零碳社会的浪潮正在推动全球经济摆脱工业文明时代的以化石能源为主的高碳发展模式。可持续发展的必然趋势要求人类从根本上转变经济增长方式和生产生活方式，这

是人类发展和经济社会发展的需要。“双碳”目标的实现不仅能推动经济增长方式和经济发展动能的巨大转变，而且具有重要的牵引和倒逼机制形成的促进作用。[1]实现碳中和，需要在顶层设计、产业结构与能源结构、投资结构和生产生活方式等方面都要发生深刻的转变。这极有可能成为人类社会自工业革命以来极为重要的一次变革。[2]

我们认识到“双碳”目标与高质量可持续发展的要求有机统一和高度一致。着眼长远，“双碳”目标下，中国要实现中华民族伟大复兴，中国已在建设社会主义现代化强国的新征程上。立足当下，作为全球碳排放最多的国家，面临经济低碳绿色转型的挑战，必须要设立合理的减排目标，稳中求进、循序渐进。中国的“双碳”目标把能源、环境、经济高质量增长三者联动起来，构成一种倒逼机制。[3]2021 年底召开的中央经济工作会议提出，尽早实现能耗“双控”向碳排放总量和强度“双控”转变。从能耗“双控”转向碳排放“双控”将使得控制碳排放举措更加精准，有利于实现经济发展与“双碳”目标的有机统一。我国“3060”目标的提出具有前瞻性意义。中国经济处于产业结构调整的关键性时期，面对工业化进程后的人口红利逐渐消失、传统增长动力减弱与产业结构转变带来的诸多挑战，“双碳”目标与中国经济高质量发展目标不谋而合。[4]

改革开放 40 多年来，中国年均 GDP 增速超过 9%。高投入、高耗能、高碳的粗放型增长经济增长时代已结束，中国的经济发展已经走到一个新阶段。加快经济社会发展、推动绿色转型势在必行。新形势下，中国经济就已进入经济发展新模式、新常态，由主要依靠生产要素投入支撑的高速增长阶段转向主要依靠要素生产率提高支撑的高质量发展阶段。中国实现碳中和，一方面

① 刘俏：《碳中和与中国经济增长逻辑》，《中国经济评论》，2021(Z1)。

② 王灵桂等：《阐释党的十九届六中全会精神笔谈》，《中国工业经济》，2021(12)。

③ 林伯强：《碳中和进程中的中国经济高质量增长》，《经济研究》，2022，57(01)。

④ 张小溪：《“双碳”目标下中国经济增长的内涵、挑战及应对》，《发展研究》，2022，39(03)。

是受全球范围内的可持续发展与碳中和浪潮等外部因素驱动。低碳发展和绿色增长为特征的经济新增长趋势已成为世界经济发展的潮流和重要方向。另一方面是内部因素，即中国自身发展的需要。现有数据表明，中国人均GDP已连续两年超过1万美元，而且正努力实现到2035年人均GDP达到两万美元，跨入更高层次收入门槛，达到中等收入发展水平的国家。高速的经济发展给人们提供了丰富的物质生活和条件，人民对清洁空气、优美生态环境等美好生活的各种需求也会发生巨大变化。需求侧的变化同时也要求供给侧的变化，也就是要求产业结构和提供的产品结构随之发生变化。"双碳"目标意味着中国经济发展方式的转变，新发展格局和新发展理念下，新增长动能的变化。

在中国经济保持持续增长的背景下，经济增长与各种污染排放物之间已经发生脱钩。从统计数据来判断，中国GDP增长曲线与二氧化碳排放曲线趋势显示，碳排放总量趋缓并基本上进入一个碳达峰的平台期。2021年，我国国内生产总值比2020年增长8.1%，两年平均增长5.1%。万元国内生产总值能耗比2020年下降2.7%；万元国内生产总值二氧化碳排放（2020年价格计算）比2020年下降3.8%。[①]中国的经济实践表明经济增长和碳排放脱钩、高增长率和高质量发展是有可能相辅相成的。"双碳"目标为导向，技术创新为新动力，形成绿色经济和低碳可持续增长极，为中国迈进社会主义现代化强国提供保障。

魏一鸣等提出识别碳排放与经济发展脱钩的内在机理与关键现实条件，构建面向碳中和的经济转型模式；探索碳中和目标下区域协作与环境协同治理机制，开展面向碳中和的区域协同路径优化研究。[②]中国各地区经济发展不平衡，自然资源禀赋、技术水平和产业结构都存在显著差异。碳达峰目标的落

① 国家统计局：《中华人民共和国2021年国民经济和社会发展统计公报》，2022年。

② Yi-Ming Wei, Kaiyuan Chen, Jia-Ning Kang, Weiming Chen, Xiang-Yu Wang, Xiaoye Zhang, Policy and Management of Carbon Peaking and Carbon Neutrality: A literature Review, *Engineering (2022)*.

实要充分体现出区域差异,不能盲目搞"运动式"减碳,应推进各地区有序达峰。在全国的布局以及政策实施层面需要根据碳排放及经济基础条件,进行差异化分配和安排。鼓励经济发达、有条件的地方率先达峰,为推进整个国家碳达峰承担更多责任。在"全国一盘棋"的思想下,碳排放有序达峰为全国范围的碳达峰创造了有利条件。[①]中国工程院在《我国碳达峰碳中和战略及路径》报告中指出,我国二氧化碳排放预计在2027年前后实现达峰,峰值控制在122亿吨左右,并且有望于2060年前实现碳中和。[②]

三、碳排放与经济增长关系实证分析

(一)环境库兹涅茨曲线理论

二氧化碳排放与经济增长的关系研究中环境库兹涅茨曲线(Environmental Kuznets Curve)分析是比较常用的方法。Grossman和Krueger最早提出环境库兹涅茨模型,环境库兹涅茨曲线简称EKC,该理论揭示了环境质量在经济发展不同阶段与经济增长的关系:在经济发展初期,环境质量伴随着人均收入水平的提高而恶化,但是经济发展水平提高,人均收入水平上升到一定程度之后,环境质量伴随着人均收入水平提高而得到改善,从而形成了EKC的倒U型曲线。[③]关于碳排放峰值问题,环境库兹涅茨曲线理论提供了很好的解释。目前,发达国家已经完成工业化,越过了经济快速发展阶段,处于碳排放量转折阶段或下降阶段,但是大部分发展中国家正处于工业化阶段,经济和碳排放量都处于快速增长阶段。在碳排放环境库兹涅茨曲线中,发

① 张中祥:《碳达峰、碳中和目标下的中国与世界—绿色低碳转型、绿色金融、碳市场与碳边境调节机制》,《人民论坛学术前沿》,2021(14)。

② 中国工程院:《我国碳达峰碳中和战略及路径报告》,2022年4月。

③ Grossman G,Krueger A.EnvironmentalImpacts of the North American Free Trade Agreement *NBER Working Paper*,No.3914,1991.

达国家已经成功越过了碳排放的峰值点,这不仅改善了环境质量,更留下了碳排放达峰的一些经验。

在技术推动和经济发展背景下,二氧化碳排放是随着时间而变化的。从整体上来看,依次遵循二氧化碳排放强度、人均二氧化碳排放量、二氧化碳排放总量的倒U型曲线。在正常的情况下,二氧化碳排放的趋势遵从此趋势,但是会受到经济、制度、技术等因素的影响。二氧化碳排放的趋势短期内会发生波动,但是总体上符合上述假定。①

运用EKC理论与假设分析,验证不同国家和地区的碳排放与经济增长关系的研究居多。此方面的研究大部分集中在国家和省市层面,城市层面的研究较少,本文选取我国处于后工业化时期的13个典型城市为研究对象作实证分析。利用2005—2017年面板数据,运用环境库兹涅茨模型验证城市层面是否也存在倒U型曲线,并预测和推算各城市的CO_2排放的达峰时间,试图找出碳排放的达峰规律。选取的一些城市综合考虑了地理和经济等因素,包括了环渤海区域、长三角区域和珠三角区域实际人均GDP水平较高的13个城市。

(二)模型设计、变量说明与检验

本文选择我国处于后工业化时期或者工业化后期的典型城市作为研究对象,运用环境库兹涅茨曲线作实证分析,试图验证城市层面是否也存在倒U型曲线,并探索是否符合碳排放达峰规律。为了揭示变量之间的动态关系,把几个变量放在同一框架下建立模型,公式(1)是基本的环境库兹涅茨曲线模型,公式(2)是扩展的模型:

$$LN\_TPF_{it} = \alpha + \beta_1 LN\_P\_GDP_{it} + \beta_2 LN\_P\_GDP_{it}\hat{}2 + \mu_i + \varepsilon_{it} \quad (1)$$

$$LN\_TPF_{it} = \alpha + \beta_1 LN\_P\_GDP_{it} + \beta_2 LN\_P\_GDP_{it}\hat{}2 + \beta_3 LN\_UR_{it} + \beta_4 LN\_IN_{it}$$

① 陈劭锋等:《二氧化碳排放演变驱动力的理论与实证研究》,《科学管理研究》,2010 2(1)。

$$+\beta_5 LN\_SE_{it} + \beta_6 LN\_XI\_GDP_{it} + \beta_7 LN\_RD\_GDP_{it} + \mu_i + \varepsilon_{it} \quad (2)$$

其中，LN_TPF_{it} 表示 i 城市，t 时期的碳排放强度、人均碳排放量、碳排放总量的对数值；

LN_PGDP_{it} 表示 i 城市，t 时期的人均实际国内生产总值的对数值。

设立的计量模型 1–3 分别以二氧化碳排放强度（GDP_CO_2）、人均二氧化碳排放（P_CO_2）、二氧化碳排放总量（CO_2）为内生变量，人均 GDP 和人均 GDP^2 为外生变量。此外，模型 4–6 还添加了一些可能对二氧化碳排放有影响的部分变量，包括城镇化率、二产比重、三产比重、对外贸易依存度、R&D 占 GDP 的比重取对数值，分别用 *LN_UR*、*LN_IN*、*LN_SE*、*LN_XI_GDP*、*LN_RD_GDP* 来表示。

各城市每一年的碳排放数据根据能源消费量计算得到。能源消费数据来源于相关年份的统计年鉴中主要能源种类消费量数据。根据 IPCC 的计算指南（IPCC，2006），各行业的 CO_2 排放数据总量可以被估算出来。在此基础上，再计算碳排放强度（单位 GDP 的二氧化碳排放）和人均二氧化碳排放量。

由于本文中只有各城市 13 年的数据，时间序列数据缺少，采用面板数据进行分析。面板数据克服了数据短缺的不足，使得信息量增大，可提高统计分析估计的精确度。为了避免伪回归，本文对面板数据的平稳性进行检验。检验结果表明，模型中各变量原值非平稳，但一阶差分平稳，均为一阶单整。面板单位根检验、协整检验、格兰杰因果检验结果在此省略。

（三）分析结果

本文为了验证 EKC 曲线，运用 EVIEWS 统计软件进行了分析。通过 Hauman 检验最终确定：被解释变量为二氧化碳排放强度、人均二氧化碳排放、二氧化碳排放总量时，不选择随机效应模型，选择固定效应模型。统计分析结果显示，几个模型均存在环境库兹涅茨曲线，验证了 EKC 的假设（见表 1）。处于工业化后期或者后工业化时期的中国的这几个城市的分析结果也符合碳排放的达峰规律，即达峰顺序依次遵循二氧化碳排放强度的倒U型曲线、人均二氧化碳排放量的倒U型曲线、二氧化碳排放总量的倒U型曲线。

齐绍洲等[①],王锋等[②],张腾飞等[③]研究过城镇化率对碳排放的影响,得不同的结论。在本文分析结果中,在模型4、5、6里,城镇化率与碳排放强度、人均碳排放、碳排放总量存在负相关关系,但均未显示显著水平,说明城市化率与碳排放指标之间并不存在增排或减排的有意关系。这个结果是否可以解释为对于已经达到高水平城镇化率的城市而言,城市化水平的进一步提高并不影响碳排放的高低呢?这也说明城镇化率已经达到很高水平(超过70%)的城市,人们的减排意识和文明程度也随之提高,对碳排放的影响不会产生显著效果。

表1 EKC分析结果

	Model 1	Model 2	Model 3	Model 4	Model 5	Model 6
	GDP_CO_2 (FE)	P_CO_2(FE)	CO_2(FE)	GDP_CO_2 (FE)	P_CO_2(FE)	CO_2(FE)
C	0.797***	0.153	6.980***	−5.010***	−5.132***	3.746**
LN_P_GDP	0.400***	2.026***	1.678***	0.352*	1.917***	1.673***
LN_P_GDP^2	−0.285***	−0.441***	−0.325***	−0.196***	−0.384***	−0.320***
LN_UR				−0.125	−0.231	−0.078
LN_IN				0.958***	0.826***	0.397*
LN_SE				0.464*	0.685**	0.456
LN_XI_GDP				0.142**	0.098*	0.053
LN_RD_GDP				−0.002	0.039	0.083*
F值	718.687	170.957	2205.026	340.867	140.687	502.678
Adj_R2	0.984	0.934	0.995	0.975	0.940	0.983

① 齐绍洲、林屾、王班班:《中部六省经济增长方式对区域碳排放的影响—基于Tapio脱钩模型、面板数据的滞后期工具变量法的研究》,《中国人口·资源与环境》,2015(5)。

② 王锋等:《多维度城镇化视角下的碳排放影响因素研究——基于中国省域数据的空间杜宾面板模型》,《中国人口·资源与环境》,2017,27(09)。

③ 张腾飞、杨俊、盛鹏飞:《城镇化对中国碳排放的影响及作用渠道》,《中国人口·资源与环境》,2016(2)。

续表

	Model 1	Model 2	Model 3	Model 4	Model 5	Model 6
曲线形状	倒 U 型	倒 U 型	倒 U 型	倒 U 型	倒 U 型	倒 U 型
拐点（人均GDP,万元）	2.018	9.935	13.178	2.455	12.168	13.601

注:*、**、*** 分别表示 10% 、5%、1% 的置信水平下显著。

经济结构的分析角度是 Grossman、Krueger 和 Panayotou 在最初的研究中提出的，他们认为经济规模因素和经济结构的自然演进共同导致了 EKC 现象。本文分析结果中,二产比重跟各碳排放量指标都是正相关,在模型 4、5、6 分别是显著水平,这个是符合经济学的一般规律和预期的,随着经济增长,碳排放量也是增加的。值得关注的是,三产比重和碳排放量指标也是正相关关系,在模型 4、5 分别是显著水平。这是不太符合一般经济预期的,经济理论上第三产业比重提高,应该对减排是有利的。都泊桦[①]认为通过增加第三产业比率可以有效减少碳排放量。本文的结果可以解释为目前我国三产还是以传统服务业为主,能源利用效率低下,三产比重的提高并不能起到减排作用。

对外贸易依存度在模型 4、5 呈现显著水平，显示和碳排放有正相关关系,说明对外贸易依存度的提高会对碳排放有增加的效果。一方面作为发展中国家,我国城市的碳排放效率比其他发达国家相比较低,另一方面随着我国各城市贸易规模的扩大,对外贸易依存度也在增加,能源类产品的贸易和消费也增加了,随之碳排放量也是有所增加。Anderson 等主张中国进口商品的碳排放仅为出口商品碳排放的 1/10 ,有可能增加碳排放。[②]

本文关注的另外一个变量 R&D 投入占 GDP 比重与碳排放强度是负相关关系,人均碳排放量和碳排放总量是正相关关系。但是只有在模型 6 呈现显著水平,说明科技投入占 GDP 的比重在提高,至少在现阶段是不会对碳排

① 都泊桦:《基于 CGE 模型的碳排放减排路径及模拟分析》,《统计与决策》,2017(8)。

② Andersson F., International Trade and Carbon Emissions: The Role of Chinese Institutional and Policy Reforms, *Journal of Environmental Management*, 2017, 205(1)。

放总量存在减排效果的。技术创新和技术投入的增加对碳排放减排的作用是长期的过程，也存在时滞性。一般的经济理论认为技术进步对于碳排放有着减排的作用，会出现在 EKC 倒 U 型曲线的下降阶段。经济发展水平较高的国家或城市对科学技术研发的投入和支持力度加大，包括节能减排、绿色清洁能源技术，他们降低了单位产量的污染排放，对保护生态环境、改善环境质量起到了举足轻重的作用。

关于倒 U 型曲线的拐点和达峰年份，根据分析结果，碳排放强度的达峰（模型 1 和模型 4 里的人均 GDP 水平是 2.018 万元和 2.455 万元）早已实现。分析关注的主要焦点是人均碳排放和碳排放总量，包括其他变量的模型 4、5、6 的达峰时人均 GDP 水平高于不包括其他变量的模型 1、2、3 的结果。说明本文选取的这些变量对于碳排放强度、人均碳排放、碳排放总量都发挥着重要作用，考虑到这些因素，有可能稍微推迟达峰年份。

表 2　各城市达峰预测（不包含其他变量）

城市	2017 年人均 GDP（2005 年不变价）	2015–2017 年人均 GDP 增长率	P_CO_2	CO_2	P_CO_2 达峰年份	CO_2 达峰年份
无锡	16.041	10.73%	达峰	达峰		
深圳	14.118	3.81%	达峰	达峰		
苏州	13.620	7.47%	达峰	达峰		
大连	12.907	6.68%	达峰	未达峰		2018
广州	12.612	3.82%	达峰	未达峰		2019
珠海	12.617	5.40%	达峰	未达峰		2018
天津	10.963	5.98%	达峰	未达峰		2021
南京	10.625	7.41%	达峰	未达峰		2021
上海	10.465	6.38%	达峰	未达峰		2021
杭州	10.198	6.23%	达峰	未达峰		2022
青岛	9.831	6.57%	未达峰	未达峰	2018	2022
北京	9.245	6.76%	未达峰	未达峰	2019	2023
唐山	8.107	5.90%	未达峰	未达峰	2021	2026

模型2的分析结果，人均GDP达到9.935万元时人均碳排放达峰，按照这个趋势来算，最后一个达峰的城市——唐山于2021年达峰。分析中利用的数据是2015年—2017年，说明13个城市的人均碳排放均已达峰（见表2）。根据模型5的分析结果，人均GDP水平达到12.168万元时人均碳排放达峰。如果不考虑疫情原因，按照这个趋势，除了北京和唐山未达峰，其他城市人均碳排放均已达峰。最晚达峰的唐山于2025年人均碳排放达峰（见表3）。模型3和模型6的拐点分别是人均GDP 13.178万元和13.601万元。碳排放总量已达峰的城市有无锡、深圳、苏州三个城市。在2017年，其他城市均未达峰，但是除了唐山在两个模型中分别于2025年和2026年达峰之外，其他城市均可在2023年之前达峰（见表2、表3）。人均碳排放和碳排放总量都最晚达峰的原因可能还是经济发展水平较低，并未完成工业化。相比之下，处于工业化后期的唐山，人均GDP水平较其他城市较低，但2017年（按照当年汇率计算，2013年已到达1万美元）早已达到了较高收入水平。

表3　各城市达峰预测（包含其他变量）

城市	2017年人均GDP（2005年不变价）	2015–2017年人均GDP增长率	P_CO_2	CO_2	P_CO_2达峰年份	CO_2达峰年份
无锡	16.041	10.73%	达峰	达峰		
深圳	14.118	3.81%	达峰	达峰		
苏州	13.620	7.47%	达峰	达峰		
大连	12.907	6.68%	达峰	未达峰		2018
广州	12.612	3.82%	达峰	未达峰		2020
珠海	12.617	5.40%	达峰	未达峰		2019
天津	10.963	5.98%	未达峰	未达峰	2019	2021
南京	10.625	7.41%	未达峰	未达峰	2019	2021
上海	10.465	6.38%	未达峰	未达峰	2020	2022
杭州	10.198	6.23%	未达峰	未达峰	2020	2022
青岛	9.831	6.57%	未达峰	未达峰	2021	2023
北京	9.245	6.76%	未达峰	未达峰	2022	2023
唐山	8.107	5.90%	未达峰	未达峰	2025	2027

四、结论与政策建议

首先，认识到“双碳”目标与高质量可持续发展的要求有机统一和高度一致。中国的经济实践表明经济增长和碳排放脱钩、高增长率和高质量发展有可能并不矛盾，而是相辅相成。我们要力求经济、社会、环境的协同发展。

其次，选取了环渤海区域、长三角区域、珠三角区域经济较发达的处于工业化后期或者后工业化时期的一些典型城市作为研究对象，运用这些城市的面板数据进行实证分析。建立环境库兹涅茨曲线基本模型和扩展模型，验证EKC的倒U型曲线，试图找出碳排放达峰规律。分析结果显示，几个模型均存在环境库兹涅茨曲线，验证了EKC的假设。处于后工业化时期的中国这几个城市的分析结果也符合碳排放的达峰规律，即达峰顺序依次遵循二氧化碳排放强度的倒U型曲线、人均二氧化碳排放量的倒U型曲线、二氧化碳排放总量的倒U型曲线。

再次，根据面板数据的分析计算出倒U型曲线的拐点，预测达峰年份。其中大部分城市已经实现提前达峰，已达峰的这几个城市碳排放达峰规律以及达峰路径的研究可以对处于工业化阶段的其他城市起到示范、引领作用，为其他城市碳排放提前达峰提供了可能性，树立了信心，更留下了宝贵经验。中国2030年达峰的目标，达峰承诺可实现。各地区必须根据自己的特点和情况，适当调整经济发展速度和减排目标，争取作为能够安居乐业的绿色低碳城市，实现经济增长和环境保护的双赢，走生态文明发展道路，实现建设美丽中国的愿景。

最后，本文存在的不足点。本文只是以中国的13个典型城市为研究对象做的实证分析，之后需要将更多的城市纳入到研究中，才能总结出更广泛的达峰规律和准确的结论。典型城市的实证分析表明这些城市的经济增长和碳排放脱钩、高增长率和高质量发展协同是有可能实现的。

习近平总书记提出实现碳达峰碳中和目标要坚定不移，坚持稳中求进，逐步实现，需要坚持全国统筹。[①]“东数西算”的重大工程正式启动，被认为是“双碳”目标实现的关键举措。把数据中心建在西部地区，可缓解东部的资源紧张，有效降低建设运营成本。数据中心迁移到西部地区，降低了数字经济运行的成本，可以进一步刺激数字经济的增长，以加快传统产业的数字化转型和绿色低碳转型。3月份，国家出台的统一大市场建设的文件，[②]意义在于破除地方保护和区域壁垒。在维护全国统一大市场的前提下，结合区域重大战略和区域协调发展战略的实施，本文从全国区域协同实现“双碳”目标的角度提出以下政策建议。

第一，我们以“双碳”目标为导向，形成绿色经济和低碳可持续增长模式，实现高质量增长、低碳经济与能源转型的协同目标。碳中和是长期经济转型战略，我们以结构调整和经济、能源转型为核心的降碳作为抓手和重点。“双碳”目标为导向的低碳转型是一项复杂而重大的，涉及全社会的系统工程，需要全国一盘棋，各方发挥优势，取长补短且实现互补。国家的重大战略推动“双碳”目标的实现。

第二，充分考虑区域发展存在的差异，发挥各地区在资源禀赋、区位优势等方面的比较优势。合理分配碳排放责任并规划好各区域的减排任务。属于优化开发区的京津冀、长三角、珠三角等东部沿海的省市必须率先碳达峰，发挥带头作用，引领经济社会全面绿色低碳转型。经济发展较快、走在全国前列的其他省市坚定不移地走生态优先、绿色发展的道路，也需要提前碳达峰。属于经济欠发达地区，东北老工业基地和广大的中西部地区，要着力调整产业结构和优化能源结构，发挥可再生能源产业的优势，积极培育低碳经济与绿色发展的新动能，有序推动碳达峰和碳中和。

第三，全国范围内优化和重新规划能源版图。实现各地区的比较优势互

---

① 习近平：《正确认识和把握我国发展重大理论和实践问题》，《求是》，2022年第10期。

② 《中共中央国务院关于加快建设全国统一大市场的意见》，2022年3月。

补，充分考虑能源安全的前提下，区域协同减排、统筹和兼顾环境改善和经济发展。考虑到各地区能源资源禀赋和可再生能源的地理分布、技术优势，推动能源版图的重塑。这将助推中国形成新的产业和经济版图，带动东西部经济社会的整体协同发展。

第四，探索有中国特色的低碳发展道路。在中国实现“双碳”目标的整个进程中，我们没有成熟的经验可以照搬。欧美发达国家的碳达峰经验不适合当今国内经济与能源转型现状。我们只能摸索出有中国特色的绿色转型之路。各区域协同碳达峰碳中和的目标道路上，共同迈向低碳经济、实现高质量增长。

现今，低碳甚至脱碳已经成为经济发展的新引擎。在当前至未来十年的关键期，我们必须把握变革机遇，共同促进经济繁荣，为可持续发展注入新的动能，迈向更美好未来。

参考文献

[1]习近平：《正确认识和把握我国发展重大理论和实践问题》，《求是》，2022(10)。

[2]《中共中央国务院关于加快建设全国统一大市场的意见》，2022 年 3 月。

[3]陈劭锋等：《二氧化碳排放演变驱动力的理论与实证研究》，《科学管理研究》，2010，2(1)。

[4]都泊桦：《基于 CGE 模型的碳排放减排路径及模拟分析》，《统计与决策》，2017(8)。

[5]国家统计局：《中华人民共和国 2021 年国民经济和社会发展统计公报》，2022 年。

[6]林伯强：《碳中和进程中的中国经济高质量增长》，《经济研究》，

2022,57(01)。

[7]刘俏:《碳中和与中国经济增长逻辑》,《中国经济评论》,2021(Z1)。

[8]齐绍洲、林屾、王班班:《中部六省经济增长方式对区域碳排放的影响——基于Tapio脱钩模型、面板数据的滞后期工具变量法的研究》,《中国人口·资源与环境》,2015(5)。

[9]王锋等:《多维度城镇化视角下的碳排放影响因素研究——基于中国省域数据的空间杜宾面板模型》,《中国人口·资源与环境》,2017,27(09)。

[10]王灵桂、洪银兴、史丹、洪永淼、刘俏、周文:《阐释党的十九届六中全会精神笔谈》,《中国工业经济》,2021(12)。

[11]张腾飞、杨俊、盛鹏飞:《城镇化对中国碳排放的影响及作用渠道》,《中国人口·资源与环境》,2016(2)。

[12]张小溪:《"双碳"目标下中国经济增长的内涵、挑战及应对》,《发展研究》,2022,39(03)。

[13]张中祥:《碳达峰、碳中和目标下的中国与世界——绿色低碳转型、绿色金融、碳市场与碳边境调节机制》,《人民论坛学术前沿》,2021(14)。

[14] 中国工程院:《〈我国碳达峰碳中和战略及路径〉报告》,2022年4月。

[15]Andersson F.,International Trade and Carbon Emissions:The Role of Chinese Institutional and Policy Reforms,*Journal of Environmental Management*,2017,205(1)。

[16]Grossman G,Krueger A.,Environmental Impacts of the North American Free Trade Agreement,*NBER Working Paper*,No.3914,1991.

[17]Yi-Ming Wei,Kaiyuan Chen,Jia-Ning Kang,Weiming Chen,Xiang-Yu Wang,Xiaoye Zhang,Policy and Management of Carbon Peaking and Carbon Neutrality:A literature Review,*Engineering*,2022.

长江经济带一体化政策对城市绿色创新的影响研究

——基于中国287个城市面板数据的实证分析

华　欣　吴润洁

［摘要］在2020年全面推动长江经济带发展座谈会上，习近平总书记谈到要将长江经济带建设为生态优先绿色发展的主战场。近年来，由绿色创新引领，长江经济带布好绿色化发展一盘棋，为经济高质量发展奠定扎实基础。本文利用2009—2019年中国287个地级市的面板数据，建立PSM-DID模型，就区域一体化政策影响城市绿色创新的效果及其异质性进行实证研究。结果表明，长江经济带一体化政策对该区域的绿色创新产出有显著的正向影响。区域异质性检验表明，区域一体化政策对长江上游的影响最为显著，对长江中游的影响次之，对长江下游则不显著。

［关键词］区域一体化；绿色创新；PSM-DID模型；长江经济带

作者简介：华欣，天津科技大学经济与管理学院教授；吴润洁，天津科技大学在读硕士研究生。

基金项目：2020年度哲学社会科学规划课题“基于京津冀世界级城市群视角的天津北方国际航运核心”（TJYJ20-010）。

一、引言

随着中国全面建成小康社会,高质量发展成为经济发展的主流,而区域一体化以区域聚集整合资源、向周边辐射的优势性,现已上升成为一项国家战略。近年来,京津冀区域协同、长三角一体化、粤港澳大湾区、成渝经济圈建设等一体化区域政策陆续出炉, 为带动周边城市共同发展提供了表率作用。其中,长江经济带覆盖9个省份2个直辖市,背靠自然资源雄厚的长江流域,2020年长江经济带经济总量占据全国的比重高达46.5%。“靠山吃山靠水吃水”,长江经济带以生态优先绿色发展新理念,开展环境整治工作,以创新驱动带动经济向绿色高质量转型升级,发挥了区域一体化的新优势,为区域发展提供了新模板。2014年9月,《关于依托黄金水道推动长江经济带发展的指导意见》印发,“长江经济带”孕育而生。2016年9月,《长江经济带发展规划纲要》正式印发。

习近平总书记先后于2016、2018以及2020年亲自主持召开长江经济带发展座谈会并作出重大部署安排,提出要增强各项举措推进长江流域的生态和谐发展,发挥创新驱动战略优势,加快创新平台的建设,把长江经济带建设成为人与自然和谐共生的区域示范带。绿色创新是保护生态文明的一双无形的手,追求经济高质量发展、贯彻新发展理念的长江经济带尤为重要。在一体化的推动下,产学研衔接更为紧密,高精尖技术实现跨区域合作,产业链不断改造升级,实现项目成熟落地。那么随着长江经济带的一体化进程不断推进,绿色创新是否有所受益呢? 本文将在长江经济带一体化的背景下,研究其与绿色创新的关联,对构建区域创新共同体、实现长江流域绿色发展具有一定的意义。

二、文献综述及假设

随着全球国家的联系更为密切,围绕一体化的研究较为丰富。在区域港口一体化中,Gang Dong 等利用博弈论定量研究发现区域港口的一体化程度越高,港口的装卸费用越减少且提高了港口的吞吐量。[①]Muntasir Murshed 研究发现南亚国家区域一体化有利于加速可再生能源的转型,进而实现可持续发展,[②]而全球货币的一体化还会带动各国间签署贸易协定。[③]其中,针对区域一体化政策的研究较为丰富,区域一体化除了对地区高质量发展起到了积极作用外,在资源方面,对能源和二氧化碳排放绩效具有显著而强劲的积极影响,[④]同时对旅游经济也有显著的溢出效应。[⑤]在这些研究中,一体化的衡量标准却没有准确的定义,Hyeon-Seung Huh 等构建了一体化相关的 6 个方面共计 26 个指标的衡量体系计算亚太地区的一体化程度,[⑥]陈瑶等则采用相对价格方差法将相邻城市的九种商品的消费价格转化为动态指标以测算一体化水平。[⑦]近年来,为了解决指标不确定的问题,对比政策实施前后变量变化的 DID 模型得到了较为广泛的应用。利用 DID 模型,学者们对政策实施的效果进行了评估,"一带一路"政策的实施提高了沿线城市的绿色增长,[⑧]一体化城市的扩容提升了土地绿色效率,[⑨]长三角一体化对该地区欠发达地区的经济增长起到了积极影响,[⑩]这个结论在全国处于一体化进程的城市也成立。[⑪]

随着一体化进程的深入,也有部分学者开始聚焦于一体化政策对于科技创新的影响,长江经济带覆盖了我国 21.4%的领土,上中下游都聚集了一定数量的科研基地和科研人员,一体化通过优化资源配置,实现区域间资源的畅通交流,能够实现核心技术、手段在不同主体之间流通,使得产学研的联系更为紧密,思想得以碰撞,在关键环节、关键领域上实现一定突破,带动科技创新转化落地,生产能力和效率逐步提升,生产要素集中,进而形成一定的规模经济。而笼罩在规模经济的优势下,降低研究成本和产出成本,可以进一步提高创新能力。[12]

长江经济带作为我国绿色生态优先的示范带,绿色创新也是衔接经济发展与绿色低碳发展重要渠道之一,降低传统产业生产环境成本,[13]为地区经济高质量发展提供了推动力,[14]与经济发展形成一定的协整关系。[15]现有研究中,较少的文献对于一体化对绿色创新的影响进行了研究,金露露等人利用动态空间面板模型对其进行了研究,得出了绿色创新在长三角地区具有溢出效应,且一体化水平对绿色创新有正向的影响作用的结论。[16]但从现实的角度来看,长江经济带横跨东中西部,经济发展不均衡,要素配置分散,区域间依然存在着隔阂与阻碍,各地区之间的绿色创新水平还存在一定的异质性,长江经济带一体化的推进还需要各城市之间放下芥蒂通融合作。那么一体化政策的提出对于地区间绿色创新的影响会有所不同吗?基于此,本文提出以下两个假设:一是区域一体化政策对绿色创新有一定的提升作用,二是长江经济带不同流域之间的此种影响有所不同。

三、模型与数据来源

(一)模型设定

为尽可能排除其他变量对结果的影响,本文采用双重差分模型(Difference in Differencr,DID)模型。主要思路为长江经济带的所有地级市为实验组,非长江经济带的地级市为对照组,将长江经济带的设立看作是一个准自然实验,进而研究长江经济带的设立对绿色创新的影响情况。模型具体设定如下:

$$inn_{it} = \alpha + \theta \times did_{it} + \beta X_{it} + \mu_t + Y_i + \varepsilon_{it} \quad (1)$$

$$did_{it} = treat_{it} \times year_{it} \quad (2)$$

其中,i、t 分别代表具体城市和年份,inn 表示城市的绿色创新能力,X 表示为控制变量,μ_t 表示为个体固定效应,Y_i 表示为时间固定效应,ε_{it} 表示为随机扰动项。双重差分模型中主要观察的是系数 θ,treat 代表城市是否属于长江经济带,treat 等于 1 为处理组,即该城市属于长江经济带,反之 treat 等于 0 为对照组,即不属于长江经济带。year 代表当年是否处于长江经济带政策实行期间,year 等于 1 即处于 2014 年至 2019 年期间,长江经济带政策已经开始执行,反之 year 等于 0 则为处于 2009 年至 2013 年期间。表 1 为 DID 模型原理图,ϑ_3 即为(1)式中的 θ。

表 1 DID 模型原理

	长江经济带政策实行前	长江经济带政策实行后	difference
处理组(长江经济带)	$\vartheta_0+\vartheta_1$	$\vartheta_0+\vartheta_1+\vartheta_2+\vartheta_3$	$\vartheta_2+\vartheta_3$
对照组(非长江经济带)	ϑ_0	$\vartheta_0+\vartheta_2$	ϑ_2
difference	ϑ_1	$\vartheta_1+\vartheta_3$	ϑ_3

考虑到全国城市绿色创新及其他控制变量存在一定的差异性,本文还将使用存在双重差分倾向得分匹配方法(Propensity Score Matching-Difference in Differencr,PSM-DID 模型),此种方法为 Heckman 等提出,相较于 DID 方法,需要获取与政策未发生前与处理组相同趋势的对照组,PSM-DID 方法能够很好地解决这个问题。

(二)变量描述

1.数据来源

本文根据 2020 年《中国城市统计年鉴》的地级市划分,地级市以上城市共计 297 个,但由于部分城市是 2009 年至 2019 年期间新成立的城市,数据缺失较为严重,且有部分城市数据存在多年份缺失情况,因此本文将使用其中的 287 个城市数据作为样本。其中,剔除的分别是:青海省的海东市,新疆维吾尔自治区的吐鲁番市及哈密市,海南省的三沙市及儋州市,西藏自治区的日喀则市、昌都市、林芝市、山南市及那曲市。其余城市缺省值由插值法进行补充。数据来源为《中国城市统计年鉴》、中国研究数据服务平台(CNRDS)以及各省统计年鉴等。

2.变量选取

(1)被解释变量:绿色创新(inn)。本文以地级市当年已获得的绿色发明数量与绿色实用新型数量之和作为被解释变量[17]。

(2)核心解释变量:政策虚拟变量(did)。2014 年 9 月,国务院印发《关于依托黄金水道推动长江经济带发展的指导意见》,提出长江经济带要依靠长江这条黄金水道,推动上中下游优势互补,共同保护长江流域的生态环境,为经济发展质量提升注入强心剂,激发创新活力。因此,本文将 2014 年设为时间节点,2009 年至 2013 年为政策未实施阶段,2014 年至 2019 年为政策实施阶段。

(3)控制变量

参考相关文献并考虑到数据的可获取性,本文选取以下控制变量:

经济发展水平(pgdp)。不同经济发展水平会影响到城市的绿色创新产出,经济发展水平的提升将为绿色创新的研发提供更多的资金支持,同时,在经济水平较高城市生活的居民会更加追求绿色健康的生活方式。但由于绿色创新技术的研发需耗费的时间更长,部分经济发展水平高的城市并不愿意承担相应技术的开发,反而会转向利润较高的传统技术行业。基于此,本文选取人均 GDP 作为衡量城市经济水平的变量[18]。

产业结构(tl)。产业结构与绿色创新技术密切相关,产业结构的升级转型部分依赖于绿色创新技术的开发研究及利用,长江经济带产业结构不断调整优化,对绿色创新技术的孕育提供了生存环境。同时,第三产业相较于第一、二产业污染排放较少,资源更为循环利用。基于此,本文选取第三产业 GDP 占城市总 GDP 的比重作为衡量产业结构的变量[19]。

环境规制(er)。新古典主义认为出台环境保护政策会提高企业的生产成本，进而削弱企业的绿色创新欲望，长江经济带依赖长江这条黄金水道，环境规制的力度更为严格，企业的成本消耗必会有所增加。“波特假说”则认为适当的环境规制手段会促进企业参与绿色创新技术的改革，进而会提高企业的收益，这种收益也会一定程度上抵扣绿色创新所带来的成本。基于此，本文选取城市绿化覆盖率作为环境规制的代理变量。

对外开放(ftd)。对外开放对于绿色创新的影响主要有“污染光环”和“污染天堂”两大假说。一方面，在开放程度较高时会引进更多的资金支持和国外较先进的技术，进而提高绿色生产效率，对绿色创新技术的发展有一定溢出作用；另一方面，对外开放也会吸引高污染高耗能的企业进驻，致使本地的污染情况加剧，进而形成“污染天堂”，致使绿色产出效率降低。基于此，本文选取实际使用外资金额与GDP总量的比重衡量对外开放程度。

政府科技投入(fd)。政府对于创新的投入能够解决企业负担较重的绿色创新技术成本，但非传统的创新清洁技术仍是市场的主流，政府对于绿色创新技术的投入转化成果有限。政府应当起到积极的引导作用，加大对于科技创新的投入，合理对资源进行重组配置，实现绿色科技创新技术的流动。基于此，本文选取政府科技投入与政府投入的比重衡量政府科技投入程度[20]。

四、实证结果

(一) DID模型实证结果

从表2(1)—(4)的实验结果可以看到，长江经济带一体化战略对绿色创新在1%显著水平下有显著性的正向影响。模型(4)的回归结果中，控制变量只有环境规制(er)对绿色创新呈现了正向的影响，长江经济带摒弃浪费资源、污染环境的经济发展方式，将维护生态环境作为发展经济的前提条件。适当的环境规制手段激发了长江经济带企业的技术创新改革，实现利用绿色新能源、新技术、新手段的管理方式，进而促进了绿色创新技术的进一步发展。

表 2　DID 模型实证结果

变量	(1)	(2)	(3)	(4)
did	1.3298*** (0.000)	1.2361*** (0.000)	0.1552*** (0.000)	0.1491*** (0.000)
tl		-0.3119*** (0.000)		0.0046 (0.908)
pgdp		0.0143 (0.714)		-0.0178 (0.407)
fin		-0.0361 (0.226)		0.0127 (0.442)
ftd		-0.0557*** (0.000)		-0.0062 (0.421)
er		0.2737*** (0.000)		0.0416*** (0.001)
_cons	4.0001*** (0.000)	1.4580*** (0.005)	2.9820*** (0.000)	2.9575*** (0.000)
region	否	否	是	是
year	否	否	是	是
Number of obs	3136	2982	3136	2982

注：***、**、* 分别表示在 1%、5%、10% 的显著性水平显著；括号内为相应的 p 值。

（二）PSM-DID 实证结果

本文利用最近邻匹配法（Nearest Neighbor Matching），采用 logit 方法进行 PSM 匹配。表 3 展示了处理组和对照组的匹配情况。在共计 2982 个样本数据中，处理组中共有 2 个数据不在匹配范围内，而对照组中共有 39 个不在匹配范围内，其余 2941 个样本均在匹配范围内。图 1 和图 2 分别是 PSM 匹配前和匹配后的核密度图。图 1 中，实验组（Treat）和对照组（Control）的核密度图存在一定的差异，从图 2 可以看到，经过 PSM 匹配后，两组间的差异得到了很好的处理。

表3　PSM 匹配情况

Treatment assignment	support		Total
	Off support	On support	
Untreated	39	2312	2351
Treated	2	629	631
Total	41	2941	2982

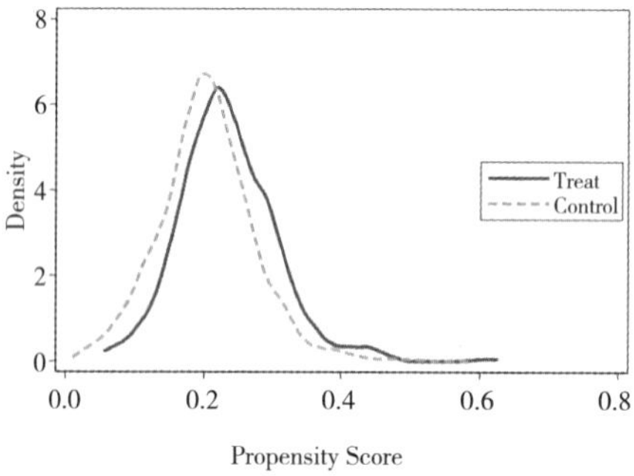

图1　PS 匹配前核密度

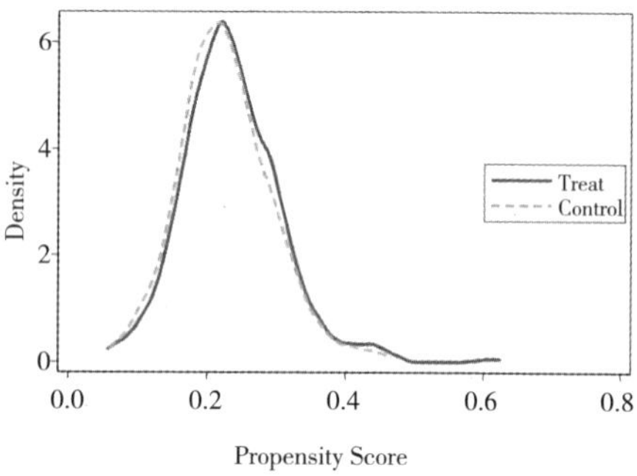

图2　PS 匹配后核密度

进一步看匹配结果表4，未匹配（Unmatched）前大多数变量的偏差（%bias）绝对值大于10%，但在匹配后（Matched），偏差绝对值均小于10%。就均值来看，匹配后的处理组与对照组的差异逐渐缩小。同时，匹配后的p值均不显著，即拒绝了在匹配后对照组和处理组存在差异的假设。PSM的结果是有效的，基于此，进行DID模型的建立。

表4　匹配后平衡性检验

Variable	Unmatched Matched	Mean		%bias	%reduct bias	t-test	
		Treated	Control			t	p>|t|
tl	Unmatched	−0.9568	−0.9189	−15.2		−3.37	0.001
	Matched	−0.9565	−0.9496	−2.8	81.8	−0.50	0.618
pgdp	Unmatched	10.5700	10.6040	−5.8		−1.26	0.209
	Matched	10.5700	10.5660	0.7	87.9	0.13	0.899
fin	Unmatched	−4.5970	−4.4586	−16.8		−3.64	0.000
	Matched	−4.5936	−4.6080	1.8	89.4	0.31	0.757

续表

Variable	Unmatched Matched	Mean		%bias	%reduct bias	t-test	
		Treated	Control			t	p>|t|
ftd	Unmatched	−2.6320	−2.2661	−26.2		−6.04	0.000
	Matched	−2.6091	−2.6607	3.7	85.9	0.63	0.526
er	Unmatched	6.9101	6.6746	30.7		6.23	0.000
	Matched	6.9090	6.8924	2.2	93.0	0.46	0.643

表5为PSM-DID的回归结果,(5)(6)模型中均未加入时间固定效应和个体固定效应,一体化政策(did)在1%显著水平下对绿色创新起到正向激发的作用。在控制时间固定和个体固定效应后,核心解释变量一体化系数为正且显,与前文假设相符。

表5 PSM-DID模型结果

变量	(5)	(6)	(7)	(8)
did	1.4146*** (0.000)	1.37388*** (0.000)	0.1918*** (0.002)	0.1981*** (0.001)
控制	否	是	否	是
_cons	3.9848*** (0.000)	−0.07788 (0.932)	3.0324*** (0.000)	2.3293*** (0.000)
region	否	否	是	是
year	否	否	是	是
Number of obs	1024	1024	1024	1024

注:***、**、* 分别表示在1%、5%、10%的显著性水平显著;括号内为相应的p值。

(三)异质性检验

虽然长江经济带一体化政策在整体上对绿色创新体现了显著的正向效应,但长江经济带幅员辽阔,覆盖了2个直辖市和9个省,横跨了中国东中西部的长江经济带,不同区域间的经济发展步伐无法同频,人才层次各不相同,创新能力也各有千秋,一体化对于不同区域间的绿色创新影响可能也有所不同。基于此种猜想,本文将长江经济带分为上游、中游、下游三个部分,treat变量等于1时，代表该城市属于当前的区域，等于0代表不属于这个区域，对长江经济带108个城市重新进行PSM匹配后，进行DID模型构建，结果如表6。

总体来看，长江经济带一体化政策对上游的影响最为显著，且系数较大，而对下游的影响不深，且不显著。主要原因有以下几点：一是长江下游的人才储备实力雄厚，资金支持充足稳定，科技创新实力显著，未实施一体化政策前的长江下游绿色创新实力就不容小觑，因此一体化政策的出台实施对长江下游绿色创新的影响较小。二是相对于中下游，长江上游的科技人才实力落后，创新实力亟须进步，而长江经济带一体化政策的实施为上游的创新能力打入了一针强心剂，由一体化政策带动创新能力向上游流动，相关技术型人才逐渐回流，政策的倾斜也为上游的创新环境带来了生机与活力。三是长江中游虽地处中原，没有下游得天独厚的地理优势，但以武汉、长沙为中心的高校、科研机构蓬勃发展，长江经济带一体化政策的实施为中游的产学研交流与上游、下游更为有机地串联起来，起到了一定推波助澜的作用。

表6 异质性实证结果

变量	（9）	（10）	（11）
	长江上游	长江中游	长江下游
did	0.3466*** （0.008）	0.1564* （0.080）	−0.1513 （0.189）
tl	0.1326 （0.398）	−0.0578 （0.574）	−0.0294 （0.794）
pgdp	−0.0194 （0.798）	−0.1231** （0.041）	0.0862 （0.124）
fin	0.0491 （0.315）	0.1185** （0.010）	−0.0012 （0.980）
ftd	−0.0061 （0.794）	−0.0168 （0.413）	−0.0016 （0.948）
er	−0.0124 （0.720）	0.0085 （0.824）	0.0188 （0.817）
_cons	3.3410*** （0.001）	4.6475*** （0.000）	2.6296*** （0.003）

续表

变量	(9)	(10)	(11)
	长江上游	长江中游	长江下游
region	yes	yes	yes
year	yes	yes	yes
Number of obs	302	370	318

注:***、**、* 分别表示在 1%、5%、10% 的显著性水平显著;括号内为相应的 p 值。

五、稳健性检验

(一)安慰剂检验

为了排除重大政策影响,本文设计了安慰剂实验。将政策开始的时间分别提前 1 年和 2 年, 即在 2013 年或 2012 年的 treat 分别设为 1,treat 与 year 的交乘项分别设定为 pre1 和 pre2。结果如表 7,pre1 和 pre2 的 p 值均大于 0.10,系数均不显著,说明假设实验政策提前的影响对绿色创新并不显著,即前文的模型较为稳健。

表 7　安慰剂检验

变量	(12)	(13)
pre1	-0.0122 (0.964)	
pre2		-0.4738 (0.166)
tl	0.1261 (0.819)	-0.0801 (0.836)
pgdp	-0.0486 (0.802)	0.3798 (0.160)
fin	-0.0884 (0.593)	-0.0808 (0.622)
ftd	-0.0086 (0.881)	-0.0964 (0.277)

续表

变量	（12）	（13）
er	0.1361 （0.239）	–0.0378 （0.763）
_cons	2.3566 （0.427）	–1.4834 （0.687）
region	yes	yes
year	yes	yes

注：***、**、* 分别表示在 1%、5%、10% 的显著性水平显著；括号内为相应的 p 值。

（二）其他稳健性检验

为了进一步确定结果的稳健性，进行以下检验：①2013 年，习近平总书记提出“一带一路”倡议，此项倡议推动了经济高质量发展、与“一带一路”国家建立了更为密切的合作关系，助推了绿色创新的发展。因此项倡议与长江经济带提出有一定时间上及地域上的重合，因此剔除了两项政策重叠的上海、云南、重庆及浙江共计四个省市的数据，重新进行 PSM-DID 回归，结果如表 8 中的（14）。②进行 PSM 匹配时使用 probit 方法取代 logit 方法，再进行 DID 回归，结果如（15）。③进行 PSM 匹配时使用核匹配（kernel）替代最近邻匹配法，再进行 DID 回归，结果如（16）。表 8 的结果显示在不同的稳健性检验下，did 项均在 1%显著水平下显著，因此前文构建模型是稳健的。

表 8　稳定性检验

变量	（14） 剔除“一带一路”影响	（15） probit	（16） kernel
did	0.2366*** （0.000）	0.1747*** （0.004）	0.1491*** （0.000）
tl	–0.0939 （0.135）	–0.0385 （0.571）	0.0046 （0.908）
pgdp	–0.0394 （0.284）	–0.0210 （0.558）	–0.0178 （0.407）

续表

变量	(14)	(15)	(16)
	剔除“一带一路”影响	probit	kernel
fin	0.0118 (0.692)	0.0243 (0.374)	0.0127 (0.442)
ftd	-0.0074 (0.576)	-0.0106 (0.383)	-0.0062 (0.421)
er	0.0676** (0.030)	-0.0144 (0.620)	0.0416*** (0.001)
_cons	2.9523*** (0.000)	3.5510*** (0.000)	2.9575*** (0.000)
region	yes	yes	yes
year	yes	yes	yes
Number of obs	846	1009	2982

注：***、**、* 分别表示在 1%、5%、10% 的显著性水平显著；括号内为相应的 p 值。

六、结论与建议

本文基于 287 个城市的样本数据，建立 PSM-DID 模型，研究一体化政策对于绿色创新的影响。得到了以下结论：一是长江经济带一体化政策对于当地的绿色创新有一定的正向影响；二是对于长江经济带不同流域的绿色创新影响存在异质性，上游的影响最为显著，对下游的影响较少且不显著；三是在剔除了“一带一路”倡议影响后，一体化政策依旧对绿色创新有正向的影响。为了实现长江经济带高质量发展、谱写生态文明新篇章，本文提出以下建议：

一是完善顶层设计，消除宏观层面制约区域一体化的桎梏。以政府手段为核心加强区域整合，统筹谋划好总体布局，加快相关政策落地，通过一系列举措打破制度隔阂，拉近地域间的政策距离，构建新发展格局。降低资源和要素配置流动的成本，进一步优化营商环境，为科技人才、技术手段的溢出打好基础，加速扩大一体化进程的覆盖范围。以《长江经济带发展规划纲要》为指导，通过长江中下游中心城市、成渝城市群的辐射作用带动周边三四线城市跟上发展队伍，逐步完善长江经济带基础设施，打通距离阻滞与藩篱。

二是实现产业结构合理化、高级化，产业链绿色化、健康化。发挥现有科技优势，抢占产业技术新高地，同时兼顾产业结构落后区域，带动绿色创新产业的转型升级，进而提高地区的绿色创新水平。制定差异化产业政策以适应不同产业发展水平的区域。对于产业发达的中下游地区，尤其是上海等中心城市面临着副中心城市及新区发展独立性不足，无法对中心城市起到疏通缓解的作用的问题，在此基础上更要极力避免“城市病”的发生，可以通过部分产业转移、建立多层次城市及多副中心城市缓解产业趋同问题。而对于产业较为单薄的长江上游城市及部分中游城市，除了要承接好产业的生产与发展，也要积极引入与自身资源水平相吻合的产业，并积极参与长江经济带的绿色产业链，为区域融合助力。

三是要全面提升科研能力，增加科研投入，贯彻实施好创新驱动战略。长江经济带流域其他城市要利用好上海及合肥两大综合性国家科学中心的知识辐射溢出作用，在城市间建立人才、技术手段及仪器设备等资源的桥梁，推动产学研深度融合，将技术优势转化为规模经济优势。同时，成立战略联盟，携手各地产学研机构，共同突破“卡脖子”技术，实现技术的持续升级创新，激发发展潜力。政府和产业相关组织可以定期开展专家研讨会、创新大赛等技术交流活动，促进科技产品落地、科技成果的快速转化。

参考文献

[1]DONG G，ZHENG S Y，LEE P T W，The Effects of Regional Port Integration：The case of Ningbo-Zhoushan Port，*Transportation Research Part E*，2018.

[2]MUNTASIR M，Can Regional Trade Integration Facilitate Renewable Energy Transition to Ensure Energy Sustainability in South Asia? *Energy Reports*，

2021.

[3]HE Q,ZHANG C,Zhu W Y,Does Currency Matter for Regional Trade Integration? *International Review of Economics & Finance*,2021.

[4]方叶林等:《一体化进程对旅游经济的空间溢出效应——以长三角城市群为例》,《地理科学》,2021 年第 3 期。

[5]陈瑶、吴婧:《区域一体化对工业绿色发展效率的影响及空间分异研究——来自长三角城市群的证据》,《东岳论丛》,2021 年第 10 期。

[6]HECKMAN J J,ICHIMERA H,TODD P,Matching as an Econometric Evaluation Estimator,*The Review of Economic Studies*,1998.

[7]LI J L,LIN B Q,Does Energy and CO_2 Emissions Performance of China Benefit from Regional Integration? *Energy Policy*,2017.

[8]王儒奇、胡绪华:《长江经济带一体化战略对城市创新能力的影响》,《华东经济管理》,2021 年第 10 期。

[9]HECKMAN J J,ICHIMERA H,TODD P,Matching as an Econometric Evaluation Estimator,*The Review of Economic Studies*,1998.

[10]HUH H S,PARK C Y,Asia-Pacific Regional Integration Index:Construction,Interpretation,and Comparison,*Journal of Asian Economics*,2018.

[11]RICCARDO C,ANDRES R P,The Geography of Innovation in China and India,*International Journal of Urban and Regional Research*,2017.

[12]金露露、王子晨:《区域一体化对城市绿色创新水平的影响研究——基于长三角 26 个城市的动态空间面板实证检验》,《技术经济与管理研究》,2019 年第 11 期。

[13]孙燕铭、谌思邈:《长三角区域绿色技术创新效率的时空演化格局及驱动因素》,《地理研究》,2021 年第 10 期。

[14]邓文博等:《区域一体化带动长三角欠发达地区经济增长效应评估——基于 DID 模型的实证研究》,《华东经济管理》,2019 年第 7 期。

[15]武云亮等:《环境规制、绿色技术创新与长三角经济高质量发展》,《华东经济管理》,2021年第12期。

[16]金露露、王子晨:《区域一体化对城市绿色创新水平的影响研究——基于长三角26个城市的动态空间面板实证检验》,《技术经济与管理研究》,2019年第11期。

[17]陈丹玲等:《多维视域下区域一体化对城市土地绿色利用效率的影响机制研究》,《经济与管理研究》,2021年第8期。

[18]陈瑶、吴婧:《区域一体化对工业绿色发展效率的影响及空间分异研究——来自长三角城市群的证据》,《东岳论丛》,2021年第10期。

[19]程学伟等:《区域一体化促进了当地经济发展了吗?——基于286个地级市面板数据的实证分析》,《经济问题探索》,2020年第10期

[20]何智励等:《绿色技术创新、金融门槛与经济高质量发展——基于长江经济带的实证》,《统计与决策》,2021年第19期。

低碳经济背景下互联网医疗服务企业的价值创造逻辑

——基于微医的单案例研究

毛文娟　杜晨光　牟晓彤

[**摘要**]低碳经济背景下,数字技术赋能如何实现互联网医疗服务企业的"低碳式"发展,以最小化的资源投入得到最大化的健康价值产出,是互联网医疗服务企业面临的一大挑战。本文通过探索微医的价值创造逻辑,认为互联网医疗企业在低碳经济理念的驱动下,通过数字技术赋能,实现了医疗服务企业生态内部的资源整合、供需匹配与创新发展,通过三个环节的循环迭代,创造契合用户需求的经济价值与生态价值。

[**关键词**]低碳经济;互联网医疗;价值创造;微医

当今时代,以低能耗、低污染为基础的低碳经济成为全球热点。2020年,习近平总书记在联合国大会上提出,我国二氧化碳排放量力争于2030年前达到峰值,努力争取2060年前实现碳中和。这一目标为低碳经济的发展提供

作者简介:毛文娟,天津科技大学社会科学处处长、经济与管理学院教授;杜晨光、牟晓彤,天津科技大学经济与管理学院在读硕士研究生。

了机遇。同时,大数据、人工智能、5G等技术与绿色低碳发展理念的融合,推动各行各业加快数字化战略变革。其中,医疗服务行业致力于为人们提供更高质量的健康保障,这一目标与双碳目标和谐共生。为了实现医疗服务行业的“低碳”发展,需要加快医疗服务行业的数字化进程,提升医疗服务系统的运行效率。

低碳经济的主要目标是以最小化的能源损耗来实现价值产出的最大化,具体到医疗服务行业就是要以最小化的企业资源投入实现最大化的健康价值产出。可概括为三个方面:一是指医疗服务资源的合理利用,二是以最小的成本投入来提供医疗服务,三是产出满足人们多样化医疗服务需求的医疗服务价值。互联网医疗作为国家积极鼓励发展的医疗模式,如何充分利用新一代信息技术,协调医疗服务资源,提升医疗服务系统的运行效率,以最小的能耗投入实现最大的健康产出,在满足用户需求的同时,助力生态文明,是医疗服务行业在发展过程中面临的一大挑战。

一、文献综述

(一)低碳经济与互联网医疗

低碳经济这一理念最早出现于2003年英国的《能源白皮书》,它的实质是以低污染、低能耗的生产方式实现经济、社会与生态效益的统一。我国经济进入高质量发展阶段,低碳经济带来了新机遇和新挑战。互联网医疗作为医疗服务行业的一种新型运行模式,得到了国家的关注与支持,在盘活与合理配置紧缺的医疗资源方面发挥了积极作用。方海认为医疗服务行业追求的目标与双碳目标是和谐共生的,低碳经济理念为中国医疗服务行业带来了战略机遇。李文敏认为低碳经济背景下,医疗服务行业的发展目标应该是在最小化投入的基础上实现健康价值产出的最大化。朱双双等学者认为互联网+医疗的服务模式,形成了新发展理念下的健康服务新业态,实现了医疗服务行业的全面协调发展与绿色人本发展。傅利平等学者认为互联网在一定程度上缓解了医疗服务资源不足、资源分配不均、服务体系不完善等问题,提升了医疗服务资源的使用效率。马庆华等学者认为互联网医疗服务模式提升了医疗服务企业的运行效率,为医疗服务企业的低碳发展找到了出路。低碳经济背景下,互联网医疗服务模式成为医疗服务行业发展的新方向,为医疗服务行业的绿色可持续发展提供了方法和路径。

(二)价值创造与互联网医疗

企业的核心任务就是创造价值。根据价值创造理论,参与主体基于驱动因素参与并实现价值创造,驱动因素作用于价值创造的最前端,影响和推动价值创造主体参与到价值创造过程。参与主体参与到价值创造过程后,投入自身资源实现生态内可操作性资源的整合,通过参与主体间的互动实现价值产出。

互联网医疗作为一种特殊的服务行业, 它的运行与发展是多个参与主体、多种因素共同作用下的结果,已有不少学者基于价值创造角度分析其商业模式及商业逻辑。江积海等基于组态视角探索了互联网医疗商业模式的价值动因对价值结果的因果关系及机理;陈惠芳等基于 S-D 逻辑,分析了互联网医疗服务模式的机理;Porter 等认为医疗价值较难衡量,提出了医疗价值的 NQMC 评估体系。王金凤等学者将互联网医疗看作一个协同共生的系统,平台方作为整合资源的主体,其他参与方在互联网医疗的价值创造过程中发挥重要作用。

数字化与生态化融合的背景下, 生态价值成为企业价值创造的目标之一。邬晓燕认为企业从传统的高损耗、强污染的运行模式向技术创新驱动的低损耗、高效率的运行模式转变,生态价值是企业实现可持续发展需要考量的首要目标。“双碳”目标也驱动着互联网企业进行新一轮的变革,平台内部联动、生态协同降耗、可持续发展成为企业转型升级的有效路径。新一代信息技术的赋能,重新审视企业的价值创造过程,医疗服务企业如何充分利用数字技术,满足用户需求价值的同时,实现生态价值的创造,值得我们进一步探索。

生态价值作为互联网医疗服务企业价值考核的一个重要维度,现有文献的研究多基于用户价值诉求与企业经济利益角度,却忽略了对此价值维度的考量。因此,本研究结合低碳经济与价值创造理论,以微医为案例研究对象,探讨互联网医疗服务企业如何在满足用户医疗服务需求的同时,创造生态价值,为国内其他互联网医疗服务企业的绿色可持续发展提供参考。

二、研究设计

(一)研究方法

本文采用探索性单案例的研究方法,旨在对低碳发展理念下互联网医疗服务企业的运行逻辑与价值创造活动进行探索与总结。

本文以探索性单案例研究的方法关注微医在价值创造活动中所采取的行动,对其价值创造逻辑进行研究,根据微医所采取的行动措施,归纳出价值创造活动的参与主体及其之间的逻辑互动。研究问题是回答“怎样(how)”和“为什么(why)”,因此本文适合使用案例研究方法,挖掘实践现象背后所隐藏的理论逻辑和规律 。同时,单案例研究更适合对不易界定的问题和隐藏于过程之中难以被发现的问题进行研究,更适用于现有理论不明确或不再适用的新情景的研究。

(二)案例选择

本文遵循“理论抽样”的原则,选取微医作为案例研究对象。主要基于以下考虑:①案例典型性。成立于2010年的微医集团是中国最大的数字医疗服务平台,在连接医院、服务政府和行业过程中积累了雄厚的医疗数据和服务能力，以互联网+医疗健康的创新模式开启了中国健康产业数字化的新时代。②案例启发性。微医引领了中国医疗服务行业的数字化进程,通过深入分析其在低碳背景下的运行逻辑及价值创造过程,能够为其他互联网医疗服务企业的运营与发展提供参考。③研究可行性。微医的运行逻辑与市场表现备受关注,媒体报道以及艾瑞咨询等分析报告数目良多,为研究提供了丰富的数据与素材。

(三)数据收集

作为互联网医疗服务行业内的代表企业,微医的运营模式及其价值创造吸引了业界以及学术界的广泛关注,这使得各类公开可获取的采访、报道、文献等材料十分丰富,足以支撑本次研究。多种信息来源渠道不仅丰富了案例资料,也有利于提高研究的“建构效度”。为了确保案例材料的真实性和可靠性,研究成员对收集到的材料进行三角验证,最终基于所收集的材料建立案例文档库,为后续编码分析奠定基础。案例材料来源情况如表1所示。

表1　案例材料来源

材料来源	来源示例	来源标记
研究报告	如从艾瑞咨询等数据库下载的互联网医疗行业研究报告	A_1
官方网站	如微医发布的招股说明书	A_2
文献资料	如从中国知网(CNKI)下载的文献	A_3
其他互联网渠道	如新闻媒体、知乎、微博等	A_4

三、数据分析与编码

本研究遵循单案例研究的过程。首先,对于多个来源渠道的信息进行“三角验证”,对于有差异的信息内容以官方所认可的信息渠道内容为准,剔除重复、无关以及错误的数据，以保证数据资料的信效度。其次，采用 NVivo12 质性分析软件对收集到的材料进行梳理和编码工作，从中提取相关概念与范畴，并分析概念之间的关系。不断进行数据的收集与分析工作，直至不再涌现新的概念与范畴，理论达到饱和后，对研究内容进行深入分析。

（一）开放式编码

开放式编码需对收集到的资料进行归类和整合处理，寻找与研究主题相关的段落或句子划分为独立事件，然后进一步将事件归纳整理抽象为概念，最后将概念简化，生成范畴。本文围绕低碳背景下互联网医疗服务企业的价值创造过程这一主题，对收集到的资料进行开放式编码，最终提炼出 89 个概念和 20 个范畴。限于篇幅原因，每个范畴取 2~3 个代表性的概念与原始语句，部分编码结果见表 2。

表 2　开放式编码示例

典型语句引用	概念	范畴
随着互联网的日益普及和用户不断增强的健康意识，用户的医疗需求不断升级(A2)；患者对于丰富的医疗服务资源以及便捷的服务方式的需求(A3)；打通国家医保，可有效刺激用户的付费意愿(A1)。	医疗需求升级；便捷的服务；提升支付意愿	用户需求
政策利好推动医疗健康行业数字化进程(A2)；国家领导人以及卫计委等相关部门就互联网医疗发表过多次讲话，并出台相应的政策予以引导和支持(A3)；国家大力推动医联体的建设，微医的互联网医联体再次受到关注(A4)。	政策利好推动发展；政策的引导与支持	政策推动
我们的愿景是以技术和创新为驱动，建立全球最大的数字医疗服务平台（A2）；我们致力于提供更佳的服务体验，减少医疗服务资源的浪费(A2)。	平台愿景；企业绿色发展理念	价值动因
我们平台连接了中国超 7800 家医院，包括 95%以上的三级甲等医院以及超过 270000 名注册医生(A2)；在强大的技术平台支持下，我们建立了高效率的互联网医疗服务运营系统(A2)。	医生；运营平台；医疗机构	平台组织资源
……		……

（二）主轴式编码

通过对开放式编码得到的20个范畴进行归纳整理，梳理所有范畴之间的关系，最终得出5个主范畴和15个副范畴。5个主范畴分别为：价值动因、资源整合、供需匹配、创新发展、价值产出。15个副范畴分别为：用户需求、行业痛点、绿色低碳理念、政策推动、平台组织资源等。主轴式编码结果如表3所示。

表3 主轴式编码结果

主范畴	副范畴	关系内涵
价值动因	用户需求、绿色低碳理念、政策推动、行业痛点	在绿色低碳理念驱动下，互联网医疗服务企业结合用户需求、医疗服务行业痛点、政策环境等，利用数字化技术，搭建软件服务平台
资源整合	企业组织资源、供需资源、第三方资源	企业通过对内部组织资源、供给方和需求方的资源、第三方利益相关者的资源进行整合，来协调资源，提升运行效率
供需匹配	为用户赋能、价值互动	医疗服务平台通过为价值链上的参与用户赋能，使其参与到价值创造活动，通过主体间的互动来满足供给方与需求方的诉求，实现参与主体间的价值共赢
创新发展	技术创新、寻找合作伙伴、业务拓展	医疗服务平台通过自身的技术创新，寻找新的合作企业来实现业务的拓展延伸，以此实现企业生态圈层的扩展，实现绿色持续发展
价值产出	经济价值、用户价值、生态价值	医疗服务平台生态系统内主体间的价值互动，实现了系统内部各参与主体的个体价值产出，构建的生态系统作为一个整体，引领了中国医疗服务行业的数字化发展，创造了企业生态价值

主范畴一：价值动因

价值动因作用于价值创造的最前端，是影响和推动医疗服务企业进行价值创造的一个主要变量。理念是行动的先导，互联网医疗服务企业在价值创造过程中践行绿色低碳的发展模式，才能适应当下低碳经济社会发展的要求,实现企业的可持续发展。随着人均可支配收入的不断增加,人口老龄化的加剧,人们慢病患病率的上升,对优质医疗技术和医护资源的需求逐年攀升。人们对健康医疗服务的多样化需求,促使互联网医疗服务企业需要提供更为全面的数字医疗和健康维护服务。线下的中国健康医疗行业存在优质医疗资源分配不均、缺乏对快速增长的大量慢性患病人群的长期管理等问题,在互联网等信息技术的加持下,医疗服务模式实现了创新,实现了企业的“低碳式”发展。互联网医疗作为一个特殊行业,既是互联网经济中的一员,又有着医疗行业的特殊性,其发展很大程度上受到相关政策的引导与推动。在低碳经济理念的作用下, 互联网医疗作为国家鼓励发展的一种医疗服务模式,尤其是新冠肺炎疫情期间的政策红利,加上公众就医习惯的改变与培养,为互联网医疗的发展带来新的机遇。这些价值动因迫使企业充分利用数字化技术实现服务模式的创新,为用户提供优质医疗服务的获取接口,适应低碳经济社会的发展。

主范畴二:资源整合

互联网医疗服务需要线下与线上资源的深度融合, 通过为线下的医院、药企、保险等提供深度垂直的运营服务和技术支持,从中获取企业价值。在价值创造过程中,微医更多扮演“指挥家”的角色,整合各参与主体所具有的资源,通过为价值链上的主体赋能,使其成为价值创造的“联动者”,共同参与到价值的创造过程中。微医对各参与主体资源的整合体现在三个方面。一是微医整合包括平台的技术支持、自建医疗服务团队等在内的内部组织资源,二是对医疗服务资源的供给方(医疗服务提供方)与需求方(患者、医生等)资源的整合,三是对第三方利益相关者(支付方、资源互补方)资源的整合。互联网医疗服务企业只有更好地整合各参与主体的资源,才能更好地满足用户的多样化需求,减少医疗服务资源的浪费。

主范畴三:供需匹配

解决医疗服务平台价值圈层内的供需问题是实现价值创造的核心环节。

各参与主体投入自有资源后，在互联网医疗服务平台的指挥下，以产品或服务作为价值的载体，通过参与主体间的有效互动与共同参与来实现供需匹配。为用户赋能是价值互动的前提。微医通过整合各方资源组建了中国最大的数字医疗服务平台，为医疗价值链上的每一个关键参与者赋能，提供有吸引力的价值服务，引导其参与到价值创造的过程中。身份对等的互动是解决供需匹配问题的渠道。医疗服务平台充分利用大数据等信息技术，协调分配所掌控的医疗服务资源，为具有多样化服务需求的用户提供相应的医疗服务，提高了医疗服务的可及性、有效性和可负担性，提升了医疗服务和健康维护服务的供应效率。

主范畴四：创新发展

创新发展是实现持续创造价值的活力源泉。面对不断变化的市场环境与政策条件，微医平台将通过不断的创新和技术提升来更新提供的医疗服务，继续利用强大的技术和数据分析能力以提高数字医疗服务的效果和效率。通过不断寻找战略伙伴关系、合作和投资，继续开发创新增值服务和产品来进一步扩大在中国的城市覆盖面和用户数量，提高用户粘性。唯有不断地创新，才能适应不断变化的行业政策与环境，更好地满足用户不断增长的医疗需求，为用户提供获取优质医疗资源的渠道，帮助用户获得便捷、有效的医疗服务，助力企业的“低碳式”发展。

主范畴五：价值产出

价值创造的最终目的是满足生态内参与主体的价值需求，并实现企业整体生态价值的创造。在微医平台的协调与指挥下，医疗服务价值链上的各参与主体为其他经济主体做出了贡献，使各参与主体得到了需要的个体价值，患者获得了更好的医疗服务，医疗服务提供方的服务效率得到提升，资源互补方得到了业务范围的扩张，微医也通过医疗服务资源优势得以在行业内处于领先地位。微医通过整合一切资源构建内部企业生态，协调系统内部的运作，实现了医疗资源的合理分配，提高了医疗服务系统的运行效率，减少了医疗服务资源的浪费，助力互联网医疗的“低碳式”发展。

（三）选择式编码

通过将得出的5个主范畴与价值创造理论进一步比较，发现“资源整合”“供需匹配”和“创新发展”可以归为“价值创造”这一核心范畴，从而得出“价值动因”“价值创造”和“价值产出”三个核心范畴，建立起了互联网医疗服务实现价值创造的逻辑。如图1所示。

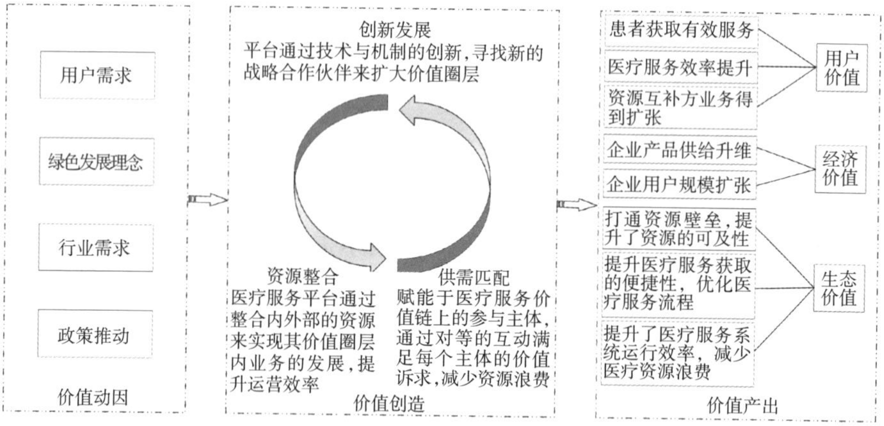

图1　互联网医疗服务的价值创造过程

四、研究发现

医疗卫生系统的碳排放不仅包括自身产生的碳排放，也包括医疗卫生体系在提供医疗卫生服务时所使用商品和服务的碳排放，而低碳经济理念下的终极目标是实现整个中国医疗卫生体系的绿色发展。根据英国国家卫生服务部（NHS）的一个针对其所属医院多年“碳足迹”的追踪调查发现，医疗服务机构的日常能耗（电力、制热、制冷等）仅占机构能耗的22%，更多的能源消耗来自人员流动（18%），以及医疗机构日常的服务与采购活动（60%）。在数字化技术的支持下，互联网医疗服务改变了传统的就医流程，优化了医疗服务系统的运行效率，较大程度上减少了人员流动与日常服务和采购部分的能耗，为实现医疗服务产业的“低碳式”发展提供了出路。

价值动因作用于价值创造的最前端,是影响和推动医疗服务平台进行价值创造的一个主要变量。我国线下医疗服务行业存在医疗资源分布不均,对快速增长的大量慢病患者缺乏预防性管理, 医疗服务的支付方式单一等痛点,为互联网医疗行业的发展创造了商业机会。慢性病的治疗每年消耗了大量的医疗资源, 通过可穿戴设备以及线上问诊等对慢性病进行预防管理,可大大减少不必要的资源浪费。在医疗服务行业需求与相关政策的支持下,互联网医疗服务企业的业务范围得以不断扩大,微医以挂号网为起点连接线下医院,为患者搭建预约挂号的平台,发展成为当下中国最大的互联网医疗服务平台。通过整合线上和线下的医疗资源,为医疗价值链上的参与主体赋能,以数据信息反向了解参与主体的价值诉求后,为他们提供有吸引力的价值主张,不断扩大互联网医疗服务的价值圈层。在数字技术赋能下,互联网医疗服务企业不断进行新业务的探索与实践,以更好地展开价值创造活动,满足人们的多样化服务需求。由此,提出命题 1。

命题 1:低碳经济背景加快了互联网医疗服务的数字化进程,数字技术赋能使互联网医疗服务企业实现了业务场景的延伸。

互联网医疗服务的价值创造过程是众多参与主体相互作用下不断进行的非线性迭代过程。首先,在用户需求的驱动下,微医对医疗服务资源进行整合。通过连接医生、互联网医院、线下医院等医疗服务提供方,为用户提供在线 + 线下一体化的医疗咨询和诊断服务;通过与中国的主要医疗服务支付方进行合作,为用户提供包括个人公共医疗保险账户、企业健康福利计划、私人健康保险或自费支付等多种线上支付方式;通过与医药及医疗设备供货商等医疗服务资源互补方进行合作,建立健康管理服务,满足用户的长期服务需求。通过对医疗服务资源的有效整合,避免了自建资源带来的能源损耗。其次,依托微医强大的技术支持和数据分析能力,将需求方的价值诉求与供应方的资源进行匹配,有效缓解了医疗服务资源分配不均问题,提高了医疗服务效率，缩减了用户寻求服务过程中的不必要的麻烦，大大减少了人员流动带来的能源损耗。最后，微医平台依据其收集到的数据信息，不断完善平台的技术和数据分析能力，通过寻求新的合作伙伴来扩大价值圈层，开发创新增值服务和产品来为用户提供满意的服务体验，增强医疗服务的服务效果。通过这三个环节的相互作用，实现了互联网医疗服务的价值创造，提高了互联网医疗服务的效益与效率。同时，用户、行业需求与相关政策的变化，促使整个互联网医疗服务系统不断迭代，改善就医流程，提升用户的使用体验，培养用户的就医习惯。由此，提出命题2。

命题2：通过互联网医疗服务企业生态内部的资源整合、供需匹配、创新发展三个环节的循环迭代，实现了医疗服务流程的优化，提升了互联网医疗服务的效益与效率。

以医疗服务活动为核心所构建的互联网医疗服务平台，通过价值创造活动得到了契合用户主张的价值产出。通过互联网医疗服务平台，患者可以获取原本在传统线下医疗服务体系难以获得的优质且全面的医疗服务和健康维护服务。在医疗服务平台对医疗服务资源的协调分配下，通过为基层医疗机构提供全面的互联网医疗服务，有效缓解了大型医院的拥挤，提升了医疗服务方的服务效率。为资源互补企业提供有吸引力的价值主张，使其积极参与到医疗服务平台的价值圈层，为用户提供对应的产品与服务，帮助互补企业实现了业务范围的扩张。医疗服务平台通过对用户多元化的医疗服务需求进行识别与分类，为用户提供更精准的定制化服务，根据用户在医疗服务平台上接受的医疗服务进行收费，获取财务收入，实现医疗服务平台的良性持续发展。

此外，通过整个医疗服务企业生态圈层内参与主体的合作，创造了不可还原为各个体价值之和的生态价值。平台通过整合线上线下医疗服务资源，打破了线下资源壁垒，通过寻求合作伙伴来拓展业务，减免了自建资源所带来的资源损耗。通过为用户搭建获取优质高效医疗服务的渠道，提高了优质医疗服务的可及性，缓解了老百姓的看病难问题；通过与公共医疗保险系统进行整合，实现平台上所提供数字医疗服务的直接结算，提升了公共医疗保险基金管理、支付、结算的效率，实现了百姓“少跑腿”，大大降低了人员流动多所带来的资源损耗。医疗服务企业通过为用户提供高质量的医疗服务来获取信息数据价值，在数据信息的引流下不断推出更多创新的且高效的医疗服务，面向用户开发更多用户友好型应用程序及解决方案的能力，实现了互联网医疗服务行业更好地创新与发展，提高了医疗资源的使用效率，为实现以最低的资源成本投入得到健康产出价值最大化提供了解决方案。

命题 3：通过互联网医疗服务企业生态系统多主体的协同，实现用户价值、经济价值与生态价值等多方参与主体价值的创造。

五、结论与启示

通过微医在低碳理念下的价值创造过程可以看出，互联网医疗服务企业的低碳发展主要体现为对互联网、大数据、数字化等新兴技术的利用，通过数字技术赋能，提升医疗服务企业的运行效率，以最小的资源年投入实现医疗服务价值产出的最大化。解决了资源整合难、供需匹配不平衡、企业的创新发展等难题，实现了以最小化的能源损耗产出最大化的健康价值，满足了用户多样化的健康服务需求，优化了用户的就医流程，提升了整个医疗服务系统的运行效率；通过整个医疗服务生态系统内部参与主体的协调互动，满足个体价值需求的同时，实现能源损耗的最小化，实现生态价值的创造。通过阐释微医的价值创造逻辑，为其他互联网医疗服务企业的低碳式发展提供了借鉴与参考，推动了互联网医疗服务行业的“低碳式”发展进程。

由此，得出以下两点启示：第一，互联网医疗服务行业的发展应紧跟“低碳经济”形势，依托数字技术赋能，加强资源配置能力，提升互联网医疗服务企业的运行效率。第二，互联网医疗服务企业要从进一步提高生态内部的信息化建设、延伸医疗服务场景和降低企业平台服务系统的运行成本等具体措施着手,实现健康价值产出最大化。互联网医疗服务企业在发展过程中秉承绿色低碳的理念,不仅仅是对我国低碳经济社会发展的响应,也有助于我国医疗服务事业的绿色可持续发展,将对我国经济社会发展产生深远影响。

参考文献

[1]邬彩霞:《中国低碳经济发展的协同效应研究》,《管理世界》,2021,37(08).

[2]师帅、臧发霞、池佳:《新时期我国低碳经济发展面临的机遇与挑战》,《理论探讨》,2021(02).

[3]王金凤、陆政林、夏鑫:《协同共生视角下互联网医疗的运行逻辑与盈利模式》,《财会月刊》,2022(03).

[4]方海:《碳达峰、碳中和:中国卫生健康系统的战略机遇》,《中华医学杂志》,2022,102(02).

[5]李文敏:《我国卫生事业"低碳式"发展的思考》,《湖北大学学报》(哲学社会科学版),2012,39(03).

[6]Amit R,Han X.,Value Creation through Novel Resource Configurations in a Digitally Enabled World *Strategic Entrepreneurship Journal*,2017,11(3).

[7]傅利平、王玉辉:《智慧医疗带动传统医疗卫生服务升级的机理探讨:基于价值链嵌入与政企协同视角》,《中国卫生经济》,2020,39(01).

[8]马庆华、周晓华、黄亮、孙宏鹏、胡家荣、徐文新:《低碳经济理念下的医院低碳管理研究》,《中国医学装备》,2014,11(S1).

[9]焦娟妮、范钧:《顾客——企业社会价值共创研究述评与展望》,《外国经济与管理》,2019,41(02).

[10]刘源、张芳芳、宋志刚、肖楠:《共享经济下货运平台与用户价值共创

机理——基于冷链马甲的案例研究》,《管理学刊》,2020,33(03).

[11] 吴迪、计晓伟:《互联网医疗产业的运行逻辑与高质量发展》,《改革》,2021(06).

[12]江积海、刘芮、王烽权:《互联网医疗商业模式价值动因的组态效应如何促进价值创造?》,《南开管理评论》,2022(02).

[13]陈惠芳、徐卫国:《价值共创视角下互联网医疗服务模式研究》,《现代管理科学》,2016(03).

[14]Eisenhardt, K.M., Building Theories from Case Study Research, *Academy of Management Review*, 1989, 14(4).

[15]《"双碳目标与高质量发展——如何打赢转型之战?" 中国技术经济学会第二十八届学术年会成功举行》,《技术经济》,2021,40(12).

[16]周忠良:《"互联网+医疗"的现状、问题与发展路径》,《人民论坛》,2021(22).

[17]朱双双、郑国华、蒋健保:《新发展理念视域下体医融合的路径选择》,《沈阳体育学院学报》,2022,41(02).

[18]邬晓燕:《数字化赋能生态文明转型的难题与路径》,《人民论坛》,2022(06).

[19]Porter M E, Larsson S, Lee T H., Standardizing Patient Outcomes Measurement, *New England Journal of Medicine*, 2016, 374(6).

[20]Yin, Robert K., *Case Study Research: Design and Methods Fifth edition*, SAGE, 2014.

双循环发展格局下外资嵌入与我国绿色价值链构建研究

赵雅玲　朱　燕

[摘要]开放环境下外资促进东道国经济增长的同时,相关的碳排放可能加剧东道国的气候与环境问题。通过外资嵌入促进全球绿色价值链构建不仅是我国履行气候谈判目标承诺的途径,也是促进内外双循环发展格局良性互动的有效手段和方式。文章回顾了外资在我国经济增长中的贡献以及外资在我国碳足迹的变化趋势,以双循环发展格局下的绿色价值链体系为理论框架,从绿色发展视角分析了当前全球价值链分布的特征,以及双循环发展格局对外资参与全球绿色价值链带来的挑战。最后从引资观念更新、吸引外资低碳型总部、构建"一带一路"绿色价值链及参与绿色价值链规则治理方面提出促进外资嵌入我国绿色价值链构建作用发挥的对策。

[关键词]外资企业;碳足迹;全球绿色价值链;双循环发展格局

作者简介:赵雅玲,天津科技大学经济与管理学院副教授;朱燕,天津科技大学经济与管理学院硕士研究生。

基金项目:天津市哲学社会科学规划课题一般项目"习近平生态文明思想下京津冀食品产业碳排放影响因素研究——基于IPAT模型"(TJYJ21-014)。

一、引言

改革开放以来，外资及外资企业对我国经济增长做出了巨大的贡献，但是随之而来的环境污染及生态气候变化问题让各国重新审视外资及外资嵌入对本国可持续发展的影响。为应对气候变化，国际间不断加深合作，2021年11月召开的《联合国气候变化框架公约》第26次缔约大会（COP26）最终达成了“格拉斯哥气候协议”，进一步巩固了巴黎协定气候共识，各方均认识到要将升温控制在1.5摄氏度的迫切性及采取气候控制措施的重要性，纷纷做出碳减排承诺。中国作为碳排放大国，在减少温室气体排放方面主动采取行动，提出了“双碳”目标。据学者测算，2014年中国外资企业的碳足迹达到峰值1827.28Mt，占中国碳排放的比重超过20%，2015年和2016年该数值有所下降，但外资碳足迹占中国碳排放的比重仍然在18%~19%之间（闫云凤，2020）。而外资在推进全球价值链的绿色化方面可以起到普通国内企业不可替代的作用。双循环发展格局又是我国经济高质量发展实现的重要途径。所以从双循环发展格局视角下研究外资企业如何通过参与全球绿色价值链构建，推动我国经济可持续发展具有重要的理论和实践意义。

目前，相关的研究主要集中在外资对环境的影响及外资在全球价值链中的作用方面。关于外资对环境的影响，国内外学者主要是围绕“污染避难所假说”（Pollution Haven Hypothesis）和“污染光环假说”（Pollution Halo Hypothesis）展开理论与实证研究。Copel和Taylor（1994）提出的污染避难所假说认为，在开放经济条件下，自由贸易将导致高污染的产业从发达国家向发展中国家转移，使发展中国家成为发达国家污染转移的“避难所”。目前，实证研究方面尚未取得一致的结论，一些学者的研究结论支持污染避难所假说。López（2019）认为，美国跨国公司在海外的投资支持污染避难所假说。Ortiz（2020）认为，在欧盟国家内部的跨国企业海外分支机构对其环境的负向冲击要高于其正向影响。苏振东等(2010)认为,外商直接投资对中国环境的影响支持污染避难所假说。一些学者的研究结论支持污染光环假说。Wheeler(2001)通过对美国和吸引外资最大的三个发展中国家巴西、中国和墨西哥的空气质量趋势研究,不支持污染光环假说。

近年来,更深入细化的研究得出的结论更复杂。Nadia 等(2016)认为,FDI 流入的环境效应因流入产业和流入国家收入水平而不同,FDI 流入制造业存在污染避难所效应,流入服务业具有污染光环效应。Ant ó nio 等(2020)认为,FDI 对不同收入国家的碳减排目标影响存在差异。Pan 等(2020)采用似不相关回归方法研究表明,FDI 质量改进有助于提升能源效率和发展低碳经济。基于中国问题的研究结论较多地支持污染光环效应。李小平等(2010)围绕中国的研究不支持污染避难所假设。盛斌和吕超(2012)运用中国工业企业面板数据的研究表明,FDI 无论在总体上还是分行业都有利于减少我国工业的污染排放。李金凯等(2017)认为,FDI 对环境污染的影响会随着经济发展和自身累积阶段的不同而呈现非对称特征。杨子晖等(2017)认为,FDI 污染避难所假说只在中国部分省份存在,贸易开放度提高、产业结构转型升级以及环境监管力度增大会抑制外资的环境污染。Liu 等(2018)认为,大量的 FDI 流入不一定导致环境污染。对开放环境下环境污染问题的关注,引发了人们对绿色价值链问题的关注。张伟等(2017)从全球价值链治理模式角度分析了产业链绿色化的实现路径与作用机制。沈静等(2019)系统阐述了全球价值链绿色化的概念与特征。刘尧飞等(2020)从双循环发展视角研究了供应链价值链绿色化转型问题。

综上所述,国内外关于 FDI 对环境的影响作用研究日益深化,得出的结论对 FDI 政策实践有很好的启示意义。对开放背景下环境问题的重视也引发学者们关注全球绿色价值链转型有关问题,不过目前还较少有学者研究外资在全球价值链绿色化转型中的作用。

本文可能的边际贡献如下:首先,将外资和全球绿色价值链结合起来,研究外资在全球价值链绿色化转型中的地位和作用；其次，构建了双循环发展格局下的绿色价值链体系，为提升外资对环境的正向影响提供指导。本文的研究对于未来引导和增强外资正向环境效应、吸引高质量外资促进我国内外循环格局良好互动具有重要的理论和实践指导意义。

二、外资对我国经济增长的贡献与碳足迹

（一）2001年以来我国实际利用外资额和新设立外资企业数的变化

图1显示了自2001年以来我国利用外资规模和新设立外资企业数的变化情况。2020年，尽管受新冠肺炎疫情影响，但在我国一系列稳外资政策作用下，当年我国吸引外资额仍然逆势上扬。2020年，我国吸引外商直接外资额达到1443.7亿美元，仍旧是仅次于美国的全球第二大吸引外资国。2020年，全国新增外商投资企业38578家，截至2020年底在我国境内的外商投资企业累计数目达到665801家。2020年，我国高新技术产业新设外商投资企业数10924家，实际利用外资额占比28.6%，表明外资对我国技术创新的贡献也在不断增长。

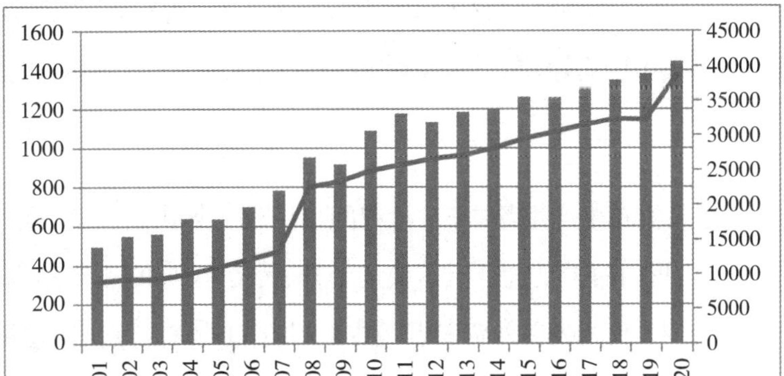

图1　2001—2020年我国实际利用外资额和新设外商投资企业数变化

资料来源：根据国家统计局网站数据整理

从外商投资在我国的产业分布看,2020年我国第三产业吸引外资额达到1123.7亿美元,占比75.2%,第二产业吸引外资额为365.5亿美元,占比24.5%,第一产业吸引外资额为4.2亿美元,占比0.3%(商务部,2021)。

(二)外资企业对我国进出口贸易的贡献

图2数据表明,外资企业进出口总额整体上呈现上升趋势,但外资企业进出口比重呈现缓慢的下降趋势。2005年,外资企业进出口占比为58.5%,2020年该比重下降至38.6%。

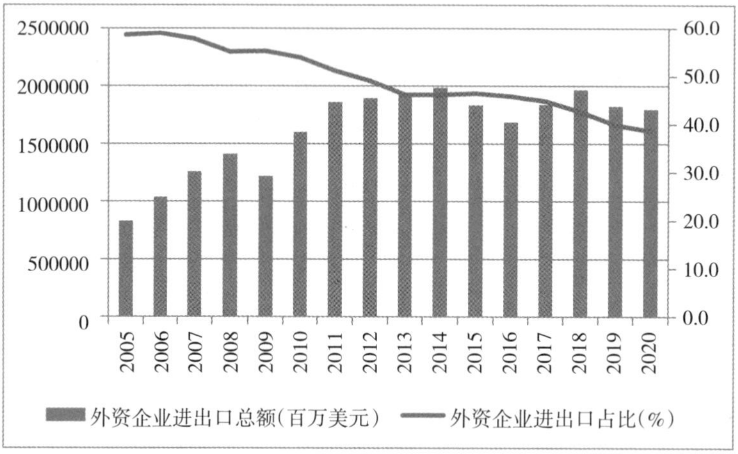

图2 2005—2020年外资企业对我国进出口的贡献

资料来源:根据国家统计局官网年度数据整理

(三)外资进入的碳足迹变化

碳足迹是人类在生产生活中,直接或间接排放二氧化碳和其他温室气体的总量。外资在我国的碳足迹经历了快速上升、缓慢上升和下降三个阶段。入世初期到2007年,我国吸引外资额及境内新设立的外资企业快速增长,同时外资企业的碳足迹处于快速上升阶段。2007—2014年,外资企业数和吸引外资的规模仍旧在增加,但外资碳排放强度增速放缓。2014年,随着我国气候政策和节能减排目标的出台,外资企业碳排放强度进一步下降(闫云凤,

2021)。2020 年,我国“双碳”目标提出后,未来外资企业碳排放强度将会进一步下降。

三、全球绿色价值链构建中外资嵌入的地位和作用

(一)双循环格局下绿色价值链构建体系

全球绿色价值链(GGVC)是指世界各经济体在全球生产网络下通过绿色创新改变生产方式,实现低污染、低排放的绿色生产过程。它可以通过全球生产网络各个环节,采取绿色化、企业价值链各个环节关系协调、全球环境效应合理分配、外部参与者对价值链治理施加影响等途径来实现(沈静和曹媛媛,2019)。从双循环发展格局看,全球绿色价值链构建过程中的参与要素如图 3 所示。图 3 左边的椭圆代表国内循环,在气候与环境政策大力宣传与引导下,国内市场实现绿色消费升级,进而带动对绿色产品需求的增长,绿色产品需求拉动国内的上游企业(包括境内外资企业)创新绿色设计,中游企业则加强大数据、人工智能、5G 等绿色要素供给来进行数字化转型以实现绿色智造,并借助绿色认证来赢得竞争优势,从而实现供给侧与需求侧的良好匹配。图 3 右边的椭圆代表国际循环,国际绿色产品需求带动国际绿色要素供给。国内循环与国际循环之间是双向促进的关系,在内外循环关系连接中外资通过贸易、投资等系列活动起着重要的、核心的作用。中国的经济总量、贸易规模及巨大的人口规模决定了中国国内消费者的需求已经成为国际代表性需求的重要组成部分,推动全球价值链向绿色化转型,对内可以更好地满足国内消费者日益增长的对美好生活的需求,促进国内大循环高效率运转,降低资源消耗强度,为生态安全拓展可持续发展的空间;对外能够增强国际竞争力,提高我国企业可持续发展的国际声望,更好地开拓国际市场。

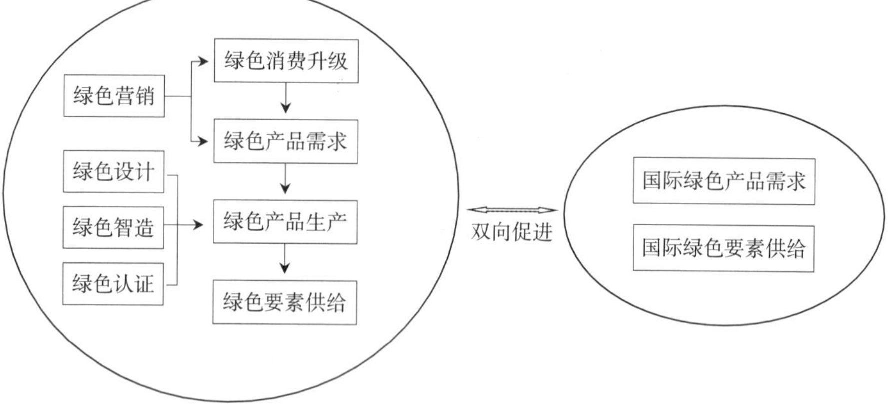

图3 双循环发展格局下的绿色价值链

(二)绿色价值链构建中面临的问题

发达国家跨国企业主导的全球生产分工体系导致"清洁"环节集中在发达国家,"肮脏"环节集中在发展中国家。从价值链视角看,研发、设计、营销、品牌和售后服务等环节碳排放相对较少,这些"清洁"环节多布局在发达国家,生产加工制造和物流运输等环节碳排放比较密集,这些"肮脏"环节多布局在发展中国家。这种价值链布局特征主要归因于传统要素禀赋比较优势导致的国际生产分工优势。

发展中国家参与绿色价值链建设处于被动地位。在联合国、非政府组织(如ISO、SRI)及国家消费者权益保护组织的大力倡导下,从20世纪90年代开始,企业社会责任的关注议题就涵盖了环境相关内容。在此背景下,跨国公司加强了供应链社会责任管理,提高了全球采购的透明度和采购标准,包括要求采购商及其产品达到公认的环境质量标准或获得权威的环境质量认证,价值链上的发展中国家被动地适应供应链社会责任管理的要求,改进生产加工环境,以高标准产品供给国外市场,低标准产品供应国内市场。

发展中国家国内企业面临“低端锁定”和“被脱钩”的风险。传统的价值链是以外循环为主导，价值链的控制权掌握在占据价值链高端的境外企业手中,境内的外资企业和国内其他企业虽然参与了价值链,但在此过程中境内各类企业面临“低端锁定”和“被脱钩”的风险(刘尧飞和沈杰,2020)。“低端锁定”风险是指包括境内外资企业在内的参与企业,由于创新不足而不得不始终处于低增加值的加工制造环节，无法摆脱价值链低端环节的情况。“被脱钩”风险则是指境内各类企业嵌入的价值链功能缺少不可替代,性因而其功能容易被他国新加入价值链的企业所取代的情形。此外,当前全球应对气候变化和环境生态问题的迫切性促使各国努力完善本国绿色供应链,提高产品准入绿色壁垒,进一步加大国内企业和产品融入全球价值链的风险。

少数发展中国家仍然是外资的“污染避难所”。由于国内环境标准与法规不健全,对外资项目的长期生态效应估计不足,引资只注重短期经济利益等因素,部分发展中国家仍然未摆脱外资的“污染避难所”地位。随着发展中国家应对气候变化和环境意识的提高,对外资企业及其投资项目的环境效应评估审查成为外资准入的重要内容,国家自身的环境与健康标准不断发展和完善,未来高碳排放的外商投资项目将会逐渐失去市场。

(三)典型行业全球绿色价值链实践——以纺织业为例

纺织业是最能体现全球价值链贸易和国际分工特色的重点行业之一,以此为例来分析全球绿色价值链实践。纺织业的上游环节包括棉花、蚕茧丝、化学纤维等,中游主要是加工制造,下游是服装业、家用纺织品和产业用纺织品等。在20世纪60年代以前,英、美、德、意、法、日等国在工业革命中居于领先地位,是国际纺织供应链的核心,60年代到21世纪初,中国、菲律宾、印度和印尼以面料及加工基地的角色进入全球纺织供应链,居于组装、加工和制造等低价值环节。进入 21 世纪，中国纺织业以其规模、体系、结构、模式和技术水平深度融入全球纺织价值链，全球范围内形成了中国主导的“中国 + 南亚 + 东盟”、欧盟和北美三大纺织品贸易中心，纺织天然原料和化学纤维生产主要在亚洲地区和美国，加工制造主要分布在中国主导的区域。图 4 是 2000 年和 2017 年全球纺织价值链分布的对比图。

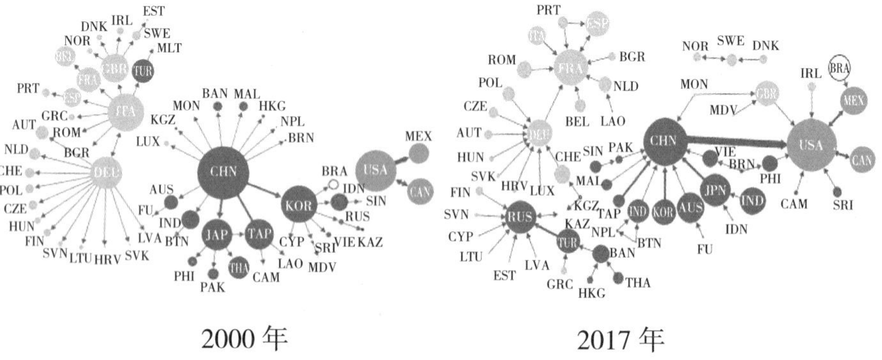

图 4　全球纺织价值链贸易网络分布变迁

资料来源：《全球价值链发展报告 2019》

2000 年，亚洲地区以中国为中心、日本和韩国为副中心的“中国 + 南亚 + 东盟”价值链贸易网络中，纺织贸易以中国、韩国、日本等向其他国家的产品流出为主。欧洲地区以德国为中心、意大利为副中心，形成了欧盟纺织价值链贸易网络，产品流向是从德国、意大利等中心国家流向其他国家或地区。在美洲则主要是以美国为中心的北美自由贸易区价值链贸易网络，贸易流向是从美国向墨西哥单向流动，而美国与加拿大之间则是双向贸易流动。这三个区域之间的价值链贸易很少。到 2017 年，该价值链贸易网络分布发生改变。首先，在亚洲地区，中国纺织业的价值链贸易网络中心地位更加突出，并且出现该区域其他国家，包括韩国和日本在内的纺织品向中国的流入。欧洲地区，除了原有的德国、意大利之外，俄罗斯逐渐成为独联体国家纺织品贸易的主要流入地，产品流向方面也开始逆转，逐渐从其他国家向德国、意大利和俄罗斯三个网络中心国家流入。在美洲地区，美国的价值链贸易地位没有改变，除了原有的与墨西哥、加拿大之间的双向贸易流向外，从中国、英国、菲律宾的纺织品贸易流入增加，特别是中国对美国的纺织品贸易流出有较大规模的增长。从三个区域之间的关系看，相比 2000 年三个区域间较少的纺织品贸易流量，到 2017 年，三个区域之间的纺织品价值链贸易更加频繁，规模也迅速增长。

在纺织品价值链贸易中，绿色价值链因素正在促使该价值链向绿色化升级。具体表现在绿色设计环节，以研究新型的替代性面料和原材料，确定面料行业的低碳标准为特色，绿色和低碳的纺织原材料不断涌现；在绿色制造环节，以纺织机械的节能、制造程序的智能化管理为代表，促进纺织生产制造加工设备设施绿色化和纺织企业管理的绿色化；在绿色营销环节，部分纺织企业开始尝试将绿色产品成本中计入环保成本，产品营销宣传更加重视启发引导消费者的绿色需求，售后服务方面主动采用更加清洁、环保的纺织品回收处理方式等。

四、双循环发展格局下外资嵌入我国绿色价值链面临的挑战

内循环要求把满足国内需求作为发展的出发点和落脚点。国际循环中要应对一些极端现象的冲击，维护产业链供应链安全稳定，提升产业链供应链的全球竞争力。中国的市场规模优势使得国外产业更加依赖中国的供应链和产业链，更加依赖中国巨大的消费市场。双循环发展格局给外资企业提出以下挑战：

（一）内循环要求满足国内需求给外资企业未来产品绿色价值链管理带来挑战

传统上，外资企业在中国的投资布局主要是基于劳动力等比较成本优势，主要将价值链上的生产加工制造环节选择在中国布局，将在中国的企业作为出口平台基地，因而引发大量中间品的进口和制成品的出口环节，在此

过程中国际市场需求变化起主导作用。而在以内循环为主的格局下,中国巨大的消费市场给进口商品提供了更广阔的市场,也给在华外资企业迎合中国消费需求创造了条件。中国作为最大的发展中国家,积极履行碳减排承诺并付诸行动,以绿色消费为主的绿色需求将成为将来产品需求的特点。因此,外资企业应就产品绿色设计、绿色生产和绿色营销做出更多的努力。

应对气候变化的环境政策引发国家生产要素相对优势变化,引发跨国企业价值链全球重新布局。传统的跨国投资活动关注的成本因素构成主要以劳动力成本、人力资本、资源和市场潜力为主。而在碳减排等气候政策和环境政策影响下,降低碳排放强度相关成本的作用日益上升。目前,已经基本实现了工业化的中等收入国家,在碳排放方面会出台更加严厉的政策措施,引致国家生产要素相对优势的变化,进而对跨国公司投资区位选择带来影响,一些跨国公司会把污染严重的价值链环节转移到气候与环境政策更宽松的其他中低收入国家。对于这些中低收入国家而言,国内尚未完全形成吸引更加绿色的价值链环节外资进入本国所需的高端要素,由此引发"浮萍经济"风险和"断档风险"(张二震和戴翔,2018)。基于高端要素的培育促使国家外资政策调整,调整方向应包括服务领域引进外资、数字经济相关的引资等。

(二)外循环下提高应对冲击能力给外资企业全球价值链地位带来挑战

在当前国际循环中存在一些极端现象,例如公共卫生突发事件引发的全球产业链、供应链断链、国际贸易运输成本高涨等现象,为应对这些事件需要各国提升产业链、价值链的自主可控性。一方面,部分国家鼓励本国企业提升整体价值链嵌入广度和深度,增加境内企业在关键行业价值链上的不可替代性,从而增加本国在全球价值链中的对称性和对等性。另一方面,更加注重外资引入的高质量发展效应,外资企业如何有效应对这种趋势挑战值得深思。

(三)气候与环境政策引发能源等关键行业外资业务重心的调整,促生了新的责任投资发展

能源产业是影响气候与环境变化的关键行业,应对气候变化和环境的绿色价值链发展对该行业企业的生产、经营和投资活动有深远影响。以高碳排放的煤电领域为例,当前包括中国在内的一些国家不但在国内逐步限制和淘汰煤电生产,而且还叫停了煤电领域境外新建项目。相关的能源企业为了适应绿色发展要求,不得不调整自身的业务组合,将业务中心向新能源、清洁能源等领域转移, 以前为传统高碳项目提供投融资支持的国家开发性金融机构、区域开发机构和投资基金开始逐步调整投融资政策,大力倡导以 ESG 为目标的责任投资。绿色政策进一步促进了服务业等领域外商投资的增长。传统高碳排放环节日益受到大数据、人工智能、5G 等新技术为主导的数字化转型影响,逐渐走向绿色化转型。

五、发挥外资在我国绿色价值链构建中的作用

外资对中国经济增长的作用和贡献不容忽视,外资可以在全球绿色价值链构建中发挥积极的重要作用,促进我国双循环发展格局的良性发展。可以考虑从以下方面促进外资在我国绿色价值链构建中作用的发挥:

(一)更新引资观念,提升引资质量,有效促进内循环

吸引外资观念从传统的“引资”向“择资”和“导资”转变。传统引资观念适应粗放式经济发展要求,只重规模数量不重质量,容易让本国成为外资的“污染避难所”。“择资”观念下外资仍然掌握主动权,但本国开始加强甄选并有选择地接受外资。“导资”观念则更能体现当前最新的引资理念,引资国开始占据主动地位, 主动采取措施引导外资进入本国优先发展的低碳排放等领域,

以更好地发挥外资促进本国经济增长的作用。

积极开展新的“导资”理念下促进外资的制度创新，优化引资的结构。首先，顺应全球绿色环境标准要求，适当提高本国进口及国内产品与技术绿色标准，通过引导绿色消费带动国内消费升级，进而带动外资进行绿色技术与产品创新活动。其次，将放宽外资准入、外商投资产业指导目录、外资负面清单等便利投资政策与结构化的外资安全审查机制有效结合，利用恰当的投资政策和产业政策组合优化引资的结构。对于一般性投资和产业部门，通过便利投资的制度创新进一步降低外资进入成本，提高投资效率；对于要着力加强产业链、供应链自主可控能力的关键部门和产业，强化外资安全审查，以维护本国产业链与供应链的安全。

（二）积极发展总部经济，促进外循环效用的发挥

从跨国投资视角看，总部经济是指某国家的特定区域（通常是营商环境良好的大城市）利用其特有的资源优势，吸引众多跨国企业将研发型、营销型、投资型、行政型总部设在该区域集群布局，而将生产制造基地布局在具有比较优势的其他区域，致使企业价值链与区域资源实现最优空间耦合，以此对该区域经济发展产生重要影响的一种经济形态。跨国公司上述形式的总部属于碳排放强度低的环节，聚集国外优势资源为我所用的特点明显，能够在外循环绿色价值链构建中发挥积极作用。因此，要着力改善本地的营商环境，包括政府部门强化为企业服务意识，简化外资进入审批程序与流程，以战略思维提前进行本地配套产业布局，积极改善交通运输、能源供应及人文居住环境，积极发展高等教育，强化本地高素质管理人才聚集等。

（三）构建“一带一路”绿色价值链

中国经济的整体规模、巨大的贸易和投资流量等因素决定了中国对世界经济的影响深远。当前，中国为积极履行“碳减排”国际承诺，国内政策调整力

度很大,包括2021年宣布停止新建海外煤电项目投资等,对未来全球能源格局影响深远。中国的碳减排努力将对全球其他国家起到良好的标杆和引导作用。因此,将绿色和可持续标准融入"一带一路"建设,促进设施联通、贸易畅通、资金融通等领域的绿色创新发展,也是积极践行联合国2030可持续发展议程的表现。具体举措包括:一是发展和扩大同"一带一路"国家的绿色产品贸易;二是主动制定适应绿色贸易要求的高标准,制定绿色导向的工程施工建设标准;三是发挥国内和区域开发型金融机构在绿色领域投融资的引导作用;四是在"一带一路"国家基础设施建设中倡导和采用绿色环境与施工标准。

(四)以重大项目引领绿色价值链实践

双碳目标成为全球经济发展的重要抓手。在一些重点碳减排行业围绕重大项目打造绿色价值链和绿色转型的样本,以带动其他行业和企业实现绿色价值链转型。例如,能源、汽车、纺织等行业属于碳减排的重点行业,围绕降低碳排放强度,在汽车行业打造智能工厂,构建绿色制造体系,在能源行业除了主动停止煤电等高碳排放境外投资外、逐步减少和淘汰境内煤电工厂外,还应打造境内煤电等高碳排放能源产业绿色转型的样本,积累高碳能源转型升级的经验,向"一带一路"国家进行技术输出。在基础设施建设领域,亚投行等区域开发机构积极开展责任投资实践,项目投资方和施工方共同参与制定工程设计与施工的绿色标准,主动为绿色价值链构建做出贡献。

(五)参与绿色价值链相关的规则制定

当前,我国已加入的双边和区域贸易协定暂时未涉及与绿色价值链规则相关的环境章节。CPTPP是目前巨型自贸协定的代表,协定内容涵盖了环境章节,2021年我国正式申请加入CPTPP,未来中国可以在绿色价值链规则治理方面发挥更大的作用。

参考文献

[1]António C. M.,Rafaela C.,The Impact of Foreign Direct Investment on Emission Reduction Targets:Evidence from High-and Middle-Income Countries, *Structural Change and Economic Dynamics*,2020,No.55.

[2]Copel B. R.,Taylor M. S.,North South Trade and the Environment,*Quarterly Journal of Economics*,1994,No.109.

[3]李金凯、程立燕、张同斌:《外商直接投资是否具有“污染光环”效应?》,《中国人口·资源与环境》,2017年第10期。

[4]李小平、卢现祥:《国际贸易、污染产业转移和中国工业 CO_2 排放》,《经济研究》,2010年第1期。

[5]Liu Q.Q.,Wang S. J.,Zhang W. Z.,et al.,Does Foreign Direct Investment Affect Environmental Pollution in China's Cities? A Spatial Econometric Perspective,*Science of the Total Environment*,2018.

[6]刘尧飞、沈杰:《双循环格局下的供应链价值链绿色化转型研究》,《青海社会科学》,2020年第6期。

[7]López L. A.,Cadarso M.á.,J. Zafrilla et al.,The Carbon Footprint of the U.S. Multinationals' Foreign Affiliates,*Nature Communications*,2019,No.10.

[8]Nadia D.,Merih U.,Globalization and the Environmental Impact of Sectoral FDI Economic Systems,2016,No.40.

[9]Ortiz M.,Cadarso M.,López L. A.,The Carbon Footprint of Foreign Multinationals within the European Union,*Journal of Industrial Ecology*,2020.

[10]Pan X. F.,Guo S. C.,Han C.C.,et al.,Influence of FDI Quality on Energy Efficiency in China Based on Seemingly Unrelated Regression Method,*Energy*,2020,No.192.

[11]商务部外商投资司:《中国外资统计公报 2021》,商务部官网,www.i-ma-ges.mofcom.gov.cn/wzs.。

[12]沈静、曹媛媛:《全球价值链绿色化的概念性认知及其研究框架》,《地理科学进展》,2019 年第 10 期。

[13]盛斌、吕越:《外国直接投资对中国环境的影响:来自工业行业面板数据的实证研究》,《中国社会科学》,2012 年第 5 期。

[14]苏振东、周玮庆:《外商直接投资对中国环境的影响与区域差异——基于省际面板数据和动态面板数据模型的异质性分析》,《世界经济研究》,2010 年第 6 期。

[15]Wheeler D., Racing to the Bottom: Foreign Investment and Air Pollution in Developing Countries, *Journal of Environment &Development*, 2001, No.10.

[16]闫云凤:《中国外资企业碳足迹的追踪与溯源》,《中国人口·资源与环境》,2021 年第 8 期。

[17]杨子晖、田磊:《"污染天堂"假说与影响因素的中国省际研究》,《世界经济》,2017 年第 5 期。

[18]张二震、戴翔:《高质量利用外资与产业竞争力提升》,《南开学报:哲学社会科学版》,2018 年第 5 期。

[19]张伟、游建民:《全球价值链下产业链绿色低碳化升级研究》,《江西财经大学学报》,2017 年第 4 期。

电商平台中绿色农产品信号传递博弈分析

张红霞　李晓莹

[摘要]本文通过构建电商平台中绿色农产品信号传递博弈模型，分析商家与消费者之间的信号传递博弈过程，分别探讨了分离均衡、混同均衡和准分离均衡的产生条件。结果表明，混同均衡和准分离均衡都会导致电商市场绿色农产品商家利益受损，只有分离均衡才能实现绿色农产品和普通农产品的分离，而分离均衡情形产生的关键是提高普通农产品伪装成绿色农产品的成本。另外，增强电商平台和消费者对产品类型的甄别能力，加大对违法违规行为的处罚力度，也有利于促进分离均衡的实现，提高电商平台绿色农产品信号传递机制的有效性。

[关键词]信号传递；分离均衡；绿色农产品；电商平台

“十四五”时期是我国经济全面绿色转型的关键时期，是我国农业绿色发

作者简介：张红霞，天津科技大学经济与管理学院副教授；李晓莹，天津科技大学经济与管理学院硕士研究生。

基金项目：国家自然科学基金项目“网购食品供应链中网络交易平台质量安全控制行为及其动力机制研究”（71503002）。

展加速推进的重要时期。2022年2月,农业农村部印发了《"十四五"全国农产品质量安全提升规划》,提出到2025年,绿色优质农产品供给能力提升,绿色、有机和地理标志农产品认证登记数量增至7万个。[①]加强绿色农产品市场建设,是推进农业供给侧结构性改革,提高我国农业质量效益和竞争力的必由之路。然而绿色农产品信息搜寻成本高是制约绿色农产品市场发展的重要因素。如何降低消费者对绿色农产品的信息搜寻成本,增强购买意愿,是亟待研究的课题。

一、文献综述

绿色农产品是指环境友好型农产品(Zhou et al.,2017),包括获得绿色食品认证和有机认证的农产品(蒋玉等,2021)。相关研究表明,随着人民生活水平的提高和可支配收入的增加,消费者愿意支付绿色农产品的溢价(Zhou et al.,2017;梁志会等,2020)。新冠肺炎疫情的出现使得消费者越来越注重食品的品质,对绿色优质农产品的需求大大增加,而线下门店的关闭,外出减少、居家隔离、无接触配送等防护方式的出现使得更多的消费者转向线上采购以满足日常需求(王可山等,2020),农产品电商得以迅速发展。电子商务的产品展示机制和良好的声誉激励机制可以增加消费者对绿色农产品的溢价支付(蒋玉等,2021),但电子商务领域中的信息不对称导致的逆向选择和道德风险问题也很严重,电商平台农产品以次充好、假冒伪劣等现象时有发生。这种问题出现的一个重要原因是商家和消费者之间存在信息不对称,商家掌握着关于农产品的质量信息,而消费者只能根据商家提供的信息甄别农产品质量优劣,因而有些商家为了获取更大的利益,会伪造农产品质量信息以误导消费者。长此以往,消费者担心买不到优质产品而不愿意为绿色农产品支付更

① 农业农村部关于印发《"十四五"全国农产品质量安全提升规划》的通知(农质发〔2022〕1号),中国政府网。

多的溢价，绿色农产品由于自身特性会付出比普通农产品更多的成本，商家无法从中获取更多的利益而不愿意生产售卖绿色农产品，最终出现“柠檬市场”（Akerlof，1970），产生“买难”“卖难”的现象。

信息经济学的基本理论表明，消除信息不对称的有效途径是信号传递（Spence，1974）。周洁红等（2020）研究发现，政府不合格信息公示对食品生产者采取认证传递质量信号的行为具有显著激励作用。朱丽莉和王怀明（2013）研究得出，农产品生产企业与认证机构的博弈模型存在纳什均衡。唐润等（2016）提出，建立并完善易腐品质量安全信号传递机制有助于解决易腐品市场的逆向选择。莫佳颖等（2020）认为，媒体曝光不仅威慑违规者，也能促进高质量生产者通过质量认证披露质量信息，发送质量信号。大量研究关注商家和消费者之间的信号传递，研究发现可追溯信息是一个重要的质量安全信号（尹世久等，2019；陈雨生等，2014）。此外，还包括绿色食品认证（王常伟、顾海英，2012）、价格（李益博，2014）、标签（全世文等，2017）、品牌（涂传清、王爱虎，2012；李耀东，2021）等。

相比于传统市场环境，电商平台中存在更为严重的信息不对称。在进行网上交易时，商品价格和需求法则都会传递信息，商家的信誉对价格的信号传递有增强作用，而“羊群效应”对价格的传递有减弱作用（周耿，2014）。但在市场存在大量难以辨别的伪品牌产品的情况下，地理标志的获得对产品价格的贡献有限，从而导致陷入“柠檬市场”困境（彭贝贝、周应恒，2019）。要实现网购食品市场的有序发展，需要构建完善的信号传递机制，促进平台卖家的优劣分离（张红霞，2017；刘永胜等，2018）。电商平台交易信息不对称存在于卖方、电商平台及消费者的具体交易过程中，需要多个主体协同发力加以规避解决（王海燕等，2020）。

电商市场中的绿色农产品具有大量的潜在消费群体资源，需求量也日益增大，但绿色农产品电商还处于起步阶段，市场潜力的释放还面临许多障碍。由于电商市场中的信息不对称，而绿色农产品的价格又相对较高，导致虚假宣传、假冒绿色农产品的事件时有发生，消费者面临以绿色农产品的高价格购买到普通农产品的风险，因此对市场上的绿色农产品信任度较低，从而导致购买意愿较低。绿色农产品的健康可持续发展，需要建立有效的信号传递机制，减少市场中的信息不对称，提升消费者的信任度。基于此，本文基于信号传递理论，构建了商家和消费者之间的信号传递博弈模型，分析了分离均衡、混同均衡和准分离均衡产生的条件，进一步证明了电商平台严格审核和消费者参与监督是产生分离均衡的有力条件。在此基础上，提出相关对策建议，以促进绿色优质农产品电子商务的健康发展。

二、电商平台中绿色农产品信号传递博弈模型分析

（一）模型的基本假设

电商平台中绿色农产品信号传递机制的构建主要存在三类主体，即电商平台、商家和消费者。参与博弈的是电商平台中的商家和消费者，双方根据不同条件选择自己的策略。电商平台可以通过对绿色农产品的审核和管控等措施改变博弈的环境，提高商家发出的绿色农产品信号的可信度。

假设平台上存在两种类型的商家，即提供绿色农产品的商家 t_H 和提供普通农产品的商家 t_L。t_H 类型商家在市场中的占比为 $P(0<p<1)$，t_L 类型的商家占比为 $1-p$。生产经营绿色农产品所花费的成本为 C_H，生产经营普通农产品所花费的成本为 C_L。

商家为了增强消费者的质量感知，提高自身竞争力，会选择进行农产品的质量信号传递。商家向外传递的信号有两种 q_H 和 q_L，其中 q_H 代表传递的是绿色农产品信号，q_L 代表传递的是普通农产品信号。商家传递信号是需要成本的，假设 D 为商家传递普通农产品信号的成本（为了计算方便，假设 $D=0$）。绿色农产品的信号主要有相关的认证报告、产品荣誉、售后服务、图片和

视频展示的农产品质量和生产环境等，不同类型商家发出相同绿色农产品信号的成本是不同的，假设 t_H 类型商家传递 q_H 信号的成本为 $D_H(q_H)$，t_L 类型商家传递 q_H 信号的成本为 $D_L(q_H)$，普通农产品商家如果要传递绿色农产品信号，需要将普通农产品伪装成绿色农产品，从而产生伪装成本，所以有 $D_L(q_H) > D_H(q_H)$。

在电商平台售卖的农产品，对于优质绿色农产品商家，电商平台会给予推荐位、准入费优惠等平台奖励，而且由于售出的产品受到消费者认同，其评价更好，从而商家信誉更高，销量更高，因而可以在搜索页面排名靠前。排名越靠前，产品售出的可能性越大，这类非销售产品得到的收益对于绿色农产品商家是一种额外收益 R。而对于冒充绿色农产品的普通农产品商家，如果绿色农产品信号未被发现是伪造的，则由于排名靠前、销量增加等也会侥幸获得额外收益 R，但是如果电商平台发现绿色农产品信号是伪造的，则电商平台会对商家进行罚款，假设罚款为 F，电商平台能够准确识别农产品类型的概率为 θ。

假设绿色农产品的售价为 P_H，普通农产品的售价为 P_L，且 $P_H > P_L$。假设消费者是理性人，追求效用最大化。对于普通消费者来说，甄别绿色农产品和普通农产品存在一定难度，故假设消费者能够识别出假冒绿色农产品的概率为 γ，如果消费者发现买到的绿色农产品是普通农产品冒充的，则商家需承担额外的损失，包括对消费者的赔偿 B 和农产品下架、声誉下降等造成的外部损失 G。

（二）模型均衡及产生条件分析

电商平台中绿色农产品信号传递博弈过程可以描述为：首先"自然"选择商家类型 $t \in \{t_H, t_L\}$，商家知道自己的类型，但消费者由于处于信息劣势，只能根据经验判断其类型属于 t 的先验概率 $\mu(t)$，其中 $\mu(t_H) = p$，$\mu(t_L) = 1 - p$。商家选择自己发送的信号 $q \in \{q_H, q_L\}$，消费者观察到商家发送的信号后，修正自己的判断，得到后验概率 $\mu(t/q)$，然后作出选择，即购买和不购买。

1.分离均衡情形分析

在分离均衡状态下，不同类型的商家传递不同的信号，即对于绿色农产品商家，选择向外传递 q_H 的信号，对于普通农产品商家，选择向外传递 q_L 的信号，商家传递的信号准确揭示了其真实类型，这是一种最为理想的情形。由于电商平台中的商家是逐利的，所以产生分离均衡需要满足每一类商家在发送真实信号时比发送虚假信号时能获得更高的收益，即绿色农产品商家传递 q_H 的期望收益高于传递 q_L 的期望收益，而普通农产品商家传递 q_H 的期望收益低于传递 q_L 的期望收益。

对于 t_H 类型商家来说，其售卖的是绿色优质农产品，需满足：

$$P_H - C_H - D_H(q_H) + R > P_L - C_H \quad (1)$$

对于 t_L 类型商家来说，其售卖的是普通农产品，需满足：

$$P_H - C_L - D_L(q_H) + (1-\gamma)(1-\theta)R - \gamma(B+G) - \theta F < P_L - C_L \quad (2)$$

由(1)(2)求得：

$$D_H(q_H) < P_H - P_L + R \quad (3)$$

$$D_L(q_H) > P_H - P_L + (1-\gamma)(1-\theta)R - \gamma(B+G) - \theta F \quad (4)$$

此时，绿色农产品商家传递 q_H 信号的成本小于由于售卖绿色优质农产品所获得的期望收益，普通农产品商家传递 q_H 信号的成本大于其伪装欺骗消费者所获得的期望收益，理性的商家会作出传递普通农产品信号的策略选择。

当满足上述两个条件时，可以实现完美贝叶斯分离均衡。消费者可以通过商家传递的信号来准确甄别绿色农产品和普通农产品，即：

$\mu(t_H/q_H)=1,\mu(t_H/q_L)=0,\mu(t_L/q_H)=0,\mu(t_L/q_L)=1$。

在分离均衡情形下，当商家传递的信号类型为 q_H 时，消费者以概率 1 判断该产品为绿色农产品，从而接受以 P_H 的价格购买；当商家传递的信号类型为 q_L 时，消费者以概率 1 判断该产品为普通农产品，从而接受以 P_L 价格购买。商家传递的信号能够准确揭示产品是绿色农产品还是普通农产品,这类均衡是最理想的情形。

2.混同均衡情形分析

在混同均衡状态下，无论商家是绿色农产品商家还是普通农产品商家，都向外传递绿色农产品 q_H 的信号，绿色农产品信号起不到帮助消费者判断农产品质量类型的信号传递作用。作为理性商家,行为一定是根据相应的经济收益作出的。普通农产品商家传递虚假信号 q_H 时所获得的期望收益大于传递真实信号 q_L 时所获得的期望收益。

对于 t_H 类型商家来说,依然只要满足不等式(3)就会传递 q_H 信号。

对于 t_L 类型商家来说,需满足:

$$P_H - C_L - D_L(q_H) + (1-\gamma)(1-\theta)R - \gamma(B+G) - \theta F > P_L - CL \quad (5)$$

得到:$D_L(q_H) < P_H - P_L + (1-\gamma)(1-\theta)R - \gamma(B+G) - \theta F \quad (6)$

此时,t_L 类型商家伪装成绿色农产品所获得的期望收益要高于传递伪造的绿色农产品信号的成本,因此 t_L 类型商家会选择传递伪造的绿色农产品信号。这样市场上无论绿色农产品还是普通农产品,商家向外传递的都是绿色农产品信号。

混同均衡情形下,由于不同类型商家都选择传递绿色农产品信号,消费者无法根据信号区分农产品究竟是绿色农产品还是普通农产品,也就无法根据信号修正先验概率,会作出如下判断:

$$\mu(t_H / q_H) = \mu(t_H) = P$$

$$\mu(t_L / q_H) = \mu(t_L) = 1 - P$$

此时,当商家传递绿色农产品信号时,被消费者认为是绿色农产品的概率等于自然选择其为绿色农产品商家的概率,被认为是普通农产品的概率等于自然选择其为普通农产品商家的概率。因此,消费者以 P 的概率以 P_H 的价格购买,以 $1-P$ 的概率不购买或者价格降到 P_L 时购买。混同均衡是最不利的一种情形,在这种情形下,很多风险偏好甚至风险中性的普通农产品商家会选择传递虚假信号，因其承担较小的信号传递成本或风险成本，而期望收益大于传递真实信号的收益，导致最终普通农产品侵占绿色优质农产品市场。又由于消费者信息的不完全性，不能准确辨别农产品类型，因而不愿意支付较高价格购买农产品，使得绿色农产品商家利益受到损害，最终会引起绿色优质农产品逐渐被普通农产品取代，大大影响绿色农产品市场的健康发展。

3.准分离均衡情形分析

在准分离均衡状态下，绿色农产品商家向外传递的农产品信号为 q_H，普通农产品商家以概率 α 向外传递虚假的 q_H 信号，以概率 $1-\alpha$ 向外传递真实的 q_L 信号。即：$\mu(q_H / t_H) = 1$；$\mu(q_L / t_H) = 0$；$\mu(q_H / t_L) = \alpha$；$\mu(q_L / t_L) - 1 - \alpha$。

类似于分离均衡和混同均衡，经营绿色农产品的 t_H 类型商家依然只要满足不等式(3)就会传递 q_H 信号。而要使得经营绿色农产品的 t_L 类型商家愿意以概率随机选择一种信号类型，必须使得商家传递的信号为 q_H 所获得的期望收益与传递信号为 q_L 所获得的期望收益相等，即满足：

$$P_H - C_L - D_L(q_H) + (1-\gamma)(1-\theta)R - \gamma(B+G) - \theta F = P_L - C_L \tag{7}$$

得到：$D_L(q_H) = P_H - P_L + (1-\gamma)(1-\theta)R - \gamma(B+G) - \theta F$ (8)

此时，普通农产品商家传递绿色农产品信号的成本与获得的期望收益相等，传递绿色农产品信号并不能使其获得额外收益，商家可随机选择传递伪造的绿色农产品信号或者传递真实的普通农产品信号。

$$\mu(t_H / q_H) = \frac{\mu(q_H / t_H) \times \mu(t_H)}{\mu(q_H / t_H) \times \mu(t_H) + \mu(q_H / t_L) \times \mu(t_L)} = \frac{p}{p + \alpha(1-p)}$$

$$\mu(t_L / q_H) = \frac{\mu(q_H / t_L) \times \mu(t_L)}{\mu(q_H / t_H) \times \mu(t_H) + \mu(q_H / t_L) \times \mu(t_L)} = \frac{\alpha(1-p)}{p + \alpha(1-p)}$$

$$\mu(t_L / q_L) = \frac{\mu(q_L / t_L) \times \mu(t_L)}{\mu(q_L / t_L) \times \mu(t_L) + \mu(q_L / t_H) \times \mu(t_H)} = \frac{(1-\alpha)(1-p)}{(1-\alpha)(1-p) + 0 \times p} = 1$$

此时，当商家向外传递的信号为 q_H 时，消费者会以 $\frac{P}{P+\alpha(1-P)}$ 的概率判断该产品为绿色农产品，接受以高价格 P_H 购买，$\frac{\alpha(1-P)}{P+\alpha(1-P)}$ 以的概率判断其为普通农产品，选择不购买或价格降为 P_L 时再购买。当商家向外传递的信号为 q_L 时，消费者会以 1 的概率判断该产品为普通农产品，从而接受以 P_L 购买。准分离均衡状态下，绿色农产品和普通农产品并存，一定比例的普通农产品商家通过传递伪造的绿色农产品信号混入市场中，从而影响消费者的判断。这是目前市场普遍存在的现象，并未实现商家的有效分离，导致市场上逆向选择的发生，优质绿色农产品反而难以在市场立足，损害了绿色农产品商家的利益，使其可能转向经营普通农产品甚至是发生以普通农产品冒充绿色农产品的行为。

综合以上电商平台中绿色农产品信号传递博弈的三种均衡条件和结果，如表 1 所示。

表 1　电商平台绿色农产品信号传递博弈均衡的产生条件和结果

均衡类型	产生条件	商家：传递 q_H 信号 消费者：购买	商家：传递 q_H 信号 消费者：不购买	商家：传递 q_L 信号 消费者：购买
分离均衡	$D_H(q_H)<P_H-P_L+R$； $D_L(q_H)>P_H-P_L+(1-\gamma)(1-\theta)R-\gamma(B+G)-\theta F$	1	0	1
混同均衡	$D_H(q_H)<P_H-P_L+R$； $D_L(q_H)>P_H-P_L+(1-\gamma)(1-\theta)R-\gamma(B+G)-\theta F$	P	$1-P$	1
准分离均衡	$\mu(q_H/t_H)=1$； $\mu(q_H/t_L)=\alpha$ $D_H(q_H)<P_H-P_L+R$； $D_L(q_H)>P_H-P_L+(1-\gamma)(1-\theta)R-\gamma(B+G)-\theta F$	$\frac{P}{P+\alpha(1-P)}$	$\frac{\alpha(1-P)}{P+\alpha(1-P)}$	1

三、结论与对策建议

本文基于信号传递理论，构建了商家和消费者之间的博弈模型，分析了电商平台中绿色农产品信号传递博弈均衡的产生条件，可以得出如下结论：

混同均衡和准分离均衡都将导致市场产生一定程度的逆向选择，消费者看到的是混乱的信号传递行为，对传递的信号真假难辨，信任程度降低，最终选择以低价格购买农产品，损害绿色农产品商家的利益。因此，在这种情况下的信号传递机制不可能解决商家和消费者的信息不对称问题，信号传递机制失灵。只有分离均衡状态下才能实现绿色农产品商家和普通农产品商家的有效分离，确保分离均衡是保证绿色农产品电商市场健康可持续发展的关键。

分离均衡情形下，绿色农产品商家传递绿色农产品信号，普通农产品商家传递普通农产品信号。由于信号真实地揭示了农产品质量类型，使得电商市场上的信息不对称程度大大降低，消费者根据商家传递的信号准确判断农产品是绿色农产品还是普通农产品。由于绿色农产品带来的绿色安全、身体健康等效用，接受以高价购买绿色农产品，以低价购买普通农产品。而消费者的认可又会对农产品商家起到一定的促进作用，使得绿色农产品商家确保质量安全，而普通农产品商家也可能会转向经营绿色农产品以获取更高收益。因此，在分离均衡情形下，电商平台中的农产品质量安全程度最高，市场效率也最高。

从分离均衡的实现条件可以看出，绿色农产品商家传递绿色农产品信号的成本越低，普通农产品商家伪造绿色农产品信号的成本越高，越有利于分离均衡结果的实现。另外，绿色农产品和普通农产品的差价越大，电商平台准确识别农产品类型的概率越大，被电商平台发现虚假信号传递后对商家进行的罚款、被消费者发现造假后商家对消费者的赔偿，以及声誉下降等外部损失越大，越有利于提高电商平台绿色农产品信号传递机制的有效性，促进分离均衡的实现。

基于上述研究结论，本文提出如下三点建议：

一是加强绿色农产品认证管理，增加优质绿色农产品供给。商家传递绿色农产品信号的主要方式是绿色、有机农产品等标识，其主要成本也就在于申请相关这些认证的成本。农业农村部颁布的《绿色食品标志管理办法》中规定，绿色食品应该是产自优良生态环境、按照绿色食品标准生产、实行全程质量控制并获得绿色食品标志使用权的安全、优质食用农产品及相关产品。[①]因此，必须强化对源头的监管，不满足相关条件的商家不能获得认证，而未获得认证的商家无法传递绿色农产品信号，这对于绿色农产品商家和普通农产品商家来说是巨大的成本差。政府部门需要严格绿色农产品认证管理，增强绿色农产品认证的权威性和公信力，提升普通农产品冒充绿色农产品的伪装成本。另外，需要进一步推动绿色农产品认证费和标志使用费降费政策，进一步降低绿色农产品商家传递绿色农产品信号的成本，提升电商市场绿色农产品供给水平。同时，还需要加强电商平台绿色农产品认证管理，对绿色农产品生产经营者是否严格执行认证标准进行严格监管，提升虚假信号传递的机会成本，更好地保障绿色农产品商家和消费者的权益。

二是强化农产品经营主体监管，加大违法违规行为的处罚力度。从研究结果可以看出，提升电商平台准确识别农产品类型的概率，加大被电商平台发现虚假信号传递后的处罚力度，有利于提升信号传递机制的有效性。电商平台中绿色农产品信号造假成本较低，有些商家打着绿色有机农产品的旗号但无法提供有效证明，也有些商家甚至伪造认证证书，在侵害消费者权益的同时，也损害了绿色农产品商家的利益。因此，需要进一步强化电商平台农产品经营主体的监管，完善绿色农产品信号审核机制，鼓励绿色农产品商家积极上传绿色农产品认证标识，鼓励商家以视频展示等形式对绿色农产品进行

① 《绿色食品标志管理办法》（2022年1月7日农业农村部令2022年第1号修订）。

介绍和宣传,对绿色农产品进行优先推荐、排名靠前等奖励,对长期发展的优质绿色农产品商家给予一定的优惠政策和信誉提升等,主动为其增大曝光率和流量推荐。同时,加强对绿色农产品认证标识的审核,还要定期不定期地进行风险监测,加大对普通农产品冒充绿色农产品的识别概率,对于发现的违法违规行为,加大处罚力度。通过完善的信号识别机制和奖罚制度,构建诚信、放心的绿色农产品电商市场环境。

三是提升消费者对绿色农产品的认知和辨别能力,强化消费者监督作用。绿色农产品电商市场存在失信行为的一个重要原因,是消费者对绿色农产品的认知程度水平还不够高,加之绿色农产品和普通农产品的甄别困难,给了普通农产品经营者以假乱真的机会,而且不容易被消费者辨别出来。提升消费者对绿色农产品和普通农产品的辨别能力,加大被消费者发现造假后商家的外部损失,是提升信号传递机制有效性的重要途径。因此,要通过知识宣讲、科普宣传、自然教育等手段提高消费者对绿色农产品的认知程度,增加相关的知识储备,掌握一些绿色有机农产品识别的使用技巧,增大虚假信号传递行为被发现的概率,使得造假为商家带来的预期成本高于预期收益,从而降低商家的造假动机。同时,建立电商平台农产品质量社会协同治理机制,鼓励消费者积极主动参与电商平台农产品质量监督,畅通消费者监督举报反馈渠道,使得消费者对于购买的涉及虚假信号传递的农产品,可以通过多种渠道投诉维权,并加大对消费者损失的赔偿力度,更好地维护消费者合法权益。同时,也鼓励消费者对于虚假宣传、虚假信号传递等行为积极投诉举报,倒逼不法商家规范自身经营行为。

参考文献

[1]Akerlof G. A., The Market for Lemons, *Journal of Economics*, No.16, 1970.

[2]Spence M., Job Market Signaling, *Quarterly Journal of Economics*, No.

3,1973.

[3]Zhou,J. ,Liu Q.,Mao R.,Yu X. H.,Habit Spillovers or Induced Awareness: Willingness to Pay for Eco-labels of Rice in China,*Food Policy*,No.71,2017.

[4]陈雨生、房瑞景、尹世久、梁杰:《食品企业与消费者的可追溯信息传递博弈分析》,《中国海洋大学学报》,2014年第5期。

[5]蒋玉、于海龙、丁玉莲、莫睿:《电子商务对绿色农产品消费溢价的影响分析——基于产品展示机制和声誉激励机制》,《中国农村经济》,2021年第10期。

[6]李耀东:《农产品区域品牌助推乡村振兴的作用机理和实施路径研究》,《经济问题》,2021年第9期。

[7]李益博:《农产品质量信息传递的博弈分析》,《统计与决策》,2014年第5期。

[8]梁志会、张露、张俊飚、刘勇:《基于MOA理论消费者绿色农产品溢价支付意愿驱动路径分析——以大米为例》,《中国农业资源与区划》,2020年第1期。

[9]刘永胜、甘莹莹、徐广姝:《网购食品供应链平台与平台卖家信号传递的博弈》,《商业研究》,2018年第10期。

[10]莫家颖、余建宇、孙泽生:《媒体曝光、集体声誉与农产品质量认证》,《农村经济》,2020年第8期。

[11]彭贝贝、周应恒:《信息不对称情况下地理标志农产品“柠檬市场”困境——基于淘宝网“碧螺春”交易数据的分析》,《世界农业》,2019年第5期。

[12]全世文、于晓华、曾寅初:《我国消费者对奶粉产地偏好研究——基于选择实验和显示偏好数据的对比分析》,《经济问题》,2021年第9期。

[13]唐润、彭洋洋、王海燕、范宇翔、雷勋平:《易腐品供应链质量安全信号传递博弈》,《系统工程》,2016年第9期。

[14]涂传清、王爱虎:《农产品区域公用品牌的经济学解析:一个基于声

誉的信号传递模型》,《商业经济与管理》,2012 年第 11 期。

[15]王常伟、顾海英:《逆向选择、信号发送与我国绿色食品认证机制的效果分析》,《软科学》,2012 年第 10 期。

[16]王可山、郝裕、秦如月:《农业高质量发展、交易制度变迁与网购农产品消费促进——兼论新冠肺炎疫情对生鲜电商发展的影响》,《经济与管理研究》,2020 年第 4 期。

[17]王海燕、蔡欣然、宁升:《农村电商平台交易信息不对称困境及规避对策研究》,《情报科学》,2020 年第 11 期。

[18]尹世久、王一琴、李凯:《事前认证还是事后追溯?——食品安全信息标识的消费者偏好及其交互关系研究》,《中国农村观察》,2019 年第 5 期。

[19]张红霞:《网购食品质量安全信号传递的博弈分析》,《农业技术经济》,2017 年第 9 期。

[20]周耿:《不完全信息下的价格信号博弈:来自淘宝网的证据》,《当代经济》,2014 年第 4 期。

[21]周洁红、金宇、王煜、梁巧:《质量信息公示、信号传递与农产品认证——基于肉类与蔬菜产业的比较分析》,《农业经济问题》,2020 年第 9 期。

[22]朱丽莉、王怀明:《农产品质量认证中信息失真的原因分析——基于信息发布博弈视角》,《江西财经大学学报》,2013 年第 2 期。

人与自然生命共同体视阈中环境法的生态化转向探析

王哲民

［摘要］现代环境法呈现出私法保护到公法干涉再到社会法调整的发展趋势。环境法的兴起背景、功能演进、体系架构，以及环境法的本位、调整模式、基本原则等方面都体现出环境法的社会法属性，环境法是属于社会法法域下的一个法律部门。人类命运共同体理念与环境法的社会法属性相契合，对环境法治发展方向起着重要指引作用，推进环境法律规范的内容从污染防治向生态立法转向；环境法治为建设生态文明、构建人类命运共同体提供制度保障。环境法的发展与人类命运共同体的建构相互交织，相互影响，相互促进，为生态文明建设提供了新的路径。

［关键词］环境法；社会法；生态文明；人类命运共同体

自党的十八大以来，习近平总书记提出“人类命运共同体”意识，提出“大力推进生态文明建设”“建设美丽中国”的战略决策，形成了习近平新时代基

作者简介：王哲民，天津医科大学马克思主义学院讲师。

基金项目：天津医科大学科研项目（2011KY50），天津市哲学社会科学研究项目（TJFX12-055）。

于人类命运共同体理念的生态文明思想。当前，生态环境恶化、环境污染与资源危机已成为现代化进程中世界各国共同面临的一道难题。环境法是人类在运用传统手段和方法仍不能遏制环境污染和生态破坏背景下，从传统部门法学分离、发展起来的一门新兴学科。对于环境法的法律属性定位，传统的公法或私法都因其局限性而限制了环境法的发展、环境法功能作用的发挥，进而影响到生态文明建设。对环境法进行准确的定位，明确其在现代法学体系中的根基和立足点，才能进一步完善环境法治，推动生态文明建设。

本文从社会法的视角，就人类命运共同体理念对我国环境法律体系建设、环境法治发展的启示与推进，以及环境法律机制持续保障“人与自然和谐共生”“推动构建人类命运共同体”等方面进行讨论，以期引起学界对该问题的高度重视与深入思考。

一、现代环境法的发展趋势

环境法的发展经历了由制度萌芽，到立法上正式确立，再到制度科学完善的历程。纵观这段发展历程，可以归纳出环境法的如下发展趋势：

一是环境立法的制度建构日趋完善。农业社会时期的环境制度从总体上来说是零散的、相互没有必然关联的、偶尔的法律制度。在工业社会，环境问题日益突出。起先环境立法的最直接目的是为防治生产过程中出现的环境污染状况，出于对环境问题认识的局限性，人们认为，各种环境污染是彼此孤立的问题，采取单纯的技术手段即可治理污染，在立法上表现为单行性专门立法形式。现代环境法是体系化和整体化的全方位立法。在遭受来自自然界的一连串打击和报复之后，人们渐渐认识到，环境问题不再是个别地区个别人群中存在的问题，而是涉及全人类与大自然关系的一个重大问题；也不是一个简单的技术问题，而是一个关系到人类生存与发展的，涉及经济、政治、社会诸方面的问题。因而，此时的环境法出现了体系化和整体化的趋势，在此时期，环境法形成了基本法—具体法—相关政策的完整体系。世界各国纷纷将实现可持续发展确立为其环境立法的最终目的。环境法律体系以环境基本法为基础，其他相关部门法为补充，内容涵盖了污染防治、自然资源保护、环境侵权损害救济、环境纠纷处理、生态功能保护等内容的环境法律、法规、制度和环境标准组成的规范体系。

二是环境保护重心的偏移。现代社会的环境立法是以保护人类生活环境为主要内容的，环境问题的恶化、扩张使得环境最终危及人类的生存基础。关心生产、关心经济发展已经掩蔽不了人类对于自身生命、健康的焦虑。环境法发展的历程伴随的是环境日愈恶化的背景，也是一场人类由关心粮食到关心机器，最终回归关心人本身的生存和生活的历程。

三是环境法理论的成熟。现代社会的环境法是以全新的环境生态学和由此而生的环境伦理学为理论支撑的，环境生态学推翻了以人为中心来认识和保护环境的偏执，确定了尊重自然、尊重环境规律的观念，而不是以人类私利为前提而保护环境。因此，在环境保护措施的目的上也要符合环境生态学，全方位地保护环境。在人类伦理中增加环境伦理的内容，提倡无因无私的保护环境理念。以可持续发展作为环境法的核心理念，开展生态文明建设，成为现代环境法开始的标志。

环境法由农业社会的环境制度发展到工业时代的环境法，再到现代环境法，随着时代的发展，环境法的立法目的、基本原则、法理功能、法律架构等法律要素也在进化发展，从而决定其法律属性也在发展演进。

二、现代环境法性质的追问

作为一门新兴学科，必须先明确环境法在现代法学体系中的根基和立足点，找准环境法的定位，才能进一步完善环境法治，立足点构成整个环境法理论体系的底蕴。

综观环境法的发展历程，有关环境法属性的争论一直没有停止，学者主要提出了经济法说[①]、行政法说[②]、独立说、社会法说[③]等几种有代表性的观点。环境法法律属性问题，是指环境法在现在的法律体系中和法律分类中应居于何种地位。公法和私法是法理学中对法律最通常的分类。有学者指出，环境法是公法，具体说来属于行政法的范畴。[④]但也有学者对此提出了挑战，认为环境法不能严格地划入公法领域，环境法还具有私法的性质，它是公法与私法相融合的产物。

对于上述讨论，笔者认为，首先要确立一个讨论前提，这就是将环境法视为一个独立的法学部门来看待。目前，国内外法学界一般认为，环境法是在环境问题这个社会新问题产生之后而产生的新兴法学部门，与其他法律部门相比主要存在四个方面的区别：调整的对象不同；法律关系主体地位不同；特点不同；适用的原则不同。我国法律体系的部门法组成中也将环境法作为一个独立的法律部门来看待。环境法具有区别于其他部门法学的研究对象，也具有不同于其他部门法学的价值观。因此，将环境法认为是行政法或者经济法学的一部分而使其丧失独立地位，本身就是偏狭的。从法律部门划分的角度，环境法构成一个独立的法律部门，环境法学具备一个独立学科的条件。

其次，从公私二元的角度审视环境法，我们已无法将它毫无遗漏地划分为公法和私法两个部分。环境法的基本目标即保护环境这个目标是一项公共事业，它所要维护的不是私人而是社会甚至整个人类的整体利益，它调整的是社会公共生活，包括发生于国家环境保护部门之间环境管理权的分配关系、国家环境保护部门与个人或法人之间的环境监督管理关系。如此看来，环境法似乎是公法。但不能忽视的是环境法的另一项内容，也就是对于自然资

---

① 顾功耘：《经济法》，高等教育出版社，2005 年，第 9 页。

② 杨华国：《论环境法在法学体系中的地位》，《社会科学家》，2007 年第 6 期。

③ 吕忠梅：《环境法》，法律出版社，1997 年，第 52 页。

④ 赵娟：《论环境法的行政法性质》，《南京社会科学》，2001 年第 7 期。

源占有使用的分配，以及环境侵权行为的救济。这么看来，环境法确实也具有私法的性质，它也调整了私人生活关系，如自然资源确权、环境侵权赔偿等。

如此，环境法既是公法又是私法的观点就要比将环境法视为单纯的公法的观点要合理一些。但是问题又产生了，公法是公法，私法是私法，可能既是公法又是私法吗？20世纪的法学发展，产生了公法的私法化和私法的公法化倾向，即公私法之间相互渗透的现象，例证了公法私法并非壁垒森严，环境法是否是这种现象的产物？笔者认为，无论公法的私法化还是私法的公法化，到头来私法公法各自的性质并没有改变，如果将环境法视为公法的私法化的产物，那么它就是公法。就我国环境产生之初而言，将其视为公法甚至行政法都是合理的，但随着环境法的成长和发展，环境法独立部门法地位的确立，已不再合乎现实。于是，有学者提出，环境法的社会法性质最为明显。

三、现代环境法社会法属性之生成

（一）环境法兴起于法律社会化背景之下

20世纪50年代以来，大规模的环境污染引发了严重的环境问题和社会危机，由此使各西方资本主义国家开始关注环境保护立法。任何一种法律门类的出现，都是一定社会历史条件的产物。环境法也不例外。对于环境法的理解，不能脱离它的历史背景。

从环境法兴起的经济背景考察，在商品经济的高级阶段，高度的社会化、现代化所带来的诸多问题使个人本位思想向社会本位思想转换。在经济方面，开始转向注重国家的宏观调控、公共利益和社会公平，不仅注重单纯的经济发展，而且也积极探索发展与环境的协调，反映在立法上，就是经济法和社会法的兴起和繁荣。环境法正是在这样的经济发展阶段而产生和发展起来的。

从环境法兴起的法律背景考察，环境法兴起于法律社会化的背景之下，而法律社会化正是社会法独立法域形成的前提。由工业革命所带来的社会问题和公害问题日益严重,引发了社会政治危机。于是,侧重于保护社会权益的劳工法、社会保障法、经济法、环境保护法等一系列社会立法相继被制定出来,"法律的社会化"成为立法潮流。[①]如果将上述社会立法归入"私法"范畴,则有违"私法自治"原则;如果将其纳入"公法"范畴,则会造成公权力过度介入"私域",使之对个人权利、社会自由形成侵犯之嫌;而将上述社会立法纳入"社会法",既可阻止国家对"私域"的干涉,又可保障"私法自治"层面的个人权利。

(二)环境法的功能演进:从利益衡量到倾斜保护

法是利益的调整器,通过利益衡量达至利益平衡是法的最高任务。在实现人与自然和谐统一的过程中,通过外生力量扶助弱势群体以实现实质公平,环境法的功能也随之发生变化,从抽象的利益衡量发展为对弱势群体具体的倾斜保护,而倾斜保护功能也正是社会法的基本功能之一。

环境法上的弱势表现在:就不同利益主体的地位和力量对比而言,后代人相对因现实占有环境资源掌握代际利益平衡主动权的当代人处于弱势,社会公众相对具有雄厚经济实力与信息资源独占的企业处于弱势,经济落后的地区和国家相对经济发展水平较高的发达地区和国家处于弱势。

在现代化进程中,对经济增长目标的无限放大,经济利益的无限追求,使环境利益在诸多利益选择中沦为弱势利益,导致了我们正在经历的生态环境危机。环境利益的脆弱性、边缘性决定了其需要倾斜保护,以矫正利益失衡。当环境利益与经济利益发生冲突时,发挥环境法的救助职能,对处于弱势地位的环境利益提供特殊的倾斜保护,正是现代环境法的本位功能。

环境法的倾斜保护功能要求环境法律责任机制从关注损害赔偿、损失填

① 郑少华:《生态主义法哲学》,法律出版社,2002年,第6~7页。

补向重视生态环境恢复与生态补偿转移；环境侵权归责原则不以违法性为要件，实行无过错责任原则；将环境公益诉讼作为重要的法律救济途径，加强公众对环境行政机关不作为的监督；法律责任实现从对违法主体单一处罚向损害赔偿社会化转变，通过惩罚性赔偿、生态补偿基金、环境强制责任保险等多种方式实现对生态损害的补偿。

（三）环境法的体系构造：提供公共产品和服务，实现社会公益

从环境法的体系构造考察，环境法为社会提供公共产品和公共服务，实现社会公共利益。

一般认为，法律体系是“由一个国家的全部现行法律规范分类组合为不同的法律部门而形成的有机联系的统一整体”[①]，从法律体系角度来理解和推定部门法的体系构成是学界的通常做法。本文中论述的“环境法体系”即是指环境法的法律体系，而非环境法的立法体系。[②]环境法体系是环境法的表现形式和规范样态。环境法体系是指为保护环境而创制的，调整因开发利用自然资源、保护改善环境、防治环境污染而发生的社会关系的法律规范系统。关于环境法体系的内部结构，有多种划分标准，笔者赞同徐详民、巩固先生的观点。[③]

环境法体系首先可分为环境基本法和具体环境法。环境基本法对环境保护的一般事宜作出原则性规定，为一国环境法体系奠定基本框架，我国《环境保护法》、日本《环境基本法》等都属于环境基本法。具体环境法则是规制环境保护的某一具体领域或特定事项的法律规范的，从调整功能角度可将具体环

① 沈宗灵：《法理学》，高等教育出版社，1994 年，第 324 页。

② 立法体系是指“与国家立法体制相关联的、由各个有权机关以法定权限和程序制定的各种规范性法律文件所构成的整体”，“法律体系建设的重点是建设相对完备的部门法，立法体系建设的重点是创造完备的法律渊源和各种规范性法律文件”。参见徐显明：《法理学教程》，中国政法大学出版社，1994 年，第 203 页。

③ 徐祥民、巩固：《关于环境法体系问题的几点思考》，《法学论坛》，2009 年第 2 期。

境法分为事务法和手段法两个系统。事务法调整的是具体环境问题的防治或环境特定部分的保护，如水污染防治、海洋环境保护等。手段法就是规制用于环境保护的具体手段或方法的法律规范系统，比如环境规划、环境影响评价、环境税收等。

根据上述环境法律体系的定义和体系划分，可以发现环境法体系的确立和完善，根本目的是服务于保护优良的环境品质。不同法律规范被统归到环境法这一法律部门之下，就是为了给社会提供高质量的环境公共产品和公共服务，对资源进行合理配置。环境法作为独立的法律部门，是典型的以社会公共利益为立法目的的部门法，环境法律规范在性质上属于社会法规范。

从权利属性上看，生态环境是一种公共资源。“良好生态环境是最公平的公共产品。”萨缪尔森对公共产品的定义是：“每个人对这种产品的消费，都不会导致其他人对该产品消费的减少。”[①]公共产品的基本特征表现为天生具有受益的非排他性和消费的非竞争性。

环境是最为典型的公共物品，本身的存在形式呈现为公共的、普遍性的。洁净的水源、清新的空气、优美舒适的环境空间、和谐平衡的生态系统，这些环境品质具有公共产品的特性。环境产品和环境服务的公共产品性质决定了政府为实现公共利益负有环境保护的义务，环境法的制度设计必须符合保障社会环境公共产品和公共服务质量的要求，其目的是为了实现社会公共利益。

（四）环境法是社会责任本位法

关于环境法的本位问题一直存在着两种对立的观点，即权利本位和义务本位。环境法本位的争论反映着环境法的价值取向和基本理念上的差异。环境法以保护环境、实现环境利益为目标，这意味着环境法必须对人的行为设定义务，即法律关系的主体负有保护环境不受侵害的义务，但这种义务又是

---

① Samuelson, The Pure Theory of Public Expenditure, *The Review of Economicsand Statistics*, 1954.

法律关系主体实现环境权利的逻辑要求。

因此笔者认为，界定环境法的本位不应将权利和义务割裂开来，环境法是社会责任本位法。人们在享受环境权利的同时，应意识到权利的行使不能以牺牲环境为代价，应尽力避免给自然资源、生态环境带来负面影响，切实履行环境保护的社会责任和社会义务。环境法应以社会责任为本位，以保护公众的环境利益为目的。保护环境实际上是保护全人类的共同生存条件和共同财富。

（五）环境法的基本原则：公众参与原则

公众参与原则是体现社会法内在的基本价值的原则。公众参与原则确认社会公众有参与环境保护管理的权利，并保障公众行使这种权利。依据公众参与原则，人们依法参与环境管理，对污染和破坏环境的行为进行监督的权利，同时也有保护和改善环境的义务。

政府贯彻公众参与原则，通过定期发布环境状况公报，保障公众知情权，组织听证会，保障公众和社会团体通过规范化的程序表达意见，对环境重大决策施加影响，发挥公众的监督作用，以最大限度整合社会资源，建设合理的社会治理结构，实现和谐发展。

（六）环境法的程序法：以公益诉讼为中心

公益诉讼是社会法独特的权利救济机制，可以有效保障社会法实体权利的实现。在环境法中，其程序法是以环境公益诉讼为中心展开的。所谓的环境公益诉讼，与私益诉讼相对，即为保护社会公益——环保利益，与被损害的环境利益没有直接关系的主体对于行政机关和排污企业的违法行为，可以自己的名义提起诉讼。环境公益诉讼制度也是公众参与原则在环境救济领域中的体现。

从上述方面把握，可以将环境法与民商法、行政法较好地划分开。我们可以得出如下结论：环境法不是经济法或行政法的一部分，而是具有独立调整对象和调整方式的部门法。它无法完全涵括于公法、私法之内，而是归属于社会法这个第三法域之下的社会法部门。

四、社会法语境下人类命运共同体的建构路径

“人类命运共同体”的主要目的是建设一个“持久和平、普遍安全、共同繁荣、开放包容、绿色低碳的世界”①。环境法作为新兴部门法具有公私法融合的特点，其社会法的属性使环境立法有别于传统公法、私法法律规范的特点。社会法语境下，作为第三法域的环境法，与人类命运共同体理念在功能目的、利益衡量、体系构造、价值追求等方面存在诸多重合，相互之间可以实现有效融合。因此，在社会法语境下探讨构建人类命运共同体，为生态文明建设提供了新的思路。

（一）构建人类命运共同体强调人类整体利益

社会法强调社会本位。个人本位强调个人作为社会要素当中的唯一实体性要素，其主体性决定了以人的所有利益为出发点，自然资源、环境空间、生态系统、制度规范都是为满足个人需要的服务性、从属性要素。社会本位并不否认个人在社会中的独立性和自主性，承认个人享有的权利和地位，但社会本位强调以社会整体利益为中心，反对为实现个人利益而损害社会整体利益。

生态环境是典型的公共产品。人类命运共同体理念揭示了各国在全球环境治理中的共同利益，强调生态的整体性和人类利益的共同性。为了解决各种生态环境问题，法律从保护个人利益为重心向保护社会权益转移。在环境立法领域，个人利益本位让步于社会公共利益本位，避免了为保护个人私益

---

① 习近平：《共同构建人类命运共同体》，《人民日报》，2017 年 1 月 20 日。

而损害环境公共利益,在一定程度上缓解了生态环境危机问题。

如果不能超越个别利益,人类不可能真正有效地保护生态,并重建生态平衡,不可能恢复与自然和谐相处的美好关系。只要是倾向于把自身利益和地方民族国家等局部利益置于生态整体利益之上,必然倾向于为自己的物欲私利和危害自然的行径,寻找种种自我欺骗的理由和借口,生态危机也就必然随之而来,而且越来越紧迫。构建人类命运共同体要求人们为了生态整体的利益,自觉自动地限制超越生态系统承载能力的物质欲求、经济增长和生活消费。在公平正义的前提下进行生态领域里的全球合作,通过推动世界范围的生态正义,实现全人类的和平与合作。

(二)构建人类命运共同体要求以可持续发展为理念

习近平生态文明思想是对人与自然关系的重新解构,揭示了人类文明发展的规律。人与自然生命共同体是构建人类命运共同体的坚实基础。人类命运共同体思想对西方资本主义工业文明先污染后治理发展模式进行纠偏,避免我们在现代化建设中重蹈覆辙。明确提出实现社会经济发展不能以牺牲自然环境为代价,必须解决人与自然之间的紧张关系,达到经济发展与生态环境保护相协调的动态平衡,增进公共福祉,实现环境正义。

《我们共同的未来》中,将可持续发展的含义阐述为既满足当代人的需要,又不对后代人满足其需要的能力构成危害的发展。①人类命运共同体思想导入了代际公平的理念,追求代际和谐、生态和谐,与可持续发展的内涵存在高度契合,体现了可持续发展的思想和理念,在更宏观的视野之下探讨社会经济与生态保护的协调与平衡,包括世界范围的一国内部的代际之间的生态正义的实现。从人类共同体的角度来认识生态环境问题,赋予生态环境保护在社会生活中更基础的地位和更高层次的意义,是对可持续发展观的创新与

---

① 参见世界环境与发展委员会编著:《我们共同的未来》,国家环保局外事办公室译,世界知识出版社,1989年,第19页。

超越。

构建人类命运共同体，要求落实共享发展的理念，协调好发达国家、发展中国家及落后国家人民的环境权利。统筹好一国之中发达地区与不发达地区的区域主体之间的环境权利，兼顾代内正义与代际正义，这是人类可持续发展的题中应有之意。

（三）构建人类命运共同体要求合理分担全球生态环境治理责任

进入21世纪，生态危机已经波及全球，生态环境问题已成为全人类必须共同面对的生存问题，不可能依靠单个国家来解决，需要世界各国的共同努力。近年来，随着全球化程度的加深，各国利益交织，生态环境问题日益严峻和复杂。习近平提出的人类命运共同体思想以一个全新的视角解决国际环境问题，为全球生态文明建设提供了有益的中国方案，构建"人类命运共同体"的理念已经在世界范围内形成共识。

当前，全球生态环境治理出现市场失灵和政府失灵，社会法上的倾斜保护原则和共同责任原则回应了治理全球性生态环境问题的要求。应对全球生态危机，各国应坚持共同但有区别的责任原则。共同但有区别的责任原则，是确定各国在面对全球性环境治理问题时的责任分配原则，这一原则包括两层含义：共同的责任和有区别的责任。一方面，地球生态系统关系到世界各国的利益，各国均负有保护国际环境的义务；另一方面，发达国家和发展中国家在国际环境保护中承担的责任应有所不同。原因在于发达国家在工业化发展过程中，对全球环境造成了严重的污染和破坏，却又偏享工业化的成果，而发展中国家被迫为发达国家的环境污染买单；发达国家和发展中国家对造成环境问题的历史责任不同，并且发达国家在治理环境方面掌握了更多的资金和技术优势，更有能力进行生态环境治理工作，所以发达国家对全球环境保护和治理应承担更多的责任。

共同但有区别责任原则，正视发达国家与发展中国家间的差距，是构建人类命运共同体的前提。应对全球生态危机，任何国家都无法置身事外，各国应协调一致，积极开展合作，同时根据发展需求和能力的差异，相互尊重、共同发展，构筑一种平等、协调的新型生态关系，促进全球生态和谐平衡，全球治理体系更加公平合理。

（四）构建人类命运共同体要求国际社会共同参与，重视全球生态环境治理

环境问题无国界。破解全球生态难题，不可能仅凭一国或几国之力，需要世界各国相互扶持，共同努力。国际社会应该携手同行，开展政府间合作和非政府组织间的合作，恪守国际环境条约，坚持绿色、低碳、循环、可持续发展模式，共谋全球生态文明建设之路。

中国作为构建人类命运共同体的倡导者，致力于提升全球生态治理的话语主导权，为国际社会提供更多更有效的生态公共物品，积极维护生态多边主义，反对“生态帝国主义”与“生态殖民主义”。提倡世界各国在应对气候变化、实现绿色低碳发展与构建公平公正、合理的全球生态治理体系上做出积极努力。

（五）构建人类命运共同体要求环境法治生态化

人类命运共同体要求环境法律制度更加彰显先进的生态文明精神、思想和理念，更加集中地反映生态文明法治建设的实践经验。

环境法治生态化，要求贯彻生态本位观、生态整体主义观、综合生态系统观、生态基础制约或环境承载能力有限观、人与自然和谐相处观，承认动植物、江河湖海生态系统的内在价值，坚持经济社会和生态的协调可持续发展原则。我国的环境法律建设，在生态化方面做得还不够，在很多方面还不同程度地带有工业文明甚至农业文明时期的烙印。为此，要健全生态法律法规，清理现行法律法规中与生态文明建设不相适应的内容，加强法律法规间的衔

接，促进环境资源保护法律向生态法的方向发展，为生态文明体制改革提供制度保障。

五、环境法治为构建人类命运共同体提供制度保障

环境法治建设是生态文明建设的重要组成部分，是构建人类命运共同体的重要依托。生态文明的提出，表现为人民环境权利意识的提升和环境保护理念的增强。人类命运共同体是要实现人类环境和生态之间的和谐发展的状态，其实现方式必须借助环境法律规范构建新型的权利义务关系和制度机制。

（一）在法律内容的设定上，完善相关生态立法，对构建人类命运共同体作出回应

将专门性的环境资源保护法律生态化是法律体系生态化的重点。党的十八大以来，我国环境立法进入了生态文明新阶段，[①]环境法制建设实现了历史性跨越。构建人类命运共同体对传统环境立法提出挑战，环境立法目的由调整自然资源的开发利用向规范资源保护转变，由污染防治为主向生态保护、生态修复为中心转变，实现环境治理体系的现代化。

随着生态文明建设战略的推进，我国环境立法深入全面发展。首先，加快完善生态环境保护法律体系。完善主体功能区制度，建立生态保护红线制度，生态环境公益诉讼制度，完善落实生态补偿和生态环境损害赔偿制度，实行生态环境损害责任终身追究制。

强化经济调节手段，颁布环境保护税法，探索排污权交易、碳排放、碳中和、污染强制保险制度；建立生态补偿机制，推进生态环境损害赔偿制度。

在监管和执行方面，进行生态环境保护管理机构改革，通过建立生态环

---

① 孙佑海：《我国70年环境立法：回顾、反思与展望》，《中国环境管理》，2019年第11期。

境目标责任制、生态环境机构监测监察执法垂直管理，落实中央生态环境保护督察制度等措施加强监管，理顺生态环境治理体制。

积极推进相关法律的生态化，将绿色理念贯穿于民法、刑法、诉讼法、行政法等部门法的制定和修改之中，防范环境污染和生态破坏。如民法总则中绿色原则的规定，诉讼法中环境民事公益诉讼、行政公益诉讼制度的规定，标志着我国生态环境法治向纵深发展。

（二）在法律价值的追求上，体现环境公平和实质正义

从环境立法实践来看，具体到环境利益与经济利益的衡量中，更应当追求的是环境公平与实质正义。例如，共同但有区别责任的原则即是实质正义的体现，以实质正义而不是形式正义作为衡量的价值基准。

污染防治法对排污的规制，从效率与公平的法律价值角度而言，治理环境的法律当然具有工具理性，满足对效率的追求，但对受害主体权利救济则应以公平为首要追求，以纠正已经发生的价值无偿转移、填补受害人的实际损害为目的。如果污染造成了生态损害，那么还要求排污者承担生态环境损害赔偿，以体现环境公平和实质正义，实现环境法的价值理性。

构建人类命运共同体，其核心是正确处理和协调人与自然的关系，促进人与自然的和谐相处。维护生态平衡和生态安全。防止环境污染和生态破坏，合理利用和节约资源。环境法治建设既是生态文明建设的一个重要方面，又是人类命运共同体得以有效构建的重要保障。通过制定和实施相关法律规范，以保障和促进人类命运共同体建设，是时代赋予环境法治的历史任务，而环境法治建设要对构建人类命运共同体作出回应，为构建人类命运共同体提供法律保障和制度支撑。

环境法治与人类命运共同体理念的契合，使二者相互之间可以实现有效融合。环境法的发展与人类命运共同体的建构相互交织，相互影响，相互促进。习近平生态文明思想以构建“人类命运共同体”为重要理论蕴涵，助力人类文

明新形态的探索实践，指导环境法治建设。实际上，研究环境法的社会法属性的主要目的在于从整体利益出发，更加科学合理地进行环境立法，有效地控制环境侵权的发生，使环境权利得到切实的保障和救济。因私法救济的主要目的是对受到的侵害进行填补，而社会法的调控机制在于对损害的预防，关注环境法的社会属性并将其作为切入点，从社会法的视角解读习近平生态文明思想，既可以对我国环境法的立法实践提供理论支持，也可以为探讨人类命运共同体的建构路径提供一种崭新的视角和思路。

参考文献

[1] 蔡茂寅：《社会法之概念、体系与范畴——以日本法为例之比较观察》，《政大法学评论》，1997 年第 58 期。

[2]董文军：《和谐社会建设与社会法保障——中国法学会社会法学研究会 2007 年年会综述》，《当代法学》，2007 年第 6 期。

[3][德] 弗朗茨·维亚克尔：《近代私法史——以德意志的发展为观察重点》，陈爱娥、黄建辉译，上海三联书店，2006 年。

[4][法]E·迪尔凯姆：《社会学方法的准则》，狄玉明译，商务印书馆，2003 年。

[5]郝风鸣：《法国社会安全法之概念、体系与范畴》，《政大法学评论》，1997 年第 58 期。

[6][德] 卡尔·拉伦兹：《法学方法论》，陈爱娥译，五南图书出版公司，1996 年。

[7][日]菊池勇夫：《经济统治法》，有斐阁，1938 年。

[8]李龙、范进学：《论中国特色社会主义法律体系的科学建构》，《法制与社会发展》，2003 年第 5 期。

[9]吕忠梅：《论环境法的本质》，《法商研究》，1997 年第 6 期。

[10]林嘉主编:《社会法评论》,中国人民大学出版社,2006年。

[11]毛德龙、王燕:《近年来中外社会法研究述评》,《东方论坛》,2008年第1期。

[12] 汪信砚:《生态文明建设的价值论审思》,《武汉大学学报》(哲学社会科学版),2020年第3期。

[13]习近平:《共同构建人与自然生命共同体——在"领导人气候峰会"上的讲话》,《人民日报》,2021年4月23日。

[14]谢晖:《价值重建与规范选择——中国法制现代化沉思》,山东人民出版社,1998年。

[15]郑尚元:《社会法的存在与社会法理论探索》,《法律科学(西北政法学院学报)》,2003年第3期。

[16]郑少华:《生态主义法哲学》,法律出版社,2002年。

[17]竺效:《法学体系中存在中义的社会法吗?——"社会法"语词使用之确定化设想》,《法律科学(西北政法学院学报)》,2005年第2期。

[18]Philippe Sands ed., *Principles of International Environmental Law I: Frameworks*, Manchester University Press, 1995.

❖优秀论文摘要

“双碳”目标下制造业碳排放双控与能源脱钩研究
——以天津市为例

孙振清　张　昊　戴陈彦

2020年9月22日，习近平总书记在第七十五届联合国大会一般性辩论上提出了“双碳”目标。同时，制造业发展作为我国立身之本，决定着我国在国际分工中的竞争力，在“双碳”背景下，大而不强的特点督促着中国制造业必须走绿色可持续的高质量发展道路。制造业是天津市的支柱产业和碳排放主要来源，其减排实施情况直接决定天津市双碳目标能否顺利实现。实现达峰目标是天津市制造业实现碳中和的必要前提，越早实现越对实现碳中和目标有益。相比于中国2030年碳达峰的目标，天津市应力争提前实现，为全国制造业城市提供经验。

为制定合理有效的减排路径，考虑到不同行业之间的差异，本次选取天津市制造业五个细分行业进行研究，将创新驱动力因素纳入GDIM模型进行因素分解，摸清天津市制造业碳减排的真正驱动因素。同时，能耗双控转变为

作者简介：孙振清，天津科技大学经济与管理学院教授；张昊，天津科技大学在读硕士研究生；戴陈彦，天津科技大学在读硕士研究生。

本文系天津市社会科学界学术年会（2022）优秀论文，后收录于《理论与现代化》。

碳排放双控的考核标准让能源消费和碳排放脱钩为制造业提供了新的减排视野。基于 Tapio 模型分析细分行业碳排放与能耗的脱钩情况，并基于 LEAP 模型定义四种情景对细分行业未来减排潜力以及脱钩情况作出预测，得出如下结论：

一是基于天津市制造业碳排放驱动因素分解结果，创新投入规模和产出规模是制造业及细分行业碳排放增加的主要因素。创新投入碳强度是决定碳排放下降的主要因素。通过对减排主要因素进行对比发现，如果创新投入带动了产出规模的提升而没有改变能源利用效率，势必会导致碳排放增长，且与能耗没有脱钩趋势。

二是不同时期制造业与细分行业的脱钩状态存在不同程度的差异。天津市制造业近十年能耗与碳排放脱钩情况并不理想，脱钩指数呈上升趋势，属于衰弱性连接状态，但经济与能耗、经济与碳排放脱钩状态有较好的发展趋势。五个细分行业在 2015—2020 年间碳排放与能耗脱钩状态表现不佳，近十年间只有高技术产业达到弱脱钩状态，装备制造业和消费品加工业在多数年份没有达到脱钩状态。

三是除基准情景外，天津市制造业均能于 2030 年前实现碳达峰，以科技创新为重点驱动力的能效提升情景最先达到峰值，其中装备制造业在产业结构升级情景中减排最多，其余行业均在能效提升情景具有较大的减排潜力。整体上看，天津市制造业要在没有安全清洁的新能源作为大量替代的前提下实现碳排放与能源脱钩，以科技创新为驱动力的能效提升路线将成为制造业未来绿色转型的主要途径。

❖构建中国特色战略传播体系背景下的数字新闻与智能传播专场

会议综述

11月26日，由市社科联、市教委、市委网信办主办，天津大学承办的“构建中国特色战略传播体系背景下的数字新闻与智能传播”学术研讨会以线上线下相结合的方式举行。来自全国高校、科研院所的新闻传播学界专家学者相聚云端，围绕“构建中国特色战略传播体系背景下的数字新闻与智能传播”主题进行研讨交流。本场学术研讨会是天津市社会科学界学术年会(2022)的重点活动，旨在学习宣传贯彻党的二十大精神，建构中国特色新闻传播学自主知识体系，会议取得良好效果。

一是引领学术前沿，平台交流作用进一步发挥。此次研讨会围绕“构建中国特色战略传播体系背景下的数字新闻与智能传播”主题进行深入研讨交流。注重学科间的交叉融合，注重新技术革命给学科发展和人才培养带来的影响和变化。邀请全国政协常委、中国日报社原社长兼总编辑周树春，中国社科院新闻与传播研究所所长胡正荣，天津大学新媒体与传播学院院长陆小华等顶尖专家，分别围绕“‘中国式现代化’和中国话语体系建设”“中国自主的新闻传播学知识体系建构”“数字新闻学建构的底层逻辑与核心命题” 做主旨报告，提出“要把中国式现代化叙事作为中国特色哲学社会科学话语的核心，以加快构建知识体系推动话语体系建设”。

二是理论联系实际，服务大局意识进一步凸显。此次研讨会既有学术领域的专家学者，也有网信部门、新闻媒体等实际工作者。通过详尽的数据和生动丰富的案例，介绍了天津网络传播实践的创新工作与实践经验。专家学者结合各自研究成果，从“网络视听媒体内容创新与海外传播研究”“‘数字沟通力’与天津城市形象传播”等方面进行了深入交流。发言聚焦服务国家战略需求，聚焦讲好天津故事、传播中国声音，更好地为全面建设社会主义现代化国家服务。

三是坚持开放办会，品牌影响力进一步提升。会议筹备过程中，通过召开高校推动会、微信推送、定点投放等方式，广泛宣传动员。本场学术年会征文得到了广大社科专家学者的热情响应和支持，共收到来自全国36所高校学者的170篇投稿，征文数量和质量都再创新高。其中，来自天津以外的15所高校的学者也向年会投送了高质量论文。为发挥好研讨会作用，在前期广泛征文的基础上，择优选取部分对实际工作有咨政价值的观点作了汇编，呈报部领导和相关单位参阅，得到了肯定性批示。

❖优秀论文

构建中国话语和中国叙事体系研究

——以中国新闻奖国际传播类作品为例

潘奕璇

[**摘要**]国际传播奖的设立和发展与中国国际传播战略发展息息相关，中国新闻奖是主流媒体和新闻工作者国际传播能力最高水平的代表。讲好中国故事是国际传播的重点，需要在中国话语和叙事体系建构的具体实践中逐步探索。以 2011 以年来中国新闻奖国际传播类作品为例，本文从叙事主体、叙事技巧和叙事客体这三个层面分析这些获奖作品的价值定位和话语表达方式，梳理中国故事的表达和叙事变迁，探讨国际传播中叙事与话语的深层关系，更好地向世界讲中国故事。

[**关键词**]中国新闻奖；叙事体系；国际传播

党的十八大以来，国家和政府非常重视国际传播能力的建设。习近平总书记强调，展现真实立体和全面的中国，是增强国际传播能力的一项重要工

作者简介：潘奕璇，天津外国语大学国际传媒学院硕士研究生。

作。[①]党的二十大报告指出，坚持中国文化的立场，增强中国文化的影响力和传播力，加快中国话语与中国叙事体系建设。提高国际传播的整体效能，形成与中国国际地位和综合国力相匹配的国际话语权。深化文明的交流与互鉴，促进中华文化更好地走向全世界。[②]在国际传播中，受众与新闻作品发生地和情节有一定的距离，在“西强东弱”的国际舆论场的影响下，讲好中国故事是当下中国国际传播的核心目标与关键要素所在。

一、中国新闻奖：新闻生产的官方话语认可

新闻评奖作为象征资源生产，是新闻媒体行业荣誉生产及分配机制的一种重要方式。通过象征性资源的控制与再生产，借由它持续重申着价值规范的现实行动。[③]中国新闻奖是由中华全国新闻工作者协会主办，经中央批准设立的全国优秀新闻作品的最高奖项。中国新闻奖设立于1989年，截至目前已经举办32届，涌现了不少具有代表性的佳作。2011年，第21届中国新闻奖正式设置了国际传播类奖项，获奖作品代表着我国新闻媒体在国际传播领域取得的重要成果。

经过梳理，国际传播类奖项共设立40件(包括一等奖6件、二等奖12件和三等奖22件)，其中许多获奖作品围绕着“中国故事”展开。中国记协指出：“国际传播奖项的设置目的是鼓励在推动媒体深度融合发展和国际传播能力建设中有突出贡献的人才。增强中国声音，为我国提供强有利的国际地位和舆论支持。”[④]由此可见，中国新闻奖承担新闻记者“成名的想象”，国际传播类

① 《习近平主持中共中央政治局第三十次集体学习并讲话》，中国政府网，http://www.gov.cn/xinwen/2021-06/01/content_5614684.htm。

② 习近平：《高举中国特色社会主义伟大旗帜 为全面建设社会主义现代化国家而团结奋斗——在中国共产党第二十次全国代表大会上的报告》，中国政府网，http://www.gov.cn/xinwen/2022-10/25/content_5721685.htm。

③ 黄月琴：《作为象征资源的普利策新闻奖：网络“凝视”与话语实践》，《现代传播》，2016年第6期。

④ 《中国新闻奖评选增设国际传播奖项》，《新闻知识》，2011年第5期。

获奖作品制度化的评价机制,同时也成为中国新闻生产官方话语认可的象征性资源。①

二、叙事主体

长期以来,我国在发展国际传播能力和有效进行国际舆论引导方面,已经初步建立了多主体和立体式外宣格局。但是国际舆论场仍然是“西强东弱”的基本格局,西方世界的主流媒体在政治经济、意识形态、文化差异等因素的驱动下,通过议程设置,迎合西方民众的固有认知,强化对中国的偏见,对中国“污名化”的现象依然十分严重。国际传播的叙事主体主要有两个方面:国际体系叙事和国家叙事。

(一)国际体系叙事:向世界展示真实的中国

国际体系叙事指的是对于国际热点议题的观察和报道,主要阐释国际体系的结构及其运作机制,还包括不同国际成员在国际体系中扮演的主要角色。

例如,获得第26届国际传播类一等奖的《中国军队援非抗击埃博拉系列报道》。12篇报道既有文字精短的消息,也有细腻的特写,还有深度解读的通讯,突出了中国角色、疫情防治、中非关系等叙事要素,展现出中国军医的精湛医术和战斗作风,先后被新华网、《华尔街日报》等国内外媒体纷纷转载,在国际社会中展示了中国的责任担当。

又如,获得第32届国际传播类一等奖的《没有任何力量能够阻挡中国前进的步伐》,这篇评论文章首段使用四个简短的排比句强调孟晚舟回国的意义,明确这一事件的政治性质和背后的真正原因。同时,铿锵有力地阐述中国的立场,对美国的政治态度给予强有力的回击,突出了国家形象、中美关系、政

① 潘亚楠:《他者视角下的中国故事创新叙事——以中国新闻奖国际传播奖作品为例》,《编辑之友》,2020年第8期。

治和未来走向等叙事要素的融合，在国际国内的舆论场中产生强烈的反响。

（二）国家叙事：增强中国故事的世界表达

随着中国经济实力的增强和综合国力的提高，中国日益成为国际社会的重要组成部分，世界各国对中国的关注度也在增强。国家叙事是指对某一特定国家或国际成员的角色性描述，包括核心价值观和发展目标等，主要表现为国家形象叙事，也就是向世界介绍和展示中国关注的问题。例如，获得第32届国际传播类一等奖的《非凡的领航》，是中央广播电视台推出的16级大型电视专题片，聚焦新时代党和国家带领人民取得的伟大成就，创作者运用了大量的人物采访和纪实影像，由点到面地实现故事的讲述以及权威思想的解读。利用大量习近平总书记的画面和同期声强化和提升主题，有力地展现了全片“领航”的立意。“以政论情怀，故事表达”的叙事方式，是新时代国际传播中政论类纪录片的成功标杆之作。

又如，获得第32届国际传播类二等奖的中英合拍纪录片《行走中的中国》，两位外国主持人来到中国，以进城务工人员、女性等为代表的真实鲜活的经历，记录脱贫攻坚与经济复苏两大国外观众最为关注的中国议题。纪录片的故事选取、镜头语言的使用和叙事视角都是国外观众所熟悉的“打开方式”，播出后收到良好的社会反响，在社交媒体引发大量年轻人关注和相关议题的深度思考与讨论。

三、叙事技巧

讲故事历来是国际传播关注的焦点问题。故事性话语构成了新闻报道的话语基础，解释性话语代表着国际传播话语体系的指向。[①]中国话语体系既要

① 周庆安：《国际传播的话语体系构建——从第26届中国新闻奖国际传播作品谈起》，《新闻战线》，2016年第21期。

以中国核心价值观为支撑，在对外传播中充分体现我们自身的立场主张，寻找中外的话语共同点与利益交互点，紧贴国外受众思维方式与语言习惯，讲好中国故事。

（一）故事性话语：构建真实与情感的双重表达

故事性话语主要指故事情节的真实性以及情感表达的真切性达到纪录之“实”，运用表意修辞方式以及光影艺术的展示达到纪录之“虚”，实现宏大命题的书写。

例如，获得第24届国际传播类三等奖的《月球车日记：我的奔月之旅》，新华社在新浪平台上开发运营“月球车玉兔”微博账号，使用第一人称和日记体的形式，对嫦娥登月的过程进行了实时报道。玉兔的故事与经历极具感染力，获得国内外网友与公众的关注。CNN等多家西方主流媒体纷纷追踪报道玉兔的月球之行，将其称为“一只勇敢的兔子”和“探险家”。

故事性话语将中国故事表达的特殊性同普遍受众的心理需求结合起来，生动的场景与细节使作品的意义得到拓展和深化，[①]在传达深厚的思想道理的同时，也有深切的情感表达。这就需要新闻报道兼顾细节与情节，真实反映新闻现场的实况，同时也要把报道的细节和新闻生产的逻辑性连贯地展示出来。[②]实现和观众的情感共振，通过感性和理性相结合的方式，讲好中国故事。

（二）解释性话语：增强国际传播的报道深度

经过多年深耕，我国在国际传播能力建设方面取得重要进展，从“中国印象”到“中国故事”意味着我国的国际传播作品越来越重视报道深度。解释性

① 程曼丽：《讲好中国故事的角度与着力点——第二十四届中国新闻奖国际传播获奖作品评述》，《新闻战线》，2015年第1期。

② 周庆安：《深度、角度、态度——从第26届中国新闻奖评选看国际传播作品的特点变化》，《中国记者》，2016年第11期。

话语主要指新闻作品不局限于简单地把本国的新闻事件展示给国际社会，或者是向国内受众呈现国际热点，进行正确的价值判断；更重要的是，通过解释性的叙事回答国际关心的中国议题，提供观照中国与世界的视角。提高我国在国际上的话语权与影响力，降低“文化误读”和“文化折扣”所带来的消极影响，是新闻工作者议题设置和叙事技巧的更高要求。

例如，获得第32届国际传播类二等奖的《“东西问”之“观中国”》系列报道，围绕政治经济形势、中国文化、国际关系等议题，根据现场访谈实录摘要，建构问与答的解释模式，同时对话中外各领域专家学者，通过“悬置—发现—解构”的分析方法，转换思考问题的角度，试图构建解决方案，传递价值和认同的使命，对话式叙事表达的背后是对中西方碰撞与争鸣的深度思考，国际传播作品有必要在解释性作品上实现深度突破。

（三）互动性话语：建立互动平等的对话模式

互动叙事指的是在国际传播类作品中要更多地反映普通人的声音，建立互动和平等的对话模式，语言完成“意义的联合”和“使用意义”的交流。[①]这就要求新闻作品能够平衡受众的时代特点、审美需求和情绪表达，这类获奖作品呈现出大叙事与小叙事相结合的特点。既有建党百年这样的大叙事，也有讲述微观层面普通人故事的小叙事。

例如获得第26届国际传播类二等奖的《直面雾霾：中国空气污染治理之战》。围绕国内外关注的空气污染问题，采用访谈的形式，邀请国内外知名的环境专家参与节目。问题设计着眼于空气污染的治理，在给受众提供了大量信息的同时引发他们的深刻思考，对决策者来说也具有参考价值和借鉴意义。环境污染的话题专业性强，关涉大量英语科技词汇，主持人将专业理解表述通俗化，具备很强的互动性话语特征。

① 王怡红：《得一门而入——对话研究及其方法论指向》，《新闻与传播研究》，2005年第1期。

四、叙事客体

(一)问题叙事:积极回应争议性的议题

问题叙事主要是新闻媒体将社会公众所关注的热点议题在国内外进行报道,并阐释国家政策实施的合理性或者必要性,并对其具体实施过程进行说明。

例如,获得第26届国际传播类二等奖的《是谁见不得南海风平浪静》。在美国“重返亚太”战略推进及美国以武力手段对我国南海局势的干涉背景下,《解放军报》强势发声,以署名文章的形式对美国的行动进行批驳和揭露,从历史与现实多个角度发出追问,占据事实与道德的制高点,与美方展开了针锋相对的舆论斗争。这一稿件刊发后,凤凰网、《联合早报》等外媒纷纷转载,在国内各大网站和论坛上进行更多的讨论和留言。

又如,获得第32届国际传播类二等奖的《新疆棉花遭遇“明枪”与“暗战”》,整组报道独立客观,充分的采访结合详实的数据,理性的行文和建设性的思考,有力批驳了新疆棉花的“强迫劳动”之说,揭示了新疆棉花停购事件背后大国政经角力的本质,并提出建立中国标准的合理性与必要性,这一稿件在南方周末APP当月阅读数最高,并被多个海内外互联网平台大量转载。

(二)全球叙事:国际视角下的中国担当

在人类命运共同体的价值理念下,我国增强国际传播能力是为了向世界发展贡献中国智慧和中国方案,引领国际社会建立更加公正合理的国际传播新秩序,并在此基础上增进不同国家、地区和文化间的沟通与交流,促进彼此间的理解以达成识,破除国家之间竞争关系中的零和博弈误区,确立合作关系下的共同发展理念。中国的国际传播更加重视环境、安全和发展等全球性议题，展现了中国敢于担当重任，在国际事务上扮演积极角色的大国形象。

例如，获得第32届国际传播类二等奖的《“象”往云南》，紧贴生态文明国家发展战略，用珍贵的镜头解读人与自然和谐相处问题的云南智慧与方案。航拍摄影和特写镜头的使用，观察式和参与式的拍摄手法，生动还原了象群的保护之旅，音乐以及配乐演奏展现了中国式的浪漫写意，为影片增色不少，向全世界展现了一个可信可爱可敬的中国形象。国内外数十家媒体把这一短片的播放作为COP15开幕式的亮点进行了报道。

（三）本地叙事：传递共同的价值使命

在获奖作品中，一些地区性的电视台，比如重庆国际传播中心、安徽广播电台、天津海河传媒中心等，开始立足本地特色展开了丰富的多重叙事。例如，获得第31届国际传播类三等奖的《科学的中医药》短视频，采用纪录片的形式，以外国人的深度访谈作为主线，讲述了中医药的功能及其在抗击新冠肺炎疫情中的应用。选择天津中医药大学校园、中药组分库实验室等场景，对医学领域的专业问题则采用了MG动画进行直观解释。美国全国广播公司等154家海外主流媒体的阅读量达到306万次，获得了良好的海外传播效果。

又如，获得第32届国际传播类三等奖的《当“诗经”遇上交响乐》，天津茱莉亚学院汇集了来自世界各地优秀的音乐艺术家。热爱中国文化的尼科洛·安森创作的这支乐曲拥有中国独特文化底蕴，又兼具西方浪漫主义色彩，用音乐完美演绎了一场中西对话。这篇报道主题鲜明，叙事生动，讲述的故事生动并富有感染力，体现中国音乐文化的开放性和包容性。在加拿大华语广播网《全景中国》栏目中播出，生动诠释了音乐无疆界，达到了更具地区特色的国际传播效果。

五、中国故事的表达和叙事转变

（一）叙事视角：从独自讲述转向共同讲述

在长期的国际传播实践中，为应对西方世界的“污名化”，中国常采用“自我宣传”的方式向世界讲述中国故事，是国家对自身存在状态的感知和反映。但由于中西方文化和语言符号的差异，国际传播常常面临缺乏共通意义空间的问题，单一主体的宣传模式已经不适应当前国际传播的需要。

经过梳理发现，中国故事的讲述者更加多元，包括国内外的普通个体、中西方专家学者等多方的共同参与。例如，获得第32届国际传播类二等奖的纪录片《真实中国：民主自由人权探索之旅》，新华社记者和3位美国专家，采访90多位普通人物。影片采用解说加采访为主体的表现形式，通过回族村委会选举、羊毛行业工资集体协商会、社会矛盾调解中心等这些朴实的画面，向世界展示中国社会民主开放的政治走向。

不同于“自我宣传”，中国国家形象的呈现已经不再自说自话，而是在国际交往与对话中建构中国故事，新闻作品能够有效地形成交流与互动，建立起与国内外观众的情感共振。

（二）叙事语态：从硬新闻转向故事化表达

在有关国际重大热点事件、国家形象建构等宏观公共议题的报道中，新闻报道承担起向世界展示中国的时代使命。国际传播类获奖作品在叙事语态上具有重大的革新，由宏观叙事转向故事性话语的表达。

例如，《非凡的领航》关注平凡人和小细节。在宏大主题的总领下从微观视角切入，如在第五集《改革攻坚》中，影片就用患有脊髓性肌萎缩症儿童仔仔的治疗经历讲述了医疗保障制度的进步，用进城务工多年的孙忠娜落户广州的故事讲述户籍制度改革的重大举措。正是这些微观视角的介入，转变了以往政论类影片的模式化、套路化说教姿态，让思想表达更加立体生动，实现和受众的情感共振。这一影片在叙事的立体化和思想表达的生动性上呈现了独特的创意，从而达到较好的国际传播效果。

（三）叙事模式：创新媒体融合报道方式

移动互联网的发展，传统媒体与互联网技术从“相加”到“相融”，积极实现数字化和网络化转型。传播技术和媒介使用形态上的创新，通过媒体融合等方式丰富了国际传播的叙事模式。例如，获得第32届国际传播类一等奖的《打卡！中国军队》，“学习军团”新媒体平台推出互动式融媒体系列报道，聆听基层官兵的强军故事，展现强军兴军的精彩风貌。以VR/AR为代表的虚拟现实技术和以5G为代表的信息通信技术，为国际传播的视频化和临场化提供了技术支撑。又如，获得第32届国际传播类三等奖的《创意视频 | 世界看崇礼，一起向未来》。长城新媒体深入实地取景拍摄，展示张家口冬奥场馆建设最新进展和设计理念。报道采用3D建模、虚拟视频和真人交互等技术手段，创新性和时效性强。作品在海外被中国日报Facebook、环球时报TikTok等海外账号转载及发布，形成国际化矩阵式传播。探索冬奥国际传播新形式，有效地扩大北京冬奥会国际影响力，为冬奥会的成功举办创造良好的国际舆论氛围。

信息技术的普及带来了话语权的下放，结合社交媒体和国内外互联网平台的使用，通过网民“协作叙事”“交互叙事”形成的圈子传播，他们更加愿意成为国际传播作品的忠实读者。例如，海外社交媒体上网友观看《真实中国：民主自由人权探索之旅》发表长篇评论支持中国政府，呼吁更多人来中国看看，把“中国比作点亮世界的光”。讲述中国故事的作品在社交媒体平台上“滚雪球”般地爆发，借助网友的力量让“中国声音”在新媒体上形一股“中国声浪”。[①]

---

① 孟达、周建新：《讲好中国故事的新媒体赋能》，《人民论坛》，2019年第3期。

六、结语

中国叙事体系呈现出一种思想和价值表达,其本质上是“道”。而中国的话语强调的是技巧和方法,也就是“术”的重要性。中国叙事和中国话语是“筋骨”和“皮肉”的关系,话语是叙事的基础,二者共同建构出中国的对外传播形象。

习近平总书记强调“讲好中国故事,传播好中国声音”。2011 年,第 21 届中国新闻奖国际传播奖设立至今,涌现出很多非常优秀的新闻作品。优秀的获奖作品是我国新闻工作者在国际新闻报道中宝贵的思想结晶,中国新闻奖的评选也能够促进国际传播类新闻人才队伍的培育与建设。

国际传播作品的叙事与话语是紧密相连的,在叙事主体、叙事客体和叙事技巧方面都在进行着创新性的实践。这不仅契合了现阶段我国国际传播能力建设与发展的新要求,中国话语和中国叙事体系的建构研究也需要更多理论探索,推动形成与我国经济发展和国际地位相适应的国际传播新格局。

在全球化背景下,中国正在加速融入世界, 并且逐渐进入国际传播的主阵地。国家和政府相关部门需要持续关注国际传播基础设施的建设投入和技术手段的升级,进一步增强内容建设。外宣媒体在国际传播中扮演着至关重要的角色,在观念层面将媒体融合的思维贯穿于国际新闻的生产和分发过程中,使中国的国际传播中能够与时俱进,取得更好的传播效果。

国际传播类获奖作品对中国故事的表达与叙事转变,体现出国家对外传播的思路调整,更是构建人类命运共同体、塑造负责任大国形象的重要形式,以国家视角走出话语自信的坚定之路,也正是增强国家话语权,提高文化软实力的重要保证。

参考文献

[1]习近平:《高举中国特色社会主义伟大旗帜　为全面建设社会主义现代化国家而团结奋斗——在中国共产党第二十次全国代表大会上的报告》,中国政府网,http://www.gov.cn/xinwen/2022-10/25/content_5721685.htm。

[2]《习近平主持中共中央政治局第三十次集体学习并讲话》,中国政府网,http://www.gov.cn/xinwen/2021-06/01/content_5614684.htm。

[3]程曼丽:《讲好中国故事的角度与着力点——第二十四届中国新闻奖国际传播获奖作品评述》,《新闻战线》,2015年第1期。

[4]黄月琴:《作为象征资源的普利策新闻奖:网络"凝视"与话语实践》,《现代传播》,2016年第6期。

[5]孟达、周建新:《讲好中国故事的新媒体赋能》,《人民论坛》,2019年第3期。

[6]潘亚楠:《他者视角下的中国故事创新叙事——以中国新闻奖国际传播奖作品为例》,《编辑之友》,2020年第8期。

[7] 王怡红:《得一门而入——对话研究及其方法论指向》,《新闻与传播研究》,2005年第1期。

[8]《中国新闻奖评选增设国际传播奖项》,《新闻知识》,2011年第5期。

[9] 周庆安:《国际传播的话语体系构建——从第26届中国新闻奖国际传播作品谈起》,《新闻战线》,2016年第21期。

[10]周庆安:《深度、角度、态度——从第26届中国新闻奖评选看国际传播作品的特点变化》,《中国记者》,2016年第11期。

习近平"一带一路"倡议在亚洲英文媒体的国际传播研究

孙　悦

[摘要]作为国家级重大顶层合作举措,"一带一路"倡议引起世界各国媒体高度关注和广泛报道,亚洲英文媒体是不可或缺的重要信息传播媒介。选取东亚、东南亚、南亚、中亚和西亚国家的13家亚洲主流英文新闻媒体作为研究对象,通过文本挖掘,对该倡议提出至今所涉及"一带一路"倡议的报道进行内容框架及倾向性分析,旨在揭示亚洲英文媒体对"一带一路"倡议的认知与态度。研究发现,亚洲主流英文媒体报道总体数量呈上升趋势,主要分布在经济和政治议题报道中,报道倾向较为正面客观,突出"一带一路"倡议为亚洲沿线国家带来利益。这是中国与亚洲国家关系发展状况的媒介话语表达,为我国精准把握"一带一路"倡议的世界传播格局,提升国际传播效能提供参考。

[关键词]"一带一路"倡议;亚洲英文媒体;新闻报道;国际传播

作者简介:孙悦,天津外国语大学滨海外事学院英语系副教授。

基金项目:天津市哲学社会科学规划项目重点委托项目"习近平'一带一路'倡议在亚洲英文媒体的传播研究"(TJWYZDWT1901-07)。

一、研究问题与文献回顾

习近平总书记2016年在党的新闻舆论工作座谈会上将“联接中外、沟通世界”作为党的新闻舆论工作的重要职责使命。理解并贯彻习近平总书记在全国宣传思想工作会议中关于“讲好中国故事,传播好中国声音”的重要讲话精神,既是时代命题,也是新闻媒体人的时代责任。总书记强调:“一带一路”倡议的首要合作伙伴和受益对象是周边国家,位于亚洲的65个共建“一带一路”国家,外宣部门需要格外关注,了解其受众需求,精准做好舆论引导。

“一带一路”倡议是“丝绸之路经济带”和“21世纪海上丝绸之路”的总称,2013年中国国家主席习近平在出访哈萨克斯坦、印度尼西亚时相继提出建设。该倡议的顺利实施“很大程度上取决于沿线国家和国际社会的认知与接受程度”①,沿线各国如何进行传播和解读,“很大程度上决定着该倡议的实施效果及影响力”②。

目前,学界对共建“一带一路”国家的传播研究、话语分析及国别研究等已广泛开展。方格格从微观话语修辞、词频统计和话语风格解读外媒对“一带一路”倡议的态度看法,发现国外媒体普遍赞同“一带一路”倡议的正确性和可行性经济合作设想;③高丽华和吕清远指出“一带一路”的“话语社团”包含中国和共建的60多个国家,话语的交流与传播面临来自民族、语言、国家利益、意识形态等方面的制约和障碍,只有搭建不同国家互相交流的话语平台,找到不同民族建议商讨的公共语境,才能有效地发挥话语实践的建构作

---

① 孙有中、江璐:《澳大利亚主流媒体中的“一带一路”》,《现代传播(中国传媒大学学报)》,2017年第4期。

② 吴勇:《媒体报道框架与中国在越传播——以越南官方媒体中的“一带一路”倡议报道分析为例》,《新闻爱好者》,2022年第5期。

③ 方格格:《“一带一路”倡议国内外传播效果对比——基于语料库的媒介话语分析》,《传媒》,2018年第1期。

用。[①]王小英认为“一带一路”传播工作应该考虑与对象国解释者之间的共同基础，在相似性的基础上选用合适的中国概念传播修辞策略；[②]刘伟使用爬虫技术收集“一带一路”相关数据，提出尽管不同时段新闻舆情的关注重点各有不同，但核心主题均围绕合作而展开，基础设施建设合作与各国文化交流沟通作为热点话题贯穿始终。[③]吴洪英发现拉美社会各界对“一带一路”倡议总体评价积极，该倡议将为中拉双方在基础设施领域合作创造新机遇；[④]孟炳君对沙特主流媒体报道进行分析，认为报道多从本国视角出发，强调沙特在该倡议中的重要地位和作用。[⑤]除国内研究外，国外学者对“一带一路”倡议也颇为关注。例如，巴基斯坦旁遮普大学 Muhammad Iqbal Chula 教授认为中国希望通过“一带一路”倡议提升国家软实力。[⑥]巴基斯坦学者 Ume Farwa 提出“一带一路”倡议反应了中国的战略文化。[⑦]俄罗斯学者 Andrei Skriba 呼吁东亚联盟同丝绸之路经济带的联合；[⑧]Mariia Gorbunova 和 Igor Komarov 分析亚洲基础设施银行和“一带一路”倡议，认为中国正努力同欧亚国家进行大规模经济合作。[⑨]波兰学者 Balázs Sárvári 回顾新丝绸之路项目，认为新丝绸之路将使

---

① 高丽华、吕清远：《话语实践：“一带一路”的国际话语建构与传播》，《宁夏社会科学》，2017 年第 11 期。

② 王小英：《“丝绸之路”的语言学命名及其传播中的话语实践》，《现代传播》，2017 年第 11 期。

③ 刘伟：《“一带一路”倡议下国内外新闻舆情及其演化分析》，《统计与信息论坛》，2018 年第 6 期。

④ 吴洪英：《对拉丁美洲参与“一带一路”的思考》，《现代国际关系》，2017 年第 12 期。

⑤ 孟炳君：《沙特阿拉伯主流媒体对“一带一路”倡议的认知》，《外语学刊》，2018 年第 11 期。

⑥ Chula Muhammad Iqbal, One Belt One Road Summit 2017 and its Implications for CPEC: An Overview, *South Asian Studies*, No.32, 2017, pp.277–84.

⑦ Farwa Ume, Belt and Road Initiative and China's Strategic Culture, *Strategic Studies*, No. 38, 2018.

⑧ Skriba, Andrei, The Eurasian Economic Union and the Silk Road Economic Belt: Players, Interests and Implementation Challenges, *International Organizations Research Journal National Research University Higher School of Economics*, 1996, p.7845(Print).

⑨ Gorbunova Mariia, Igor Komarov, A Hybrid Mechanism of Multilateral Economic Cooperation as a New Form of Foreign Policy of China, *International Organisations Research Journal National Research University Higher School of Economics*, 1996. p.7845(Print).

中国高端文化全球化，并最终实现世界多极化发展。①西班牙学者专门研究了“一带一路”对非洲国家的影响。②罗马尼亚《全球化经济观察者》杂志刊发文章，表达了欧洲人民对丝绸之路的企盼。③

综上，国内关于“一带一路”国际传播的研究已经有了一定数量的成果，在传播内容方面的研究有重复，但不够深入，缺乏对“一带一路”倡议在各大洲媒体的系统研究。传播受众方面的研究较少，尤其以国别为分类的研究更是凤毛麟角。国外相关研究滞后于我国，参与研究的亚洲学者不多，内容多与“一带一路”倡议相关，对“一带一路”在亚洲国家媒体的传播研究寥寥无几，研究方法多属于政治学和社会学，运用语言学、传播学和翻译学的研究方法进行多角度论证的较少。

笔者认为，本文以习近平总书记关于党的新闻舆论工作以及国际传播的重要论述为指导，以“一带一路”亚洲沿线国家为例，从新闻报道切入，研究其对“一带一路”倡议的认知和解读，了解其态度倾向，并就如何引导提升国际传播效能提供对策建议具有重要意义。因此，了解“一带一路”倡议在亚洲英文媒体的传播内容，深入探究其媒体状况特征、受众及文化，对我国外宣政策、经济政策、文化交流以及进一步制定“一带一路”精准对外传播策略，构建国际传播话语体系至关重要。

二、研究设计与方法

本文的样本主要通过 LexisNexi、EBSCO、Press Display 等数据库获取，其

① Sárvári Balázs, Anna Szeidovitz, The Political Economics of the New Silk Road, *Baltic Journal of European Studies*, No.6, 2016, pp.3–27.

② Jesús Manuel de., Rocha Pino, China and Megaregional Integration: the New Maritime Silk Road in Africa, *Revista CIDOB d'Afers Internacionals*, No.114, 2016, pp.87–108.

③ Poshtich Mina, Comparative Analysis of China's Energy Strategy in Central Asian States, *Sravnitel'naa Politika*, No.6, 2015, pp.85–103.

中利用EBSCO数据库中专门“一带一路”数据库、EBSCO数据库的newspaper子库以及ProQuest-Central全文数据库、Emrald数据库和CNKI等，从国别传播的视角，共收集自2013年以来包括东亚、东南亚、南亚、中亚以及西亚五大板块在内的亚洲国家主流英文媒体针对“一带一路”的相关报道，其中涵盖蒙古蒙通社、韩国《韩国先驱报》、日本《朝日新闻》、马来西亚《新海峡时报》、柬埔寨《金边邮报》、泰国《曼谷邮报》、巴基斯坦《每日时报》、印度《印度时报》、哈萨克斯坦《真理报》、吉尔吉斯斯坦媒体、伊朗《伊朗时报》、以色列媒体，以及沙特《沙特公报》13个国别。样本总量为864篇，共计约44万字。

主要采用内容框架及倾向性分析对所报道内容进行报道数量、报道信源、议程设置、报道篇幅及方式等方面的统计与分析。此外，通过亚洲各大英文媒体的官方网站，收集关于“一带一路”的网络相关英文报道，并生成5个小型语料库，充分发挥媒体的积极作用，推动“一带一路”倡议的高质量发展。

三、“一带一路”亚洲沿线国家英文媒体报道的框架分析

(一)报道数量

“一带一路”倡议在过去几年中实现了从理论到实践的逐渐推进，亚洲国家对其关注度逐渐递增。报道数量在文本所研究范围内整体呈不断上升趋势，其中报道高峰出现在“一带一路”相关峰会论坛及重大事件前后，体现出亚洲国家对此关注聚焦在本国的切身利益之上，这与新闻的接近性和相关性原则正相吻合。

如下表1和图1，在千余篇“一带一路”相关英文报道中，以东南亚国家的报道最为突出，报道数量最多，如柬埔寨、马来西亚、泰国；南亚、中亚次之，如巴基斯坦、哈萨克斯坦；东亚、西亚总体相关新闻的报道数量接近，其中以沙特的报道数量最多，蒙古的报道数量最少。

表1 “一带一路”倡议在亚洲英文媒体报道数量分布

区域	国家	媒体名称	报道数量	样本总量
东南亚	柬埔寨	《金边邮报》	200	420
	马来西亚	《新海峡时报》	120	
	泰国	《曼谷邮报》	100	
南亚	巴基斯坦	《每日时报》	70	80
	印度	《印度时报》	10	
中亚	哈萨克斯坦	《真理报》	60	66
	吉尔吉斯斯坦	吉尔吉斯斯坦媒体	6	
东亚	蒙古	蒙古蒙通社	3	64
	日本	《朝日新闻》	45	
	韩国	《韩国先驱报》	16	
西亚	以色列	以色列媒体	10	234
	沙特阿拉伯	《沙特公报》	194	
	伊朗	《伊朗时报》	30	

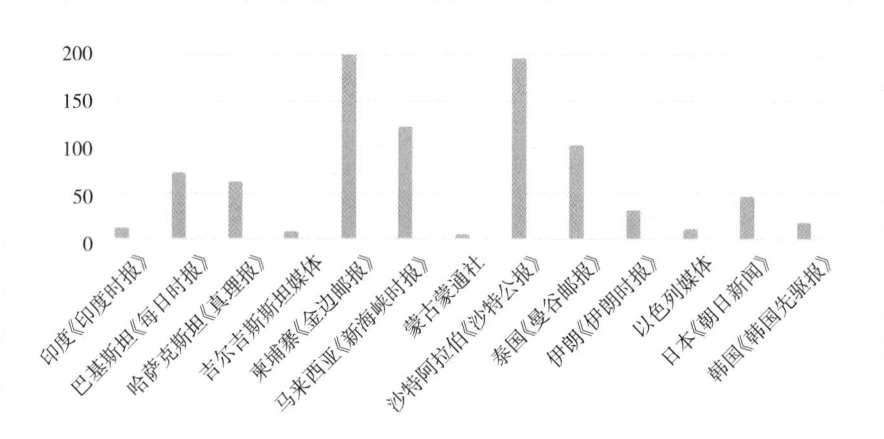

图1 “一带一路”倡议在亚洲英文媒体报道数量分布

(二)报道信源

凡在报道中被直接或间接引用的信息来源都称为信源。理论上,新闻报道的信源数越多，其呈现的观点越多元、越平衡、越客观①。在864篇亚洲英文媒体“一带一路”倡议的相关报道中，对其消息源进行数据统计发现，各国均能够遵循原创转载并行的原则方针，其中原文报道约占43.9%，转载报道约占56.1%。转载和原创各有千秋，平分秋色。

在13个亚洲国家“一带一路”倡议的英文报道中，受地域和经济成本等因素的综合制约，一些国家需要其他通讯社供稿，如日本《朝日新闻》、以色列媒体及韩国《韩国先驱报》转载文章数量相对较多，大多出自路透社、美联社、法新社等。但随着“一带一路”倡议的不断深入，一些国家的报道逐渐由转载转为原创，值得一提的是，一些国外媒体（如巴基斯坦《每日时报》、柬埔寨《金边邮报》、马来西亚《新海峡时报》以及伊朗《伊朗时报》）的转载文章多会选取我国新华社与中新网的报道，这充分说明“一带一路”倡议在世界得到认同与支持，国际影响力不断提升，朋友圈子不断扩大。

从信源所在行业看，可分为官员政要、商界精英、学界专家，如智库团队、高校学者、科研机构院所、专栏作家、华裔评论员等，信息来源较为均衡。政府官员对政策进行阐释，商界人员分析“一带一路”倡议的市场拉动，学界则对“一带一路”倡议的文化影响进行评述，但来自民间的声音缺失。“一带一路”倡议为沿线国家带来商品进出口往来与基础设施建设等诸多切实利益，其直接受益人为广大民众。报道中缺乏民间受益人的发声，需要加强民间在“一带一路”形象构建中的话语权。

（三）议程设置

新闻媒体建构现实的主要手段之一是通过议程设置来“决定不同主题的事件在公共议程中的重要性”②。亚洲国家“一带一路”倡议的英文报道主要议

① 孙有中、江璐：《澳大利亚主流媒体中的“一带一路”》，《现代传播（中国传媒大学学报）》，2017年第4期。

② Maxwell Mc Combs, *Setting the Agenda: The Mass Media and Public Opinion*, Peking University Press. 2010, p.2.

题涵盖政治、经济、文化、外交、军事等多个方面，报道主题内容全面而广泛。

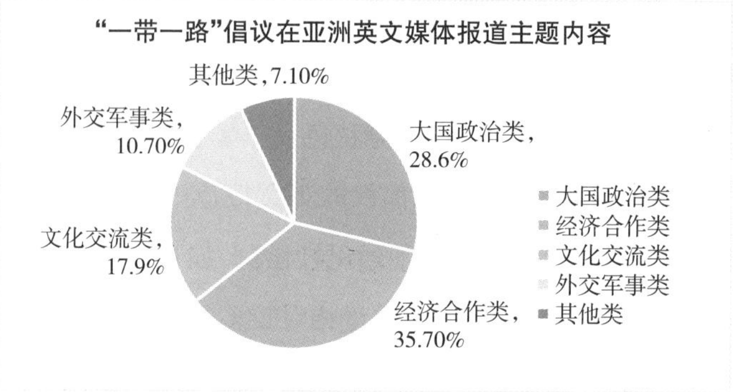

图2 "一带一路"倡议在亚洲英文媒体报道主题示意图

政治类议题主要以高层出访、首脑政要会晤、国事访问等为主，即国家领导人高层会晤互访、参加高端峰会、高峰论坛等。经济类议题主要囊括了经济发展合作、商贸往来、经贸投资与融通、区域连接、铁路公路港口基础设施建设、工程工业项目、政策性沟通、环境能源可持续发展、交通汽车物流运输、资源能源建筑、关税贸易出口以及科学技术研发等众多领域、多重行业。文化类议题多以文化生活、文化文明互鉴、文化博览、语言文化以及媒体电视等方面为主。外交军事类议题包含国际关系问题、多边外交关系以及外交战略等，特别是我国与其他共建"一带一路"国家间的关系进展也是议题内容之一。此外，安全援助与安全问题、社会热点等话题也位列其中。

总体而言，报道的主题内容既有所侧重，同时又丰富且多元，总体呈现积极客观、全面广泛多样的特征。其中，经济合作发展占比最重，涉及各国所共同关注的话题，成为众多国家关注的焦点。经贸往来和基础设施建设是各国关注的重点（见表2词频统计），这与"一带一路"倡导推进共同发展、实现命运共同的愿景相契合，对"一带一路"国际影响力提升大有裨益。

表2 "一带一路"倡议在亚洲英文媒体报道词频统计

词条	词频	词条	词频	词条	词频	词条	词频
China	5939	business	443	summit	295	great	194
project	1556	bank	430	help	283	strategy	193
economic	1347	forum	413	meeting	278	growing	192
trade	1225	growth	413	energy	274	markets	187
investment	1213	companies	402	ties	267	industrial	182
initiative	1150	well	362	military	261	finance	181
development	1132	leaders	362	important	258	border	179
new	1081	relations	356	future	243	peace	178
cooperation	992	security	349	port	243	efforts	177
world	918	prosperity	346	investors	237	industry	173
infrastructure	821	policy	339	bilateral	234	public	171
president	816	national	338	good	233	interest	170
international	811	power	338	technology	229	partner	170
government	739	market	334	opportunities	224	promote	169
foreign	695	support	324	influence	221	vision	168
people	672	strategic	314	further	219	win	167
global	649	benefit	313	potential	216	link	167
region	587	political	312	connectivity	205	transport	166
silk	564	construction	305	agreement	200	increase	164
economy	458	financial	300	network	194	railway	163

(四)报道篇幅与方式

"一带一路"倡议英文报道的篇幅大小,也是衡量和观察亚洲媒体对"一带一路"倡议态度的重要指标。综合来看,亚洲英文媒体对"一带一路"倡议的报道篇幅虽然短但占比较高,长篇幅的报道数量依然可观。其中,柬埔寨《金边邮报》报道"一带一路"倡议相关新闻11万字,泰国《曼谷邮报》7.3万字,马来西亚《新海峡时报》7.2万字,此三国位列前三甲。韩国《韩国先驱报》文章虽不多,但篇幅均较长,反映出该国对此问题的深入关注,也从侧面反映出亚洲英文媒体对"一带一路"倡议报道的重视程度。此外,新闻报道的方式多以文本式为主。

四、"一带一路"亚洲沿线国家英文媒体报道的倾向性分析

亚洲英文媒体对"一带一路"倡议的态度倾向总体较为积极,正面报道数量与比例逐渐上升,对中国同亚洲国家合作的认同感愈来越强,这反映出其积极推动且充满期待的态度。特别是关于中国经济发展与文化的报道体现出对中国政治发展和经济改革的肯定,并希望长期保持经济合作、文化交流的现状。报道中的中国总体呈现出勇于担当、维护和平的世界大国政治形象,高速发展、惠及周边的大国经济形象,以及历史悠久、多元发展的大国文化形象。

图3 "一带一路"倡议在亚洲英文媒体报道高频词汇词云图

(一)习近平"一带一路"倡议在南亚英文媒体的传播——以巴基斯坦英语媒体 The Daily Times 报道为例

在 LexisNexi、EBSCO("一带一路")、Press Display、CNKI、Proquest-central、Emrald 等数据库中检索巴基斯坦主流英文媒体《每日时报》的"一带一路"倡议相关报道,共整理出 70 篇、4 万字,内容主要涉及政治、经济和文化三个方面。巴基斯坦英文主流媒体对中国"一带一路"倡议的报道态度立场比

较积极正面，其中大部分采用事实性新闻，通过词频统计发现高频词汇中褒义词居多，例如 economic（173 次）、development（167 次）、initiative（166 次）、cooperation（148 次）、trade（124 次）、infrastructure（122 次）、projects（112 次）、global（103 次）、world（93 次）、people（86 次）、international（71 次）、investment（66 次）、region（56 次）、energy（47 次）、policy（45 次）、power（44 次）、win（33 次）、efforts（31 次）、peace（31 次）、important（30 次）、improve（13 次）、increase（13 次）、progress（13 次）、priority（10 次）等。这些词语包含“经济、发展、合作、贸易、基础设施、项目工程、全球、世界、人民、国际化、投资、区域、能源、政策、力量、努力、进步”等关于政治经济、区域连接、基础设施建设方面的表述。在巴基斯坦英文主流媒体报道中均选取了积极正面的用词，表达出其对“一带一路”倡议积极乐观、正面支持的态度和立场。

另外，在报道中还多次出现了一些极富正能量、积极正面的用语，例如 new（87 次）、connectivity（67 次）、shared（44 次）、prosperity（36 次）、support（36 次）、future（31 次）、benefits（29 次）、vision（29 次）、help（28 次）、sustainable（22 次）、opportunity（22 次）、agreements（16 次）、mutual（14 次）、boost（11 次）、needs（11 次）。它们分别代表“繁荣、拥护、未来、收益、愿景、援助、持续、机遇、赞成、互惠、兴旺、需求”的含义。巴方对我国的形容采用“welcome”，即“友好、巨大成就、财富、富有力量、积极支持、一贯支持、全球认同、光明前景、成功”等正面描述。这些词汇的选取明确了巴基斯坦主流媒体对我国“一带一路”倡议的主要立场和支持态度情感倾向，这与中巴多年来的友好往来是分不开的。此外，在 70 篇报道中，巴方媒体还高度评价了包括意大利、老挝、瑞士等其他国家积极加入“一带一路”倡议的重大举措。

（二）习近平“一带一路”倡议在中亚英文媒体的传播——以哈萨克斯坦英语媒体 Kazakhstanskaya Pravda 报道为例

在 LexisNexi、EBSCO （“一带一路”）、Press Display、CNKI、Proquest-central、Emrald 等数据库中检索哈萨克斯坦主流英文媒体《真理报》的"一带一路"倡议相关报道，共梳理出 60 篇，共计 2 万字，主题内容包括政治、经济、文化等多方面。报道的主要内容呈现多样化特点，涵盖了文化博览、汽车运输、媒体电视、工程项目、能源资源、丝绸之路、工业发展、语言文化、基金投资、政要会晤、基建修路、经济发展合作、贸易关税出口、区域网络安全、经济磋商洽谈、物流港口合作以及科学技术研发等多重领域。

报道基本以中哈两国时政发展、国事友好访问以及"一带一路"发展论坛等为主要脉络，立场较为明确，具有客观性和正面意义，对"一带一路"倡议持肯定积极的态度倾向。有关"一带一路"倡议，哈方高度重视并积极参与，其中 good neighborly relations、good neighborliness、mutual trust、partner、full support，即"睦邻友好、合作伙伴、互信互利、全力支持"等成为高频褒义短语。多元化合作辐射"一带一路"倡议下中哈合作的诸多领域，两国的合作具有非常重要而现实的意义。中哈商贸往来和中方直接经济投资为哈方带来了包括农业、汽车制造业、能源、基础设施、物流等行业的巨大经济价值，既使哈方拥有了强大的货物中转能力，同时还创造了大量就业机会。哈萨克斯坦全境同中国不同省份及区域均有经贸往来合作，带来了巨大的发展契机和实际利好，因此统计中还显示出以 "opportunity 机遇、prospects 前景、vision 远见、prosperity繁荣、beneficial 有利、agreements 共识、thanked 感激、support 支持、successful 成功、confirmed 肯定、confidence 自信、praised 赞扬、positive 积极"等为代表的高频褒义词语。综上，媒体营造了良好的舆论氛围和正向引领。可以预见，未来的报道会继续朝着多样性、多维度的态势良性发展。

（三）习近平"一带一路"倡议在东亚英文媒体的传播——以蒙古英语媒体Montsame News Agency 报道为例

通过 LexisNexi、EBSCO（"一带一路"）、Press Display、CNKI、Proquest-central、Emrald 等数据库检索蒙古主流英文媒体蒙古蒙通社关于 "一带一路"倡

议的相关报道,以“Belt and Road”“Belt and Road Initiative”“One Belt and One Road”为关键词检索出的报道作为研究对象,所涉及的报道数量不多,内容统一,均为政治议题(高层出访、元首互访),即国家领导人高层会晤、参加论坛峰会等。其中,表示人物、地名的名词“president 总统、Mongolia 蒙古”以及“cooperation 合作、relations 关系、opportunity 机遇”等特色名词为出现频率较高的关键词汇,动词或短语“gratitude 感激、visit 访问、stress 强调”等也时常出现在报道之中。通过内容分析方法细读文本发现,蒙古主流媒体报道样本总体呈现出合作友好的态势,在报道倾向方面,蒙媒体客观报道居多。以样本新闻为例,其中均为中性报道,报道内容多为消息类客观陈述,表明蒙主流媒体对我国“一带一路”倡议报道的客观态度。在具体内容上,蒙媒体更加注重政策性沟通,在基础设施建设、经贸融通、政策性沟通等方面的关注度较高,蒙方在塑造中国形象中起到了积极的正面作用。

(四)习近平“一带一路”倡议在东南亚英文媒体的传播——以马来西亚英语媒体 New Straits Times、柬埔寨英文媒体 The Phnom Penh Post 报道为例

1.“一带一路”倡议在马来西亚英文媒体的报道——New Straits Times

马来西亚主流英文媒体《新海峡时报》的“一带一路”倡议相关报道较多,共计 120 篇,7.2 万字。议题内容主要包括政治议题、经济议题、外交议题、文化生活议题以及军事议题等几个方面。整体上报道的篇幅较长,由此可见该报对“一带一路”倡议相关论述较为全面深入,予以了足够的关注和重视。在 120 篇相关报道中整体氛围基调良好,其中正面和中性报道居多。马来西亚英文主流媒体报道折射出该国民间与政府对“一带一路”倡议积极正面的支持态度情感倾向。例如,在 2018 年 5 月 24 日 A New BRI Road Map?(《“一带一路”新地图?》)的报道中,首先以成立新政府开场,标志着马来西亚朝着发达国家的脚步前进。随后引出马哈蒂尔总理对“一带一路”倡议的立场,赞成

其为加盟国家经济上提供的机遇，促进经济繁荣。由此可见，该报在“一带一路”报道中采用了多维度的叙述方式，即借用第三方来表达和凸显自己的观点立场。在构词上重视表达的多元化，对词汇的灵活使用，直接或间接烘托主题，以此达到呈现态度情感倾向的效果。

综上，马方主流英文媒体有关“一带一路”倡议的报道在内容上侧重政经合作，形式上强调深度引导，情感上偏重正面支持。究其原因主要是马方政策环境以及东盟各国切身利益的作用，主流媒体需要服务国家利益，中马友好关系历史悠久，双边合作既符合马方经济多元化发展，又能带来实际利好，加之世界经济格局和国际秩序的不断变化，媒体与政府政治立场高度一致，以积极支持的态度倾向为主导。大量正向报道呈现出马方对“一带一路”倡议的赞同认可，同时也表明马方主流媒体在打造客观积极舆论环境中所起到的正面作用。

2.“一带一路”倡议在柬埔寨英文媒体的报道——The Phnom Penh Post

柬埔寨主流英文媒体《金边邮报》的“一带一路”倡议相关报道，共计200篇，11万字。《金边邮报》关于“一带一路”倡议的报道中频繁运用了“promote”（47次）、“increase”（46次）、“develop”（45次）、“launch”（19次）等高频动词，与主题相连，展现了“一带一路”倡议下商贸往来、基础设施建设以及投资等具体项目实施的落地情况和进展。在名词的使用上，该报采用了“opportunities”（71次）、“benefits”（38次）、“significance”（16次）等关键性词语，明确阐释了该项目建设投资的缘由，宏观上对两国密切往来互动做出了全面论述。《金边邮报》高度评价“一带一路”倡议的机遇与契机，并呈现出友好的基调。“一带一路”倡议获得了柬方各界的积极推动响应，柬方对此有意愿抓住机遇，积极投身建设，开展投资合作，并表现出了积极的期待与支持。

(五)习近平"一带一路"倡议西亚英文媒体的传播——以伊朗英语媒体 Iran Daily 报道为例

通过 LexisNexi、EBSCO（"一带一路"）、Press Display、CNKI、Proquest-central、Emrald 等数据库检索伊朗主流英文媒体《伊朗日报》的"一带一路"倡议相关报道，统计出自 2017 年至今近 30 篇报道，共计 1.3 万字。通过文本挖掘和数据统计发现，伊朗媒体的有关报道较为客观，正面赞成的观点居多，友好合作较多，这从侧面反映出伊朗方面对"一带一路"倡议的认可与支持。例如，报道中的态度情感倾向主要体现在名词、动词以及形容词的修饰搭配上，动词上时常使用 win 双赢、sign 签署、promote 促进、support 支持、boost 兴旺、push 推动、understand 理解、agree 同意、trust 信任、restart 重启等正面动词陈述事实。在名词同修饰词的字词搭配方面，使用 positive contribution 积极的贡献、major country 重要的国家、mutual benefits 互惠互利、friendly countries 友好国、economic development and shared prosperity 经济发展与共同繁荣等短语，清晰直接地表达了伊朗对我国"一带一路"倡议的支持与重视程度，传递出伊朗官方媒体的赞成立场及中伊两国互利互惠、友好发展的合作信念，同时也彰显出伊朗官方加入该倡议发展的意愿。

五、"一带一路"倡议在亚洲英文媒体传播的影响因素及对策建议

(一)影响因素分析

"一带一路"倡议的报道热度有增无减，数量上始终呈现上升趋势，对"一带一路"重大事件的报道数量显著增加，可见亚洲媒体对"一带一路"倡议的重视程度。这些报道发挥着良好的宣传和推动作用，采取客观积极的态度，充

分印证了"一带一路"建设的实效成果举措正在惠及亚洲乃至全世界。

中国与亚洲国家拥有共同的文化传统,这为"一带一路"倡议在亚洲英文主流媒体报道打下了友好的基础。研究发现,尽管报道的整体态势良好,但仍然存在一些问题,如新闻报道的形式较为单一,创新性不足,描述性内容较多,深度报道内容较为缺乏;经济、政治类议题较为丰富,文化类议题较为匮乏,且缺少民间的声音及话语等。同时,外部因素对我国"一带一路"倡议在亚洲的传播也起到了重要影响,例如亚洲国家同中国在某些具体问题上的争端以及西方媒体的渲染和干扰等,因此在"一带一路"倡议的国际传播策略上应当予以高度重视并加以解决。

（二）对策及建议

对亚洲国家传播"一带一路"倡议,要具有历史视角、辩证思维和国际视野,即要知晓并讲清"一带一路"倡议从哪里起步,走到了哪里,未来将要走向何方;要理解并论证"一带一路"倡议是一个从量变到部分质变,再到整体质变的前后相继、不断升级的演变过程;要找准并勾勒出"一带一路"倡议在世界发展和人类文明进步中的方位。"一带一路"倡议的顺利实施不仅需要多方协同合作,同时还要营造良好的舆论环境。

第一,细分受众,精准传播。通过精细化分,将统一的主流媒体传播转向分层精准传播。"不断了解、熟悉传播对象的民族性格、思想情况和生活方式等,并深入其日常生活之中进行传播,才是国际传播的第一要件"。①贴近不同受众进行分众化表达、增强实效性。

第二,主动进行议程设置。主动加强新闻报道策划,把握议题设置,有计划、有针对性地开展相关议题的持续报道,积极做好舆论引导。

第三,民心相通,文化促进。加强重视文化促进和交流,经济与文化相辅

① 吴勇:《媒体报道框架与中国在越传播——以越南官方媒体中的"一带一路"倡议报道分析为例》,《新闻爱好者》,2022年第5期。

相成、相互促进、互为驱动,需要协调发展。以"文化先行"推进互信与民心相通,从普通民众视角,讲好共建国家鲜活成功的小故事,宣传民生领域的切实利好,调动民间力量,增强本土普通民众的认同感和支持度,为"一带一路"倡议的国际传播和实施营造良好的民间舆论氛围。

第四,积极应对误解、疑惑。对关于"一带一路"倡议的不实言论,需要及时澄清与应对,避免引起共建国家的误解和恐慌,在原则问题上绝不妥协,让世界更好地听见、听懂中国的声音。

参考文献

[1]《习近平谈治国理政》(第一卷、第二卷),外文出版社,2017年。

[2]习近平:《在哈萨克斯坦纳扎尔巴耶夫大学发表重要演讲》,《人民日报》,2013年9月8日。

[3]陈宇:《"一带一路"背景下中国传媒海外传播的本土化实践》,《内蒙古社会科学》(汉文版),2018年第9期。

[4]方格格:《"一带一路"倡议国内外传播效果对比——基于语料库的媒介话语分析》,《传媒》,2018年第1期。

[5]高丽华、吕清远:《话语实践:"一带一路"的国际话语建构与传播》,《宁夏社会科学》,2017年第11期。

[6]刘伟:《"一带一路"倡议下国内外新闻舆情及其演化分析》,《统计与信息论坛》,2018年第6期。

[7]孟炳君:《沙特阿拉伯主流媒体对"一带一路"倡议的认知》,《外语学刊》,2018年第11期。

[8]孙有中、江璐:《澳大利亚主流媒体中的"一带一路"》,《现代传播(中国传媒大学学报)》,2017年第4期。

[9]王小英:《"丝绸之路"的语言学命名及其传播中的话语实践》,《现代

传播》,2017年第11期。

[10]王义桅:《人类命运共同体理念的大格局大智慧》,《光明日报》,2018年2月7日。

[11]吴洪英:《对拉丁美洲参与"一带一路"的思考》,《现代国际关系》,2017年第12期。

[12]吴勇:《媒体报道框架与中国在越传播——以越南官方媒体中的"一带一路"倡议报道分析为例》,《新闻爱好者》,2022年第5期。

[13]赵永华、王睿路:《"一带一路"传播研究的局限与突破》,《中国出版》,2018年第11期。

[14]詹霞:《德国智库对"一带一路"倡议的认知》,《外语学刊》,2018年第6期。

[15]Arase David, China's Two Silk Roads Initiative: What It Means for Southeast Asia, *Southeast Asian Affairs*, 2015.

[16]Chula Muhammad Iqbal, One Belt One Road Summit 2017 and its Implications for CPEC: An Overview, *South Asian Studies*, No.32, 2017.

[17]Farwa Ume, Belt and Road Initiative and China's Strategic Culture, *Strategic Studies*, No.38, 2018.

[18]Grant Andrew Nicholas, *Belonging and Ethnicity in China's West: Urbanizing Minorities in Xining City on the Eastern Tibetan Plateau*, University of California(Los Angelas), 2016.

[19]Jesús Manuel de., Rocha Pino, China and Megaregional Integration: the New Maritime Silk Road in Africa, *Revista CIDOB d'Afers Internacionals*, No.114, 2016.

[20]Poshtich Mina, Comparative Analysis of China's Energy Strategy in Central Asian States, *Sravnitel'naa Politika*, No.6, 2015.

[21]Sárvári Balázs, Anna Szeidovitz, The Political Economics of the New

Silk Road, *Baltic Journal of European Studies*, No.6, 2016.

[22]Skriba, Andrei, The Eurasian Economic Union and the Silk Road Economic Belt: Players, Interests and Implementation Challenges, *International Organizations Research Journal National Research University Higher School of Economics*, 1996.

智能媒体背景下数字新闻的演进、变革与重构
——基于CNKI数据库(1979—2020年)文献的知识图谱研究

庞　华

[摘要]智能媒体背景下的新闻内容生产理念、传播机制乃至受众互动反馈模式均被技术革命所赋能,也受到数字技术风暴强势来袭的制约,数字新闻业态如今正经历着与现实社会环境格局的对弈与调适。面对实践的学科变革,急需学界用复杂多维的理论范式去解构、反思和重塑数字新闻学的学科体系。为回顾和透视数字新闻的演进、变革和发展脉络,以及话语呈现的特点,结合新技术革新的内在逻辑和宏观的社会语境,本研究对中国知网(CNKI)数据库中收录的1979年1月1日至2020年8月24日,共计121276篇相关数字新闻领域的期刊文献展开解读和爬梳,借助科学知识图谱CiteSpace可视化软件,呈现出40余年数字新闻学探索的整体生态概貌,同时应用技术话语范式详尽阐释和厘清数字新闻发展的动态演变路径,就数字新闻学术用语的变革、数字新闻话语体系的重构、智能媒体时代数字新闻的生存与发展等前沿问题进行积极探讨,从而为我国相关领域研究的理论构建和实践探索的纵

作者简介:庞华,天津大学新媒体与传播学院副教授。

基金项目:国家社科基金重大项目“数字新闻学理论、方法、实践研究”(20&ZD317)。

深推进提供参考。

[**关键词**]智能媒体;媒体融合;数字新闻;新闻生产;知识图谱

自20世纪60年代至今,数字技术进入新闻传播领域已有60余年。伴随网络与人工智能技术的日益渗透,数字新闻业的信息生产机制、传播方式乃至受众互动反馈模式等都发生了巨大变革。尤其是各种新型智能媒体的泉涌之势,使得传统新闻传播行业当下面临着新的颠覆与重构,这也让数字新闻领域的研究和学科框架体系的搭建受到了双重震撼。面对我国传媒产业体制的改革升级、市场经济开放的与日俱增,以及新闻业界人士内驱力的效用,新闻传播行业已有理论范式和应用环节都被嵌入丰富的社会技术性寓意(常江,2019;许向东、郭萌萌,2017)。身为计算机信息传递与交流的关键要素,数字和智能技术从滥觞伊始阶段就与大众传播的实践产生着千丝万缕的关系。与此相应,数字新闻研究也在新媒体技术浪潮的推动下逐渐受到学界重视。在万物互联的行业活动图景下,数字新闻业的探索理念逐步展现出多维度特性景观(Perreault & Ferrucci,2020;Ruotsalainen,2018)。

经过系统整理和详细分析我国相关领域的文献资料,本文尝试从实证定量的角度揭示一些疑问:数字新闻的理念和学科体系究竟是如何演变和发展的?中西方数字新闻研究有哪些必然的联系和渊源?以技术更迭为逻辑线索,数字新闻学科的演进历程是怎样的?新闻传播领域的传播者、媒介本身、内容生产实践产生了怎样的变迁?学科的重塑与宏观的社会语境之间的深层次内在关联性?为了探析新技术驱动下数字新闻的发展和变迁等问题,本文对中国知网(CNKI)数据库中收录的1979年1月1日至2020年8月24日,共计121276篇相关重要文献进行综述,采用软件CiteSpace为基础的文献计量方式,直观地描画出40余年数字新闻研究的知识网络结构与热点前沿,并借力于技术话语的理论框架,全方位地呈现数字新闻的动态演进知识脉络,为我国数字业态研究和应用的前沿进路提供启示。

一、探索渊源：智能技术带来的变革

智能媒体发展的背景下，层出不穷的传播现象和不断嬗变的传媒形态、运营方式、市场行为拓展了数字新闻学领域的外延，学科研究的整体格局不断被翻新。数字技术正以一种不断扩张的迅猛之势把整个社会纳入数字符码操纵的框架中，并为本土崭新的信息传播模式变革打上网络技术的烙印（Boumans & Trilling，2016）。互联网技术的异军突起和社会范围内信息流通量的爆炸，让在线用户即时性的内容生产、分发和传输成为日常现象，"数字新闻"（Digital Journalism）一词随即从认知维度被提出（赵如涵、吴心悦，2020）。此后，许多学术杂志诸如《报纸研究学刊》（*Newspaper Research Journal*）等就数字背景下如何界定新闻和新闻工作者进行广泛探讨（Singer，1997）。新兴技术的扩散使数字新闻业传播过程和模式在时空矩阵中则充满了"不确定性"（Uncertainty），社会传播的现实，学术与实践领域的不断发展，让固有新闻传播理论、机制与模式、传播边界、传播主体、传播客体得以再造与重塑（王海燕，2020；喻国明，2020）。

新技术和数字化的蓬勃兴起给整个媒介生态圈带来史无前例的震撼和冲击。作为一种崭新的沟通工具与呈现模式，数字技术对当前新闻业结构颠覆性的改革体现为：它本体存在和复杂性的技术思维已经深刻沉浸到新闻实务领域尤其是编辑室系统业务链条之中（蔡雯，2010）。比如"聚合式报道""算法新闻""精准新闻""交互视频新闻"等新型模式纷至沓来，传统新闻业内发生的载体和空间环境的革新，新媒体领域组织机制的变化都刺激了整个行业的神经脉搏，尤其是在新闻生产和媒介融（Media Convergence）的语境下，新闻业和科技密不可分（畅榕、丁俊杰，2005；王磊，2016）。这就导致立足在大数据基础上的人工智能和算法将碾压人工操作和标准裁定，在信息采集和处理中独占鳌头。在社交网络中，众多的个体和组织通过算法衔接、激活和优化社会关系资源,“媒介化理念”“异质建构论”“新媒介生态理论”“媒体共生理论”等作为具有转向阐释的框架先后被学界提出。

此外,数字新闻的发展路径和学理研究也被打上鲜明的时代烙印,受到本国宏观环境中的社会文化、体制、经济制度等多方位因素的综合作用,展露出多元性质的概貌(陈昌凤、乌日吉木斯,2014)。参照数字新闻研究重镇的欧美国家,商业报刊的繁荣意味着“民主新闻”背离了公共福祉的属性,逐步转轨于以赢利为主要目的平台的资本主义市场(赵如涵、吴心悦,2020)。新闻生产理念的彻底产品化与内容泛娱乐化趋势大行其道,西方新闻业的市场逻辑的算法体制被演绎到极致(Usher,2017)。相比之下,数字技术在我国本土新闻业上的应用肇始于20世纪60年代,从早期的数字摄影、数字影像记录等方式到目前愈发繁荣的发展态势。本土新闻数字化的拓展和重塑,是在新闻媒介组织业务发展、新闻一线从业实务改革,以及与智能媒体技术扩散的夹缝中争取生存位置的积淀进程(白红义、张恬、李拓,2021)。目前,以互联网为代表的现代信息技术把技术和实践聚合交织在一起,各种问题的解决越来越需要打破传统研究的界限。同时,新生代的智能工具为新闻传播学的发展提供强劲动力,如脑电测试、爬虫技术、机器学习、人工智能技术等使得传统新闻传播学的研究范围逐渐被延展(耿晓梦、喻国明,2020)。中西方数字新闻实践的发展和理论变化所呈现出的区别化,也亟须学界在智能媒体的视域下对其展开深入探讨和阐释。

简言之,此研究选取技术逻辑路线作为数字新闻考察起点的缘由有:首先,有关界定及传播范式和行动逻辑在理论和实践层面的不足和不确定性,需要从学术视野中挖掘和探究其动态演变历程;其次,我国经验的独特属性与世界范围内新闻业的协同发展折射出理论的普及适用性,促使数字新闻研究还需重新审视本土实践的宝贵经验和价值;最后,数字新闻的探索把多样的媒体形式融合到共同媒介生态共同体下,数字新闻观等科技话语在塑造新的新闻业系统和认知范畴的重要作用急需被归纳和分析。

二、探索路径：技术性话语阐释与图景描绘

数字技术的蓬勃发展塑造了新闻生态中信息生产传播的新认知与实践活动，它们以业界报告、政策法令存档、学术概念范围划分、量化分析材料等多种形式展现，并被认为是数字新闻领域具有价值的素材，而带有学术语言标准性、可查验性的文献则是最凸显研究意义的文本（耿晓梦、喻国明，2020）。因此，从数字新闻观的视角出发，借助“技术性话语”（Technology Discourse）范式（Fisher，2010），通过资料的考察对数字新闻领域进行诊断式把握，挖掘数字新闻的生成、系统状态、方法论等维度的演变路径。与凡伯伦（Thorstein Veblen）指出强技术决定论和弱技术决定论强调技术价值逻辑的进程，掌控、决定社会和文化系统的发展有所不同，“技术性话语”提出技术话语反映并建构现实社会关联，揭示隐匿在社会网络中的权利和意识形态对话语表达和实践的作用（白红义，2021；赵如涵、吴心悦，2020）。在韩礼德（Halliday）等学者提及的系统功能学思潮之上，批判的话语分析学派的诺曼·费尔克拉夫（Norman Fairclough）开宗明义地创造了多向度的话语分析研究范式（Fairclough，1993）。

基于费尔克拉夫的多向度的分析模型，本文对技术性话语的解析从文本、话语实践以及社会实践三个维度展开：①文本分析层面，即把相关文本语言特征进行分析描述；②话语实践层面，也就是对学术话语的生产、传播路径和接收动态过程的阐释；③数字新闻社会实践层面，即对数字新闻相关话语置于意识形态和社会环境中等进行解释。一直以来被认为是知识域可视化或知识域映射图纸的知识图谱，可以展现数字新闻的动态发展规律与结构复杂的相关性，挖掘、解析和描绘这些知识资源及其载体的关键结构、演进脉络、前沿范畴，以及整体知识交叉架构体系（耿晓梦、喻国明，2020）。CiteSpace作为最受欢迎的JAVA可视化软件，能够展示某个学科或知识域在特定阶段

的发展态势,汇集成研究前沿领域的演化路径(张小强、杜佳汇,2017)。因此,本文基于文献计量学方法,利用 CiteSpace 软件对数字新闻领域的研究进行量化考察,同时结合多向度的技术话语分析模型构建科学知识图谱。

本研究的数据资料源于国内知网(CNKI)数据库,为了确保所选文献的质量,针对"数字新闻"的相关主题对检索条件(见表 1)进行设计,且遵照设置的搜寻要求在知网数据库内展开高级检索应用,移除一些无效选项后,最后筛选与检索得到 121276 篇有效文献。先将所需研究文献(1979—2020 年)进行数据格式变换后导入 CiteSpace,调整时间切片间隔为 1 年,阈值采用 50,选择最小生成树算法得到关键词共现知识图谱。此外,采用表征文献实质性主题内容设定的"标题""摘要"以及"关键词"三个指标运行调适后生成共词分析。

表 1　搜索条件

数据来源	中文数据库 CNKI
关键词	(数字,移动,电子媒体,数字媒体,社交媒体,社交网络,机器人,算法,计算,自动化,数据,在线,多媒体,全媒体,融媒体,互联网,互联网 +,互联网思维,媒体融合,媒介融合,智媒体,超级媒体,数字终端,移动终端,数据库,人工智能,强化学习,网络,上网,微信,微博,抖音,公众号,移动平台,电子平台)并含(新闻,假新闻,记者,广播,广电,传媒集团,报业,报刊,纸媒,报纸,内容生产,新闻舆论,舆论,舆论场,舆论域,受众,内容制作)
时间	1979 年 1 月 1 日—2020 年 8 月 24 日
搜索范围	"标题""摘要""关键词"
文献类型	期刊文献

三、进路展露:技术性话语的渗透与革新

通过利用 CiteSpace 运行,得到了关键词共现图谱的结果(详见图 1)。图中节点的大小意味着关键词体现在历年文献中的频次,用以展示数字新闻的研究焦点话题;各个节点间的连接代表主题间的交互关系网,连线的粗细代表相关性强弱程度。如今,"融媒体""媒体融合""融合""大数据""全媒体"作

为具有代表性的关键词，具有较高中心性，成为数字新闻领域的核心位置；"传播""传统媒体""广播电视"等高频关键词次之，在数字新闻研究中也具有重要地位。同时，网络图中对关键词进行聚类，发现数字新闻研究的学术话语变革主要表现为以下六个方面：新媒体与传统媒体的融合；大数据及数据新闻、移动互联网的研究；人工智能同大数据、媒体融合的研究；社会化媒体如微博、微信等的研究对网络舆论的探究；互联网和新媒体的通用探索；媒体融合和创新领域。这在一定程度上反映出：随着数字新闻建立在新技术发展基础上的互联网所链接的因素越来越多，导致整个数字传播学研究领域重心的改变。同时，新技术环境下要求我们用复杂性的观念、逻辑、范式去把握新传播领域的现象本质和规律。

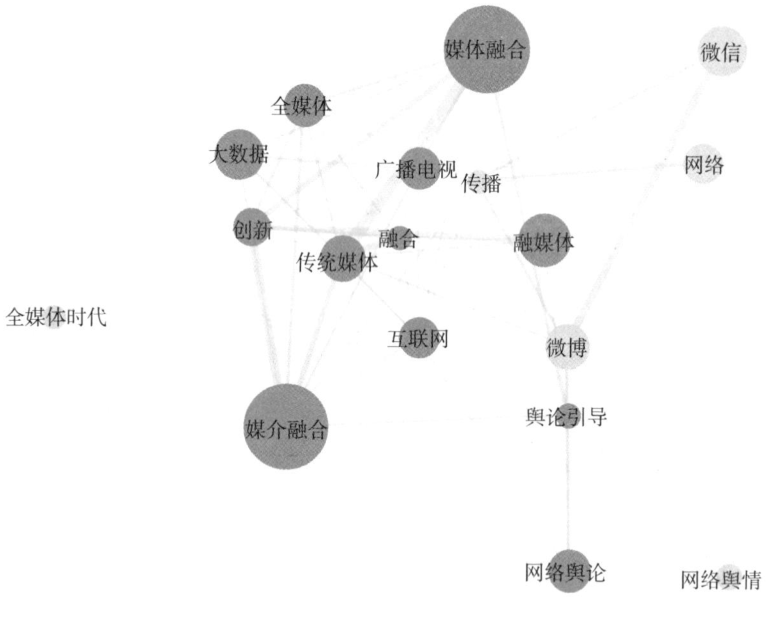

图1　数字新闻研究领域期刊文献关键词共现图谱

此外，通过对关键词进行递进层次抽象概括和提炼，发现关键词主要为："媒体融合""传统媒体""新媒体""社交媒体"等。与上面对于主题分析的结果类似，并按照文献主题的分布排序生成图2。"新媒体""媒体融合""传统媒体”“网络舆论”“大数据” 等 20 余个共现高频词全面折射出中国数字新闻学研究的核心主轴是围绕新旧媒介技术的更迭,尤其是传统媒体的不断转变以及新型媒体的兴盛,新一轮技术浪潮在进一步推动越来越多的研究关注新媒体技术下的媒介形态和演进趋势。此外,技术的应用使得媒介研究逻辑方面的转向。国内数字新闻传播学议题开始展露明显的阶段性特征,这和学术界长久以来察觉到传统新闻学框架包括关键释义、理念体系和相关规范等,某种层面上缺乏对技术赋能下的新的新闻实践和业态的阐释能力不谋而合。为此,通过深入探索和洞察,从数字新闻观的视角研究新闻传播学资源,对新闻场域内技术层面和新媒介话语层面的网络联系的全景式观察,有利于推动数字新闻学研究在观念和行动上的重塑。

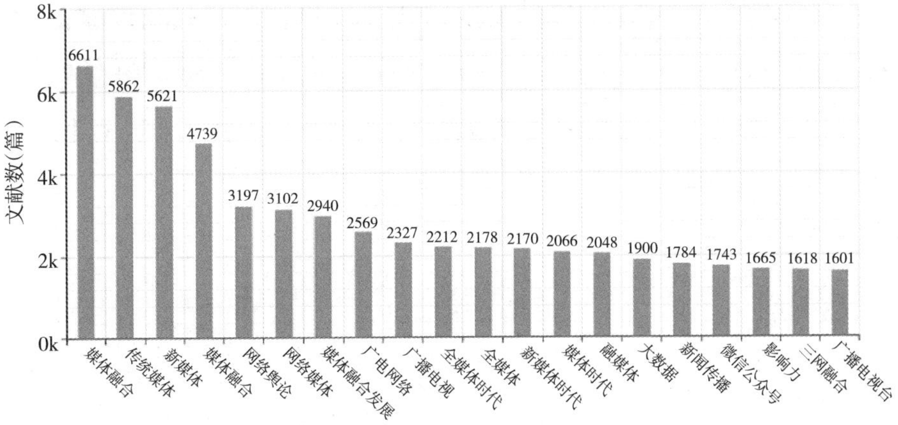

图 2　数字新闻研究领域期刊献的主题分布的柱状图

(一)数字新闻学术用语的发展

本研究的文献时序年限为 42 年(1979—2020 年)。虽然这一时间段的文献多环绕着“数字”议题聚集形成“观念思潮”,但在迥异的社会背景下,“数字”话语构成的重要含义却存在差别。在我国数字新闻研究的发展历史长河中,缘起于 20 世纪 80 年代左右的新闻学改革强调学者们在观念导向上的突围, 此阶段成为学界理论和语言创新的关键节点。从时间维度上观察,1995

年出现第一篇关于数字与新闻业关系的论述，之后2000年的文章数量接近500篇。随着新媒体的出现和普及，2010年出现文章发表的第一个明显高峰，无论从成果的数量和探讨的范围都有大幅度的提升（图3）。实际上，我国“数字新闻”的前期研究多采用与技术相关的话语表达，而不是新闻业本体话语。受到这些方面的制约，早年间“数字新闻”的成果通常发布在如《广播与电视技术》《电视工程》以及《现代电视技术》等具有媒介信息技术类导向的杂志上。从新闻传播专业研究领域上看，2010年对于“数字新闻”的讨论相对有限，并且对于此含义主要特指“数”在新闻报道中的采纳，并非新闻的数字化。

简言之，“数字新闻”内涵的动态演化受制于新闻传播业话语和技术性话语双面逻辑的深刻碰撞，而这两类思维观念在2006年交汇贯通，最后确定了“数字新闻”定义的内涵和外延，并对该领域的探讨侧重于新闻实践活动、技术采用与新闻业之间的互动等。伴随着2006年新闻业的“数字”概念界定变得明晰化，“数字新闻”探索便尝试着深植在人文社会科学的沃土，逐渐远离“信息技术”的取向。

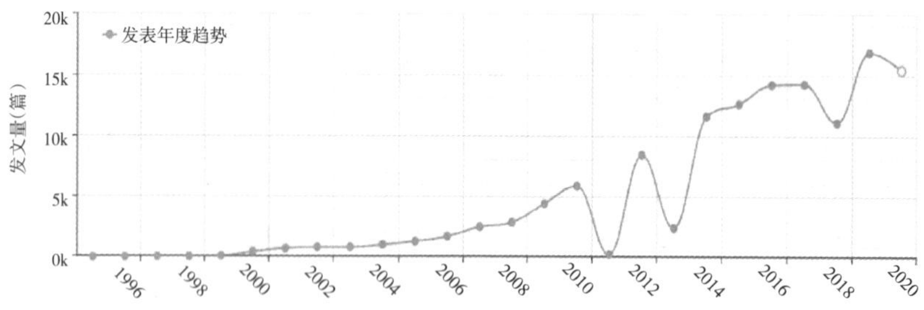

图3　数字新闻研究领域期刊文献的发表总体趋势

随着数字技术的发展，2010年的数字新闻的研究多发表在《新闻导刊》《西部广播电视》《青年记者》《中国有线电视》《新闻传播》《新闻战线》等新闻媒体理论和实践方面相关的期刊（图4）。随着专业化杂志的增加和对于数字新闻研究的学术热情持续高涨，越来越多的学者选择将数字新闻方面研究的文章发表在新闻传播学专业领域的杂志,这表明对于数字新闻的研究也逐步迈向专业化和系统化。同时,数字化浪潮不仅为新闻业转型培育数字生产的理念价值和实践变迁依据,也拓展了新闻传播领域和多媒体教育业的深度和广度,从而对数字技术化和技术景观下的新闻学理念、规范和职业实践活动的全面洞悉有重大的理论和现实研究意义。

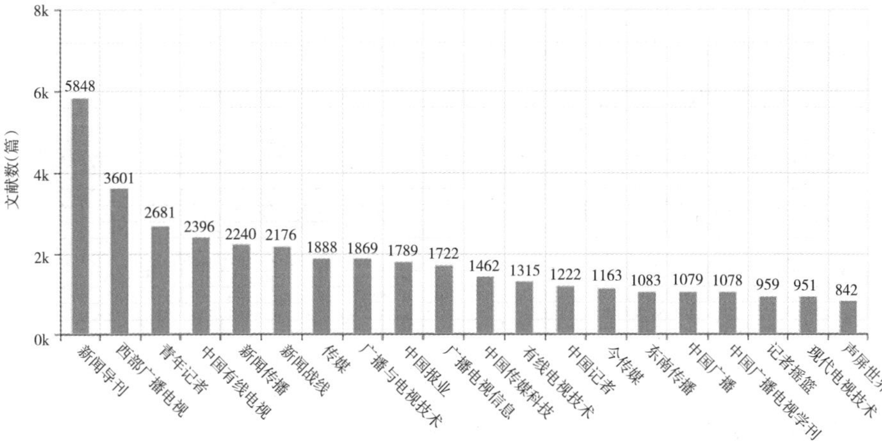

图4 数字新闻研究领域期刊文献的主题分布柱状图

(二)关于数字新闻话语体系的重构

2004年数字新闻观被提出(陆小华,2004),随后2006年对于新闻业的数字化称谓几乎覆盖了“数字”的概念,在新闻业的使用中占据话语权的主导地位(彭兰,2006)。“数字时代”“数字编辑出版”“数字化媒介”作为当时数字新闻业界研究成果中最闪耀的重点词汇,它们的诞生和使用在一定程度上加速了数字新闻研究的演化进程。在新闻学领域,具有“数字时代”属性的概念密集地汇合,以“新闻采写”“摄像摄影”“数字化”等与新闻生产实践活动相关的概念为标志,可看出新的概念范式开始尽量囊括转型学科话语体系的搭建,学界从对新闻业界实践变革现象的关注,转向对学科本体理论范式和学科范畴的思考。在2006年具有显著“数字时代”特征的概念产生之前,“新闻采编”“新闻业务”等词汇俨然是该领域的重要词汇，特指针对广播和电视媒介等采写人工操作的内容生产和实践探讨。之后，大数据、新型媒介手段、云计算、移动短视频技术、机器学习与人工智能等高科技轮番渗入新闻组织和新闻实践流程中，把新闻传播理论和应用引向新闻媒介的融合模式。引人侧目的是，“媒体融合”作为整体话语形态，呈现出技术信息赋能带来的多媒体结构、实践活动和理念层面上的突围，更反映出全球媒介市场风起云涌的数字化变革趋势。在我国数字化新闻探索过程中，“媒体融合发展”“新媒体”“融媒体”“全媒体”“网络媒体”等纷纷加盟“媒体融合”的话语群。

就数字新闻研究来讲，喻国明、张志安、黄楚新、陈昌凤、史安斌等专家学者分别从推进中国的新闻理论研究，对实践的敏感性与跨学科范式的包容性，对新闻生态系统的混杂性和沉浸性，对后工业社会权利和信息化社会需求性等方面提供思考路径和研究方向。在研究机构中，中国传媒大学、中国人民大学、清华大学、河北大学、四川大学、复旦大学、暨南大学、国家新闻出版署等是对于数字新闻关注和研究比较深入的高校和机构(图 5)。由此可见，我国在本领域的研究有了一定程度的进展，但是在全球话语权和影响力方面还相对较弱。

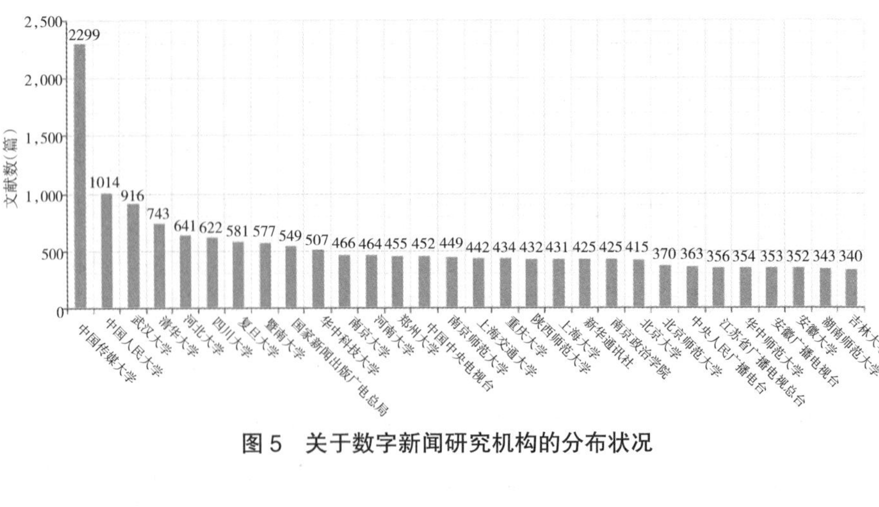

图 5　关于数字新闻研究机构的分布状况

（三）数字新闻的生存与发展：多元对话格局

除去揭露社会宏观视野下的政治、经济及文化等多重维度对话语演变的效用，通过审视和解读文本资料，可以追踪人类认知进程如何投影知识创造和促进话语革新，这决定了新闻业生产在过程、场域、主体、权力格局呈现新的特征属性(廖圣清等，2013)。本土数字新闻领域中心议题的互动与协商，在某种范围内必然受到客观条件对于新闻实践的影响与支配，这些现实条件包含了学术界、业界领袖、制度决策者等专注于不同层面的群体，参与者背后存在的博弈与矛盾，可折射出媒介技术采纳、资本平台和权力间的多重张力。面对数字媒体驱动下的新闻学理论创新、提升研究内容关联性和调适实践需求进行突破性探讨，顺应我国新的时代背景下新闻事业前进的总趋势，是新闻学立足我国的丰富实践和学科发展，更好地完善国内数字新闻的研究共同体，为党和政府的新媒体传播业的监管与决策贡献学术力量的必经之路。以“新闻融合”这个热门词汇为例，2014 年“媒体融合”被上升为国家媒体整体发展战略的重要部分，2018 年步入全国规模打造中央厨房阶段，体现了融合场景下信息内容生产流程中新闻采写和传输的多元传播，媒介融合现象所点燃的媒介领域革新被空前强化，“媒体融合”本身转变为政治与学界话语互相叠加的理念。2020 年 6 月底，习近平总书记在中央全面深化改革委员会第十四次会议上指出，要推动媒体融合向纵深发展，构建以内为根基、高科技为支持、创新监管为保障的全媒体传播格局。

这些具有决策性的论述展现了党中央在新的社会环境下的新闻宣传和舆论引领，势必加速整合传统新闻学发展和数字技术逻辑的转向，搭建全局性和融会贯通的媒介发展理念，以及将战略目标作为目前网络社会治理的长久任务重心。本研究把我国数字新闻研究的关键词诸如“中国”“新闻组织机构”“信息生态”“互联网政策” 等政治色彩浓厚的词汇先后纳入共现图谱中(图 6)。可以看到，与政策变化相伴的数字技术如人工智能、大数据、互联网金融、电子商务等关键词。同时，政府用以管理媒体的话语政策已经在数字新闻技术政治秩序中得到体现，尤其是“对策”“创新”“发展”等关键词的出现。因而，在新一轮技术浪潮下对于数字新闻领域的研究和体系建设，需重视党领导下的新闻传播业变化、网络舆论生态发展和法规等现实问题。

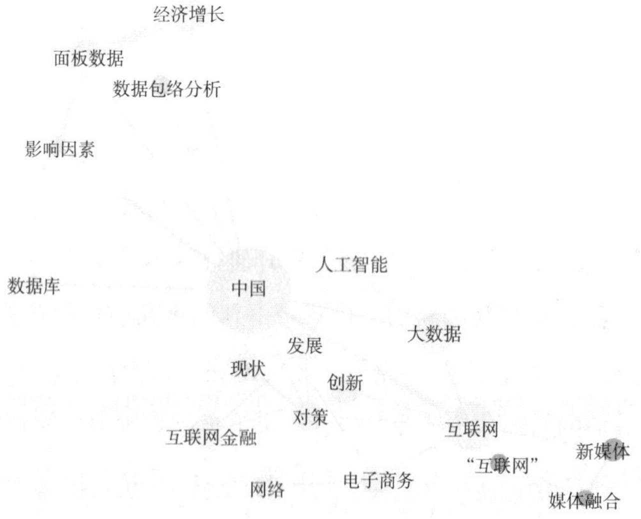

图6 数字新闻研究和政策法规等关键词共现图谱

四、总结

在数字时代带来的全新传播图景下，新闻业的主体和客体既被新兴的技术所赋能，也被高科技的日新月异发展所约束，信息的流通在与宏观社会条件展开博弈与磨合。数字新闻的含义以技术逻辑为内核，它的理念演变紧随技术革新的步伐。通过对我国数字新闻领域的话语知识脉络梳理，发现“数字”逐渐变为新型技术的代名词。此外，官方话语的作用力不但体现在新技术采纳性的政策法规层面，还呈现出对诸如“数字媒体”此类概念界定的商榷。和国外关注新闻生产的议题与热点不同，我国数字新闻领域的发展路径由新技术与新闻行业二者间紧密勾连而成。“数字化”彰显出现代化发展方式，此阶段囊括了高科技、国家和资本在中国社会中纷繁复杂的关联互动(喻国明,2020)。因此,数字新闻不仅连接、激活和整合新闻业与信息技术领域,也成为黏合我国社会政治文化发展不同类型话语的“连通者”,饰演具有专业身份的“调和者”(胡钰、虞鑫,2016)。构建本土特色新闻学的学科体系,源自于与我国新闻业一脉相承的长期实践累积,这与其它西方国家有所区别,故而简单地采纳西方新闻学科理论显然不能很好地阐释。并且数字新闻学科理论体系的构建和研究范畴的拓展,对于社会媒介生态乃至国家全局建设任务发挥着举足轻重的作用,因而迫切需要有一套完整自主的理论体系来解释并指导新闻实务。在对数字新闻学领域的技术性文本考察中,新媒体与传统媒体之间、学术领域与新闻生产活动、新技术与已有观念等存在着博弈、矛盾和磨合的情景。与西方国家学科进程和现状对比,可以清楚地发现目前我国的数字新闻学研究还存一些不足之处。

一是数字新闻理论的整体研究框架仍然落后于新闻实践。当前,新闻业呈现出来的属性是技术赋能对学科体系搭建的拓展与外延的增加,新闻传播领域的科技化已是大势所趋。值得注意的是,固有新闻传播领域对新技术的触觉力与探索深度远远不足,这直接致使当今数字新闻学的理论范畴囿于传统的文科框架占上风的理论体系之中。然而目前传统的新闻传播范式多探讨新闻组织机构和具体传播行为导向,其理论体系尚不能对数字新闻实践活动进行解析和评估。

二是我国本土数字新闻学理论发展仍然属于西方新闻学范式的跟进者。欧美国家作为当代大众传播学的起源地,数字新闻的研究内容多元丰富。尽管随着改革开放和市场经济的活跃,西方新闻传播学理论逐渐被引进,中国新闻实践和新闻行业的概念范畴吸取了很多涵养,促进了本土新闻学的演进。然而由于研究内容衔接性和研究领域口径小等因素,中国数字新闻学的创新性仍旧不足。呈现出西方理论观点纷纷被我国新闻学者所采用,并且许多本土研究试图通过西方经典理论范式来揭示我国新闻生产活动规律,或者用我国新闻业态的实践活动来佐证西方理论范式，而具有本土特色的数字新闻学研究体系和理论搭建缺乏。

三是如今中国思潮和全球舆论局势中，中国面临极大的理论挑战。目前，中国的新闻传播影响力和数字新闻学领域的话语权仍在全球位居后位，我国的数字新闻学的特有发展轨迹、脉络进程并没有被较好地理解与阐释。在国际传播格局中，一直以来的“西强我弱”局势并被根本扭转，本土数字新闻生产实践、新闻理念体系进展的缓慢步伐已经成为束缚国家发展的关键要素。在日趋复杂的技术变革中，在强烈的现实需求中，对于中国数字新闻学的理论建构的呼声渐强，中国特色数字新闻学的理论建设逐渐成为学界和业界的热点。

因此，通过对数字新闻研究成果的考量，可以发现我国本土数字新闻学框架和学科搭建需要建构在坚实的理论基础之上。应当在积极借鉴西方数字新闻领域的经典成果和理念的基础上，深耕我国的丰富新闻生产和实践活动，探索创新和变革，洞悉新的研究聚焦点，拓展学科的内涵和范畴边界，巩固和完善国内数字新闻研究体系，稳步全面推进我国数字新闻领域的探索和发展壮大。在理论创新和本土实践同步推进的基础上，构建基于我国社会主义特色和兼备全球化视野的数字新闻理论范式。

参考文献

[1]Boumans, J.W. & Trilling, D., Taking Stock of the Toolkit: An Overview of Relevant Automated Content Analysis Approaches and Techniques for Digital Journalism Scholars, *Digital Journalism*, 2016, 4(1).

[2]Fairclough, N., Critical Discourse Analysis and the Marketization of Public Discourse: The Universities, *Discourse & Society*, 1993, 4(2).

[3]Fisher, E., Contemporary Technology Discourse and the Legitimation of

Capitalism, *European Journal of Social Theory*, 2010, 13(2).

[4]Perreault, G. P. & Ferrucci, P., What is Digital Journalism? Defining the Practice and Role of the Digital Journalist, *Digital Journalism*, 2020, 8(10).

[5]Ruotsalainen, J., Scanning the Shape of Journalism–Emerging trends, *Changing Culture? Futures*, 2018, 104.

[6]Singer, J. B., Changes and Consistencies Newspaper Journalists Contemplate Online Future, *Newspaper Research Journal*, 1997, 18(1–2).

[7]Usher, N., Venture–Backed News Startups and the Field of Journalism: Challenges, Changes and Consistencies, *Digital Journalism*, 2017, 5(9).

[8]白红义、张恬、李拓:《中国数字新闻研究的议题、理论与方法》,《新闻与写作》,2021 年第 1 期。

[9]蔡雯:《浅谈数字时代新闻编辑工作的主要特点》,《中国编辑》,2010 年第 1 期。

[10]常江:《价值重建：新闻业的结构转型与数字新闻生产理论建构》,《编辑之友》,2019 年第 3 期。

[11]畅榕、丁俊杰:《数字时代新闻传播的特征》,《当代传播》,2005 年第 6 期。

[12]陈昌凤、乌日吉木斯:《数据新闻与大数据思维的应用》,《新闻与写作》,2014 年第 4 期。

[13]崔佐钧:《"四圈深融"做优融媒体生态——广西日报媒体深融路径思考与实践》,《中国报业》,2020 年第 15 期。

[14]耿晓梦、喻国明:《智能媒体伦理建构的基点与行动路线图——技术现实、伦理框架与价值调适》,《现代传播(中国传媒大学学报)》,2020,42(01)。

[15]胡钰、虞鑫:《构建中国特色新闻学:何以可能与何以可为》,《国际新闻界》,2016,38(08)。

[16]廖圣清、申琦、柳成荫、李硕德、秦悦、秦绍德:《中国大陆新闻传播学

研究十五年:1998—2012》,《新闻大学》,2013 年第 6 期。

[17]陆小华:《数字媒体观与传媒运行模式变革》,《新闻记者》,2004 年第 9 期。

[18]彭兰:《网络多媒体新闻》,《中南大学出版社》,2006 年。

[19]王海燕:《数字新闻创新的变与不变——基于十家媒体客户端新闻与纸媒报道的对比分析》,《新闻记者》,2020 年第 9 期。

[20]王磊:《大数据环境下数字新闻编辑能力的构建分析》,《西部广播电视》,2016 年第 6 期。

[21]许向东、郭萌萌:《智媒时代的新闻生产:自动化新闻的实践与思考》,《国际新闻界》,2017,39(05)。

[22]喻国明:《技术革命主导下新闻学与传播学的学科重构与未来方向》,《新闻与写作》,2020 年第 7 期。

[23]张小强、杜佳汇:《中国大陆"新媒体研究"创新的扩散:曲线趋势、关键节点与知识网络》,《国际新闻界》,2017,39(07)。

[24]赵如涵、吴心悦:《我国数字新闻研究的历史考察与话语变迁(1961—2019 年)》,《新闻与写作》,2020 年第 6 期。

从“延伸”到“互嵌”：在智能传播的算法困境中审思智能主体的变迁趋势

曹子味

[摘要]进入智能传播时代，传播主体与客体的关系正在发生本质性的变迁。不同于以往“媒介是人体的延伸”，智能主客体之间逐渐呈现出人机交互、人机共生、人机合一的态势，且不再表现为人与技术之间话语权的不断争夺，而是呈现为将人自身原有感官与智能媒介技术二者整合为一的新型主体。通过梳理传播历史洪流中智能主体从主客不分到人机分离的变迁，文章以文化研究、批判研究的理论视角剖析当下智能算法驱动的社会传播给主体带来的需求困境、受众困境和圈层困境。文章认为，当下智能主体呈现出从“延伸”到“互嵌”的趋势，提出寻求算法困境的解决之策——主客体间应以人文主义为精神内核，以价值理性达到意义互嵌，以间性对话达到主体互嵌，以人文关怀达到人文互嵌，并将此作为智能主体“互嵌”趋势挣脱实体束缚而得以广泛发展的突破口。

[关键词]智能传播；智能主体；算法困境；人机共生；人文主义

作者简介：曹子味，南开大学新闻与传播学院本科生。

基金项目：南开大学2022年本科教育教学改革项目“新新媒介与智能传播”（NKJG2022094）。

算法技术在当今智能传播时代大行其道，为人们带来便捷的同时也导致许多个人和社会的问题，不得不引发我们再次思考人与技术能否和谐共存的问题。从智能主体的发展来看，当下人们习惯于将智能技术看作实现目的的手段，研究中也普遍奉行麦克卢汉“媒介是人体的延伸”的理论框架。然而一种全新的范式正在兴起，以“赛博人”观点为代表，暗示一种人机融合共生、主客合一的新理念，VR、虚拟现实、人工智能等新技术即是此种理念萌芽版的现实代表，这种新的理念和实践似乎为人机和谐共存提供了新的思路。基于此，本文提出以下问题：如何从智能主体变迁的视角去探析算法困境的生成机制？能否从智能主体新的发展趋势中探寻算法困境的解决之道？这种新兴趋势在理论与实践中能否发挥存在可持续性？这系列问题构成本次研究的“问题域”，用以探究并回答数字传播时代智能主体的进化趋势。

一、智能主体的含义辨析与传播媒介的历史沿革

“主体”往往被看作是与“客体”相对的概念，因此本文关于“智能主体”变迁问题的讨论实际上指涉智能主体与智能客体的关系变迁问题。而对于“智能”，我们不仅认为技术首先体现为有“智能”，而且“智能”本质上体现的是人本身具备认识与实践的能力。我们可以暂且将“智能主体”看作“运用智能的人”，将相对应的“智能客体”看作“被运用的智能本身”。由于后来大众意义上的“智能”逐渐外化于人而内附于技术，因此我们又可以将“智能客体”理解为智能技术。而对“智能”这一外化于人又内附于技术的过程，我们需要结合传播媒介的阶段性变迁来看。

人类社会传播媒介形态的历史沿革大致经历了6个阶段：口语传播时代、文字传播时代、印刷媒介时代、电子传播时代、网络传播时代和智能传播时代。[①]这是一个从简单到复杂、从单一到多元的漫长发展过程，各阶段之间

① 胡正荣主编、周亭副主编：《传播学概论》，高等教育出版社，2017年，第21页。

不是彼此独立、依次取代的关系，而是不断叠加甚至互相融合的关系。

在口语时代和文字时代，“智能”尚未从人体中分离，“智能”就是人的智能，“智能”完全可以代表人。印刷时代和电子时代则处于过渡期。科技的发展大大提高了人们生产和传播信息的速度、拓宽了传播的手段和范围。印刷机、报刊、电影、广播、电视等新媒介、新技术接连出现，人们从以前更多借助人体自身“听说读写”的方式逐渐变为主要依靠大众媒介进行更大范围、更高效的信息传播活动。曾经人们在个体劳动中的自主审美性体验逐渐被机械复制性的工业品所取代，即本雅明在《机械复制时代的艺术作品》中所说的“光韵的丧失”。[①]例如，文字的不断书写产生了书法这种艺术形式，书写本身就是一种艺术，即使是单纯的抄录，也一定程度上是一个具有审美性的创造活动。不同的人写出不同的字迹，创造出风格独特的字体。在这之中，“智能”更多表现在人的能动性，而非纸、笔能让人写出字的能力。相对而言，印刷活动则仅仅是操作机器的不断重复的过程，不同的人操作的结果也几无二致，“智能”在此则更多表现在印刷机拥有大量地、标准化地复制的能力。从“一花一世界”到千人如一面的这种转变，多少可以反映出人类智能到科技智能的变化。而到了电影、广播、电视的时代，媒介技术展现出了更多超越人类自身能力的方面，为普通大众所不易“理解”，人们更多依靠媒介技术能力开展现代的传播生活。

20世纪60年代，麦克卢汉提出“媒介是人体的延伸”的观点，认为“任何发明或技术都是人体的延伸或自我截除”。[②]这一观点对当时以及后世的媒介研究影响深远，长期成为媒介技术研究领域的主流思想。从该观点中能够看出：相比于“‘智能’完全可以代表人”的时代，传播媒介已明显具有了外在于人的性质。到了网络传播时代和智能传播时代，“智能”对于人的外化就更加明显了。尤其是智能传播时代，媒介技术的“智能”性被前所未有地加强，各种

① ［德］瓦尔特·本雅明：《机械复制时代的艺术作品》，王才勇译，中国城市出版社，2002年，第12页。

② ［加］马歇尔·麦克卢汉：《理解媒介：论人的延伸》，何道宽译，商务印书馆，2000年，第78页。

新兴智能技术不断出现，丰富人们生活的同时也使社会面貌发生深刻的变革，如智能手机、平台技术、智能分发技术、新兴社交媒体、智能机器人、智能编审技术……以至于提到“智能”，很多人只想到智能技术相关，可见智能技术作为人体延伸的观念得到了社会的广泛认同，一部分“智能”依托技术实体已经取得了完全外化于人的存在。

二、焦虑·单向度·极化：算法技术的三重困境表征

在当下智能时代，算法技术日益浸透社会生活和生产的各个方面。在信息传播领域，人们将智能算法技术嵌入互联网社交平台，搭建了一种新型的信息分发模式——智能分发，或称为算法分发。算法分发是指基于大数据和人工智能技术，通过算法模型，进行信息与用户匹配的信息分发系统。[①]它“运用算法、数据挖掘以及机器学习等技术，对用户数据进行动态挖掘和了解，勾画出用户兴趣图谱”，并“利用技术聚合全网内容资讯，进行特征分析和关键词标引，实现人与内容的精准传播和高效分发”。[②]近年来，抖音、快手等短视频平台的飞速发展，是智能分发技术最具代表性的应用体现。此外，淘宝商城的推荐、微信朋友圈的广告、知乎的推送，均是智能分发算法推荐的结果，可见算法对于现代社会生活影响之广。然而，算法技术在为人们的生活带来高效、便利的同时，也逐渐落入自身由于发展不足形成的困境。

（一）信息焦虑：工具理性下的需求困境

算法虽凭借深度描摹的用户画像，为用户源源不断地提供其所“喜好”的内容，但这同时也可能反过来束缚用户对信息的自由选择。在用户与算法的互动过程中，并非用户单向地影响算法，算法亦通过各种反馈机制反向影响

① 于烜：《算法分发下的短视频文化工业》，《传媒》，2021年第3期。

② 张维宁、李梦军：《今日头条：继BAT之后的“超级玩家”》，《清华管理评论》，2017年第6期。

用户的信息环境。算法有其“目的”：对于平台而言，通过算法推荐以最大化刺激目标和潜在受众的信息消费是其深层逻辑。算法通过数据而主动学习，在不断的更新与自我完善中潜移默化地培养了用户依赖性的思维和行为习惯。人们看短视频上瘾，有时甚至“为了短暂娱乐放弃看 2 小时的电影而看了 3 小时短视频”，这是许多人的真实经历，而事后回味这 3 小时却觉得仍不满足。毫无疑问，在多数情况下算法大大提升了人们获取信息的效率，但有时的结果却与期望大相径庭。

这是因为，算法往往容易对用户的既成喜好进行深度描画，而难以分析和满足用户深度和复杂多变的信息需求。用户的信息需求不只有满足喜好的那一部分。喜好的形成需要经过一定时间的积累发酵，相对于信息需求具有稳定性和滞后性；而信息需求则表现得更加多元、复杂和敏感。由此，当用户在这种算法机制下被推荐了大量与实际需求产生偏差的信息时，就会产生焦虑感。即使认识到这一点，我们也很难摆脱这种信息焦虑。有两方面原因：其一，算法技术自身发展不足；其二，工具理性的普遍化。对于前者，作为普通大众的我们暂时无能为力；后者则是我们对待算法技术的态度，而自己的态度是可以自己控制的。遗憾的是，我们习惯以工具理性主导我们对待技术的价值观，只关心如何运用技术手段以获取最大利益，总是希望算法这类技术能够快速发展进步以凭借它不断满足我们的需求，过于看重目的是否达到，而忽略了人的情感和精神价值。

（二）人的单向化：智能分发下的受众困境

人类社会信息传播从大众传播到分众传播再到混合的智能传播，完成了由“大教堂”到“大集市”的范式转变，媒介权力从“中心式”经历了“去中心化”的过程，受众越来越以积极的姿态参与到媒介的消费和生产之中，信息生态呈现出丰富多元的精彩局面。但在智能分发的控制下，媒介权力似乎又正在经历一个“再中心化”的恢复：智能分发作为一种新式“把关”，按照算法计算的结果将同质化的信息周而复始地分发给用户，用户逐渐被套进一个循环往复的信息闭环之中，不知不觉中变成了闭环受众。算法推荐对受众而言是一种从“人找信息”到“信息找人”的上门服务，节省了信息获取成本，但作为代价，受众的能动性却逐渐被退回到传统大众传播时代下被动接受状态。数字时代原本赋予了用户更加自由地选用媒体信息的权力，却反过来使用户越来越依赖算法推荐来消费内容，这在无意识中又重新强调了平台的中心权力，是受众能动性困境的一种新的表现形式。①

马尔库塞曾提出“单向度的人”的理论观点，认为现代工业社会的技术进步给人提供的自由条件越多，给人的种种强制也就越多，人性中本有的否定或批判、创造的思想和行为向度被压抑，变成了只有肯定向度的麻木的“单向度的人”。在算法技术下，人的主体性力量非但没有得到积极的肯定，反而被排斥、被奴役、被异化，人正逐步沦为高速运转的智能技术时代的附庸。

（三）群体极化：算法规训下的圈层困境

算法技术的影响不断扩大，甚至达到足以控制人们观念的地步。人们在智能算法推荐的全局笼罩之下，看似以一种更加自主、更加个性化的方式获取想要的信息，其实却在更隐秘的深处接受着算法的“涵化”。算法不停地将受众可能感兴趣的信息“漫不经心”地摆在最显眼的位置，在完成其流量目的的同时也在不知不觉中加固了受众的既有观念，规训着受众个体在网络社会中的身份认同。受众原本的观念、态度、立场被不断强化，甚至走向偏激而不自知，导致了网络用户普遍的个体极化现象。

但这种“极化”却并未止步于此，而是继续从个体走向了群体。在网络的圈层化社会中，人们缘于爱好、情感、文化等在特定圈层中进行社交和分享，而通常不愿在“不属于”自己的圈子中活动。网络和算法方便了人们找寻兴趣

① 刘燕南：《从“受众”到“后受众”：媒介演进与受众变迁》，《新闻与写作》，2019 年第 3 期。

知己，却也同时让个体的极化在意见相似的一个个群体中继续演化，产生群体的极化。例如在肖战粉丝“2·27事件”中，粉丝们不断召集更多的粉丝们一同行动，认为自己所为是匡扶正义之举，不只是为了声援自己的爱豆，还是为了净化网络创作环境。[①]这是一种虚假的共识，并且导致了认知的偏见。群体在这种假象中一边享受着被认可的满足，一边激愤地攻击着那些“不正义”的人。网络环境不但没有被“净化”，反而不断演变为“巴尔干火药桶”。不同圈层之间加速分裂，网络居民生存环境也正在不断恶化。

三、从延伸到互嵌：智能主体的发展新趋势

算法技术的困境同样也代表了智能传播时代下技术发展的普遍困境。人们原本想借助智能技术获得更多、更广泛的信息，却因算法推荐机制而固步自封，在技术加速之下感到愈发的焦虑；人们原本想借助智能技术更快、更准确地获取信息，却在无意识中被算法塑造成了被动的数字消费者，逐渐丧失主动性和创造力；人们原本可以通过智能技术在网络社会与志同道合的朋友相交，却越来越关注、越来越倾向于攻击与自己背道而驰之人。

之所以出现此种困境，一方面是技术发展的不足，另一方面更本质地说，是智能主体与智能客体之间价值的失调。如前所述，长期以来人们将技术看作“人体的延伸”，看作是完成某种特定目的的工具。这是人们最初发明技术的动机之一，因而无可厚非。但是技术发展到智能时代，已经不再像从前那样背负着单一的使命，而拥有了不断学习、自我改进、自我完善的能力，进而表现出未来无限的可能。我们生存于算法洪流之中而往往忘记这一点，局限了技术的同时也局限着自我；而当意识到这一点时，又有很多人大惊失色，生怕人类最后发展成机器的奴隶。麦克卢汉“媒介是人体的延伸”的观点构成了近

① 申金霞、万旭婷：《网络圈层化背景下群体极化的特征及形成机制——基于“2·27事件”的微博评论分析》，《现代传播》，2021年第8期。

现代以来媒介研究的一个基本范式，但随着时代的发展，我们也要在实践中看到新的趋势、新的可能性。

近年来，“赛博人”一词引起广泛关注和讨论，其意味着一种新型人机融合互嵌的共生态势，再次引起我们对于人与技术关系发展的反思。人工智能的发展，不断促成人的“赛博格”化，这或许意味着智能主体正在经历一场悄无声息的“回归”——从“延伸”到“互嵌”，从主客不分到人机分离再到人机融合的超越又复归。例如在VR体验中，人们戴上VR眼镜、拿上VR手柄，就可以“置身”于虚拟的游戏空间之中；又例如一些主播使用虚拟形象进行直播，虚拟形象可以较为还原地展现主播身体所作的动作和表情。智能技术和设备不再只是延伸人们的感官，更是嵌入了人本身的行为之中，人们能够只通过自身的身体活动而实现新的可能。近年来，平板电容笔的发展也能很好地诠释这场“回归”：人们从原始的纸笔到键盘打字、鼠标作画，再到现在使用电容笔，人们重新回归了“纸笔”的自然书写状态，重新体验到人与书写工具的合二为一感，同时又能创作出远比之前更加多元丰富的作品。在这场“回归”中，智能主体的发展将不再表现为人与技术之间话语权的不断争夺，而是呈现为将人自身原有感官与智能媒介技术二者整合为一的新型主体，人与智能技术之间的关系将变得更加和谐自然。

我们或能因此有所启发，重新寻找一种对待智能技术的价值观，使智能主体与客体之间失调的价值重新调和，助力智能技术挣脱现有困境。但我们发现：像VR、虚拟现实等技术所呈现出的这种互嵌趋势在一定程度上直接表现为与人类身体的外在嵌合，而像算法、大数据这些技术一般并无实体存在，是否就注定不能参与到这场“回归”之中，不能以“互嵌”之和谐解决人们现有的精神困境呢？或许我们目前还不能要求算法以实体之“互嵌”引导人们精神之“互嵌”，但我们一定可以尝试先自觉意识到精神之“互嵌”。纵使目前智能主体的互嵌趋势还只是停留在有实体（机器）参与的层面，但并不意味着未来也只能在此层面内发生，而本文的目的之一也是试图探讨智能主体互嵌趋势之突破实体层面的束缚而继续在更广范围内（如算法这类非实体技术领域）发展的可能性，从而更全面地促进人与技术的和谐共生。

四、超越实体互嵌：新型智能主体的人文主义表达

从智能主体的互嵌趋势来看，智能主体的行为方式呈现出了这样一种特点：在技术赋权下能够更加自由地发挥人的主观能动性。这与几欲被智能算法技术支配的被动生活状态相比，鲜明地体现出人文主义的精神内核。在人文主义的价值理念中，我们可以从价值理性、间性沟通和人文关怀三个层面来探讨算法困境的解决和互嵌趋势突破实体性束缚的方式。

（一）以价值理性达到意义互嵌

工具理性日益泛化，人们普遍热衷于功利性的追求，过于看重目的是否达到，而忽略了人的情感和精神价值。针对人们的信息需求焦虑困境，我们提倡对待技术的态度应从工具理性转变为价值理性。算法推荐机制虽没有如VR那样直接与人体嵌套，但也已经渗透进社会生活的各个方面，是另一种意义上的嵌合。提倡价值理性，并不意味着要否认功利性的目的，我们不回避目的但也不执着于目的。算法推荐机制下的信息生活中，我们一方面要看到算法的强大能力，另一方面不应高估算法之能力，在算法技术的可供性之中充分感受创造性的信息体验（正如我们体验VR那样），更多追问价值、意义，而非目的之实现，这样才可以释放人类被算法囚禁的自由精神。

与此同时，认识算法之能力的过程也是对其进行反思和构建理想的能动过程，通过认识算法技术的局限从而在全社会范围内逐步促进算法技术的不断完善。虽然算法目前并不能深度解决我们的信息需求，但我们不能因此而自暴自弃，沉浸于算法推荐的大量同质化信息废料中。不能像赫拉利所说的那样："依靠人工智能的决定越多，就越会失去自主决定的能力。"[①]我们不能

① ［以色列］尤瓦尔·赫拉利：《未来简史》，林俊宏译，中信出版社，2017年。

认为算法无能为力所以我也无能为力，而是要摆脱对技术的依赖性，构建多元的信息获取途径，不断为算法的计算过程“输入”新的偏好数据，积极引导算法进行深度的需求计算，发挥更大的技术效能，将人与算法之间的互动构建为一个可持续的良性循环，实现更加长远的发展。

（二）以间性对话达到主体互嵌

在探讨人与智能技术的关系中，我们还要关注两者之间如何更有效地对话，而不是执著于追问“谁是决定者”的问题。媒介技术被麦克卢汉看作是人体的延伸，深刻影响了人类精神心理结构和社会组织方式且远超其所能承受的范围，这包含着一种“技术决定论”的思想。过于强调“技术决定论”，则会陷入被技术的内在逻辑和自主功能所支配的被动境地；与“技术决定论”相对应的是“社会决定论”，但过于强调“社会决定论”则又是忽视了技术自我发展、自我完善的能力，而将技术的变迁完全视为社会需要的驱动，看不到技术尤其是智能技术的巨大创造性潜力。可见，不管是“技术决定论”还是“社会决定论”都没有建构二者之间有效沟通的方式，前者使人的主体性丧失，后者则夸大了人的主体性。作为决定论的一种替代性范式，“技术与社会互动论”认为技术与社会之间不是单向固定的一方决定另一方的状态，而是一种动态的、充满变化和创造力的互动过程。

在日常生活中，个人与智能技术之间就应当寻求这样一种沟通对话的关系，积极打破闭环受众的困境，充分发挥自由的主体性，重新恢复“双向度”的发展。在获取信息时，应以人的需求和价值取向为主导，融合客观信息与主观先验知识而有选择性地获取。在一次次的互动过程中，算法机制得以从最原始的结构性框架逐渐变得人性化。最后在决策输出阶段实现人的直觉与技术思维的相互嵌合。[①]只有这样才是一种和谐的间性对话，才能发挥出双方“智

① 陈昌凤：《人机何以共生：传播的结构性变革与滞后的伦理观》，《新闻与写作》，2022年第10期。

能”“1+1>2”的效果。

（三）以人文关怀达到人文互嵌

在价值理性和间性沟通的基础上，我们还应努力达到人与技术之间人文互嵌的更高境界。网络社会群体极化现象之所以愈演愈烈，其根本在于人与技术、人与人之间人文性的缺失。重视人文关怀、人道主义，是化解网络群体极化现象的立足点和根本要求。

从平台和算法来看，平台不应以唯消费主义的态度构建算法逻辑结构，不应以刺激最大消费为唯一目的，而应以服务人民大众为平台社会责任，营造和谐友好的平台氛围，关注受众的精神诉求。平台应健全算法的信息过滤机制，及时收集用户反馈，去除低俗消极的内容，使算法的“涵化”发挥出积极正向的一面，引导人们构建正确的人生观、价值观，起到良好的社会教化作用。另外，平台和算法还应充分利用其引导社会舆论的强大能力，在舆论发酵中广泛传播符合人民利益、社会利益和国家利益的内容；同时应在合理范围内使人们能够听到多方的声音，从而减弱一种声音可能带来的负面情绪的持续极化。例如近几年来的AI主播结合数据算法与播音主持专业性，在灾情报道、灾情应对以及社会关怀等方面突破时空限制，持续、及时地传递人们所需了解的信息，有效避免了谣言的滋生和蔓延。AI主播在抗疫播报中实现了大数据整理、人机互动及人文温度的多元传播效应，构建了具有人文关怀的人机共生模式。其次，从受众个体来看，我们也要秉持批判的态度面对纷繁复杂的信息，在智能传播时代下更加注重提升自身的媒介素养，识别算法逻辑的消费陷阱；面对意见不同的圈层人群时，我们反对自我中心主义，应主动寻求破圈融合，打破自己的思维壁垒，构建一种更加全面的视角；更要主动理解他人，增进人与人之间的交流，以交流超越隔阂，以共存超越冲突。

四、结语

在智能传播语境下，智能主体与客体间的关系呈现出一种从“延伸”到“互嵌”的趋势。本文通过探究智能主体在传播历史中的变迁和当下的发展，深度剖析了算法驱动的社会传播所带来的需求困境、受众困境和圈层困境；并通过探讨智能主体未来的发展趋势提出了算法困境的解决之道。从人机分离走向人机共生，人与智能技术之间的权力争夺在减少，而和谐共生之氛围在增加，其关键在于包含了人文主义的精神内核。由此我们提倡应以价值理性的态度、间性对话的思维和人文关怀的理念来应对当下的算法困境，从而构建一种人与智能技术之间意义互嵌、主体互嵌和人文互嵌的共生系统，并以此为基点超越目前智能主体互嵌趋势的实体性束缚，使之能够在更大范围内继续发展成为可能。但是，在提倡人文主义的同时，我们也要警惕人类中心论的复辟。人类中心论在对待技术的态度上拒绝对话，将人看作主宰地位，这实际上又陷入了权力争夺的桎梏。

人类历史上从天文学上的日心说，到生物学的进化论，再到精神分析学中指出的无意识的作用等等，这些研究成果已经一次次地向人们展示了人类中心论的骄傲自大和不切实际。因此，人文主义的时代内涵也应该在人类的实践中不断更新发展。然而，对于当下智能技术发展的困境以智能主体互嵌趋势的发展，本文更多是从文化研究和批判研究的视角，站在个人与社会的主体态度方面进行讨论的，而对于如何将人文主义落实在具体的技术应用之中，以及如何使智能主体的“互嵌”趋势可持续健康发展下去，是今后更加值得思考的新媒介技术和文化问题。

参考文献

[1]陈昌凤:《人机何以共生:传播的结构性变革与滞后的伦理观》,《新闻与写作》,2022年第10期。

[2][德]瓦尔特·本雅明:《机械复制时代的艺术作品》,王才勇译,中国城市出版社,2002年。

[3]胡正荣主编、周亭副主编:《传播学概论》,高等教育出版社,2017年。

[4][加]马歇尔·麦克卢汉:《理解媒介:论人的延伸》,何道宽译,商务印书馆,2000年。

[5]刘燕南:《从"受众"到"后受众":媒介演进与受众变迁》,《新闻与写作》,2019年第3期。

[6]申金霞、万旭婷:《网络圈层化背景下群体极化的特征及形成机制——基于"2·27事件"的微博评论分析》,《现代传播》,2021年第8期。

[7][以色列]尤瓦尔·赫拉利:《未来简史》,林俊宏译,中信出版社,2017年。

[8]于烜:《算法分发下的短视频文化工业》,《传媒》,2021年第3期。

[9]张维宁、李梦军:《今日头条:继BAT之后的"超级玩家"》,《清华管理评论》,2017年第6期。

我国数据新闻的人文转向及其问题探析
——以2020—2021年间涉疫情数据可视化报道为例

冯　帆　郭　桐

［摘要］2020年初，新冠肺炎疫情突然袭来，引发了大众焦虑紧张的不安情绪。与此同时，我国媒体行业中涌现出了一批出色的数据新闻作品，它们以多样的可视化方式向大众介绍新型冠状病毒、报道防疫进展，并对疫情后续发展态势作出科学预测。在进入疫情发展较为平稳、防疫举措较为成熟的2021年后，我国部分媒体仍继续发布相关新闻报道，对于病毒变异、疫苗普及、复工复产等各类话题高度关注。通过对2020年1月至2021年12月，我国不同类型的13家新闻媒体所发布的481条涉疫情数据可视化新闻报道分析发现，相关新闻在主题选择、内容呈现和可视化表达等方面较过去而言发生了明显的人文转向，本文在梳理其人文化表征的同时，也从理论、历史和现实逻辑对于变化原因进行了剖析。此外，就研究中发现的内容深度不足、形式缺乏创新和情理边界泛化问题，本文也从思维、技术和实操角度提出了相应

作者简介：冯帆，天津师范大学新闻传播学院讲师；郭桐，天津师范大学新闻传播学院本科生。

基金项目：天津师范大学教学改革重点项目"媒介融合时代新闻编辑课程的理论与实践创新"（JGZD01217002）。

的优化建议。

[关键词]数据新闻;可视化报道;新冠肺炎疫情;人文转向

数据新闻也称数据驱动新闻,是指基于数据的抓取、挖掘、统计、分析和可视化呈现的新型新闻报道方式。[①]数据可视化新闻是数据新闻中的一类,主要聚焦于可视化地呈现数据并合成新闻故事。[②]

突发性灾难事件是指突然发生并对社会造成严重危害,需要各方采取应急措施予以应对的事件。由于具有不可预测、瞬息万变的特点,因此信息及时准确、身临其境、获取知识并进行科学预防成为受众获取灾难报道的信息需求。[③]

在新冠肺炎疫情对全球影响严重的形势下,我国新闻行业涌现出了大量数据可视化报道,不仅在病例追溯、防疫科普、逝者悼念、复工复产等领域发挥了重要作用,而且有效避免了社会谣言等二次灾难的发生。特别是不同类型媒体的先后参与,更是为我国数据新闻制作带来了多元的新鲜灵感,最终传播出了许多有理有情、令人难忘的优秀作品。

一、我国媒体涉疫情数据可视化报道的特点

2020 年新冠肺炎疫情大规模暴发后，数据新闻凭借多种优势进入大众视野。国内媒体在对疫情相关信息进行报道时,数据新闻的可视化呈现“抽丝剥茧”地将传统新闻中文字报道所无法展现的信息生动展现了出来。[④]

---

① 章戈浩:《作为开放新闻的数据新闻——英国〈卫报〉的数据新闻实践》,《新闻记者》,2013 年第 6 期。

② 李希光、赵璞:《数据可视化:数据新闻在健康报道中的应用》,《新闻战线》,2014 年第 11 期。

③ 张茜:《数据新闻在灾难报道中的应用及展望》,《科技传播》,2021 年第 16 期。

④ 戴玲玉燕:《对新冠肺炎疫情报道中数据新闻的可视化呈现的分析》,《新闻文化建设》,2021 年第 11 期。

学者李良荣曾对我国媒体类型进行归类：第一类是由党和政府主办、依托行政资源传达国家相关政策及主流意识形态的党媒；第二类是以技术创新促进新闻类业务发展最终为获取利润增长、并逐渐成为主流媒体生产内容重要分发平台的民媒；第三类则是以个人名义创办、依靠专业化垂直分布获取流量的自媒。①

本文参考前述分类方式，结合我国数据新闻媒体的发展现状，将国内13家主要从事数据可视化新闻制作的媒体分为党媒、商媒与校媒三类，并对其在新冠肺炎疫情期间（2020年1月1日至2021年12月31日）发布的481条数据可视化新闻报道进行编码分析。

（一）样本介绍

1.党媒类

（1）“图解新闻”：该栏目由人民网时政部出品，标语为“图个直观，解得明白”，所设板块中时政版发布的数据新闻数量最多。人民网是世界十大报纸之一《人民日报》建设的以新闻为主的大型网上信息发布平台。

（2）“数据新闻”：新华网2012年开始了“数据可视化”探索，2013年专门成立由20名左右的核心成员组成的数据新闻部，并有数据新闻作品于2015年、2017年两获中国新闻奖。

（3）“美数课”：该栏目由“澎湃新闻”于2015年开设，标语为“数字是骨骼，设计是灵魂。与新闻相关，又与新闻无关”。“澎湃新闻”隶属于上海东方报业集团，开设栏目中最具新媒体特点的是“全景现场”和“美数课”。

（4）“财新数据可视化实验室”：该栏目隶属于财新传媒，团队成立于2013年10月，是我国唯一在全球数据新闻领域获奖的团队（2018年全球最佳数据新闻团队奖），属于国内数据新闻发展的标杆。

① 李良荣：《新闻学概论》（第七版），复旦大学出版社，2021年，第106~110页。

（5）“数据线 SJX”：该栏目由上海报业集团旗下“界面新闻”创办，“界面新闻”近年来致力于打造短视频、直播、自媒体等不同形式的特色品牌，数据新闻便是其探索领域之一。

2.商媒类

（1）“数读”：该栏目隶属于网易，是我国较早制作出数据新闻的平台之一。栏目口号为“用数据说话，提供轻量化的阅读体验”，对于政治、经济和社会方面的选题较为偏重，语言文字生动活泼。

（2）“谷雨数据－腾讯新闻”：该栏目由腾讯出品，隶属于谷雨工作室，主要聚焦数据新闻和数据报告。由于背靠全国最大的新闻平台与社交网络入口的互联网巨头腾讯公司，所以“谷雨数据”享有同类栏目难以企及的渠道和技术优势。

（3）“数有范”：该栏目隶属于武汉镝次元数据科技有限公司，公众号中所使用的可视化图表模板均由公司内部制作，部分会对外销售。栏目还会不定期举办“数据新闻制作”文化沙龙活动。

（4）“数可视”：该栏目由北京数可视科技有限公司于 2016 年创立，整体重视技术对“生产力”的推动效果，从创立之初就将用户直接瞄准 B 端，旨在为政府、企事业单位提供数据挖掘、分析及可视化服务。

3.校媒类

（1）“RUC 新闻坊”：该栏目是中国人民大学新闻学院新闻系运营的新闻教学与实践平台，打破了传统的封闭式校内教学，保持与校外媒体的联动效应。①2022 年，该媒体在首届大学生校园媒体大赛孙明经奖中荣获优秀校媒奖。

（2）“新潮”：该栏目由南京大学学生记者团与南京大学新闻传播学院联合出品，稿件生产充分发挥了成员智慧与跨学科合作优势。团队作品《“碳中和”：大国崛起背景下的中国承诺》曾获第六届中国数据新闻大赛二等奖。

① 王雨晴：《从“RUC 新闻坊”看数据新闻人才培养的困境与出路》，《新闻文化建设》，2021 年第 11 期。

(3)“谷河青年”:该栏目成立于2015年10月(原名“布谷岛”),由中山大学传播与设计学院的本科及研究生同学负责运营。2016年至2020年,谷河传媒连续获得《中国日报》校园学报新闻奖的“最佳新闻写作”“最佳新闻报道”等重要奖项。①

(4)“CBR传播人”:该栏目隶属于江西师范大学新闻与传播学院学生社团,曾获得由中国新闻史学会计算传播学研究委员会主办的第二届大学生校园媒体大赛全国十佳优秀校媒。

(二)报道时间与数量

总体来看,2020年我国媒体涉疫情数据可视化新闻数量远远多于2021年,其中第一季度最为显著(参见图1,表1),结合疫情发展,可以分析出该时段我国正处于疫情大规模暴发初期。

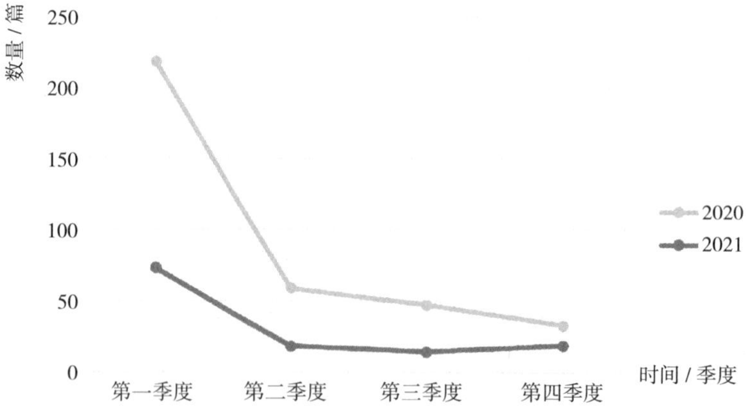

图1 2020年—2021年我国媒体每季度涉疫情数据新闻报道总结(数量/篇)

① 谷河传媒:《招新丨谷河青年:声不同,道不孤》,腾讯网,https://mp.weixin.qq.com/s/FuDYZEumP26WYNL7dXFMRw。

表 1 2020 年—2021 年我国 13 家媒体每季度涉疫情数据新闻报道梳理(数量/篇)

2020/2021 媒体	第一季度	第二季度	第三季度	第四季度	年度总计	同类年度总计	共计
人民网图解新闻	5/0	0	0	0	5/0	126/95	357/124
新华网数据新闻	18/61	13/9	37/2	16/5	84/77		
澎湃美数课	12/1	5/2	3/2	3/4	23/9		
财新数据可视化实验室	5/1	2/0	0	0	7/1		
界面数据线 SJX	4/0	1/0	0/6	2/2	7/8		
网易数读	13/0	1/0	0/1	1/0	15/1	211/21	
谷雨数据 - 腾讯新闻	12/1	4/1	0/1	1/0	17/3		
数有范	113/0	14/2	1/0	2/7	130/9		
数可视	27/4	15/2	2/1	5/1	49/8		
人大 RUC 新闻坊	7/3	2/2	4/1	3/0	16/6	20/8	
南大新潮	0/1	1/0	0	0	1/1		
中山谷河青年	1/1	0	0	0	1/1		
江西师大 CBR 传播人	1/0	1/0	0	0	2/0		

相关报道的第一个数量极值出现于 2020 年初。1 月 20 日,钟南山院士在采访中首次证实新型冠状病毒的确存在人传人现象,之后国内确诊病例数不断增加,一时间有关疫情的数据新闻报道达到高峰。其中,在 2020 年 2 月至 3 月,“数有范”每天就全国新型冠状病毒感染情况至少进行一次统计总结,累计达 62 条。

第二个报道高峰期则出现在 2020 年 7 月,由于疫情再次反弹,有关报道数量呈现小幅度回升的趋势。新华网“数据新闻”在 6 月 24 日至 7 月 20 日,每天都会对北京新增确诊人数作可视化报道,个别时间还会一天两报。进入 8 月后,随着国内疫情态势基本稳定,此类数据新闻的报道数量也逐渐减少。

2021 年 1 月,由于我国累计新增本土确诊 2016 例,为 2020 年 3 月以来单月最多,所以此时多家媒体的涉疫情数据可视化报道数量都达到一年之最。根据统计,新华网在该月共发布 43 涉疫情数据新闻,内容基本围绕“新增本土确诊病例”。

故笔者认为,过去两年间,我国涉疫情数据可视化报道的数量与国内疫情的发展态势大体保持一致。

（三）报道标题与主题

通过对481条新闻报道的标题进行词频分析，笔者发现我国涉疫情数据可视化新闻报道的主题普遍以疫情为中心，后分散至疫苗接种、动态清零、数据公开等子话题（参见图2）。

图2 2020年—2021年我国十三家媒体涉疫情数据新闻的标题高频词

分析还发现，数据新闻在报道疫情时往往会有意呈现出数据优势和解释功能。例如新华网“数据新闻”《如何与病毒赛跑？一图看懂北京流调工作》、“数有范”《日产500万人份，中国的新冠病毒检测试剂盒都去哪儿了？》等报道，在标题中都会明显表现出问题意识，而后在正文中通过大量数据为读者解惑答疑。

实际上，即便是同类媒体，在主题选择方面也存在着不同程度的差异。例如南京大学的“新潮”与中国人民大学的“RUC新闻坊”相比，一方面对于涉疫情话题的关注较少，且主题视角相对微观；另一方面该媒体更倾向于在纪实、调查等栏目中进行疫情相关报道，而非以数据可视化的形式呈现相关新闻。

(四)报道方向与内容

本文将样本在报道内容上分为统计总结、地理分析、知识科普和政策宣传四类。根据各类型出现的次数(由于部分样本内容丰富,因此存在多次计数情况),将其进行百分比折算后发现,统计总结类占比超过一半,地理分析类占比近三分之一(参见表2),这恰恰与数据新闻一直以来强调的数据统计、地图分析等报道特性相契合。

表2 2020年—2021年十三家媒体涉疫情数据新闻报道各类型(占比/百分)

内容 / 约占比	统计总结	地理分析	知识科普	政策宣传
约占比	55.6%	30%	9.2%	7.7%

例如在占比最高的统计总结类数据新闻中,"数据线"的《城市"静止"?疫情之下路上有多少人》一文,通过对疫情期间我国道路高峰拥堵指数、地铁满载率等数据进行统计,呈现出多地复工一周后的实际交通情况。无独有偶,江西师范大学"CBR传播人"在2020年4月21日发布的《疫情期间的"宅经济",你贡献了多少?》一文中,也是通过大量数据总结,对参与问卷的大学生在疫情期间的花费支出进行了细致深入的分析。

正如当年约翰·斯诺医生用一幅标注地图发现了霍乱"由水传播"的证据,成功劝服伦敦政府取下"宽街"水泵的把手,疫情因而得到控制[①]那样,此次我国涉疫情数据可视化报道中多次出现的地理分析,也起到了重要作用。在澎湃"美数课"发布的《新型冠状病毒感染肺炎病例实时地图,请收藏!》中,读者可以通过点击各省市的地图区块,查看各地新增确诊及累计确诊病例数据,获悉最新疫情状况。

数据可视化报道在对新冠病毒防疫、疫苗接种等政策和知识进行宣传和

① 唐雅婷:《数据新闻的人文关怀——对疫情期间的数据新闻可视化报道的思考》,《科技传播》,2021年第6期。

科普方面,同样表现不俗。例如“数有范”在《你需要知道的是:不是所有口罩都能保护你》一文中,不仅详细介绍了一次性口罩、医用外科口罩和医用防护口罩的不同和适用范围,而且就头戴式和耳挂式两种口罩的佩戴方式进行演示,为读者正确佩戴口罩提供了科学指导。“数可视”则在《雪中送炭！27 省 500 余条中小企业帮扶措施来了！》中,通过大量数据分析将各地帮扶中小企业的措施与侧重点进行可视化呈现,方便读者迅速了解多地补助政策。

（五）可视化形式

总结发现，各媒体在新冠肺炎疫情报道中所使用的可视化形式多种多样,具体可分为信息图表、时间轴、地图、视频、H5 和其他类型(参见表 3)。其中,信息图表与时间轴常常结合出现,总占比近乎八成,而视频、H5、条漫等制作流程相对复杂的可视化形式总占比只有十分之一。

表 3　2020 年—2021 年十三家媒体涉疫情数据新闻报道采用可视化方式(占比/百分)

类型 约占比	信息图表	时间轴	地图	视频	H5	其他（如条漫）
	45%	34%	11%	5.5%	4%	0.5%

如前所述,本次涉疫情报道中可视化新闻多以信息图表与时间轴结合的方式出现,例如新华网“数据新闻”发布的《一图“数”看全球新冠疫情 104 天》,通过一张时间图总结了全球多国 4 月 20 日一日累计确诊病例和死亡病例,帮助公众直观了解全球疫情发展态势。

尽管地图类可视化形式占比仅有 11%,但与过去相比,出现次数已有大幅度上升。由于新冠病毒传播地区广泛,所以动态地图、静态地图、交互地图等地图可视化形式均在此次涉疫报道中得到应用。例如,网易“数读”标明各地确诊人员所在地的静态地图《武汉新型冠状病毒在中国和全球传播风险的初步分析报告》和澎湃“美数课”实时更新的动态地图《疫情信息明细数据共享》。

另外，视频和H5这两种不可或缺的可视化形式，也在此次涉疫情报道中得到应用。例如“数有范”《新冠疫情传播路径还原》等报道选择以视频形式动态呈现数据统计结果；而“数可视”《病毒之战：用交互设计回溯历史上人类和瘟疫的战争》等报道则以手机端为主，运用交互性更强的H5进行内容表达。

通过上述分析，笔者总结出我国媒体在进行相关报道时的三大特点，即在党媒占据主体地位的基础上，有更多类型媒体参与新闻生产；在聚焦疫情发展的前提下，报道主题涉及范围广泛；在信息图表和时间轴为首选的情况下，不断创新可视化表达形式。

二、疫情期间我国数据新闻的人文化表征

暨南大学刘涛认为，用数据说话，这是所有新闻形式普遍共享的话语观念，只不过数据新闻对其推崇程度更纯粹、更彻底，其结果是导致了人文话语的衰落——数据背离了人的维度，也剥离了故事语境。[①]学者曾源也提出，由于对技术过于依赖，数据新闻只有数据和信息，而对新闻信息的社会性和人文性把握不足。[②]

似乎长久以来，数据新闻与人文关怀难以兼备是行业公认的命题。然而通过前文分析，笔者认为此次涉疫情数据的新闻作品尽管在内容等方面存在一定议题偏好，但这481条报道中有一共通点不可忽视，即其中的人文化倾向突出，尤其表现为关注人、关心人、关照人的人文关怀。

① 刘涛：《理解数据新闻的观念：可视化实践批评与数据新闻的人文观念反思》，《新闻与写作》，2019年第4期。

② 曾源：《数据新闻的技术偏向：人文主义的缺位——以非连续性模型为例》，《今传媒》，2019年第3期。

(一)主题更全面,兼具多元视角

此次涉疫情数据可视化新闻报道首先呈现在读者眼前的一大特征,便是主题选择上涵盖范围更广泛,既有气势磅礴的时空纵横,也有细小入微的生活点滴。例如"数可视"的《120秒武汉抗疫全记录》,从时间角度梳理了武汉抗疫历程,新华网"数据新闻"的《金声来习｜患难与共的真朋友,同甘共苦的好兄弟》则以全球视野关注了疫情下我国如何开展外交和人道主义援助等话题。

2021年1月,我国局部地区疫情反弹,以此同时,"过度"的信息公开让部分被感染者遭受到无端指责和谩骂。2021年1月27日,"RUC新闻坊"发布文章《勿知我姓名:流调信息公开的边界》,对涉疫数据的收集、公开和隐私等问题展开报道。"数有范"也发布了《数百万人滞留海外,他们的回家之路还有多远?》《疫情之下的高考有多难:高温、口罩和空调不均》等文,对于疫情下留学生归国、高考等日常事件给予关注,体现出了媒体在主题涉及上的不断探索。

(二)内容更贴近,构筑情感传播

此次报道的第二特征便是内容上更加"走心",更贴近读者心理。比如新华网的"数据新闻"在2020年3月5日发布的《致敬每一个闪亮的名字》中,用H5对援鄂医疗队成员情况作以展示,并在最后一页通过定位技术发起"我在XX地向他们致敬"的互动活动,将公众与赶赴一线的英雄紧密联系起来,实现了情感传播。

在澎湃"美数课"推出的《新冠肺炎逝者大多是本身有基础疾病的老人》一文中,用花朵代表逝者,用花瓣表示逝者原先患有的基础疾病。设计师曾表示:"关于逝者,我们整理的是冷冰冰的数据,但呈现的应该是人文。"[①]此外,

① RUC新闻坊:《点击进入数据新闻聊天室|澎湃美数课的疫情报道分享实录》,腾讯网,https://mp.weixin.qq.com/s/Efzvltuhtrxr_ZWVv8qBoQ。

“美数课”还发布了《铭记疫情中逝去的每一个生命》《11699位患者和我们的这一年》等多个作品，不仅对新冠患者、逝者进行纪念，而且为读者讲述了疫情下普通个体、普通家庭发生的平凡又伟大的故事。“数可视”和“财新数据可视化实验室”也分别在2020年4月4日发布可视化视频《每一个名字都值得铭记：新冠疫情全国殉职医护人员名单》和《新冠逝者：献给疫情中离去的生命》，将内容聚焦于每位普通大众。

（三）形式更互动，赋能多种感官

值得注意的是，此次疫情报道中还涌现出了许多以实时查询为主要功能的数据新闻，例如澎湃“美数课”的新冠肺炎患者同行程查询工具和“财新数据可视化实验室”的了解你附近的“新冠肺炎”定点医院，不仅为读者提供了所需信息，而且交互式的报道也更利于调动读者多感官的阅读体验，令人印象深刻。

此外，交互式数据新闻对于知识科普、政策宣传同样高效。“数可视”在2020年6月9日发布的《病毒之战：用交互设计回溯历史上人类和瘟疫的战争》一文中，采取交互式H5与读者一起回顾人类和病毒之战。2020年2月1日新华网“数据新闻”推出H5作品《G1276已进站，热干面的好友们快上车！》，读者从哈尔滨“出发”，一路“经过”长春、沈阳、天津、保定、郑州车站，最终“到达”目的地武汉，为其送上惊喜。全程拟人化的“云探望”，一方面拉进了彼时全国人民的心理距离，另一方面也更加坚定了大家共抗疫同进退的决心。

（四）报道更通俗，降低阅读门槛

回顾我国数据新闻的实践历程不难发现，由于部分报道中存在专业词汇堆积、内容晦涩难懂等问题，公众对于数据新闻总是持有一种“可望而不可即”的态度。但此次与疫情相关的多篇数据新闻报道，不仅语言上通俗易懂，而且可视化运用灵活巧妙，地理图表、折线趋势图、交互日历等内容让复杂数据得以简明表达，大大降低了读者的阅读门槛与心理障碍。

2020年，在国内对于武汉红十字会质疑不断时，“数可视”发布的《武汉红会首次公布支出明细，9.4亿元去了哪儿？》一文，通过数据流向图清楚展示了特殊时期武汉红十字会对于支出明细的权责分配。2021年3月，同样面对社会质疑，“数可视”通过《懂点新冠 | 那个阳性高发却未被禁的行业》一文，向大众详细解释了为什么雪糕会“感染”新冠病毒以及为什么冷链运输至今没有被禁两个重要问题。

2021年1月，面临全国多地疫情反弹，新华网“数据新闻”推出可视化作品《老乡们，快收下这三“要”三“不要”》和《隔断病情，不能隔断感情》，接地气地对国家防疫政策进行了基层宣传。

（五）制作多联合，重视社会效益

众所周知，数据新闻相较于其他报道制作更为繁琐，尤其在疫情期间，媒体及创作者面临着更加严峻的生产环境。此时我国部分媒体间达成的协同生产模式，大大提升了信息收集、整理和发布的效率，为数据新闻行业的复苏和再发展提供了助力。

例如，人民网与UC浏览器、《人民日报》客户端与腾讯看点分别联合制作了两款查询类数据地图，既利于信息公开，也便于用户实时了解情况。此外，腾讯新闻旗下的“谷雨数据”先后与“数有范”“数可视”等商业媒体联合发布了《武汉封城前后，人们活跃在哪里？》《瘟疫曾多次放过人类，人类能否放过野生动物？》多篇新闻报道，以资源共享的形式合力推出优质作品。

在武汉宣布封城后，2020年1月24日澎湃“美数课”发布了数据新闻《疫情信息明细数据共享》，不仅实时更新疫情地图，而且主动将编辑部整理好的疫情信息通过石墨文档和Github向全社会公开，供各界使用。网易“数读”正是在这份来之不易的数据的支撑下，生产出了《新冠肺炎席卷全国的33天》《武汉疫情，129名患者的患病史透露了什么》等优秀数据新闻作品。

三、疫情期间我国数据新闻发生人文转向的原因

针对此次报道中突出的人文化特征，笔者认为可以从理论、历史和现实逻辑三个角度进行分析，以解答报道中的关注人、关心人、关照人等人文关怀转向的具体原因。

（一）关注人：由马克思主义新闻观的理论逻辑决定

马克思主义新闻观是把马克思主义基本原理运用到新闻传播活动中所创立的一系列立场、观点、方法，在中国经历了以毛泽东同志为代表的中国共产党人不断继承、创新和发展，逐步形成了科学、系统的理论体系。习近平总书记曾用“定盘星”来比喻马克思主义新闻观的作用，这意味着我国媒体和从业者应当坚持党性与人民性相统一、经济效益与社会效益相统一等马克思主义新闻观中国化的基本理论。

2016 年 11 月 8 日，习近平总书记提出，希望广大新闻记者坚持正确政治方向，坚持马克思主义新闻观，坚守党和人民立场，以人民为中心，心系人民、讴歌人民。实际上，此次我国涉疫情数据可视化报道之所以从内容到形式都更加“人文化”，更加彰显民本思想，离不开新闻媒体对于马克思主义新闻观的坚定信仰和不断践行。例如，新华网连续多日对国内确诊病例等信息作以可视化呈现，在凝聚人心、团结社会舆论的同时，也起到了激浊扬清、用事实打击不法谣言的作用。

（二）关心人：由媒体主动作为的历史逻辑决定

2016 年 2 月 19 日，习近平总书记在讲话中提到，广大新闻舆论工作者要做党的政策主张的传播者、时代风云的记录者、社会进步的推动者和公平正义的守望者。几年时间过去，我国媒体工作者正是在这样的高要求下开展

新闻工作,积极担当媒体责任,切实在报道中体现人文价值。例如“数据线SJX”在2020年1月29日发布的《越来越多的人被治愈,关于疫情今日好消息全在这》一文中,对确诊病例治愈情况、雷神山医院现状和药物研制进展等内容进行可视化报道,既有效纾解了彼时全国民众的“丧”情绪,让大家感受到新闻关怀,又为我国打赢疫情防控阻击战营造了良好的社会舆论氛围。

同时,由我国不同高校媒体完成的《1183位求助者的数据画像:不是弱者,而是你我》《守护冷链安全:44起冷链外包装新冠阳性事件》《疫情爆发以来,专家们都说了些什么?》等文章同样值得关注,这些数据新闻均出自未来的媒体工作者之手,报道以独特的视角切入,以学生们关注的话题为主线,在青年群体中收获了众多好评。

(三)关照人:由满足公众需求的现实逻辑决定

众所周知,新闻媒体的重要职能之一是满足公众对于信息的需求,而数据可视化新闻作为一种由大量数据和尖端技术协同构成的创新性报道形式,自然也应遵循媒体为公众提供信息服务这一基本原则。

新华网的“数据新闻”在2020年8月19日中国医师节发布了H5作品《天使的日历》,以用户“翻动”日历的交互形式展示了自疫情以来我国医务工作者的各项辛勤付出。同样,“财新数据可视化实验室”也以H5形式推出了《疫情时代运动图鉴:宅家生活如何运动?》一文,详细梳理了近两年我国公众的运动轨迹变化,并回答了疫情期间个人应当如何运动的重要提问,大大满足了读者的阅读与心理需求。

四、疫情期间我国数据新闻实践中的不足

当然,尽管我国数据新闻在此次疫情报道中的表现可圈可点,但笔者认为,相关报道在内容表达、形式呈现等方面仍然存在一定不足,应当对其高度

关注,并进行优化改进。

(一)内容深度不足

我国当前的灾难报道往往缺乏对数据的深度挖掘,仅停留在对数据的简单罗列和堆砌,没有将数据在汇总整合的基础上,对其背后的深层次信息进行解读和呈现,挖掘数据背后的社会意义和实践价值,使得数据信息的深层价值并未充分展现。[①]

疫情期间,我国数据新闻在报道内容深度方面还有待提升。可视化报道与现场访谈相比,本就缺乏一定的画面感,如果生产者不多花心思在内容的剖析与深入上,那么报道只能流于信息表面。比如在此次报道中,我国仍有部分媒体习惯于机械、重复地将已有文字或数据直接转化为可视化图表发布,而并未对其数据背后的深层内容进一步挖掘与解读,致使一些数据新闻内容浅显,新闻价值大打折扣。

(二)形式缺乏创新

部分涉疫情数据新闻在可视化的呈现方式上存在同质化倾向。例如,先后推出疫情传播路径图之类的数据新闻;"花瓣"的可视化形式受到欢迎后,许多报道对其效仿甚至"照抄"。在新闻主题基本围绕疫情展开的情况下,不同媒体选择重复或类似的数据呈现方式,也许在文章发布初期会让读者眼前一亮,但随着大量相近形式的重复出现,势必会导致某一类的可视化报道整体被受众市场淘汰。

同时,各媒体在数据新闻与互联网新兴技术的有机融合上仍显乏力。例如,此次涉疫情报道大多选择了信息图表和时间轴两种可视化形式,对于条漫等形式利用较少,对于虚拟现实(VR)、增强现实(AR)、扩展现实(XR)等前

① 张茜:《数据新闻在灾难报道中的应用及展望》,《科技传播》,2021 年第 16 期。

沿手段则几乎没有创新性运用。

(三)情理边界泛化

新闻客观性作为判断新闻报道是否具备新闻价值的因素之一,同样也是衡量一篇数据新闻是否越出新闻边界的指标。由于数据新闻报道在实践过程中,需要经过复杂的采集、整理、分析以及呈现等过程,每个环节都可能存在不易察觉的主观倾向,因而相关报道较之其他类型更易产生叙事偏向,并对新闻客观性造成损害。

在此次涉疫情可视化新闻中,有部分媒体对于报道中情感与理性的平衡关系存在认知偏差,由此产生了一些被指责"吃人血馒头"的冷漠新闻和被质疑有损公正的煽情新闻。对于数据新闻来说,报道和数据息息相关,媒体有义务通过数据向公众解释存在于社会中有新闻价值的人和事,报道也需要持有人文主义关怀,但这并不能成为新闻内容泛主观、甚至失实的由头。

五、后疫情时代我国数据新闻的发展路径

学者支庭荣曾对优质数据内容进行过三要素的定义:首先,数据必须真实可信;第二,数据要精确,数据量应充分;第三,数据应是用户所关注的,能够解决用户欲知而未知的问题。①结合此次我国涉疫情数据可视化新闻报道来看,未来我国数据新闻作品可以尝试从以下三方面进行发展路径的探索。

(一)发散思维,创新报道方式

在未来的新闻实践中,我国媒体虽然不应刻意求新"博眼球",但需要有意识丰富报道角度、创新呈现形式,从而制作出主题新鲜、样式多元的可视化

① 支庭荣:《优质数据内容三要素:真实、量大、有用》,《青年记者》,2021年第7期。

作品。例如此次疫情报道中,“数有范”不只局限于对疫情确诊人数、相关人员流向的统计总结,还关注到了“后疫情”对于我国各行各业的冲击,并对于年轻人租房、买车等现实问题展开报道。

虽然可视化不完全等同于数据新闻,但当前我国在数据新闻内容呈现方面的确依赖于可视化,因此除了选题新颖外,可视化的创新呈现也同样重要。正如蒋瞰在《新闻的未来,是分析数据》中表示,数据新闻的重要一环便是数据可视化。[①]2020 年 4 月 1 日,“数有范”发布的《我们用声音带你共同铭记!》一文,便别出心裁地制作了一条没有影像只有声音的静默视频,用以纪念那些因新冠肺炎中离世的人,使读者得到了不一样的阅读体验。

(二)善用技术,提升报道深度

数据新闻的制作离不开丰富的数据,更离不开对于大批数据的处理和分析。因此,在未来的数据新闻发展过程中,媒体可以借助 5G 技术对数据进行深度挖掘和分析,并加强各数据库的智能联动,推动数据的“中央厨房”化[②],进而从技术层面提升新闻报道深度。

例如,“RUC 新闻坊”在制作《“远处的哭声”:印度疫情中的社交媒体求助者》的过程中,并没有局限于对印度人民常用的社交平台中求助信息的收集,而是在推特上以“#CovidHelp+location”等标签为关键词搜索求助贴后,通过大数据等技术为发声者绘制群像,这样一来不仅丰富了报道对象的人物形象,而且有助于提升报道的说服力和影响力。此外,疫情期间多次出现的交互式地图、在线统计表格,同样也是媒体尝试运用前沿技术提升新闻内容深度的表现。

---

① 蒋瞰:《新闻的未来,是分析数据》,《新闻实践》,2013 年第 9 期。

② 卢蔷:《新冠疫情报道中数据新闻的应用、不足及对策分析——以财新网与丁香园为例》,《新闻传播》,2020 年第 2 期。

（三）平衡操作，把握新闻温度

此次涉疫情数据可视化报道有力打破了人们对于数据新闻冷静却冷漠的刻板印象。无论是对于普通人日常生活的刻画，还是对于逝者的缅怀，我国媒体都在积极突破过去过分强调工具理性的局限，转而力求在报道中实现客观性与人文性共存。

例如，“DT财经”《外卖数据下的武汉：普通人的“封城”十日生活》一文，对身处武汉的市民的外卖数据进行整理，从而延伸至他们的生活境况。再如2020年清明时节，“RUC新闻坊”发布单图报道《他们守住了春天，却留在了冬夜》，正文仅有一幅黑色图片搭配一枝正在凋落的菊花，这样一篇看来不能算是新闻报道的作品，却在当时获得了超过5000次的阅读量。这不仅说明简单但是有温度的可视化作品并不会石沉大海，也提醒我国媒体，在今后的新闻工作中应当把握好人性与理性的关系，尤其要注重读者的合理情感需求。

六、结语

如果说“疫情之下，没有人是一座孤岛”，那么数据可视化新闻报道便是连接“人类岛屿”的一座桥梁。此次我国涉疫情数据可视化新闻报道无论在主题选择、内容呈现还是交互设计等方面，都表现出了明显的人文转向和社会责任，尤其在知识科普、统计总结、地理分析和政策宣传方面发挥了重要作用。在这场世界级的重大公共卫生治理危机中，它不仅助力于疫情治理与防控，而且改变了日新月异的“液态”新闻业，更在不知不觉中影响着每个人认识世界的方式。

参考文献

[1]冯海青、朱昕磊:《新冠肺炎疫情报道中数据新闻的“工具化”衍变》,《传媒观察》,2020年第5期。

[2]刘英华、杨心茹:《可视化之路:让数据生动起来》,《新闻与写作》,2021年第7期。

[3]孙悦娟:《大数据工具的新闻应用与数据新闻“工具化”衍变的必然与应然》,《新闻爱好者》,2021年第12期。

[4]吴小坤、全凌辉:《数据新闻现实困境、突破路径与发展态势——基于国内7家数据新闻栏目负责人的访谈》,《中国出版》,2019年第20期。

[5]许向东:《转向、解构与重构:数据新闻可视化叙事研究》,《国际新闻界》,2019年第11期。

基于区块链技术的
科技期刊信息流动新模式及对策

赵　鑫　曹继国

[摘要]在区块链技术的支撑下，科技期刊应加强作者、读者、审核方之间的联系，以去中心化为基础，建设多方交流平台；以智能合约为核心，推行开放式同行评议；以时间戳为关键，增强学术成果版权意识；以分布式存储为契机，打造多种科技论文新样态。科技期刊应在区块链技术的赋能下，在学术交流、论文评议、版权保护和渠道传播上形成相应的发展机制，助力科技期刊向高质量发展。

[关键词]区块链技术；科技期刊；信息流动

近年来，区块链技术快速发展，对经济和社会发展产生着重要的影响，在各个领域逐渐呈现出其不可替代的重要性。科技期刊作为记录传播科研成果、推动学术创新的重要载体，起着引领科技创新、服务经济社会发展的重要

作者简介：赵鑫，天津工业大学人文学院教授；曹继国，曲阜师范大学传媒学院硕士生。

基金项目：教育部人文社会科学规划基金项目“乡村文化振兴视阈下村民影像的地方性知识生产及传播研究”(22YJA860013)。

作用。旨在传承人类文明，荟萃科学发现，引领科技发展，直接体现国家科技竞争力和文化软实力[①]的科技期刊，在其发展过程中自然也必须高度重视区块链技术，并借助其优势促进自身的发展。新时代党和国家对科技期刊界指出建设世界一流科技期刊的发展方向，在这种背景下，用好区块链技术更是推动我国科技期刊高水平高质量发展的必经之路。

科技期刊以科技论文为载体传播最新科研成果和前沿科技动向，而科技论文以信息流动的方式传递科技信息，可以说，信息流动是科技期刊进行科研成果传播的基本方式。而区块链凭借其独特的技术优势作用于科技期刊信息流动的全过程，所以如果利用区块链技术对科技期刊信息流动的各环节进行优化，则会有效促进科技期刊的良性发展。学者们逐渐关注并越发重视区块链技术对科技期刊发展的影响，赵大良从信息传播模式的角度分析了科技期刊信息传播过程中各构成要素的角色定位及作用[②]颜佳钰结合区块链技术梳理了因技术更新带来的信息传播模式的嬗变[③]治丹丹重构了区块链技术支撑下在科技期刊同行评议中编辑、作者、读者和专家四者的关系，提出四者之间的关系应是平等、透明和互动的[④]。总体而言，已有研究已经开始关注区块链技术对科技期刊的发展及其在科技期刊信息传播过程中的作用，但尚缺乏从信息流动的视角来聚焦区块链技术对科技期刊信息流动的改良，而这正是本文努力的方向，以期充分挖掘和发挥科技期刊信息流动过程中各要素的功能和潜力，进而促进我国科技期刊高质量发展。

---

① 《习近平主持召开中央全面深化改革委员会第五次会议》[EB/OL].(2018-11-14)[2022-10-06]，http://www.gov.cn/xinwen/2018-11/14/content_5340391.htm。

② 赵大良：《科技期刊的信息传播模式》，《陕西省科技期刊编辑学会 2004 年学术年会暨学会成立 20 周年庆典大会论文集》，科技编辑研究编辑部，2004 年。

③ 颜佳钰：《区块链技术逻辑下信息传播与管理模式形态研究》，《东南传播》，2019 年第 3 期。

④ 治丹丹：《区块链技术支持下科技期刊同行评议中编辑 - 作者 - 读者 - 专家新型关系重构》，《中国科技期刊研究》，2019 年第 10 期。

一、信息流动及科技期刊的信息流动

（一）信息流动及其嬗变规律

在解释信息流动一词之前，我们首先要理解一个概念：传播。传播学里谈的“传播”，是双向、共享意义上的信息、知识在时间和空间中的流动过程①，即传播的本质就是信息流动。信息流动的过程，通常包含以下几个要素：信息发出者、信息、信息的传递渠道和信息接收者。信息在由信息发出者以一定的技巧和逻辑处理并发出后，经由特定的传递渠道被信息接收者所接收，这就完成了一次信息流动。信息流动需要借助一定的载体。伴随着人类社会的发展进步，人与人之间的信息流动方式也因载体变化而产生嬗变，在不同的时期呈现出不同的形式。

当人类社会刚刚出现时，人与人之间的信息流动主要以表情、动作和简单的声音为载体，信息流动方式较为单一。语言的诞生让人与人之间的信息流动效率得到进一步提升，信息流动的范围也在时间和空间上得到扩展。作为抽象化、规范化的符号系统的文字出现之后，人类有了更为准确的信息记录载体，信息在时空范围内的流动更为准确和高效，人类经验也因此得到更大范围的保存和传播。印刷术的运用让文字信息的批量复制成为可能，广播、电视、电影等大众媒介的出现让信息流动方式再次嬗变，信息流动效率得到大幅度提升。21世纪以来，随着互联网技术以及扩展现实技术、大数据技术、区块链技术、5G技术等各种高新技术的发展，人与人之间的信息流动方式跨越了时间和空间的束缚，迎来了前所未有的发展机遇期。通过对人类信息传播史进行梳理不难发现，信息流动的方式因传播手段和传播媒介的进步而日

① 陈力丹：《传播学是什么》，北京大学出版社，2007年，第8页。

新月异，在时间和空间的维度上不断拓展，信息在各要素之间的流动也更加通畅和自如。

（二）科技期刊的信息流动及构成要素

科技期刊中的信息流动模式与前文列举的大众传播特点基本相同，略有不同的是，科技期刊传播的信息，在经过作者生产加工后，还需经过审核专家提出修改意见和编辑的再加工，才能通过科技期刊这一信息流动载体传递给读者。在整个信息流动过程中，包含科技信息的科技论文构成信息要素，作者、编辑和审核专家作为信息发出者共同构成信源要素，科技期刊充当信息流动的载体构成信道要素，读者作为信息接受者则构成信宿要素。科技论文在信源、信道和信宿依次连接的流动模式中完成信息传递，学术思想和研究成果得以保存并广泛传播。

（三）科技期刊信息流动的传统模式

在传统的科技期刊信息流动过程中，作为信源的作者发出信息，是整个科技期刊信息流动过程的起点；编辑作为中端枢纽，连接着作者和审核专家，负责将编辑好的信息发送至科技期刊平台进行出版；读者作为信宿要素，通过科技期刊这一信息流动渠道接收科技信息，是整个信息流动过程的终点。至此，科技期刊的一次信息流动过程完成，其具体流动过程如图1所示。

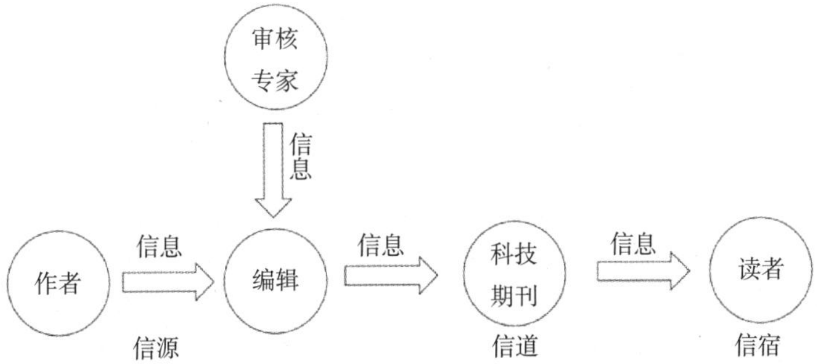

图1　科技期刊传统的信息流动模式

通过对科技期刊传统的信息流动过程进行分析，可以发现，科技信息在这种模式中进行流动，具有以下弊端：

第一，各要素之间缺乏直接的交流渠道。作者与读者、作者与审核专家之间缺乏交流通道，读者的想法无法快速直接传递给作者，审核专家的意见也不能直观地被作者感知，作者缺乏为自己未过审的论文进行申辩的通道。

第二，各要素之间的地位不平等。在这种模式中，审核专家居于强势地位，作者和读者处于弱势地位。论文过审与否和质量评价很大程上取决于专家的意见及期刊编辑部的决定，论文质量评价缺乏多元的评价标准。

第三，在整个信息流动过程中利益分配方式单一。审核专家受邀对论文进行审核评价，除获得经济报酬外，审核专家所付出的脑力劳动无法以声望名誉等形式得以体现，审核专家处于默默无闻的幕后，无法有效调动审核专家的工作积极性；读者在接收科技信息后，只能进行有限范围内的讨论交流，在传播过程中参与感不强，无法形成一个正反馈的信息流动效应。

第四，知识生产与社会实践相脱节。包含科技信息的科技论文经过一系列的生产加工后，通过科技期刊这一载体传播给有需要的受众，但这种信息流动归根到底是在理论层面的流动。在这个流动过程中，缺乏实体企业将这些科技成果进行有效转化并予以反馈，产业界与学术界之间的交流渠道没有打通，导致大多科研成果往往止步于理论研究阶段，难以得到实践检验与修正，更没有直接转化为社会生产力。长此以往，科技信息的流动便悖离了科技为人类造福的初衷，也便失去了流动的价值和意义。

二、区块链技术对科技期刊信息流动的影响

（一）区块链技术的特征

目前，关于区块链的定义，学界尚未形成统一认识。狭义来讲，区块链是一种按照时间顺序将数据区块以链条的方式组合成特定数据结构，并以密码学方式保证的不可篡改和不可伪造的去中心化共享总账，能够安全存储简单的、有先后关系的、能在系统内验证的数据。广义而言，区块链则是利用加密链式区块结构来验证与存储数据、利用分布式节点共识算法来生成和更新数据、利用自动化脚本代码（智能合约）来编程和操作数据的一种全新的去中心化基础架构与分布式计算范式[①]。

作为一种分布式和数字化的数据库系统，区块链具有如下技术特征：

第一，区块链是一种以去中心化为核心的技术。在区块链中，不存在绝对的中心节点，通过纯数学的方法，区块链在分布式节点之间建立起信任关系，实现了系统内各节点协调互通与点对点交易，从而为中心节点维护成本过高、依赖性强、数据高度集中所带来的安全隐患等问题提供了解决方案。

第二，区块链以时序来存储数据。时间戳技术为区块链上存储的数据增加了时间维度，使得数据更具有可验证性和追溯性，这在一定程度上解决了数据伪造与权利不明晰的问题。

第三，区块链提供了可编程服务。区块链为用户提供了灵活编写脚本的权限，用户可借此制定智能合约，解决了交易过程中的人工干扰因素，让交易过程更安全更智能。

第四，区块链是一种安全可信的技术。区块链技术采用非对称密码学原

① 袁勇、王飞跃：《区块链技术发展现状与展望》，《自动化学报》，2016年，第4期。

理对数据进行加密，只要不掌握全部节点的51%及以上，就无法肆意对数据进行篡改，这在一定程度上杜绝了人为的恶意修改。同时，得益于区块链的分布式节点系统，各节点的计算存储能力得到最大限度的利用，为用户的海量数据存储和流量访问提供了有力保障，用户对于数据的个性化需求将得到最大程度的满足。

（二）区块链技术对科技期刊信息流动传统模式的解构

如图1所示，在科技期刊信息流动传统模式中，信源要素主要包括作者、编辑和审稿专家，三者共同完成科技论文的信息编码。科技期刊本身作为载体构成信道要素，负责向受众传播科技信息；而读者作为信宿要素，接受由信源通过信道传播过来的科技信息。信源、信道和信宿三个要素构成了以单向交流为特征的信息流动。而区块链技术则凭借着多节点、去中心化的技术优势，实现了对科技期刊信息流动模型的解构：传统模式中的单向交流转变为双向沟通，各要素之间两两建立起交流渠道；各要素的地位趋于平等，编辑和审核专家的强势地位将在区块链的技术赋能下被弱化，作者和读者的地位将得到提升。

（三）区块链技术对科技期刊信息流动要素的重组

区块链技术因先天具有去中心化、安全可信等技术特征，应用到科技期刊领域时，将对科技期刊信息流动过程中的各构成要素进行一系列的重组。

第一，借力于区块链的技术优势，新的构成要素将被引入信息流动过程中：作为论文质量的把关者，编辑和审稿专家不再作为仅有的审核要素，同行评议专家将作为新的要素参与到论文质量审核中，与作者、编辑、审核专家共同构成信源要素；而作为论文信息的接收者，信宿要素也将进一步细分，普通读者、专业学者和企业用户将根据自身不同的知识需求共同构成新的信宿要素，参与到科技期刊信息流动过程中。

第二，科技期刊信息流动过程中各构成要素之间的联系渠道将被打通，作者、审核专家、编辑、同行评议专家、科技期刊平台、读者等要素之间的联系将更加密切。在传统的科技期刊信息流动过程中，作者与审核专家之间、作者与读者之间、审核专家与读者之间的信息流动渠道存在闭塞或者缺失，而区块链技术的引入使各要素之间的交流渠道完全打通成为可能。渠道多元了、畅通了，各要素接收和传递信息的效率大大提升，科技期刊传播科研成果、推动学术创新的功能自然也会得到较大幅度的增强。

三、区块链技术支撑下科技期刊信息流动的新模式

为更好地解释在信息传播过程中各因素是如何影响最终的传播效果的，贝罗综合了人类学、大众传播学和行为科学等相关理论学说提出了 SMCR 模式，如图 2 所示。在 SMCR 模式中，信息传播被分解为四个基本要素：S 即Source，代表信源；M 即 Message，代表信息；C 即 Channel，代表通道；R 即 Receiver，代表受传者。其中，信源 S 和受传者 R 受传播技术、态度、知识、社会系统和文化等因素的影响，信息 M 受信息的成分、结构、符号和内容等因素的影响，而通道 C 受视听触味嗅等因素的影响。

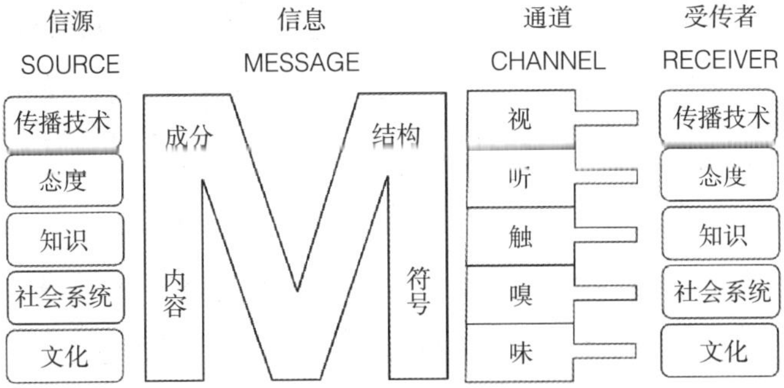

图 2 SMCR 传播模式

SMCR 模式揭示了在信息传播过程中传播效果不是由某一要素来决定的，而是受多种传播要素的共同影响。且 SMCR 模式更加强调通过各要素的有机结合来使传播效果最大化，这一点与科技期刊信息流动过程中区块链技

术协调各节点来使信息流动速率和效果最优化的做法是不谋而合的。笔者在深入思考区块链的技术优势与科技期刊信息流动的自身特征后，在借鉴 SMCR 模式的基础上提出在区块链技术的支撑下科技期刊信息流动的新模式，如图 3 所示。

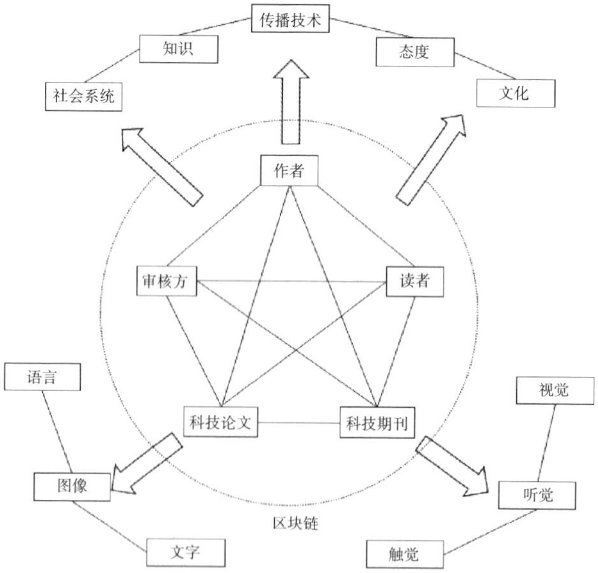

图 3　基于区块链技术的科技期刊信息流动新模式

在区块链技术支撑下形成的科技期刊信息流动新模式具有如下特点：

第一，各节点地位趋于平等。在传统的科技期刊信息流动模式中，审核专家和期刊编辑居于整个信息流动过程的中枢地位，信息能否在各要素之间进行一次完整的信息流动在很大程度上取决于专家的意见和编辑部的决定，作者、审核专家和编辑三者之间的地位存在明显的不对等，信息流动也因此受限。区块链技术的引入使得参与科技期刊信息流动过程的各个节点的地位趋于平等，各节点之间进行平等对话成为可能，进而使科技信息在流动过程中受到较少的干扰，并在信息编码阶段变得更加准确完备。

第二，各节点间的联系渠道更加通畅。受限于科技期刊信息流动传统模式的弊端，各节点之间存在交流渠道闭塞和信息不对等的问题，信息仅在有限的范围内进行流动。当区块链技术被引入科技期刊的信息流动中时,各节点之间的联系渠道被打通,信息流动各要素之间建立起双向互动的联系。作者与审核专家实现无障碍沟通,更好地阐释自己的学术观点;读者从自身背景和立场出发提出建议,完善论文质量评价体系。作者、读者、审核方和科技期刊几大流动要素在建立起的互联渠道中互通有无,科技信息也在流动过程中博采众长,趋于完善。

第三,科技信息的呈现形态更加多元。伴随着信息技术的快速发展,受传者对所接收的科技信息提出了全新要求:信息要以更多的形态进行多角度呈现,从而满足受传者的不同需求。与之相适应,科技论文也不再局限于以往的文字和图片等较为单一的形式,动态影像和有声语言被纳入科技论文中。在基于区块链技术的科技期刊信息流动新模式中,区块链为以文字、图片、动态影像和有声语言,甚至扩展现实(包括虚拟现实、增强现实和混合现实等)影像等多种形式呈现的科技论文的传播提供了平台基础和技术支撑。

第四,受传者的信息接收体验更加友好。在注重用户思维的当下,用户体验得到越来越多的重视,科技期刊也在想方设法来提升读者的阅读体验。在区块链技术的赋能下,科技论文以更多形态出版成为可能,在此基础上,读者的多重感官体验也被调用起来。读者将在更具代入感、沉浸感的场景中接收信息,并通过视觉、听觉和触觉等来感知科技信息,科技信息的传播效果从而得到较大幅度的提升。

四、科技期刊信息流动新模式的应对措施

在区块链技术的赋能下,作为科技期刊新型信息流动过程中的重要构成要素,作者、审核专家、读者和科技期刊应围绕着科技论文树立起学术共同体意识,通力合作,提升信息流动过程的效率。如图 4 所示,针对科技期刊信息流动的新模式,作者、审核专家、读者和科技期刊等各方都应采取相应的措

施,以更好地适应这一新模式,让其充分发挥出应有的作用,最终促进科技期刊的良性发展。

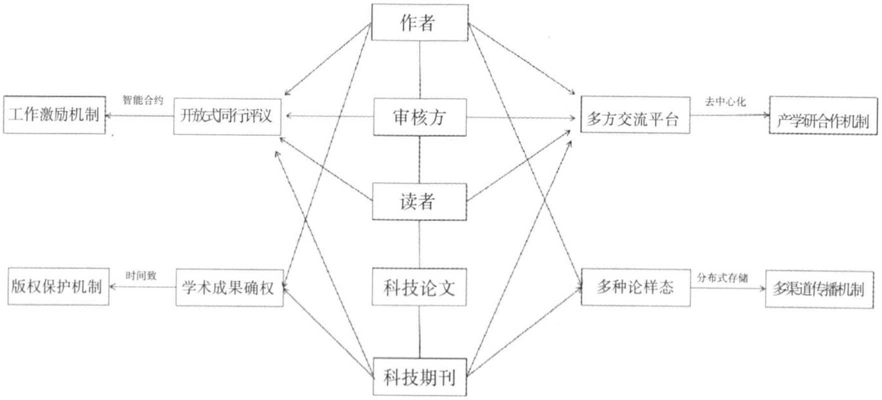

图4　科技期刊信息流动新模式的应对措施

(一)以去中心化为基础,建设多方交流平台,形成产学研合作机制

得益于区块链技术的去中心化特征, 区块链内各节点之间地位平等,不存在附庸关系。各节点之间的交流渠道也因分布式技术而被打通,节点之间信息流动顺畅,这就为科技期刊信息流动过程中各要素之间的交流互动提供了技术支撑。

在信息高度发达的当下,信息交换频率日益增加,各行各业都对信息流动效率有了新的要求,科技期刊行业自然也不例外。在区块链技术的加持下,由国家主管部门牵头建设学术交流平台,作者、读者、审核方和科技期刊几要素参与进来,形成学术交流共同体势在必行。

在推动建设学术交流平台的进程中,各方应基于自身特点,充分发挥自身优势:①国家主管部门要主动协调相关技术部门,针对科技期刊行业的具体特点,打造与科技期刊相契合的交流平台,确保科技期刊融合区块链技术后既能保持自身传播特性又有较高的适用性;在广泛调研的基础上,国家主管部门应出台相应的法规政策,制定恰当的学术交流准入门槛,鼓励更多科技期刊信息流动要素参与进来，就科技信息质量、科研成果转化和科技期刊行业发展献言献策，加强学术交流，推动科技期刊行业繁荣发展。②科技期刊作为科技信息流动的载体，要发挥好服务作用，以用户为中心，在准确无误刊载科技信息的同时不断拓展传播渠道以满足不同受众的需求。③作者要基于自身态度因素，明晰自己所传播信息的主题和目的，吸纳审核方的有效建议，让科技论文的内容更具专业性和针对性；在多方交流中作者也会对读者的不同需求有进一步了解，通过读者反馈来反推自己的学术创作。④审核方应依据自身的专业知识，对科技论文发表专业性见解，在多方交流互动中起到开拓作者研究思路和向读者做进一步解释说明的作用。⑤读者一方面从科技论文中获取到信息，满足自己的求知需求，另一方面将自己的实践经验或疑问反馈给作者和审核方。普通读者将自己的疑问诉诸作者和审核方求得答复；专业学者就论文中的创新点和不足之处展开讨论；企业用户则将科技论文中的研究成果应用于生产实践，并将实践结果反馈于研发上游，提升科技成果转化率。

笔者认为，科技期刊的任务不仅仅是实现科技信息在学术界内的流动，在理论紧密结合实践的当下，科技期刊理应且有必要助力科技信息在更宽广的空间维度和社会层面上流动，尤其是向负责将科技成果进行转化的企业开展紧密合作。科技信息流动的目的就是为了更好地服务于社会生产，造福人类，因此企业这一重要信息流动要素在整个科技期刊信息流动过程中不能缺席，应逐步接入。需要特别指出的是，鉴于我国科技期刊的发展特点和行业业态，笔者提出的基于区块链技术的去中心化技术特性而搭建的多方学术交流平台，重点在于打通各要素之间的交流渠道，提升原本弱势要素的地位，实现信息平等、高效交流。但这并不意味着彻底去除科技信息流动过程中的中心化，科技期刊或其他职能部门在信息流动过程中的主体性仍是被肯定的，笔者构想的是在实现信息通畅的基础上兼顾科技期刊各刊特色的信息流动模式，在此模式中实现科学争鸣，从而促进整个科技期刊行业的良性发展。由此一来，作者、读者、审核方和科技期刊在国家主管部门牵头搭建的多方学术交流平台内实现高效便捷交流，科技信息在各要素之间流动且日趋完备，科技成果也在多次交流反馈中进一步转化完善，科技期刊产学研合作机制初步形成。

（二）以智能合约为核心，推行开放式同行评议，建立工作激励机制

区块链为用户提供可编程服务，用户可据此来灵活编写脚本并生成智能合约。智能合约的存在，一方面为区块链内交易双方建立起了信任机制，在满足交易条件时，双方自动完成交易，不受人为因素干扰；另一方面，智能合约可以促进区块链内的利益转化，使得某一节点的工作量能以货币等形式得到体现，这就为科技期刊信息流动过程提供了信任保障和流动动力。在智能合约的推动下，传统的科技期刊封闭式评议存在的评议双方信息不对等、评价过程不透明、评价结果不完全公开等问题都将得到一定程度的改善，开放式同行评议推行更加顺畅。

在区块链技术赋能下的开放式同行评议中，任一节点对信息的操作都将被记录且向其他节点公开，这也就意味着科技期刊评议过程中任一角色对论文的操作都会向其他角色公开且接受监督，学术行为必须进一步规范，这在一定程度上保证了评议过程中产生的信息的有用性和真实性。同样，智能合约所带来的利益转化也将在一定程度上抵消审核方因信息公开所带来的审稿顾虑，助推开放式同行评议的进一步施行。在智能合约助力下的开放式同行评议，使得学术评议受益面从一位作者扩大到更广泛的读者及其他学者层面[①]。

(1)作者须从自身知识出发，将自己的学术观点以科技论文的形式呈现

① 占莉娟、李牧、叶珊珊：《期刊开放同行评议的概念界定、类型构建及专家接受度再探》，《中国科技期刊研究》，2022年，第1期。

出来供大家评议讨论。在开放式同行评议中,作者的论文信息从提交到修改再到定稿都会被永久记录在区块链中且向他人公开,因此作者在论文创作的每一步都要慎之又慎,确保学术的严谨性。同样,信息的公开透明也将为作者带来更多的信息,作者可根据信息的有用性通过智能合约来对信息提供者给予评价和报酬。这种报酬可以是货币,也可以是平台内公认的荣誉点等形式。作者通过对信息提供者的工作量进行认证奖励,激励更多业内同行参与论文评议中,广纳谏言,从而缩短科研时间,提升科研效率。

(2)作为开放式同行评议中的重要一员,审核方也将从幕后走向台前,接受大众监督。由于整个审稿工作处于公开透明的状态之下,这就要求审核方要以更加严谨负责的态度对待审稿工作,对审稿进度要积极上心,对论文建议要言之有理,避免因不规范的审稿行为而被记录在案,影响自己的学术声望。往日默默无闻的审稿工作因智能合约的存在得以转化为学术声望或经济报酬,对于有利益需求的审核人员来说,规范高效的审稿工作将对自己提高学术地位或获取经济报酬带来莫大的助力。

(3)读者也可在一定程度上被纳入开放式同行评议中来,了解论文评议的全过程,在获取到更多信息的同时,也可以对论文评议过程中各角色的工作进行评价,从而进一步完善论文质量评价体系,使论文评价结果更加公允客观。

(4)科技期刊开放式同行评议的推行离不开良好的环境,在推行过程中,科技期刊作为平台和载体任重而道远。首先,科技期刊应设置开放式同行评议准入门槛,对参与评议的人员进行资格审查,不能只提供了公共参与平台而不筛选评议人员的学术背景和成就,避免评议人员鱼龙混杂,扰乱学术评议氛围。其次,科技期刊应积极探索论文评议工作量转化的不同形式,根据不同参与人员的不同需求,设置多种奖惩形式。例如,审核方的审稿工作量可以以一定的比例兑换平台内公认的荣誉值,积极有效的审稿工作会提升审核专家的荣誉值,负面无效的审稿工作则会降低审核专家的荣誉值。读者则可以根据自己建议的被采用程度而获得作者提供的经济报酬或者荣誉值。由于读者中也包含着专业学者，积极评议产生的荣誉值也会最终作用于提升个人的学术影响力。最后，科技期刊应主动对接其他学术平台，将科技期刊的奖惩形式与其他学术平台做到互通互认，让论文评议的工作价值得到更直接地体现，从而提高审核方和读者参与科技期刊开放式同行评议的积极性。至此，在智能合约的激励下，科技期刊信息流动过程中各要素的积极性被充分调动起来，作者、读者和审核方都在开放式同行评议中获益，科技期刊的论文评议工作激励机制初步形成。

（三）以时间戳为关键，增强学术成果版权意识，建立版权保护机制

科技期刊借着互联网的“东风”，将传播渠道从线下拓展到线上，信息流动效率大幅提高，但弊端也日益显现，传播虚假信息、剽窃他人学术成果等学术不端行为现象时有发生，严重制约着科技期刊事业的健康发展。面对此类问题，传统治理手段复杂繁琐，维权陷入困境。区块链以时序来存储数据，各节点内的数据在生成时都会被打上时间戳。时间戳的存在，让区块链内任何一条数据的生成都被记录在案，这就使得科技期刊中的每次信息流动都能被记录，信息来自何方，经由谁手，去往何处都变得有据可查，基于时间戳技术的学术成果版权保护机制呼之欲出。

在科技期刊信息流动过程中，作者和科技期刊两个要素将构成学术版权共同体：一方面作者将自己的学术观点以文字、视频或图表等形式进行阐释说明，论文内容生产出来后上传至区块链并打上时间戳，无法被随意更改。由此一来，作者上传的信息都带有独一无二的时间标识，日后若遇到侵权问题，通过调用区块链中的时间信息就可以进行快速比对，确定版权归属，流程清晰简便；作者将论文信息上传后，后续的任一操作都会被继续打上时间戳并记录下来，这就要求作者必须对自己学术观点的原创性和真实性负责，任何虚假不实的言论都将被定位追责。另一方面科技期刊也可借助时间戳技术，在

以下两个方面中发力，震慑学术不端行为：一是作者将科技论文发送至科技期刊后，将论文审核工作和成果确权工作同步进行，对仍处在审核阶段的论文利用时间戳技术打上类似于 DOI 的唯一标识符，避免在较长的论文审核过程中产生的信息泄漏问题；二是要求作者同步提供相关的科研佐证材料并打上时间戳存档。在遇到学术成果版权纠纷或学术造假问题时，两相比对，切实维护作者版权，提升作者对科技期刊的信任度，从而形成作者与科技期刊互相促进的良性循环。科技论文的版权归属问题得到解决后，科技信息在时间维度上的流动再次得到拓展：目前新兴的论文预出版模式能够更加顺畅推行，而科技期刊也能够实现对科技论文出版前、出版中、出版后全流程的监管，这将大大缩短科技论文的发表周期，提升科技信息流动效率。

在时间戳技术的赋能下，科技信息在信息流动过程中既能多向流动，又能溯本求源。作者实现学术成果快速确权，科技期刊实现对信息流动的全程监管，二者相得益彰，学术成果版权保护机制初步形成。

（四）以分布式存储为契机，打造多种科技论文新样态，建立多渠道传播机制

在科学技术发展日新月异的当下，科技信息数量呈爆炸式增长，且科技期刊用户对于科技信息不再满足于文字和图片形式，动态影像和有声语言等形式的科技论文越来越受到科技期刊用户的青睐。数量巨大且形式众多的科技信息参与到信息流动过程中，在满足不同受众个性需求的同时也要求着信息传播载体要有良好的信息承载能力，以满足庞大体量的信息在不同要素之间流动时的流畅性。区块链分布式存储技术的出现，将各节点的资源整合以获取更大的存储空间，为多种样态的科技论文传播提供了底层基础，同时在 5G 技术的推动下，科技期刊用户对信息访问的低时延和大带宽要求将得到最大限度地满足，用户体验得到进一步优化。区块链分布式存储技术融合 5G 技术后解决了科技期刊信息承载问题。

一是要作者和科技期刊则应该从内容生产和传播渠道上继续发力，探索科技论文多样态多渠道传播的新机制：(1) 作者须对科技论文的内容进行多角度、多形式的阐释说明，在保证学术观点完整性和准确性的同时，尽可能多的提供观点佐证材料，为科技期刊对论文进行多形式出版提供物质条件。(2) 科技期刊一是要开拓相应的模块或专栏，鼓励作者以更多的形式进行科技论文创作，继续丰富科技论文的样态，以便形成规模从而提升新样态科技论文的传播影响力。国际著名出版集团 Springer Nature 和 Elsevier 分别推出了 VJEP(Video Journal of Education and Pedagogy)和 VGJI(Video Journal and Encyclopedia of GI Endoscopy)等专业视频类科技期刊，已在科技论文视频化出版上做了相关有益探索①。

二是要继续拓展科技期刊的传播渠道，丰富读者的信息接收场景。在传统的线下纸质期刊中，科技期刊可将新样态的科技论文以二维码或者 VR 识别码的形式加入其中。而线上数字传播平台则可以设置相应的阅读模式转换选项，读者通过扫码或者点击按钮就可完成科技信息接收场景由现实空间到虚拟空间的拓展。通过信息接收场景在现实与虚拟间的转换，科技期刊既优化了读者的阅读体验，又在逐渐改变读者的信息接收习惯，为进一步的其他新形式传播积攒用户。

三是要充分利用好各种智能化网络终端来方便读者最大程度地获取科技信息。在人们生活高度智能化的当下，信息传播与获取无处不在，从手机、平板到 PC 机、广告屏等都可以成为科技期刊信息传播的渠道和载体，科技期刊可根据终端实际情况来对科技论文进行选择性处理并展示，如在平板和 PC 机等阅读时长较长的终端上进行多样、全面的信息呈现，而在手机和广告屏等阅读时间较短的终端上提供论文摘要和结论等浓缩的展示，并提供获取全文的方式如二维码和网站链接等，方便读者的进一步阅读，从而满足读者

① 周华清、李来斌、郑骋：《国际顶级科技期刊学术短视频运营模式分析及启示》，《中国科技期刊研究》，2022 年，第 1 期。

在不同场景下的阅读需求。

丰富的科技论文样态、不同的读者群体和多样的阅读场景使得科技期刊信息流动过程中产生海量的科技期刊用户使用偏好信息，在5G技术的助力下，科技期刊可借此分析受众，从而建立用户模型，生成对用户的个性化科技信息推荐。以区块链分布式存储技术为契机，打造多种科技论文新样态，并形成多渠道的科技论文传播机制，由此科技期刊让科技信息走向大众、科技成果人人共享的宗旨再次得到印证。

五、结语

区块链技术的出现为新形势下科技期刊行业转型发展提供了新的思路和方向。从信息流动的视角来看，区块链技术打通了信源、信息、通道和受传者之间的交流渠道，四者之间的联系更为密切；重塑了作者、读者、审核方、科技期刊和科技论文之间的关系，五重要素紧密联系在一起，形成学术共同体。与之相契合，科技期刊行业也将在学术交流、论文评议、版权保护和渠道传播上形成相应的发展机制，从而推动科技期刊事业的良性发展。一言以蔽之，在区块链技术的大力推动下，科技期刊事业必将迎来转型发展的新机遇，为我国的创新驱动发展战略贡献更大力量。

参考文献

[1]陈力丹:《传播学是什么》,北京大学出版社,2007年,第8页。

[2]《习近平主持召开中央全面深化改革委员会第五次会议》[EB/OL].(2018-11-14)[2022-10-06],http://www.gov.cn/xinwen/2018-11/14/content_5340391.htm。

[3]颜佳钰:《区块链技术逻辑下信息传播与管理模式形态研究》,《东南

传播》,2019年第3期。

[4]袁勇、王飞跃:《区块链技术发展现状与展望》,《自动化学报》,2016年第4期。

[5]占莉娟、李牧、叶珊珊:《期刊开放同行评议的概念界定、类型构建及专家接受度再探》,《中国科技期刊研究》,2022年第1期。

[6]赵大良:《科技期刊的信息传播模式》,《陕西省科技期刊编辑学会2004年学术年会暨学会成立20周年庆典大会论文集》,科技编辑研究编辑部,2004年。

[7]治丹丹:《区块链技术支持下科技期刊同行评议中编辑-作者-读者-专家新型关系重构》,《中国科技期刊研究》,2019年第10期。

[8]周华清、李来斌、郑骋:《国际顶级科技期刊学术短视频运营模式分析及启示》,《中国科技期刊研究》,2022年第1期。

情感传播视角下
中国女排集体记忆的媒介建构

吕晶雅　杨　珍

[摘要]本研究从情感传播视角出发,采用文本分析、访谈、案例分析等研究方法,回顾了中国女排的发展历程,通过阐释其在以纸媒、广播、电视等为代表的传统媒体和以短视频、微信公众号平台和微博平台等为代表的社交媒体两大舆论场的建构路径,剖析其情感化叙事方式;对叙事主体、角度、故事等方面对其具有的群体共享的社会意义和情感联结进行探究,研究媒介如何在共情中建构集体记忆,完成“记忆唤醒—情感激发—共同体塑造”的阶段,不断巩固和加深受众对“国族身份”的认同感。

[关键词]情感传播;集体记忆;中国女排;媒介建构

作者简介:吕晶雅,天津体育学院传媒与艺术学院研究生;杨珍,天津体育学院教授。

一、中国女排集体记忆的媒介建构路径：搭建泛媒体矩阵，构建情感场域

中国女排的发展历程可以概括为五个阶段：1981年—1986年，中国女排的五连冠时期；1987年—2002年，中国女排的低谷沉寂期；2003—2004年，中国女排的积极调整期；2005年—2014年，中国女排低调前行期；2015年至今，中国女排的重回巅峰期。

（一）传统媒体报道

1.纸媒：中央新闻与政府宣传

在媒介样本的选择中，本文选择了《人民日报》有关中国女排的相关报道作为提取数据的样本。数据的提取过程中，本文首先是以“中国女排”为标题搜索词条，共搜索到相关报道830篇；然后，又以“中国女排”作为正文搜索词条，搜索到相关报道2764篇。两次搜索的时间范围都设定在1981年（1981年为中国女排“五连冠”的起始年）—2022年（本研究完成年份）。

综合已有的研究和实际情况考虑，本文选择python语言（一种计算机程序设计语言）进行数据提取和分析，并制作出报道的年份分布折线图和词语云图，如图1、2、3所示。

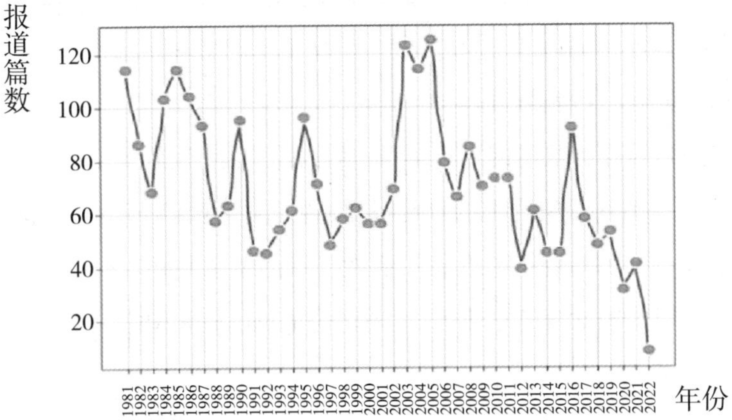

图 1 《人民日报》中国女排报道篇数的年份分布图

图 2 《人民日报》

有关“中国女排”的标题词语云图

图 3 《人民日报》

有关“中国女排”的正文内容词语云图

在上图中可以看出,《人民日报》关于中国女排的报道数量峰值有三个,一个是 1981 年—1986 年,中国女排的光辉事迹“五连冠”期间,各大媒体都对这项不可思议的成功事件进行了持续性的报道;一个则是 2004 的雅典奥运会期间,中国女排再次夺冠时;还有一个是 2016 年的里约奥运会时期。

从两个可视化词语云图中可以看出,“中国女排”“最美奋斗者”“三大球”“女排精神”这几个关键词在报道标题中出现的次数较多,而“中国”“女排”“比赛”这几个关键词在报道内容中出现的次较多(“国女”和“国队”两个词是因为爬取的数据分词过于精准)。这意味着,虽然媒介在内容上依然会大量报道赛事报道和体育成绩,但是在标题中呈现出来的更多是精神领域的情感表达,侧重传递给受众情感价值。

《人民日报》作为政府的宣传渠道,从国家、社会、民族等层面进行宏大叙事,通过文字、图片等主题性的宣传报道,传递主流意识下积极向上、温暖人心的正能量内容,以情感为切入点,激发受众的情感共鸣,塑造价值观,不仅建构了受众对中国女排的集体记忆,还建构了对民族和国家的认同。

2.广播:即时传播与情感表达

在2016年里约奥运会上,女排再次为中国获得了一枚金牌,夺冠之后,央视立即制作推出了《冠军!受得起荣誉,也经得住困境,女排精神造就女排》节目,对女排夺冠路上所付出的努力进行了梳理总结;2020年12月,北京体育广播旗下的“双奥之声”栏目推出一档《中国女排——一种精神的成长史》节目,讲述中国女排的发展历史,展现中国女排的崛起之路,在娓娓道来中把情感传递给受众。

在建构中国女排集体记忆的过程中,广播通过声音的即时传播,为受众打造一场“听觉盛宴”,其中包括用言语对细节进行描述,用声音让受众脑海中呈现画面,用语态感染受众情感,在本质上凸显了中国女排精神的传播渗透力,突出了声音传播的优势。广播为受众建构共同的情感场域,使受众在音响的听觉冲击与播音员解说的共同作用下,通过听觉产生联想,建构出中国女排的媒介形象,“通感”产生“移情”,有身临其境之感,打造“看得见的广播”,使受众到达事件的“在场”之中。

3.电视:主流话语与官方叙事

不同于纸媒和广播,电视诞生后,通过视听结合的方式实现了同一时间维度下引起受众的共情,极具感染力和影响力。从整体来看,CCTV-5作为赛事转播与传播的主要媒体,其所承担的是赛事的播出职责,对中国女排集体记忆的建构主要是通过解说等方式进行。

电视上的体育解说，主要是依靠解说员们专业的知识和幽默风趣的解说,搭配以声音和画面的播放,减少受众在体育赛事的观看过程中的疑虑,了解更多的专业知识,发现比赛中更多的玄机,清楚地看到运动员们所付出的努力。解说员的解说包括对运动员的动作、得分等进行专业的描述,对运动员的得分和策略等进行预测，中间也会穿插一些赛事和运动员的背景介绍,从各个方面让受众得到更直观的感受。[①]解说员在汇报比赛进度的同时,要向受众传达比赛背景和运动员情况,以及对教练员战术安排的分析和对比赛的看法等,给受众传达全方位多角度的解读,更有利于受众了解中国女排的发展过程和女排精神所在。

2021 年的世界女排联赛期间，从 CCTV-5 公布的各项赛事比赛时间的收视率的数据中可以看到,前五名都是中国女排的比赛,国际排联发文盛赞中国女排受欢迎度高,收视率远超其他赛事,包括当时正在举行的欧洲杯,收视率都远不如中国女排,特别是中国女排与美国女排的比赛,收视率一度达到了 2.35%。虽然没有晋级,但也肯定了中国女排所展现出来的精神和实力。如图4、5 所示。

图 4　国际排联官网报道截屏

① 魏伟:《体育解说教程》,人民体育出版社,2012 年。

CCTV5 体育赛事单周收视情况						
周期:2021 年 6 月 14 日-6 月 20 日						
姓名	赛事 / 节目	性质	对阵	日期	开始时间	收视率(平均)
1	VNL Women	直播	CHN - POL	6/19/21	21:55	1.7914%
2	VNL Women	直播	CHN-RUS	6/18/21	21:55	1.7331%
3	VNL Women	直播	CHN-ITA	6/14/21	21:55	1.5647%
4	VNL Women	直播	CHN-USA	6/20/21	17:58	1.5523%
5	VNL Women	重播	CHN-BRA 重播	6/15/21	20:30	1.2355%
6	EURO Cup	直播	乌克兰-北马其顿	6/17/21	20:30	1.1645%
7	EURO Cup	直播	芬兰-俄罗斯	6/16/21	20:30	1.1583%
8	EURO Cup	直播	葡萄牙-德国	6/19/21	23:55	0.8863%
9	卡塔尔世界杯亚洲区预选赛	直播	中国-叙利亚	6/16/21	1:55	0.8608%
10	EURO Cup	直播	匈牙利-葡萄牙	6/15/21	23:25	0.7649%
11	EURO Cup	直播	克罗地亚-捷克	6/18/21	23:55	0.7214%
12	EURO Cup	直播	丹麦-比利时	6/17/21	23:30	0.7131%
13	全国田径冠军赛	重播	东京奥运会选拔赛录像	6/19/21	20:30	0.6864%
14	全国田径冠军赛	重播	东京奥运会选拔赛精选	6/18/21	20:30	0.6837%
15	国际田联赛事	重播	国际田联世界接力赛精选	6/15/21	22:55	0.6636%
16	全国田径冠军赛	重播	东京奥运会选拔赛精选	6/14/21	20:30	0.6632%
17	EURO Cup	重播	匈牙利-法国录像	6/20/20	22:00	0.6454%
18	EURO Cup	直播	土耳其-威尔士	6/16/21	23:30	0.6047%
19	EURO Cup	直播	奥地利-北马其顿	6/14/21	0:00	0.5386%
20	VNL Women	重播	CHN-RUS 重播	6/19/21	16:40	0.4848%
21	2021 男篮亚洲杯预选赛	重播	日本-中国录像	6/17/21	16:41	0.4148%
22	卡塔尔世界杯亚洲区预选赛	重播	中国-叙利亚录像	6/16/21	16:30	0.3913%
23	EURO Cup	重播	西班牙-波兰录像	6/20/21	10:30	0.3727%
24	EURO Cup	直播	波兰-斯洛伐克	6/14/21	23:55	0.3609%
25	EURO Cup	直播	西班牙-波兰	6/20/21	2:05	0.3527%
26	全国田径冠军赛	重播	东京奥运会选拔赛录像	6/16/21	14:25	0.3427%
27	VNL Women	重播	CHN-DOM 重播	6/14/21	15:00	0.3329%
28	VNL Women	重播	CHN-ITA 重播	6/15/21	10:05	0.3327%
29	2021 男篮亚洲杯预选赛	重播	中国台北-中国录像	6/18/21	16:41	0.3315%
30	2021 男篮亚洲杯预选赛	重播	日本-中国录像	6/20/21	15:41	0.3213%

图 5　CCTV-5 公布收视率

(二)社交媒体传播

1.微博平台:舆论引导与裂变传播

微博的用户可以随意地分享自己遇到的趣事和自己心情,属于一种广播式的社交媒体,其他受众可以在第一时间看到作者发布的作品,并且可以加以评论和转发,能让信息迅速传播。正是由于传播的便利性,受众对事件的个人态度和观点都得到了充分的表达路径，使得情感有了出口，各种情感也包含在其对事件的评价中，极大加快了信息汇聚的速度，网络舆情对社会的影响力也不断加大，媒介对于舆论的引导就变得至关重要。①

截至2022年4月，中国女排官方微博号已经拥有474万粉丝，视频类播放量4.12亿。女排超话发布3.6万帖子，超话粉丝达到298.9万人，同时阅读量达到了18.2亿，在“体育运动”类中排名第四，涉及赛程资讯、赛事报道、运动员采访、精彩图集等内容。当中国女排相关事件发生后，微博随即将有关报道发布在平台上，建立起话题空间，例如“女排首夺世界冠军40周年”“中国女排刘晓彤退役”“明天联赛即将打响，一起为女排姑娘们加油！”“弘扬女排精神，为国拼搏永不言败”等标题，将女排的拼搏精神进行裂变式广泛传播，快速提升事件影响力，引导事件进入深入探讨阶段。再加上传播的迅捷及广泛性，舆论声音很快发展、扩大。网络上的传播媒介有很多，一个平台上的热点问题可以迅速扩展到其他平台上传播，最后在各类媒体报道的交织影响下，众多受众、多个平台，迅速对事件进行广播和评论，让更多的受众参与进来，也会提供更多的信息，激发了受众的情感共鸣，点燃了爱国热情，加深了对“国族身份”的认同感。

2.微信公众号平台：立体传播与深度解读

微信平台承载的多是突破现实世界，在虚拟世界中因乐趣而结缘的群体。这个群体更加注重传播过程，而不是之前的偏向于注重传播效果，传播主体从信息逐渐转变成情感。这种形式使得受众之间有一种自然的贴近，容易因某一话题而产生“共情心理”。②

“我爱女排”是有关中国女排的影响力最大的微信公众号自媒体平台，被用作排球超级联赛的新媒体合作平台，是中国第一家正式的体育行业的新媒

① 沈昕怡、徐成龙：《基于微博文本挖掘的体育赛事网络舆情研究——以东京奥运会为例》，《新闻研究导刊》，2021年第23期。

② 王翠荣：《基于情感传播的微信小程序电子刊营销策略探析》，《新闻爱好者》，2022年第2期。

体平台。自2014年底创立至今，经过7年的积累和沉淀，已经成为国内最优质的排球新媒体平台，为用户提供一手的女排相关内容。它记录了女排的每一步努力和每一次夺冠，还会组织一些具有社会效益的活动，引导受众真正理解中国女排精神。在女排的场地，用女排的用球，让受众参与进来，获得乐趣，线上线下相结合，真正起到媒介在受众和中国女排之间的桥梁作用，满足受众的感官愉悦需求和情感需求。

目前，“我爱女排”发表了3000多篇原创内容，公众号包括多个特色专栏模块，不仅会讲述女排事迹，也有很多弘扬女排精神的文章。“中国女排”作为官方的微信公众号平台，发表900多篇原创内容，提供赛事进程、体育资讯，站在专业的体育角度为受众解读赛事，这两个平台都开通了视频号，分享赛事情况，受众能更直接感受到比赛现场的激情，建立起互动氛围，激发受众，引起情感共鸣，使受众在共情中实现对民族与国家身份的认同。

3.短视频平台：虚拟在场与双向互动

伴随着媒介技术的推进，媒介表现出的形态也日新月异，短视频更是在近几年异军突起。它适合在闲暇时间观看，受众在第一时间刷到的内容都是通过大数据的分析之后推送的，内容涉猎范围非常广，时长介于几秒钟和几分钟之间。在短视频平台中，抖音、快手应用程序等使用率较高。

2020年9月22日，“中国女排”入驻快手平台，仅用10天时间便突破百万粉丝。中国女排队员赵蕊蕊、冯坤、朱婷、惠若琪等也曾在抖音短视频平台进行过直播，分享运动心得，探讨赛场表现，传递薪火相传的女排精神。

为了迎接中国女排入驻快手，平台特意推出了一系列的短视频征集活动，包括中国女排队员龚翔宇与幸运粉丝视频连线，张常宁、丁霞携手发起“花式排球秀”挑战赛等。短视频平台兼具视听优势，表达方式立体饱满，能让受众看到不同面、更为真实的中国女排；碎片化的传播也更贴近现代人快节奏的生活方式，适应受众快阅读的习惯，帮助受众快速领会中国女排的精神。提高受众与平台之间的双向互动，给予受众体验感和信服感，准确把握受众的情感切入点;也为受众之间的互动提供虚拟场所,创造共同的情感场域,让受众在同一集体行为中,引起情感共鸣,从而建构起集体记忆,更好地发挥中国女排精神的影响力,促进精神层面的认同。

二、中国女排集体记忆的媒介建构叙事话语:重视情感传播,共情共建认同

法国著名叙事学家热拉尔·热奈特把叙事学的研究范畴分为“时间”“语式”和“语态”三个方面。“时间”指叙述者可以据事件的真实发生顺序对事件进行叙述(顺叙),也可以在叙事中打破事件的自然顺序,以叙述者的喜好重新排列(倒叙或预叙),分析概要、省略、场景、停顿等;“语式”包括聚焦和话语叙事,叙述一件事,可以从不同角度讲,即为“叙事视角”;“语态”是指“叙事主体”以及“叙述行为”。而所有指叙述故事的口头或笔头话语都是“叙事话语”,分为叙事、故事和叙述等维度。[①]本文选取热拉尔·热奈特叙事理论中的“叙事主体”“叙事视角”和“叙事故事”三个概念,分析媒介在建构中国女排集体记忆过程中的叙事话语特征。

(一)叙事主体:小人物展现大情怀

1.作为意志主体的国家

在他国存在的语言环境下,“国家认同”是通过一系列事实而产生的,对自己国家身份的认同感和使命感,是对自己身份的认可[②],而“情感”则加强了这种“国族身份”的认同,能够驱动政治参与,促进政治沟通,是建构中华民族共同体意识的基础因素。

克力福德·格而茨曾经提出:“让事情更具有仪式感,有助于信仰和秩序

① [法]热拉尔·热奈特:《叙事话语 新叙事话语》,王文融译,中国社会科学出版社,1990年。

② 吴玉军、顾豪迈:《国家认同建构中的历史记忆问题》,《中国特色社会主义研究》,2018年第3期。

的建立。”[①]仪式像一个文化符号，没有特殊约定，却存在于每个人的心里，引发受众的共鸣，激发共同的感情。从这一层面看，国家二字不但“在现场”，更是无处不在。受众基于“中华人民共和国公民”的共同身份，在媒介建构的情感场域中产生共情，在情感上形成寄托，即对中国女排所展现出来的女排精神的崇拜之情，进而形成强大的内在凝聚力和根深蒂固的精神支柱。大众媒体利用社交媒介，也能够对这种“国家胜利”和“国家荣誉”起到传导作用，能够以较快速度唤醒受众的归属感和荣誉感，让情感打破时空的差异，让个人和集体情感共鸣，此外也让受众对自己的身份有了更深的认同，让情感有了交流和共通，巩固和加深对“国族身份”的认同。

2.作为生产主体的媒介

以情感化的方式进行事实阐述，不仅是对媒介符号搭建共同记忆标志的呈现，也是对价值观的重要引导因素。在信息传递过程中，只有适当地将情感阐述和艺术表现力二者进行融合，信息传播过程才能更打动人，更让受众记忆深刻，继而主动参与。媒介在建构中国女排集体记忆的过程中，在媒介时间的呈现上抓取国家现代化发展进程中的重大节点性事件，在强调媒介仪式神圣性的同时又强化了受众对所建构内容的时代感与使命感的情感认同。在媒介仪式空间的搭建上，既有大而美的仪式空间，也有小而精的仪式空间。同时，还兼顾与现实空间的仪式交互，让受众获得沉浸式的认知体验。在选取人物时，从特定群体的“小”处着手，以小见大，挖掘背后真实的历史细节和情感力量，并通过情感化的叙事话语表达出来，也逐渐有意识形态隐藏于作品的审美情趣之中，将固有的宏观价值观念转化为全民族认可的普适价值观念，将单纯的赞颂英雄，转移到投射人性光辉上的趋势。

3.作为形象主体的中国女排

回溯过往40多年，《人民日报》曾多次对中国女排进行报道，对她们的形

① ［美］克利福德·格尔茨：《文化的解释》，译林出版社，1999年，第36页。

象进行了一系列塑造。20世纪80年代,形象塑造的侧重点在于突出努力二字。她们是赛场上的“巾帼英雄”,打排球的“铁榔头”。在训练中,她们努力刻苦,奋勇拼搏,敢闯敢拼,不畏难,不畏险,勇攀高峰,是具有钢铁般意志的中华女排姑娘。但这种形象塑造方式,固化了受众对其的印象,缺少个性色彩。在2016年的《人民日报》中,女排形象有了不一样的形象特点。例如,曾经对郎平指导的报道,更多地侧重于她“铁榔头”的形象,她的英勇战绩,对于她平时的生活却很少有人提起。而现在受众能看到更多关于她的不同报道,展现出郎导不同于赛场的形象。在赛场上,她认真负责,凡事考虑周到,争取胜利;在赛场下,她关心队员,自己出钱给队员买营养品,对运动员关心爱护;此外,她还能够用流利的英语与他人进行交流。这样的郎导有了多样化的色彩,既是场上的严格教练,也是场下的慈爱家长,还是个有才华与国际接轨的时代女性。

(二)叙事视角:小故事呈现大时代

1.宏观—微观角度:民族意识与个体命运的相互观照

在经济蓬勃发展的新时代下,“中国梦”赋予了新的时代内涵,各种思想也碰撞出新的火花,而女排的精神也与“中国梦”这一新时代主题密切相连,有了新发展。媒介在情感传播的过程中,从圈层视角切入情感话语叙事,“代入感”勾连着国家政治话语与个体命运的“内容关联”。从受众的小我角度仰望,从国家的大我角度俯瞰,媒介呈现鲜为人知的感人故事,调动受众的情绪,引发共鸣,进行情感互动。

近年来,媒介在建构中国女排集体记忆的过程中,更注重情感的传播,从人文主义视角出发,围绕“人”的核心,阐述人物与一切外在客观存在的辩证关系,每个鲜活个体的背后是群体的身份存在,人物形象鲜明立体,事件的表达生动真切,最大程度上缩短了媒介参与者与受众的距离,唤起受众内心深层的情感体验,获得精神上的满足。这样,传递的信息才会更有价值,受众才会认可民族意识与个体命运的相互观照，增强对中国特色社会主义的认同。

2.历史—当下视角：历史记忆与时代话语的交互共生

媒介有双重身份，一方面承担将“过去”和“现在”连结的任务，另一方面也主动投身于对记忆的干预和展现。《人民日报》对女排运动健儿进行了多方面长时间的报道工作，这一工作也可以让其将不同地区不同时期受众的思想进行汇聚，也因此打造出了几代人对女排健儿的集体印象，不仅让女排精神广为流传，也让女排形象深入人心，让受众对她们有了更深刻的认同。

女排精神是一种力量，是一种文化符号，它的意义不仅仅限于体育，更是一种精神财富。每个受众对女排的记忆可能不完全一样，但是都面临相同的社会意识和思想观念体系，而又都受当下传播媒介的影响，因此有了相同的集体记忆。媒介为受众打造出了一个意义共通的空间，这也是受众能够回忆过去，体悟现在，还能产生联系的原因。受众、女排、国家都在其中，都被相同的价值观和信仰所感染，继承创新并且共享女排的故事不仅有现实意义，还能一定程度上起到“讲好”故事的效果。

（三）叙事故事：小切口讲述大历史

1.情感激发

如何进行叙事故事对于受众的情感激发具有重要作用，叙事能力的提高和情感意识的表达以及传播有密不可分的联系。媒介通过不同平台的呈现方式，让受众对中国女排集体记忆产生美的愉悦、情的感染、心的共鸣。通过将个人思想和集体印象相结合的方法，促进了对过去情感观念的传递，受众把中国女排的夺冠叙事编织进自己的生活叙事，而这种方式也让情感变为了维系和传承的手段，不仅促进了文化继承发扬还有主流价值观的理解传递，而且能够加深受众对女排精神的理解认同。

2.情感互动

情感互动也是进行情感传播的重要组成部分。中华民族自身拥有内在凝聚力这也是它能够进行情感汇集的原因，当媒介建构出情感场域后，下一步关键在于进行互动，唤起共鸣，维系受众对共同体意识的认同感。依靠“共情”作用，在情感上形成共同的寄托，推动了坚固精神力量的形成。

在大荧幕作品中，受众大多数不参与影视的制作，只是大荧幕的观看者，因此不承担叙事任务。但是除了电影等大荧幕作品，还有综艺节目的存在，受众也是叙事的一方参与者，在节目中多方展开互动，这就让其呈现出多元化主体的趋势。

3.情感共鸣

通常情感都有“自然属性”和“社会属性”两种，也因此可以对情感进行传递，一方面可以激发出个人情感反应，产生群体共鸣；另一方面，还对情感表现力有一定作用。媒介建构起中国女排集体记忆，在过程中调动起受众共同的情感体验，通过高度的情感连接纽带与认知符号，升级情感体验，促成意识培育的记忆维度，在共情中建构完成“记忆唤醒—情感激发—共同体塑造”阶段。从情感传播的角度思考，媒介应主动承担引领价值，传递情感的任务，既要关注方式创新，也要注重传播内容质量的好坏，以及其对受众的代入感和感染力，推动女排精神和女排形象的塑造，让中国女排集体记忆被更多人熟知和认可。

三、结语

我国女排姑娘打破迷茫，突破困境，从20世纪80年代开始占据不败之地，创下排球历史上第一个“五连冠”的傲人成绩，到2019年夺得了在“三大赛”上的第十个世界冠军，成为几代中国人的集体记忆，成为民族精神象征和历史文化传承载体，是中国综合国力日益强盛的体现。中国女排精神具有鲜明的中国特色和时代特点，是坚韧不拔的意志、团结合作的意识、百折不挠的战斗作风以及顽强拼搏的精神的总和，更是中国精神的生动写照。

虽然几十年来，中国女排的成绩有起有跌，但女排精神始终作为集体记忆和精神力量存在。在不断的发展中，通过传统媒体、社交媒体等媒介对中国女排集体记忆进行建构，其中，在以纸媒、广播、电视为主的传统媒体报道中，以《人民日报》为代表的纸媒代表官方话语，宣传的是新闻媒体的主流思想；以 CCTV-5 为代表的电视媒体，则承担着女排赛事的传播重任，用主流话语叙述着中国女排的精神与内涵；以中央广播总台为代表的广播利用自身的即时性，实现了及时的情感表达；在社交媒体中，微博、微信公众号、短视频平台将中国女排集体记忆的媒介建构实现了现代化高科技的发展。

在不断发展的现代社会，中国女排被赋予新的时代价值，而这也将成为中国女排集体记忆建构的重要内容。伴随着新媒体的发展，中国女排所承载的不再是一代人的记忆，而是代代相传下的中国精神与内涵。希望本研究可以为我国在情感传播视角下如何更好地建构中国女排集体记忆提供一些理论和实践参考。今后，针对中国女排集体记忆的研究可以拓展角度，进一步开阔视野，讲好中国体育故事，传播好中国体育声音。

参考文献

[1]贝炫毅:《中国女排精神研究》，南京大学，2019 年。

[2]查禹、苏蔚平:《新媒体语境下体育传播话语的“同情表达”研究——基于情感社会学的视角》，《第十一届全国体育科学大会论文摘要汇编》，2019年。

[3]崔文龙:《女排精神:为中华崛起而拼搏的时代最强音》，《党史文汇》，2021 年 11 期。

[4]古丽胡玛·艾买提江:《中国女排的媒介记忆研究》，新疆大学，2021 年硕士研究生论文。

[5]何国威:《女排精神、集体记忆与国家认同想象:以纪录片〈拼搏——中国女排夺魁记〉为例》，《电影新作》，2020 年第 4 期。

［6］李建军、刘会强、刘娟:《理性与情感传播:对外传播的新尺度》,《江西社会科学》,2015 年第 5 期。

［7］李建军、马瑞雪、周普元:《论情感传播的特点和原则》,《东北师大学报》(哲学社会科学版),2020 年第 5 期。

［8］李梦伟、费加明:《基于党的精神谱系下对中国女排精神研究》,《中国体育史年会暨国家社科基金重大项目“中华人民共和国体育史研究(1949—2019)”学术研讨会论文摘要集》,2021 年。

［9］李腾凯:《情感传播视域下的政治认同:挑战与对策》,《湖北社会科学》,2022 年第 1 期。

［10］麦库姆斯:《议程设置:大众媒介与舆论》,郭镇之、徐培喜译,北京大学出版社,2008 年。

［11］［美］保罗·唐纳顿:《社会如何记忆》,上海人民出版社,2001 年。

［12］［美］兰德尔·柯林斯:《互动仪式链》,林聚任、王鹏、宋丽君等译,商务印书馆,2009 年。

［13］宋娜:车鑫宇:《国家记忆到个人回归:中国女排精神的现代阐释》,《武术研究》,2021 年第 6 期。

［14］孙振虎、何慧敏:《代际观察类综艺节目社会化情感叙述的创新路径》,《中国电视》,2019 年第 9 期。

［15］毛太田、蒋冠文、李勇、赵蓉、高凯:《新媒体时代下网络热点事件情感传播特征研究》,《情报科学》,2019 年第 4 期。

［16］汤俊:《文化类综艺对中华文化集体记忆的建构研究》,上海财经大学,2020 年。

［17］王冲:《激活与重构》,山西大学,2019 年。

［18］王结春、蔡志鹏、聂逸超:《传承与发展:新时代“女排精神”的逻辑演进和价值传承》,《安徽师范大学学报》(自然科学版),2021,44(06):582-587.

［19］王真真、王相飞、徐莹:《中国女排新媒体传播中的集体记忆与国家

认同构建——以里约奥运会为例》,《山东体育学院学报》,2020年第6期。

[20]杨家旭、张兴林:《精神价值视域下对中国女排精神价值的研究》,《第十一届全国体育科学大会论文摘要汇编》,2019年。

[21]杨军:《一幅地图勾勒出一代人的集体记忆》,《中国航天报》,2016年3月25日。

[22][英]戴维·莫利(DavidMorley)、(英)凯文·罗宾斯(KevinRobins):《认同的空间》,南京大学出版社,2001年。

[23]于风:《短视频时代体育垂类新媒体的探索——以"中国女排"快手账号为例》,《青年记者》,2021年第20期。

[24]赵麑:《符号和记忆:女排精神的内涵、特征及价值》,《体育文化导刊》,2017年第8期。

[25]赵晓彤:《〈人民日报〉中国女排媒介记忆研究》,南京师范大学,2021年。

[26]Clough P. The Affective Turn:Political Econo? my,Biomedia,and Bodies. In Melissa Gregg,Gregory J Seigworth [M]. The Affect Theory reader. Durhan: Duke University Press,2010.

[27]Bennett,W. LanceandRegina G. Larence. 1995. News icons and the mainstreaming of social change[J].Journal of Communication,45(3).

[28]A. Assman, Canon and Archive, Astrid Erll, Ansgar Ntinning:Cultural Memory Studies:An International and Interdisciplinary Handbook [M],Walter De Gruyter GmbH& Co.,2008.

[29]Tomlinson,J. The Game's Up-Essays in the Cultural Analysis of Sport, Leisure and Popular Culture[M]. Popular Cultural Studies,1999:15. Aldershot: Ashgate Publishing.

[30]JENSEN K B.What's mobile in mobile communication?[J]Mobile Media & Communication,2013,1(1).

概念适用与共识缺失
——从东航MU5735坠机事件看灾难新闻的媒介伦理问题

李冬冬　苏　涛

[摘要]“3·21”东航MU5735航空器飞行事故发生后，国内众多媒体第一时间跟进事态进展，进行了多角度、全方位的跟踪报道，彰显了新闻媒体的责任与担当。然而也有部分自媒体的新闻报道产生了巨大争议，引发业界与学界就灾难报道中“悲伤告知”与“侵扰悲痛”原则的广泛讨论。文章采用个案研究法，针对特稿“MU5735航班上的人们”及与之相关的“《人物》报道笔下的侵扰悲痛问题”两个文本，运用新闻框架这一理论视角，分析灾难新闻应该“报道什么”和“如何报道”的问题，回应有关“悲伤告知”和“侵扰悲痛”的伦理之争，并进一步得出当下灾难报道存在报道时机选择、以及社交媒体使用带来的隐私侵犯和信息失真隐忧等问题这一结论，旨在呼唤建立适应液态新闻业的专业主义理念。

[关键词]灾难新闻；媒介伦理；新闻框架；新闻专业主义；液态新闻业

作者简介：李冬冬，云南民族大学文学与传媒学院2021级硕士研究生；苏涛，云南民族大学文学与传媒学院副教授、新闻系主任。

一、事件回顾

2022年3月21日14时38分许，东方航空公司MU5735航班于执行昆明—广州任务途中，在广西壮族自治区梧州市藤县上空失联并最终坠毁。机上人员共132人，其中乘客123人、机组人员9人。事故发生后，中国民航局等有关部门立即赶赴现场，开展事故救援等工作。面对这一重大突发灾难事件，国内众多媒体第一时间跟进报道，彰显了新闻媒体的责任与担当。其中，以《人民日报》、新华社、中央广播电视总台等为代表的主流媒体凭借其权威性和公信力，以事实性的硬新闻为主，按照事态发展，采用消息、通讯、特写和评论等体裁，对救援工作、事故调查、善后处置、家属抚慰和谣言甄别等进行了全方位的报道，起到了信息公开、舆论监督、舆论引导和疏导情绪的作用。《三联生活周刊》《中国新闻周刊》《南方人物周刊》等媒体采取差异化报道路线，以软新闻为主，采写了“坠落的MU5735”“东航MU5735飞行事故祭”“救援与等待：莫埌村这一天”等深度报道与人物故事，满足了公众多样化的信息需求，取得了良好的传播效果。

然而也有部分自媒体的新闻报道产生了巨大争议，引发业界与学界关于新闻伦理方面的广泛探讨。3月22日，在事故发生不到24小时之时，《每日人物》推出特稿“MU5735航班上的人们”[①]（以下简称“《人物》报道”），讲述部分机组成员、乘客及其家属背后的故事。报道既出，一时间毁誉参半。赞同者认为它挖掘了灾难事件背后普通人的故事，生动感人，凸显了人文关怀；反对者认为其不合时宜，有“吃人血馒头”的嫌疑。微信公众号“肖一凉介”发布《〈人物〉报道笔下的侵扰悲痛问题》[②]（以下简称《侵扰悲痛问题》）一文，批评

① 每日人物：《MU5735航班上的人们：有乘客登机前一天刚收到婚纱照》，https://news.ifeng.com/c/8EaYmaEsn9s（说明：文章引发争议后，《每日人物》删除了推文，此处为凤凰网转载）。

② 肖一凉介：《「人物」报道笔下的侵扰悲痛问题》，https://baijiahao.baidu.com/s?id=1728073505913015188&wfr=spider&for=pc.（说明：文章引发争议后，《肖一凉介》亦删除了推文，此处为百度转载）。

《人物》报道存在“死亡敲门”和“侵扰悲痛”等问题，违反新闻伦理，一石激起千层浪。尽管随后《每日人物》和“肖一凉介”均删除了相关推文，但对灾难新闻的新闻伦理问题的讨论则在更大范围内展开。有人认为这是“对于新闻的扼杀”，是“外行对于新闻专业的误解和无知”[①]，也有人认为，这是“一个学界与实务界常见矛盾的放大版本，可能在当前新闻行业这种放大尤其严重一些”[②]。

在“MU5735 航班上的人们”一文的采写过程中，记者是否存在“死亡敲门”行为，对遇难者家属的采访是否造成了“侵扰悲痛”的后果？这篇报道是否存在伦理失范的现象？关于新闻伦理，学界和业界缘何存在着巨大的张力乃至割裂？本文将就此一系列问题展开探讨。

二、概念适用：关于“悲伤告知”和“侵扰悲痛”

《侵扰悲痛问题》一文的作者对《人物》报道指出三点批评意见，即“悲伤告知”“侵扰悲痛”，以及可能随之产生的“创伤应激”，文末还进一步提出两个追问：媒体是否真的需要如此匆忙？我们又是否真的如此需要故事？

在回应这一系列批评意见和追问之前，笔者认为有必要对问题的内涵作进一步的界定，以便厘清其间的逻辑关系和先后次序。

举凡新闻报道，必有其框架，这既是新闻追求时效的体现，也是其文本特性的必然要求。按照学者恩特曼的观点，新闻框架就是指新闻媒体对新闻事实进行选择性处理时所依据的一种特定原则，它受制于媒体立场、编辑方针以及事件本身的性质及新闻传播规律等因素的多重制约。所谓新闻框架，体

---

① 传媒特训营公众号：《〈每日人物〉刊文被指有悖新闻伦理：多位资深媒体人力挺反击》，http://scjx.scol.com.cn/web/show.aspx?id=4672。

② 传媒特训营公众号：《〈每日人物〉刊文被指有悖新闻伦理：多位资深媒体人力挺反击》，http://scjx.scol.com.cn/web/show.aspx?id=4672。

现在具体的新闻传播实践当中，表现为“报道什么”和“如何报道”这两个问题，这正是此次论争的核心所在。若果真如追问所言，在灾难新闻中挖掘遇难者及其家属背后的故事是无意义的，也即无需报道此类故事，那诸如“悲伤告知”和“侵扰悲痛”之类的问题也就不复存在，因此才有新闻人提出“谈新闻伦理前，要先谈谈新闻业务，先有新闻，才有新闻伦理”[①]这样一种观点。

（一）“缺席”才是最严重的伦理问题

基于以上推理，我们先来谈谈灾难新闻应该“报道什么”这一基础性问题。在讨论这个问题之前，需要弄清什么是灾难，什么是灾难新闻，以及为什么要报道灾难新闻。社会学者福利茨（S.Fritz）曾指出：“灾难是一个发生于特定时空的社会事件，对社会或该社会的某一自足（self-sufficient）区域造成严重损坏，招致人员及物质损失，以致社会结构瓦解，无法完成重要功能或工作。”[②]灾难新闻是指新闻媒体对给人类带来灾难的事件所进行的采访报道。之所以要报道灾难新闻，是因为它具有信息沟通、监测环境、传播科学知识和感召与激励等正向功能。[③]事故发生当天，专家学者提出媒体可以重点关注三大方向，排名第一的就是“人”的问题：“媒体还可以关注123名乘客和9名机组成员，事故涉及132个家庭，后续还将涉及到抢救、治疗、赔偿等方方面面。”[④]

业界有句行话，新闻要见人见事，意思是新闻要描写真实的、具体的人，展现客观的、鲜活的事，而不仅仅是抽象的数字和单纯的符号。如今看来，这

---

① 褚家朝新：《不报道逝者才是最大的伦理问题》，https://mp.weixin.qq.com/s/avEkFuW3EydGpQsLmfmYyA。

② 转引自王蕾：《论我国灾难新闻报道理念的转变》，《新闻大学》，2008年第4期。

③ 黎薇：《灾难新闻报道的历史和现状研究》，中央民族大学，2005年硕士研究生毕业论文，第4~5页。

④ 传媒茶话会：《【专家观点】报道东航空难：三个方向！五大警惕！六条建议！》，https://www.thepaper.cn/newsDetail_forward_17247534。

是再浅显不过的道理。事实上,明白或者说做到这一点,我国新闻界经历了一个长期的过程。学者董天策等对我国灾难新闻报道进行了纵向梳理,以1978年、2003年和2008年三个时间节点为界限,将其分类为"党本位"的单向度闭合模式、"事本位"的多向度客观报道模式和"人本位"的全息化开放报道模式三种模式。[①]他认为,2008年媒体对汶川地震的报道真正实现了从"集体呈现"向"个体呈现"的转变,平民化的视角展现了多元人物的生存状态,体现了传媒的人文主义精神。同理,在此次东航坠机事件中,从来不存在能否/应不应该报道逝者及其家属的问题,我们所要探讨的只有"如何报道"的问题,因为"逝者的不幸,家属们失去亲人的痛,他们的眼泪与痛苦,和灾难过程、灾难原因等一样,本身就是灾难事件的组成部分"[②]。换言之,在灾难新闻的报道中,如果缺少遇难者及其家属的声音,这才是媒体最大的伦理问题。

(二)存疑的"悲伤告知"与"侵扰悲痛"

在明确了"对死者的哀悼和纪念、对生者的情感抚慰,是新闻业发挥其社会公共知识生产的社会功能、凝聚'想象的共同体'的题中之义"[③]这一大的前提下,继而再探讨关涉新闻伦理的"悲伤告知""侵扰悲痛"和"创伤应激"等问题。和新闻学本身一样,"悲伤告知"和"侵扰悲痛"这两个与新闻伦理有关的概念也是舶来品,《侵扰悲痛问题》一文的作者在使用这两个概念时,显然没有考虑到它们的本土化适用问题。

"死亡敲门"(Death Knock)是西方新闻界的一种说法,它是指在灾难新闻报道中,新闻媒体为了还原事实真相和挖掘背后的事故原因,试图上门采访

---

① 董天策、蔡慧:《我国灾难新闻报道模式的转变与突破——以汶川地震报道为例》,《江南社会学院学报》,2009年第4期。

② 传媒特训营公众号:《〈每日人物〉刊文被指有悖新闻伦理:多位资深媒体人力挺反击》,http://scjx.scol.com.cn/web/show.aspx?id=4672。

③ 陆晔:《"去中心化"时代新闻媒体的意义何在?——由MU5735空难报道谈起》,https://mp.weixin.qq.com/s/ooZDGJDzV5iqrNPbJU7riA。

失去亲人的家庭成员或伴侣的过程。而记者的行为给遇难者亲属带来的困扰则被称为“侵扰悲痛”(intrusion into grief)。[①]全球新闻伦理准则的基本共识是在进行“死亡敲门”时,应尽量避免“侵扰悲痛”。《人物》报道写道:“我们先后联络了她的学弟、老师,大家听到她在飞机上的消息后,错愕又难过。”“侵扰悲痛问题”称:“其中一个意思明显指向:这位失联人员的老师、同学并不知道其遇难的信息,而是被记者告知”,并据此判断记者“在‘死亡敲门’中没有遵循新闻业中关于‘悲伤告知’的报道规范”。

从规范层面来讲,《编辑行为守则》中规定:媒体应注意不要将个人死亡的信息透露给直系亲属。[②]文中学弟和老师显然不属于直系亲属的范畴。从实践层面来看,文中只说“联络了她的学弟、老师”,使他们知道“她在飞机上”,但并未表明“她”是否“死亡”,也即不能就此断定存在“死亡告知”这一行为(注:因为此时搜救行动尚在继续,官方并未公布遇难者名单)。需要声明的是,这并不是在咬文嚼字,玩所谓“文字游戏”,空泛地坐而论道毫无意义,涉及到诸如生命之类的严肃话题,再严谨也不为过。从法律层面而言,国家没有任何法律规定,坠机消息必须由官方机构来首先告诉遇难者亲属。[③]换言之,即便媒体、记者告知亲属其亲友生还情况,也并没有违反新闻伦理。有研究发现,“死亡敲门”仍然是报告死亡的一个重要部分,大多是合理的,并能确保准确性。[④]这也就意味着,“死亡敲门”不是能不能做的问题,而是如何做的问题,其意在提醒媒体要注意方式方法,最大限度减少由此带给遇难者家属情感上的冲击。

---

① 唐冰、唐远清:《灾难报道“侵扰悲痛”困境及对策——以3·21东航MU5735航空器飞行事故报道为例》,《青年记者》,2022年第11期。

② 唐冰、唐远清:《灾难报道“侵扰悲痛”困境及对策——以3·21东航MU5735航空器飞行事故报道为例》,《青年记者》,2022年第11期。

③ 传媒茶话会:《〈MU5735航班上的人们〉引争议,该报道是否有问题?》,https://mp.weixin.qq.com/s/Jwq4UmAm0kei6FjXXWO2aQ。

④ Belch L, Reporting the Death Knock: Ethics, Social Media and the Leveson Inquiry, 2015, p.1–27.

关于“侵扰悲痛”,《编辑行为守则》中详细列出了可能会对遇难者家属造成侵扰的行为,主要包括:在悲伤的时刻,在图片或故事中毫无理由地使用血腥的信息;毫无必要地嘲笑死亡的方式;发布被摄对象从事明显私密或令人尴尬的活动的照片。[①]对照《人物》报道,该文并无上述三种行为。“侵扰悲痛问题”引用《人物》的一段描写,“3 月 21 日夜间,《人物》拨通了石女士的电话,她语气克制,她告诉《人物》,自己情绪很悲痛,然后无力再多说”,作者由此判断,“某种程度上来说,媒体的介入于他们而言无疑是一种侵扰”。且不说这种判断犯了以偏概全的错误,“拒绝采访”的原因有很多,它和“侵扰悲痛”并不存在逻辑上的必然关联。采访是媒体的权利,被访者亦有拒绝接受采访的权利,二者在地位上是平等的,在现有证据无法证明记者多次纠缠、强行采访的前提下,不能笼统地说采访给遇难者家属带来了“侵扰悲痛”。是否存在“侵扰悲痛”,只能由事件当事人来确认,而非任何与之无关的第三方的主观臆测。其次,人是有个体差异的,同一事件,不同主体的感受可能天差地别。正如网友评论,“有人不愿伤痛被打扰,有人想要亲人被铭记。难道后者的需求不被允许吗?”无论“倾诉”还是“遗忘”,遇难者家属多样化的情感需求都应该得到同等的重视与满足。《冰点周刊》刊发的特稿《我愿意讲述:姐姐姐夫都在那架飞机上,还有 1 岁半的外甥女》以第一人称自述的方式行文,既可以看作是特殊情境下一种更加智慧的处理,也从侧面证实了部分遇难者家属确有“倾诉”的意愿。

关于“创伤应激”的指摘更是站不住脚,“侵扰悲痛问题”的作者称,“在焦虑与悲痛之外,他们却被迫在最无助的第一时刻需要处理媒体的关注,他们的人际关系和私人空间被侵占、被扰乱”。如前所述,尽管因灾难而被迫接触媒体,遇难者家属并不是无可选择的,他们有权拒绝媒体的采访。此外,遇难者家属产生“创伤应激”的原因是其亲属遭遇不测,而非自身接受媒体采访,

---

① 唐冰、唐远清:《灾难报道“侵扰悲痛”困境及对策——以 3·21 东航 MU5735 航空器飞行事故报道为例》,《青年记者》,2022 年第 11 期。

二者之间并无逻辑上的因果关系。

以上述存疑或压根站不住脚的伦理问题武断地批评国内的媒体报道，将媒体对遇难者家属常规的、合理的报道视为“吃人血馒头”，是对采访合法性的否定，是对灾难报道的污名化，也是对媒体职能的矮化，这在逻辑上是不合情理的，在立场上是不负责任的。媒体之所以去记录遇难者个人的故事，其目的在于悼念逝者、抚慰生者，同时唤起全社会对公共安全的重视和警醒。我们不是拒绝对媒体进行伦理式的批判，而是强调以伦理之尺去批评媒体报道时应该更加合理与审慎，言过其实的批判极易造成“寒蝉效应”，加剧媒体过度的自我审查，并最终牺牲公众多样化的信息需求。

三、共识缺失：关于报道时机、隐私侵犯和信息失真

既然“悲伤告知”和“侵扰悲痛”的说法都值得商榷，那么是否意味着《人物》报道一文在伦理方面无可指摘？灾难报道遵循一般的报道框架，即“报道什么”和“如何报道”，《人物》报道对遇难者家属、亲友进行采访，展现其背后的个体故事这一思路并无问题，问题出在具体的操作层面。《人物》报道在新闻伦理方面存在诸多硬伤，除了报道时机的不甚恰当外，该文还存在侵犯隐私与信息失真等伦理失范的嫌疑，这也是它广受诟病的主要原因。

（一）何时报道才合时宜

关于如何报道，第一层的讨论聚焦在报道时机这个问题上，也就是“侵扰悲痛问题”一文的第一个追问：媒体是否真的需要如此匆忙？有人认为，作为重大航空事故，对于遇难者及其家属故事的报道应该在官方公布遇难或失联者名单，或者延至查明事故原因后。现实情况是，在此前召开的第五场“3·21”东航 MU5735 航空器飞行事故国家应急处置指挥部新闻发布会上，相关负责人明确表示，旅客名单属于隐私信息，受法律保护，不在主动公开的范畴之

内。是否公开,既要充分尊重旅客隐私和家属的意愿,又要符合法律的规定。至于事故原因,从历史上看,空难调查往往需要经历漫长的过程,国际上运输航空器事故调查耗时通常在2年以上,而复杂的事故调查耗时会更长。[①]因此事件进展不应该成为延迟甚至阻止报道的理由,如果按照上述情况,很多报道根本就无法进行。

也有不少媒体人指出,此类报道应该至少在“头七”,甚至是周年祭时再做为好,在灾难发生不到24小时就出稿,难免匆忙。[②]这种说法存在一定道理,但这种所谓的“常规”做法并不等于“铁律”一条。《中国青年报》的特稿《永不抵达的列车》是在“7·23甬温线特别重大铁路交通事故”发生4天后推出的,《南方周末》的特稿《悲情航班MU5210》也是在事故发生4天后见刊的,《冰点周刊》的《我愿意讲述:姐姐姐夫都在那架飞机上,还有1岁半的外甥女》则更短,事故发生2天后就与读者见面,三者皆取得了良好的社会效果。可见,《人物》报道的刊发时机的确不够理想,这是它招致批评的原因之一,却并非是主要原因。

(二)隐私多大范围可见

《中国媒体灾难报道手册》规定,灾难报道应遵循人的生命至上、恪守专业主义、避免干扰伤痛和切勿追求煽情等原则。[③]此外,包括但不限于尊重隐私、最小伤害和善意原则等理念也为学界和业界所普遍接受与认可。具体到《人物》报道,该文涉及的隐私包含个人基本信息与数字遗产两部分内容。文中涉及了姓名、年龄、籍贯、教育经历和职业等个人基本信息,有人认为此举侵犯了遇难者的隐私。是否侵犯隐私,需要视情况而定。首先,根据我国法律

① 新华社:《民航局有关司局负责人就“3·21”东航MU5735航空器飞行事故调查初步报告答记者问》,https://baijiahao.baidu.com/s?id=1730643123895083798&wfr=spider&for=pc.

② 腾讯网:《“侵扰悲伤”论的谬误》,https://new.qq.com/omn/20220326/20220326A09IGK00.html.

③ 新浪传媒:《中国媒体灾难报道手册》,人民日报出版社,2014年,第2~10页。

规定,隐私权具有可克减性,如果与隐私权相对的公共利益足够重要,那么隐私权是可以克减的、是受到限制的。[①]其次,如果采访及其文本征得遇难者家属同意,获得其授权,就不存在侵权之说。但是,大量援引遇难者生前发布在社交媒体上的内容(即"数字遗产"),仓促采访、匆匆写就的做法,使得《人物》报道很难让读者相信,它尽到了知情同意告知的责任。当然,在实践中更为稳妥和合理的做法是像《我愿意讲述:姐姐姐夫都在那架飞机上,还有1岁半的外甥女》一样,采取化名或者弱化处理,且这并不影响文本的呈现效果。

关于对遇难者数字遗产的使用,情况则更加复杂。《人物》报道中,多处信息来自于遇难者的个人微信公众号、微博和朋友圈等社交媒体平台,其内容涉及情感生活、工作经历和心路历程等诸多方面,这种较强私密性的内容很难说与公共利益有多大的直接关系。有人认为,虽然一些个人信息内容涉及到隐私,但是如果这些信息是本人愿意公开的,就不在隐私权保护的范围之内。[②]首先,隐私权的主体是自然人。自然人死亡后,其本人意愿变得无从查证。其次,公开可见(publicly available)是否能简单地等同于公开推介(publicized)?[③]一个简单的例子是,即便是在朋友圈发布的内容,也能设置"公开""私密"以及"部分可见"等不同状态。可见,针对不同的传播内容和传播对象,隐私的可见范围是动态变化的。一旦媒体将有限传播的社交媒体内容进行大范围曝光,就有可能与用户本身的隐私期待产生较大出入。基于尊重逝者及其隐私的立场,媒体应该抱持更加敏感与审慎的态度,处理其发布在社交媒体平台上的内容,否则极易陷入泄露逝者隐私的泥淖。

---

① 传媒茶话会:《〈MU5735航班上的人们〉引争议,该报道是否有问题?》,https://mp.weixin.qq.com/s/Jwq4UmAm0kei6FjXXWO2aQ。

② 传媒茶话会:《〈MU5735航班上的人们〉引争议,该报道是否有问题?》,https://mp.weixin.qq.com/s/Jwq4UmAm0kei6FjXXWO2aQ。

③ 新闻实验室:《方可成:灾难报道是"吃人血馒头"吗?》,https://www.getrevue.co/profile/newslab/issues/050-1080032.。

(三)社交媒体使用带来的信息失真隐忧

有实证研究表明,在灾难新闻的报道中,数字“死亡敲门”很普遍,所有受访者都承认他们越来越依赖社交媒体,[①]因为对记者来说,此举可以提高其工作效率,降低新闻采写的成本;对遇难者家属来说,可以在一定程度上减轻其悲伤。反对意见则认为,观察被访者的肢体语言和行为举止是面对面采访的关键优势,如果记者过于依赖社交网站,可能会因此错失有效采访的机会。[②]应当承认,任何正当的接近新闻现场的手段都应该鼓励,无论是第一现场还是第二乃至更加后方的现场,尤其是在第一现场的接近权受到大幅限制的情况下。通过社交媒体平台上的内容逐步向核心事实周边靠近,是新闻媒体为报道事实、呈现真相所做的不懈努力。但如果过多依赖社交媒体平台上的内容,信源单一、没有交叉印证,核心事实增量就无法得到保证,更有甚者可能产生新闻失实,以致给死难者及其家属带来“二次伤害”。

真实是新闻的生命,作为文本的新闻必须是可验证的事实性信息的呈现。[③]新闻有“七分靠采访,三分靠写作”之说,一篇好的新闻稿件,高度依赖于记者扎实的采访,要去跑、去看、去听、去问。只有采到丰富的、高质量的素材,才有可能写出一篇好的新闻。仅仅依靠社交媒体上呈现的单方面、碎片化的信息,不足以支撑一篇合格的新闻报道。有学者批评,在灾难发生不到24小时就开始深挖失联人员“生平”,显得有些不合时宜。[④]笔者认为,问题的关键反而在于人物挖得不够深。综观《人物》报道,尽管也有采访到少量家属作为

① Belch L,Reporting the Death Knock:Ethics, Social Media and the Leveson Inquiry,2015,p.1-27.

② Belch L,Reporting the Death Knock:Ethics, Social Media and the Leveson Inquiry,2015,p.1-27.

③ 陆晔:《“去中心化”时代新闻媒体的意义何在?——由MU5735空难报道谈起》,https://mp.weixin.qq.com/s/ooZDGJDzV5iqrNPbJU7riA。

④ 传媒茶话会:《〈MU5735航班上的人们〉引争议,该报道是否有问题?》,https://mp.weixin.qq.com/s/Jwq4UmAm0kei6FjXXWO2aQ。

信源的补充，但大量援引遇难者在社交媒体平台上发布的内容，以主观细节的大量脑补和碎片信息的任意拼凑结构全篇，再加上文笔煽情有余而克制不足，刻意营造悲情叙事，合理想象的结果是使得文本失真，有人批评它“起底”他人工作与生活细节，非但弱化新闻价值本身，也有消费他人痛苦，以共情博取关注之嫌。[①]更有甚者，认为这是一篇散文，而非新闻。此种操作在《每日人物》中并非个案，其推文《28岁的字节工程师离世在冬夜》做法如出一辙，只是在东航坠机事件报道中处理得更加仓促和潦草，因而招致大量不满与批判。

四、结语：液态的新闻业呼唤共识

《人物》报道及“侵扰悲痛问题”引发的广泛争议看似偶然，实则背后有着很大的必然性，这是新闻理论与传媒实践的脱节所致，折射出“液态”的新闻业所面临的窘境，即新闻专业主义共识的缺失。在“液态”的新闻业当中，新闻生产主体更加多元，职业记者和公众/用户共同参与其中，大众媒体时代的新闻生产流程和操作常规不再奏效，传统媒体机构不再拥有对新闻事件的“最终解释权”，专业控制和大众参与的巨大张力使得新闻报道的意义和价值不断被颠覆和重塑。多个主体在新闻信息生产和传递的网络节点上的相互介入、相互挤占和相互渗透，使得原有的框架被不断突破、变形甚至不复存在，而新的意义也在这个过程中不断溢出。[②]

作为一种职业意识形态，新闻专业主义关乎着专业知识的积累与专门训练，关乎从业资质，也关乎彰显专业精神的范例和内部机制，是记者职业信

① 传媒茶话会：《〈MU5735航班上的人们〉引争议，该报道是否有问题？》，https://mp.weixin.qq.com/s/Jwq4UmAm0kei6FjXXWO2aQ.

② 陆晔、周睿鸣：《“液态”的新闻业：新传播形态与新闻专业主义再思考——以澎湃新闻“东方之星”长江沉船事故报道为个案》，《新闻与传播研究》，2016年第7期。

念、价值观念的内化。[①]现实情况是,旧有的传媒伦理被颠覆,西方的传媒观念与中国的传媒实践水土不服,新的评价范式尚未建立。脱胎于大众传媒时代的新闻专业主义理念已不再适应当下液化的新闻业,内化的职业理念和价值观念的缺失与滞后,表现在实践中就是传播意图和传播效果的南辕北辙。基于此,当前迫切需要建立一套适应液态的新闻业的专业主义理念。这套规范性理论应充分考虑到多点对多点、去中心化的传播环境,将以自媒体和广大用户为代表的新的生产主体纳入其中,应充分尊重用户的互动、参与和社交需求,建立一套中立、客观的采编流程,形成一套可操作、可验证的评价体系,使得新闻信息的生产、把关、传播和评价有章可循,有据可依。应当承认,跟"死亡敲门"一样,建立一套新的新闻专业主义理念是一项艰难但十分重要的工作,寻找公共利益与个人权益、事实性与故事性的平衡,还有很长的一段路要走。

参考文献

[1]Belch L,Reporting the Death Knock: Ethics, Social Media and the Leveson Inquiry,2015,p.1–27.

[2]褚家朝新:《不报道逝者才是最大的伦理问题》,https://mp.weixin.qq.com/s/avEkFuW3EydGpQsLmfmYyA。

[3]传媒茶话会:《〈MU5735 航班上的人们〉引争议,该报道是否有问题?》,https://mp.weixin.qq.com/s/Jwq4UmAm0kei6FjXXWO2aQ。

[4]传媒茶话会:《【专家观点】报道东航空难:三个方向!五大警惕!六条建议!》,https://www.thepaper.cn/newsDetail_forward_17247534。

① 陆晔、周睿鸣:《"液态"的新闻业:新传播形态与新闻专业主义再思考——以澎湃新闻"东方之星"长江沉船事故报道为个案》,《新闻与传播研究》,2016 年第 7 期。

[5]传媒特训营公众号:《〈每日人物〉刊文被指有悖新闻伦理:多位资深媒体人力挺反击》,http://scjx.scol.com.cn/web/show.aspx?id=4672。

[6]董天策、蔡慧:《我国灾难新闻报道模式的转变与突破——以汶川地震报道为例》,《江南社会学院学报》,2009年第4期。

[7]黎薇:《灾难新闻报道的历史和现状研究》,中央民族大学,2005年硕士研究生毕业论文,第4~5页。

[8]陆晔:《"去中心化"时代新闻媒体的意义何在?——由MU5735空难报道谈起》,https://mp.weixin.qq.com/s/ooZDGJDzV5iqrNPbJU7riA。

[9]陆晔、周睿鸣:《液态"的新闻业:新传播形态与新闻专业主义再思考——以澎湃新闻"东方之星"长江沉船事故报道为个案》,《新闻与传播研究》,2016年第7期。

[10]每日人物:《MU5735航班上的人们:有乘客登机前一天刚收到婚纱照》,https://news.ifeng.com/c/8EaYmaEsn9s(说明:文章引发争议后,《每日人物》删除了推文,此处为凤凰网转载)。

[11]唐冰,唐远清:《灾难报道"侵扰悲痛"困境及对策——以3·21东航MU5735航空器飞行事故报道为例》,《青年记者》,2022年第11期。

[12]腾讯网:《"侵扰悲伤"论的谬误》,https://new.qq.com/omn/20220326/20220326A09IGK00.html。

[13]肖一凉介:《「人物」报道笔下的侵扰悲痛问题》,https://baijiahao.baidu.com/s?id=1728073505913015188&wfr=spider&for=pc.(说明:文章引发争议后,"肖一凉介"亦删除了推文,此处为百度转载)。

[14]新华社:《民航局有关司局负责人就"3·21"东航MU5735航空器飞行事故调查初步报告答记者问》,https://baijiahao.baidu.com/s?id=173064312389508379 8&wfr=spider&for=pc。

[15]新浪传媒:《中国媒体灾难报道手册》,人民日报出版社,2014年,第02–10页。

[16]新闻实验室:《方可成:灾难报道是“吃人血馒头”吗?》,https://www.getrevue.co/profile/newslab/issues/050-1080032。

[17]王蕾:《论我国灾难新闻报道理念的转变》,《新闻大学》,2008年第4期。

新媒体环境下
传统文化内容的场景化沟通模式研究
——基于文化自信和用户参与的视角

于　萍　陈敬文

[**摘要**]新媒体环境为传统文化的转化和创新提供动力，传统文化内容场景化沟通成为新趋势，赋能中华优秀传统文化传承和价值创造。本文通过梳理传统文化内容场景化沟通要素，基于场景理论，从文化自信和用户参与的视角，归纳并提出了传统文化内容场景化沟通的理论模型。在此基础上，剖析了文化自信和用户参与在场景化沟通中的作用，揭示了新媒体环境下传统文化内容场景化沟通的基本规律。研究结果为基于新媒体的传统文化转化创新提供思路，为提升传统文化内容的场景化沟通绩效提供理论支持。

[**关键词**]新媒体环境；传统文化；场景化沟通；文化自信；用户参与

作者简介：于萍，天津财经大学商学院副教授；陈敬文，天津财经大学商学院硕士研究生。

基金项目：天津市教委高校人文社科研究一般项目“移动互联环境下基于感官认知交互的场景化消费者行为研究”（2020SK117）。

一、引言

在讲好中国故事、传播中国声音的时代，新媒体技术推动了场景化传播的兴起，拓展了人们对场景信息的感知维度，为场景化沟通下的传统文化转化和创新带来了新机遇。将智能媒体应用于传媒信息采集、加工与推送，通过虚拟现实（VR）、增强现实（AR）和混合现实（MR）等技术来激发用户的感官系统，配合移动互联、传感器、智能终端的普及应用，实现了趋于真实的交互式场景和场景化传播，影响着人们的时空观念、生活方式和美学体验（程明，战令琦，2018）。在当代，中华优秀传统文化为服饰、餐饮、建筑、传媒、文旅、文博等多种行业的产品和服务创新，提供了丰厚的美学创意养分，传统文化转化和创新也由此加速。"新国潮"消费文化兴起，相关产品、服务和内容作品都以其文化感召力和人文价值观，激发人们对传统文化产品和内容的市场需求。

值得注意的是，新媒体环境下传统文化内容的生产和传播，面临着诸多机遇与挑战。一方面，由于消费者群体受教育程度和文化水平的提高，对精神文化的需求日益凸显，为基于传统文化创新的产品和服务之市场化提供机遇；另一方面，传统文化内容的营销沟通方式缺乏对目标市场的吸引力，还存在着与受众场景化需求不匹配的"短板"。那么，如何建构传统文化内容沟通的新范式，实现优秀传统文化的传承、转化并赋能价值创造？新媒体环境下，传统文化产品和内容的场景化沟通遵循怎样的模式和规律？为探索上述问题，本文归纳传统文化内容场景化沟通要素，从文化自信和用户参与的视角，提出传统文化转化和创新背景下场景化沟通的基本模式，为提升传统文化在场景时代的沟通绩效提供理论支持，对推进文化产业沟通模式创新有现实意义。

二、传统文化内容场景化沟通要素

传统文化较之于现代文化的独特魅力，就在于其深厚的历史积淀和人文传承。考虑到传统文化场景的内涵特征，结合 Rosenbaum 和 Massiah(2011)服务场景模型的基本维度，即物理维度、社会维度、社会象征维度和自然维度的构建，归纳出新媒体环境下传统文化沟通场景的基本要素，如图1所示。

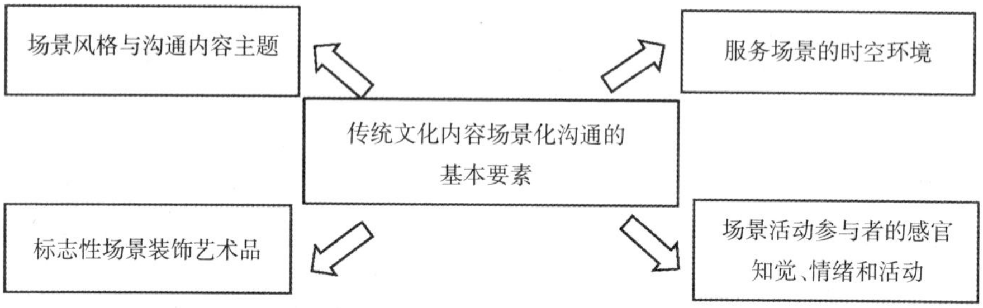

图1 传统文化内容场景化沟通要素

(一)场景风格与沟通内容主题

第一，基于产品设计风格的沟通场景主题。中国传统文化的深厚积淀为当代消费者体验中国文化、对话历史提供了丰富素材，蕴含中国文化元素的影视节目、文创产品、家居服饰和出版物等商品因其独特的风格和定位，形成了“国潮”“文化传承”等主题内容。例如，老字号“稻香村”联合故宫推出节日主题的创意面点，其制作工艺和造型反映了中式糕点的传统风格，又加入了“萌趣”“高颜值”等时尚潮流新风格元素，将糕点选购场景融入文化和审美价值，对追求感官体验的新一代消费者有极强的吸引力。营销学对“风格”与“主题”的关系探讨，始见于 Schmitt 和 Simonson(1999)在《营销美学：品牌身份和形象的战略管理》中的研究，其中指出，那些能够给顾客创造独树一帜的审美体验的品牌，都具有鲜明的品牌风格，这种风格蕴含美学价值，可以用具体场景下提取的某个“主题”来概括。

第二,基于社交媒体的沟通内容主题。移动互联和智能媒体构建了更多维度的传统文化传播场景,沟通内容的主题直接反映了传统文化价值观和人文情感。譬如“生态文旅”“非遗文化”等主题下的绿色餐饮、文创产品、文化生态保护项目在社交媒体备受关注,用户会在朋友圈、微博和视频类媒体平台分享关于回归传统、亲近自然的场景化体验内容,成为生态文化场景的个性化定义者和传播者。可见,在移动化、社交媒体、大数据和智能设备等场景技术力量的支持下,在线内容沟通的主题凝练和风格塑造需要契合用户场景化的情感表达和生活方式需求,基于“场景”对文化产品(或服务)用户群体进行细分和识别,才能建立精准的市场定位。

(二)服务场景的时空环境

服务场景(service scape)是指经过精心设计和控制的服务场所环境要素(Bitner,1992)。服务场景也是一个时空的概念,包含时间和空间的维度(Rosenbaum 和 Massiah,2011)。场景时间是指场景活动发生的时间,是人们感知和记录场景内容的提示要素,有助于在头脑中再现场景氛围。传统文化产品应用的场景空间包括室内外建筑、园林、装饰等展示形式设计,甚至延伸到了社区的空间设计,这些可感知、可测量的感官刺激要素构成了服务场景的空间维度。从场景空间环境的角度,艺术中心、歌剧院、博物馆、主题公园等大型场景空间皆是设计师们对现代社会景观的诠释,在传统与现代的碰撞中创作完成的场景奇观,皆有引人思考、妙不可言的魅力。比如苏州博物馆,充分运用传统苏式建筑的坡顶、飞檐翘角等元素,融合光线层次的变化,通过“借景”与“造园”塑造入诗入画的空间环境,成为传统建筑风格的延伸和现代版诠释。

无论是反映中国传统文化的山水园林,还是古代的宫殿建筑群等遗址及其文化场景,都是致敬于人类智慧在历史长河中的表达及其思想意义。这些传统与现代交相辉映的场景空间具有强大的生命力，使人感受到身心的震撼与感动，留下难以忘怀的感官印记。中国文化有着丰富的人文景观积淀，在此基础上开展主题化的场景空间建设，能有效带动当地文旅与文创产业的发展，将人与自然、文明与生态、传统与现代的主题具象化，是建设发展文化场景空间的创意来源，也是传统文化场景建构与沟通的基础。

（三）标志性的文化场景装饰艺术品

场景装饰艺术品是指场景环境中具有人文艺术特色的物质要素，不仅能吸引人们的注意，也能表达一定的意义，成为场景整体物质要素中与人类在精神互动上最为密切的构成，帮助人们建立对文化场景的“感官记忆”。例如，故宫建筑群的彩画装饰，体现了传统装饰艺术的历史象征价值，成为故宫建筑场景的标志性文化符号，也为故宫文创产品开发提供灵感素材，“故宫色”手账本、配件及饰品系列的灵感皆来源于此。周苏琴（2014）在《建筑紫禁城》中指出，彩画作为中国古代建筑特有的装饰形式，具有实用性和装饰性的重要作用。故宫建筑彩画以青、绿、红、金为主色调，亮丽夺目，层次分明，色彩庄重和谐，使宫殿建筑更加富丽辉煌。标志性的、工艺精湛的传统艺术品和装饰可以点亮整体场景，引人驻足、观察和思考，是亟需保护和传承的非物质文化遗产，凝聚人与自然和谐发展的智慧，亦为品牌标志及文创产品设计提供思想动力。

（四）场景活动参与者的感官知觉、情绪和活动

在文化沟通场景下，人的活动、情绪和情感是构成场景的基本要素，为“场景”赋予了意义。因此场景主题也可以用人的行为来定义并为其赋予价值，包括对某个场景的回忆、感知和评价，诉诸态度和行为意向。在互联网新媒体环境下，人们会有意识地记录和传播在场景中的活动和行为，以延续对某个场景的感官记忆，其所见所闻、所思所想以及各种情感情绪，都会成为“场景内

容”得以记录保存。比如,用户运用社交媒体分享在杭州龙井村的参观经历,包括茶园中茶农劳作的场景、龙井茶的冲泡时茶叶形态的变化、对龙井茶气味和口感的感官体验,这些内容都可以成为内容制作的素材,聚集受众对茶文化的关注和兴趣。这表明,视觉导向的沟通信号一直备受重视,加上其他感官获得的信号,经过多感官交互与整合,形成人们对某个场景的感官记忆。

在新媒体技术的支持下,人们对传统文化场景的感知,会受到各种感官知觉、认知和情绪的影响,是对文化场景意义和情感线索进行深度体验和认知的结果。由此亦推动了产品营销模式的创新,场景营销(Contextual Marketing)就是在新媒体和场景技术力量的运用下,通过用户、产品与现实世界的智能化连接,实现了产品(或服务)对消费需求的即时响应和精准适配(于萍,2019),促进了企业和消费者的价值互动,为在线内容生产和传播提供了契机。

三、传统文化内容场景化沟通的模式框架

场景理论认为,场景化沟通(Contextual Communication)是指在场景技术力量的支持下,通过移动智能终端、定位系统、大数据和云计算等方式,来对用户在特定时空环境下的需求做出及时响应,实现公司与用户、以及用户与用户之间的信息交互(Scoble 和 Israel,2014),帮助消费者做出购买决策,以获得精准、适配场景的营销沟通效果。场景营销沟通的方式多样,包含了移动互联环境下的场景化广告、内容传播和媒介沟通(Tiagoa 和 Tiago,2012),向消费者传递场景化的产品和服务信息,而且在信息沟通的时空场景选择和信息展示方式上也更加智能化,旨在吸引消费者的关注、兴趣和互动反馈,实现品牌与用户场景化沟通的价值共创。

(一)新媒体环境对场景化沟通的影响

场景化时代已经到来，以智能媒体为代表的新媒体技术的发展应用,为

开展场景化沟通提供了有力支持。新媒体环境对场景化沟通带来的影响体现在以下三个方面：

一是推动场景营销沟通的内容生产，引入场景化沟通内容的新生产力。然而新生产力的引入，在深刻改变媒体行业内容市场的同时，也对场景营销沟通的内容生产机制带来挑战。彭兰（2019）指出，媒体行业应用智能化技术，需要有对风险的明确判断，在信息减法、数据伦理、算法伦理、连接克制、人机协同等原则与伦理上保持警惕，才有利于移动互联时代智能生产力的安全释放。

二是改变场景营销沟通内容的传播方式，通过智能化媒体技术为场景化沟通主体更多地参与、表达和创意赋能。庹继光、马君（2019）认为，人工智能在网络舆情沟通中，已成为新媒介赋权的技术基础，强化了网络媒体和自媒体的新技术应用和"去中心化"的传播模式，改变了以往媒介使用和接近权的不平等，实现了公众直接参与和自主表达。

三是引导场景营销沟通下的消费行为，为实现消费者定制化服务和参与个性化营销提供支持。Kumar 等（2019）在对人工智能（AI）应用于个性化营销的研究中指出，智能呼叫路由服务有助于为用户提供个性化的服务，增强用户与公司之间的情感纽带，鼓励积极的态度和行为，从而强化用户的参与行为。在场景化沟通情境下，人工智能已经从"基于规则的专家系统方法"（rules-based expert systems approach）转变为"基于深度学习的数据驱动方法"（deep-learning based，data-driven approach），来为用户提供更加适配的个性化方案，在顾客价值创造、创新和传递中更具潜力。

（二）研究框架的提出

在文化内容生产和文化产品消费领域，人工智能通过对文化消费者的赋能，刺激文化消费需求，提升传统文化消费体验和消费质量，进而推动消费者文化权益的保障与实现（杨毅等，2018）。通过对传统文化场景内容要素的梳理，考虑移动互联时代的移动设备、大数据、传感器、社交媒体、定位系统等场景“五力”技术（Scoble 和 Israel，2014）与新媒体环境对场景化沟通的影响，立足传统文化沟通过程中文化自信和用户参与的视角，归纳出传统文化转化与创新背景下的场景化沟通基本模式，如图 2 所示。

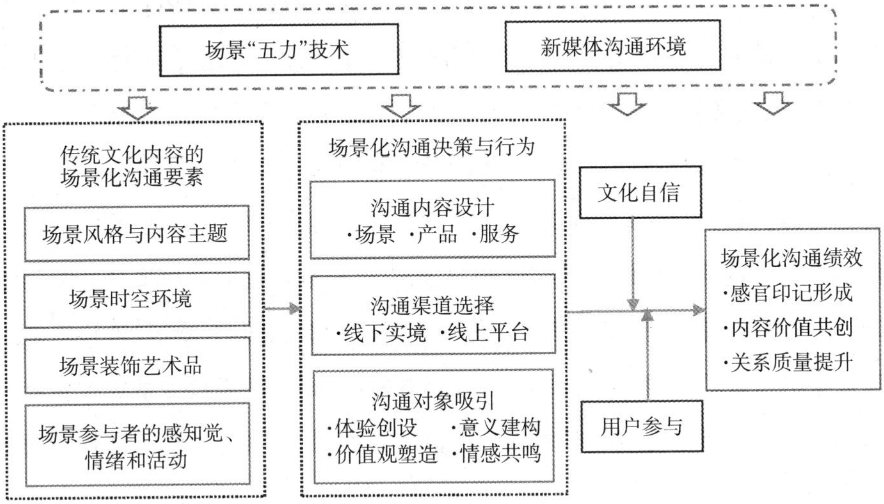

图 2　传统文化内容场景化沟通的基本模式

四、文化自信对传统文化内容场景化沟通的影响

文化自信，承载了对国家历史文化的深厚情感和信心，引领社会生活和思想建设。2019 年 6 月 16 日，第 12 期《求是》杂志发表了习近平总书记的重要文章《坚定文化自信，建设社会主义文化强国》。文章指出，“中华优秀传统文化中很多思想理念和道德规范，不论过去还是现在，都有其永不褪色的价值。我们要结合新的时代条件传承和弘扬中华优秀传统文化，传承和弘扬中华美学精神”。文化自信的内涵和作用体现了一定的社会、民族等群体组织中的成员对自身文化价值观的确信与践行，对不同文化传统下人们的心理和行为亦有重要影响（杨丽，盛新娣，2019）。在新媒体环境下，传统文化内容的场景化沟通从内容设计、场景创建到受众吸引都体现了文化自信的影响作用。

（一）沟通内容设计：突出传统文化意象和文化符号体系

中国传统文化饱含哲思和美学价值，强调返归内心，通于天地，融自我和万物为一体（朱良志，2016），形成了传统文化的审美意象。随着传统文化内容的沟通形式趋于多样化，产品作为传递顾客价值的载体，既是品牌沟通的重要媒介，又是文化内容设计的对象。产品设计表达了所在文化的特色和标识，通过产品外观、包装等要素和消费者沟通产品的文化属性（Krishna，2013）。近年来，国潮、文博主题的"网红"文化创意产品，在视觉设计上考虑到消费者的文化心理和情感需求，在产品设计中融入中国传统文化的经典形制、图案、纹样等视觉符号元素，传递出东方文化的审美意涵。例如，在本册、丝巾等文创产品中融入《清明上河图》《千里江山图》等古画形象，其雅致的视觉效果令人赏心悦目。还有将鹿、仙鹤、麒麟等神兽形象和"梅、兰、竹、菊"等植物元素引入文创产品，使消费者通过产品来亲近、体悟传统文化精神，深化了消费者对中华文化符号系统的认知，增强了文化自信和文化情感。

在跨文化的比较研究中，Tavassoli 和 Lee（2003）发现，由于诸多亚洲文字的象形特征，东方文化背景下的消费者更加关注视觉标识，也更容易被视觉标识所激发。因而在文创产品形制及其包装设计中，有效运用传统文化象征符号，能够有效激活消费者对传统文化的感官记忆，实现产品设计与文化情感的共鸣。

（二）沟通场景创建：塑造传统文化审美和价值观

通过内容表达和主题场景创设，激活消费者的场景化需求和情感，是场景化沟通的基本方式（吴声，2016）。在对消费文化的研究中发现，消费动机蕴含特定的文化因素，消费者在基本生活需要得到满足的基础上，还对商品和服务具有审美和情感诉求，文化象征价值对消费者更具有吸引力（徐赣丽，刘言，2019）。借助新媒体平台，配合在线游戏、动漫的开发应用，传统文化有了更多生动表达“场景”的方式。故宫公众号在寒冬时节，推出“九九消寒图”在线小游戏，参与者每天一笔，连续完成九个字的书写便可获得积分，在冬至场景下呈现了贯穿古今的生活意趣。创造生活审美情趣，天人合一，与自然和谐共生，是中国哲学思想的体现，借由人文场景传递中华文化价值观，凝聚了文化的本质内涵。王春法(2019)认为，文化的本质内涵由价值观念、思维方式、行为模式、情趣偏好、社会规范和话语体系构成，需要从这些核心维度出发，挖掘文化的本质内核，传递文化的精神力量。

这种精神力量也构筑了中国美学和艺术的境界。在中国美学史和艺术史上，“境”往往作为衡量审美价值的标准而存在，其基本内涵是有内容、有智慧、有韵味(朱良志，2016)。近年来，古风音乐因其词曲的古雅韵味和格调，在社交媒体获得大量年轻用户认同，强化了新媒体环境下的文化自信。可见，通过内容场景传递文化自信具有重要的现实意义，既增强消费者的文化认同感和文化需求满足，又带来消费行为的升级改变(叶胥，毛中根，2019)。因而消费领域的文化自信建设，需要注重文化自信的当代价值，更需要有坚实的文化价值观作为依托，如此才能引发受众的情感共鸣和文化认同。

(三)沟通对象吸引:智能媒体赋能传统文化的转化创新

智能媒体将智能化技术应用于媒体行业，推动了信息采集、加工、整合、核查、协同生产和内容分发等各方面的“新生产力”，并带来内容市场和生产关系的变化(彭兰，2019)。智能媒体是移动媒体发展演进的结果，是移动媒体与人工智能相融合的新存在形态，在“媒体融合”战略进程中，移动媒体是智能媒体发展的现实基础和重要平台(卢迪等，2018)。利用智能技术有助于吸引、聚集目标沟通对象，为传统文化产品建构更符合现代审美需要的创意和表达方式(孙传明，郑淞尹，2021)。因而诸多优质的传统文化类节目入驻新媒体传播平台，取得了吸引、聚集目标受众的场景化沟通效果。文化类综艺节目《上新了·故宫》以影视化方式呈现故宫文化，成为2018年现象级的文化综艺节目,巩固了民族文化自信的根基,塑造了文化认同(彭松,夏梦,2019)。人们通过新媒体参与节目互动和分享交流,共同助推传统文化复兴和内容生产。

这表明,文化内容生产和传播在新媒体交互、数字化策展、线上推广等场景化沟通中被赋予了新价值,展示了传统文化内容在创制表达中的年轻化形象,凸显其特有的文化魅力(万韵菲,詹秦川,2018)。线上和线下多渠道文化内容传播的需要,驱动了场景化沟通的媒体整合,涵盖文字、图像、视音频、动漫、虚拟现实等多种技术手段,赋能传统文化传播和创新,为消费者的文化自信表达提供支持。

五、用户参与下的传统文化内容场景化沟通绩效

消费者品牌参与(consumer brand engagement,CBE)的理论构建,反映了消费者与品牌交互的心理和行为过程,由认知、情感和行为三个主要维度构成(Hollebeek 等,2014;Hollebeek 和 Chen,2014;Dwivedi,2015)。在场景化沟通情境下,互联网用户对场景信息的认知处理、情感和行为出现了新的变化,包括对文化场景信号的感知觉和认知,以及对场景内容的价值共创和关系质量建构。

(一)场景感官印记:强化用户对场景信息的概念化认知

在新媒体环境下,媒体用户有意识地调动自身感官系统,全方位、立体式感知文化场景内容,体现了感官层面的用户参与。感官交互的研究表明,消费者的多种感觉通道之间存在着交互作用,也就是某一种感官感觉可能会影响另一种感官对信息的感知判断,两者间匹配的一致性还会影响消费者的感知、态度和行为(张全成等,2017)。消费者多感觉交互的表现包括“视－听”交互、“视－味”交互、“听－味”交互,以及触觉、嗅觉与其他感觉的交互等(Knoeferle 等,2015;Spence 和 Shankar,2010;Spence 等,2012;Noel 和 Dando,2015)。

智能媒体和场景化交互技术的应用，为用户获取文化内容信息提供便利，引发味觉、嗅觉等多感官交互，形成对传统文化的沉浸体验。“舌尖上的中国”系列作品，展示了不同地区的传统食文化场景，从美食制作工艺到文化溯源，其场景画面、旁白、背景音乐的整合传播效果，触发了受众对于中华食文化的感官记忆。这也印证了，通过“视－听”感官信息表现食材的产地、质感和精工细作过程，能够触动受众的嗅觉、味觉等多重感官系统，仿佛闻其香、知其味，对中华传统食文化有了场景化的感官认知，实现了“在头脑中的概念化”。Krishna（2013）指出，概念化认知的结果就是建立“感官印记”（sensory signature），表明受众在特定场景下获得的关于各种感知觉线索的整体印象，从而完成对场景文化内容的解读和自我意义建构。

（二）内容价值共创：激发用户参与内容制作与分享

场景化沟通的用户导向就决定了其在内容筛选上注重对用户个体特征的分析刻画，充分响应用户的个性化需求（Kumar 等，2019）。比如不同文化消费者的审美偏好，会影响人们对美的理解和认知。研究发现，不同文化背景下的消费者对色彩、声音和气味的偏好不同（Krishna，2013），人们对色彩偏好的相似性和差异性，以及色彩偏好机制（如，色相、感觉和喜爱的关系），体现了文化规范对色彩偏好的潜在影响（Chattopadhyay，Gorn 和 Dark，2010）。在文化规范和文化认同的影响下，人们会偏爱自身文化所承袭的色彩、符号和形制，乐于购买符合自身文化需求和审美偏好的商品，通过评论、转发、分享和自制内容上传等方式来表达文化情感和信念。

在后现代消费社会，消费者行为的“表达功能”使之成为社会表达、社会身份和社会差异再现的方式（韩启群，2015）。随着传统文化与互联网流行文化的深度碰撞交融，产生新的文化表达语境，吸引用户参与“新语境”下的内容创造和传播。在社交媒体和场景化交互技术的支持下，更有助于用户参与到文化产品创意和服务的改进设计中（De Pelsmacker 等，2018）。海尔与故宫淘宝联合推出“冷宫冰箱”等产品的众创开发、创意实验等活动，通过在线社区、微博、短视频等新媒体平台开展内容生产，推动了用户参与内容价值共创，加速了传统文化与互联网创意文化共融下的转化和创新。根据新媒体用户对传统文化价值观认同程度、用户参与程度的不同，对新媒体用户场景化沟通行为进行类型梳理，构建分析矩阵如图3所示。

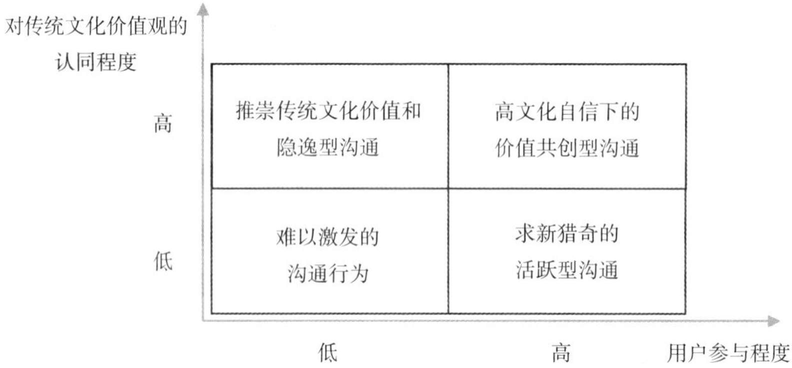

图3 新媒体用户场景化沟通行为类型矩阵

从模型中可见，在传统文化内容沟通场景下，具有高文化自信和较高参与度的新媒体用户，更易于实现价值共创型沟通，是传统文化内容营销和场景化沟通的目标群体。对于另外三类用户群体，需要采取相应策略以提升沟通绩效（请见本文第六部分）。

（三）关系质量共建：增进用户对传统文化的情感连接

关系质量（relationship quality）反映了发生在公司和顾客之间的互动过程中的一系列的价值累积（Gummesson，1987）。顾客感知其与公司或服务人员的关系价值增加时，其不确定性感知也会随之减少。随着关系质量研究的深入，得到学者基本共识的关系质量维度包括：顾客满意、信任、沟通、价值、可接近性和情感承诺等（Crosby 等，1990；Bejou 等，1996；Hennig-Thurau，2000；Verhoef 等，2002）。

在新媒体环境下，公司与顾客的关系质量得到了进一步改善。在社会化、场景化和移动化营销（SoCoMo marketing）理论模型中，通过智能传感器进行大数据收集，提供影响用户体验的场景化信息，有助于增强公司与消费者的关系连接（Buhalis 和 Foerste，2015）。该模型也适用于文博、文旅等组织机构与顾客之间的关系质量建设。故宫通过大数据和智能媒体技术，引入最新算法对庞大数据进行压缩处理，将以往只能在演播厅里播放的古建场景，转移至开放的移动互联网上，实现了网络体验虚拟现实（VR）作品，参观者可以自主选择参观路线，享受身临其境体验建筑的魅力，让更多的人爱上了古建文化，增进了对传统文化的情感认同（冯乃恩，2017）。再如，借助高清展示技术和三维技术开设电子画廊，故宫将百余幅古书画呈献给网络社区的观众，辅以声音和文字注解，观众轻触屏幕即可放大观察到每一件作品的笔触、纹理等细部，仿佛走入作品所呈现的街市、山水等历史人文场景之中，与画中人物共情交流，获得沉浸式在线观赏体验，提高了用户满意。由此可得出，借助智能媒体构建用户参与交互的传统文化场景，让承载人文历史的环境建筑和文物艺术品动起来、活起来，为用户赋予更多的自主参与空间，有助于增强传统文化场景对用户的情感触动，实现传统文化品牌与用户关系质量的提升和共建。

六、管理启示

（一）整合传统文化沟通场景要素，开展场景化内容策展

传统文化场景内容的传播沟通，包含了场景主题、文化风格的定位，需要对场景内容要素进行整合配置，创设富有感官吸引力的内容场景。通过内容策展（content curation）的数字化、场景化呈现，以独特视角，围绕特定的主题，向目标受众传达传统文化内容的美学价值、人文理念和思想魅力，更能激发受众对传统文化价值观的认同，在潜移默化中走出“难以激发的沟通行为”，向着自主搜索、欣赏和体味传统文化内容的方向迈进。由此，激励传统文化内

容策展人(curator)在内容策划、筛选和展示方面，更精准有效地响应用户需求，带动传统文化内容策展高质量发展。

(二)立足文化自信和用户参与，赋能传统文化转化和创新

文化自信和用户参与对新媒体环境下传统文化内容沟通有着积极影响，体现在沟通内容设计、沟通场景创建和沟通对象吸引等方面，从而作用于场景化沟通绩效。为此，需要将文化自信融入传统文化产品设计中，通过内容场景传递优秀的传统文化价值观，增强传统文化对“求新猎奇的活跃型沟通”用户的感官吸引力和情感吸附。而对于媒体互动参与较少的“隐逸型沟通”用户群体，则要发挥智能媒体交互和价值共创的吸引力，吸引用户参与场景化互动，在技术、政策和平台各方面，支持用户参与在线评论、体验分享和众创设计，带动传统文化的转化和创新。

(三)深化新媒体技术应用，提升传统文化内容沟通绩效

在场景技术和智能媒体技术的支持下，传统文化沟通场景从线下延伸至线上，非遗工艺技术传承、传统文化产品和人文精神有了更丰富的表现形式，为家居服饰、文化用品、内容制作、文博文旅等领域的产品和服务沟通提供了灵感。为此，需要根据文化产品和服务的属性特征，提炼服务场景内容要素，运用智能媒体、场景交互和大数据分析技术，创设更加人性化、场景化的沟通体验，提升消费者对传统文化内容的需求和认同程度，加速场景时代传统文化内容沟通模式的创新。

参考文献

[1]Bitner M J, Servicescapes: The Impact of Physical Surroundings on Customers and Employees, *Journal of Marketing*, No.56(2), 1992.

［2］Buhalis D，Foerste M，SoCoMo Marketing for Travel and Tourism：Empowering Cocreation of Value，*Journal of Destination Marketing and Management*，No.4（3），2015.

［3］De Pelsmacker P，Van Tilburg S，Holth of C，Digital Marketing Strategies，Online Reviews and Hotel Performance，*International Journal of Hospitality Management*，No.72，2018.

［4］Krishna A，*Customer Sense：How the 5 Senses Influence Buying Behavior*，New York：Palgrave Macmillan，2013.

［5］Kumar V，Rajan B，Venkatesan R，and Lecinski J，Understanding the Role of Artificial Intelligence in Personalized Engagement Marketing，*California Management Review*，No.61（4），2019.

［6］Rosenbaum M S，Massiah C，An Expanded Servicescape Perspective，*Journal of Service Management*，No.22（4），2011.

［7］Scoble R，Israel S，*Age of Context：Mobile，Sensors，Data and the Future of Privacy*，Beijing：Beijing Joint Publishing Company，2014.

［8］Tavassoli N.T，Lee Y.H，The Differential Interaction of Auditory and Visual Advertising Elements with Chinese and English，*Journal of Marketing Research*，No.40，2003.

［9］贝恩特施密特（Bernd Schmitt）、亚历克斯西蒙森（Alex Simonson）：《营销美学：品牌身份和形象的战略管理》，上海交通大学出版社，1999年。

［10］程明、战令琦：《论智媒时代场景对数字生存和艺术感知的影响》，《现代传播》，2018年第5期。

［11］冯乃恩：《博物馆数字化建设理念与实践综述——以数字故宫社区为例》，《故宫博物院院刊》，2017年第1期。

［12］卢迪、韩银丽、徐玥：《后移动互联网背景下的智能媒体发展与管理》，《现代传播》，2018年第5期。

[13]彭兰:《增强与克制:智媒时代的新生产力》,《湖南师范大学社会科学学报》,2019年第4期。

[14]彭松、夏梦:《上新了故宫:文化记忆的电视媒介重构》,《CONTEMPORARY TV》, 2019年第10期。

[15]孙传明、郑淞尹:《智能时代传统文化的产业开发与创新发展》,《理论月刊》,2021年第5期。

[16]庹继光、马君:《试论人工智能助力网络舆情沟通——基于社会建设的视角》,《西南民族大学学报》(人文社会科学版),2019年第8期。

[17]万韵菲、詹秦川:《融媒环境下故宫文化传播的策略分析》,《出版广角》,2018年11月上总第327期。

[18]王春法:《坚定文化自信,塑造统一完整的中华文化形象》,《光明日报》,2020年6月13日。

[19]吴声:《场景革命:重构人与商业的连接》,机械工业出版社,2016年。

[20]徐赣丽、刘言:《新中产人群消费行为的文化回归与文化自信——基于红木家具消费者的访谈》,《西民族大学学报》(哲学社会科学版),2019年第7期。

[21]杨丽、盛新娣:《文化自信现实性的本质内涵与提增路径》,《中南民族大学学报(人文社会科学报)》,2019年第9期。

[22]叶胥、毛中根:《文化需要满足与文化自信强化:有机协同及政策取向》,《山东大学学报(哲学社会科学版)》,2019年第5期。

[23]于萍:《移动互联环境下的场景营销:研究述评与展望》,《外国经济与管理》,2019年第5期。

[24]张全成、赖天豪、杨宇科、孙洪杰:《消费者的多感觉交互:表现、形成机制及研究展望》,《外国经济与管理》,2017年第7期。

[25]周苏琴:《建筑紫禁城》,故宫出版社,2014年。

[26]朱良志:《中国美学十五讲》,北京大学出版社,2006年。

建设性新闻理念的实践探析

——以国内新冠肺炎疫情期间的“口罩”报道为例

伍凯琳　杨　珍

[摘要]本文采用文本分析法、案例研究法和文献资料法等研究方法，将建设性新闻理念与中国特色社会主义新闻传播实践相结合，以国内主流媒体《人民日报》在新冠肺炎疫情期间的“口罩”报道为研究对象，运用爬虫(python)网络数据抓取工具，对所选时间段内的相关报道和话题讨论进行归纳，通过数据可视化呈现新冠肺炎疫情期间《人民日报》“口罩”报道的建设性新闻表征；观照在疫情期间，新闻记者如何通过主流媒体循着建设性新闻理念发挥社会整合功能。并在此基础上延伸拓展，探究建设性新闻理念在中国本土化实践进展中的有效性以及存在的现实问题，最终提出中国语境下的建设性新闻实践改进策略。

[关键词]建设性新闻；理念实践；新冠肺炎疫情；口罩报道

作者简介：伍凯琳，天津体育学院传媒与艺术学院研究生；杨珍，天津体育学院教授。

一、建设性新闻的理论回溯

建设性新闻本质上代表的是针对当前新闻界和社会各界的关系展开思考和调整的形式，同时以社会实际问题为基础，对社会现象进行公开的新闻报道，核心在于以公共生活为基础的新媒体时代实践方式，或者也可以说是一种新闻理念。[①]该理念最早是由著名学者沃尔特所提出来的，在该学者的著作《报人守则》中曾有相关记载，即：我相信，最成功的新闻业……是……建设性的。在2008年，丹麦某家报社也对建设性新闻的概念和内涵做出系统性、深层次的介绍，著名学者乌瑞克在参加主题为"建设性新闻"的专栏活动时，对其内涵做出细致化的阐述，同时也在实践中有所应用。同时，学者凯瑟琳·吉尔登斯特德同样认为需要采取相关的措施来保障建设性新闻的发展。在2011年，乌瑞克等两位学者在经过研究后正式发表《建设性新闻报道》，在这段时期内，"建设性新闻"的概念化过程也成功完成。学者麦金泰尔在其已经发表的相关论文中针对建设性新闻相关的意涵做出了全方位、系统化介绍。在2014年，《建设性新闻》和《建设性新闻：为什么消极会摧毁媒体和民主以及如何提升明天的民主》两本著作先后出版。传统媒体思维因此受到非常强烈的冲击，该文章还对新闻受众、公众话语和民众等方面受到的实际影响进行全方面的阐述。2015年，凯瑟琳基于多种交叉学科来对建设新闻所取得的创新成果进行系统性的阐述。2016年，戈登斯特德在基于建设性新闻的条件下进行教学和实践的结合研究，同时他提出了在进行建设性新闻报道的过程中需要遵循的六大要素，这六大要素也获得了很多专家学者的认可。至此，建设性新闻的操作准则已经得到确定。

本文以主流媒体《人民日报》作为获取研究样本的主要来源，研究将"口

① 唐绪军：《一个健康的社会离不开新闻的建设性》，《当代传播》，2020年第2期。

罩”设为关键词，在数据库中对2019年12月至2020年4月期间的新闻报道展开检索，运用爬虫（python）网络数据抓取工具获取了相关报道形成研究文本，为其建立数据库。经过筛选过程后，共获得324篇研究样本。

二、报道中的建设性新闻实践

通过对《人民日报》2019年12月至2020年4月的关于“口罩”主题报道的数量统计，可以看出在2020年1月“口罩”相关的报道数量陡然增长，2月的报道数量更是攀升到98篇，3月与4月虽然有所下降，但与2020年1月之前的“口罩”报道相比，在数量上仍呈现一个飞跃式上升。

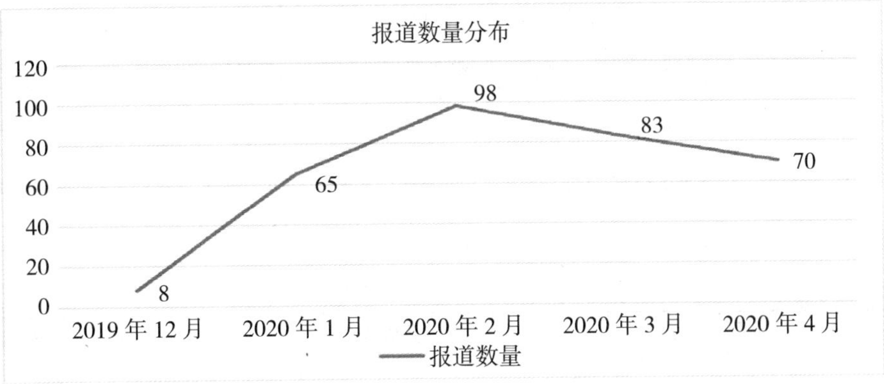

图1 《人民日报》2019年12月至2020年4月“口罩”主题报道的数量分布图

（一）“口罩”报道主题多元化

经过对《人民日报》中“口罩”主题的报道进行收集、抓取并对其内容进行梳理和分析，发现《人民日报》报道内容含“口罩”的主题分布可以大致分为15类，具有多元化的特点，经过整合形成图2及表1。

图2 《人民日报》“口罩”报道主题词云图

从图2可以直观地看出“口罩”一词是所有文本中出现频次最高的，其次为“生产”“国家”“佩戴”“新冠肺炎”“企业”“废弃”“生产线”等。除了涉及口罩本身的生产和使用佩戴及废弃处理等方面，更多的报道主题涉及到口罩与国家关系，口罩生产中的国力体现，以及疫情期间公众的社会交流等。由此可以看出，《人民日报》“口罩”报道主题呈现多元化和包容性的特点。具体报道内容可见表1。

表1 人民日报“口罩”新闻议题分类

报道主题	具体内容	数量
口罩与民生	疫情防控下的社区服务、上门服务，假劣口罩等问题	89
口罩与身体健康	正确佩戴口罩防病毒、防过敏等	55
口罩与疫情防控	疫情防控在方方面面都与口罩息息相关	34
口罩与国际关系	口罩的出口以及对外国的人道支援柔和了国际关系	33
口罩与国家形象	疫情之下口罩的生产实力体现大国形象	29
口罩产能与国力	口罩产能的大小反应国力的强盛	22
口罩与卫生	科学佩戴口罩体现公共卫生意识	17
口罩与国家基层管理	口罩的科学生产与投入使用与基层管理部门密不可分	12
口罩与消费	口罩产业的兴起带来各种消费问题	12
口罩与捐赠	国内省市之间与国家之间都存在口罩捐赠行为	8
废弃口罩的处理	废弃口罩的处理也是一个需要被重视的社会议题	7
口罩与青少年健康	疫情之下口罩佩戴常态化影响青少年的健康发展	2

续表

报道主题	具体内容	数量
口罩里的防疫史	口罩制作的材料演变在某种程度上反应出了防疫史	1
口罩的重复利用	绿色循环利用是口罩的最终归宿	1
口罩的创新设计	口罩与美学的结合	1

关于"口罩"新闻议题分布的情况,其中口罩与民生是报道中涉及最多的一类。由此可见,《人民日报》的新闻报道对于民生的重视程度是比较高的,民本思想之下的主流媒体报道策略尽显无余。所占比重仅次于民生内容的是疫情防控、身体健康以及国际关系。口罩本就是与疫情共生的物品,所以在涉及疫情防控方面的报道数量也是很可观的,疫情之下口罩如何佩戴才能够有效的防御病毒,口罩的生产与供应是否能够满足社会的需求,口罩的质量是否符合要求等问题也都是公众最关心的事情。当新闻媒体能够把这些问题都清晰地呈现在公众眼前,并提供相应解决方案的时候,公众的情绪自然得到安抚。《人民日报》"口罩"报道的建设性新闻实践由此体现。

(二)"口罩"报道叙事主体多元化

媒体的报道中是否有足够多的受访人数和足够多的受访职业,无疑是体现媒体对一个主题的采访对象是否全面、真实性是否可靠的重要指标。大部分报道中都有其侧重点或者侧重报道的新闻人物。通过对选取的报道样本中所含有的新闻人物进行分类整理,发现关于疫情的报道中共有10类新闻人物,整理分类见表2。

表2　新闻人物统计表

新闻人物	出现频次	新闻人物	出现频次
医护人员	124	国内口罩生产商	27
专家	50	部门发言人	8
群众	37	基层党员干部	7
国家单位人员	33	世卫组织	5
基层工作人员	32	国外口罩生产商	3

《人民日报》的一系列关于"口罩"的报道对新闻人物的选择是全面又独

到的。尤其是对抗疫的主力:医护人员和科研人员。重点报道了他们的先进事迹和疫情防控、疫苗研发的进展,这既满足了人民群众对疫情防控的信息需求,又着力表扬和发展抗疫人员的奉献精神,通过反应抗疫前线的细节和大势,充分调动起人民群众抗疫积极性和凝聚力。“口罩”报道中新闻人物的多元化不仅体现在他们社会角色的多元,更体现在他们年龄和地域各异,从新闻报道的内容看,这些新闻人物所涉及的有关“口罩”的议题也存在多元化的特性,多角度综合报道疫情有关消息,让抗疫过程充实饱满、有血有肉。通过新闻人物的多样性,体现出社会各个行业领域的通力合作,对人民群众思考如何为疫情防控做出自己的贡献也有极大的启发。

(三)“口罩”报道积极情绪占比大

新闻报道在服从现实的同时,也能够传递出情绪。通过将关于“口罩”的报道分为积极、中性和消极三种情绪,并经过ROST文本分析软件分析报道的情感表达,统计出关于“口罩”的报道中出现的情感词以及三种情绪分布,分别见表3与表4。

表3 “口罩”报道情感引导词统计表

情感词	出现频次	词性
加油	119	动词
点赞	57	动词
振作	38	动词
好消息	25	名词
鼓励	20	动词
欣慰	18	动词
祝福	18	动词
兴奋	14	形容词
期待	12	动词
欢喜	7	形容词
勇敢	5	形容词
痛心	5	动词

由表3可见,《人民日报》“口罩”报道中出现频次由多到少的情感词分别是 “加油”“点赞”“振作”“好消息”“鼓励”“欣慰”“祝福”“兴奋”“期待”“欢喜”“勇敢”“痛心”。这类含有情绪引导效果的词汇出现在报道中,可以充分调动受众情绪,并形成响应的情感,使受众自发的营造出良好的舆论氛围。这也是新闻媒体的使命所在,适当的调整舆论导向、稳定舆论环境,从而发挥媒体的抗疫作用,引导群众支持抗疫工作,同时也能够缓解社会焦虑。因此在报道用词上,《人民日报》记者有选择性地使用积极特征的情感引导词较多,出现频率最高的“加油”“点赞”“振作”等词常常出现在标题或者报道的结尾处,用以消弭公众的低落情绪,增强公众的自信心,为疫情防控增加“正能量”。而“痛心”等引发消极情绪的词汇出现频次较低,可以减轻受众的忧虑,避免增加社会压力。

表4 “口罩”报道情绪类型分布

情绪类型	新闻数量	占比
积极情绪	234	72.22%
中性情绪	85	26.23%
消极情绪	5	1.54%

由表4可见,《人民日报》关于“口罩”的报道引导受众产生积极情绪为主。从数据中不难看出,样本新闻总量的72.22%引导的是积极情绪,样本新闻总量的26.32%引导的是中性情绪,样本新闻总量中仅有1.54%的新闻报道是以消极情绪为主。

(四)“口罩”报道的问题解决导向

在所选取的《人民日报》“口罩”报道样本中发现,但凡涉及负面社会问题的新闻报道中,必然伴随着解决方案的呈现。例如新闻:“废弃口罩,可别乱丢”,文章中首先重点阐述了废弃口罩乱扔乱丢的危害性,呼吁公众要将废弃的口罩投入专用的投放箱中。读到这里,公众可能会产生疑惑,专业的投放箱在哪里,集中投放之后这些废弃口罩将会如何处理,目前全国的废弃口罩处理工作进展到何种程度，公众的紧张不安感会因此上升。这时文章马上详细说明了关于废弃口罩的处理方式，全国各地都有什么新招好招，又存在什么样的痛点难点，各地又是如何克服的，并例举了江西、山东、重庆三个典型的省市地区是如何安全有效地进行废弃口罩处理工作的。这在给公众吃强心剂的同时，也给中国其他省市的废弃口罩处理工作树立一个典范，为他们提供了解决问题的办法，而不是只把问题呈现出来，给公众增加无形的情绪压力与心理负担，从而造成不良的传播效果。

（五）“口罩”报道的去极化叙事

传统的新闻报道习惯于呈现两个完全对立的新闻人物或观点，突出矛盾重点。采取去极化叙事的方式，不在报道中树立两极观点，跳出传统报道中两个观点对立的报道形式，直接利用客观可靠的数据来叙述实情；不树立非黑即白的极端观念，对各种情况下采取的不同方式方法以包容的态度对待；在遇到矛盾时，强调采取沟通协调的方式化解，不进一步制造分歧。这些都是新闻报道中去极化叙事的体现。

例如新闻：“工信部：多措并举加强抗疫物资供应，口罩产能已恢复至六成以上”。疫情防控初期，口罩的需求量大增，社会上出现口罩难求的现象，公众在恐慌情绪的笼罩下盲目哄抢导致了社会矛盾的激化。然而在新闻报道中，记者却弱化了对于这种消极社会氛围的表达，而是用数据说话：“目前我国口罩日产能达两千万，已超原产能一半”“我国防疫服日产能达20000件，较1月28日已翻番”“我国生产消毒水企业已开工半数以上，日产能1579吨，国内库存仍有两千吨左右”等。除了详细的数据呈现，记者还采访了包括部门发言人、基层领导、一线防疫工作者、车间生产工人在内的多方观点，从中提取了有效意见，向社会呈现了口罩从生产到消费的全景图，为弱化矛盾解决分歧寻找突破口。

三、报道中的建设性新闻分析

运用建设性新闻理念不代表完全脱离传统的新闻报道，而是通过公众、方案、未来、行动等多方面的导向，给出解决方案、未来导向、包容性和多样化、赋权于民、解释新闻及其语境、对话互动等六大操作性要素。①建设性新闻理念区别于传统新闻理念的制造矛盾对立引人入胜的观念，通过积极心理学来引导受众进行深层次思考。为了能够更清晰直观的了解到建设性新闻理念所包含的这几条指标，以及可以将它们与研究对象“口罩”报道的分析结果进行对照，本文以上文提到的六大操作性要素作为分析“口罩”报道的指标，通过对各要素进行通俗性解释形成编码表(见表5)，来分析研判建设性新闻理念在所选取的新闻样本中的使用、分布情况。

表5 《人民日报》“口罩”新闻分析编码表

概念	指标	编码表
建设性新闻	建设性乐观心理基模	出现积极预期性词语，报道风格多积极向上
	问题解决导向	为社会问题提供解决方案
	包容性和多样化	在新闻报道过程中覆盖多元的声音，呈现不同领域，不同个人的观点
	赋权于民	创造沟通平台，让群众从官媒和专家口中了解观点，针对解答群众的痛点、难点
	解释新闻及其语境	提供充足的背景和语境，引导公众全面理解新闻事件的基础上进行理性讨论
	未来导向	引发受众对下一步工作的思考和探索，充分展示不忘初心的使命担当

(一)报道中的乐观性心理基模建设

在报道中使用积极心理学的方法，是建设性新闻理念的重要手段之一。

① 晏青、金泰尔:《建设性新闻:一种正在崛起的新闻形式》,《编辑之友》,2017年第8期。

当新冠肺炎疫情等突发性公共事件发生时，即使是客观公正的报道，也容易引发受众的消极情绪。在选取的新闻样本中进行对比，报道国内疫情和国外疫情时，在保证数据真实可靠的情况下，报道国外新闻时可以感觉到明显的消极情绪导向。

《人民日报》"口罩"报道充分体现了建设性新闻的这一特征。从报道主题的分布来看，报道议题涉及口罩与民生、口罩与身体健康、口罩与疫情防控、口罩与国际关系、口罩与国家形象、口罩产能与国力、口罩与卫生、口罩与国家基层管理、口罩与消费、口罩与捐赠、废弃口罩的处理、口罩与青少年健康、口罩的重复利用、口罩的创新设计等。通过这些报道，媒体记者向公众展示出了中国的强大国力以及大国风范，反映的是严峻疫情之下通过口罩折射出的社会温暖，展现出了善良而又无私奉献的中国人民形象。让积极情绪在公众间蔓延，缓解因为其他消极信息给公众带来的恐慌情绪。从报道用词的情感倾向来看，记者有选择性地使用积极特征的情感引导词较多，出现频率最多的"加油""点赞""振作"等词常常出现在标题或者报道的结尾处，用以消弭公众的低落情绪，增强公众的自信心。

综上，《人民日报》"口罩"报道无论是从报道主题分布还是报道用词的情感倾向上，都充分体现出了一种积极乐观的态度，这种带有积极情绪的报道给受众也带去积极的情绪引导。

（二）报道中的问题解决导向

建设性新闻另一个突出特点就是始终坚持问题解决导向，区别于传统新闻报道利用对立的社会矛盾和揭露出社会人心的阴暗面的思维方式，建设性新闻理念把"如何解决问题"的探索放在"如何发现并利用问题"之前。传统新闻报道在报道社会矛盾现象时，客观详实的同时突出主要矛盾，实际上是在给受众传导压力。如果将建设性新闻理念引入其中，那么在报道时首先需要注意不能在新闻中突出矛盾两端的问题，而是针对矛盾产生的原因进行疏导，如报道其他类似情况发生时取得成功的方式方法；提出当前的情况是如何缓和，能否进一步好转等。坚持问题导向，可以让新闻不再冷血地揭露冷冰冰的现实，而是让受众在看到矛盾的同时，思考解决问题的曙光。

《人民日报》“口罩”报道中的解决问题导向也是非常明显的。口罩产能不足如何应对，伪劣口罩问题该如何解决，口罩的消费矛盾该如何化解，记者在把这些问题甚至是带有恶劣性的社会事件向公众呈现的同时，语气表达上相对柔和，通过采访基层群众、口罩生产企业负责人、部门发言人、专家等，在报道内呈现多方意见，并将有利于问题解决的观点与方法条理清晰地罗列在报道中，提供多种解决问题的思考方向，减少报道受众的忧虑。由此看出，《人民日报》“口罩”报道符合建设性新闻这一实践特征。

(三)报道中的完整语境

建设性新闻理念对记者提出高标准和严要求。记者在采访时首先需要从多方面、多角度、多受访者了解事件的整体态势和社会观点后制作报道；其次要引导不同层次的受访者能积极充分地发表观点、提出意见；最后在报道时要保证整个事件的语境完整、背景全面，并通过侧重表达或者提出问题等方式，引导受众思考社会和每个人解决问题的方式方法。

在新闻《小口罩里的大合力》中，报道开篇用详实的数据向人们展示了国产口罩的产能快速提升：“三月我国口罩产能提升 38.6 亿，4 月提高 239.4 亿……仅这两个月的产量已为去年全国总产量的 3 倍。”然后从口罩生产的车间、口罩原材料的供应、口罩机的零部件供应、发挥“顶梁柱”作用的国有企业等方面切入，展现出中国强大的制造能力，完善的产业链和一心为民的政府。在这篇报道中，记者并没有直接呈现矛盾和对立观点，而是通过采访口罩生产车间的工人，国有企业的部门负责人，口罩原材料供应商等，从多个方面向公众提供充足的口罩生产背景，向公众呈出了我国口罩产能恢复如此之快的深层次原因，加上充足的数据作为支撑，做到了解释新闻及其语境。

（四）报道中的赋权于民

“赋权于民”需要新闻媒体始终保持为民情怀，发现社会共性问题，想民之所虑、急民之所需。坚持公众导向，缔结起普通民众与权威专家、政府部门之间的沟通对话渠道，让社会民生的压力由下传导而上，让公众与官方、专家等共同参与、共同探讨、共同解决社会矛盾。为民情怀不仅仅限于建设性新闻的报道，还可以搭建全媒体的服务平台，通过记者跟踪、报道进度、媒体问政等方式，创造出公众与解决社会矛盾的主体如权威专家、国家机关等新的沟通、传递方式。

本文选取的新闻报道样本中，关于建设性新闻的“赋权于民”指标是不够高的。囊括的主要10类新闻人物中，官方组织和权威机构各占半壁江山，以劝导宣传口吻居多，尝试与民众共商共议，架起普通民众与权威专家之间的沟通桥梁做得还不够到位，这也说明我们的内宣环境中，尚未形成一个成熟的媒体及其受众的交流平台，无形中在群众和权威之间形成了阻碍。

（五）报道中的未来导向

传统新闻理念追求时效性，出现突发热点时必须第一时间报道，这满足的是公众对于获取信息的时间需要，而互联网发展至今，时效性不再是建设性新闻理念的第一要素。建设性新闻理念通过对事件的报道提高层次、增加多样性等，引发受众对事件未来、对个人未来应对方法的思考，这是对“慢工出细活”的新角度诠释，一篇好的传统新闻报道是让受众第一时间了解事件的发生，受众了解情况后这篇报道就失去了意义，而一篇好的建设性新闻，模糊了新闻时效性的重点，重点在引发受众思考，提振信心、关注未来。

《人民日报》“口罩”报道中除了报道当下发生的事情以外，更多的是进一步思考事件的未来走向，从而能够引领当下的行动，这样也更能够增强公众的在抗击疫情方面的信心。在新闻《口罩供给考验多国应对能力》中提到，随着疫情在全球多点蔓延，全球口罩短缺情况依然严峻，多国纷纷出台各种措施逐步扩大口罩供给，报道还呈现了美国、日本、英国等国应对口罩短缺问题的措施全景。但是文章并没有将视角仅仅停留在当前，而是通过展现各国应对口罩短缺问题的同时，提出在长远的将来，全球化进程极大发展的情况下，各国之间应该如何联手抗疫，更好地保障各国人民的抗疫物资和医疗资源等未来之策。

（六）报道中的包容性和多样化

传统报道着重于描述矛盾双方的观点冲突，并不提出建设性意见，而建设性新闻在报道事件客观的同时，用不同的数据和实例来支持报道，不刻意强调“非黑即白”的矛盾观念，而是尝试用中立客观的角度缓解双方的矛盾，并提出一定具有建设性的思路。通过把矛盾双方串联起来而非对立起来的方式，增加建设性新闻中思想的包容性和多样化。

《人民日报》“口罩” 报道中的去极化叙事与解释性新闻也是包容性与多样行的一种表现。报道中善于利用各种公开透明的可视化数据向公众呈现出口罩、消毒液等各种防疫物资的生产图景，对于一些负面的消息不会去制造极端的状态，而是用数据描述事实，提高公众的心理接受度，平复他们的焦躁情绪。虽然报道主题是单一化的口罩，但是与口罩相关的各个议题中都出现了相当多的新闻人物，其中包括医护人员、专家、群众、政府部门发言人等；报道的议题分布也是具有分散性与多样化的特点。

四、建设性新闻在中国语境下的改进策略

（一）增强责任意识，引导公众参与

维护公众利益，始终应该是新闻媒体所应关注的第一要义。只有这样，才

能真正凝聚起群众、解决好社会矛盾，通过建设性新闻理念增强自身传播价值。为了减少社会资源被浪费，建设性新闻应以公益性为主，重点关注社会民生领域，避免新闻媒体这样的公共资源沦为少数人谋取利益的“私器”，避免转移受众注意力到个人领域从而无法发挥正向引导的作用。例如黄冈市委建委主任对其属地疫情一问三不知一事，网络上开始有人通过关注其穿着等方面“蹭热度”变相网暴，一度登上某平台热搜。诚然这类社会现象值得关注，但却通过疫情的大话题引出这样一个与疫情无关的话题转移受众注意力，这就是媒体的失格，建设性新闻理念要求媒体保持自身报道的纯洁性和公益性，这样才能扩大受众范围，达成社会共识。

（二）善用媒介技术，构建正能量舆论空间

今天的舆论场已经不单单是纸面上的斗争，在人人都是自媒体的时代，主流媒体的主要优势就在于利用AI大数据综合研判、高效分析等技术手段发挥舆论引导的作用。在疫情来临时，传统纸媒直接失去了全部生存空间，“带来新闻本身的报纸都可能携带疫情”，尤其是疫情伊始阶段，全国人民在家看“雷神山”“火神山”医院建设现场直播，这充分说明互联网上的舆论空间远比传统舆论空间要大得多。发挥好主流媒体的优势，才能更好的抢占网络空间话语权。一是武汉直播医院建设现场的例子，从火神山医院建设伊始到完工仅用时9天，全程网络现场直播，对安定国内群众面对疫情的恐慌心理和对外展示我国抗疫决心和综合国力都是一个强力的反应；二是受众通过直播间的互动弹幕、新闻的评论区等方式加强互动交流，提高受众的参与式体验，引导其更加积极的参与到媒体空间中来。这也是主流媒体的担当所在，在利用其主要优势的同时，坚持问题导向、人民导向，满足受众的信息需求和互动需求。通过多方面共同构造良好的内宣、外宣环境。

(三)提高参与性,树立解决方案思维

如何积极参与到风险治理中,为解决社会矛盾贡献出媒体力量,社会责任意识应该是媒体要具备的首要素质。以疫情为例,媒体不单单需要反映社会民众矛盾和需求,还应该通过自身的价值和力量为社会提供解决方案。一是结合自身条件和需求解决就业问题。如中央电视台在其新媒体平台上设立网上招聘渠道,通过媒体的资源和渠道,为毕业生搭建网上面试的模式和平台,解决疫情期间“找工作难”“面试难”等问题。二是传播疫情中群众遇到问题时的意见建议等解决方案,如《人民日报》杂志社旗下网站推出“‘疫’线守护”“八方支援”等栏目,为公众提供疫情期间各地的疫情防控综合治理方案和基础防护指南等。这些都体现出主流媒体积极参与社会的风险治理时,除了传播新闻报道,也可以发挥自身力量解决当下社会矛盾。

五、结语

新闻媒体在社会治理中起到积极引导和发挥自身力量的作用,是建设性新闻理念的题中之意。面对新冠肺炎疫情这样的公共危机事件,专业新闻工作者需要发挥自身专业素养, 利用新闻媒体平台进行具有建设性的新闻报道,引导受众的积极情绪,而建设性新闻理念正好有了用武之地。本文针对《人民日报》在疫情初期发布的关于“口罩”的新闻报道,从建设性新闻理念的角度进行分析研判,认为《人民日报》的报道不再仅仅依据传统的新闻报道模式向公众阐释社会现象和问题,更是利用建设性新闻理念来引导公众正面迎接和应对新冠肺炎疫情的挑战。本文从建设性新闻理念的六大特征出发,探寻了国内的传统主流媒体是如何遵循该理念进行疫情信息传达,从而缓解社会焦虑、柔化社会矛盾的。除此之外,本文还提出了建设性新闻理念在中国语境下的实践反思,即其经过中国化理解后是否符合我国国情下媒体的新发展

理念和思路,并在此基础上提出了相应的改进策略。

参考文献

[1]蔡不已、肖燕雄:《重大主题报道:中国特色的建设性新闻》,《科技传播》,2020年第17期。

[2]常江、田浩:《从数字性到介入性:建设性新闻的媒介逻辑分析》,《中国编辑》,2020年第10期。

[3]陈成:《必要的连接:马克思主义新闻观与建设性新闻》,《编辑之友》,2020年第6期。

[4]陈功、蔡舒敏、赵乾:《建设性新闻的适用性问题、本土化路径及价值》,《当代传播》,2021年第4期。

[5]陈凯欣:《建设性新闻的文本建构及生产反思——以微信公众号"冰点周刊"的新冠肺炎疫情报道为例》,《青年记者》,2020年第27期。

[6]陈磊:《突发公共事件背景下新闻业的机遇与挑战——以新冠肺炎疫情期间为例》,《青年记者》,2020年第26期。

[7]陈小燕:《疫情报道要重视建设性新闻的发展》,《青年记者》,2020年第21期。

[8]戴亚红:《将"建设性新闻"理念融入舆论监督中——浅析鄞州区融媒体中心新闻监督节目的实践经验》,《传媒评论》,2020年第7期。

[9] 党君:《重大疫情事件中建设性新闻对于公众情绪的调节与引导》,《当代传播》,2020年第4期。

[10]高慧敏:《疫情信息传播中建设性新闻的可行性论证》,《当代传播》,2020年第3期。

[11]巩建宇、王朴真:《疫情治理中政府新闻发布会的作用与转向——基于建设性新闻理论的视角》,《青年记者》,2020年第26期。

[12]郭潇雨:《后真相时代建设性新闻的本土化实践路径》,《传媒》,2020年第17期。

[13]胡百精:《概念与语境:建设性新闻与公共协商的可能性》,《新闻与传播研究》,2019年第S1期。

[14]黄斐:《建设性新闻的中国思路》,《青年记者》,2020年第9期。

[15]凯伦·麦金泰尔、晏青:《建设性新闻:一种正在崛起的新闻形式》,《青年记者》,2017年第28期。

[16]梁雪梅:《建设性新闻视角下的地方党报疫情报道实践——以〈红河日报〉新冠肺炎报道为例》,《红河学院学报》,2020年第5期。

[17]刘静静、漆亚林:《建设性新闻视域下突发公共卫生事件的话语空间转向——以新冠肺炎报道为例》,《青年记者》,2020年第9期。

[18]刘九洲、陈曦:《论建设性新闻舆论监督》,《新闻界》,2007年第5期。

[19]刘珺:《建设性新闻视角下的新传播与乡村振兴的想象》,《当代传播》,2020年第5期。

[20]路透社新闻研究所:《2019年数字新闻报告》, 牛津大学出版社,2019年。

[21]罗昕、陈秀慧:《建设性新闻:主流媒体参与社会治理的一种路径》,《青年记者》,2020年第9期。

[22][美]盖伊·塔奇曼:《做新闻》,麻争旗 刘笑盈 徐扬译,华夏出版社,2008年。

[23]任瑞娟:《基于数据新闻构建建设性新闻报道框架之可行性研究》,《当代传播》,2020年第4期。

[24]芮必峰、余跃洪:《参与者:一种新的新闻职业观——再论"建设性新闻"与我国新闻传播理论和实践的创新发展》,《当代传播》,2020年第5期。

[25]唐绪军、殷乐 :《建设性新闻实践:欧美案例.社会科学文献出版社》,2019年。

[26]田园、宫承波:《从建设性新闻到建设性传播——关于我国当前传媒发展的一点洞见》,《当代传播》,2020年第4期。

[27]万忆、陈文敏:《电视问政:公共新闻的建设性取径及其协商效力——以南宁电视台〈向人民承诺〉为例》,《吉首大学学报》(社会科学版),2020年第5期。

[28]翁之颢:《新冠肺炎疫情报道中的"建设性"探索:本土诠释、关键问题与未来面向》,《中国编辑》,2020年第7期。

[29]夏冬、于德山:《"建设性新闻"与"以正面宣传为主"异同辨》,《青年记者》,2020年第25期。

[30]夏雨欣:《基于社会正义:建设性新闻理念与媒介正义的实现路径》,《当代传播》,2020年第4期。

[31]徐敬宏、张如坤、张世文:《建设性新闻的冷思考:中西语境、理论风险与实践误区》,《新闻大学》,2020年第6期。

[32]闫明:《论建设性新闻舆论监督与政治制度文明建设》,《理论观察》,2016年第3期。

[33]晏青、凯伦·麦金泰尔:《建设性新闻:一种正在崛起的新闻形式——对凯伦·麦金泰尔的学术访谈》,《编辑之友》,2017年第8期。

[34]杨妮、王卓:《做多粘性用户的叙事创新:西方媒体建设性新闻的实践与发展》,《新闻知识》,2020年第8期。

[35]张建中、吉赛尔·格林:《建设性新闻与新冠肺炎报道创新》,《青年记者》,2020年第19期。

[36]张艺馨:《社会新闻要有建设性》,《军事记者》,2012年第11期。

[37]张永芹:《短视频媒介火爆的背后:建设性新闻理念的实践——以"抖音"手机软件为例》,《当代传播》,2020年第5期。

[38]钟婧:《建设性新闻理念的实践探析——基于《卫报》建设性新闻栏目报道内容的分析》,《新闻研究导刊》,2020年第17期。

[39]朱冬松:《“小”题目如何做出“大”文章——基于建设性新闻视角的讨论》,青年记者》,2020 年第 25 期。

[40庄金玉、樊荣:《主流报纸气候变化报道的建设性叙事话语研究》,《西南民族大学学报》(人文社科版),2020 年第 8 期。

[41]Allam R.Constructive journalism in arab transitional democracies:perceptions, attitudes and performance, *Journalism Practice*, 2019.

[42]Chrysi Dagoula, Constructive journalism, *Journal of Applied Journalism & Media Studies*, 2018.

[43]Karen McIntyre, Cathrine Gyldensted, Positive Psychology as a Theoretical Foundation for Constructive Journalism, *Journalism Practice*, 2018.

[44]Klaus Meier, How Does the Audience Respond to Constructive Journalism, *Journalism Practice*, 2018.

[45]Kovacevic P, Perisin T, The potential of constructive journalism ideas in a croatian context, *Journalism Practice*, 2018.

[46]Sophie Lecheler, The Emotional Turn in Journalism Needs to be About Audience Perceptions, *Digital Journalism*, 2020.

[47]Unni From, Nete Nørgaard Kristensen, Rethinking Constructive Journalism by Means of Service Journalism, *Journalism Practice*, 2018.

大数据时代的网络舆情研究：范式转变及实践模块

周培源　唐远清　姜洁冰

[摘要]社会舆情已进入大数据舆情的新阶段，但相关研究尚未形成完整体系，需要新的范式转型和实践创新。本文采用库恩的“范式”概念和“科学研究框架”的理论，提出大数据舆情研究的“新数据－技术范式”。本文从数据和技术融合的角度对大数据舆情研究不同模块的运行机制进行了分析，阐释了新范式的合理性。大数据舆情研究的“新数据－技术范式”从结构上可划分为数据处理模块、热点发现分析模块和决策支持模块，新范式是一个包括观念范式、方法规则和基础假设等多个层面的系统范式，具有涵盖人造范式、社会学范式和元范式的综合潜力。

[关键词]大数据；社会舆情；关键生产要素；新数据－技术范式

作者简介：周培源，南开大学新闻与传播学院讲师，南开大学融媒体中心、战略传播研究中心研究员；唐远清，中国传媒大学主流融媒体研究中心主任、教授；姜洁冰，人民网舆情数据中心特约研究员。

一、研究背景与问题提出

社会舆情的态势感知是有效实现社会治理的前提和基础。从社会舆情研究的发展历程来看，大致经历了传统社会舆情分析、网络舆情分析和大数据舆情分析三个阶段。[①]Bachner 和 Hill 认为传统社会舆情分析倾向于研究热点事件、政策及新颁布的法律条文对于社会舆情的影响之间的关系[②]；而网络舆情分析阶段有广义狭义之分，大数据舆情分析包含在广义的网络舆情分析之下[③]。狭义上的网络舆情分析也可以继续细分，即早期简单粗放的研究阶段和社交平台兴起后的海量网络舆情研究阶段。[④]

我国的网络舆情监测分析实践诞生于 1998 年。一方面，随着网络舆情的勃兴并展现出对现实社会的强势影响，使得一批致力于提供网络舆情监测、分析、研判服务的专业机构如雨后春笋，应时而生。另一方面，从“帮助领导干部读网”到“倾听民情、通达民意”再到将网络舆情服务视为实现“国家治理体系和治理能力现代化”的重要手段，相关理念也不断更迭升级，成为驱动网络舆情研究与实践的重要引擎，近年来逐渐成为热门的学术领域。

进入大数据时代，大数据业已成为各国政府支持社会管理服务、推动国家治理体系现代化的重要手段。大数据不只是名词性的“海量数据”的新概念，还是依托大数据形成的关键技术和实践运用，更是一种具有颠覆性的思维意识，使我们得以重新认识和改造世界。从之前爆出的“大数据杀熟”到总

① 夏火松、甄化春：《大数据环境下舆情分析与决策支持研究文献综述》，《情报杂志》，2015 年第 2 期。

② Bachner J，Hill K W. *Advances in public opinion and policy attitudes research.* Policy Studies Journal，2014.

③ 周培源：《大数据舆情研究的现状与进路：基于文献计量分析的思考》，《情报杂志》，2019 年第 12 期。

④ 刘建：《大数据时代的舆情版图——访武汉大学信息管理学院教授、舆情研究学者沈阳》，《人民论坛》，2013 年第 15 期。

统大选结果、世界杯冠军的预测再到依托大数据运用人工智能缓解交通拥堵问题、实现精准医疗等,今天的大数据已同时深刻影响了虚拟空间和现实世界。作为虚拟与现实交汇的社会舆情的研究领域,影响更为直接而深刻。在中国网络舆情监测分析实践及研究走过 20 年发展历程之际, 立足大数据时代省思社会舆情的研究,可以说大数据舆情还处于发展阶段,无论是理论概念的界定、现实中的运用等,学界业界都尚未达成共识,甚至还有些争议。有研究者指出,大数据舆情尚未形成完整的研究体系,目前主要通过继承网络舆情分析的技术和方法并结合大数据的特性进行相关的分析和处理。[①]因此,进一步认识到大数据及其相关技术革新给网络舆情带来的颠覆性影响,以及未来发展的不确定性,对网络舆情研究展开学理反思并探索形成与之相适配的研究路径,是当前亟待解决的重要课题。

笔者通过分析比较社会舆情不同阶段的关注重点、信息来源、数据特点、核心方法和技术路线等要素,认为大数据时代对社会舆情的研究带来极大颠覆,促进并引领着科学研究范式的转变。[②]本文将在此基础上,借用“范式”的概念,进一步论证大数据时代社会舆情研究范式转型的合理性,并基于新的研究范式尝试勾勒出大数据舆情研究的基本框架并分析不同的模块的框架流程。

二、大数据舆情研究的新数据–技术范式

范式(paradigm)是美国科学哲学家托马斯·库恩(Thomas Samuel Kuhn)最早提出的概念。库恩通过自然科学的发展历程总结出一条规律,即科学的发

① 李金海、何有世、熊强:《基于大数据技术的网络舆情文本挖掘研究》,《情报杂志》,2014 年第 10 期。

② Sun X, Ye J, Ren F. *Multi–strategy Based Sina Microblog Data Acquisition for Opinion Mining* [C]//International Conference on Intelligent Computing. Springer, Cham, 2014.

展并不总是渐变式的前进，而是整体的、革命的。在某一特定时期，科学共同体会普遍接受一种方法来认知世界和调节人与世界关系，这些方法，包括方法的预设前提，是得到社会整体的认同的。因此库恩意义上的范式是指学科内被广泛接受、使用并作为思想交流的共同概念体系和分析方法，其本意是指科学理论研究的内在规律和演进方法。[①]但随着时代的进步和研究深入，人们往往发现曾经深信不疑的预设前提和方法样式渐渐显示出异常和不协调，并且这种矛盾和危机逐渐放大，不可调和，只能改变曾经的前提预设，才能更好地理解现实和调节行动。这种彻底改变过去整体的研究预设的过程被库恩称之为“范式革命”。

本部分借助库恩的范式概念，类比经济学中“技术经济范式”的演变，对大数据在舆情研究中的范式转变进行探索性的研究。技术经济范式这一理论框架的提出，是用来解释技术创新和经济变迁的关系的，相对应的，大数据及其相关技术创新与舆情研究进展的关系，同样可以在一种新的范式思维下进行把握。

（一）经济范式转变中的“关键生产要素”

技术经济范式是在一定社会发展阶段，由主导技术推动宏观和微观经济结构和运行模式发展的过程，并由此决定经济生产的范围、规模和水平。[②]西方关于技术进步与经济发展的关系研究肇始于熊彼特。1982 年，多西（G·Dorsey）等人将范式概念引入技术创新研究中，提出了“技术范式”[③]；1986 年，弗里曼（C·Freeman）等人在此基础上进一步论述和明确提出“技术经济范式”，不仅如此，1992 年，弗里曼和佩雷斯（Perez）还率先提出“信息技术范式”，提

① ［美］托马斯·库恩：《科学革命的结构（第四版）》，金吾伦、胡新和译，北京大学出版社，2012 年。

② 李哲：《大数据将加速形成新的技术经济范式》，《学习时报》，2015 年 1 月 5 日。

③ ［意］多西、弗里曼等编：《技术进步与经济理论》，钟学义等译，经济科学出版社，1992 年。

前预见到正在扩散的信息技术革命将对现有的范式进行改造和颠覆。[①] 1996年，曼纽尔·卡斯特（Manuel Castells）在《网络社会的崛起》一书中进一步用“信息技术范式”用来解释网络社会现象，指出了技术、信息等变量不仅在经济领域，同时还会在社会人文领域产生颠覆性的影响。[②]

不同的范式变迁当然依赖于特定的社会发展和宏观环境的转变，而支撑不同范式形成和转变的基础则是“关键生产要素”的持续供给。一种新的经济范式形成的关键，在于是否基于主导技术形成了新的“关键生产要素”（李哲，2015）。根据弗里曼和佩雷斯的观点，所谓“关键生产要素”具有三大特征：低成本且具有持续下降性；供应能力几乎无限；应用前景具有广泛性。从科技史和经济史的发展来看，正因为新的“关键生产要素”（弗里曼等人认为是芯片）的形成和推广，才实现了技术经济范式向信息技术范式的转变。

（二）新数据－技术范式

“关键生产要素”决定了不同范式的特点，同时也是划分和区别不同范式的标准和依据。从关键生产要素的三大特征出发分析，显然名词性的大数据[③]和围绕大数据形成的相关技术群落（群落本是生物学概念，此处借此指代一个技术体系中相互关联的各种单一技术的集合，也即，大数据技术不是“某种技术”，而是一系列相关的技术，如大数据的采集、传输、存储、管理、处理、分析、应用、可视化和安全等关键技术等。）具备“关键生产要素”的特征，因此大数据舆情研究应当实现向“新数据－技术范式”的转变。

需要指出，库恩的“范式”一直都是一个模糊的概念。无论是库恩本人还是随后的争论者抑或今天不同学科的各自阐释者，均在不同的意义上对“范

① 鄢显俊：《从技术经济范式到信息技术范式——论科技-产业革命在技术经济范式形成及转型中的作用》，《数量经济技术经济研究》，2004年第12期。

② ［美］曼纽尔·卡斯特：《网络社会的崛起》，夏铸九、王志弘译，社会科学文献出版社，2003年。

③ 大数据本身就是一个宽泛且模糊的概念，既可以指海量的数据本身，也可以指或抽象或具体的大数据技术。此处“名词性的大数据”就是指“海量的数据”本身。

式”进行了演绎,其中的模糊、歧义引发了大量的争论,也催生出一些调和的声音,如库恩本人在《必要的张力》中表示不同范式间的“不可通约性”也会呈现出“部分交流”的样态;伊姆雷·拉卡托斯(Imre Lakatos)通过“科学研究框架”的理论来调和库恩的科学革命和范式不断交替的科学发展观,认为科学本身兼具“硬核”的硬性、刚性和“保护层”的韧性、弹性、适应性。面对挑战,旧有范式也会不断地调整、进步和优化。[①]玛格丽特·马斯特曼(Margaret Masterman)对库恩“范式”的21种不同的用法进行了分析,总结出“范式”存在三种层次的意义,即形而上学范式,也叫元范式,如一组信念、有效的形而上学思辨、标准、看法、统率知觉的条理化规则等;社会学范式,如公认的科学成就、具体科学成就、一套科学习惯,或一套政治制度、司法裁决等;人造范式,如教科书或经典著作、工具仪器、类比、格式塔图象等。[②]因此根据上述的理论争论和观点调和,从系统论的角度看,所谓“范式”是一个有层次结构的系统,包括观念范式、方法规则和基础假设三个层面。[③]

在人类科学研究的历程中,从元范式的层面看,已经出现了包括实验、理论和仿真三种公认的典型的研究范式。无可否认的是,从科学哲学的层面来讲,大数据的出现正在促进科学范式的转变。因此,吉姆·格雷(Jim Gray)总结认为人类科学研究进入了“数据密集型”的第四范式。[④]但鉴于吉姆·格雷是基于自然科学的视角,同时亦有质疑者通过对“数据密集型”与“大数据”的辩证,认为两者存在混用的逻辑矛盾[⑤],因而“数据密集型”并非概括社会科学研究元范式的准确表述,社会科学的研究恰是经历了定性、定量、仿真,正在向

---

① [匈牙利]伊姆雷·拉卡托斯:《科学研究纲领方法论》,上海译文出版社,1986年。

② 邱仁宗:《科学方法和科学动力学——现代科学哲学概述》,知识出版社,1984年。

③ 马涛:《西方经济学的范式结构及其演变》,《中国社会科学》,2014年第10期。

④ Jim G. *On eScience-a transformed scientific method.* Tony H, Stewart T, Kirstin T. The Fourth Paradigm: Data-intensive Scientific Discovery. Redmond, WA: Microsoft Research, 2009.

⑤ 董春雨、薛永红:《数据密集型、大数据与“第四范式”》,《自然辩证法研究》,2017年第5期。

大数据研究的第四研究范式转型。①

本文提出的大数据舆情研究的“新数据－技术范式”，从方法层面看即马斯特曼所言的“人造范式”，依托这一新范式驱动的大数据舆情研究，是指在大数据时代，舆情研究领域的“关键生产要素”产生质的变化，大数据本身和围绕大数据形成的关键技术群落成为新的关键性生产要素。这一新范式重点回应的问题就是大数据和大数据技术群落与舆情研究发展的关系问题，以及在这一范式指导之下如何通过数据和技术驱动更好地进行大数据舆情研究。

从范式的层面看，“新数据－技术范式”从工具方法的层面提供了大数据舆情研究的整体思路和框架，区别于传统社会舆情和网络舆情阶段的分析，数据和技术成为大数据舆情的关键生产要素，在研究的全生命周期发挥基础性、决定性作用。仅从功能主义的视角看，“新数据－技术范式”似乎一直在强调发挥数据和技术在大数据舆情研究中的基础地位，以更好地实现社会舆情的态势感知，进而更有效地实现社会治理。然而这只是一种工具理性下的片面认知，将一种新范式降格为一种功利的工具、具体的方法，难以获得共同体的整体认同与信仰。

从范式的更高维度看，类比于拉卡托斯的“科学研究框架”，作为一个系统的范式，“新数据－技术范式”也包含用数据和技术认知世界的核心观念范式，这是该范式获得由人造范式向社会范式、元范式认同转化的关键。哲学上言称的范式是包括本体论、认识论和方法论等多个层面的，“新数据－技术范式”实际上是立足大数据从数据和技术层面形成的颠覆传统认知的新范式，具备前文所言称的包括观念范式、方法规则和基础假设等多个层面的系统范式。大数据的数据本身和技术群落是不可分割的，“新数据－技术范式”即通过数据与技术的耦合，认为世界由数据构成，世界的本质是数据，通过数据化世界的方式以期实现还原世界的真实状态。

---

① 米加宁、章昌平、李大宇、林涛：《第四研究范式：大数据驱动的社会科学研究转型》，《学海》，2018年第2期。

三、新范式驱动下的大数据舆情研究

如果从系统论的范式理念出发，按照这种理解，科学内部的任何一个科学规律都可以包含形而上学范式（元范式）、社会学范式和人造范式三个层次。以人造范式为起点，人为构造的范式被共同体信仰即会成为社会学范式，同时也含有对科学规律的信念的元范式。[①]因而新范式提供了大数据时代基于数据和技术的认知和研究大数据舆情的新方法、新工具和新规范，通过进一步阐述其合理性，可以在更高范式层次获得承认和信仰。

（一）大数据舆情分析的一般框架

已有研究在论述大数据相关范式时，通常从跨学科的视角，认为大数据的深度挖掘与利用是一个从数据、信息再到创造的过程[②]，如通常将大数据舆情研究的基本框架和关键技术流程划分为五类：数据采集、热点发现、热点评估、主题跟踪和分析处理。[③]喻国明等人指出，大数据时代可以通过人工智能，优化人机互动，进一步提升舆情分析能力，并将框架流程整合为三类：数据预处理环节、热点发现环节和对策分析环节。[④]本文在前人基础上，将大数据舆情研究的一般过程按照功能划分为三大模块，即数据处理模块、热点发现分析模块和决策支持模块。

---

① 董春雨、薛永红：《数据密集型、大数据与“第四范式”》，《自然辩证法研究》，2017 年第 5 期。

② 孙建军、李阳：《科学大数据：范式重塑与价值实现》，《图书与情报》，2017 年第 5 期。

③ Cheng X Y, Zhu L L, Zhu Q, et al. *The Framework of Network Public Opinion Monitoring and Analyzing System Based on Semantic Content Identification.* Journal of Convergence Information Technology, 2010.

④ 喻国明、马思源：《人工智能提升网络舆情分析能力》，《网络传播》，2017 年第 2 期。

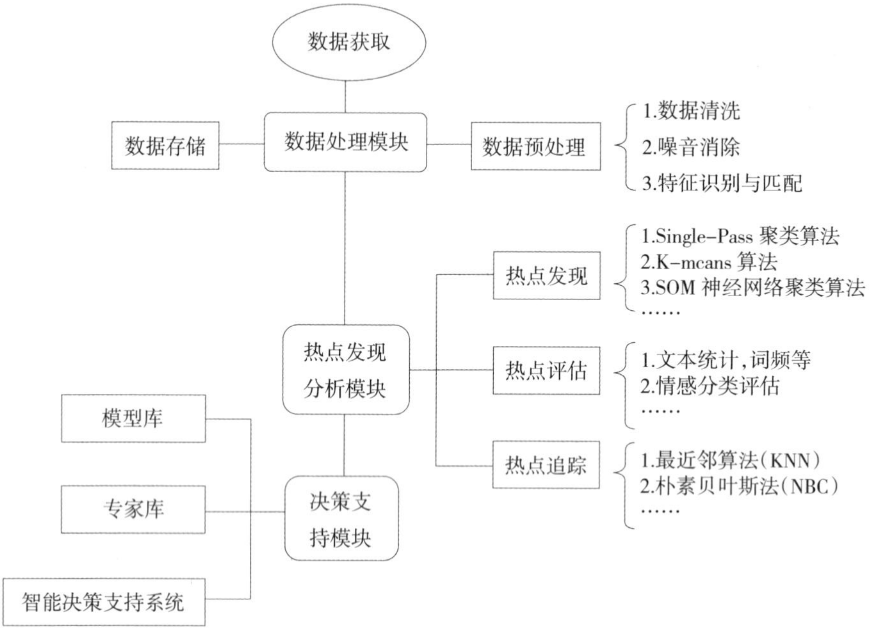

图1 大数据舆情分析的通用框架①

在上图框架中,数据处理模块主要负责大数据的收集、采集、存储、数据预处理等;热点发现分析模块主要解决数据分析基础上的发现舆情热点并进行热点评估与追踪的问题;决策支持模块主要负责通过模型解释、专家库以及决策支持系统等形成策略结果。

(二)大数据舆情研究的新数据-技术范式的解释

传统时代的舆情分析可能倾向于“内部消息”的整合处理或者依赖经验丰富的分析师基于模型提供建议; 网络舆情阶段可能胜在数据量的占有、可视化的呈现,通过数据梳理、调用分析函数、进行对话管理,最终形成决策建议。大数据舆情分析新的范式,需要我们重新思考“数据”和“技术”两个关键生产资料在整个舆情研究中的角色和功能,这个过程中需要我们重新认识数据并盘点不同模块间的关键技术。

① 根据夏火松、甄化春;陈彦舟、曹金璇;喻国明、马思源等人提出的框架基础上综合而来。

1.数据处理模块

本模块可分为三个领域,数据获取、数据预处理和数据存储。在数据获取环节,通常会将之等同于爬虫技术的海量信息采集,但除此之外,还应重视两类“非大数据的数据”,即传统的高价值密度的信息以及与舆情类别相关的社会情境感知。尤其是在很多批评大数据对社会态势感知不精确、不协调的现实面前,通过高价值密度信息、情报的补益、验证,可以有效获取数据分析的重点方向。同时大数据的去情境化有可能导致数据只是冷冰冰的数据,如何实现舆情数据与特定社会环境的匹配,深化对数据的价值挖掘,则需要我们将大数据放回大环境下协调分析。

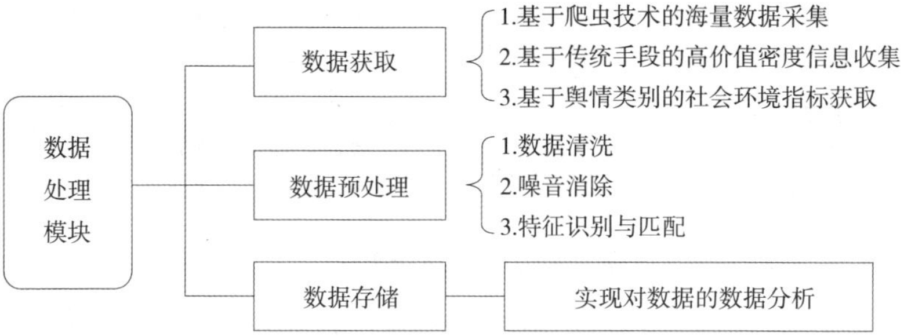

图2　数据处理模块

数据预处理和数据存储环节的相关技术阐述已经非常充分,前者主要涉及数据清洗、噪音消除和特征识别与匹配等操作。从技术层面看,关于数据清洗阶段的无效链接、重复数据等已经得到很好解决,在噪音消除方面,需要注意的是舆情数据中的水军数据等,这更加凸显了数据获取环节关于舆情类别相关社会环境信息感知的重要性。而异质性数据存储一度被视为是个技术问题,从数据生产的速度看,也高于网络承载能力,这会给接下来的数据分析带来压力,如有研究者指出数据的存储和管理可能是制约大数据技术发展的重要挑战[①]。然而技术的问题可以交给技术解决,如亚马逊、阿里巴巴等通过开

① Ji C,Li Y,Qiu W,et al. *Big data processing:Big challenges and opportunities*. Journal of Interconnection Networks,2012.

发云技术,提升了有限计算资源的利用率,缓解了相关技术问题。最后特别强调对于数据的存储,除了技术方面的关注点外,对数据本身的数据分析也是大数据时代价值获取的来源,这不仅体现在对数据本身的纵向分析,还在于历史数据的回溯,包括对数据特征识别、特征分类等,后期通过半监督式的学习,让机器算法更"聪明",提高舆情分析的智能化和精准性。这就涉及到接下来的分析模块。

2.热点发现分析模块

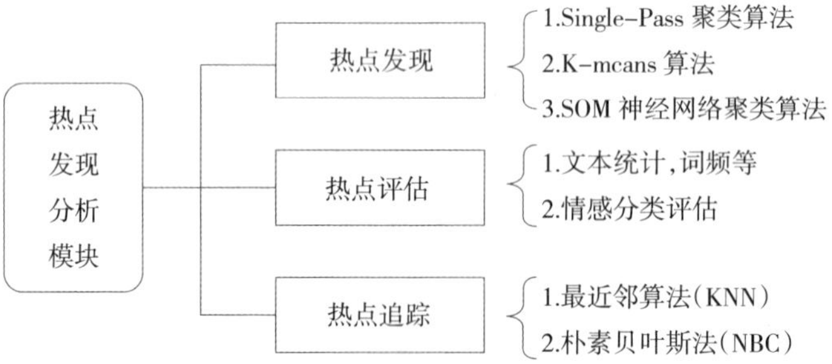

图3 热点发现分析模块

热点发现分析模块一般包括热点发现、评估和追踪三个部分。通常而言这一模块是大数据技术主导的模块,模型和算法是本阶段聚焦的核心,也是和人力舆情分析的本质区别。在算法确定之后,相关流程几乎都可以交给机器完成,这实际上在带来研究便利的同时也遗留下很多问题。

从技术实现上看,上图列举的技术和算法是只是一部分,非"技术流派"的研究者完全可以通过跨界合作来解决技术上的壁垒。比如热点发现部分,网络舆情时代常用的办法是通过词频统计、社会语义网络等方式观察提炼,但在海量数据处理时,往往通过不同算法进行聚类,由此得出热点话题。但技术算法不会自己回答所有问题,算法不等于科学,也不可能完美。比如马永军等人在常用的 Single-Pass 聚类算法基础上进行优化,以降低漏检率、误检率等;[①]也

① 马永军、刘洋、李亚军等:《基于 Single-Pass 的在线话题检测改进算法》,《天津科技大学学报》,2017年第6期。

有研究者对不同的算法进行横向对比，以回答“什么时候用什么算法更好”的问题。这表明，在相同情景下，算法选择的差异可能导致舆情评估的差别，我们试图“科学化”的大数据舆情分析，实际上同样面临与传统时期和网络舆情时期一样的科学性质疑。

在热点评估和追踪等环节，也会面临上述的问题，这恰恰体现了人文社科领域在大数据舆情分析的技术流派走强背景下的价值所在。比如中文世界的情感分析一直是公认的世界性难题，“后真相时代” 的舆情生成与传播，往往更依赖情感的因素，事实和理性退居二线。但情绪化的表达生成的舆情文本，大量充斥着新语汇、象征、反讽用法等，对于新鲜语料可以通过不断丰富词库语料库，但微妙的情感辨析、其中的心理心态感知，仍然是制约大数据舆情分析有效性的难题。在这种背景下，依靠半监督学习等方式，通过人工智能、增强人机互动、实现人机和谐的对策不断被提出。总之，当前通过技术、依靠算法对海量数据进行分析，提炼热点、评估追踪，在技术上是可以实现的，需要进一步考察的是不同算法之间的异同、有效性，以及不同类别、不同情境下的算法选择，这就不仅是技术问题，更是数据、算法与使用环境的适配问题。

3.决策支持模块

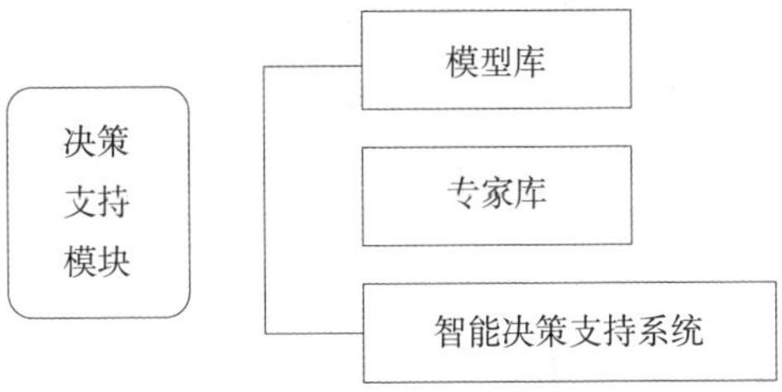

图 4　决策支持模块

决策支持模块属于大数据舆情分析的末端，是前期准备、处理和分析的最终结果。从目前的实现效果看，通常有三类，即通过经典模型库形成决策建议、通过专家库提供专业咨询建议以及依赖智能决策支持系统生成相关对策建议。

传统决策支持系统依托广泛的、经过大量检验的模型指导实践。比如SWOT分析、基于BIS的品牌分析方法等，Power D J.提出通过调用不同的分析函数可以将结果以可视化的方式反馈给决策者。[①]喻国明等人指出，大数据驱动的舆情分析对于事实的梳理很有效，但在情感判断和决策供给上尚存在很大问题。需要在机器算法之外加强专家库建设，利用专家经验、量化经验，提供辅助决策办法。[②]陈彦舟等人基于Hadoop推出的舆情监控系统也同样呼吁增加专家知识库，这在数据之外，又提供了经验、知识等重要概念。实际上，广义的数据就包含了传统的信息概念、信息中的噪音以及经验、知识等，大数据技术运用的理想状态，就能够实现包括经验、知识在内的数据资源利用的最大化。

不得不指出，尽管大数据舆情研究已经成为非常热门的领域，但在末端最重要的智能化决策输出环节还有很大的瓶颈。从学术研究成果看，各类实践运用中，决策支持系统的研究蔚为大观，但在大数据舆情分析领域，还相对落后。目前已有研究者如付佳丽、张鹏辉等人在决策支持系统（DSS）之上建议引入智能化理念，实现智能决策支持系统（IDSS），即将人工智能和决策支持系统相结合，应用专家系统技术（Expert System，ES），使决策支持系统能够充分应用人类现有的知识，并通过逻辑推理解决庞大杂乱的决策问题。[③]

如当年各地先后多次爆发反对PX的群体事件，尽管过去很久，但只要出现PX相关舆情事件，厦门PX事件总会被反复提及。那么厦门PX事件能够在后续处置中扮演什么角色、提供什么决策坐标，这就是现有大数据舆情分析的短板之一。这在新闻传播的已有研究中已经多次被提及，包括卡尔·多伊奇（Karl Wolfgone Deutsch）在20世纪60年代的政治传播经典作品中提出的

---

① Power D J. *Decision support systems: concepts and resources for managers*. Greenwood Publishing Group, 2002.

② 喻国明、马思源：《人工智能提升网络舆情分析能力》，《网络传播》，2017年第2期。

③ 付佳丽、张鹏辉：《互联网背景下的企业智能支持决策系统》，《无线互联科技》，2018年第17期。

“领先”概念，就是系统在已有经验的基础上，通过对信息的整理总结，掌握环境特点和变化规律，获取预见环境变化方向的能力。在多伊奇的理论视域中，这也是最终决策输出的中间环节之一。由是观之，大数据舆情分析有变化也有规律，在新数据和新技术的驱动之外，依然需要在人文社科领域寻找持续供给的资源。新的范式也并非与先前范式彻底分手，而是存在各种延续，通过不断的调整、调适以探索研究的边界与极限。

四、结语

从数据和技术的角度看，每天都会有更多的数据产生，不同阶段都会有主流技术算法的更新，数据与技术总是存在于一定的社会情境之下，并通过使用者发挥其特定的社会价值。在中国网络舆情实践与研究迎来 20 周年之际，本文梳理比较了舆情研究的不同阶段，重点考察了数据与技术在智能时代舆情分析中的功能，将数据与技术视作关键生产要素，从而得出大数据舆情研究阶段需要新的范式更新——新数据 - 技术范式，并通过一般流程详细解析了数据 - 技术在不同模块运行中的机制。作为一种新的范式，我们希望其不仅适用于大数据舆情的分析操作，还期待能够接受科学共同体的检视，讨论其社会的、形而上学的意义。

需要郑重指出，大数据的舆情研究因其目标定位不同，其依赖的模型算法技术等也不尽相同。同时，也因为在现实世界中舆情分析的功利主义色彩，研究者不得不降低科学性来增强实用性。这实际上使得相关研究陷入一个两难境地，一方面是数据和技术本身追求的精确极致，另一方面是需要面对决策需求者的审视和评价。同时，一种新的范式不可能存在于纯粹的理想真空环境中，还需面对现实的种种矛盾，调和不同层次的范式需求。比如范式的不同层次目标就会对一种新范式的接受度提出挑战，科学研究框架之下，是因循旧有范式的“硬核”地带仅在“保护层”进行调整调适，还是尝试新的范式，从人为构造的方法层范式入手，不断检验以形成科学共同体的信任、共识？这些讨论也已经超出范式本身。

从能量到信息再到数据，人类历史发展依托的基础资源不断更迭。用一种人类中心主义的眼光看发展，似乎当下和未来遇到的问题都可以通过数据和技术的方法解决。然而，更冷静地思考，世界可以数据化，大数据技术也可以更好地认识和改造世界，但任何脱离了社会情境和价值导引的大数据操作都可能存在潜在的物化风险。因此大数据时代的范式讨论不仅需要提供一种观点、理论和方法，还应提供更多的价值、信念和形而上学的自然观，这样的研究将伴随范式的讨论一直持续下去。

参考文献

[1]Bachner J，Hill K W. *Advances in public opinion and policy attitudes research.* Policy Studies Journal，2014.

[2]Cheng X Y，Zhu L L，Zhu Q，et al. *The Framework of Network Public Opinion Monitoring and Analyzing System Based on Semantic Content Identification.* Journal of Convergence Information Technology ，2010.

[3]Ji C，Li Y，Qiu W，et al. *Big data processing：Big challenges and opportunities.* Journal of Interconnection Networks，2012.

[4]Jim G. On *eScience–a transformed scientific method.* Tony H，Stewart T，Kirstin T. The Fourth Paradigm：Data–intensive Scientific Discovery. Redmond，WA：Microsoft Research，2009.

[5]Power D J. *Decision support systems：concepts and resources for managers.* Greenwood Publishing Group，2002.

[6]Sun X，Ye J，Ren F. *Multi–strategy Based Sina Microblog Data Acquisition for Opinion Mining*[C]//International Conference on Intelligent Computing. Springer，

Cham,2014.

[7]董春雨、薛永红:《数据密集型、大数据与“第四范式”》,《自然辩证法研究》,2017 年第 5 期。

[8]付佳丽、张鹏辉:《互联网背景下的企业智能支持决策系统》,《无线互联科技》,2018 年第 17 期。

[9]李金海、何有世、熊强:《基于大数据技术的网络舆情文本挖掘研究》,《情报杂志》,2014 年第 10 期。

[10]李哲:《大数据将加速形成新的技术经济范式》,《学习时报》,2015 年 1 月 5 日。

[11]刘建:《大数据时代的舆情版图——访武汉大学信息管理学院教授、舆情研究学者沈阳》,《人民论坛》,2013 年第 15 期。

[12][美]曼纽尔·卡斯特:《网络社会的崛起》,夏铸九、王志弘译,社会科学文献出版社,2003 年。

[13][美]托马斯·库恩:《科学革命的结构(第四版)》,金吾伦、胡新和译,北京大学出版社,2012 年。

[14]米加宁、章昌平、李大宇、林涛:《第四研究范式:大数据驱动的社会科学研究转型》,《学海》,2018 年第 2 期。

[15]邱仁宗:《科学方法和科学动力学——现代科学哲学概述》,知识出版社,1984 年。

[16]孙建军、李阳:《科学大数据:范式重塑与价值实现》,《图书与情报》,2017 年第 5 期。

[17]马涛:《西方经济学的范式结构及其演变》,《中国社会科学》,2014 年第 10 期。

[18]夏火松、甄化春:《大数据环境下舆情分析与决策支持研究文献综述》,《情报杂志》,2015 年第 2 期。

[19][匈牙利]伊姆雷·拉卡托斯:《科学研究纲领方法论》,上海译文出版

社,1986年。

[20] 鄢显俊:《从技术经济范式到信息技术范式——论科技-产业革命在技术经济范式形成及转型中的作用》,《数量经济技术经济研究》,2004年第12期。

[21][意]多西、弗里曼等编:《技术进步与经济理论》,钟学义等译,经济科学出版社,1992年。

[22]马永军、刘洋、李亚军等:《基于Single-Pass的在线话题检测改进算法》,《天津科技大学学报》,2017年第6期。

[23]喻国明、马思源:《人工智能提升网络舆情分析能力》,《网络传播》,2017年第2期。

[24] 周培源:《大数据舆情研究的现状与进路:基于文献计量分析的思考》,《情报杂志》,2019年第12期。

社会渗透视角下负面社会情绪传染对重大突发公共卫生事件网络信息共享意向的影响

石　密　时　勘　孙世姣

[摘要]新型冠状病毒肺炎暴发期间，恐慌等负面社会情绪传染极易助推网络舆情信息的快速传播，本研究基于社会渗透的理论视角，通过对网络民众展开问卷调研，收集到907份有效研究数据，运用SPSS22.0与Amos22.0展开统计分析与结构方程检验模型。结果发现，负面社会情绪传染对重大突发公共卫生事件网络信息共享意向有正向影响；风险认知是负面社会情绪传染影响重大突发公共卫生事件信息共享意向的一条重要的认知驱动路径；倾向性情感表达则是负面社会情绪传染影响重大突发公共卫生事件网络信息共享意向的社会情感渗透路径。此外，风险认知还是倾向性情感表达影响信息

作者简介：石密，天津工业大学经济与管理学院副教授；时勘，中国科学院大学经济与管理学院、温州大学温州模式发展研究院教授；孙世姣，天津工业大学经济与管理学院在读硕士研究生。

基金项目：天津市教委科研计划项目"情绪感染视角下网络集群行为的演变机制及其应对策略研究"（2018SK125），教育部人文社会科学研究青年基金项目"网络集群行为的道德情绪演变机制与应对策略研究"（19YJC870020）。

共享意向的重要中介变量。相关结论可以为科学制定重大突发公共卫生事件的应急管理决策提供重要参考。

[**关键词**]重大突发公共卫生事件;网络信息共享;负面社会情绪传染;倾向性情感表达

一、引言

近年来,随着互联网的低门槛化与自媒体的广泛渗透,网络日益成为民众表述意见与释放情绪的重要载体,其社会影响效应也备受理论界与实践界的关注。[①]不同于传统媒介,网络自媒体平台具有信息动态互联、跨时空传播、耦合多变等复杂特性。[②]在这种信息移动互联与高度级联的情境下,民众对网络信息的关注与共享意识呈显著增高态势,尤其是在重大公共卫生事件爆发时。[③]因为网络个体不只是公共危机事件的信息接受者,还是其衍生信息的制造者与传播者。[④]据 2021 年 2 月第 47 次《中国互联网络发展状况统计报告》显示,互联网在新冠肺炎(COVID-19)疫情暴发期间发挥了极为重要的赋能作用,其衍生网络信息是备受关注的内容,信息共享与传播则是用户网络行为的重要表达方式。[⑤]2020 年 3 月 24 日,脸书(Facebook)的调查报告也显示在 COVID-19 大流行期间,美国信息消费量增加了 50%。[⑥]

---

① 孙倬、赵红、王宗水:《网络舆情研究进展及其主题关联关系路径分析》,《图书情报工作》,2021 年第 7 期。

② 阳长征:《网络空间中情感扩散、信息级联与舆论偏差的内生影响效应研究》,《情报学报》,2021 年第 5 期。

③ 寇纲、彭怡、石勇:《突发公共事件应急信息系统框架与功能》,《管理评论》,2011。

④ 寇纲、彭怡、石勇:《突发公共事件应急信息系统框架与功能》,《管理评论》,2011。

⑤ E Cerdá-Mansilla, Rubio N, Campo S. Critical success factors for sharing information and knowledge of COVID-19 through Twitter[J]. Knowledge Management Research & Practice, 2021(1): 1-9.

⑥ 邓国峰、高安安:《用新兴技术支撑重大公共卫生事件中的社会情绪治理》,《光明日报》,2020 年 12 月 24 日。

虽然低门槛的网络化增加了重大公共卫生事件流行期间信息消费的力度，但由于事件固有的突发性与危急性，公众通常处于信息不对称的高风险认知情境中，这使得网络信息中的社会情绪内容极易吸引人们的注意力，助推了耸人听闻类错误信息的扩散与群体恐慌类负面社会情绪的传染。而互联网动态的信息级联与线上线下的社会情绪同频共振则让置身重大公共卫生事件漩涡中的网络民众成为了“移动的情绪感应器”，不断引发负面社会情绪传染的涟漪效应（Ripple Effect）。[①]加之“吸引眼球的网络趋利导向”更是催发了负面社会情绪的非理性裂变与群体性传染[②]，在一定程度上极易诱导与控制网络舆论导向。因此在重大公共卫生事件暴发流行期，网络信息共享的负面社会情绪传染是一类亟需治理的重要社会现象。[③]尤其是当前新冠肺炎疫情这一重大公共危机事件的暴发加速了世界格局的巨变，网络命运共同体意识空前增强。在这一时代背景下，我国网络信息共享共建意义重大，准确掌握重大公共卫生事件中网络信息共享的负面社会情绪传染机制，将其纳入社会治理的范畴才能更好地维护网络生态文明的健康可持续发展，并助力后疫情时代的经济社会复苏 。

二、文献回顾

（一）重大突发公共卫生事件下网络信息共享行为的相关研究

信息共享是对信息请求者提供有用答案的响应性行为，它不同于在“广

---

① 温芳芳、马书瀚、叶含雪等：《“涟漪效应”与“心理台风眼效应”：不同程度COVID-19疫情地区民众风险认知与焦虑的双视角检验》，《心理学报》，2020年第9期。

② Laato S,Islam A,Islam M N,et al. What drives unverified information sharing and cyberchondria during the COVID-19 pandemic?[J]. European Journal of Information Systems,2020(1):1-18.

③ 许成钢：《应对重大突发事件，信息的迅速流动是一切的一切》，[EB/OL].(2020-02-01)[2020-12-04].https://tech.sina.com.cn/roll/2020-02-01/doc-iimxxste8130129.shtml.

播”模式下简单发送或散布信息。[①]从价值创造的理论视角看，信息共享是有效预控重大传染疾病迅速蔓延的重要保障，在重大突发公共卫生事件的应急管理决策中发挥重要作用，备受国内外学界的广泛关注。[②]当前国内外学者基于不同学科视角、围绕重大突发公共卫生事件下网络信息共享的潜在社会效应、共享机制以及影响因素等展开了一系列研究。

第一类研究以信息客体为对象，探寻重大突发公共卫生事件下信息共享的潜在社会效应。程辉等认为要想更好地发挥COVID-19疫情期间医疗信息共享的潜在社会效应与价值，首先需要处理好个体利益与社会公共利益的关系冲突等。[③]第二类研究侧重分析重大突发公共卫生事件下网络信息的共享路径与机制。宁岩等运用文本分析对突发公共卫生事件下中美两国的数据共享路径展开质性研究，发现中美两国在信息共享主体、共享内容、共享特征及其流向等方面均存在一定差异，据此提出应该对我国信息共享主体与共享内容进行有序管理的决策建议。[④]何文盛与李雅青则从协同治理的视角出发分析了重大突发公共卫生事件下信息公开共享的底层逻辑，提议应关注信息共享协同机制的改进和优化。[⑤]第三类研究关注重大突发公共卫生事件下网络信息共享行为的影响因素。Islam等发现人们共享COVID-19信息不仅是为了寻求关注或地位，也是意在帮助他人。他们的研究还指出情绪互动、习惯性

---

① Rafaeli D S. Information sharing online:a research challenge[J]. International journal of knowledge & learning,2005,1(1):62-79.

② 何文盛、李雅青：《突发公共卫生事件中信息公开共享的协同机制分析与优化》，《兰州大学学报》（社会科学版），2022年第2期。

③ 程辉、袁柏春、刘小莉等：《重大突发公共卫生事件中医疗数据共享的伦理思考——以新冠肺炎疫情为例》，《中国医学伦理学》，2021年34卷1期。

④ 宁岩、安小米、周雅、王丽丽：《中美突发公共卫生事件中的数据共享路径研究》，《图书情报知识》，2020，No.198(06):6-16.

⑤ 何文盛、李雅青：《突发公共卫生事件中信息公开共享的协同机制分析与优化》，《兰州大学学报》（社会科学版），2020年第2期。

转移与社会化规范是激发 COVID-19 网络信息共享行为的重要促动因子。[①]霍明奎与竺佳琪发现，情绪吸引力、信息感知对网络用户的正能量信息共享具有一定的促进作用。[②]熊励与郭慧梅基于动机认知理论视角分析了群际社会情绪传染在突发事件网络信息共享意向中的重要作用。[③]黄凯通过对 2003 年 SARS 期间民众负面社会情绪的传染与扩散进行分析，发现重大突发公共卫生事件下负面社会情绪传染是诱发非理性行为的重要影响因素。[④]

（二）社会渗透理论

社会渗透（social penetration）作为传播学研究者广泛关注的一个重要概念，也为网络信息共享行为的研究提供了重要的理论视角。[⑤]基于社会渗透理论的相关研究表明，信息披露与信息共享程度（频次与内容等）会受到关系移情（relationship empathy）、社会渗透水平、信息价值感知与社会语境的共同影响。[⑥]其中，关系移情、社会渗透水平与信息价值感知三者之间相互牵制。关系移情是指关系伙伴在一定程度上准确辨别对方想法和感受的能力[⑦]。Eisenberg 与 Nancy 认为移情是一种替代性的情绪或情感反应，情绪感染是其表现

① Islam T, K Mahmood, Sadiq M, et al. Understanding Knowledgeable Workers' Behavior Toward COVID-19 Information Sharing Through WhatsApp in Pakistan[J]. Frontiers in Psychology, 2020, 11: 1-11.

② 霍明奎、竺佳琪：《突发公共卫生事件下社交网络用户正能量信息分享行为机理及管理策略》，《情报科学》，2020 年第 11 期。

③ 熊励、郭慧梅：《基于动机认知理论的突发事件网络信息分享行为影响因素研究》，《情报杂志》，2021 年第 5 期。

④ 黄凯：《网络传播中的情绪感染与扩散研究——以“非典”时期网民恐惧心理为例》，2005 年。

⑤ Mangus S M, Bock D E, Jones E, et al. Examining the effects of mutual information sharing and relationship empathy: A social penetration theory perspective[J]. Journal of Business Research, 2020, 109

⑥ Altman, I., & Taylor, D. (1973). Social penetration: The development of interpersonal relationships. New York: Rinehart and Winston.

⑦ Comer, L. B., & Drollinger, T. Active empathetic listening and selling success: A conceptual framework. Journal of Personal Selling & Sales Management, 1999, 19(1): 15-29.

形式之一[①]。情绪感染又被称之为情绪传染，多指向社会情绪的传染，被界定为个体所经历的社会情感和社会情感行为会通过有意识或无意识的途径受到他人的社会情感和社会情感行为的影响[②]。研究表明，在重大突发公共卫生事件下负面社会情绪传染是潜在的危机，具有无形、涌现与不确定性[③]。而且，在重大突发公共卫生事件下负面社会情绪的这种潜在涌动性与无处不在的社交媒体接触叠加在一起会进一步加剧公众对突发公共卫生事件的焦虑、恐慌等负面社会情绪。这种负面社会倾向影响对情绪传染易感性较高的个体尤为强烈[④]。

社会渗透水平则主要是指信息沟通双方对年龄、收入、信仰、倾向性情感表达、社会需求等的披露程度，其中年龄与收入等属于较浅层次的社会渗透；而倾向性情感表达、信仰与社会需求则是较深层次的社会渗透。[⑤]Ayres 发现当信息互动双方的社会渗透水平从表层的嘘寒问暖转向深层的倾向性情感表达时，信息互动的频次与性质也会随之发生改变。[⑥]社会渗透理论还认为信息交流的价值感知是以信息披露成本换取的令人满意的回报、信息反馈价值感知等。早在 1976 年，Berger 与 Calabrese 就发现信息价值的风险感知会影响陌生个体间的信息寻求频次。[⑦]最近，我国学者樊凯盛等研究发现信息价值感

① Eisenberg, Nancy. Distinctions among various modes of empathy-related reactions: A matter of importance in humans[J]. Behavioral & Brain Sciences, 2015, 25(01): 33-34.

② Hatfield, E., Cacioppo, J. T., and Rapson, R. L. Emotional contagion. Current Direction Psychological Science. 1993, 2: 96-100.

③ 时勘、覃馨慧、宋旭东等：《中华民族共同体意识与抗击新冠肺炎疫情的应对研究》，《民族教育研究》，2021 年第 1 期。

④ Wheaton M G, Prikhidko A, Messner G R. Is Fear of COVID-19 Contagious? The Effects of Emotion Contagion and Social Media Use on Anxiety in Response to the Coronavirus Pandemic[J]. Frontiers in Psychology, 2021, 11.

⑤ Baack, D., Fogliasso, C., & Harris, J. The personal impact of ethical decisions: A social penetration theory. Journal of Business Ethics, 2000, 24(1), 39-49.

⑥ Ayres J. Uncertainty and social penetration theory expectations about relationship communication: A comparative test[J]. Western Journal of Speech Communication, 1979, 43: 192-200.

⑦ George J. Keiser and Irwin Altman, "Relationship of Nonverbal Behavior to the Social Penetration Process," Human Communication Research, 1976, 2: 147-161.

知是网络信息行为链式反应中的关键一环，尤其是信息风险感知水平会对网络群众的信息行为决策产生直接驱动。[①]

综上，由于负面社会情绪传染属于信息主体间的负面社会情感转移，也是关系移情的一种；倾向性情感表达是一种情感渗透，属于较深层次的社会渗透水平；风险认知则是对重大突发公共卫生事件风险信息价值感知的重要表征形式之一。基于社会渗透的理论视角看，负面社会情绪传染、倾向性情感表达、风险感知这三个因素之间互动影响、关系紧密，但已有的相关研究多聚焦于探究其中单个因素对网络信息共享行为的影响，鲜有研究将这三个因素纳入同一个研究框架进行分析。鉴于此，本研究拟基于社会渗透的理论视角探究重大突发公共卫生事件下负面社会情绪传染、倾向性情感表达、风险认知的互动关系，尤其是深入研究倾向性情感表达、风险感知在负面社会情绪传染影响网络信息共享行为中的作用机制。

三、理论框架与假设提出

（一）网络信息共享意向

在重大突发公共卫生事件下，网络信息共享意向是对实际执行网络信息共享的倾向性行为反应，也是网络信息共享行为的直接驱动力，它比态度更能直接地预测信息共享行为的发生[②]。相关研究表明，用意向来表征行为可以较好地赋予其一定的数值来进行科学研究。[③]鉴于此，本研究拟以网络信息共

① 樊凯盛、郝艳华、吴群红等：《重大突发公共卫生事件下“风险 IEPB”模型理论构建及评价》，《中国公共卫生》，2021 年第 7 期。

② 熊励、郭慧梅：《基于动机认知理论的突发事件网络信息分享行为影响因素研究》，《情报杂志》，2021 年第 5 期。

③ 石密、刘春雷、时勘等：《影响网络集体行为意向的情绪感染路径研究——基于情绪-信息的理论视角》，《情报杂志》，2018 年第 11 期。

享意向作为被解释变量,也即因变量。根据 Rafaeli 的观点,网络信息共享行为是社交媒体语境下常见的一类响应性信息行为,也是一类重要的社交网络行为。[①]由于网络信息共享意向是指向网络信息共享行为的最近端的心理变量,据此,在本研究中将网络信息共享意向界定为“通过网络社交媒体或其他媒介提供信息以使自己与他人从中获益的强烈内在行为倾向”[②]。

(二)倾向性情感表达

倾向性情感表达(emotional appeal)是网络用户某类情感没有充分、有效地沟通而在内心产生的情感表达需求,或者某一情境信息触发到用户的特定情绪而产生的希望借助网络进行情感表达的倾向性行为[③]。倾向性情感表达多由网络信息中吸引个体情感注意力的线索触发[④],因此本研究关注的倾向性情感表达是指由新冠肺炎疫情的网络信息互动所激发的个体倾向性情感表达。社会渗透理论认为,情绪情感是吸引其他网络成员采取行动的信号,也是传达事件信息的重要符号。[⑤]相关研究发现,个体在加工情境信息时通常会对信息进行赋能(empowerment),由此产生不同倾向的情感表达及行动结果[⑥],这提示倾向性情感表达是信息行为的重要动力因素。有研究发现,网络用户

① Rafaeli D S. Information sharing online:a research challenge[J]. International journal of knowledge & learning,2005,1(1):62-79.

② Goldenberg,A.,and Gross,J. J. Digital emotion contagion[J]. Trends in Cognitive Sciences. 2020,24:316-328.

③ 寇纲、彭怡、石勇:《突发公共事件应急信息系统框架与功能》,《管理评论》,2011 年第 3 期。

④ Lewan P C,Stotland E. The effects of prior information on susceptibility to an emotional appeal.[J]. Journal of Abnormal & Social Psychology,1961,62(2):450-453.

⑤ Chen X. Identifiability,Risk,and Information Credibility in Discussions on Moral/Ethical Violation Topics on Chinese Social Networking Sites[J]. Frontiers in Psychology,2020,11.

⑥ Koinig I. On the Influence of Message/Audience Specifics and Message Appeal Type on Message Empowerment:The Austrian Case of COVID-19 Health Risk Messages[J]. Health Communication,2021(2):1-12.

的倾向性情感表达会影响其对信息的理解、评价与信息卷入强度①。例如处于某一具体社会情境的网络用户其倾向性情感表达可以通过情感性信息评价与信息行为倾向来测量与预测。②

著名社会学家贝克指出，后工业时代的风险管理日益受到突发事件的动态影响。③在新冠肺炎疫情暴发期，其不确定性与不安全感引发了公众强烈的倾向性情感表达，表现为借助网络构建在线社会身份与情感联结。④公众的倾向性情感表达急剧上升，疫情衍生的网络信息的情感评价在短时间内不断发酵，转发数量持续增高。⑤处于高风险认知语境中的人们信息偏好各不相同，虽然一些受众寻求事实或真相信息，但也有些受众倾向于情感化与个性化的信息内容，表现为借助网络媒介不断关注与获取社会情绪信息，更有甚者会因错过某类重要信息而表现出明显的负面社会情绪。⑥Arora 等(2020)通过搜集在因 COVID-19 强制居家期间印度用户在 Twitter 上发布的信息与分析民众的社交媒体使用模式，探究情绪情感对网络信息行为的影响，他们将倾向性情感表达分为：正向倾向性情感表达与负向倾向性情感表达，结果发现负向倾向性情感表达越强的个体，其发微博的频率也越高。⑦基于社会情感渗透

① Quach S, Septianto F, Thaichon P, et al. Mixed emotional appeal enhances positive word-of-mouth: The moderating role of narrative person[J]. Journal of Retailing and Consumer Services, 2021, 62.

② Lee, J., & Hong, I. B. Predicting positive user responses to social media advertising the roles of emotional appeal, informativeness, and creativity[J]. International Journal of Information Management, 2016, 36(3), 360-373.

③ Beck, U. 1992. Risk Society: Towards a New Modernity. Theory, Culture and Society. London: Sage.

④ Freudendal-Pedersen M, Kesselring S. What is the urban without physical mobilities? COVID-19-induced immobility in the mobile risk society[J]. 2021, 16, 1: 81-95.

⑤ Koinig I. On the Influence of Message/Audience Specifics and Message Appeal Type on Message Empowerment: The Austrian Case of COVID-19 Health Risk Messages[J]. Health Communication, 2021(2): 1-12.

⑥ 耿瑞利、徐建国、金燕等:《重大突发公共卫生事件下公众信息获取行为与错失焦虑研究——以新型冠状病毒肺炎疫情为例》,《图书情报工作》,2020 年第 8 期。

⑦ Arora A., Chakraborty P., Bhatia M. et al. Role of Emotion in Excessive Use of Twitter During COVID-19 Imposed Lockdown in India[J]. Journal of Technology in Behavioral Science, 2020: 1-8.

模型的研究也发现,在不确定条件下,倾向性情感表达会增加使用信息技术的行为意愿。[①]鉴于此,提出研究假设H1:COVID-19期间公众网络信息共享意向很容易受到倾向性情感表达的驱动,也即不论积极倾向性情感表达还是消极倾向性情感表达,均对COVID-19期间公众网络信息共享意向发挥正向影响。

(三)负面社会情绪传染

从社会渗透的理论视角看,负面社会情绪传染是一种集体情绪体验的转移[②],是在特定情境下个体之间、个体与群体之间以及群体间互动产生的共享负面情绪体验,而非个体情绪的简单叠加[③]。负面社会情绪传染为阐释网民群体动力机理提供了重要的探索渠道,在操作层面多以负面情绪感染敏感度表示其易传染特性。情绪传染具有构建动机-行为的桥接作用,支配着对变化情境的信息选择与加工,提供了影响行为意向的内在动力,它通常存在两种类型的驱动路径,分别是无意识的情感路径与有意识的概念与符号化的认知路径。[④]有研究发现,对焦虑等负面社会情绪敏感度高的个体,在分配其认知资源时,更倾向于关注情绪信息的负面影响,容易对威胁、恐惧相关的负面社会情绪刺激持有更强的体验。[⑤]

Parkinson与Simons发现,社会情绪传染通常是基于社会评价倾向的情

① Djamasbi S.,Strong D. M. 2008. The effect of positive mood on intention to use computerized decision aids[J]. Information & Management,2008,45(1):43-51.

② Comer,L. B.,& Drollinger,T. Active empathetic listening and selling success:A conceptual framework. Journal of Personal Selling & Sales Management,1999,19(1):15-29.

③ 龚为纲、朱萌:《社会情绪的结构性分布特征及其逻辑——基于互联网大数据GDELT的分析》,《政治学研究》,2018年第4期。

④ Kelly,J. R.,& Barsade S. G. "Mood and emotions in small groups and work teams." Organizational Behavior and Human Decision Processes,2001,86:99-130.

⑤ Schoenewolf,G. "Emotional contagion:Behavioral induction in individuals and groups"[J]. Modern Psycho analysis,1990,15:49-61.

感转移。[①]在信息碎片化的社交媒体时代,网络信息所携带的负面社会评价情感极易被其他用户自动捕捉到,从而改变其对所发生事件的情感意义与社会评价,因此在网络情境下更容易产生负面社会情绪传染。尤其是在新冠肺炎疫情暴发后,由于网络空间的无边界、匿名等复杂特性,极易滋生负面社会情绪。而负面社会情绪能够快速地传递情境的紧迫性、类别性、危害性与不确定性等隐藏信息,情绪感染敏感度高的个体极易受这类隐藏的网络情感信息传染而产生一种弥漫性的恐慌情绪,进而产生渴望掌握事件动态的信息需求。其影响结果是调节目标信息的选择与改变情境行为的发生频率。[②]以往研究者多聚焦于恐慌等负面社会情绪传染对紧张与焦虑等消极情绪与消极倾向性情感表达的影响,对于积极倾向性情感表达的影响并没有过多关注。但本文研究者认为:在重大突发公共卫生事件下,负面社会情绪传染不仅会产生恐慌与焦虑等消极倾向性情感表达,也会产生获得社会支持、寻求社会存在感等积极倾向性情感表达。因此,基于上述分析,提出研究假设 H2:因疫情引发的网络负面社会情绪传染极易激发公众表达强烈的倾向性情感表达,包括积极倾向性情感表达与消极倾向性情感表达;H3:负面社会情绪传染也会正向驱动公众的网络信息共享意向。

(四)风险认知

风险认知(risk perception)是风险属性的函数,是指面临识别复杂的多元关系时尝试寻求解释的内在心理过程,是突发事件情境下影响行为决策的一个重要因素。[③]风险感知包含四个结构维度,分别是:可能性、严重型、未知性

---

① Parkinson B,Simons G. Affecting Others:Social Appraisal and Emotion Contagion in Everyday Decision Making[J]. Pers Soc Psychol Bull,2009,35(8):1071-1084.

② 时勘、覃馨慧、宋旭东等:《中华民族共同体意识与抗击新冠肺炎疫情的应对研究》,《民族教育研究》,2021 年第 1 期。

③ Bontempo R. N.,Bottom W. P.,Weber E. U. Cross-Cultural Differences in Risk Perception:A Model-Based Approach[J]. Risk Analysis,1997,17(4):479-488.

与可控性，探寻风险认知知的影响机制可以为突发事件的应急管理提供更符合逻辑、且理性与科学的思考。[①]Starr发现个体之间的风险认知差异很大，它不仅与对事件本身和收益的认知评价有关，还与风险敏感度、态度等个性心理有关。[②]时勘等针对2003年SARS流行期间我国民众的风险感知与心理行为进行研究后发现，负性疫情信息更容易引起民众的高风险感知与恐慌情绪；而信任、可控感则会降低风险认知。[③]虽然不少研究者关注个体情绪情感与风险感知的关系，但是迄今为止对于风险感知与倾向性情感表达孰因孰果并没有形成统一的观点，有学者认为风险感知是倾向性情感表达的前因变量，如Zeelenberg等发现风险感知具有“情感启动效应”，发挥情感动机作用；[④]Buck，Davis与Roeser（2010）在风险营销的研究中也发现，可以利用情感来传达真正的风险，从而促进对风险道德可接受性的理性决策。[⑤]而基于社会渗透理论的观点则认为在信息互动时，信息主体间的社会渗透水平会影响风险感知的不确定性；[⑥]而且针对社会突发事件的风险感知研究也发现，群体性的风险认知可能是社会情感与人际互动过程的函数[⑦]。

新冠肺炎大流行期间，大部分公众遵从国家政策处于居家自我隔离的社交状态，这种情境容易增加想要与他人增进信息交流的需求。结合前述文献

① 时勘、覃馨慧、宋旭东等：《中华民族共同体意识与抗击新冠肺炎疫情的应对研究》，《民族教育研究》，2021年第1期。

② Starr，C. Societal benefifi t versus technological risk. Science，1969，165，1232-1238.

③ 时勘、范红霞、贾建民、李文东等：《我国民众对SARS信息的风险认知及心理行为》，《心理学报》，2003年第4期。

④ Zeelenberg M，Nelissen R，Breugelmans S M，et al. On emotion specificity in decision making：Why feeling is for doing[J]. Judgment and decision making，2008，3(01)：18-27.

⑤ Buck R，Davis W A，Roeser S. Marketing Risk：Emotional Appeals Can Promote the Mindless Acceptance of Risk[M]//Emotions and Risky Technologies. 2010.

⑥ Liu，A. H.，& Gao，H. Examining relational risk typologies for guanxi boundary spanner applying social penetration theory to guanxi brokering. Journal of Marketing Theory and Practice，2014，22(3)：271-283.

⑦ Peters，E. and McCaul，K.D.(eds.)Basic and applied decision making in cancer. Health Psychology，2005，24(4)：3-8.

基础,本文研究者基于社会渗透理论视角作出推测如下:重大突发公共卫生事件下风险感知是负面社会情绪传染与倾向性情感表达的函数,风险感知进而又会影响网络信息共享意向。也即,提出如下研究假设:H4 负面社会情绪传染会正向影响公众对疫情信息的风险认知;H5 公众倾向性情感表达,不论是积极倾向性情感表达还是消极倾向性情感表达均会影响其对疫情信息的风险认知水平;H6 公众风险感知水平越高则其网络信息共享意向也越高。

综合相关文献分析,本研究构建的重大突发公共卫生事件下负面社会情绪传染影响网络信息共享的假设模型如图 1 所示。

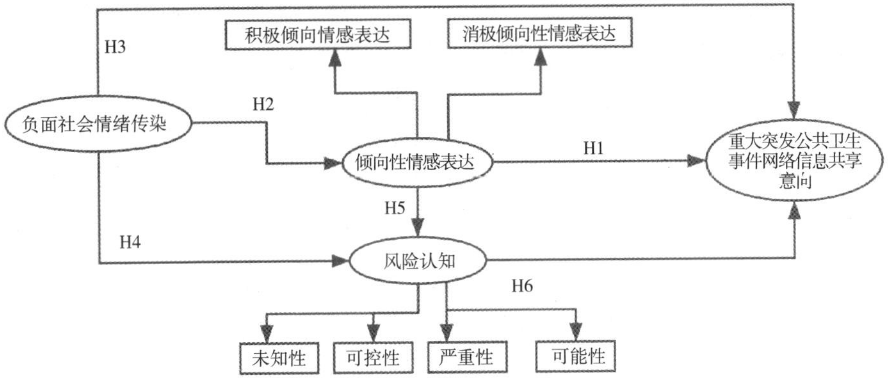

图 1　研究假设模型

四、实证研究与数据收集

(一)数据收集步骤

本研究围绕新冠肺炎疫情信息,针对网络用户(年满 18 周岁及以上的合法公民)展开在线问卷调研,研究样本辐射全国各地区。为确保收取数据的科学性与有效性,在问卷发放时,即告知被调研者本次问卷调查结果仅用于学术研究,答案无对错之分,并承诺问卷匿名与保密原则,请各参与者按照自己真实想法作答即可。由于本次研究的样本来自于网络调研,为尽可能减少同源偏差的存在[①],有必要对数据收集过程进行适当的控制,第一权限控制:每一个上网设备、同一IP地址填写问卷的数量控制在一份;第二设置反向计分题目,以最大限度减少社会赞许效应与撒谎倾向;第三问卷作答时限控制在15min以内,以此降低随意作答率,提高调研质量;第四,设置填写问卷前的引导语与结束语,确保真实作答;第五,将每个调研问题设置为必答项,以提高问卷作答的完整率。[②]

(二)调研样本的人口统计学特征分布

最终收集到有效网络问卷907份。人口统计学变量特征分布情况具体如下:在参与调研的被试群体中男性占比48.70%;女性占比51.30%,男女性别比例基本保持平衡;工作性质分布比较宽泛,其中,企业工作者为39.9%,事业单位工作者24.5%,在校大学生占35.6%;年龄方面,18—24岁的被试占比为52.9%,25—40岁被试占比为36.4%,41—65岁被试占10.7%;学历分布比较广,其中初中及以下占12.9%,高中或中专占11.4%,大学专科占24.3%,本科占41.2%,研究生学历占10.3%;另外,绝大多数被试(99.05%)未曾接触确诊病例。

(三)核心变量的测量

(1)风险认知。借鉴代亚君、郝艳华与吴群红等的风险认知量表[③],共13个条目,4个维度。其中1—3为可能性维度;4—9为严重性维度;10—11为未知性维度;12—13为可控性维度条目。运用SPSS22.0进行探索性因子分析与信度分析,结果显示该量表Cronbach's α 值为0.853。

① 侯杰泰、温中麟、成子娟:《结构方程及其应用》,《教育科学出版社》,2004年,第7页。

② 石密、刘春雷、时勘等:《影响网络集体行为意向的情绪感染路径研究——基于情绪-信息的理论视角》,《情报杂志》,2018年第11期。

③ 代亚君、郝艳华、吴群红等:《突发公共卫生事件公众风险认知量表编制及信效度检验》,《中国公共卫生》,2018年第12期。

(2)负面社会情绪传染。参考 Jung 与 Yoon (2019)的情绪感染敏感度量表编写①,共 6 个条目,其中第 3 与第 4 条目时反向计分。运用 SPSS22.0 分别进行探索性因子与信度分析,结果显示该量表包含两个主成分,其中条目 1、2、5 属于主成分 1,条目 3 与条目 4 为主成分 2,信度分析显示其 Cronbach's α 值为 0.897。

(3)倾向性情感表达。参考 Etemad-Sajadi②的倾向性情感表达问卷进行编制,共 4 个题项。经 SPSS22.0 探索性因子分析与信度分析,发现该量表含有 2 个主成分,分别是积极倾向性情感表达与消极倾向性情感表达,在本研究中的 Cronbach's α 值为 0.844。

(4)COVID-19 网络信息共享意向。采用 Erden,Von Krogh 与 Kim③编制的量表,共 4 个条目。运用 SPSS22.0 进行探索性因子分析与信度分析,结果显示该量表含有 1 个因子,在本研究中的 Cronbach's α 值为 0.924。

(5)控制变量。本研究将性别、年龄、学历、工作性质、是否与患者直接或间接接触等作为控制变量。

(四)统计分析方法

运用 SPSS22.0 与 Amos22.0 对研究数据进行数理统计处理与假设模型检验。

(1) 同源偏差检验的必要性。因为本文采用网络问卷调研方式收集数据源,可能在一定程度上存在数据同源偏差,所以为提高本研究理论模型的信度与效度,除前文表述的对数据收集进行过程控制(Procedure Remedies)外,

① Jung H.S,Yoon H. H. Emotional contagion and collective commitment among leaders and team members in deluxe hotel[J]. Service Business,2019,13:737-754.

② Etemad-Sajadi R. The impact of online real-time interactivity on patronage intention:The use of avatars[J]. Computers in Human Behavior,2016,61:227-232.

③ Erden Z.,Von Krogh G.,Kim S. Knowledge Sharing in an Online Community of Volunteers: The Role of Community Munificence[J]. European Management Review,2012. 9:213-227.

还需要在数据分析时进行相应的同源方差效应检验，即进行统计处理（Statistics Remedies）。[①]具体操作是运用SPSS22.0数据软件作Harman单因素分析以检验潜在相同方法数据源偏差程度。进行Harman单因素检验（one-factor test）的前提假设是：如果存在严重的同源偏差效应，则单因素分析结果会显示只存在一个因子。也即：统计结果的绝大部分变异只需用一个因子就可以解释。[②]

（2）假设检验。运用Amos22.0进行验证性因素分析，以检验各研究变量量表的信度与效度，同时采用路径分析方法对本文各研究假设进行模型检验，观察各路径系数是否具有统计学意义。

五、数据分析

（一）核心变量的验证性因子分析

运用AMOS22.0对风险认知、情绪传染、倾向性情感表达以及信息共享意向等核心测量量表进行探索性因子分析与验证性因子分析，其中验证性因子分析结果如表1所示。从表1所列的统计指标可知，本研究的四个核心变量具有较好的区分效度。

① 周浩、龙立荣：《共同方法偏差的统计检验与控制方法》，《心理科学进展》，2004年第6期；方杰、温忠麟、张敏强等：《基于结构方程模型的多重中介效应分析》，《心理科学》，2014年第3期。

② 石密、刘春雷、时勘等：《影响网络集体行为意向的情绪感染路径研究——基于情绪-信息的理论视角》，《情报杂志》，2018年第11期；周浩、龙立荣：《共同方法偏差的统计检验与控制方法》，《心理科学进展》，2004年第6期；方杰、温忠麟、张敏强等：《基于结构方程模型的多重中介效应分析》，《心理科学》，2014年第3期。

表 1　核心变量的验证性因子分析结果

变量名称	RSEA	x^2 / df	GFI	NFI	AGFI	IFI	CFI
风险认知	0.052	2.158	0.971	0.966	0.931	0.982	0.981
负面社会情绪传染	0.045	1.861	0.993	0.989	0.974	0.995	0.995
倾向性情感表达	0.095	4.815	0.994	0.995	0.944	0.995	0.995
信息共享	0.000	0.254	1.000	1.000	0.997	1.001	1.000

(二)描述性统计分析结果

利用 SPSS22.0 对本研究中的各变量进行描述性统计分析，所得描述性统计分析结果如表 2 所示,性别与情绪感染存在显著正相关关系,由于问卷设置 1 代表男性,2 代表女性。因此女性的情绪感染敏感度要显著高于男性;受教育程度也是影响情绪感染敏感度的重要人口统计学变量。风险认知水平与年龄相关,年龄越大的群体,其风险认知水平越高;信息共享意向与工作性质存在显著的相关关系。

此外,本文的核心研究变量信息共享意向与负面社会情绪传染、风险认知、倾向性情感表达均存在显著正相关(p<0.05),这为进一步验证本文的研究假设提供了重要的前提基础。

表 2　描述性统计分析结果

变量名称	均值	标准差	1	2	3	4	5	6	7	8
1 性别	1.510	0.500	—							
2 年龄分组	2.160	1.488	.065	—						
3 受教育程度	3.250	1.180	.016	-.391**	—					
4 工作性质	4.210	3.114	-.055	-.383**	.360**	—				
5 风险认知	4.534	1.892	.042	.088**	.050	-.080*	—			
6 负面社会情绪传染	3.972	0.945	.128**	.018	.106**	-.046	.276**	—		
7 倾向性情感表达	5.141	1.342	.030	.036	.050	-.054	.355**	.221**	—	
8 信息共享	5.356	1.331	.021	.118**	-.086*	-.090**	.327**	.068*	.501**	—

注:*. 在置信度(双测)为 0.05 时,相关性是显著的;**. 在置信度(双测)为 0.01 时,相关性是显著的。

(三)假设检验

(1)同源方差效应分析结果

运用SPSS22.0将本研究所有题项进行Harman单因子分析,分析结果显示,单因素解释变异的程度为27.4%,小于临界值30%。[①]这表明,本研究数据的同源偏差效应较低,不影响后续的结构方程路径分析。因此可以运用AMOS对假设模型进行结构方程分析。

(2)结构方程模型的路径系数分析

本研究选择使用AMOS22.0对假设模型中的各路径系数进行检验,并根据其显著性水平探寻风险认知视角下重大公共卫生事件中网络信息共享行为意向的情绪传染影响机制。

根据描述性统计结果可知,人口统计学变量与核心变量间存在统计学意义上的显著相关关系,如:性别、受教育程度与负面社会情绪传染、年龄与风险认知、工作性质与信息共享意向之间存在显著正相关关系。为更好地探寻重大公共危机事件中负面社会情绪传染的作用路径及其影响机制,本研究将人口统计变量,也即群体多样性变量放入结构方程模型中进行拟合,最终得到修正模型如图2所示。修正模型结构方程各变量间的路径参数估计值及研究假设验证结果如表3与表4所示。按照侯杰泰与温中麟的观点,CMIN/DF<5,RMSEA<0.08表示模型拟合良好。[②]由表3可知,CMIN/DF=4.903<5,RMSEA=0.066<0.08,因此修正模型可以接受,如图2所示。

① 侯杰泰、温中麟、成子娟:《结构方程及其应用》,《教育科学出版社》,2004年,第7页。
② 侯杰泰、温中麟、成子娟:《结构方程及其应用》,《教育科学出版社》,2004年,第7页。

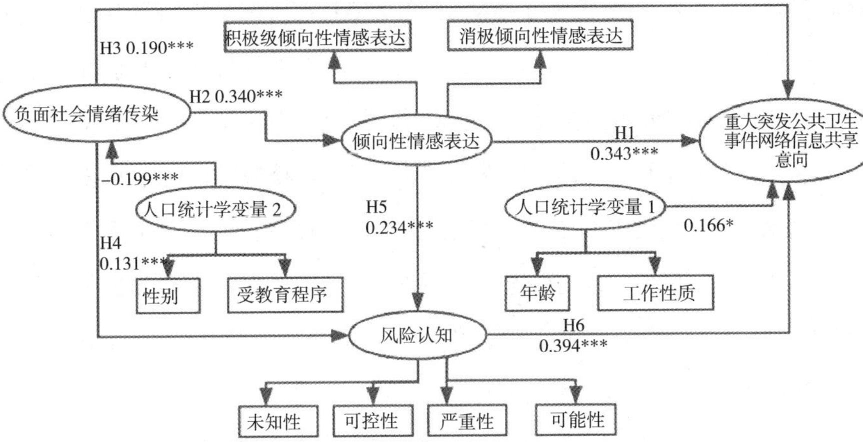

图 2　修正模型及路径系数

表 3　修正模型路径分析及拟合结果

模型名称	CMIN/DF	GFI	NFI	IFI	CFI	TLI	RMSEA
假设模型	4.882	0.912	0.896	0.916	0.915	0.898	0.065

表 4　修正模型各研究变量间路径参数估计值及假设验证情况

路径关系	标准化估计值	S.E.	C.R.	假设检验结果
倾向性情感表达→网络信息共享意向	0.343***	0.036	9.595	假设 H1 得到验证
负面社会情绪传染→倾向性情感表达	0.340***	0.050	6.857	假设 H2 得到验证
负面社会情绪传染→网络信息共享意向	0.190***	0.42	4.550	假设 H3 得到验证
风险认知→网络信息共享意向	0.376***	0.064	5.836	假设 H4 得到验证
倾向性情感表达→风险认知	0.232***	0.025	9.223	假设 H5 得到验证
负面社会情绪传染→风险认知	0.131***	0.031	4.280	假设 H6 得到验证
人口统计学变量 2→负面社会情绪传染	-0.199***	0.050	-3.948	
人口统计学变量 1→网络信息共享意向	0.166*	0.048	2.421	

注：样本量 N 为 907，*、**、*** 表示 $p<0.05$；$p<0.01$；$p<0.001$。

六、结论

（一）研究结论

新冠肺炎疫情暴发所衍生的相关网络信息引发了民众强烈的负面社会情绪，给社会有序管理带来诸多挑战。本文重点基于社会渗透理论视角，以新冠肺炎为研究背景，系统考察了重大突发公共卫生事件网络信息共享意向的负面社会情绪传染机制，得到结论如下：①负面社会情绪感染敏感度作为负面社会情绪传染的重要预测指标，对重大突发公共卫生事件网络信息共享意向具有显著的驱动作用。②倾向性情感表达（包含积极倾向性情感表达与消极倾向性情感表达）是负面社会情绪传染影响重大突发公共卫生事件网络信息共享意向的一条重要的无意识情感渗透路径。③风险认知不仅是负面社会情绪传染影响重大突发公共卫生事件网络信息共享意向的一条重要的有意识认知渗透路径。④倾向性情感表达（包含积极倾向性情感表达与消极倾向性情感表达）作为较深层次的社会情感渗透还会通过风险认知间接影响重大突发公共卫生事件网络信息共享意向。

（二）研究启发

本文基于社会渗透的理论视角，系统探究负面社会情绪传染对重大突发公共卫生事件网络信息共享意向的影响机制，为重大突发公共卫生事件下负面社会情绪传染信息的早期识别与前馈控制提供一定的理论依据与应急管理启发。

首先，本文很好地弥补了重大突发公共卫生事件网络信息共享行为中负面社会情绪传染研究的不足。负面社会情绪传染是一种基于社会影响的负性情绪互动或群体性消极情绪捕获过程，在重大突发公共卫生事件下，网络用户并非生活于一个情感孤岛上，而是会极易因他人评价倾向影响而生成弥漫性的负面社会情绪，并产生渴望掌握事件发展动态的信息需求，加剧了网络用户自身对重大突发公共卫生事件负面社会情绪信息的卷入强度。在网络信息时代，重大突发公共卫生事件下负面社会情绪信息所产生的信息情报决策价值已经远远超越了传统经济资本，成为极具影响力的策略性资源。因此建议新闻媒体与政府机构加强对重大突发公共卫生事件下网络信息的正向赋能，合理规范社会情绪信息的表达倾向，及早识别可能激化负面社会情绪非理性裂变与群体性传染的不当信息。准确掌握重大公共卫生事件中网络负面社会情绪信息的演变动态，对其进行前馈控制与正向引导以营造风清气正的网络空间，更好地维护网络生态文明的健康可持续发展。

其次，负面社会情绪传染作为影响重大突发公共卫生事件网络信息共享意向的一个重要驱动因素，存在无意识的倾向性情感表达渗透与有意识的风险认知两条路径。当人们处于对重大突发公共卫生事件的负面社会情绪敏感状态时，他们对衍生网络信息与社交媒体的倾向性情感表达模式和风险认知均会发生显著的变化。倾向性情感的表达既是为了满足人们快速有效交流的需要，也是借助网络信息的创建与共享来营造网络自我身份的重要路径。除此之外，倾向性情感的表达还是吸引其他网络成员采取响应行为的情感线索。这些情感线索往往还会包含一些明确的信息加工成分，如评价、解释、期望和思想交流中的个人需求等。因此，在重大突发公共卫生事件下，应急管理部门应将网络用户倾向性情感表达的表达作为一个经常检测的心理过程变量，从网络信息加工成分中的情感性信息评价、可理解性和信息卷入度等结构入手增强对网络用户的信息赋能，并引导其倾向性情感表达进行合理排解。

最后，本文的相关研究结论对明确重大突发公共卫生事件下网络信息共享意向的负面社会情绪传染机制提供了充分的实证支持，为及早识别重大突发公共卫生事件下的负面社会情绪传染信息，减少应急管理决策时滞问题提供了有效的理论指导与应急管理启发。

参考文献

[1]Altman, I., & Taylor, D. (1973). Social penetration: The development of interpersonal relationships. New York: Rinehart and Winston.

[2]Arora A., Chakraborty P., Bhatia M. et al. Role of Emotion in Excessive Use of Twitter During COVID-19 Imposed Lockdown in India[J]. Journal of Tech-

nology in Behavioral Science, 2020.

[3]Ayres J. Uncertainty and social penetration theory expectations about relationship communication: A comparative test [J]. Western Journal of Speech Communication, 1979, 43.

[4]Baack, D., Fogliasso, C., & Harris, J. The personal impact of ethical decisions: A social penetration theory. Journal of Business Ethics, 2000, 24(1).

[5]Beck, U. 1992. Risk Society: Towards a New Modernity. Theory, Culture and Society. London: Sage.

[6]Bontempo R. N., Bottom W. P., Weber E. U. Cross-Cultural Differences in Risk Perception: A Model-Based Approach[J]. Risk Analysis, 1997, 17(4).

[7]Buck R, Davis W A, Roeser S. Marketing Risk: Emotional Appeals Can Promote the Mindless Acceptance of Risk [M]//Emotions and Risky Technologies. 2010.

[8] Chen X . Identifiability, Risk, and Information Credibility in Discussions on Moral/Ethical Violation Topics on Chinese Social Networking Sites[J]. Frontiers in Psychology, 2020.

[9]Comer, L. B., & Drollinger, T. Active empathetic listening and selling success: A conceptual framework. Journal of Personal Selling & Sales Management, 1999, 19(1).

[10]Djamasbi S., Strong D. M. 2008. The effect of positive mood on intention to use computerized decision aids[J]. Information & Management, 2008, 45(1).

[11]E Cerd ά -Mansilla, Rubio N, Campo S. Critical success factors for sharing information and knowledge of COVID-19 through Twitter[J]. Knowledge Management Research & Practice, 2021(1).

[12]Eisenberg, Nancy. Distinctions among various modes of empathy-related reactions: A matter of importance in humans [J]. Behavioral & Brain Sciences,

2015,25(01).

[13]Erden Z., Von Krogh G.,Kim S. Knowledge Sharing in an Online Community of Volunteers:The Role of Community Munificence[J]. European Management Review,2012. 9.

[14]Etemad-Sajadi R. The impact of online real-time interactivity on patronage intention:The use of avatars[J]. Computers in Human Behavior,2016,61.

[15]Fishbein M,Ajzen I. Predicting and changing behavior:The reasoned action approach[M].New York:Psychology Press,2010.

[16]Freudendal-Pedersen M,Kesselring S . What is the urban without physical mobilities? COVID-19-induced immobility in the mobile risk society [J]. 2021,16,1.

[17]George J. Keiser and Irwin Altman,"Relationship of Nonverbal Behavior to the Social Penetration Process,"Human Communication Research,1976,2.

[18]Goldenberg,A.,and Gross,J. J. Digital emotion contagion [J]. Trends in Cognitive Sciences. 2020,24.

[19]Hatfield,E.,Cacioppo,J. T.,and Rapson,R. L. Emotional contagion. Current Direction Psychological Science. 1993,2.

[20]Islam T,K Mahmood, Sadiq M,et al. Understanding Knowledgeable Workers'Behavior Toward COVID-19 Information Sharing Through WhatsApp in Pakistan[J]. Frontiers in Psychology,2020,11.

[21]Jung H.S,Yoon H. H. Emotional contagion and collective commitment among leaders and team members in deluxe hotel[J]. Service Business,2019,13.

[22]Kelly,J. R.,& Barsade S. G. "Mood and emotions in small groups and work teams."Organizational Behavior and Human Decision Processes,2001,86.

[23]Koinig I . On the Influence of Message/Audience Specifics and Message Appeal Type on Message Empowerment:The Austrian Case of COVID-19 Health

Risk Messages[J]. Health Communication,2021(2).

[24]Laato S,Islam A,Islam M N,et al. What drives unverified information sharing and cyberchondria during the COVID-19 pandemic?[J]. European Journal of Information Systems,2020(1).

[25]Lee,J.,& Hong,I. B. Predicting positive user responses to social media advertising the roles of emotional appeal,informativeness,and creativity [J]. International Journal of Information Management,2016,36(3).

[26]Lewan P C,Stotland E. The effects of prior information on susceptibility to an emotional appeal.[J]. Journal of Abnormal & Social Psychology,1961,62(2).

[27]Liu,A. H.,& Gao,H. Examining relational risk typologies for guanxi boundary spanner applying social penetration theory to guanxi brokering. Journal of Marketing Theory and Practice,2014,22(3).

[28]Mangus S M, Bock D E, Jones E,et al. Examining the effects of mutual information sharing and relationship empathy:A social penetration theory perspective[J]. Journal of Business Research,2020.

[29]Parkinson B,Simons G. Affecting Others:Social Appraisal and Emotion Contagion in Everyday Decision Making[J]. Pers Soc Psychol Bull,2009,35(8).

[30]Peters,E. and McCaul,K.D. (eds.)Basic and applied decision making in cancer. Health Psychology,2005,24(4).

[31]Quach S,Septianto F,Thaichon P,et al. Mixed emotional appeal enhances positive word-of-mouth:The moderating role of narrative person [J]. Journal of Retailing and Consumer Services,2021.

[32]Rafaeli D S . Information sharing online:a research challenge [J]. International journal of knowledge & learning,2005,1(1).

[33]Schoenewolf,G. "Emotional contagion:Behavioral induction in individuals and groups"[J]. Modern Psycho analysis,1990,15.

[34]Starr,C. Societal benefifi t versus technological risk. Science,1969,165.

[35]Wheaton M G, Prikhidko A, Messner G R . Is Fear of COVID-19 Contagious? The Effects of Emotion Contagion and Social Media Use on Anxiety in Response to the Coronavirus Pandemic[J]. Frontiers in Psychology,2021,11.

[36] Xiang D,Zhang L,Tao Q,et al. Informational or emotional appeals in crowdfunding message strategy:an empirical investigation of backers' support decisions[J]. Journal of the Academy of Marketing Science,2019.

[37]Zeelenberg M,Nelissen R,Breugelmans S M,et al. On emotion specificity in decision making:Why feeling is for doing [J]. Judgment and decision making, 2008,3(01).

[38]程辉、袁柏春、刘小莉等:《重大突发公共卫生事件中医疗数据共享的伦理思考——以新冠肺炎疫情为例》,《中国医学伦理学》2021 年第 1 期。

[39]代亚君、郝艳华、吴群红等:《突发公共卫生事件公众风险认知量表编制及信效度检验》,《中国公共卫生》,2018 年第 12 期。

[40]樊凯盛、郝艳华、吴群红等:《重大突发公共卫生事件下"风险 IEPB"模型理论构建及评价》,《中国公共卫生》,2021 年第 7 期。

[41] 方杰、温忠麟、张敏强等:《基于结构方程模型的多重中介效应分析》,《心理科学》,2014 年第 3 期。

[42]耿瑞利、徐建国、金燕等:《重大突发公共卫生事件下公众信息获取行为与错失焦虑研究——以新型冠状病毒肺炎疫情为例》,《图书情报工作》,2020,15(08).

[43]龚为纲、朱萌:《社会情绪的结构性分布特征及其逻辑——基于互联网大数据 GDELT 的分析》,《政治学研究》,2018,4.

[44]邓国峰、高安安:《用新兴技术支撑重大公共卫生事件中的社会情绪治理》,《光明日报》,2020 年 12 月 24 日。

[45]何文盛、李雅青:《突发公共卫生事件中信息公开共享的协同机制分

析与优化》,《兰州大学学报》(社会科学版),2020年第2期。

[46]侯杰泰、温中麟、成子娟:《结构方程及其应用》,《教育科学出版社》,2004年。

[47]黄凯:《网络传播中的情绪感染与扩散研究——以“非典”时期网民恐惧心理为例》,北京大学硕士学位论文,2005年。

[48]霍明奎、竺佳琪:《突发公共卫生事件下社交网络用户正能量信息分享行为机理及管理策略》,《情报科学》,2020年第11期。

[49]寇纲、彭怡、石勇:《突发公共事件应急信息系统框架与功能》,《管理评论》,2011年第3期。

[50]宁岩、安小米、周雅、王丽丽:《中美突发公共卫生事件中的数据共享路径研究》,《图书情报知识》,2020年第6期。

[51]祁明亮、池宏、赵红等:《突发公共事件应急管理研究现状与展望》,《管理评论》,2006年第4期。

[52]石密、刘春雷、时勘等:《影响网络集体行为意向的情绪感染路径研究——基于情绪-信息的理论视角》,《情报杂志》,2018年第11期。

[53]时勘、范红霞、贾建民、李文东、宋照礼、高晶、陈雪峰、陆佳芳、胡卫鹏:《我国民众对SARS信息的风险认知及心理行为》,《心理学报》,2003年第4期。

[54]时勘、覃馨慧、宋旭东等:《中华民族共同体意识与抗击新冠肺炎疫情的应对研究》,《民族教育研究》,2021年第1期。

[55]孙倬、赵红、王宗水:《网络舆情研究进展及其主题关联关系路径分析》,《图书情报工作》,2021年第7期。

[56]温芳芳、马书瀚、叶含雪等:《“涟漪效应”与“心理台风眼效应”:不同程度COVID-19疫情地区民众风险认知与焦虑的双视角检验》,《心理学报》,2020年第9期。

[57]熊励、郭慧梅:《基于动机认知理论的突发事件网络信息分享行为影

响因素研究》,《情报杂志》,2021 年第 5 期。

[58]许成钢:《应对重大突发事件,信息的迅速流动是一切的一切》,[EB/OL].(2020-02-01)[2020-12-04].https://tech.sina.com.cn/roll/2020-02-01/doc-iimxxste8130129.shtml.

[59]阳长征:《网络空间中情感扩散、信息级联与舆论偏差的内生影响效应研究》,《情报学报》,2021 年第 5 期。

[60]姚艾昕、马捷、林英等:《重大突发公共卫生事件谣言演化与治理策略研究》,《情报科学》,2020 年第 7 期。

[61]中国互联网络信息中心:《第 47 次〈中国互联网络发展状况统计报告〉》,2021 年。

[62]周浩、龙立荣:《共同方法偏差的统计检验与控制方法》,《心理科学进展》,2004 年第 6 期。

场景时代互动广告创意模式分析与展望

杜立婷　李钟美

[摘要]近年来，随着各类智能技术的发展与普及，基于场景的互动广告成为品牌营销的重要尝试，其功能也逐渐从信息传递向切实解决消费者或社会的实际问题转型。本文以传播学领域中的场景五力理论为逻辑框架，基于移动设备、社交媒体、大数据、传感器和定位技术，系统探索当今互动广告的创意模式与表现。本文归纳总结了各类互动广告创意的创新点，预测未来互动广告在场景时代的发展趋势，探索与场景相关的智能技术在广告中的最大化应用与界限。

[关键词]智能技术；场景五力；互动广告；创意模式

与传统广告相比，基于场景的互动广告无论在表达方式，还是内容设置方面都取得了巨大进步。然而当下许多互动广告并未充分发挥其“互动”的作用，其创新能力也有明显的欠缺。如仅仅通过扫描二维码获取商品优惠券的促销行为，这类互动广告只留于形式，并没有促使消费者了解品牌内涵。创新

作者简介：杜立婷，天津工业大学人文学院传媒艺术系副教授；李钟美，大连理工大学科学学与科技管理专业硕士研究生。

需要用独特的思考方式和发散性思维，同时倾注更多的情感与灵感，而在具体的场景中，科技的发展与网络环境、数字信息处理等技术息息相关。场景时代下，成功的互动广告必然要把各种技术有机结合起来，创制富有吸引力和正向效益的优良模式。

一、场景时代与互动广告

场景时代的大门已经开启，未来的每个产业都将受到场景的影响，这就亟需厘清场景及场景时代的相关概念，对其现状进行分析，探究如何借助场景实现社会各领域的创新。

（一）场景概念的内涵

"场景"一词最早出现在传播学领域，源于2014年美国传播学家罗伯特·斯考伯和谢尔·伊斯雷尔出版的《即将到来的场景时代》。两位学者认为，场景传播的实质是特定情境下的个性化传播和精准服务，其目的是实现不同情境下信息和服务的配适。"场景"一词出现后，国内外学者对其进行了不同解读，彭兰认为场景包括情景，涵盖了基于空间和基于用户行为心理的环境氛围。她总结了构成场景的四个要素，分别为空间与环境、用户实时状态、用户生活习惯以及社交氛围。[①]喻国明提出场景可以重构社会关系，并开启了一种新型的关系赋权模式。[②]加拿大著名传播学者麦克卢汉曾提出"媒介即人的延伸"，认为媒介是人感知和体验外部世界的"连接"，是由其关联起来的全部关系和意义的总和。当用户在场景里的行为转化为数据，使得越来越多的信息与服务依赖场景这一因素时，场景也便成为信息、关系与服务的核心，成为人们感

---

① 彭兰：《场景：移动时代媒体的新要素》，《新闻记者》，2015年第3期。

② 喻国明、马慧：《互联网时代的新权力范式："关系赋权"——"连接一切"场景下的社会关系的重组与权力格局的变迁》，《国际新闻界》，2016年第10期。

知和体验外部世界的纽带，成为社会新的入口。

作为依靠技术不断发展的产物，罗伯特·斯考伯和谢尔·伊斯雷尔从技术层面归纳出“场景五力”，即移动设备、社交媒体、大数据、传感器和定位系统。“场景五力”概括了最新的信息技术、媒介技术和媒体形态发展的特点。可见，“场景”并不是以单个技术为支撑形成的大环境，而是多种技术的集合并将其社会化的应用。

（二）互动广告定义及其类型

互动广告是指新型的网络广告和建立在计算机视觉和虚拟现实等技术基础上的感应式广告。它是Web2.0时代诞生的产物，广义界定是指所有包括图文、视频、H5等互动形式在内的广告，狭义界定是指依靠Web2.0时代，广告主借助创新的互动形式，向受众传达广告的主题、抒发情感，从而达到让消费者彻底参与其中，最后实现传递信息并与用户双向沟通的一种广告活动。

互动广告的类型在学术界并没有一个权威的结论，大部分研究者按照它的表现形式进行分类，将其分为情景式互动广告和感应式互动广告两种。情景式互动广告是指需要广告画面外的人或物体来参与的广告，有助于引发人们的参与性，寓教于乐的同时达到信息传达的目的。感应式互动广告以计算机视觉和虚拟现实等技术为基础，使互动广告能够根据人体动作而产生相应变化。这种类型的互动广告依赖于技术的支持，并提供更具优势的互动体验，通过增强与受众之间的有效联系，提升广告效果。

（三）场景时代对互动广告的影响

场景时代对互动广告的影响主要表现在交互设计、运营手段、创意模式等环节。首先，对于广告的交互设计而言，场景时代下的交互手段更加丰富且营造更强的代入感。如为了提升用户的感官体验，除了传统互动广告中音效、动画等手段，还可以借助触屏、声音、画面控制等方式实现多感官体验，提高互动广告的趣味性与沉浸感。从技术角度看，交互设计的手段主要依靠层级任务分析法和层级任务拆解法。借用这些技术，可以更好地设计出逻辑清晰、导向明确、灵活顺畅的交互流程。层级任务分析法可以帮助设计师总结用户到达目标的一系列步骤、分析用户行为可能产生的交互路径；再结合任务拆解法，将目标任务进行解构分解，模拟用户在交互流程中可能会发生的各种交互路径，从而打造一套将用户引导至互动机制的完整流程。①

其次，对于运营手段而言，场景时代下的互动广告可以做到更精准的投放与商业变现。比如，广告主根据后台的用户数据，不仅能够对受众做更加多元化的标签分类，还能根据受众的媒介使用习惯确定并组合更优的媒介投放方式，使互动广告在5W传播过程中的各个环节均实现精准度的最大化。此外，借助移动设备还可以实现场景和销售渠道的一体化。企业借助智能移动设备，可以在互动结束后即刻提供消费入口。在用户沉浸式体验互动广告时，消费的路径被简化，购买的过程更简洁。

最后，对于创意模式而言，场景时代下的互动广告呈现出更加多元的表现形式。比如，社交媒体平台有助于将创作空间更多地转移给受众，实现价值共创。同时，在定位和传感器等技术将互动广告深度渗入各个生活场景的同时，深度学习和算法等技术又逐步将其渗透至人的精神领域。此外，技术支持下的互动广告不仅能满足人的多维需求，包括理性诉求和感性诉求，还能更好地帮助用户解决面临的多重问题。

实际上，“场景五力”与品牌营销的各个环节相辅相成。企业通过定位系统获得用户所在的位置，通过社交媒体了解用户习惯，借助传感器调动用户多重感官，并利用收集到的大量数据进行汇总，使用户与周围场景互融，保证数据的及时更新。通过五种技术的支持，场景在社会创新领域的应用日趋成熟。传播技术的发展不断衍生新的媒介，这些新的媒介表征着新的社会连接

① 胡晓林、马振龙：《基于H5技术的微信交互式广告在交互设计方面的“优势整合”创新思考》，《包装工程》，2016年第24期。

方式、评价标准,为社会创新提供了更多可能,它们不仅提高了媒体传播消息和用户获取信息的效率,还改变了用户的消费行为。

二、场景五力框架下互动广告创意模式

(一)基于移动设备创制互动广告

移动设备主要以智能手机和智能可穿戴设备为主。移动设备最突出的特点是不受时间和空间的限制,因而它们也成了人们生活中不可或缺的组成部分,为互动广告创意提供了更丰富的平台和更多打破时空局限性的可能性。

1.融入用户生活场景

随着5G时代的到来,可穿戴设备为广告创作时的场景搭建提供了稳定的技术支撑。它改变了以往以实用功能为主的理念,将人文情怀融入场景建构中,努力将创意融入到用户生活的各个场景。比如,作为亚洲第一乳业公司的伊利曾设计了一条个性化营养定制的食品行业新赛道,它和小米联合定制AloT可穿戴设备,通过识别各个场景下用户的营养需求,为用户匹配精准的饮奶方案。该企业在小米手表内植入科技牛奶app作为高频使用入口,用户可以通过手表app快速进入"白科技"界面。在用户日常生活中的各个场景,如睡眠、运动时也可以时刻监测用户身体机能状况的各项数据,根据不同用户的营养状态,推荐合适的产品详情页,将需求转化为消费。

2.联动线下场景与线上商店

随着各大电商平台和移动支付的普及,人们可以在淘宝和各类具有购物功能的小程序进行消费。这类商店的优势在于用户无需耗费精力到达实体店,可随时随地在网上购买。比如,耐克曾在巴西圣保罗将线下的街头涂鸦墙与线上商店联动起来,用于推出新款气垫鞋Air Max。创意机构AKQA将Air Max和巴西各地广泛的街头涂鸦文化联系起来,通过与巴西街头艺术团体的

合作，在原有街头涂鸦人物的脚上喷涂上耐克 Air Max 鞋样，给这些涂鸦人物“穿鞋”。路人用手机扫描图案会跳转到耐克线上商店，选择购买同款气垫鞋。该广告使得耐克销售额增长 32%，所有型号均售罄，而涂鸦墙上的壁画也成了圣保罗的文化遗产，实现了技术与艺术的高度融合。

3.打破时空局限性

移动设备最突出的特点是不受时间和空间的限制。伦敦博物馆曾通过 iphone IOS 系统的客户端程序打破博物馆的砖墙，让整座城市变成它的营销展厅。人们在伦敦的任何位置，借助 GPS 定位，把手机摄像头对准当前所在位置，系统会在屏幕内再现当前位置几十年前的样子，点击屏幕还可以获得更多讯息。这种方法打破了博物馆的空间局限，推进了文化的传播，同时利用图像识别技术与 AR 技术，实现视觉、听觉等多维度信息的实景重合。

（二）基于社交媒体创制互动广告

社交媒体是场景传播获得个性化内容的来源。基于社交媒体的互动广告通常可以将受众细分至某一社群，从而保证互动体验的定制化与精准性。通常而言，基于社交媒体的互动广告主要呈现如下三类创意策略。

1.建立社群互动体验

社群类互动广告最早源于微信推出的朋友圈信息流广告，至今仍被广泛推广。比如人们在日常刷朋友圈时，会按照广告框内的指示引导进入到广告入口。这类广告会根据社交语境定向投放给固定社群，用户只需点赞、评论，就可以找到属于自己的“群体”，获得身份认同，在营造社交圈式的交流氛围、提高用户参与度的同时，提升品牌好感度。企业借助这些优势推出了社交媒体互动广告，增强用户对广告的感知相关性。强关系链的社交模式可以通过拉近产品与受众的距离，获得更理想的关注与好感。

2.为用户提供社交内容

近年来，各种基于微信平台的移动交互式广告百花齐放，其中 H5 广告在微信用户的互动和参与效果方面表现突出。比如，网易“三三星球”公众号曾在2020年借助SVG交互图文的形式推出了小瓶子填充互动H5，让其一夜间在各大社交平台疯狂流传。该案例将互动、参与感、社交性、故事化、场景化五大要素融入传统的图文创作当中，极大满足了年轻群体渴望自我表达的诉求。网易云、支付宝、饿了么等各大应用程序的年度账单也是借助用户乐于分享与表达的心理进行传播。

3.巧妙借助UGC实现创意

在web2.0时代，用户既是网络内容的浏览者，又是网络内容的创造者，他们可以将自己原创的内容通过互联网平台展示给其他用户。这部分由用户生成的内容被称为UGC（User Generated Content）。近年来，越来越多的品牌意识到UGC互动广告的重要性，逐步探索互动新形式。比如，巴西麦当劳曾推出“Instagram菜单”营销活动，它将传统的菜单替换为“Instagram菜单”。当用户将产品分享到该平台自己的社交账号上时，企业可以通过社交标签追踪到这些分享的链接，然后借助Instagram的API，将其中的优质内容自动发送到菜单屏幕上。这项活动将人们对麦当劳食物的欲望转变成对生活方式的分享欲，将社交媒体与餐厅连接在一起，从而获得成功。

（三）基于大数据创制互动广告模式

数据是衡量互联网的单位，由于积累的数量巨大，通常被称为“大数据”。在《即将到来的场景时代》一书中，作者称“数据之于场景时代就如同氧气一般——无处不在且必不可少”。面对海量的消费者，大数据为企业定制互动广告提供了新的创作思路。

1.定制个性化互动体验

传统意义的广告功能是广而告之，以大面积覆盖的方式投放给目标人群，向社会公众告知某件事物。随着大数据技术的普及，广告主可以分析受众性别、年龄、地域等信息，并打上相关标签，从而实现为不同标签人群投放不同类型广告。小红书曾巧用大数据的精准投放特征，鼓励用户发布“请大数据把我推给XXX的朋友”为标题的帖子。通过后台对带有此标签目标用户的推送，促成有效互动。大数据成为将用户进行归类的重要工具，帮助广告主更精准地与细分目标群体进行交流互动。

2.精准迅速迎合用户需求

互动广告借助大数据技术可以迅速识别用户所在场景和行为，进而基于可预测的用户需求，提供即刻的信息或反馈。企业借助大数据平台中的用户场景算法与用户进行实时互动，应对用户当下的诉求，解决用户面临的问题。比如，科大讯飞针对用户在浏览视频前被迫观看广告的问题，提出让用户通过语音来正确回答视频中品牌有关的问题就可以跳转广告的创意方式。企业借助这种方式增强用户与品牌之间粘性及传播效果的同时，还能满足人们想要高效时间管理的需求。

3.实时监测广告效果

营销过程中较为关键的一环是广告主获取充分有效的用户反馈。在大数据的支持下，企业可以实时监测广告效果数据，分析消费者情绪、场景、渠道等各因素对广告效果的影响，多方面对广告效果进行剖析。对广告效果实时监控，有助于广告主不断优化广告的传播效果，减少广告投放资源的浪费。例如，谷歌开发了广告效果归因工具谷歌Attribution，用来分析和处理用户从认识品牌到完成购物整个过程的相关数据。谷歌Attribution帮助广告主更好地了解用户每一步行动所蕴含的意义，了解不同渠道在不同情况下产生的互动行为，进而提升广告效果。

（四）基于传感器创制互动广告模式

简单小巧的传感器可以测量多维度信息并实时反馈变化。它们通过模仿人类的五官实现功能，察觉并放大人类感受不到的变化，可以被应用到各种领域。由于其拥有丰富多样的表现形式，给互动广告带来了许多新的创意可能。

1.充分调动多重感官

很多广告主围绕人的感官进行创意设计,通过传感器等技术和新颖的渠道给用户带来丰富的体验感。比如,麦肯健康中国曾为医药保健公司 GSK 创作了一则名为呼吸之树(Breath of Life)的互动广告,并荣获 2019 年戛纳国际创意节全场大奖。该广告的创作初衷是为了普及慢性阻塞性肺病的早期自我筛查,用户只需在智能手机上打开广告界面,对着麦克风吹气,手机便会根据算法和声波为用户生成相应的吹墨树。树的大小代表用户的肺通气量,未达到标准值的受众会收到一条关于尽早筛查慢性阻塞性肺病的建议。

2.注重沉浸式互动体验

传感器还经常应用于户外互动广告，用来打破受众与广告主之间的隔阂。互动行为使具有互动功能的数字户外广告突破了常规传递信息的创作模式,而且将创意重点放在切实满足用户诉求和直接解决社会痛点上。比如,在一则公共健康互动广告中,设计者借助公交车站的广告牌设置了一套互动装置。公交站牌的画面中有一位病危的男士,他的胸口上有一双手的标志,参与者可以把双手放在男士的胸上,为他做心脏按压的急救,按压一定次数后,画面中的病人会回复正常的心跳。当人们在“沉浸式互动”中进行体验,所达到的广告效果要优于单纯用眼睛去接收信息。

3.实现感官体验可视化

传感器作为一种检测装置,不仅能感受到被测量的信息,还可以将被测量信息转换成电信号或其他视觉形式。比如,2018 年英国麦当劳曾推出以温度传感为技术支撑的数字户外广告——麦当劳天气预报。该广告利用热敏传感器和 Met Office 的实时数据，成功地为麦当劳的经典产品形象赋予了预报天气的功能。其中,一个未包装的汉堡代表太阳,倒挂的盒装薯条代表雨天,被包装物覆盖着的汉堡代表阴天,咖啡代表大风天,而蘸着番茄酱的薯条代表着温度计。可见,传感器技术的应用让户外广告朝着更高价值、更高融合、更高体验的方向发展。

（五）基于定位系统创制互动广告模式

定位系统是通过定位技术确定目标位置的装置，它是情境感知的核心要素。企业擅用定位系统来捕捉用户的行为习惯，预测用户的潜在需求。定位系统与移动设备、大数据相辅相成，为互动广告创作提供了技术支持。

1.将地理劣势转为吸引力，将路程成本转为用户利益

随着电商平台的普及，以及网络购买习惯的养成，实体店购物的时间或路程成本成为阻碍人们线下消费的重要壁垒。应对该现象，宜家与谷歌地图在迪拜门店推出 Buy with your time 的创意。在宜家门店结账时，消费者通过查看谷歌地图上前往宜家花费的时间，即可用来兑换相应的宜家产品。基于定位系统实现时间消费的创意模式，把原本的地理位置劣势转换成对消费的吸引力，把到宜家购物的阻碍条件转换为逛街消费的动力。

2.打通线上线下渠道界限

定位系统除了可以提供更具场景针对性的广告互动体验，还可以缩小线上线下购买行为之间的差异，借助线上场景构建虚拟网络与线下的结合点。比如，丰田 Toyota 曾打造一项可以让孩子在车里借助智能手机与父母共同驾驶车辆的互动广告创意。当开启手机的 GPS 功能，系统会将车辆的行驶轨迹同步到手机画面，孩子们可以在车内完成与父母在线上线下的共同驾车体验。该广告通过真实线下乘车与线上虚拟驾车的互动，不仅让孩子们掌握了交通运行规范，还传递了该汽车品牌适合家庭出行的形象。

3.借助位置定位提供服务

定位系统为个性化的场景传播提供了必要支撑。基于消费者生活习惯，定位技术有助于商家提供个性化服务的同时，还提供了更广阔的广告创意空间。通常而言，定位系统为用户提供服务的过程分为两个步骤，先是采集位置数据，构建一个虚拟区域，广告主可以在这一区域内实时收集数据并定位目

标消费者。比如，面对身处天津市西青区大学城附近的人群，软件后台会根据定位向这类用户推荐一系列“大学城美食”“大学城游玩”等帖子，精准迎合消费者需求。接下来，企业会利用定位系统来触及那些身处竞品地点的消费者。

（六）基于整合视角创制互动广告模式

场景五力给互动广告的创意模式带来新的思路和法则，具体体现在以下三个方面：一是构建以用户为中心的场景，二是根据用户的需求匹配相应信息，三是提高用户的互动体验。

首先，用户在互动过程中的复杂性和多元性，决定了互动广告的背景环境和情景逻辑要以用户需求为中心的原则。移动设备打造的虚拟场景，借助传感器、增强现实、虚拟现实等技术，已经可以取代传统实体场景带来的真实体验。例如，在《奇异博士》上映前，片方利用数字化户外媒体让路人们感受电影内“扭曲现实”“任意门”等场景，人们只需通过动作指示，即可完成真实、炫酷的虚拟体验。在这个过程中，场景不再是广告传播的介质和工具，它已经变成了广告本身。

其次，广告主从受众需求出发，根据用户需要来构建场景。以直播场景为例，果农在直播间介绍自己的水果，当主播在农场里现摘进行推销时，用户以弹幕的形式和主播进行互动，最终点击直播间提供的购买链接完成购买。这种方式将生产、购买放在前端，并充分利用渠道特色实现了买卖双方的直接互动，满足了顾客咨询、购买一体化的需求。同时，平台聚集各种资源，利用大数据分析，将不同类别的粉丝匹配给不同的主播，保证场景的定制化提供，增强用户的交互体验。

最后，用户对品牌的忠诚度一定程度上会受到用户体验的影响。从传播学的视角看，广告互动的本质是符号的互动，品牌及其传递的价值会通过互动过程中的符号展现出来。雀巢旗下巧克力品牌 KitKat 巧克力的广告语是“随时随地让你放松”，为了传达“放松”这一概念，企业巧用商业屏幕，鼓励两位路人在屏幕前比赛，成功憋笑的那一方可以获得一块 Kitkak 巧克力。在该案例汇中，场景化成为品牌符号被重新包装的过程，不论是品牌标识、广告语，还是产品包装，企业都要以场景化的互动对品牌的形象进行构建，让用户在体验中领会品牌内涵。

三、场景时代互动广告创意模式的未来展望

（一）借助场景提供沉浸式体验

媒介可划分为空间偏向的媒介与时间偏向的媒介，5G 背景下场景的界限变得模糊，空间与时间、现实场景与虚拟场景交叠共存。未来在场景五力的助力下，智能化媒介将成为广告创意的主力军。广告被场景重新定义，成为内容的一部分。当受众沉浸在场景中，广告内容与受众的互动频繁，唤醒受众的多感官体验。携程曾把旅游景点平铺在地铁走廊的镜面上，并在一些关键位置留下空白，当受众站在合适的位置，便可拥有时空穿越的体验，这就是人与镜面、现实与虚拟构建出生动的场景空间。

借助虚拟现实技术的场景体验将越来越多被应用到品牌的社会化传播。未来企业或商家可以借助虚拟现实虚拟场景与品牌现实空间的交叠融合，将知觉体验转移到虚拟空间，实现意识层面的沉浸式体验，带来一场由场景五力引发的品牌传播革命。虚拟现实带来的沉浸式场景体验还可以促进广告信息和品牌信息传播，使消费者产生购买欲望，实现广告传播的去界面化，做到全景式再现。

（二）利用互动广告推动社会创新

基于场景时代的互动广告为社会创新也带来了新的标尺和新的范式。从本质上说，媒介技术是对社会关系的重新构建，任何社会关系的发生都依赖

于作为中介纽带的媒介。任何媒介技术的升级换代,都是人类社会关系的再造和人类社会资源的再分配。由此可见,互动广告的创新能够帮助人们探索更多的时间和空间,获得更多的资源。元宇宙的出现亦帮助人类打破既有的社会边界。它不仅帮助人们实现在虚拟空间的社会体验,促进个性和能力的完全释放,实现生命体验的无限拓展,而且可以实现人们在虚拟空间的感官体验。互动广告如若实现了线上视觉、触觉、听觉的突破,便可以打造全新的元宇宙社会空间。

(三)结合商业力量解决社会问题

广告创意模式的迭代更新,必须保证互动广告的"向善"指向。作为一种商业营销手段,互动广告需要在商业利益与社会利益之间进行权衡。从效果上看,作为高度开放的公共传播行为,互动广告的创意观念不仅影响着社会文明的发展走向,更直接影响着品牌的升级。互动广告的向善观念需要强调"以人为目的"的广告向善。广告主应努力将这些品牌态度转化为解决社会问题的积极力量。

此外,互动广告要实现话语向善。广告传播的话语,既可以是煽动性的文案,也可以是误导性的言语;广告话语的传播,既可以解构旧的思维,也可以建构新的范式,既可以影响受众情绪,也可以改变受众态度。因此互动广告引领着社会的意识形态走向,广告应从深度和广度传达其向善诉求,以广告向善引领商业向善,最终实现社会向善。

(四)通过技术手段为创意赋能

伴随着新技术的浪潮和元宇宙的出现,广告技术迅速迭代更新,而创意是多元属性和概念的巧妙融合,其中技术扮演着重要的角色。目前虚拟现实、增强现实等元宇宙相关的综合技术发展愈发完善,在广告创作上可以给予充分支持。新技术不断拓展着创意的边界,给互动广告创意提供更多可能,使广告呈现的视觉效果更加炫酷、沉浸式体验更加真实、感情冲击更加强烈。虽然技术是吸引用户的一个重要因素，但内容依然是广告创作的核心。如何把技术转变为表达内容的有效而能动的方式，实现两者相辅相成，而不是内容的输出呈现受到技术的束缚，这也将成为广告创作者未来有待思考和解决的问题。不断科学而有效地破解内容与技术的关系问题，是持续推进智能传播时代广告行业发展的重大课题。

参考文献

［1］段淳林、宋成：《用户需求、算法推荐与场景匹配：智能广告的理论逻辑与实践思考》，《现代传播》（中国传媒大学学报），2020 年第 8 期。

［2］高倩：《浅谈情景互动广告》，《艺术与设计》（理论），2009 年第 6 期。

［3］李青：《互动广告新形式——H5 广告研究》，《新闻研究导刊》，2016 年第 9 期。

［4］［美］罗伯特·斯考伯、［美］谢尔·伊斯雷尔：《即将到来的场景时代》，赵乾坤、周宝曜译，北京联合出版公司，2014 年。

［5］杨思杰：《自媒体互动广告的场景化思维与应用》，《南华大学学报》（社会科学版），2018 年第 4 期。

［6］臧丽娜：《5G 时代基于“场景新五力”的品牌传播场景构建》，《当代传播》，2020 年第 6 期。

［7］张玉霞：《双向沟通——浅析互动广告创意手法》，《电视指》，2017 年第 14 期。

拟真视角下网络热点的社会构成与大众行为逻辑

——以游戏《羊了个羊》为切入

魏智慧　封志超

[摘要]《羊了个羊》小游戏的火爆堪称现象级的营销案例和社交事件，它的成功是网络社会拟真秩序自然运作的结果，其拼贴要素制造差异和精准定位模式营销的策略恰好符合拟真秩序的两大特征：代码调制和模式运作。拟真秩序导致了"客体的定局"，大众只能通过"定局性的策略"进行抵抗，主动献身成为流量的一员，在网络媒介制造出的视听刺激中狂欢，并积极寻求所属圈层的认同，最终使心灵在满足与空虚之间摇摆，维持一种勉强应对。

[关键词]网络社会；拟真；流量；集体合谋

作者简介：魏智慧，天津理工大学社会发展学院副院长、副教授；封志超，天津理工大学社会发展学院硕士研究生。

基金项目：天津市哲学社会科学规划研究项目（TJSR18-003）。

一、引言

2022 年 9 月中旬，一款操作简单的消除类游戏《羊了个羊》火爆全网，相关数据显示，9 月 15 日当天的前四个小时内就有 1694 万人玩过该游戏。除了具备大量活跃的真实玩家，此游戏在各大社交媒体上也有广泛的讨论热度，仅 9 月 14 日一天，它就斩获了 8 个微博热搜，微博话题阅读量高达 18.1 亿。

面对如此巨大的市场反响，不禁让人心生疑问：这款游戏为何会成功？是因为游戏里优质的内容创作引发大众的自觉关注吗？答案显然不是。《羊了个羊》自爆火之后，关于它抄袭侵权和制作粗糙的质疑一直不断，作为一款只有两关的轻量小游戏，它的研发团队一共只有三人，制作周期三个月，相较于那些制作精良的大型手游来说，如此简陋的状况根本难以想象。那它的火爆是高超的营销策略炮制出来的流量泡沫吗？应该也不是。根据社交网站中广大玩家分享的真实经历显示，一旦怀揣着好奇心开始一把游戏，那接下来的几个小时都会沉浸在不断尝试的痛苦与不甘中难以自拔。

其实，和《羊了个羊》类似的热点事件每天都在网络世界发生，它们以极快的速度抓人眼球，并以同样的速度消退，如此起伏的模式彷佛就是它们的命运，不过仅从营销的角度并不能够完全解释这一切。流量逻辑运行的背后是整个社会结构和个体心灵状态在支撑，因此我们需要通过它的成功去深刻透视这些借由网络媒介炮制出来的“流量狂热”的存在根基，以及大众在其中的行为逻辑。

二、《羊了个羊》成功的关键

在深度体验《羊了个羊》游戏，并旁观它从默默无名到炙手可热再到归于平静的整个过程后，便可以大概明白它的成功密码。

(一)拼贴要素制造差异

《羊了个羊》是一个典型的消除类游戏,此类型的游戏因为操作简单、益智休闲,一直拥有很多玩家。经典的《泡泡龙》《祖玛》,还有《开心消消乐》等多款游戏都是以消除为核心玩法,再融合其他多种元素搭建起来的。《羊了个羊》更是将拼贴组合的策略发挥到极致:在整体画风和玩法照搬国外《3 tiles》游戏的基础上,它还加入了农场和羊群的元素,使得画面呈现出色泽鲜活、可爱卡通的特点;另外,游戏又加入了全国省份排名的机制,无形之中将每个单机的玩家联系起来,形成以地域竞争为基础的社交模式。

让这款游戏真正脱颖而出的是它反其道而行之的难度设置。一般游戏总是会设置难度不断递增的关卡,让玩家在不断通关的过程中获得激励与成就感;然而设计粗糙只有两关的《羊了个羊》却一反常态,将第一关设置为必定通过的教学关卡,将第二关则直接设置为几乎无解的难度(根据游戏官方的统计,第二关的通关率不到0.01%)。如此陡峭的难度设计并不需要游戏制作者精巧的安排,相反这恰恰是制作团队投机取巧之处,因为只要在后台的代码中稍作修改,那么通关的概率就会如他们预期的那样渺茫。这款游戏简单的内核和极低的通关概率形成了强烈的反差,更加激起了玩家们不服输的精神,大家在不断累积的挫败感中越挫越勇,与此同时通关带来的虚拟荣誉感也不断累加。当游戏的难度成为社交圈的传说,更多的人被吸引过来放手一试,进而反复陷入不甘失败的心理循环中。

这就是《羊了个羊》高明但不高超的"精巧"之处,它充分利用了玩家渴望克服困难获取成功的心理,通过代码调制出来的"死局"拖延玩家的停留时长。如果人们真的把它当作一款供人娱乐的游戏,那么就必然在浪费的时间里不断经历失败。事实上,《羊了个羊》只是一套没有内容的代码模式,它拼贴了多种可能引发潮流的元素,瓦解了游戏自身的内容,创作团队只是想依靠它赚取流量,进而盈利。

（二）精准定位模式营销

如果说不足0.01%的通关率是《羊了个羊》这款游戏预先设定的程序，那么它“月抛”的命运则更是研发团队预先设定的结局。从仓促的制作周期和短缺的投入成本开始，这款游戏就肩负着以小博大赌爆款的职责。

这是生态学中物种繁殖的一种策略，被称为R策略：R策略者是典型的机会主义者，它们认为生存要靠机会，因而只要生产出足够数量的个体，那么总有个体能够成功地存活下来。这种生物的繁殖策略慢慢被商业模式所吸收，《羊了个羊》就是成功践行这种策略的典型产物。游戏研发团队清楚地知道自身产品的定位，因此当它初具爆款潜质时就果断为它启动了一整套引流策略。据相关人员透露，《羊了个羊》项目组应该是与微博达成了某种合作，使得一大批微博培养的大V博主前来种草、引流，因此它蝉联微博热度榜首的现象大概率是微博平台的自导自演。且该游戏在其他平台明确发布了500万的达人推广预算计划和22万奖金相关任务，由此可见其巨大的热度很大程度上是因为有专业的营销团队在背后推动。当然，这套营销策略也是预先设定好的，固定且成熟的操作方式就说明它的运作对象无所谓是《羊了个羊》还是《驴了个驴》。

现在看来，这款游戏的流量运作十分成功，上升期的8个热搜使它持续登上热度榜顶峰，而几天之后的销声匿迹则是它履行完职责后的自然退场。在它最火爆的阶段，就不乏有人故意唱衰预测它的热度不能持久，其实无形之中就揭露出流量运作的规律：快速变换一直是流量承载对象的宿命，但只要获取过热度，产品就创造了巨大的价值。

《羊了个羊》带给研发团队的收益是难以想象的。前期通过转发获取辅助通关道具的策略使它极速扩展了玩家群体，在玩家社交圈内的传播还侧面发挥了增强玩家粘性的作用；当玩家基数广大且稳固时，获取辅助通关道具则只能通过观看广告来实现，这也是它主要的营收方式。其实，当玩家等待广告成为游戏时的常态时，它的游戏内容就进一步被瓦解了，进而显露出“广告播放器”的真实面目。经历这一切后，《羊了个羊》已经成功榨取了玩家的社交价值和广告价值，赚得盆满钵满后功成身退，它完成了预先设定的程序，只留下还没有回过神来的玩家去下一个热点继续寻找刺激。

三、网络社会的拟真秩序：《羊了个羊》爆火的社会构成

鲍德里亚在见证了电视媒介的普及以及其社会影响之后，对整个资本主义世界的图景产生了新的划分方式[①]：第一个阶段是与文艺复兴一起出现的仿造，即对自然事物的模仿；第二个阶段是机械复制与工业生产的时代，产品以系列的方式生成；第三个阶段以各种电子媒介的兴起为标志，拟真是其主导图示，一切都根据符号的差异原则调制出来，比如迪士尼乐园中的动漫人物，比如通过基因编辑工程创造的新物种……

显然，我们所处的网络社会就是以拟真作为存在根基：有条不紊的程序、光怪陆离的视频、精彩绝伦的游戏，一切都依靠符号的制造运转起来，网络媒介在符号的加工制作和价值赋予中发挥着巨大作用。从上述角度切入，《羊了个羊》游戏的火爆就不再是网络社会的一次偶然事件，它同一众热点话题一样，只是现今拟真秩序下的一个典型产物。

（一）瓦解内容：比真实还要真实

所谓拟真，是直接通过代码调制出来的东西，它的本质是没有本体的代码[②]，这和流量就有异曲同工之处。流量本质上是在程序操作的后台可检测到

① 张一兵：《拟像、拟真与内爆的布尔乔亚世界——鲍德里亚〈象征交换与死亡〉研究》，《江苏社会科学》，2008 年第 6 期。

② 仰海峰：《超真实、拟真与内爆——后期鲍德里亚思想中的三个重要概念》，《江苏社会科学》，2011 年第 4 期。

的信息使用和聚集情况的数据[1]，反映到日常生活领域可感知的层面则转化为特定对象在网络空间凝聚的注意力。游戏的在线玩家数量、社交媒体账号的粉丝数量、发布内容获得的转评赞数量、热搜话题数量、购物平台单品的销售量……这些都是大众能够清楚观察到的流量表现形式。

在某种意义上，网络空间中的流量发挥着与现实世界中的货币等同的作用，它们都是对消费对象的价值进行评估的工具。人们运用流量评估价值彰显认可的行为能够将商品生产、流通、消费的各个环节组织起来，但与此同时，本身并不具备任何内容的流量正在拟真被它所评价的一切内容。当人们习惯于根据人或事物受到的关注量来判断它们的价值和重要性时，流量显然已经完成了对人和事物的拟真，进而顶替它们成为网络社会唯一真实的存在，它可以独立于一切内容的制造，因为它自身便是生产者和消费者争相竞逐的目标，它比真实的内容更加真实。

由此，在网络媒介内容创作的过程中，优质内容的生产不再重要，甚至生产什么内容都变得无关紧要，只要能够融合某些固有元素，再采取一定的营销模式就能够获取流量，价值自然也就产生了。于是，流量可以引导资本和各种资源集中，也可以成为投资者引诱公众消费的手段，泛滥的消费符号借助流量席卷人们的日常生活，流量逻辑成为新的社会整合逻辑。[2]

（二）纳入算法：除了程序还是程序

根据上述观点，流量似乎能够指挥资本，但更现实的情况是，资本总是尽其所能炮制出流量热点，然后在引诱受众的过程中完成增殖。在网络时代来临之前，也就是以广播、电视为主的大众传媒时代，所谓的消费社会就已经出现了，大众媒介通过广告制造出众多景观，让民众在虚假的自我实现中认同

① 刘威，王碧晨：《流量社会：一种新的社会结构形态》，《浙江社会科学》，2021年第8期。

② 张一兵：《拟像、拟真与内爆的布尔乔亚世界——鲍德里亚〈象征交换与死亡〉研究》，《江苏社会科学》，2008年第6期。

社会的差异秩序。[①]也是在这个基础上，鲍德里亚认为大众传媒的“非中介和不及物”特性造就了“沉默的大多数”[②]。他指出，电视等媒介并没有将客观的真实情况传递给受众，而是在对信息进行筛选、把关和加工之后，只将符合自身宗旨和利益的“拟真”内容推送到受众面前，从而营造出某种“超真实”。[③]信息单向的传导使得受众被困在这样的“拟态环境”之中，沟通和交换不再可能，于是引发了社会性的终结。

网络媒介的出现曾被认为能够颠覆这一切，从而孕育出新的社会形态。[④]不过现在看来，现实并没有按照美好的预期发展。当个体在网络世界中的存在日益获得某种本体性的地位时，人们也陷入了无以复加的拟真状态中。一些大型的网络平台在某种程度上顶替了传统大众传媒的角色，通过更加精密的算法牢牢把控着用户所能接触的信息，并收集着用户的资料。[⑤]根据个体的兴趣进行个性化推送看似美好，但这些兴趣可能就是被平台事先培养起来的。网络平台在接入海量用户和资源的过程中不断膨胀，它们完全有能力通过大数据的技术手段和规则制定实现社会控制。回到《羊了个羊》小游戏，它只不过是在后台将通关的概率改到低于0.01%，就成功诱惑了千万玩家，并让他们在上面滞留了相当长的时间。看似是用户在玩研发团队设计出来的游戏产品，但其实用户才是网络媒介通过预定的算法调制出来的产品。

由于拟真的本质是没有本体的代码，是缺乏内容的内容，所以拟真事物的出场必然以一定的模式来呈现，模式即预先的程序，一切存在都只有纳入

---

① Baudrillard, Jean, *The Consumer Society: Myths and Structures*. Sage, 1998, p.62.

② Baudrillard, For a Critique of the Political Economy of the Sign, *Telos Press Publishing*, 1981, pp.169-170.

③ 袁文卓：《让·鲍德里亚及其后现代媒介思想》，《学习与实践》，2017年第7期。

④ Clay Shirky, Here Comes Everybody: The Power of Organizing without Organization, *Penguin Books*, 2008, p.188-211.

⑤ 刘晗：《平台权力的发生学——网络社会的再中心化机制》，《文化纵横》，2021年第1期。

模式才有意义，它们不再按照自己的目的发展，而是按照预先的程序去运行。[①]

四、流量逻辑下的集体合谋与个人状态

在网络社会的拟真结构之下，网络平台对大众的操纵已成定局，这也就是鲍德里亚提及的“客体的定局”——主体已经消失于客体中。[②]但是“只要存在着利益－权力－知识所营造的政治过程，就不可避免地存在着压迫与反抗的斗争”[③]，被操纵的大众并不是毫无抵抗的，只不过是以一种“定局性的策略”在抵抗：主体不再在对世界的超越和反思中赋予世界以意义了，而是通过加入到客体中而对客体进行反叛。[④]落实到具体的现实中就是，人们并不拒斥流量逻辑对日常生活方式的安排，而是主动将自身也变成流量的制造者，通过炮制大众自己的热点来对抗某些利益团体的控制。这也正是某些精心设计的营销策略收效甚微，或网络平台自身也难以精准预测流量风口的原因所在。

毋庸置疑，网络平台通过炮制热度引诱用户的关注，但也必须承认，流量的高峰是集体助推的结果。我们不能仅仅观察到人们的某些消费行为确实受到了流量的影响，就妄下人们已经被流量裹挟的断语，而忽视了这些流量本身就是由无数个体凝聚出来的导向。当下网络社会出现的种种现象绝不是一个理想乌托邦的图景展现，只能说大众在面对强加于他们的秩序时仍然能够勉强应对。可以明确观察到的是，集体合谋出的流量热点既表现出大众追求刺激的猎奇心理，又彰显出他们渴望认同的归属感需求，而每个在网络中狂欢的个体都安全地在满足与空虚之间摇摆。

---

① 仰海峰：《超真实、拟真与内爆——后期鲍德里亚思想中的三个重要概念》，《江苏社会科学》，2011 年第 4 期。

② Baudrillard, Jean, *The Ecstasy of Communication.* Semiotext(e), 1988, pp.87–89.

③ 郑震：《论日常生活》，《社会学研究》，2013 年第 1 期。

④ Baudrillard, Jean, *The Ecstasy of Communication.* Semiotext(e), 1988 , p.95.

（一）集体合谋：在惊奇与安稳之间求同

网络媒介拟真出来的虚拟世界与现实生活相比确实有很大的差异，这也构成了它无尽吸引力的主要来源。

首先，它能够将用户从他们所属的地方性中解放出来[①]，从而提供比现实空间更多的刺激，以摆脱琐碎无聊的日常生活。只要连着网，经由差异原则调制出来的拟真信息就会源源不断地映入眼帘，表现为各种离奇的故事、诙谐的言论、看似心有灵犀的朋友、引人入胜的游戏……虽然一切都是虚拟的，但心灵的满足和情感的体验却无比真实[②]，这让人难以拒绝。网络媒介成为一台蕴含巨大情感力量的叙事机器[③]，通过不间断地制造视听刺激，满足用户们内心对惊奇的渴望和对空虚的慰藉。因此在无休止的狂欢体验中，没有最好的选择，只有更好的选择，越新奇的事件往往越容易获得更高的流量。

其次，网络媒介能够通过赋予用户匿名身份的方式使他们暂时从现实社会的固有结构中脱离出来，摆脱各种人际关系内部镌刻的行为规范、情境压力和角色期待。[④]一旦以崭新的身份进入各大虚拟的互动平台，内心对规训的警戒便会逐渐松动，从而更加尽兴地享受丰富多彩的网络活动，更加坦诚地伸展自我。但是，网络媒介会建立独特的符号体系去创造个体身份认同的危机和新的情境压力，网络社会中随处可见的圈层现象就是明证。[⑤]无论主观上是否有意，网络媒介的公开性使参与者的个人行为也附加了社交意义，从人们使用的网名、头像、签名、文字和表情包，到关注对象、点赞内容和真实的消费记录，都全方位地折射出其品味甚至地位，从而使个人纳入网络世界新的分层体系中。

---

① 伍麟、赵颖：《流量时代的身体意象与消费体验》，《浙江社会科学》，2022年第8期。

② 成伯清：《自我、中介与社会：作为情感机器的互联网》，《福建论坛》（人文社会科学版），2021年第10期。

③ ［德］安德雷亚斯·莱克维茨：《独异性社会：现代的结构转型》，巩婕译，社会科学文献出版社，2019年，第174~175页。

④ 田林楠：《网络情感是如何极化的？——一个情感社会学的视角》，《天府新论》，2017年第2期。

⑤ 刘威、王碧晨：《流量社会：一种新的社会结构形态》，《浙江社会科学》，2021年第8期。

所谓的个性化追求在符号消费的时代已经成为一种幻觉,关系化的方式才是更具实质内涵的实践倾向。[①]可以说,网络媒介确实在某种程度上打碎了现实社会中的人际期待,但它本身并不许诺真正的无拘无束。为了避免遭受社会排斥,个体必须关注自身向往的那个圈层中流量的导向,然后服从它的指挥,唯有这样才能融入群体、强化认同、获得慰藉。因此游戏《羊了个羊》除了调动了一部分人不服输的精神之外,还通过入侵这部分人所在的圈层,进一步借由确认群体内部认同感的方式使另一部分人也"共襄盛举"。

对刺激出自本能的好奇以及融入群体带来的安全感是集体中的每个人心照不宣的默契,所以成为为热点事件赋予流量的两大驱动力。这两个因素本身也和网络社会的拟真机制相互呼应:既然越刺激的事物越能引发好奇,那么事物本身或者事物是否真实的重要性就自然让位于它所能造成的惊奇效果,这会导致符码调制的泛滥和真正内容的瓦解,进而形成某种批量生产惊奇效果的程序去不断炮制刺激;既然只要唤起圈层内部认同的压力就能带来流量,那么附加与圈层相关元素的策略就会成为瓦解内容的噱头,进而被固化为一般的程序。

(二)个人状态:在满足与空虚之间摇摆

网络媒介显然是一个有利于陌生人快速建立关系的开放平台,但这无形中削弱了人们对于人际交往的情感预期,从而使得长期深度的关系更难维持。[②]浅层次的弱关系越来越占据个体的生活,海量的信息、变动的情境和更替的朋友成为人们网络交际的真实写照。在进出自由的网络空间,人们的交往方式已经从"为未来储蓄"的传统共同体转换为"当下主义"的新部落主义[③],即

① 郑震:《符号的意义——符号消费与存在的关系性》,《广东社会科学》,2019年第5期。

② [美]雪莉·特克尔:《群体性孤独:为什么我们对技术期待更多,对彼此却不能更亲密?》,周逵、刘菁荆译,浙江人民出版社,2014年,第14页。

③ 田林楠:《从朝圣者到游牧民:流动时代的新部落主义——定位社交媒体的发生环境与接受背景》,《山东社会科学》,2018年第5期。

“从大众中结晶而成的部落是不稳定的。构成部落的人们有能力从一个部落移到另一个部落”[①]。

社交网络中的用户们根据共同的情感、品味、爱好等特质短暂地聚集成各种团体，获得一时的身份认同，如有需要可以自由地改换门庭进入下一个……这构成了鲍曼意义上的“钉子共同体”[②]，这颗钉子可以是诸如《羊了个羊》之类的小游戏，人们将它作为焦点暂时将注意力挂在上面，如果不久之后发生了兴趣转移或观点分歧，那么就挂到下一个钉子上面。这样脆弱的连结方式免除了个体之间的责任和长期承诺，人们可以完全自主地决定在何时与何人在何处发生联系，并在需要的时候轻松斩断联系且没有任何溢出效应。虽然这样的关系质量不高，但是看到周围有那么多相似境遇的个体，人们就会觉得自己并不孤单，从而感到正当且安心。

如此，钉子共同体为四处漂流的孤独个体提供了暂时的归栖之所。这是一种走钢丝式的权宜之计，因为人们时常还是会怀念传统共同体的温暖和稳定，但又担心深度而长久的联系会带来各种责任和压力，于是只能不断陷入满足与空虚的摇摆之中。

除此之外，网络社会中发生的事件几乎都被堂而皇之地公开给所有相关人等观看，从网红博主在社交媒体上的营业到普通人朋友圈中的点赞，一切都被长久且可溯源地监控着，这导致整个社会弥漫着一种行为表演化的趋势。为了积累网络“声望”[③]，真情流露的交往互动异化成了精心设计的临场表演，真心认同的点赞降格为必须履行的社交礼仪，大家都戴上各自的面具卷入了这场没有彩排的网络大戏。久而久之，个体纯真的心灵秩序难免迷失在符号泛滥的演绎中，并陷入和上文类似的两难境地：一时的演技可以带来眼前的利益，但是不间断的表演只会掏空一个人的心理资源。

---

① Maffesoli, *The Time of The Tribes*, translated by Don Smith, Sage Publications, 1996, p11.

② ［英］鲍曼：《共同体》，欧阳景根译，江苏人民出版社，2003年，第76~87页。

③ 伍麟、赵颖：《流量时代的身体意象与消费体验》，《浙江社会科学》，2022年第8期。

在满足与空虚之间摇摆是网络社会中的个体最典型的心理症候，但这或许并不是一个需要解决也不可能解决的问题。这是社会进入拟真阶段后自然形成的“客体的定局”，摇摆也许就是个体在心理层面采取的一种相对安全的应对策略。而且人性本来就是犹豫而摇摆的，只要不逾越心理承受界限能够在日常生活中勉强应对下去，这不免是一种中庸之道。

五、结语

可以确定的是，《羊了个羊》小游戏的火爆虽然出人意料但却在情理之中，它的成功是整个网络社会拟真秩序布展的结果。如今，各种电子化的媒介通过符码的调制已经将我们带到了一个比真实还真实的世界，实质的内容瓦解成了差异化的符号，事件的发生不再出于偶然，而是被程序牢牢把控。身处其中的我们颠覆不了被客体化的命运，只能主动化身为客体进行微弱的抵抗。在这个过程中，我们完整的注意力必然被到处涌动的流量热点撕裂得支离破碎，在大量被炮制出来的视听刺激中沉沦，并受到不同圈层内部压力的拉扯，最终我们的存在也在众多浅层化的关系交往和表演化的互动方式中碎裂成无数人格面具，终日在满足与空虚的两极摇摆。不过，也许这就是当下我们需要掌握的心智能力，“如果我们能够在众多角色中自由游弋，我们就找到了‘自我’”[①]。

参考文献

[1]Baudrillard, For a Critique of the Political Economy of the Sign, *Telos Press Publishing*, 1981.

① ［美］雪莉·特克尔：《群体性孤独：为什么我们对技术期待更多，对彼此却不能更亲密？》，周逵、刘菁荆译，浙江人民出版社，2014年，第207页。

[2]Baudrillard, Jean, *The Ecstasy of Communication. Semiotext(e)*, 1988.

[3]Baudrillard, Jean, *The Consumer Society: Myths and Structures*. Sage, 1998, p.62.

[4]Clay Shirky, Here Comes Everybody: The Power of Organizing without Organization, *Penguin Books*, 2008.

[5]Maffesoli, *The Time of The Tribes*, translated by Don Smith, Sage Publications, 1996.

[6][德]安德雷亚斯·莱克维茨:《独异性社会:现代的结构转型》,巩婕译,社会科学文献出版社,2019年。

[7][英]鲍曼:《共同体》,欧阳景根译,江苏人民出版社,2003年。

[8]成伯清:《自我、中介与社会:作为情感机器的互联网》,《福建论坛》(人文社会科学版),2021年第10期。

[9]刘晗:《平台权力的发生学——网络社会的再中心化机制》,《文化纵横》,2021年第1期。

[10]刘威、王碧晨:《流量社会:一种新的社会结构形态》,《浙江社会科学》,2021年第8期。

[11]田林楠:《网络情感是如何极化的?——一个情感社会学的视角》,《天府新论》,2017年第2期。

[12]田林楠:《从朝圣者到游牧民:流动时代的新部落主义——定位社交媒体的发生环境与接受背景》,《山东社会科学》,2018年第5期。

[13]伍麟、赵颖:《流量时代的身体意象与消费体验》,《浙江社会科学》,2022年第8期。

[14][美]雪莉·特克尔:《群体性孤独:为什么我们对技术期待更多,对彼此却不能更亲密?》,周逵、刘菁荆译,浙江人民出版社,2014年。

[15]仰海峰:《超真实、拟真与内爆——后期鲍德里亚思想中的三个重要概念》,《江苏社会科学》,2011年第4期。

[16]袁文卓:《让·鲍德里亚及其后现代媒介思想》,《学习与实践》,2017年第7期。

[17]张一兵:《拟像、拟真与内爆的布尔乔亚世界——鲍德里亚〈象征交换与死亡〉研究》,《江苏社会科学》,2008年第6期。

[18]郑震:《论日常生活》,《社会学研究》,2013年第1期。

[19]郑震:《符号的意义——符号消费与存在的关系性》,《广东社会科学》,2019年第5期。

有声阅读平台知识服务的用户需求结构研究

任立肖　常呈蕊　姚　伟

[摘要]探究有声阅读平台知识服务的用户需求结构，有利于提升服务，驱动用户成长。抓取喜马拉雅、蜻蜓FM、懒人听书三个平台特定作品的评论，利用NVivo 12对其进行扎根理论编码，建立用户需求模型；基于模型设计问卷并进行用户调研，运用MUSA模型分析指标结果，得到用户需求的紧要程度。利用质性研究构建了由内容生产、知识获得、知识传播者、感知价值、服务交互、操作体验六项指标构成的用户需求模型，发现三个平台用户需求紧要程度无明显差异，在服务交互、内容生产、知识传播者等方面均亟需改善。

[关键词]知识服务；用户需求；扎根理论；有声阅读；MUSA模型

作者简介：任立肖，天津科技大学经济与管理学院副教授；常呈蕊，天津科技大学经济与管理学院硕士研究生；姚伟，天津科技大学经济与管理学院副教授。

基金项目：国家社会科学基金项目“互联网知识付费业态下图书馆知识服务优化机制及对策研究”（18BTQ032）。

一、引言

党的十八大以来，以习近平同志为核心的党中央积极倡导全民阅读，推动学习型社会建设，2021 年中宣部办公厅印发《关于做好 2021 年全民阅读工作的通知》[①]，进一步推动全社会形成爱读书、读好书、善读书的新风尚。有声阅读是以互联网作为数据平台和传播媒介的一种读书方式，因提供碎片化知识、使用便捷性和低成本等优势得到广泛应用和推广。[②]新冠肺炎疫情以来，有声阅读需求呈爆发式增长，《2021 年中国有声阅读行业报告》[③]显示，2020 年有声阅读市场规模为 33.3 亿元，预计 2025 年将达 62.8 亿元。随着各类音频平台的加入，有声阅读市场竞争逐渐进入白热化阶段，用户对于有声阅读平台知识服务的需求越来越高，传统的知识服务模式已不能满足用户对信息垂直化和精准化的需求。[④]

知识服务研究发端于图书馆情境下，近年来逐渐延伸到网络环境，但现有研究多以探索用户在线付费行为[⑤]及付费意愿[⑥]为主，对有声阅读平台知识服务的探索较少，更缺乏对知识服务的用户需求及其结构的探索。随着用户有声阅读需求的激增，已经形成了用户需求与平台知识服务能力不足、用户个性化需求与平台服务大众化之间的矛盾，平台需要不断改善才能跟上用户

---

① 新华社：《中宣部办公厅印发〈关于做好 2021 年全民阅读工作的通知〉》，2021 年 3 月 7 日。

② http://politics.people.com.cn/n1/2021/0317/c1001-32053752.html.

③ 栾碧雅、张卫东：《基于感知理论的移动有声阅读平台用户满意度研究》，《图书馆学研究》，2020 年第 16 期。

④ 中国报告网：《2021 年中国有声阅读市场分析报告》，2021 年 3 月 7 日，https://max.book118.com/html/2021/0716/6222151004003214.shtm.

⑤ 郭顺利、孙笑、宋拓、程子轩：《用户需求驱动下社会化问答社区知识聚合服务研究》，《情报科学》，2021 年第 2 期。

⑥ Li,J.,Zhang,S.,Wang,W.,and et al. Research on the influencing factors of user's online knowledge consumption behavior[J]. Procedia computer science,2017,122:174-179.

的要求。因此本文针对国内有声阅读平台，探索其知识服务的用户需求指标，并在此基础上分析需求及改善的紧要程度，为有声阅读平台的发展提供依据。

本文选取喜马拉雅、蜻蜓FM和懒人听书三个主流的有声阅读平台作为研究对象，采用扎根理论、问卷调查及MUSA（多准则满意度分析方法）模型相结合的方法来研究用户需求及结构，并依此提出平台改进方向和建议。

二、文献回顾

知识服务是以用户需求为目标①，充分运用知识技术和方法手段②，满足用户知识内容需求和解决用户问题的服务增值过程③。知识服务在其服务内容、服务资源、服务过程和服务运营方式等方面具有特殊性④，用户需求具有复杂性、动态性、零散性、多样性、及时性⑤，知识服务与用户需求具有动态性映射关系。需求一直是提高服务质量和服务水平的关键。⑥满足用户需求是开展深层次知识服务活动的根本途径。⑦用户需求中包含用户的动机和取向，反应用户的主观意识。深入挖掘用户需求⑧，是将用户的隐性信息转变成知识服务显性信息的枢纽，而不同领域对知识服务又具有不同的需求。如Shareef等人通过对政务的电子政务媒体进行调查，确定可以从交互便利性、可实现性、可信赖性和客户服务四个维度提高服务质量。⑨姚伟等人运用质性研究方法

① 叶阳、王涵：《有声阅读平台用户内容付费意愿影响因素研究》，《图书馆学研究》，2018年第1期。

② 张晓林：《颠覆性变革与后图书馆时代——推动知识服务的供给侧结构性改革》，《中国图书馆学报》，2018年第1期。

③ 柯平：《后知识服务时代：理念、视域与转型》，《图书情报工作》，2019年第1期。

④ 于旭、项亚男：《社会智库知识服务能力体系构建研究》，《情报杂志》，2021年第1期。

⑤ 李桂华、张晓林、党跃武：《论知识服务的营销战略问题》，《中国图书馆学报》，2001年第4期。

⑥ 张瑞贤：《用户需求导向的图书馆在线学习支持服务研究》，《图书馆工作与研究》，2020年第1期。

⑦ 张璐、申静：《基于客户需求的智库知识服务方式实证研究》，《图书情报工作》，2020年第10期。

⑧ 路霞：《基于用户潜在需求开展图书馆知识服务的研究》，《图书情报工作》，2013年第S2期。

⑨ 涂海丽、唐晓波、谢力：《基于在线评论的用户需求挖掘模型研究》，《情报学报》，2015，34（10）：1088–1097.

探索出科技型中小企业知识服务前提是需求诊断、诉求契合。[1]肖雪等人基于用户需求视角，探索高校图书馆有声阅读服务，并且为提高服务质量提出针对性策略等。[2]

对有声阅读平台知识服务领域用户需求的探索主要体现以下4个方面：第一，用户付费行为方面，方爱华等人探索虚拟社区用户知识付费意愿[3]，杨东红等人研究用户对有声阅读平台中付费音频的付费行为等[4]；第二，用户阅读行为方面，陈维超等人考察新媒体环境下大学生有声阅读行为[5]，邓香莲等人研究大学生有声阅读行为特征等[6]；第三，用户满意度方面，如高志辉等人探索"樊登读书"知识服务满意度[7]，栾碧雅等人研究移动有声阅读平台用户满意度等[8]；第四，有声阅读未来发展，如蔡翔等人从国民听书率分析我国有声阅读发展趋势[9]，刘一鸣等人基于绩效评价探索有声书的阅读推广策略[10]。综上所述，有声阅读知识服务的用户需求探索尚有待完善，本文以有声阅读

---

① Shareef, M.A., Archer N, and Dwivedi, Y.K. An empirical investigation of electronic government service quality: from the demand-side stakeholder perspective[J]. Total Quality Management & Business Excellence, 2015, 26(3-4): 339-354.

② 姚伟、张翠娟、柯平、孙斌：《基于价值共创的科技型中小企业知识服务机理研究》，《情报理论与实践》，2021年第8期。

③ 肖雪、邢畅、李明昭：《用户需求导向的高校图书馆有声阅读服务研究》，《图书情报工作》，2021年第8期。

④ 方爱华、陆朦朦、刘坤锋：《虚拟社区用户知识付费意愿实证研究》，《图书情报工作》，2018年第6期。

⑤ 杨东红、贺红梅、徐畅：《移动音频有声阅读平台用户知识付费行为研究》，《情报科学》，2020年第7期。

⑥ 陈维超、易雨婷、杨柳：《新媒体环境下大学生有声阅读行为的调查研究》，《图书馆学研究》，2021年第1期。

⑦ 邓香莲：《新媒体环境下大学生有声阅读行为特征研究——以上海大学生为例》，《图书情报知识》，2018年第5期。

⑧ 高志辉：《付费有声书知识服务满意度研究——以"樊登读书"为例》，《情报科学》，2020年第5期。

⑨ 栾碧雅、张卫东：《基于感知理论的移动有声阅读平台用户满意度研究》，《图书馆学研究》，2020年第16期。

⑩ 蔡翔、王睿：《从国民听书率看我国有声阅读产业发展趋势》，《现代出版》，2018年第1期。

平台为研究对象，运用扎根理论构建有声阅读平台知识服务的用户需求模型，探寻有声阅读平台知识服务机理。

三、基于扎根理论的模型构建

（一）数据来源

喜马拉雅用户规模位居我国有声阅读平台的首位，官方曾宣布累计用户达到6亿，2021年3月活跃用户规模超1.7亿。蜻蜓FM是中国首家网络音频平台，总用户规模超过4.5亿。懒人听书专注为用户提供有声内容的收听服务，用户规模达4.8亿。三个平台的核心业务类似，都是领先的音频内容聚合平台，可以代表国内有声阅读平台的现状，所以选取喜马拉雅、蜻蜓FM和懒人听书三个平台作为研究对象。

首先，评论数据的抓取。运用Python和MuMu模拟器从三个有声阅读平台抓取相关评论[①]作为扎根理论的源数据，从相关评论中提取用户需求。在时间维度上，因为2020年突如其来的新冠肺炎疫情改变了很多人的生活方式，全民阅读也趋向多元化发展，有声阅读浪潮达到了新高度，所以这段时间的评论数据较多且具有代表性，所搜集评论的起止时间为2022年1月1日至2022年3月23日。在内容维度上，财经模块为三个平台的共有模块，且为用户知识需求的重要范畴，具备一定的代表性，所以选取上述时间段内用户对财经模块播放量前十的付费作品的评论数据。其次，评论数据的筛选。在获得相应评论以后，需要进行原始数据的清洗，经过人工筛选，剔除无效及与本研究无关的评论内容，共得到1036条有效评论数据。[②]然后将其中的936条评

① 刘一鸣、谢泽杭、汪全莉：《基于绩效评价的传统文化类有声书阅读推广研究》，《图书情报工作》，2020年第4期。

② Zhao, K., Stylianou, A.C., and Zheng, Y. Sources and impacts of social influence from online anonymous user reviews[J]. Information & Management, 2018, 55(1): 16-30.

论作为编码数据，其余100条评论数据用作饱和度检验。随后，根据编码结果设置调查问卷，将收集的问卷结果作为用户需求评估的数据。

（二）模型构建

对于获得的有效文字评论，利用扎根理论进行理论探索[①]，作为用户需求模型构建的基础资料。扎根理论是从原始资料中归纳出经验并进行概括，然后上升到系统的质性研究方法，其主要宗旨是在质化资料的基础上发掘、发展理论，寻找反映社会现象的核心概念，然后通过这些概念之间的联系建构相关的社会理论。[②]

1.开放式编码

进行编码工作之初，研究者围绕"有声阅读平台知识服务的用户需求"这一核心主题，对抓取到的评论文本资料进行反复阅读和思考。去除原始评论中无意义和与主题不符的无效文本，借助NVivo12软件对筛选之后的评论随机抽取936条评论数据进行逐句分析，开展编码。[③]开放式编码过程中需要遵循客观性，去除个人偏好以及固定思维。[④]在编码过程中，由于初始概念数量多，内容复杂，将重复有交叉的概念合并成同一范畴[⑤]，共得到57个初始概念。在此基础上，对初始概念进行集聚和范畴化，最终获得24个初始范畴。开放式编码的初始概念（部分举例）和初始范畴具体如表1所示。

---

① 王战平、周阳、谭春辉、朱宸良：《基于扎根理论的虚拟学术社区用户参与行为研究——以小木虫为例》，《情报科学》，2020年9月5日。

② Glaser, B. , and Strauss, A.L.The Discovery of Grounded Theory: Strategy for Qualitative Research [J]. Nursing Research, 1968, 17(4): 377-380.

③ 霍明奎、查姣姣、竺佳琪：《基于扎根理论的大学生创新创业团队信息获取行为影响因素研究》，《现代情报》，2019年第3期。

④ 吴祁：《农村进城隔代教养的祖辈信息寻求行为影响因素》，《图书馆论坛》，2017年第9期。

⑤ 明均仁、张俊：《高校移动图书馆APP用户满意度的影响因素》，《图书馆论坛》，2018年第4期。

表1 开放式编码过程(部分)

初始范畴	初始概念	原始资料(部分)
服务针对性	针对性指导	内容和写法良心,可以说是到了手把手指导的程度。
更新及时性	更新不及时 更新及时 ……	更新的速度太慢了。 大大的赞,假期也持续更新,太好了。 ……
交互便利性	没有学习群 交流心得 ……	如果有学习群就更完美了! 我们资沣堂人也需要分享学习心得的自留地。 ……
售后及时性	购买之后无人回复 缺少相应的服务 意见得不到回复 ……	什么宝典,没找见,有人给小白说说嘛? 缺少相应的服务,不太值几百块。 有前辈高人为我解答吗? ……
直播互动性	互动频繁 ……	希望可以多多互动答疑,好激动! ……
价格合理性	价格划算 物有所值 ……	可以学习到分析的思路,这真是最划算的投资了! 毫不犹豫就买了,物超所值! ……
价格接受性	价格贵 ……	挺好听的,可是也太贵了吧? ……
内容清晰性	逻辑清晰 内容简洁 言简意赅 重复内容较多 ……	这本书是一个非常不错的选择,逻辑清晰。 内容简洁直接明了。 简明扼要,通俗易懂。 有效信息稀少,废话很多。 ……
内容精准性	分析中肯 分析精准 走向把握精准 ……	分析很中肯,纯粹靠数据说话。 老师分析得很对。 一些热点难点、政策走向分析很透彻。 ……
内容全面性	分析角度全面 内容全面 内容丰富 分析详细 ……	分析角度全面,很深刻。 经济的几个重要板块,讲得很全面。 这次看到这个圈子涵盖的内容还挺多的。 对基金定投讲解的挺详细的。 ……

资料来源:作者整理。

2.主轴式编码

主轴式编码是对开放式编码过程中产生的24个初始范畴进一步的抽象和归类[①],并且挖掘初始范畴之间的潜在逻辑关系,掌握事件总体发展脉络[②]。通过对所获资料的重新整理,合并相似的初始概念后得到的6个主范畴,见表2。

表2 主轴式编码过程

主范畴	初始范畴	初始概念
内容生产	内容清晰性、内容精准性、内容全面性、内容时效性、内容有用性、内容权威性	逻辑清晰、内容简洁、言简意赅、重复内容较多、分析中肯、分析精准……
知识效用	收获信息、解决问题、提升能力	获得知识、受益匪浅、对自己有帮助、解决疑惑、提升思维、思路变清晰、获得新目标……
知识传播者	知识传播者声音、知识传播者态度、知识传播者风格、知识传播者知名性、知识传播者专业性	语速快、声音有感染力、声音好听、有耐心、风趣幽默、激发兴趣、受知识传播者声誉主导买课……
支付意愿	价格合理性、价格接受性	价格划算、物有所值、价格贵……
服务交互	更新及时性、交互便利性、售后及时性、服务针对性、直播互动性	针对性指导、更新不及时、更新及时、没有学习群、交流心得、购买之后无人回复、缺少相应的服务……
操作体验	操作流畅性、使用便捷性、广告体验	不能收听购买的节目、播放方式麻烦、有推荐广告……

资料来源:作者整理。

3.选择性编码

选择性编码需要将主轴编码过程中获得的6个主范畴进一步凝练,确定核心范畴。核心范畴在所有的范畴中居于主导地位,并且囊括所有范畴。通过深入挖掘和分析,本文将核心范畴确定为平台主导、用户需求和交互作用。据此,主范畴与核心范畴的关系结构及内涵如表3所示。

① 张宁、段小宣、袁勤俭:《数字人文视频的用户弹幕评论行为生成机制》,《图书馆论坛》,2022年第8期。

② 司莉、罗泉:《"一带一路"沿线国家多语种共享型经济管理数据库建设障碍与对策》,《图书馆论坛》,2021年第9期。

表3 主范畴的结构关系

核心范畴	关系结构	关系结构内涵
平台主导	内容生产→平台主导	用户对作为平台方的供给侧所提供的有声阅读内容的全面性、准确性等方面,存在需求
	知识传播者→平台主导	用户对所属平台方的知识传播者的声音、态度或风格等方面,存在需求
用户需求	知识效用→用户需求	用户对接收到的知识或信息能提升自身能力或帮助解决问题等方面,存在需求
	支付意愿→用户需求	用户对产品的价格设置的合理和被接受性等方面,存在需求
交互作用	服务交互→交互作用	交互过程中,用户对产品及时更新、及时售后和有针对性服务等方面,存在需求
	操作体验→交互作用	交互过程中,用户对使用平台过程中操作流畅和使用便捷等方面,存在需求

资料来源:作者整理。

4.饱和度检验

使用预留的100条有效评论数据进行理论的饱和度检验,验证过程中并未发现新的范畴和概念,据此确定该编码已达到饱和状态。①

5.用户需求模型构建

根据上述分析构建用户需求模型,该模型共包含6个主范畴,24个对应范畴,具体模型如图1所示。

① 占南:《基于扎根理论的个人信息管理行为研究》,《图书馆学研究》,2016年第15期。

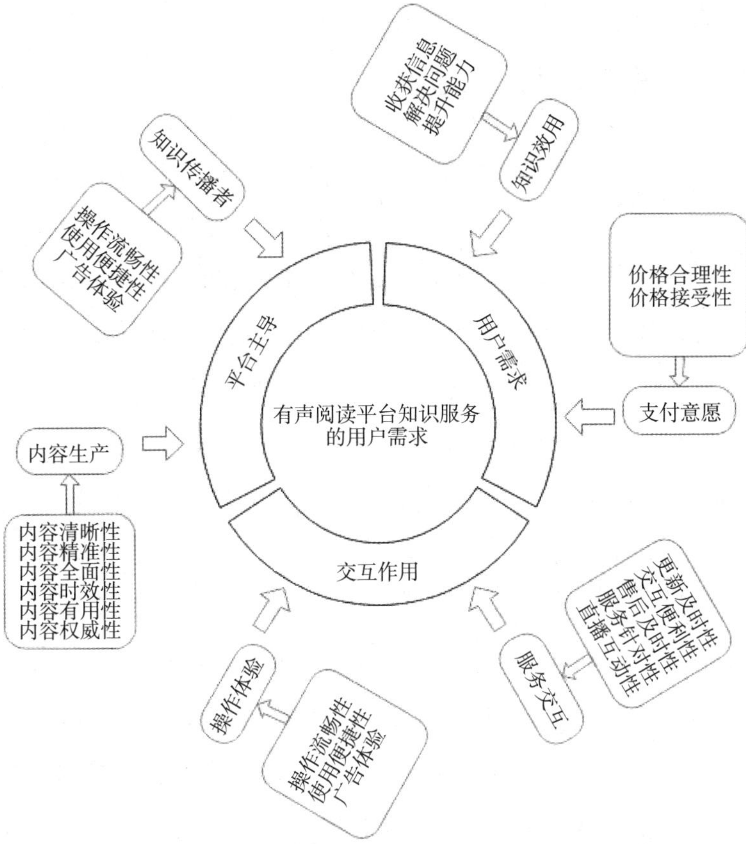

图 1　有声阅读平台知识服务的用户需求模型

资料来源:作者绘制。

模型体现了用户在使用有声阅读平台的知识服务时所关注的各项指标，其中内容生产、知识效用、知识传播者、支付意愿、服务交互、操作体验 6 方面的指标是用户需求的集中体现,但这些指标的重要和紧急程度,仍需要进一步探索,于是继续进行用户调研及定量分析,完善用户需求的结构。

四、需求程度的定量分析

(一)问卷设计

根据上文所构建的模型设计问卷，以3个核心范畴为中心,6个主范畴为扩展方向设计题项,然后与行业专家探讨问卷题项设计有效性,对问卷题项进行补充完善。初步设计成的问卷包含两个部分:第一部分为基本信息量表,包含4个题项;第二部分为采用李克特五分量表的需求评价量表,包含24个题项。

(二)问卷前测

为保证问卷的科学性和有效性,本研究在问卷正式发放之前,先进行小规模的问卷前测。问卷前测目的是帮助检验问卷问题设置和结构构成是否合理,删除无意义题项,提高问卷质量。本问卷首先向周围老师和同学进行小范围发放,共回收有效问卷121份。问卷前测收集到的数据的信度和效度分别如表4所示。

表4 问卷前测信度和效度

变量	项数	Cronbach α 值	KMO 值	Barlett 球形检验		
				卡方值	自由度 df	显著性水平
内容生产	6	0.844	0.857	251.572	15	0.000
知识效用	3	0.730	0.672	75.457	3	0.000
知识传播者	5	0.769	0.844	238.575	10	0.000
支付意愿	2	0.606	0.500	24.822	1	0.000
服务交互	5	0.797	0.819	159.814	10	0.000
操作体验	3	0.696	0.671	60.818	3	0.000

资料来源:作者计算。

由表4可知各变量的Cronbach α 系数均大于0.6,表明此问卷信度可以被接受;KMO值和Barlett球形检验均在标准范围内,表明问卷具有良好的结构效度,因此该问卷可正式发放。

(三)数据采集与分析

1.问卷发放

将问卷发放到问卷星、QQ 群等线上平台,开展大规模调研,2022 年 7 月共收集到 427 份问卷，去除未使用过有声阅读平台的用户问卷及无效问卷，共得到有效问卷 383 份,问卷有效率为 82%,包括喜马拉雅 121 份,问卷有效率为 95%;蜻蜓 FM130 份,问卷有效率为 90%;懒人听书 132 份,问卷有效率为85%。

2.描述性分析

调查的基本信息包括年龄、性别、受教育程度。在性别占比方面,女性占比为 53.52%,男性占比为 46.48%,男女比例大体均衡;在年龄占比方面,18—40 岁占比为 78.33%,可见成年人为有声阅读的主要使用人群;在受教育程度占比方面,大学本科及以上占比为 78.32%,表明被调查的样本用户整体受教育程度较高,问卷的有效性可以一定程度上得到保障。总体而言,问卷具有较好的代表性,数据比较具有参考价值。

3.信度与效度分析

运用 SPSS 软件进行信度和效度的分析。在信度检验方面,Cronbach α 系数可以检验问卷的有效性和可靠性，问卷各个指标 Cronbach α 系数均大于 0.6,表明问卷可信度良好。在效度检验方面,各个指标 KMO 值均在标准范围内,且 Barlett 球形检验的数值显著性水平小于 0.001,表明问卷具有良好的结构效度。综上,可以利用所得数据对有声阅读平台知识服务的用户需求进行进一步探讨。

4.权重的确定

选取 CRITIC 法计算权重。CRITIC 法的基本思想是在构造权重时,以对比强度和冲突性为基础。[①]对比强度以标准差的形式来体现，指标的标准差越大，各评价对象的差距越大；而冲突性则以各指标之间的相关系数来体现，如果指标之间的相关性较强，则冲突性较弱[②]，因此并非数字越大就越说明越重要。本研究根据问卷数据计算二级指标平均满意度并运用CRITIC法计算出二级指标权重，计算出一级指标平均满意度的权重并运用CRITIC法计算出一级权重，最终将一级指标权重与二级指标权重相结合得到二级指标相对权重，最终得到各指标权重。

5.研究结果及分析

(1)整体分析

多准则满意度分析(Multicriteria Satisfaction Analysis，MUSA)模型是基于回归分析法的偏好分解模型[③]，主要目的是将个人判断聚合成一个集体价值函数，即某一维度的偏好作为整体，各个指标作为元素，某一维度的偏好就是由多个元素构成的整体。运用MUSA模型计算满意度指数，进而计算各指标平均需求指数，并根据用户需求提出改善建议。

满意度可分为部分满意度和整体满意度。用户对每一指标的判断即部分满意度，用$X^*_i(i=1,2,\cdots,n)$表示，某一维度的偏好即整体满意度，用$Y^*_i(i=1,2,\cdots,m)$表示，b_i表示第i个指标的权重。列出评估方程如下：

$$\begin{cases} Y^*_i=\sum_{i=1}^{n} b_i X^*_i \\ \sum_{i=1}^{n} b_i=1 \end{cases} \tag{1}$$

运用公式(1)计算可得喜马拉雅整体满意度为68.59%，蜻蜓FM整体满意度为64.02%，懒人听书平台整体满意度为66.45%。由此可见，三个平台整

① 储德平、廖嘉玮、徐颖：《中国夜间经济政策的演进机制研究》，《消费经济》，2021年第5期。

② 李新运、孙志静、田景梅：《基于改进CRITIC的高校图书馆学科化服务评价研究》，《情报科学》，2017年第10期。

③ 张玉、魏华波：《基于CRITIC的多属性决策组合赋权方法》，《统计与决策》，2012年第16期。

体满意度不存在明显差异，比较而言喜马拉雅整体满意度较高。

将三个不同平台的6个一级指标的平均满意度得分绘制成雷达图，分析其差异，见图2所示。整体来看，喜马拉雅虽然每一指标的平均满意度都相对较高，但是仍在服务交互和支付意愿等方面存在短板，因此将短板指标向优势指标集中看齐，应为其关注重点；蜻蜓FM各指标呈协同发展趋势，虽保证了各指标均衡发展的优势，但发展速度较为缓慢，各指标满意度均需投入大量资源和精力；懒人听书既存在以支付意愿和操作体验为首的竞争优势指标，又存在以知识效用和内容生产为主的劣势指标，其应在保证优势指标满意度不退步的基础上，拉近劣势指标与优势指标间的距离。

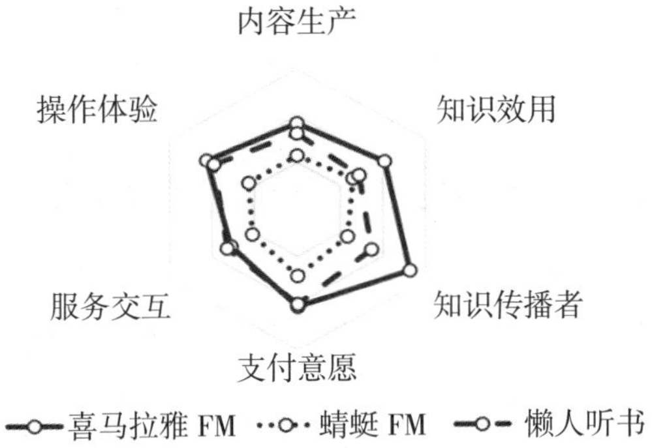

图2　有声阅读平台平均满意度雷达图

资料来源：作者绘制。

(2)指标需求及改善分析

MUSA模型的平均需求指数①表示了用户对某一指标的需要程度，平均需求指数越高，越亟需改进。该指标可充分利用所获得信息，将顾客需求进行量化评估。其中D_i表示第i个指标的平均需求指数，$\bar{x}^*_i$表示第i个指标的部分平均满意度，α_i表示第i个指标评价中所设置标准层级的数量，x^{*k}_i表示第i个指标的第k个标准层级的平均满意度，需求总数减去指标满意度为应满足的剩余需求，并求出对应指标的平均需求指数，最终化简如下：

① 刘一鸣、谢泽杭、汪全莉：《基于绩效评价的传统文化类有声书阅读推广研究》，《图书情报工作》，2020年第4期。

$$D_i=\frac{\sum_{k=1}^{\alpha-1}\left(\frac{100(k-1)}{\alpha_i-1}-x^{*k}{}_i\right)}{100\sum_{k=1}^{\alpha_i-1}\frac{k-1}{\alpha_i-1}}=\frac{1-\frac{\bar{x}^{*}_i}{50}}{1-\frac{2}{\alpha_i}},\alpha_i>2,i=1,2,\cdots,n \quad (2)$$

平均需求指数在[-1,1]区间内成立,所包含的情况如下:

D⊂[-1,0):此时,用户需求感相较较弱,且越接近于0需求感越显著。

D=0 此时,用户需求感处于中立水平。

D⊂(0,1]:此时,用户需求感较为明显,且越接近于1需求感越显著。

MUSA 模型的平均改善指数①可以显示某一标准的改善幅度，其中,I_i 表示第 i 个指标平均改善指数,运用权重与满意度相结合得出各指标平均改善指数,根据以下等式进行评估:

$$I_i=b_i(1-Y^*_i),i=1,2,\cdots,n \quad (3)$$

利用公式(2)和(3)计算得到各平台的平均需求指数和平均改善指数,并结合用户满意度四象限分析法,得到各个平台的改善分析图。根据指标所在象限,可确定不同指标的需求及改善的紧急程度。改善分析图所在的不同象限的含义、指标的高低及改善的建议等如图 3 所示。

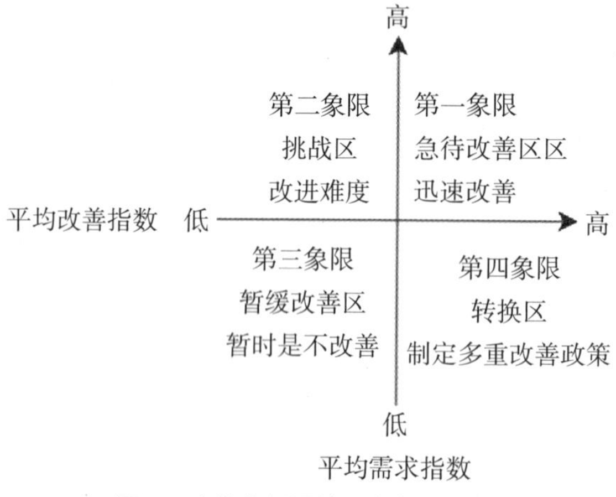

图 3 改善分析图的四个象限及指标含义

资料来源:作者绘制。

① 吴祁:《农村进城隔代教养的祖辈信息寻求行为影响因素》,《图书馆论坛》,2017 年第 9 期。

将喜马拉雅、蜻蜓 FM、懒人听书三个平台的 6 项指标的平均需求指数和平均改善指数结合所得的指标改善分析见图 4 所示。

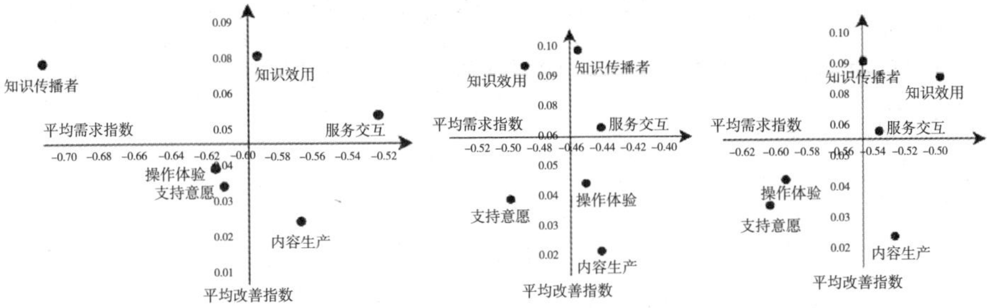

喜马拉雅 FM 改善分析图　　蜻蜓 FM 改善分析图　　懒人听书改善分析图

图 4　改善分析图

资料来源:作者绘制。

喜马拉雅的改善分析图,如图 4 所示。喜马拉雅 FM 各指标分布较为集中,指标间差异不大,满意度指标有一定的优势。服务交互和知识效用存在于第一象限,可首先对两个指标采取措施,满足用户需求,帮助用户获得更多有价值的信息和知识并且提高服务质量。知识传播者存在于第二象限,这一象限改善存在难度。操作体验和支付意愿位于第三象限,因此可以暂缓改善。内容生产位于第四象限,这一象限指标的提高具有一定的困难,可以制定多种策略,多方协作发展。

蜻蜓 FM 的改善分析图,如图 4 所示。知识传播者、服务交互处于第一象限,具有较高的平均需求指数和平均改善指数,表明这两个指标急需改善且售后服务应作为蜻蜓 FM 为满足用户需求的重点。知识效用因素处于第二象限,且蜻蜓 FM 这一指标的满意度在三个平台中最低,虽然这一指标的改善具有一定的挑战性,但是这一指标也为蜻蜓 FM 满足用户需求、提高自身竞争力带来了发展机遇。支付意愿因素具有较低的平均需求指数和平均改善指数,因此可以暂缓对这个指标进行优化。操作体验和内容生产处于第四象限,同样的,改善两指标可以制定多重策略。

懒人听书的改善分析图,如图 4 所示。知识效用、知识传播者和服务交互存在于第一象限，并且相较于另外两个平台，懒人听书平台知识效用这一指标的平均需求指数和平均改善指数比较高。因此可以优先改善这三个指标，同时重点提高和关注知识效用重点。支付意愿和操作体验存在于第三象限，这两个指标可以考虑暂缓改善。内容生产位于第四象限，这一指标的改善仍存在一定的难度。

(3)讨论

三个平台的指标分布象限及位置各有不同，喜马拉雅各指标分布较为集中，蜻蜓FM指标分布则较为分散，懒人听书的指标主要分布于一、三、四象限。本文主要通过综合分析三个平台的改善分析图，得到有声阅读平台的6项指标的整体状况，将这些指标的共性整合能得到以下结论。

第一，服务交互在三张改善分析图中均处于第一象限，在有声阅读平台知识服务过程中扮演重要角色，是影响用户需求的重点指标，且会成为平台竞争的关键点。第二，内容生产在三张改善分析图中均具有较低的平均改善指数和较高的平均需求指数，改善具有难度，但是用户存在明显需求，对于这一指标可以制定多种策略，努力将其由劣势转化为优势。第三，知识传播者、知识效用在三个平台中均具有较高的平均改善指数，表明这两个指标是有声阅读平台需整体关注和改善的指标。这两个指标的特征表明需要改善与用户连接紧密的知识传播者的表现，并联合有声阅读内容、交互等，提高用户的知识获得有效性，帮助用户成长。第四，支付意愿在三张改善分析图中均处于第三象限，可见用户对于有声阅读的价格方面较为满意，并不需要平台立即改善，但为了维持这种状态，平台需要维持现有价格的同时通过改善其他指标提高用户的收获感，才能增加用户粘性，保证复购率。

参考文献

[1]蔡翔、王睿:《从国民听书率看我国有声阅读产业发展趋势》,《现代出版》,2018 年第 1 期。

[2]陈维超、易雨婷、杨柳:《新媒体环境下大学生有声阅读行为的调查研究》,《图书馆学研究》,2021 年第 1 期。

[3]储德平、廖嘉玮、徐颖:《中国夜间经济政策的演进机制研究》,《消费经济》,2021 年第 3 期。

[4]邓香莲:《新媒体环境下大学生有声阅读行为特征研究——以上海大学生为例》,《图书情报知识》,2018 年第 5 期。

[5]E. Grigoroudis, and Y. Siskos. Preference disaggregation for measuring and analysing customer satisfaction: The MUSA method[J]. European Journal of Operational Research, 2002, 143(1).

[6]方爱华、陆朦朦、刘坤锋:《虚拟社区用户知识付费意愿实证研究》,《图书情报工作》,2018 年第 6 期。

[7]Glaser, B. , and Strauss, A.L.The Discovery of Grounded Theory: Strategy for Qualitative Research[J]. Nursing Research, 1968, 17(4): 377–380.

[8]高志辉:《付费有声书知识服务满意度研究——以"樊登读书"为例》,《情报科学》,2020 年第 5 期。

[9]郭顺利、孙笑、宋拓、程子轩:《用户需求驱动下社会化问答社区知识聚合服务研究》,《情报科学》,2021 年第 2 期。

[10]http://politics.people.com.cn/n1/2021/0317/c1001-32053752.html.

[11]霍明奎、查姣姣、竺佳琪:《基于扎根理论的大学生创新创业团队信息获取行为影响因素研究》,《现代情报》,2019 年第 3 期。

[12]柯平:《后知识服务时代:理念、视域与转型》,《图书情报工作》,2019

年第1期。

[13]Li,J.,Zhang,S.,Wang,W.,and et al. Research on the influencing factors of user's online knowledge consumption behavior [J]. Procedia computer science,2017,122.

[14]李桂华、张晓林、党跃武:《论知识服务的营销战略问题》,《中国图书馆学报》,2001年第4期。

[15]李新运、孙志静、田景梅:《基于改进CRITIC的高校图书馆学科化服务评价研究》,《情报科学》,2017年第10期。

[16]刘一鸣、谢泽杭、汪全莉:《基于绩效评价的传统文化类有声书阅读推广研究》,《图书情报工作》,2020年第4期。

[17]路霞:《基于用户潜在需求开展图书馆知识服务的研究》,《图书情报工作》,2013年第S2期。

[18]栾碧雅、张卫东:《基于感知理论的移动有声阅读平台用户满意度研究》,《图书馆学研究》,2020年第16期。

[19]栾碧雅、张卫东:《基于感知理论的移动有声阅读平台用户满意度研究》,《图书馆学研究》,2020年第16期。

[20]明均仁、张俊:《高校移动图书馆APP用户满意度的影响因素》,《图书馆论坛》,2018年第4期。

[21]Shareef,M.A.,Archer N,and Dwivedi,Y.K. An empirical investigation of electronic government service quality:from the demand-side stakeholder perspective[J]. Total Quality Management & Business Excellence,2015,26(3-4).

[22]司莉、罗泉:《"一带一路"沿线国家多语种共享型经济管理数据库建设障碍与对策》,《图书馆论坛》,2021年第9期。

[23]涂海丽、唐晓波、谢力:《基于在线评论的用户需求挖掘模型研究》,《情报学报》,2015年第10期。

[24]王战平、周阳、谭春辉、朱宸良:《基于扎根理论的虚拟学术社区用户

参与行为研究——以小木虫为例》,《情报科学》,2020 年 9 月 15 日。

[25]吴祁:《农村进城隔代教养的祖辈信息寻求行为影响因素》,《图书馆论坛》,2017 年第 9 期。

[26]肖雪、邢畅、李明昭:《用户需求导向的高校图书馆有声阅读服务研究》,《图书情报工作》,2021 年第 8 期。

[27]新华社:《中宣部办公厅印发〈关于做好 2021 年全民阅读工作的通知〉》2021 年 3 月 7 日。

[28]杨东红、贺红梅、徐畅:《移动音频有声阅读平台用户知识付费行为研究》,《情报科学》,2020 年第 7 期。

[29]姚伟、张翠娟、柯平、孙斌:《基于价值共创的科技型中小企业知识服务机理研究》,《情报理论与实践》,2021 年第 8 期。

[30]叶阳、王涵:《有声阅读平台用户内容付费意愿影响因素研究》,《图书馆学研究》,2018 年第 1 期。

[31]于旭、项亚男:《社会智库知识服务能力体系构建研究》,《情报杂志》,2021 年第 1 期。

[32]Zhao,K.,Stylianou,A.C.,and Zheng,Y. Sources and impacts of social influence from online anonymous user reviews [J]. Information & Management, 2018,55(1).

[33]占南:《基于扎根理论的个人信息管理行为研究》,《图书馆学研究》,2016 年第 15 期。

[34]张璐、申静:《基于客户需求的智库知识服务方式实证研究》,《图书情报工作》,2020 年第 10 期。

[35]张宁、段小宣、袁勤俭:《数字人文视频的用户弹幕评论行为生成机制》,《图书馆论坛》,2020 年第 8 期。

[36]张瑞贤:《用户需求导向的图书馆在线学习支持服务研究》,《图书馆工作与研究》,2020 年第 1 期。

[37]张晓林:《颠覆性变革与后图书馆时代——推动知识服务的供给侧结构性改革》,《中国图书馆学报》,2018年第1期。

[38]张玉、魏华波:《基于CRITIC的多属性决策组合赋权方法》,《统计与决策》,2012年第16期。

[39]中国报告网:《2021年中国有声阅读市场分析报告》,2021年3月7日。https://max.book118.com/html/2021/0716/6222151004003214.shtm。

德国智库对中国叙事的研究

尹　佳

[摘要]本文以叙事类型理论对德国智库中涉及中国叙事的相关文献进行了定量与定性研究。研究结果表明，在体系叙事上，德国智库认为中国借助"新冠肺炎疫情"叙事进行体制竞争，促进全球权力转移，通过"人类命运共同体"叙事重塑国际社会；在身份叙事上，德国智库以中国是强大的经济行为体、有力的捐助国、在全球日益增长的政治影响力为依据质疑"中国是世界上最大的发展中国家"叙事；在政策叙事上，德国智库把"一带一路"叙事以及"健康丝绸之路"叙事看作是服务于让世界秩序适应中国这一目的的统一中国叙事。鉴于德国智库对中国叙事存在较多的主观偏见和消极评价，在未来对德传播过程中应科学阐释中国叙事的学理逻辑，并为中国叙事注入人文关怀。

[关键词]中国叙事；德国智库；叙事类型；中德关系

作者简介：尹佳，天津外国语大学欧洲语言文化学院讲师。

党的十八大以后，我国积极参与全球治理。以习近平同志为核心的党中央提出了构建“人类命运共同体”等新思想、新理念，通过“一带一路”实践平台，打造以相互尊重、公平正义、合作共赢为内涵的新型国际关系。在抗击新冠肺炎疫情的行动中，中国政府卓有成效的抗疫表现以及对其他国家全面、有效的援助，体现了中国的大国担当，在国际社会赢得了广泛的赞誉。但是，一部分国家却把中国提供的中国智慧、中国方案以及国际公共产品看作是中国对现有国际秩序的挑战和对国际安全的破坏。这一方面与西方长期以来通过话语霸权建构的“中国威胁论”“中国统治论”和“中国阴谋论”有关，导致一部分国家对中国的不信任，加剧了一些国家同我国的紧张关系；另一方面也与我国的叙事能力、对外传播能力有待提高有关。习近平总书记在中央政治局第三十次集体学习时强调：“讲好中国故事，传播好中国声音……加快构建中国话语和中国叙事体系。”通过自塑的、融通中外的中国叙事让其他国家了解、理解、尊重和认同中国，对于消解随着中国和平崛起和日益走进世界舞台中央所带来的阻力，应对全球日益激烈的“叙事之战”，营造稳定的外部发展环境，推动构建人类命运共同体具有重大意义。

近年来，智库在影响政府决策和公众认知方面扮演着越来越重要的角色。智库、学界和媒体构成了西方对中国叙事的三大建构者和解读者。德国作为欧盟发展的主导，在世界传播体系中占有重要一席。德国智库对于中国叙事的研究有助于我们了解德国对中国叙事的认知、破解西方对中国叙事的控制以及加快构建中国叙事体系。此外，2022年是中德建交50周年，在过去的50年间，德国已经成为中国在欧洲最大的贸易伙伴和中欧关系的重要推动者，分析其智库对中国叙事的认知有利于回应德国关切、对中国叙事做出调整，最大限度地提高中国叙事在德国的接受度，加深两国之间的理解和信任，推动两国关系的行稳致远。但迄今为止，学界还缺少对此进行的系统研究。本文依据叙事类型理论对德国智库中涉及中国叙事的相关文献进行定量与定性研究，梳理德国智库在体系叙事、身份叙事和政策叙事方面对中国叙事的主要认知,对其认知进行分析并提出建议。

一、国际关系中的叙事类型

"叙事"源于文学理论,20 世纪 80 年代开始,"叙事视角"逐渐进入人文社会科学领域,"叙事"逐渐成为心理学、传播学、国际政治等学科的研究范式。叙事是指具有明确的顺序,以有意义的方式连接事件……从而提供关于世界和/或人们对世界的经验的见解。[①]叙事的特点是按照一定的时间顺序讲故事,并通常以评价或建议结束。叙事对人类理解周围的世界和交流具有重要意义,比其他形式的话语能产生更大的效果。[②]由于"叙事"在塑造信念和行动方面所展示出巨大的力量,近年来,世界各地的政治行为体越来越意识到讲故事在国际政治中的力量,叙事之战日益激烈。在国际关系领域,叙事的效力取决于其他行为体的解释和反应。一个令人信服的叙事可以成为一种权力资源,人们可能被某些描述国家历史或政策细节的人物、事件和解释所吸引。[③]一个荒谬的或不被认可的叙事则失去了叙事力量。因此政治行为体必须对受众的解释做出回应,并不断调整叙事,最大限度地提高叙事在海外的接受度,确保自己的叙事不仅是可被理解的,而且是令人信服的。也就是说,叙事不是一成不变的,叙事的建构、传播和接受处于不断的循环中。在建构和分析叙事时要区分三种类型的叙事:①体系叙事:阐明了国际关系中的关键行为体、他们的特点和作用以及政治行为体是如何构想他们对国际秩序的理解。②身份叙事:描述了国际事务中政治行为体的身份,这些身份处于不断的谈判和争

---

① Lewis P. Hinchman, Sandra K. Hinchman(Eds.), Memory, identity and community: the idea of narrative in the human sciences, SUNY Press, 2001, p.xvi.

② Linus Hagström, Karl Gustafsson, Narrative power: how storytelling shapes East Asian international politics, Cambridge Review of International Affairs, No.32(4), 2019, p.391.

③ Laura Roselle, Alister Miskimmon & Ben O'Loughlin, Strategic narrative: A new means to understand soft power, Media, War and Conflict, No.7(1), 2014, p.74.

论过程中。③政策叙事:阐述了为什么需要一项政策以及如何实现它。[①]

二、语料的来源及概况

德国智库主要分为“学术型智库”“政党型智库”以及“私人智库”。本文参照美国宾夕法尼亚大学编写的、国际权威性智库报告《全球智库报告2020》中所收录的全球顶级智库名单并兼顾德国智库类型,在有影响力的德国智库官网中以“Narrative”为关键词,并且应同时包含“China”“chinesisch”进行搜索(截止日期为2021年12月31日)。人工剔除不相关文本后,在以下智库中共获得有效文献26篇,它们分别是:政党型智库中的阿登纳基金会(Konrad-Adenauer-Stiftung)、艾伯特基金会(Friedrich-Ebert-Stiftung)和伯尔基金会(Heinrich-B?ll-Stiftung);学术型智库中的国际政治和安全事务研究所(Stiftung Wissenschaft und Politik);私人智库中的德国外交政策协会(German Council on Foreign Relations)以及墨卡托中国研究中心(Mercator Institute for China Studies)。

从文献的数量来看,国际政治和安全事务研究所数量最多(8篇);随后为阿登纳基金会(7篇)、艾伯特基金会(6篇)、伯尔基金会与墨卡托中国研究中心(各2篇)、德国外交政策协会(1篇)。文献数量在各个智库中呈现出不均匀的分布态势。从文献的时间来看,最早的文献出现在2014年,直至2019年总体数量不多,分别是2014年与2015年各1篇、2017年与2019年各3篇、2016年与2018年未有相关研究。2020年随着新冠肺炎疫情的暴发,德国智库对中国叙事的关注度大幅提升,共有13篇相关文献,2021年研究数量又有所回落,数量为5篇。从文献的话题来看,相关研究主要涉及中国叙事的传播(7篇,占比26.9%),包括中国在非洲、东欧和拉美的叙事传播,在欧洲的软实力塑造以及提升话语权等;体系叙事(8篇,占比30.8%),包括新冠肺炎

① Alister Miskimmon, Ben O'Loughlin & Laura Roselle, Strategic Narratives: Communication Power and the New World Order, Routledge, 2013, p.7.

疫情背景下的权力转移、“人类命运共同体”以及中国在巴尔干地区的地缘政治等；政策叙事（8篇，占比30.8%），包括中国外交转型、“一带一路”和“健康丝绸之路”等；身份叙事（3篇，占比11.54%），包括中国是世界上最大的发展中国家和中国在多边合作领域所扮演的角色等。

三、德国智库对中国叙事的主要认知

（一）体系叙事：抗击新冠肺炎疫情与人类命运共同体

1.抗击新冠肺炎疫情叙事

在叙事的建构上：中国在疫情初期将抗击病毒意识形态化并建立起一种叙事方式。[①]病毒不是来自中国这一信息被反复提及，中国试图将抗击疫情的英雄故事改编为中国作为西方，特别是美国受害者的形象。在叙事的传播上：随着疫情在国内被有效控制，中国政府通过“宣传性的演出”“假新闻”和“虚假信息”在全球实施“慷慨政治”“口罩外交”和“疫苗外交”，传播其核心叙事：中国对疫情的反应迅速、透明，为世界赢得了时间；中国是一个负责任的合作伙伴和创新的卫生大国；中国的应对措施堪称典范；中国模式相对于自由民主国家显示了体制的优势。在叙事的接受上：德国智库认为，中国抗击新冠肺炎疫情叙事的动机在于投射软实力，塑造叙事；将中国重新定位为病毒的解决方案，而不是病毒的来源；展示中国共产党治理体系的优越性，证明中国已经成为一个负责任的大国，愿意并能够发挥领导作用，提供全球公共产品；对内和对外宣传自己是优于美国和西方制度的代表，将自己的政治制度作为西方治理模式的可行性替代。德国智库认为，中国在抗击新冠肺炎疫情叙事中

① Angela Stanzel, Die Corona-Pandemie und Xi Jinping Vier Herausforderungen für den mächtigsten Mann Chinas, https://www.swp-berlin.org/publications/products/aktuell/2020A26_sla_XiJinping.pdf, 2020, p.2.

反复提及的“负责任的大国”并不是指接受现有的国际秩序规范或规则，重点是中国以医疗用品的形式向国际社会提出解决方案和提议。[1]这样一来，国际社会的结构就被刻意设置在以中国为中心的环境中。[2]在中国官方的叙事中，与新冠肺炎疫情的斗争早已变成了一场“体制的竞争”，以争夺医学上的和政治上的成功，重点一再放在中国自己的模式上，宣称这将为其他国家提供有益的经验。在积极评价方面，德国智库认为，“新冠肺炎疫情是一个令人信服的范例，有力地推动了中国共产党将其统治作为其他国家效仿的典范。所有迹象似乎表明，中国在新冠肺炎疫情后有效地利用其叙事和现有的工具包，在许多方面超越了西方”。[3]

2.人类命运共同体叙事

在叙事的建构上：通过积极主动地对已存在的“国际社会”这一概念按照中国的想法在内容上进行重新配置，使西方国家在使用这个表述时适应中国的想法。“人类命运共同体”是全球话语中新的、中国形式的国际社会。在叙事的传播上：自2014年以来，中国在安理会的代表越来越少使用“国际社会”一词与联合国机构联系在一起，它们要么被完全省略，要么中国对“国际社会”的提及就与自己的项目，如“一带一路”相对应，否则就强调一个全球性问题需要建立一个“人类命运共同体”。2013年以来，国家主席习近平多次在外交场合提及“人类命运共同体”，推行其对国际社会的新解释。在新冠肺炎疫情期间，“人类命运共同体”被放置在了更加突出的位置。在叙事的接受上：德国智库认为，在新冠肺炎疫情期间，中国领导人提到的“人类命运共同体”叙事

① Godehardt Nadine, Wie China Weltpolitik formt, https://www.swp-berlin.org/10.18449/2020S19/, 2021, p.29.

② David Merkle, Multilateralismus und Chinas globale Rolle, https://www.kas.de/documents/252038/7995358/Multilateralismus+und+Chinas+globale+Rolle.pdf/7b97b2fa-e152-9efc-391a-67a187de4618, 2020, p.7.

③ Anna Wasserfall, Tom Bayes, COVID-19 als Beschleuniger einer globalen Machtverschiebung?, https://www.kas.de/documents/259121/12468979/COVID-19+als+Beschleuniger+einer+globalen+Machtverschiebung.pdf/6d903b45-ac06-a6fb-a63c-77a046cb84ef?version=1.0&t=1619090117734, 2021, p.73.

对外国受众来说是能被直观理解的，这种健康危机使世界各地的政府和民众面临着类似的问题。在这个意义上，世界人民确实正在经历类似的命运。但中国领导人推行"人类命运共同体"叙事的真正动机在于改变国际社会的含义，这样一来，国际社会未来的结构就可以按照中国的想法来塑造。[①]

（二）身份叙事：世界上最大的发展国家

在叙事的建构上：中国以存在大量的社会和区域不平等，如城乡差异、地区发展不平衡，经济结构中第一产业比重较高以及城市化水平较低等为主要依据构建中国是世界上最大的发展中国家叙事。在叙事的接受上：德国智库总体上对该叙事持质疑的态度。德国智库认为中国作为强大的经济行为体和有力的捐助国在全球的重要性和政治影响力正在日益增长。在发展合作领域，越来越多的国家和组织不再视中国为典型的受援国，而是克服国际挑战的合作伙伴；中国在多边论坛的规则制定和协议以及条约的缔结方面具有越来越大的影响力；在南南合作框架内，中国作为援助国发挥着主导作用。德国智库认为中国坚决捍卫发展中国家地位是出于以下动机：从经济维度上看是由于中国可以从其发展中国家的地位中获益，例如在 WTO 的贸易政策方面；从政治维度上看是由于发展中国家叙事对于赢得多数发展中国家的支持、积极重塑全球规范起着重要作用。尤其是在中国的地缘战略野心在工业化国家以及邻国越来越遭到怀疑的时候，中国是发展中国家的叙事在向伙伴国家发出信号方面发挥了重要作用。[②]

---

① Godehardt Nadine, Wie China Weltpolitik formt, https://www.swp-berlin.org/10.18449/2020S19/, 2020, p.28.

② Veronika Ertl, David Merkle, China: Ein Entwicklungsland als globale Macht?, https://www.kas.de/documents/259121/4624147/China+-+Ein+Entwicklungsland+als+globale+Macht.pdf/a154ee5f-45a8-9b5f-3b5c-5863592db7dd?version=1.2&t=1576055729131, 2019, p.11.

(三)政策叙事:“一带一路”与“健康丝绸之路”

1.“一带一路”叙事

在叙事的建构上:“一带一路”叙事主要集中在经济领域,政治和安全领域处于边缘地位。官方叙事反对将“一带一路”称为战略,因为这有地缘政治的意味。直到目前,“一带一路”仍然是一个相当松散的合作框架,没有对方法、行动者或者机制设定先验参数。①在叙事的传播上:中国政府通过媒体、非政府组织和智库联合塑造共同的“一带一路”叙事并影响全球舆论。②为了掌握“一带一路”叙事的话语权,中国政府在国际层面进行了游说,在欧洲通过前官员、企业和智库传递核心叙事:利他主义、合作共赢以及建立没有地缘政治的世界新秩序。在叙事的接受上:德国智库认为,“一带一路”是中华人民共和国成立以来最雄心勃勃的外交政策项目。它是一个更大的“中国叙事”的开始,揭示了中国精英们是如何理解中国现在和未来在世界上所扮演的角色。③“一带一路”显然不只是一个大规模的基础设施和发展倡议,中国未来将利用其话语权在全球范围内建立自己的讨论形式。④德国智库普遍认为,从“一带一路”的官方叙事中难以确定其意图,虽然叙事传达了利他主义和合作共赢的理念,但这一倡议也旨在服务中国的许多国家利益。由于政策制定的不透明性,例如在控制叙事和应对挑战方面,很少提供外部参与的机会,以及“一

① Richard Ghiasy, Jiayi Zhou ,THE SILK ROAD ECONOMIC BELT Considering security implications and EU-China cooperation prospects, 28.12. 2016, https://library.fes.de/pdf-files/iez/13188-20170223.pdf, 2016, p.18.

② Nadine Godehardt, Die Neue Seidenstraße: Wie China internationale Diskursmacht erlangt, https://www.swp-berlin.org/publikation/die-neue-seidenstrasse-wie-china-internationale-diskursmacht-erlangt.

③ Godehardt Nadine, Wie China Weltpolitik formt, https://www.swp-berlin.org/10.18449/2020S19/, 2020, p.7.

④ Nadine Godehardt, Paul J. Kohlenberg, Die Neue Seidenstraße: Wie China internationale Diskursmacht erlangt, https://www.swp-berlin.org/publikation/die-neue-seidenstrasse-wie-china-internationale-diskursmacht-erlangt.

带一路”的巨大雄心给地缘政治竞争者留下了巨大的猜想空间。只要“一带一路”在概念层面难以定性，这种怀疑可能就会一直存在。[①]此外，由于“一带一路”实现了多维空间化，创造了一个空间结构和不同层次的技术手段的纽带，中国未来可以以自己为中心安排世界，这破坏了既定的自由主义秩序、规范和标准。在积极评价方面，德国智库认为，中国通过“一带一路”将互联互通作为一种“价值”，无论是从实际的角度还是从叙事的角度，都在全球反对不平等和争取包容性的斗争中抢占了先机。[②]

2.“健康丝绸之路”叙事

在叙事的建构上：“健康丝绸之路”是中国为了进一步加强正面形象所采用的特定品牌战略，但没有明确界定实际所包含的内容。在叙事的传播上：中国关注国外对“健康丝绸之路”的解读，在中国看来，“一带一路”已经被西方敌对的媒体和政界严重歪曲，“健康丝绸之路”也可能遭遇同样的命运，因此中国更有兴趣与发展中国家就“健康丝绸之路”的相关事宜进行探讨，因为这些国家更容易接受中国的叙事。[③]在叙事的接受上：德国智库认为，“健康丝绸之路”叙事的动机在于修复中国在疫情初期受损的形象，同时为了证明中国是负责任的大国，有能力为全球提供公共产品并赢得人心；通过“健康丝绸之路”，中国将积极参与全球卫生治理，提高中国在卫生领域的国际影响力和机构的话语权。通过“健康丝绸之路”，中国第一次为“一带一路”叙事赋予了实质性的内容并显示了该倡议的灵活性。如果实施的好，“健康丝绸之路”将成为中国“一带一路”和公共外交的支柱。在欧洲以外的国家，中国正越来越被

① Richard Ghiasy，Jiayi Zhou，THE SILK ROAD ECONOMIC BELT Considering security implications and EU–China cooperation prospects，https://library.fes.de/pdf–files/iez/13188–20170223.pdf，2016，p.25.

② Nadine Godehard，Karoline Postel–Vinay，Connectivity and Geopolitics：Beware the “New Wine in Old Bottles”Approach，https://www.swp–berlin.org/publications/products/comments/2020C35_Connectivity.pdf，2020，p.7.

③ Ngeow Chow–Bing，COVID–19，Belt and Road Initiative and the Health Silk Road：Implications for Southeast Asia，https://library.fes.de/pdf–files/bueros/singapur/13565.pdf，2020，p.14.

视为一个负责任的大国，中国已经向许多国家提供了有效和全面的援助。此外，“健康丝绸之路”将伴随其它叙事如“人类健康命运共同体”共同加强国家主席习近平对团结与合作的叙事。

四、对德国智库主要认知的分析

（一）体系层面

1.抗击新冠肺炎疫情叙事

在新冠肺炎疫情期间，中国快速、有效的危机管理与西方国内疫情失控形成了鲜明的对比。在欧盟内部，一些成员国指责欧盟没有给他们足够的团结和支持。塞尔维亚总统亚历山大·武契奇宣称他信任他的兄弟和朋友习近平，欧洲团结只是一个童话故事。[①]西方大国显然未能在其境内克服与新冠肺炎疫情有关的挑战，也未能向其海外伙伴提供实质性的支持和帮助，西方制度的优越感受到了严重的挑战。无法在“价值观优越性”的传统框架下解释中国抗疫比西方更成功的“例外”状况，[②]只能将全球公共卫生事件高度政治化，通过对中国抗疫污名化，标签化来建立反叙事，达到“甩锅”和控制舆论的目的。在西方政界、智库、媒体的联动下，这种反叙事主导了西方的舆论环境。皮尤研究中心在14个工业化国家进行的一项调查中显示，61%的受访对象认为中国对新冠肺炎疫情的处理很糟糕……虽然大规模的宣传在国内被证明是成功的，但在国外，特别是在工业化国家，却起到了反作用，在非洲、亚洲和

---

① Hong, Taehwa, The Battle for the Coronvirus Narrative, https://archive-yaleglobal.yale.edu/content/battle-coronavirus-narrative.

② 汪圣钧，王义桅：《从疫情下欧美涉华舆论动员的异同看“西方化叙事”的危机》，《德国研究》，2020年第03期。

拉丁美洲的国家，中国的说法可能更有效。[①]除了污名化和标签化外，德国智库还渲染了新冠肺炎疫情是“全球权力转移”的加速器。权力转移论是由美国密歇根大学政治学教授肯尼斯·奥根斯基提出的。根据权力转移论，如果主导国和崛起国不能就国际体系的领导权和秩序达成一致，那么权力转移就会危及国际体系的稳定。近年来该理论和“修昔底德陷阱”逐渐成为西方遏制中国和平崛起的主要依据之一。虽然该理论在学界存在很多争议，但它在政治上具有强大的力量，发挥着解释框架的作用，使人们对权力转移的风险敏感。通过在议题设置上故意强调“国际结构被刻意设置在以中国为中心的环境中”，加剧了西方对中国的防御心理，容易造成在政策层面做出过度的反应。

2.人类命运共同体叙事

德国对“人类命运共同体”叙事的认知是建立在对中国外交政策的行动逻辑和意图研判的基础之上的。德国智库认为，在国家主席习近平的领导下，中国外交政策出现了重大转向，“对接”与“话语权”构成了中国外交政策的核心行动原则。其中，“对接”取代了调整和融合，代表了中国不需要事先适应国际社会既定的规范和规则，而是更加积极地促进其自身发展模式的成功。“话语权”的目标是逐渐改变世界政治的语言和结构。“对接”和“话语权”与选定的叙事如“一带一路”“人类命运共同体”及其子项目共同对外传达了一种统一的“中国叙事”，其目的在于实现让世界秩序适应中国这一目的。德国智库认为“人类命运共同体”是中国按照自身的想法对西方“国际社会”这一概念在内容上进行的重新配置，这一认知虽然区别于“革命论”和“另起炉灶论”，看到了中国构建“人类命运共同体”的本质是要重塑全球秩序，但却把它看作是中国单方面的要求，是为了建立中国“中心秩序”，没有认识到“人类命运共同体超越了国别、党派和制度的异同，汇聚起各国都认同的最大公约数，蕴含着人类都接受的共同价值，对世界各国、各地区、各民族、各文明共生共存具

---

① Hanns G. Hilpert, Angela Stanzel, China – Pandemiegewinner für den Moment, https://www.swp-berlin.org/publications/products/aktuell/2020A99_China.pdf, 2020, p.3.

有普遍借鉴意义”,[1]是世界上广大国家的共同诉求。

（二）身份层面

在“中国是世界上最大的发展中国家”叙事上,德国智库以中国是强大的经济行为体、有力的捐助国、在全球的重要性和日益增长的政治影响力为依据质疑这一叙事缺乏科学的理据。首先,虽然国际社会对“发展中国家”的界定尚未达成共识，但是中国仍处于社会主义初级阶段的基本国情是客观事实。按照国际货币基金组织(IMF)人均GDP、世界银行收入水平、联合国开发计划署(UN-DP)人类发展指数等通行的划分标准,中国仍然属于发展中国家。[2]其次,根据经合组织发展援助委员会的声明,在发展合作领域,许多参与南南合作的国家拥有双重身份,既是受援国又是提供国。[3]虽然我国在南南合作框架内是有力的捐助国,但在援助的规模上“与美欧发达经济体和土耳其等地区大国相比仍存在差距”。[4]因此,我国的援助活动既符合我国的身份定位,也展现了我国作为世界上最大的发展中国家与发展中国家互帮互助的责任意识。再次,我国作为世界上最大的发展中国家,成功的发展模式具有“外溢效应”,对其它国家会产生吸引力和影响力,而中国作为大国在地缘政治中具有天然的重要性和影响力。德国智库把我国坚持作为世界上最大的发展中国家叙事的理由归结为“好处论”和“实用主义”,忽视了我国与广大发展中国家之间存在的历史纽带以及在当前国际形势下共同的使命和发展诉求。中国作为世界上最大的发展国家,愿意承担道德责任,团结与带领广大发展中国家共同推进全球治理改革和建立公正合理的国际政治经济新秩序。

---

① 柴尚金:《百年大变局中的世界社会主义》,《人民论坛·学术前沿》,2019年第16期。

② 郭语:《发展合作视阈下中国发展中国家地位:争论、影响与因应》,《国际贸易》,2022年第08期。

③ 经合组织发展援助委员会声明,经合组织官网,https://www.oecd.org/fr/cad/47952408.pdf.

④ 郭语:《发展合作视阈下中国发展中国家地位:争论、影响与因应》,《国际贸易》,2022年第08期。

(三)政策层面

与“人类命运共同体”叙事一致,德国智库对“一带一路”叙事以及“健康丝绸之路”叙事的认知也是建立在其对中国外交政策行动逻辑和意图研判的基础之上的,是为实现让世界秩序适应中国这一目的服务的统一中国叙事。

1.“一带一路”叙事

德国智库认为难以确定“一带一路”叙事的意图,虽然在我国的官方叙事中传递的是“合作共赢”的理念,但德国智库通过强调该倡议在经济、外交、金融以及地缘政治方面对我国国家利益的服务,容易让人产生中国是“一带一路”最大受益国的印象。在叙事的性质方面,德国智库认为由于政策制定的不透明性、概念层面缺乏定性、多维空间地缘政治化等原因引发了西方对“一带一路”是地缘战略的猜疑和批评。“一带一路”通过互联互通会对世界地缘政治产生影响,但德国智库把这种影响政治化,认为是中国的地缘战略,这一方面是西方地缘冷战思维的表现,另一方面也表达了其对中国“崛起”的实际影响以及对未来世界秩序可能出现改变的恐惧。在实施方面,德国智库认为“一带一路”叙事缺乏实质性的内容和明确的正式框架。这一认知显然是基于传统的区域合作框架制定的先验论。“一带一路”沿线国家众多、覆盖面积广大,不具备区域合作中地理和文化较为相似的优势。因此,每个国家或每个项目都没有固定或标准化的模式,具有高度的弹性和适应性。此外,“一带一路”还处在起步阶段,在很大程度上是一项进展中的工作,其发展实际上需要用几十年来衡量。最后,德国智库认为“一带一路”破坏了既定的自由主义秩序、规范和标准。虽然我国一再重申“一带一路”建设遵循国际规则,但德国等西方国家企图推动以“价值观”为基础的,涉及透明度、法治和公平竞争的“一带一路”的替代性战略,目的是围剿“一带一路”建设,进而达到对中国“规锁”的目的。

2.“健康丝绸之路”叙事

德国智库强调“健康丝绸之路”是改善中国形象、提升世界卫生领域话语权的宣传工具，淡化“健康丝绸之路”对于增进全球民众健康福祉的重要意义。通过德国智库对“健康丝绸之路”叙事的认知，一方面我们可以看到“一带一路”叙事在西方传播过程中遇到的话语困境，另一方面我们也看到，面对困境与挑战，中国通过“健康丝绸之路”以实际行动为全球抗击新冠肺炎疫情做出了巨大的贡献并在世界上被越来越多的国家视为负责任的大国，中国是健康命运共同体的真正践行者。

五、结论与建议

综上所述，德国智库对中国叙事的认知既包含客观认识，也有主观偏见，既有积极的看法，也有消极的评价。在体系叙事上，德国智库认为中国借助“新冠肺炎疫情叙事”进行体制竞争，促进全球权力转移；通过“人类命运共同体”叙事达到按照中国的想法塑造国际社会的目的。在身份叙事上，德国智库以中国是强大的经济行为体、有力的捐助国、在全球日益增长的政治影响力为依据质疑“中国是世界上最大的发展中国家”叙事。在政策叙事上，德国智库认为“一带一路”叙事以及“健康丝绸之路”叙事是服务于实现让世界秩序适应中国这一目的的统一中国叙事。德国智库对中国叙事的整体认知反应了其担心“中国的经济崛起和不断增长的全球行动半径正在改变自由主义体系本身”[①]。虽然德国智库对我国在体系叙事、身份叙事和政策叙事方面均有积极的评价，但是受利益冲突，政治体制、价值观差异等多重因素的影响以及中国在全球治理中逐渐成为“显性”大国，中国叙事会受到更加严苛的审视与评价，对外传播会遇到更大的阻力。对此，本文提出如下建议：

① Paul J. Kohlenberg，Nadine Godehardt，Chinas globale Konnektivit?tspolitik，https://www.swp－berlin.org/publications/products/aktuell/2018A18_khb_gdh.pdf，2018，p.2.

（一）科学阐释中国叙事的学理逻辑，以理服人

中国叙事是在中国自身的政治、经济和文化环境中形成的，是与西方不同的两套话语系统，因此需要学界与智库将中国叙事的学理逻辑阐释清楚，产生可公度性。在体系叙事中，阐释清楚“人类命运共同体”所蕴含的理论、文化和实践逻辑，在后疫情时代，将新冠肺炎疫情叙事与“人类命运共同体”叙事以及“健康丝绸之路”叙事有机结合，从“共生共在”的伦理视角丰富“人类命运共同体”叙事的内涵。在身份叙事中，从发展经济学、现代经济增长理论、发展中国家身份认同理论等多学科、多视角阐释我国发展中国家定位的学理依据，特别是维护发展中国家利益的道义内涵。在政策叙事中，阐释清楚“一带一路”和“健康丝绸之路”的国际公共产品性质以及蕴含的价值内涵，打破西方对于自由、民主、法治等现代性价值的解释权，创建与完善相关规则，更好地应对西方国家推出的以价值观为基础的替代性叙事和战略。

（二）为中国叙事注入人文关怀，以情动人

中国叙事来自中国话语体系，若想被德国以及其它西方受众所接受，需要在价值观上抓住“共识”，将宏大叙事具象化，叙事话语分众化。把“文明”“公平”“正义”“发展”等这些“人同此心、心同此理”的共同价值注入到中国叙事中来，形成学理坚实、具有价值吸引的中国叙事。精心选择切口小、格局大、平民视角的微观故事，将宏大叙事具象化，使其成为宏观命题与受众理解之间的粘合剂，减少中国叙事在传播过程中所产生的文化折扣。在叙事话语的组织上，要贴近德国和其它西方民众的思维习惯和语言习惯，减少“口号式”、“宣传式”、“机械化”的叙事话语形式、淡化意识形态元素、避免使用战争隐喻，增加叙事语言的平实性、亲和力、创新性和反思性。

参考文献

[1]柴尚金:《百年大变局中的世界社会主义》,《人民论坛·学术前沿》,2019 年第 16 期。

[2]郭语:《发展合作视阈下中国发展中国家地位:争论、影响与因应》,《国际贸易》,2022 年第 08 期。

[3]经合组织发展援助委员会声明,经合组织官网,https://www.oecd.org/fr/cad/47952408.pdf.

[4]汪圣钧、王义桅:《从疫情下欧美涉华舆论动员的异同看“西方化叙事”的危机》,《德国研究》,2020 年第 03 期。

[5]Alister Miskimmon, Ben O'Loughlin & Laura Roselle, Strategic Narratives: Communication Power and the New World Order, Routledge, 2013.

[6]Anna Wasserfall, Tom Bayes, COVID-19 als Beschleuniger einer globalen Machtverschiebung?, https://www.kas.de/documents/259121/12468979/COVID-19+als+Beschleuniger+einer+globalen+Machtverschiebung.pdf/6d903b45-ac06-a6a6fb-a63c-77a046cb84ef?version=1.0&t=1619090117734.

[7]David Merkle, Multilateralismus und Chinas globale Rolle, https://www.kas.de/documents/252038/7995358/Multilateralismus+und+Chinas+globale+Rolle.pdf/7b97b2fa-e152-9efc-391a-67a187de4618.

[8]Godehardt Nadine, Wie China Weltpolitik formt, https://www.swp-berlin.org/10.18449/2020S19/.

[9]Hanns G. Hilpert, Angela Stanzel, China-Pandemiegewinner für den Moment, https://www.swp-berlin.org/publications/products/aktuell/2020A99_China.pdf.

[10]Hong, Taehwa, The Battle for the Coronvirus Narrative, https://archive-yaleglobal.yale.edu/content/battle-coronavirus-narrative.

[11]Laura Roselle, Alister Miskimmon & Ben O'Loughlin, Strategic narrative: A new means to understand soft power, Media, War and Conflict, No.7(1), 2014.

[12]Lewis P. Hinchman, Sandra K. Hinchman (Eds.), Memory, identity and community: the idea of narrative in the human sciences, SUNY Press, 2001.

[13]Linus Hagström, Karl Gustafsson, Narrative power: how storytelling shapes East Asian international politics, Cambridge Review of International Affairs, No.32(4), 2019.

[14]Nadine Godehard, Karoline Postel-Vinay, Connectivity and Geopolitics: Beware the "New Wine in Old Bottles" Approach, https://www.swp-berlin.org/publications/products/comments/2020C35_Connectivity.pdf.

[15]Nadine Godehardt, Die Neue Seidenstraße: Wie China internationale Diskursmacht erlangt, https://www.swp-berlin.org/publikation/die-neue-seidenstrasse-wie-china-internationale-diskursmacht-erlangt.

[16]Ngeow Chow-Bing, COVID-19, Belt and Road Initiative and the Health Silk Road: Implications for Southeast Asia, https://library.fes.de/pdf-files/bueros/singapur/13565.pdf.

[17]Paul J. Kohlenberg, Nadine Godehardt, Chinas globale Konnektivitätspolitik, https://www.swp-berlin.org/publications/products/aktuell/2018A18_khb_gdh.pdf.

[18]Richard Ghiasy, Jiayi Zhou, THE SILK ROAD ECONOMIC BELT Considering security implications and EU-China cooperation prospects, https://library.fes.de/pdf-files/iez/13188-20170223.pdf.

[19]Veronika Ertl, David Merkle, China: Ein Entwicklungsland als globale Macht?, https://www.kas.de/documents/259121/4624147/China+-+Ein+Entwicklungsland+als+globale+Macht.pdf/a154ee5f-45a8-9b5f-3b5c-5863592db7dd?version=1.2&t=1576055729131.

世界性现象级传播的生成机制与过程探究

——以元宇宙概念的创新扩散为例

钟沈军　刘　晨

[摘要]从发轫于美国一家游戏公司的新名词,到波及美欧中日韩等国家和地区社会各圈层交流中反复出现的高频热词,“元宇宙”这一概念的创新扩散目前已经衍化为影响深远的世界性现象级传播,其传播的深度、广度及持续性都罕见。本文基于罗杰斯的创新扩散视角,对元宇宙这一概念的创新基因、创新扩散过程、传播渠道,以及创新采用者等方面展开研究,借此希望以元宇宙传播现象为例解码世界性现象级传播的生成机制与创新扩散规律,以更好地服务于我国融通中外的新概念新表述的全球跨文化传播战略。

[关键词]元宇宙;创新扩散理论;现象级传播;生成机制;战略传播

一、引言

2021年3月10日,全球最大的在线游戏创作平台之一的Roblox(中译

作者简介:钟沈军,南开大学新闻与传播学院教授;刘晨,南开大学新闻与传播学院在读硕士研究生。

名“罗布乐思”)于纽交所挂牌上市,其招股书中提到,Roblox 提供共享的在线体验,人们可以在 3D 模拟虚拟环境(Metaverse)中进行交互。[①]Roblox 首日收盘价比上市参考价大幅上涨 54%,成为“Metaverse”相关科技概念股全球热议的开端。

“Metaverse”一词首次出现是在美国作家尼尔·史蒂芬森 1992 年出版的科幻小说《雪崩》中,指一个人类的数字化身可与计算机生成的环境和其他用户进行互动的虚拟现实空间。在《雪崩》中“Metaverse”被译为“超元域”,现在“Metaverse”在国内被普遍翻译为“元宇宙”。

2021 年被公认为“元宇宙元年”,众多知名企业,包括美国互联网公司脸书、微软、谷歌、英伟达等,国内互联网公司腾讯、字节跳动、百度、网易等都相继布局元宇宙及其相关技术研发。国内外学界对元宇宙的关注也在近两年迅速增长,截至 2022 年 11 月 6 日,元宇宙相关论文在中国知网中,2021 年有 703 篇,2022 年有 2688 篇;在 Web of Science(WOS)数据库中,2021 年有 205 篇,2022 年有 764 篇。在百度、谷歌搜索引擎中,“元宇宙 /Metaverse”的搜索量在 2021 年出现多个峰值。

元宇宙这一概念迅速在美欧韩日及中国传播,影响波及全球。欧洲对元宇宙持谨慎态度。欧盟《人工智能法案》《数字服务法案》《数字市场法案》“平台到业务”监管法规等说明了欧盟关注元宇宙的监管和规则问题,试图在治理和规则上占据先发优势,进而保护欧洲内部市场。[②]而另一方面,全球多国政府出台支持元宇宙相关产业发展政策和规划,以把握战略先机,避免未来在国际分工体系中被边缘化。韩国首尔市政府发布《元宇宙首尔五年计划》,宣布从 2022 年起分三个阶段在经济、文化、旅游、教育、信访等市政府所有业

① 文化创意研究:“元宇宙第一股”Roblox 招股说明书到底说了什么? https://m.sohu.com/coo/sg/559618075_100156729

② 韩亚峰、李峥:《元宇宙愿景背后的政府与企业视点》,《瞭望周刊》,2021 年 11 月 29 日。

务领域打造元宇宙行政服务生态。①日本经济产业省发布《关于虚拟空间行业未来可能性与课题的调查报告》②，指导和规范元宇宙发展。我国上海市政府发布《上海市培育“元宇宙”新赛道行动方案（2022—2025年）》，在未来网络、VR/AR/MR终端、3D图像引擎等产业重点发力，支持元宇宙+工厂、文娱、办公等场景打造。③

概言之，元宇宙自2021年起加速“出圈”，从美国游戏公司的招股书，到资本市场助推，由具有全球影响力的互联网巨头轮播接力传播，再到各国政府出台相关政策加以推进，最终形成了波及全球的世界性现象级传播。元宇宙这一概念是如何迅速扩散的？什么因素促使它进一步扩散？在元宇宙的扩散中，有哪些创新扩散规律？本文基于罗杰斯创新扩散理论，试图回答上述问题，以期为创新扩散理论研究补充研究素材，为我国未来的对外传播策略增加新的视角。

二、理论回顾

（一）元宇宙概念界定和技术支撑

目前，学界和业界关于元宇宙的概念界定可大致分为三个方向：一是元宇宙是三维虚拟世界，是现实世界的平行世界或镜像世界。“一个完全实现的数字世界，它存在于我们生活的模拟世界之外”④（John Herrman and Kellen

① 经济日报：首尔将打造元宇宙行政服务生态，http://city.ce.cn/news/202111/24/t20211124_7332464.shtml。

② 河南省科学技术厅：浅谈元宇宙，https://kjt.henan.gov.cn/2022/05-20/2452851.html。

③ 腾讯网：国内首个政府级元宇宙方案：《上海市培育“元宇宙”新赛道行动方案（2022—2025年）》，https://new.qq.com/rain/a/20220710A07M4C00。

④ Herrman J, Browning K, Are We in the Metaverse Yet?, International New York Times, https://search.ebscohost.com/login.aspx?direct=true&db=edsinc&AN=edsinc.A668591315&lang=zh-cn&site=eds-live.

Browning,2021)。二是元宇宙是现实世界与数字世界的深度融合状态。“一个将物理现实与数字虚拟融为一体的,永久且持久的多用户环境。它基于技术融合,可实现与虚拟环境、数字对象和人的多感官交互”[①](Stylianos Mystakidis,2022)。三是元宇宙强调去中心化的下一代互联网,即 Web3.0。Web1.0 时期,用户通过门户网站单向获取内容,缺乏互动体验;Web2.0 时期,用户使用互联网的多数行为以平台为中介, 平台将用户数据储存在自己的服务器中,而个人缺乏对数据的自主权,存在着隐私泄露、数据滥用等问题,同时利益分配规则也由平台制定,用户难以从内容生产中获得对等价值;Web3.0 则基于区块链技术基础,将内容和数据的所有权和价值归还于用户。三个方向对元宇宙的概念界定各有侧重,也有共识,如都认可元宇宙与现实世界具有高度同步性,以人工智能、区块链增强现实 / 虚拟现实等技术为基础,强调“去中心化”特征等,元宇宙仍是一个不断发展演变的概念。

目前公认的元宇宙的六大支撑技术包括区块链技术、人机交互技术、游戏技术、人工智能技术、网络通信及运算技术、物联网技术等。其中,区块链技术,包括 NFT、DeFi、DAO、时间戳技术等,区块链具有“去中心化价值流转”“公开透明”的特征,可以为元宇宙提供支付清算系统,确认版权,降低金融交易中的暗箱操作,保障资产权益。人机交互技术,包括增强现实 / 虚拟现实等,通过脑机接口等技术,将现实世界和元宇宙相连接,增强元宇宙用户的沉浸式体验感。游戏技术,包括引擎、建模、渲染等技术,是元宇宙目前的主要呈现方式和入口。人工智能技术,包括机器学习、自然语言处理等技术,能够提高元宇宙的智能化水平。网络通信及运算技术,包括 5G、6G 无线移动通信、边缘计算、云计算、分布式存储等技术,通过提升通信和计算能力来给用户提供更流畅的体验。物联网技术包括感知层、网络层、平台层和应用层,分别负责数据采集、信息传输、连接管理、数据处理并提供服务等功能,为元宇宙多设备链接提供技术基础。

① Stylianos Mystakidis,Metaverse,Encyclopedia,2022,p486–497.

（二）创新扩散理论

E.M.罗杰斯1962年在《创新的扩散》一书中提出了创新扩散理论，阐释了创新的扩散定律和模式，其中对创新的概念、要素、决策过程、采用者等方面的结论，构成了现代创新扩散研究中被广泛认可和采用的理论框架。以莱恩和格罗斯（Ryan，Gross，1943）在爱荷华州进行的杂交玉米种子的扩散研究为基础，罗杰斯对除草剂和其他农业创新产品进行扩散研究，创作出《创新的扩散》第一版，此后历经五版，21世纪以来互联网的快速发展影响了创新的扩散过程，如缩短人际交往的距离，数字鸿沟例证创新带来的不平等，创新扩散理论也在不断修正、补充和完善。

罗杰斯认为，一项创新的新颖性与它在客观上是否新颖没有多大关系。当一种思想、方法或对象被某个人或群体认为是“新的”时，就是一种创新，这就强调了人们对创新认知的重要性。扩散是创新在特定时间内，通过特定渠道，在特定群体中传播的过程。扩散是一种特殊的传播，包括有计划的传播和自发的传播两个层面。创新扩散的四个要素是创新、传播渠道、时间和社会系统。其中，创新具有相对优势、兼容性、易用性、可试性和可观察性五个认知属性。创新采用者可分为五类：冒险型创新者、受人尊敬的早期采用者、深思熟虑的早期大众、怀疑的晚期大众和传统的落后者。①

三、元宇宙的创新要素分析

罗杰斯认为，不能假设所有的创新都同等重要，这样的假设过于简单化。②

---

① ［美］E.M.罗杰斯：《创新的扩散》（第五版），唐兴通、郑常青、张延臣译，电子工业出版社，2016年，第37~39页。

② ［美］E.M.罗杰斯：《创新的扩散》（第五版），唐兴通、郑常青、张延臣译，电子工业出版社，2016年，第17页。

那些用户感觉有明显优势，可兼容，可试验，创新成果可以被观察到的，不那么复杂的创新会比其他创新扩散得更快。创新扩散人员和扩散学者通过了解社会个人对这些属性的感知程度，可以预测创新的推广效果。元宇宙这一概念本身即囊括了创新的认知属性的主要因素。

（一）元宇宙的相对优势

比较优势是指一项创新在多大程度上优于它所取代的现有理念或技术。互联网进入下半场后，面临流量增长触顶，流量红利逐步消失的问题，各互联网平台在内容呈现、用户体验、传播方式等方面长期缺乏突破。此时元宇宙的提出顺应了多元需求，激发了对未来媒介演进的思考和展望，也为大众提供了一把想象未来世界的钥匙。元宇宙的诞生和快速扩散是技术与需求双向互动的结果，体现了在新冠肺炎疫情背景下的虚拟现实、人工智能、区块链等数字技术集成创新成果之集大成。它一方面是集合通信革命（5G/6G）、互联网络革命（互联网、物联网、区块链）、人工智能革命、虚拟现实革命的集成创新，另一方面是基于技术体系全面融合和社会功能有机整合的可以与现实世界发生虚实互动的数字世界。①和其他一些技术创新相比，元宇宙的数字技术集成创新具有压倒性比较优势。

（二）元宇宙的兼容性

兼容性是指一项创新与当前价值体系、过去经验和潜在采用者需求的一致程度。人们不会单独看待某一项创新，而是往往将彼此相关的一系列创新作为一个整体看待。元宇宙是具有向下兼容能力的三维智能全联网及其基于该平台的应用场景的总和。②从技术集群的角度来看，元宇宙可被看作是 PC

① 钟沈军：《元宇宙现象折射三大时代巨变》，《中国科技信息》，2022 年 5 月 31 日，https://www.sohu.com/a/552973471_121369882。

② 钟沈军：《元宇宙现象折射三大时代巨变》，《中国科技信息》，2022 年 5 月 31 日，https://www.sohu.com/a/552973471_121369882。

互联网、移动互联网、区块链、云计算、人工智能、物联网、虚拟现实、人机交互等众多技术的集合,这些技术密切相关,相互依赖。

(三)元宇宙的易用性

易用性是指理解和使用一项创新的相对难度。一项简单易用的创新比一项需要重新学习技能的创新传播得更好。相较于各种人士从自身视角对元宇宙落地场景的各式各样的玄之又玄的描述,元宇宙的支撑技术和接入设备的门槛和难度并不高。元宇宙不只是科幻作品中的概念,而是相关软硬件产品和服务不断发展完善的目的和推动力。元宇宙所搭建的三维空间场景,对于使用者而言,形象直观,非常易于理解和接受。

(四)元宇宙的可试性

可试性指创新在有限的基础上被试用的程度。通常那些具有较高的可试性的创新,会更快地被人们接受。目前元宇宙仍处于概念先行、路径摸索、框架搭建的阶段,理想中的元宇宙形态未来还需较长时间才能呈现。当下众多企业推出的许多元宇宙产品,都可看作元宇宙在发展过程中的阶段性实验。如Roblox平台为用户提供的在线创作、游戏和社交服务,用户可自行搭建游戏,体验其他用户创造的游戏,涵盖恐怖、射击、角色扮演、跑酷等多种类型。用户在平台的基础上不断地进行再发明,创造出有个人特色的作品,从中获得受益,满足个人需求。

(五)元宇宙的可观察性分析

可观察性指的是一项创新被他人看到的程度,效果明显的创新比难以发现和描述的创新更容易传播。一项创新通常包括两个层面,信息基础和物质呈现,后者比前者更具可见性,被接受的速度也更快。从使用者的角度来看,元宇宙的相关支撑技术,经数年发展已逐渐为大众所知,众多产品和服务面向市场推出，如 Meta 推出的一体化 VR 头戴式设备 Oculus Quest 2 销量已破千万。目前元宇宙的支撑技术已具备一定产业基础，且发展方向可以预测，如 Meta 旗下的 Reality Labs 部门正在研发的触觉手套，一体式 VR 头显 Project Cambria，电子触觉皮肤 ReSkin，腕带式 AR 传感器，Project Aria AR 眼镜等，但头部企业尚未推出完全达到用户预期的爆款产品，距离大规模商业化仍有一定的距离。

四、元宇宙的扩散过程分析

创新在一定时间段内在受众中的传播趋势呈 S 型，其传播速度和采纳程度受到传播渠道、采用者等因素的影响。从传播专业的视角，我们简要回顾元宇宙这一概念破圈出圈的过程，可以发现 Roblox 登陆资本市场、说唱歌手 Travis Scott 在《堡垒之夜》游戏里举办虚拟演唱会、数字巨头 Facebook 公司改名 Meta 三起关键的标志性事件，并以三起标志性事件为分水岭，构成了元宇宙概念传播的蓄势期、引爆期、爆发期、缓解期四个阶段。

（一）元宇宙扩散阶段划分

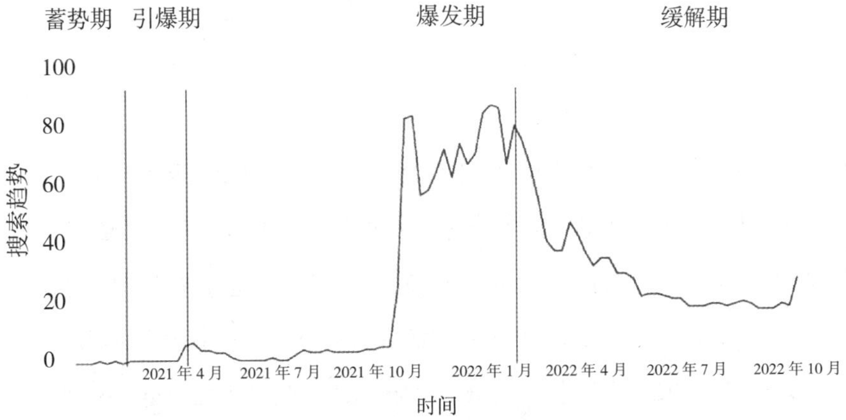

图 1 "Metaverse"谷歌搜索趋势阶段划分

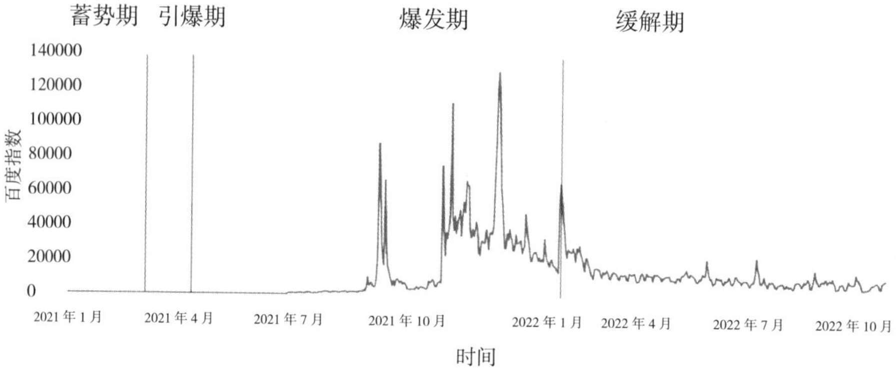

图2 “元宇宙”百度指数阶段划分

根据“元宇宙 /Metaverse”在谷歌、百度搜索引擎中的搜索指数和趋势，谷歌的阶段划分时间略早于百度，大体上保持了同频共振的节奏，也显示出中美两国间元宇宙传播基本同步，美国略快于中国的特点(见图1、图2)。中美两国的元宇宙扩散过程可以大致分为四个阶段。

1.蓄势期(2021年以前)——多种因素积蓄扩散力量

在这一时期，元宇宙尚未引起关注，但在社会层面的众多因素已为元宇宙后续的扩散积蓄了条件和能量。首先，新冠肺炎疫情加速了社会虚拟化。人们的日常工作、学习、生活等原本线下进行的活动有相当一部分转为线上，线上生活由原先短时期的例外生活转变成一种生活常态，公众的线上生活需求急剧上涨。其次，虚拟现实作品普及推广助推受众认知改变。优秀科幻作品的不断涌现逐渐拓宽人们对于虚拟的接受阈值，激发人们对未来虚拟生活的想象，为元宇宙的出现做了铺垫。再次，科技发展实现线上线下打通，线上支付、线上办公、线上游戏……随着线上线下生活的打通，人们的生活日趋数字化，逐渐成为现实与数字的“两栖”物种。最后，技术积淀集成创新突破。AR、VR、云计算、芯片、5G和人工智能等技术的发展，为元宇宙概念的产生提供了技术基础，并且通过元宇宙这一概念的整合使其本身也成为下一代互联网的代名词。

2.引爆期(2021年3月)——资本市场引爆，率先开讲元宇宙故事和概念

引爆期主要特征是元宇宙相关话题开始被广泛讨论，网民对元宇宙是什

么充满兴趣。2021 年 3 月 10 日，美国游戏公司 Roblox 在纳斯达克上市，该公司利用上市信息发布的机会，主动进行议程设置，将“元宇宙”写入招股说明书，并列举了其八大特征。鉴于资本市场本身天然具有价值发现功能和市场普遍关注度，这一信息迅速引起资本圈、产业界和科技界相关业内人士的持续关注。Roblox 成为全球“元宇宙”概念第一股，上市当日市值超过 400 亿美元，一举超过众多美国老牌游戏公司。这是“元宇宙”这一概念首次引入资本市场，视为由游戏界向科技圈、资本圈破圈的开始。

3.爆发期（2021 年 4 月—2022 年 3 月）——多渠道传播产生叠加效应

爆发期的主要特征是网民对元宇宙的讨论迅速增长，话题热度持续高涨。元宇宙通过场景传播、大众传播、社交传播、论坛传播，产生叠加效应，故事传播凸显跨文化传播的力量。

2021 年 4 月 23 日至 25 日，美国知名说唱歌手 Travis Scott 在《堡垒之夜》游戏里举办虚拟演唱会，期间全球共有 2770 万玩家在线观看，最高在线人数达到 1230 万，众多玩家参与到这场沉浸式的元宇宙体验传播中，并引发后续的社交媒体二次传播，进一步扩大了元宇宙的知名度。这场新冠肺炎疫情期间全球首场大规模沉浸式虚拟演唱会不仅定义了“游戏内超沉浸演唱会”，而且成千上万音乐玩家的“沉浸式体验传播”及其由此引发的二次传播和多次社交传播，进一步扩大了元宇宙底座人群。

2021 年 10 月 28 日，美国数字巨头 Facebook 公司首席执行官扎克伯格宣布公司改名 Meta，全公司进行正式战略转型，全力进入元宇宙领域。扎克伯格亲自上场演示了公司转型后将在未来社交、游戏、工作、教育等各个领域发力的场景，雄心勃勃地要建立一个数字虚拟新世界。由于 Facebook 公司在全球的强大影响，这一整合营销传播事件与场景传播同步，进一步使元宇宙概念出圈破圈。至此，元宇宙概念彻底引爆，高位积聚的传播势能瞬间打开，形成强烈的全球传播外溢效应。

元宇宙概念传播进入爆发期以后，元宇宙的话题不断的出圈，其所代表的数字化 3.0 大趋势持续得到社会各界的关注。甚至与元宇宙几乎没有任何关联的中纪委网站也发表了《深度关注：元宇宙如何改写人类社会生活》文章。而一些学者则从元宇宙与国家战略创新的高度对其所代表的数字时代国家发展新动力表示了高度关切。

4.缓解期(2022 年 4 月至今)

缓解期的主要特征是在经历了元宇宙的话题讨论大规模的爆发之后,网民与媒体对元宇宙的关注度回归到稳定、低温的状态,没有直接骤降到原始状态,持续处于稳定水平,说明对元宇宙感兴趣的网民持续关注元宇宙话题的发展走势,元宇宙的热度不会趋于消失,会随着专业人士的动向、相关事件而受到持续关注,并存在下一次大规模爆发的可能性。

未来人类可以突破现实条件的种种限制,在虚拟世界中自由穿梭,与他人互动和交流,进行价值创造和实现。根据 Gartner2022 新兴技术成熟度曲线①(见图 3),元宇宙及其相关产业经历过爆发期进入缓解期以后,发展潜力仍然巨大。

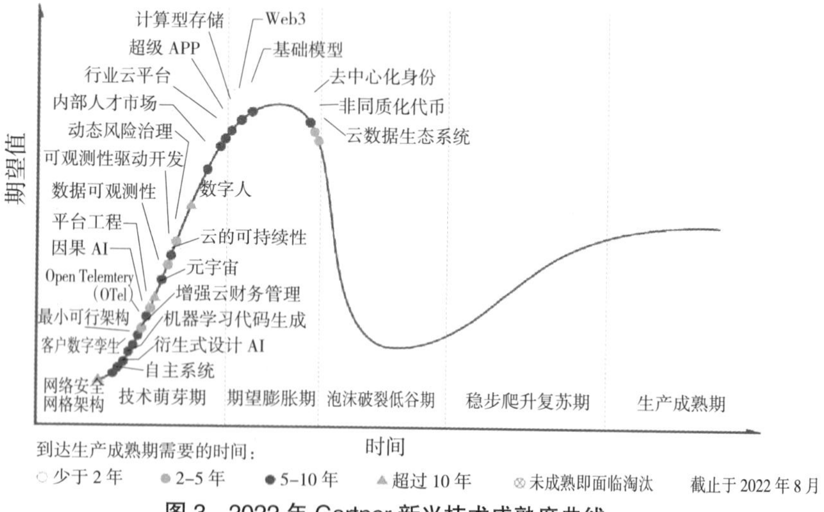

图 3　2022 年 Gartner 新兴技术成熟度曲线

① Gartner:2022 年 Gartner 新兴技术成熟度曲线公布最新技术趋势,https://www.gartner.com/cn/information-technology/articles/what-s-new-in-the-2022-gartner-hype-cycle-for-emerging-technologies。

(二)元宇宙扩散渠道分析

1.大众传播——元宇宙扩散重要渠道

大众传播是指通过报刊、广播、电视、互联网等渠道将信息快速传递给大量受众。大众传播不仅创造新知识,也在一定程度上能改变受众的偏见,是最有效的创新信息传播渠道。伴随着国际资本流动和文化全球化发展,元宇宙在众多国家和地区也被广泛参与和讨论。

在大众传播中,引人注目的是适合并匹配元宇宙形式的游戏场景传播开始登上历史舞台并发挥巨大作用。2021 年 4 月,Facebook 上线的全球首款原生互动云游戏《River Peak》爆火,游戏有直播互动和电视节目两部分,直播中观众可以选择人工智能参赛者的行为,选择的结果经统计后会影响角色行为和剧情走向;电视节目由直播录像制作而成,加入主持人采访和总结。该游戏面向全球开放,吸引了来自印度、美国、墨西哥和巴西等 70 多个国家和地区的近 60 万人参与,同时在线人数峰值近 5 万。[①]《River Peak》打造了一场元宇宙的国际场景传播,来自不同国家和地区,不同文化和社会背景的人们在游戏中共享跨文化的元宇宙传播体验。

在元宇宙这一概念的跨国大众传播中,翻译是否准确传神、跨国讲述故事等也对跨文化传播效果产生巨大影响。在中文里,"元"字用来表示天地万物的本源,含有根本、首要的意思。"上下四方为宇","古往今来为宙",将"Metaverse"译成"元宇宙",似乎赋予了虚拟世界与现实社会相互赋能而产生更加强大能量的意义。而一千个人就有一千个元宇宙,这也充分调动了受众人群参与传播的积极性和想象力,形成跨文化传播中的新高潮。

2.分众传播——元宇宙个性化和专业化扩散渠道

阿尔文·托夫勒(1990)提出,"面向社会公众的信息传播渠道数量倍增,

---

① GameLook:60 万人参与,云游戏+AI+直播《Rival Peak》在 FB 火了?,http://www.gamelook.com.cn/2021/01/412816。

而新闻传播媒介的服务对象逐步从广泛的整体大众，分化为各具特殊兴趣和利益的群体”①。在大众传播制造共同话题、媒介焦点的同时，在信息消费领域，受众分化成有不同需求的特定群体，主动搜寻满足自身需求的信息和服务。面向特定读者受众人群的出版社和主打知识付费的直播卖课，是元宇宙分众传播的主要渠道。

相较于碎片化的大众传播内容，出版社出版的元宇宙相关书籍更为专业化、系统化。如中译出版社出版的《元宇宙工程》《政务元宇宙》《元宇宙与数字经济》等众多元宇宙系列图书，形成元宇宙知识图谱；电子工业出版社出版的《解密元宇宙》《元宇宙时代》《工业元宇宙》等内容涵盖科普读本、人文社科各方面。北京大学出版社出版的《图说元宇宙》《设计元宇宙》，用原创漫画使元宇宙“人人可懂”。元宇宙图书出版在前期为把握市场先机，呈现出速度快、周期短、更新快的特点，后期向内容不断深化、形式更加丰富，更成体系化的方向发展。

以元宇宙为主题的培训教程也同样火爆，如“得到”APP 推出的《前沿课·元宇宙 12 讲》，售价为 49 元，目前已有 82821 人参与学习。两仪思维培训机构专注致力于元宇宙市场高端培训，培训产品包含元宇宙及 NFT 实战、Web3.0 创新概念训练等，覆盖北京、杭州、温州、济南等城市，为诸多元宇宙项目提供了近 5000 人的培训。整体来看，元宇宙图书的大量出版和知识付费课程从多角度实现对元宇宙的科普，在信息爆炸带来的困惑中引入专业人士的解答，满足行业受众需求，极大地助推了元宇宙在社会的专业化传播。

3.组织传播——政府、学界、业界搭建交流平台，凝聚专家共识

论坛传播是元宇宙扩散的重要渠道之一，论坛传播本质是召开会议或沙龙，参会人员围绕一个中心议题展开讨论。国内已举办的元宇宙相关论坛众多，如中国移动通信联合会在上海举行的全球元宇宙大会、中国仿真学会在

① 徐耀魁：《西方新闻理论评析》，新华出版社，1998 年，第 79 页。

北京举行的世界元宇宙大会、数字中国(福州)建设峰会、2022世界人工智能大会的专题论坛、“互联网3.0峰会文旅元宇宙”论坛,等等。这类元宇宙主题论坛的与会者给参会的业内人士、专家学者提供多元对话的平台,同时向大众提供了一个了解元宇宙相关行业前沿动态和未来发展趋势的信息窗口。

4.人际传播——网民参与推动元宇宙话题热度飙升

罗杰斯认为,人际沟通渠道是说服用户采用新观点的最有效途径,通过互联网的交互式沟通是近些年来创新扩散的重要手段。[①]社交媒体是元宇宙扩散的首要传播源,以微博和知乎为例,截至2022年10月19日,新浪微博与元宇宙相关的热搜68个,知乎热榜元宇宙相关话题68个,在话题下,来自相同或不同的经济地位,教育背景的网民们进行一对一或一对多的同质化交互和异质化沟通,关注点集中于元宇宙的概念,知名人士如何看待元宇宙,元宇宙的应用前景等方面。其中不乏负面议题,如“近日主流虚拟地产平台数据纷纷跳水,林俊杰‘炒房’已浮亏86.5%,元宇宙房地产凉了吗?”“Meta首次公布元宇宙业绩,亏损逾100亿美元,为什么亏损这么多?元宇宙真的有前景吗?”等。意见领袖的观点引导着公众讨论的风向,如罗永浩称“下一个创业项目是元宇宙”;丁磊称“网易元宇宙可能跑得比谁都快”;马斯克称“不太相信元宇宙,因为没人愿意整天把屏幕绑在脸上”。各种讨论既传达出人们对元宇宙这一新名词及相关产业的商业、伦理、技术等方面前景未知的担忧,另一方面也助力于元宇宙概念跨越商业、技术、学术领域,传播至更广泛的网络用户群体中去。

(三)元宇宙采用者分析

罗杰斯基于采用创新的时间维度,将采用者分为五类—创新先驱者、早期采用者、早期大众、后期大众、落后者。其中,创新先驱者和早期采用者相对

① [美]E.M.罗杰斯:《创新的扩散》(第五版),唐兴通、郑常青、张延臣译,电子工业出版社,2016年,第20页。

而言具有较高的社会地位,更广泛地参与社会活动,包含更多的意见领袖。他们乐于接受改变,并愿意应对不确定性和风险。

创新先驱者通常具有冒险精神，比如首个将元宇宙写进招股书的Roblox,其为元宇宙定义了八个关键特征:Identity(身份)、Friends(朋友)、Immersive(沉浸感)、Low Friction(低延迟)、Variety(多元化)、Anywhere(随地)、Economy(经济系统)、Civility(文明)①,将先前的众多元宇宙相关技术进行整合,对下一代互联网形态提出了预测,引发资本市场追逐元宇宙的热潮。

元宇宙的早期采用者是备受尊敬的行业“领头羊”，尤其能把握舆论导向。如Facebook改名为Meta,宣布在未来5—10年内转型为元宇宙公司;微软宣布将把虚拟体验协作平台Mesh接入Teams中,打造自己的元宇宙;字节跳动收购VR企业Pico、游戏公司沐瞳,线上社交产品Pixsoul、派对岛,推出虚拟人“李未可”,在VR、游戏、社交、虚拟人物多方面发力;阿里成立XR实验室，研究AR、VR等与元宇宙息息相关的底层技术……早期采用者是社会系统内众多成员效仿的榜样,通过诸多整合营销的传播事件,在促使元宇宙概念的出圈破圈中,发挥重要的示范效应。

在元宇宙的传播过程中,既有积极的参与者、接受者和建设者,也有对元宇宙持有小心谨慎、怀疑态度或抵制态度的人群。目前,元宇宙仍处于各种声音混杂交汇的阶段,相关技术也处在入口期,距离真正的元宇宙还有很长的路要走。

五、结论与启示

综上所述,元宇宙这一概念传播经历了蓄势、引爆、爆发及进入缓解期的完整过程。其中既有元宇宙概念本身所蕴含的传播基因的多重比较优势,也

① 澎湃新闻:爆红的Roblox罗布乐思,带领孩子们走进“元宇宙”,https://www.thepaper.cn/newsDetail_forward_12349573。

有在传播过程中概念传播、议程设置、沉浸式体验传播、社交传播、整合营销传播、场景传播等多样化传播方法的交错运用。游戏传播作为一个独立的、具有较大影响力的传播渠道和传播方法,也开始在传播领域崭露头角。

另外,通过对元宇宙传播过程中三个关键节点的观察,我们还可以发现,三次涉及元宇宙的传播事件虽然本身没有关联,但是在传播逻辑上却有着传播蓄势、起势、造势、进一步扩散的内在联系,体现了趋势传播的默契与规律。整体而言,元宇宙之所以能够从一个新概念迅速成为世界性现象级传播,更多的是全球的金融、投资、科技、产业以及消费者等各方力量在新冠肺炎疫情的冲击下,对于元宇宙所代表的数字化3.0的时代趋势的共识、共振、共建、共享的过程与结果。

元宇宙自概念诞生到成为世界性的传播现象,其传播过程符合罗杰斯所提出的创新扩散理论,可看作是其在当下的实际应用与表现。基于罗杰斯的创新扩散理论,笔者通过对元宇宙整个传播过程及其创新属性、扩散渠道、采用者等方面进行的创新扩散分析,提炼推导出了元宇宙世界性现象级传播的创新扩散模型。(见图4)

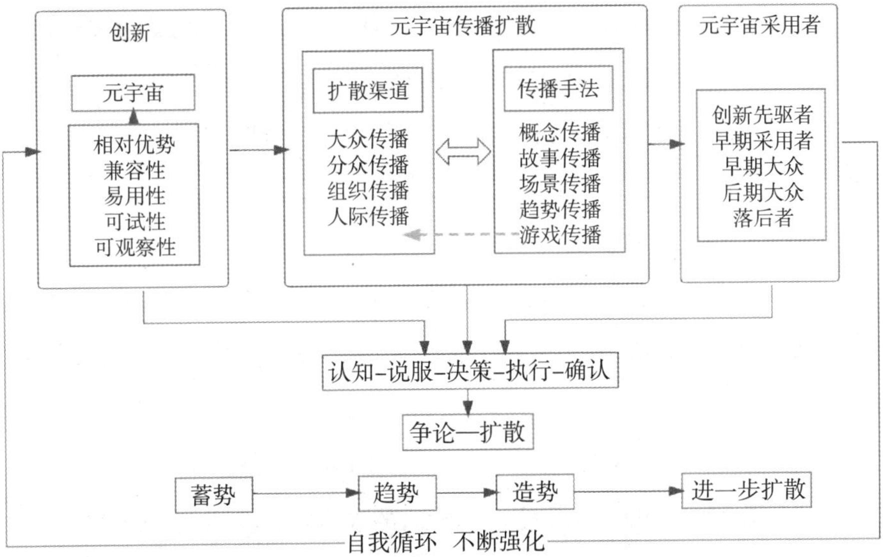

图4 基于创新扩散理论的元宇宙扩散模型

通过分析元宇宙这一外来的新概念新事物传播扩散全过程，我们总结出我国今后的对外传播战略跨文化传播的三点启示。首先，传播的新事物本身需具备可带来传播价值基因的认知属性，而非空穴来风。应围绕受众群体的需求、关注点和疑问点等，挖掘提炼这一新事物所蕴含的时代价值，如具有与其他类似事物的相对优势，能与当前价值体系、过去经验和潜在采用者需求相兼容，创新本身相对简单易用，可以被尝试和实验，采用创新的成果可以被观察到等。其次，要利用多种渠道进行交叉传播，包括大众传播、分众传播、论坛传播、社交传播等各个渠道，各个传播主体相互配合联动，传播主体与客体之间形成良性互动。最后，由于不同民族、不同文化背景的人们对于某一新事物的解读会产生差异，因此在跨文化传播的过程中，需要尽量使用易传播的场景传播、沉浸式传播、社交传播、游戏传播等手段，以针对性地传播具有普遍共通意义、共享价值的概念，从而引起广泛共鸣。

参考文献

[1]GameLook：60 万人参与，云游戏 +AI+ 直播《Rival Peak》在 FB 火了，http://www.gamelook.com.cn/2021/01/412816。

[2]Gartner：2022 年 Gartner 新兴技术成熟度曲线公布最新技术趋势，https://www.gartner.com/cn/information-technology/articles/what-s-new-in-the-2022-gartner-hype-cycle-for-emerging-technologies。

[3]Herrman J, Browning K, Are We in the Metaverse Yet? International New York Times, 2021, https://search.ebscohost.com/login.aspx?direct=true&db=edsinc&AN=edsinc.A668591315&lang=zh-cn&site=eds-live.

[4]Stylianos Mystakidis, Metaverse, Encyclopedia, 2022.

[5]韩亚峰、李峥：《元宇宙愿景背后的政府与企业视点》，《瞭望周刊》，2021 年 11 月 29 日。

[6]河南省科学技术厅:浅谈元宇宙,https://kjt.henan.gov.cn/2022/05-20/2452851.html。

[7]经济日报:首尔将打造元宇宙行政服务生态,http://city.ce.cn/news/2021202111/24/t20211124_7332464.shtml。

[8][美]E.M.罗杰斯:《创新的扩散》(第五版),唐兴通、郑常青、张延臣译,电子工业出版社,2016 年。

[9]澎湃新闻.爆红的 Roblox 罗布乐思,带领孩子们走进“元宇宙”,https://www.thepaper.cn/newsDetail_forward_12349573。

[10]腾讯网:国内首个政府级元宇宙方案:《上海市培育“元宇宙”新赛道行动方案(2022—2025 年)》,https://new.qq.com/rain/a/20220710A07M4C00。

[11]文化创意研究:“元宇宙第一股”Roblox 招股说明书到底说了什么?https://m.sohu.com/coo/sg/559618075_100156729。

[12]徐耀魁:《西方新闻理论评析》,新华出版社,1998 年。

[13]钟沈军:《元宇宙现象折射三大时代巨变》,《中国科技信息》,2022 年5 月 31 日,https://www.sohu.com/a/552973471_121369882。

新时期我国外宣类纪录片国际传播策略研究

——以纪录片《走近大凉山》为例

张　彤　朱　姗

[摘要]《走近大凉山》是由竹内亮导演拍摄的跨度10年的中国民族地区脱贫题材纪录片。该片从微观视角,追踪并展现了10年跨度下中国四川省大凉山悬崖村易地扶贫搬迁过程中彝族百姓的生活变迁,用细腻真实的视角,反映了新时期现代化进程中我国少数民族人民焕然一新的生活面貌与精神状态,从第三方视角向世界呈现了我国脱贫攻坚工作的真实成果,取得了良好的国际影响力。在党的二十大提出文化自信自强,创新对外话语体系和叙事体系,更好介绍中国的发展理念、发展道路及发展成就的大背景下,该片所应用的真实性构建策略、主体间性与文化间性显化策略、语境差异弥合策略及身份缝合重建策略,为新时期我国宣传题材纪录片的创作及国际传播提供了一定参考意义,为在全球范围内构建更有力的中国话语体系、推介我国新时期发展成就探索了新的方向。

作者简介:张彤,天津城建大学外国语学院讲师;朱姗,天津城建大学外国语学院副教授。

基金项目:天津市哲学社会科学规划教育学青年专项课题"天津市高校国际工程人才文化素质培养研究"(TJJXQN20-001)。

[关键词]中华民族共同体形象;扶贫脱贫;国际传播

一、国际视阈下的中华民族共同体形象传播机遇与挑战

(一)脱贫攻坚背景下的中华民族共同体形象传播新机遇

2020年,经过全党全国各族人民的共同努力,我国的脱贫攻坚战取得了全面胜利,民族地区特别是深度贫困地区的贫困发生率显著下降,为实现全面建设小康社会的目标奠定了扎实基础。脱贫攻坚战的胜利进一步铸牢了中华民族共同体意识,是中华民族扶贫济困、互助友爱传统美德的时代体现。在脱贫攻坚过程中,各民族守望相助、和衷共济、共同发展,中华民族共同体意识进一步铸牢。同时,中华民族共同体意识的培育和强化,极大增强了中华民族的凝聚力、向心力,亿万中华儿女汇聚起同贫困作斗争的磅礴力量,创造了人类减贫史上的奇迹。

从人类发展和世界范围来看,扶贫是一项永恒的使命。党的二十大报告指出,中国式现代化为人类实现现代化提供了新的选择,中国共产党和中国人民为解决人类面临的共同问题提供更多更好的中国智慧、中国方案、中国力量。中国式现代化故事是中国故事的重要内容,也是让世界读懂中国共产党、读懂中国、读懂中华民族的重要载体,我们必须以高度的历史主动精神和强烈的道路自信,用心用情向世界讲好中国式现代化故事,阐释好中国式现代化道路的世界意义,增进国际社会对中国特色社会主义的认知认同。[①]因此,将我国精准扶贫、消灭贫困的发展途径和推进方式推介给全球各国,树立新时期国际视阈下全新的中华民族共同体形象,对讲好中国故事,彰显中国文化软实力,提升中国国际话语权,传播人类命运共同体理念的历史使命具

① 曲莹璞:《用心用情向世界讲好中国式现代化故事》,中国日报网,2022年10月29日。

有重大意义。

（二）中华民族共同体形象国际传播现状与挑战

党的二十大报告指出，要加快构建中国话语和中国叙事体系，讲好中国故事、传播好中国声音，展现可信、可爱、可敬的中国形象。纪录片作为一种对真实生活的视觉表达方式，具有独特的文化感召力，是增强中华文明传播力影响力，进行中国文化与时代风貌的国际传播、向世界贡献东方智慧的重要手段和载体。[①]随着中国国际地位的不断提升，通过纪录片讲好中国故事的需求更显迫切。

我国民族形象的海外传播长期以来立足于民族题材电影和艺术片，对中华民族共同体形象的推介与民族地区的发展现状之间存在一定的迟滞性。海外民众对中华民族共同体形象了解相对匮乏，在一定程度上造成了有关民族共同体形象的迷思。当前，立足于我国脱贫攻坚的重大成果，以CGTN为主阵地的外宣渠道联合海外电视网络媒体进一步向海外推介我国脱贫攻坚的成果与经验，制作并发布了《中国脱贫攻坚》（*China's War On Poverty*），《行进中的中国》（*China on the Move*）等多部以扶贫攻坚为主题的双语纪录片，引起了海外媒体的高度关注，成为全球网友了解中国社会发展现状的一扇窗口；同时，我国外宣部门也充分引导和鼓励国际第三方视角视角对中国国际形象的正面宣传，力图从他者视角真实、客观地呈现中国在重大国际事件中的出色表现和为改善人民生活品质所做的不懈努力。

值得注意的是，由于文化背景和审美方式上的差异，我国纪录片的创作理念、叙事方式、取材领域仍与海外观众的审美习惯和受众视角存在一定的差异。海外观众既希望了解现代中国的宏观发展面貌，也好奇普通中国人的生活状态。从此种意义上讲，鲜明的个体叙事能够汇聚成更为丰满的国家形

① 《中国纪录片海外传播"加速度"》，《光明日报》，2022年11月3日。

象。如何打造纪录片领域的多维格局,调整国际传播内容的比例构成,呈现层次更丰富、面貌更多元的立体中国,直接关系到我国外宣题材纪录片的传播效果与文化软实力的彰显。

2021年4月28日,竹内亮导演在Bilibili网络平台上发布了以四川大凉山悬崖村扶贫工作为题材的双语纪录片《走近大凉山》。在2021年我国顺利完成脱贫攻坚这一重大历史使命的大背景下,在新时期中国迅速崛起并掌握对外话语主动权的新机遇面前,纪录片《走进大凉山》从他者视角向世界深度展现了中国民族地区的脱贫故事,凭借其互动式的叙事和特殊的文化间性与主体间性,进一步铸牢了国际视野中的中华民族共同体形象,拓展了传统中西方语境差异下我国外宣型纪录片的维度,为讲好中国故事、传播中国声音添写了浓墨重彩的一笔,也为我国外宣型纪录片的制作与传播提供了具有借鉴价值的传播策略。

二、《走近大凉山》中的民族脱贫叙事国际传播策略

(一)基于互动式纪录片的真实性构建策略

纪录片的意义建构核心依赖于对求知欲(epistephilia)的满足。比尔·尼科尔斯认为,纪录片中的现实主义符合人们的求知欲,对我们的社会想象力和文化认同感都能产生重大的影响。这种求知欲不仅体现在对知识内容的不断追求上,也体现在对知识的获取和传播方式的不懈探索中。[①]因此作为纪录片的制作者,如何在第一时间激发人们的求知欲是一部纪录片作品成败的关键。作为一部以导演视角制作的参与式纪录片,《走近大凉山》的开篇镜头即从无人机视角推近至四川凉山彝族自治州金口河大峡谷上的一座钢索桥上,

① Zhang,Y. Perseverance through Aftershocks:Epistephilia in Chinese Reportage and Independent Documentary,Modern Chinese Literature and Culture,Vol.31(2),2019,129-161.

镜头前的导演以第一人称的口吻讲述自己即将乘坐火车前往彝族悬崖村的旅途——“当前，中国经济发展迅猛，令世界瞩目，而我将在这里看到她完全不同的面孔。”镜头随即来到山谷中的列车站台，跟随导演登上通往悬崖村的绿皮火车。干净简洁的车厢里摆放着果农刚采摘完的葡萄，好奇的百姓们与摄影师和导演热情交谈。随后，镜头穿插式回放了10年前竹内亮导演在拍摄NHK纪录片的过程中在大凉山贫困地区的录制片段，并揭示了导演此行的意义——回访大凉山彝族聚居区人民的脱贫成果。至此，导演成功打造了一个有关大山深处偏僻村庄的悬念，实现了对被拍摄主题的巧妙切入，并迅速抓住了观众的求知欲(epistephilia)，建立了纪录片真实性的核心。

基于纪录片的拍摄手法，国内通常将纪录片划分为直接电影(Direct Cinema)与参与型电影(或真理电影)[①]。直接电影类纪录片隐藏其创作者的存在，力图通过非解说的方式，以透明、无中介式的风格对现实事件进行完整复制。我国大部分外宣型纪录片通常采用直接电影的形式，力图弱化观察者的主体性，客观地向世界呈现事件真相。但由于国际社会经常认为中国纪录片具有一定的宣传性色彩，所以面对扶贫脱贫这一重大主题，直接型纪录片往往在传播上会遭受一定阻力。相比之下，竹内亮导演的《走近大凉山》则采用了参与电影的形式，捕捉创作者与他人的互动过程，并用“互动形式的真实”进行纪录片的真实性构建。在镜头下，导演和摄影师艰难攀爬着悬崖村陡峭的钢梯，在攀登过程中遇见了形形色色的彝族百姓——带着沉重的打印设备爬天梯的银行工作人员，下山采买物资的村支书和卖烟大哥，在悬崖半山腰给游客和村民卖水的老奶奶。在与这些真实人物的对话互动中，大凉山彝族地区脱贫工作的叙事脉络逐渐展开：金融机构工作者们在艰险的天梯上打造出“移动银行”，为山顶还未搬迁的百姓提供足不出户的业务便利；已经搬迁的百姓每天往返于山上下，照顾自己还未迁走的家人；在半山腰卖水的老人拿

① 王迟：《比尔·尼科尔斯纪录片理论述评》，《当代电影》，2020年第9期。

出二维码让导演扫码付款,佐证了中国数字金融行业的便利已经造福中国最偏远的角落。每一个普通人都成了中国扶贫工作的见证者,而他们的个体叙事在纪录片中逐渐演变为群体叙事,构建出一个经过平衡与调解的真实记忆群体。

纪录片作为一种非虚构影片,其意义的构建通常基于影片纪实与虚构之间的张力拉扯,也可理解为镜头前后的势力之间的互相拉扯。[①]虽然纪录片导演与其他虚构类影视作品的导演一样掌握着筛选、剪辑镜头的权利,但却与严格意义上的"作者"身份不同,因为纪录片所呈现出的意义并不完全受到其制作者的掌控,而是产生于不同势力之间的较量与协商。正因如此,纪录片中所呈现的特殊群体和影片本身的意义对于研究社会文化与政治经济之间的关系才有尤为重要的参考价值。为了达成纪录片真实性的构建,具有批判自觉的纪录片通常在影片中透过各种手法反省影片意义产生的机制,并试图削减导演的主控权利,凸显被拍摄者或受访者在影片意义的产生中所扮演的重要角色。正是这种不加处理的真实,让镜头向被拍摄对象做出了权力的让步,从而达到了本片真实性构建的平衡。

(二)主体间性与文化间性平行策略

纪录片所展现的是镜头下的陌生世界,其本质是通过镜头实现一种文化翻译——或以圈外人的角度试图掌握陌生文化的特质,或以圈内人的视角向圈外人引介自己的群体文化。以往我国的民族题材纪录片多基于前者视角,以推介民族本身的民俗民情为主,如《天山脚下》《天山南北》等旅游题材纪录片。这类影片通常采取他者视角,带有一定的凝视色彩,难以深入反应当代民族聚居区人民的生活状态。相比之下,《走近大凉山》一片则通过客体推介和主体引介之间的巧妙转换,深入展现了当代民族在实现新时代脱贫任务的过

① 邱贵芬:《文学影像与历史-从作家纪录片谈新世纪史学方法研究空间的开展》,《中外文学》,2002年第31期。

程中所经历的细微而真实的变化。竹内亮导演作为一位常年在中国生活的日本导演,其本身是我国中华民族文化共同体的“他者”,因此在面对扶贫脱贫这一相对宏大的叙事主题时,在世界观众面前本身就具备了特定的主体间性和文化间性。[①]

在结束对悬崖村的探访之后,竹内亮导演引领镜头来到悬崖村贫困人口的迁入地——山脚下的四川昭觉。彝族群众脱贫之后的生活状态迅速铺展开来:政府出资建造的崭新而明亮的还迁楼房,当地扶贫办组织的各类贫困人口技能培训(包括刺绣和手工艺品出售)。身着彝族传统服饰的女性们和他们的家人一起告别了山顶贫瘠恶劣、靠天吃天的传统生活方式,在现代文明的语境当中将民族手工艺技能转变为赖以谋生的方式,不仅保留和发扬了民族文化传统,更让民族女性得以顺利融入现代文明生活。同时,凉山地区的儿童也多次出现在导演的镜头之下。在英国皇家马德里球队与凉山地区共建的足球学校里,一批批经层层训练选拔出的具有足球天赋的彝族少年在这里接受皇马球队教练最顶尖的训练。他们出身贫困,但却有机会触碰梦想。英国教练的出现和他在纪录片中所提出的民族儿童追求足球事业的现实困难再次佐证了本片的主体间性视角。随后,影片从导演视角切换到摄影师视角——本片的摄影师徐老师作为曾经在大凉山支教的年轻教师出现在镜头中,并深入回访了当年支教时的一个学生家庭。徐老师的出现实现了纪录片叙事从外部推介到内部引介的转变:作为曾在大凉山支教过两年的青年教师,徐老师对彝族地区教育和生活的落后现状深有体会。而镜头下俄木一家人与徐老师之间的情感联结则为本片提供了更加立体深入的纪录维度。面对即将到来的老师家访,彝族母亲文谷穿上了从娘家带来的传统服饰,也给儿女精心打扮一番,在镜头前用朴实的语言向支教老师表达着深沉的谢意。父亲俄木坐在简陋的院墙下与徐老师长谈,夫妻二人常年在外务工,虽然受教育水平较低,但

① 王庆福、郑心茹:《从文化间性理论看海外华人纪录片创作者的身份优势》,《世界文化》,2021年第6期。

对于现代文明与民族地区生存现状之间的差异却有自己质朴而深刻的理解和体会：由于生活习惯和接触信息量之间的巨大差异，彝族青年在就业和融入城市生活上都面临实际的困难。支教教师的意义不仅在于知识的传授，更在于对民族青少年生活习惯和生活方式的提前养成，这才是他们融入大山之外现代文明的前提。

（三）语境逆差下的微观叙事策略

《走近大凉山》一片在国际社会上所取得的影响力和成果，在很大程度上取决于其对中外文化语境差异的巧妙弥合。我国文化属于高语境文化，以往的民族题材纪录片往往以较大的格局来描绘祖国的美好山河与广阔土地，导致纪录片的意识形态色彩相对强烈，相对于西方的低语境文化，往往在国际传播时会遭遇一定阻碍。[①]因此面对新时期中国文化海外传播的新机遇，如何寻求文化语境之间的平衡，打造能够被西方观众认可和欣赏的民族题材纪录片就成了值得研究的课题。竹内亮导演的《走近大凉山》一片，面对脱贫攻坚这一历史性主题，致力于从微观视角切入宏观议题，将伟大的历史型叙事客观化、平民化，从民生的视角，通过每一个大凉山彝族百姓的细节讲述和生活片段，拼接出一幅民族人民赓续脱贫事业的动人画面。正是这种基于真实个体叙事所构建的群体记忆，让国内外观众从民生的角度产生了深刻共情，并通过这种共情，真正客观地了解和评价我国民族地区扶贫脱贫工作为造福中国人民所做出的巨大贡献，以及其为全世界乃至全人类脱贫事业提供的借鉴意义。

（四）缝合视角下的中华民族共同体形象构建策略

民族题材纪录片所面临的关键问题之一是被拍摄民族的主体性问题。在全球范围内，对于民族电影的讨论通常基于一种二元对立的意义关系，“民族

① 严沁毅：《基于场域理论的纪录片跨文化传播分析》，《西部广播电视》，2020年第41期。

电影”这一概念的构建即基于其相对于主流电影文化的离散(diaspora)地位。纳非斯认为,民族电影也可被称为“方言电影”——所谓方言不是指电影中的话语,而是指电影所刻画的少数族群相对于主流电影语言的一种离散、方言化的地位。[①]基于此种二元意义构建的电影文学创作常常从主体视角出发,将民族话题置于被主体凝视的地位,这一点在国内外众多的民族题材商业类和艺术类影视创作中都可以得到佐证。艾莉森·巴特勒提出了这种概念的弊端,强调民族题材并不等同主流影视的对立面,而是与主流文化并行的少数族群叙事创作[②],这就让民族电影的概念脱离了二元对立性,实现了意义上的自由。在民族题材纪录片的创作中,如何脱离二元话语体系,实现对民族主体的去迷思化和去凝视化,展示平行视角下的民族文化,无疑是促进民族题材纪录片国际传播的重要课题。

在《走近大凉山》一片中,竹内亮导演很好地实现了对民族主体性的平衡,在他镜头之下的大凉山彝族百姓们展现着最为真实的生活状态。他们不再固守自给自足、靠天吃天的传统经济模式,而是充分利用社会经济发展的成果来帮助自己实现更加现代化的生活——山上的奶奶学会了用二维码收款,县政府带领百姓们通过传统手工刺绣技能发展旅游纪念品经济,彝族妈妈文谷和妹妹在耕地的同时熟练地用手机拍摄抖音视频分享自己的生活状态,刚搬下山的妇女和老人穿着五彩华丽的彝族传统服饰在统一的刺绣培训班上学习技能。这些平凡的画面让国际社会得以了解中国各民族人民最真实的生活状态:他们不再是具有异域风情的被凝视对象,而是中华民族共同体中的一员,是与我们身边的每个人一样,努力适应现代化经济社会、力图为自己创造美好生活的普通人。

同时,《走进大凉山》一片也成功树立了新的中华民族共同体认同视角。

① Naficy H, An accented cinema: Exilic and diasporic filmmaking, Princeton University Press, 2001.

② Alison M. Butler, Women's Cinema: The Contested Screen, London, Wallflower Press, 2002, p.144.

在全球范围内,对民族和少数族裔的讨论都离不开民族认同的话题。民族认同是一种动态的、多维度的构建,指向个体作为民族群体中一员的身份认同或者自我意识。斯图亚特·霍尔认为,民族认同并不是一个固定的分类,而是一种对自我和民族背景的流动的、动态的理解,并随着个体对其自身民族属性和大的社会文化背景的理解而不断构建变化。[①]在新时期新阶段,如何实现各民族文化的高度融合与创新,是建设具有中国特色社会主义文化的重大课题。面对民族文化的进一步转型,讲好民族故事对于树立我国民族团结、社会和谐的国际形象具有重大的意义。而一种全新的、动态的民族叙事视角只有在观众能够将其主体的意识性与想象中的所指成功缝合之后才能建立和稳定。[②]

在《走近大凉山》一片中,导演通镜头前后交互的叙事视角,唤起了主体和主体论述之间的关系,实现了想象和象征之间缺口的缩小乃至统一,完成了观众视角与民族主体视角之间的缝合。影片中,彝族学生拉哈的母亲文谷和父亲俄木通过在东南沿海务工的经历,了解并适应了新的经济发展形势,树立了更为现代化的中华民族共同体认同视角——民族身份不再是一种停滞不前的归属型叙事,而是一种站在中华民族多民族文化交融处的流动型叙事。这不仅为民族文化在我国多民族融合语境下的拓展延伸开启了新的可能,也推动了民族人民更加深入地理解易地扶贫工作的深层意义。正如片中徐老师所言,青年教师支教的意义不仅是向孩子们传播更先进的知识,更是要通过对孩子们生活习惯、生活理念的改变来帮助他们更好地融入大山之外的世界。在影片最后的采访中,大山里的孩子们坐在教室里,在导演和老师的鼓励下说出自己对未来的理想,男孩子渴望成为足球明星,女孩子想要学音乐和架子鼓,孩子们与导演一起坐在山坡上,唱着心中对未来的梦想和渴望。他们身上传承着彝族鲜活的文化传统,带着梦想奔赴一场民族文化融合的新故事。正是这种流动视角下的民族叙事,向全世界人民展现了我国民族地区扶贫

---

① Hall S. & Du Gay P, Questions of Cultural Identity, SAGE Publications, 1996.

② Miller J.A, Suture—Elements of the Logic of the Signifier, Screen, Vol.18(4), 1997, pp.24-34.

脱贫工作为民族文化融合与全球文化多样性所注入的新鲜血液与活力,也为在世界范围内展现焕然一新的新时期中华民族共同体形象做出了重大贡献。

三、公共外交的传播新路径:纪录片与数字平台

《走近大凉山》一片所取得的重大国际影响,不仅依赖于见微知著的拍摄题材和导演朴实深刻的艺术手法,更依赖于其对现代影视作品传播渠道的深度把握。尽管当前针对我国外宣工作受众及影响力的系统性研究相对较少,但多数已知文献表明,我国主流外宣渠道在西方媒体中的受众规模仍相对较小,西方媒体特别是以英语为母语国家的媒体市场仍然被广泛认为是外媒难以打入的领域。这也是为何 CGTN 等主流外宣媒体在亚非拉国家的传播相对于在西方世的界传播更为广泛的原因之一。面对此种困境,如何巧妙利用除官方传播渠道之外的民间宣传媒介提升我国新时期文化软实力的国际影响力是值得高度关注的课题。

反观《走近大凉山》一片,竹内亮导演对于民间传播平台的巨大影响力有着非常深刻到位的理解。该片在 Bilibili 网络平台播出后,在短短 4 个月内取得了国内外网友 287 万的浏览量,6.6 万赞和 13000 余条全球网友留言(截至笔者发稿时)。在排名第一的最高赞留言中,网友 Christina 评论道:“城市人往往对乡村生活过分迷恋和浪漫化,认为这种生活方式更加纯洁、更接近自然,但有时他们的生存环境是如此地艰难。政府为人们提供免费住房,为山上的居民供电,确保他们不会为生活困难而砍伐树木。的确,他们能做的事情还有很多,但通过那些志愿者们,我看到了富有爱国精神的中国青年人在努力帮助其他困难中的人,只要人们决心互相帮助,中国就会越来越强大。”网友 Jesses 评论说:“作为一名香港中学生,也学过现代中国和城乡差距,但远不及电影中的人情世故来得真实,让我非常感动。”网友 Peter Williams 评论道:“美国和全世界都应该向中国学习如何应对贫困和欠发达的农村地区,这是

全世界都应该学习的榜样。”在一万多条网友留言中，人们纷纷表达了对于中国脱贫攻坚工作的认可和赞许，以及对中国少数民族人民新生活、新形象的赞叹。充分利用民间传播渠道特别是各大全球视频平台，不仅能够在第一时间让全球民众了解我国人民的真实生活现状和国情，更能使其发自内心地认可和接受我国在现代化和全球化进程中取得的实质性成果，从而摆脱我国在传统外宣渠道中面临的宣传性过强、收效欠佳的困境。

四、结语

回顾我国近年来国际宣传题材纪录片的发展历程，我国纪录片在其国际影响力上无疑取得了长足的进步。党的十八大以来，习近平总书记提出了关于外宣工作的新思路，多次强调要加强国际传播能力建设，精心构建对外话语体系，增强对外话语的创造力、感召力、公信力，讲好中国故事，传播好中国声音。构建“对外”话语体系需要把其与一般意义上兼顾对内对外的话语体系区别开来，强调“对外话语体系”有独特的规律，有特定的受众，是一个需要专门研究并大力构建的新领域。①在对外话语体系新思路的指导下，如何鼓励和引导国际他者视角想我所想、为我所用，是新时期打造积极正面的中国国际形象需要持续关注的课题。《走近大凉山》一片作为从国际他者视角出发制作的民族扶贫脱贫题材纪录片，其所应用的真实性构建策略、主体间性与文化间性显化策略、语境差异弥合策略及身份缝合重建策略，都为新时期我国宣传题材纪录片的创作及国际传播提供了一定的参考意义。面对新时期中国国际影响力迅速提升的新机遇，我们应采取多种途径，引导和鼓励更多积极正面的国际视阈宣传题材纪录片的制作，大力构建发展中西方民间层面的对外话语宣传体系，传播当代中国价值观念，塑造新时代中国国家形象与中华民

① 文建:《把握国际话语权 有效传播中国声音——习近平外宣工作思路理念探析》，新华网，http://www.xinhuanet.com//politics/2016-04/06/c_1118542256.htm.

族共同体形象，提高国际社会对中国文化、中国道路的认知度、认同感，更好助力中华民族伟大复兴。

参考文献

[1]Alison M. Butler. Women's Cinema:The Contested Screen,London, Wallflower Press,2002,144.

[2]Hall S. & Du Gay P. Questions of Cultural Identity:SAGE Publications. Sage,1996.

[3]Miller J A. Suture (Elements of the Logic of the Signifier)[J]. Screen, 1977,18(4).

[4]Naficy H. An accented cinema:Exilic and diasporic filmmaking[M]. Princeton University Press,2001.

[5]Zhang,Y.(2019). Perseverance through Aftershocks:Epistephilia in Chinese Reportage and Independent Documentary. Modern Chinese Literature and Culture,Vol.31(2).

[6]邱贵芬:《文学影像与历史-从作家纪录片谈新世纪史学方法研究空间的开展》,《中外文学》,2002年第6期。

[7]王迟:《比尔·尼科尔斯纪录片理论述评》,《当代电影》,2020年第9期。

[8]王庆福、郑心茹:《从文化间性理论看海外华人纪录片创作者的身份优势》,《世界文化》,2021年第6期。

[9]文建:《把握国际话语权 有效传播中国声音——习近平外宣工作思路理念探析》,新华网,http://www.xinhuanet.com//politics/2016-04/06/c_1118542256.htm。

[10]严沁毅:《基于场域理论的纪录片跨文化传播分析》,《西部广播电视》,2020年第21期。

符合国际传播需要 讲好中国体育故事
——21世纪以来我国关于冬奥会奥运传播研究的发展与展望

张博宸 杨 珍

[摘要]本文运用计量分析法、内容分析法和历史比较法,以13本体育学CSSCI来源期刊、15本新闻传播学CSSCI来源期刊和CSSCI来源期刊扩展版所收录的期刊为研究对象，通过计量分析发现21世纪以来我国关于冬奥会奥运传播议题类别主要集中在国家形象建构、体育文化创意、奥运遗产开发、赛事全球传播、国际体育交流,对我国体育传播理论创新与实践活动指导起到了积极作用。基于我国冰雪运动发展情况与国内体育传播研究者的关注度,我国关于冬奥会奥运传播的研究现存3个层面的主要问题:微观层面,研究范式窠臼,亟待推陈出新;中观层面,跨学科研究难,学界对话欠缺;宏观层面,语境差别较大,理论嫁接明显。未来,我国的体育传播研究可以从体育新闻生产、体育赛事传播、体育转播技术、体育国际形象4个方面加以拓展。在

作者简介:张博宸,天津体育学院传媒与艺术学院(国际教育学院)研究生;杨珍,天津体育学院体育文化研究中心暨国家体育总局体育文化发展中心体育文化基地主任,教授。

基金项目:国家社科基金项目“中国英语体育新闻对外传播话语模式研究”(19BTY031)。

我国成功举办北京2022年冬奥会的时代背景下，为体育传播学发展、体育行业进步、体育共同体构建贡献中国智慧。

[关键词]冬奥会；奥运传播；体育新闻；体育文化

冬季奥林匹克运动会(Olympic Winter Games)简称为冬奥会。每四年举办一届，截至2022年共举办了24届。2015年，北京申办2022年冬奥会成功，我国关于冬奥会奥运传播的研究亦丰富起来。研究体育传播的学者立足专业背景结合现实奥运传播活动又延伸行业外部，不仅针对媒体层面内容生产、渠道传播的研究议题有所增加，结合体育文化、体育政策、体育产业等的研究议题更是在发文数量与文章质量上都有所提升。作为世界规模最大的冬季综合性运动会，冬奥会对推进奥运传播的内容生产变化、渠道传播革新、体育产业发展起到重要作用。

但相较于关于夏奥会奥运传播的议题研究，我国关于冬奥会奥运传播的研究占比较少。目前国内缺乏对21世纪我国关于冬奥会奥运传播的研究议题的梳理和对22年间产生过的热点议题的分析。

一、21世纪我国关于冬奥会奥运传播研究研究的计量分析

本文主要参照中文社会科学引文索引(Chinese Social Sciences Citation Index，CSSCI)来源期刊目录①，以13本体育学CSSCI来源期刊、15本新闻传播学CSSCI来源期刊②和CSSCI来源期刊扩展版所收录的期刊(不进行学科筛选

① 考虑到体育学相关期刊近年来的变化，为便于文献计量并体现历史比较，将期刊的数量设定为至今共入选过目录的13本。

② 包括：《北京体育大学学报》《上海体育学院学报》《武汉体育学院学报》《成都体育学院学报》《西安体育学院学报》《首都体育学院学报》《天津体育学院学报》《沈阳体育学院学报》《体育学刊》《体育科学》《体育与科学》《中国体育科技》《体育学研究》《新闻与传播研究》《国际新闻界》《新闻大学》《现代传播》《新闻记者》《当代传播》《新闻界》《编辑之友》《编辑学报》《科技与出版》《中国出版》《出版发行研究》《出版科学》《现代出版》《中国科技期刊研究》。

只做主题词相关筛选)为研究对象。

将“冬奥”和“传播”设置为主题词,文章刊登的时间限定在2000年1月至2022年10月,经CNKI高级检索后统计得出:22年间,相关核心期刊共刊登有关文章200篇。

本文主要运用文献计量法、内容分析法和历史比较法对上述200篇关于冬奥会奥运传播的学术成果进行研究,总结现存问题,展望未来国内关于奥运传播的研究发展态势。

北京2022年奥运会的成功申办与成功举办,促进了我国关于冬奥会奥运传播研究的大幅增长,我国体育传播研究出现了新热潮。22年间,我国关于冬奥会奥运传播的研究年发文数呈整体上升趋势,以北京2022年冬奥会申办成功的年份(2015年)为分界线,我国关于冬奥奥会奥运传播的研究高峰出现了三次,分别在2014年、2018年和2020年。

根据CNKI中国知网收录的2000年1月至2022年10月所发表的相关期刊文献进行统计发现:2020年前的研究最高峰出现在2018年,当年有8篇关于冬奥会奥运传播的文章发表在核心期刊上。

2020年至今,发表的相关文章数持续增长,2020年和2021年分别有26和28篇关于冬奥会奥运传播的文章发表在核心期刊上。2022年至今,相关研究成果发表数量骤增,目前已发表的相关文章数量为104篇(见图1)。

图1 21世纪以来我国冬奥会奥运传播研究成果在核心期刊发表数量年变化趋势

在奥运传播正式从体育赛事传播中剥离出来,成为一个独立而稳定的研究方向的基础上,以2015年为分界线,出现上述变化情况有两个主要原因:

(1)2014年索契冬奥会举行,新媒体技术革新让新呈现形式的媒介产品愈发多地出现在传统媒体和互联网体育媒体的奥运传播中。新的数字媒体技术、新的奥运传播媒介产品、新的传受双方互动机制等新要素促进了国内研究者对冬奥会奥运传播相关内容关注度的提升,对当年的发文数较往年有相对大幅度增长起了推动作用。

(2)2018年平昌冬奥会举行,国内也已确定北京成功申办2022年冬奥会。在此背景下,不论是对平昌冬奥会奥运传播的相关研究还是针对北京2022年冬奥会奥运传播的前瞻性研究都在国内兴起。根据图表呈现的趋势,2022年这一数值会继续增长。这反映出体育传播研究的新热潮。

取涉及学科(包含文章涉及多学科情况下的频次累积)的前20名,按照数量多少进行降序排列,对上述期刊所刊登的文章进行学科分布统计后可得:21世纪,我国关于冬奥会奥运传播研究以体育学和新闻传播学两个学科作为研究成果产出的核心学科组成,“戏剧电影与电视艺术”“美术书法雕塑与摄影”“中国政治与国际政治”“旅游”“文化”五个学科作为相关文章中涉及的跨学科部分的前五顺位。“经济”“电子通信”“计算机”等学科中的一些研究方向也与冬奥会奥运传播有过相结合的成果产出,呈现出既紧密围绕体育传播又辐射多个跨学科研究领域的特点(见图2)。

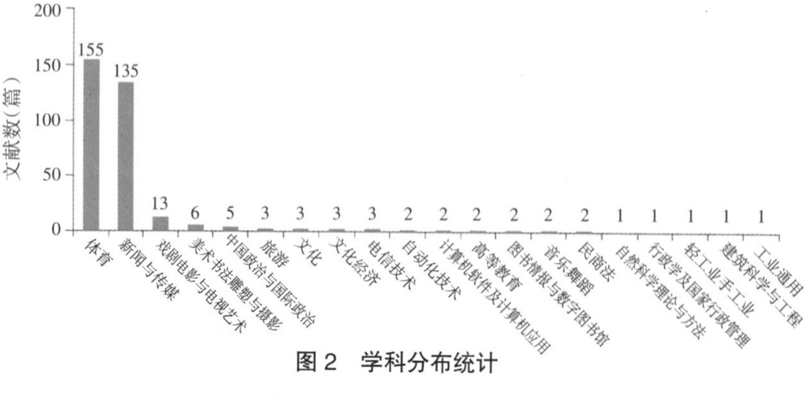

图2　学科分布统计

取涉及到冬奥会奥运传播相关主要主题词和次要主题词(包含文章涉及多主题词情况下的频次累积)的前20名，按照数量多少进行降序排列，对上述期刊所刊登的文章进行主要主题词汇词频统计后可得:21世纪以来我国关于冬奥会奥运传播研究过往成果中，“北京冬奥会/冬奥会”“国际传播”“奥林匹克”“传播策略”“文化策略”出现的频率数位于主要主题词频率的前五顺位，“北京冬奥会”“冰雪运动”“国际传播”“国际奥委会”“人类命运共同体”出现的频率数位于次要主题词频率的前五顺位。

涉及政治、经济、文化、体育等层面的内容已在22年间关于冬奥会奥运传播的研究主题词中(含并列)均有包含。值得一提的是，近三年来，我国冬奥会奥运传播研究中出现了大量结合“国际传播”相关议题的研究，既符合新时代我国举办冬奥会“讲好中国体育故事”的需要，又反映出国内研究人员积极呼应时代关切(见图3、图4)。

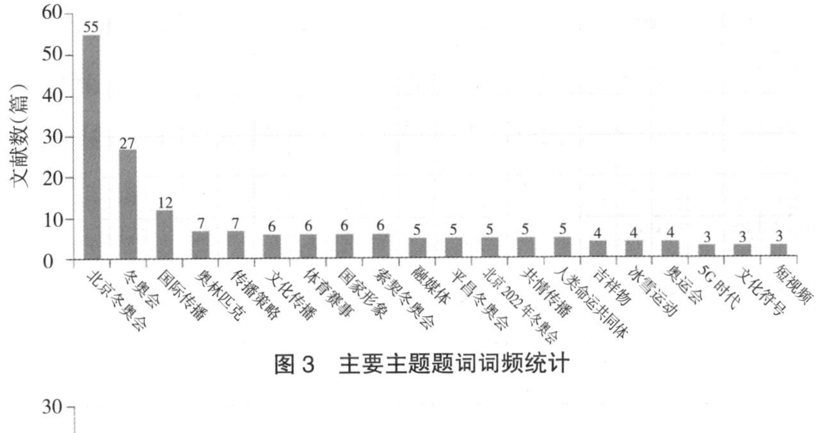

图3　主要主题题词词频统计

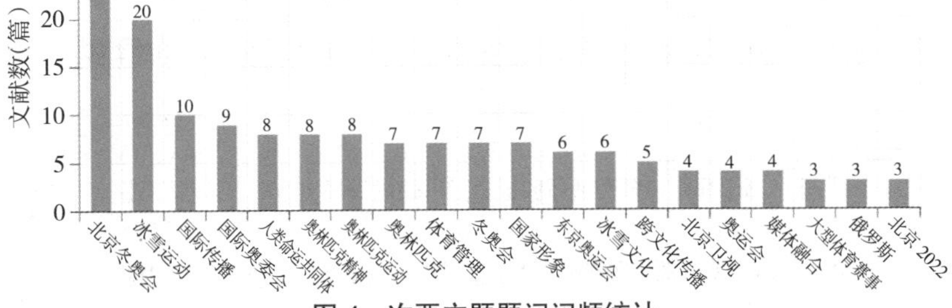

图4　次要主题题词词频统计

此外,对来自《北京体育大学学报》和我国各体育学院学报的关于冬奥会奥运传播的相关文章筛选后可得:22年间总共有49篇学术成果见刊。在国内核心期刊已刊登200篇关于冬奥会奥运传播的研究成果的情况下,见刊的49篇中发表在核心期刊上的数量为42篇,占据全部发表在国内核心期刊刊物的文章数的21%。

由此可见,国内各体院学子与体育院校内致力于体育传播领域的研究人员始终紧跟时代开展关于体育传播的研究,为我国关于冬奥会奥运传播研究的逐年发展做出了持续性的贡献。

二、21世纪以来我国冬奥会奥运传播研究的主要议题

21世纪以来,我国冬奥会奥运传播的研究对象从传统媒体拓展到新媒体,从报纸、广播、电视拓展到互联网、移动终端等多样呈现形式的社会化媒体平台。我国关于冬奥会奥运传播的议题类别聚焦在了五个方面,分别是:国家形象建构、体育文化创意、奥运遗产开发、全球赛事传播、国际体育交流。

(一)国家形象建构

在平昌冬奥会之前,有研究者对我国平面媒体冬奥会新闻报道现状和对报道中存在的问题进行分析,提出过可持续发展对策。[①]还有学者以《纽约时报》和《华盛顿邮报》开设的索契冬奥会交互式专栏为研究对象,探讨冬奥会可视化报道选题角度与交互设计的社交化、人性化、移动化等内容。[②]

2018年后,国内对北京2022年冬奥会的前瞻性研究逐渐增多,有学者

① 邹英、马薇:《国平面媒体冬奥会新闻报道的可持续发展对策研究》,《沈阳体育学院学报》,2012年第2期。

② 张璇、肖焕禹:《数据可视化在索契冬奥会报道中的应用研究——以〈纽约时报〉和〈华盛顿邮报〉为例》,《武汉体育学院学报》,2017年第5期。

针对国家形象建构研究时指出，西方媒体的报道属性呈现更强烈的政治指向性和价值倾向性，奥运报道议题往往更侧重于报道主办国的政治、经济与社会情况。这一特征在针对非西方国家主办的奥运会时更为显著。[①]西方媒体对于北京2022年冬奥会的话语表征仍延续了西方媒体对中国国家形象话语表征的负面倾向，但话语建构与报道框架略有改观，客观性和积极性的话语比例有所提升。[②]上述变化有利于促进中国国家形象有效塑造与传播。

北京2022年冬奥会的体育新闻传播活动不仅是我国对外传播工作的重要内容，还是国内从业者与研究者发现新问题、总结新经验、开展新研究的契机。在时代背景下，如何打破西方固有偏见，在形象建构的权力博弈中占据主动，需要淡化意识形态、区分内宣外宣、打造成功的冬奥会开闭幕式、重视他塑、讲好中国故事、丰富话语体系。[③]

北京2022年冬奥会开幕前，要注重“统筹协调媒体服务并改进转播技术”“平衡报道量的同时传播人文关怀”“精准掌握赛事信息且规范语言语态”“记者掌握专业知识从而讲好中国故事”四个方面，[④]从而把握冬奥会主场外交优势，充分展现多元国家形象，优化传播体系，推动冬奥会塑造国家形象。[⑤]

① 黄河、李政、杨小涵：《西方媒体奥运报道的议程网络特征及北京冬奥会传播对策——基于近6届奥运会新闻报道的语义网络分析》，《上海体育学院学报》，2021年第5期。

② 刘静轩、张子轩、于杰、赵鲁南：《多元与偏见：西方媒体北京冬奥会报道中的中国国家形象话语表征》，《武汉体育学院学报》，2022年第3期。

③ 黄莉、万晓红、陈蔚、卫才胜、付志铭、张立强、栗晓茹、曾顺旭：《北京冬奥会期间中国国家形象的塑造研究》，《武汉体育学院学报》，2021年第5期。

④ 陈岐岳、王国松、焦晨曦、刘秋宏：《中国新闻媒体宣传报道冬奥会的常见问题及北京2022年冬奥会和冬残奥会宣传报道策略》，《首都体育学院学报》，2022年第1期。

⑤ 王莉：《疫情背景下北京冬奥会与国家形象塑造：理论逻辑与实践路径》，《河北体育学院学报》，2021年第5期。

（二）奥林匹克文化

21世纪以来，有学者梳理冬季奥林匹克运动产生和发展的历史进程并对我国冬奥会项目布局提出建议，[①]指出过中国申办冬奥会的最佳时机、条件，申奥成功可能性及应做的准备工作，分析了中国申办冬奥会成功对中国政治、经济、文化的影响以及对申办城市辐射地区的社会发展。[②]

北京申办2022年冬奥会成功后，国内关于冬奥会的体育文化传播研究逐年增加。以文化结构为切入点，冬奥会有明显的地域性文化色彩，它与文化的互动方式呈现出自身的独特性。[③]基于对中国传统冰雪文化传承与发展的梳理和现代冰雪运动在中国传播的分析，要对北京2022年冬奥会背景下东西方冰雪文化如何实现对话进行全方位探讨，研究如何敲开世界感知中华文化的大门，从而减少差异，增进认同。[④]

另有一些学者曾剖析冬奥会奖牌、会徽、主题曲、口号等内容，从符号学、美学的视角解读冬奥会中的奥运人文精神，并进一步探讨冬奥会的审美发展趋势，展现奥林匹克文化内涵。[⑤]他们诠释冬奥会奖牌的创意主题，研究冬奥会会徽体现的文化艺术特征，[⑥]解读主题歌特点与文化内涵，[⑦]分析冬奥会口号

① 朱志强：《冬季奥林匹克运动及其发展趋势》，《上海体育学院学报》，2007年第4期；朱志强：《论冬季奥林匹克运动的产生和发展》，《哈尔滨体育学院学报》，2007年第1期。

② 杨树人、田晓玉：《中国申办冬奥会可行性及对社会发展的意义和影响》，《哈尔滨体育学院学报》，2005年第5期。

③ 孙葆丽、孙葆洁、徐子齐：《夏季奥运会和冬季奥运会与文化互动之比较》，《成都体育学院学报》，2019年第3期。

④ 袁书营、张颖：《从"东京8分钟"审视2022冬奥会的文化传播》，《北京体育大学学报》，2018年第5期。

⑤ 白铂、印文晟、金喜添：《冬奥会会徽设计的审美价值研究》，《哈尔滨体育学院学报》，2013年第5期。

⑥ 孙志：《冬季奥运会会徽蕴含的文化特征解读》，《南京体育学院学报》（自然科学版），2011年第2期。

⑦ 李丹：《奥运会主题歌的文化内涵与北京冬奥会主题歌曲创作研究》，《广州体育学院学报》，2020年第2期。

向世界传达的“义利相兼”“开放包容”“命运与共”等与“人类命运共同体”价值观相契合的倡议理念，指出“一起向未来”的倡议则是人类命运共同体价值观下奥林匹克精神、办赛理念和奥运愿景的中国解读、中国诠释和中国表达。[①]

不管是探究冰雪运动在旧中国的传入与发展，还是梳理中国冰雪运动发展历程以展望冰雪项目的未来，[②]或是分析北京2022年冬奥会及其衍生产品的文化价值，[③]我国冬奥会的文化创意应立足于奥林匹克运动的本质与趋势，结合中国社会改革与发展实际，抓住特点，制造亮点，以冬奥会为契机提升体育文化创意的整体水平。[④]

（三）奥运遗产开发

冰雪文化旅游产业以北京2022年冬奥会为契机，在“北冰南展西扩东进”“带动三亿人上冰雪”等推动下实现了规模化发展、整体化布局。冬奥结束后，对奥运遗产的保护和开发成为了国内体育文化建构和产业延伸关键词。[⑤]通过分析北京2022年冬奥会遗产学术研究的理论意义、实践意义和政治意义，奥运遗产如何实现可持续发展成为亟待深入研究的重要课题。[⑥]

奥运遗产能推动北京、张家口以及京津冀城市群落的协同发展，还能辐射冰雪运动项目发展优势地区，形成赛事与城市的双赢互动。有学者立足东

---

① 钟新、金圣钧、林芊语：《“一起向未来”：人类命运共同体视域下冬奥口号倡议的意义嬗变、价值追溯与国际诠释》，《武汉体育学院学报》，2022年第2期。

② 杨树人、朱志强：《纵论中国冬季运动与冬季奥林匹克运动的历史渊源、融合和演化（二）》，《哈尔滨体育学院学报》，2019年第2期。

③ 白铂、朱佳滨：《2022年北京冬奥会文化衍生产品的开发路径研究》，《首都体育学院学报》，2021年第1期。

④ 阚军常、张宏宇、董宇、王艾莎：《都灵、温哥华、索契冬奥会文化创意的比较分析》，《首都体育学院学报》，2015年第6期。

⑤ 王晓亮、王帅、成盼攀：《“互联网+”视域下中国冰球运动泛文化发展研究》，《北京体育大学学报》，2017年第11期。

⑥ 谢军、汪流：《北京冬奥会和冬残奥会遗产助力国家发展战略的研究框架构建》，《北京体育大学学报》，2020年第4期。

北地区文化资源，阐述其与冬季体育观光化的内在联系，提出了冬季体育观光化发展并分析了优势。[①]另有学者结合文化传播，提出“历史新活力”“赛事新品牌”“教育新标杆”“传播新举措”“协同新方向”及“组织新形式”等策略。[②]

通过与专业人士的访谈和实质性数据的收集，新冠肺炎疫情对北京2022年冬奥会体育遗产产生了2条消极影响的路径和3条积极影响的路径，有学者从冬奥遗产工作结合常态化疫情防控的调整、中和消极影响的基本方法、开发积极影响的路径等维度提出建议。[③]

结合研究进展和趋势，有学者运用体育学、经济学、地理学等多学科知识提出创新体制机制、加强顶层设计、优化发展格局和加大政策支持等建议，[④]从创造具有中国特色的奥运遗产和奥运遗产交付经验；科学评估北京冬奥会遗产效果；贡献超脱中国场景的奥运遗产研究方法论三个角度给予了北京2022年冬奥会遗产交付、研究的启示。[⑤]

新媒体拓宽了用户面，是延展传播渠道和形式、增强传播话语方面的重要机遇。[⑥]要基于消费市场，[⑦]利用好奥运遗产以推动冰雪文化旅游产业空间的延续，以空间文化挖掘为核心，加强基础性建设，推动产业空间扩大，提升产业空间竞争力，强化产业空间吸引力，鼓励多主体参与以促进产业空间文

---

① 吕然、杨长明、刘英伟、曲贵文、杨岱泓：《文化资源视角下东北地区冬季体育观光化发展研究》，《沈阳体育学院学报》，2021年第4期。

② 张磊、谢军：《2022北京冬奥会背景下冰雪文化传播策略研究》，《西安体育学院学报》，2021，年第1期。

③ 胡孝乾、吴楚楚、邓雪：《新冠疫情对2022年北京冬奥会体育遗产影响的内容、路径和方式》，《上海体育学院学报》，2021，年第3期。

④ 蒋依依、洪鹏飞、谢婷、杨占东、陈希：《京张体育文化旅游带建设的使命与路径》，《北京体育大学学报》，2021年第4期。

⑤ 洪鹏飞、蒋依依：《可持续发展议题下的奥运遗产研究进展与趋势——兼论对北京冬奥遗产研究的启示》，《北京体育大学学报》，2022年第1期。

⑥ 俞鹏飞、王庆军：《新媒体时代中国冰雪运动文化传播的机遇、困境及路径》，《体育学刊》，2020年第1期。

⑦ 罗清杨：《新媒介与消费——冰雪运动文化的中国化构建模式探照》，《南京体育学院学报》（社会科学版），2017年第2期。

化表达，满足消费需求，[1]发挥好北京2022年冬奥会的品牌优势，推动冰雪运动长效发展。

(四)全球赛事传播

国运兴则体育兴。中国社会正值转型关键期，也处在国际奥委会《奥林匹克2020议程》改革方案推行开端，北京2022年冬奥会的开创性、独特性会引领赛事传播研究的综合性和多样化转向。

以往关于体育赛事传播的研究偏向于技术视角，忽视了媒介在重构奥林匹克运动的价值和意义时所发挥的社会功能。需要研究者梳理奥林匹克运动媒介化过程中遭遇的现代性困境，把握国际奥委会体育赛事全球传播工作的新动向。[2]

北京2022年冬奥会是我国在重要历史节点举办的重大标志性活动，是展现国家形象、促进社会发展、振奋民族精神的重要契机。[3]作为备受全球关注的公共事件，冬奥会具有较强的政治传播功能，对于国家形象的塑造、社会的融合以及民族的情感共鸣有着极大的现实意义。体育赛事传播一定程度表征着社会发展新趋势。[4]对于助力赛事传播的技术，其带来的驱动创新历来是体育媒介实践的核心，北京2022年冬奥会的转播工作是创新理念和技术在全球赛事转播中得以应用最新成果的重要契机。[5]

---

① 李艳：《后冬奥时期冰雪文化旅游产业空间的延续：政策变迁、行动框架及路径选择》，《体育与科学》，2022年第2期。

② 徐笑菡、贺幸辉：《可持续发展模式下奥林匹克运动媒介化的新转向》，《北京体育大学学报》，2022年第1期。

③ 龚方：《仪式、竞技、节日与景观：北京冬奥会与人类命运共同体构建》，《北京体育大学学报》，2022年第1期。

④ 孙佳、费郁红：《从平昌冬奥会闭幕式"北京八分钟"看体育赛事的政治传播》，《南京体育学院学报》，2019年第2期。

⑤ 毕雪梅、黄芦雷娅：《媒介实践与技术创新驱动下的观赏体育崛起及影响——首届体育赛事传播国际论坛综述》，《北京体育大学学报》，2020年第6期。

另外，做好赛事筹办工作是做好赛事传播工作的基础。北京2022年冬奥会的“绿色、共享、开放、廉洁”的筹办理念与《奥林匹克2020议程》相契合，各项筹办工作突出了可持续理念、立足工作协同、注重遗产辐射。[①]要坚持“以人为本”的发展方式，从绿色办奥、共享办奥、开放办奥、廉洁办奥的具体实践来推动人类命运共同体的构建。[②]

中国应以全民国际传播的思维部署冬奥传播体系，实现“赛况—组织运行—城市形象—国家形象—全球”的递进式传播，发挥不同传播主体差异化传播潜能，凸显渠道的贴近性与形式的娱乐性，促进不同主体的互动，[③]充分利用奥林匹克平台传递中国理念，让世界真正了解中国、宣传中国，并为全球赛事传播实践活动的优化提供中国智慧。

（五）国际体育交流

2015年，北京申办2022年冬奥会成功后，学者们陆续对体育赛事的现实处境、申办成功的关键因素、冬奥会举办的必要性、冬奥会与中国体育体制改革的关系等进行研究。[④]2020年，新冠肺炎疫情增加了逆全球化趋势，中国在面临更加复杂国际环境的同时，国内全面深化改革的形势与筹办北京2022年冬奥会的任务对中国体育改革提出了严峻挑战。[⑤]

北京2022年冬奥会的申办成功既是国际社会以及奥运大家庭的世界各

---

① 王润斌、王相飞：《〈奥林匹克2020议程〉与北京冬奥会筹办：多维影响与践行之道》，《沈阳体育学院学报》，2020年第1期。

② 金朝霞、黄亚玲：《人类命运共同体与北京2022年冬奥会理念的耦合与实践》，《北京体育大学学报》，2022年第1期。

③ 钟新、蒋贤成：《全球同心、多级对话、情感共鸣——北京2022冬奥会“云端”国际传播的基调、路径与愿景》，《成都体育学院学报》，2022年第1期。

④ 孙科：《2022北京冬奥会：改革·转型·引领——易剑东、张斌对话录》，《体育与科学》，2015年第5期。

⑤ 易剑东：《热点·视点·观点——北京2022冬奥会研究的回顾与前瞻》，《体育学研究》，2018年第1期。

国人民对中国巨大努力的充分肯定，也体现了中国在国际事务中的影响力和号召力。有学者认为，北京冬奥会筹办应持续推进遗产传承与生态文明，着重关注运动员发展与全民共建，稳步建构奥林匹克文化的全媒体传播，践行公平与效率的筹办原则，变革协同治理与开拓创新环境。①

习近平总书记思想指引、社会主义制度优越性、北京“双奥之城”的丰厚积淀、中国文化的独特魅力等构成北京冬奥会成功举办的重要基石。结合国际奥林匹克运动要求与北京举办了 2022 年冬奥会的现实，申办、举办北京 2022 年冬奥会，是以习近平同志为核心的党中央做出的重大决策部署，符合新时代中国的发展实际，契合国际奥林匹克运动的改革动向，为中国提供了构建全球话语试验田的机会。各方需要冷静研判、整合力量、积极化解全球新冠疫情冲击与少数国家、团体抵制冬奥会的关键风险。②

有学者结合中国国际话语权建构的实践，从国际关系、国际舆论和媒介技术发展出发，分析北京 2022 年冬奥会国际传播面临的机遇与挑战。③还有学者对西方媒体奥运报道的叙事模式与实践路径进行归纳，综合政治传播和跨文化传播的视角，提出对外传播对策。④

中国体育在发展中既保留了中国传统特色与精髓，又吸收了奥林匹克运动的精华，逐步实现与奥林匹克运动的交融。⑤“十四五”时期，我国体育哲学社会科学应注重对体育产业高质量发展、后疫情时代竞技体育发展、大数据及其在体育社会科学中的运用、中国特色体育理论体系建构、中国体育文化传播与世界体育共同体建设、北京 2022 年冬奥会和冬残奥会遗产与冰雪运

---

① 徐京朝、刘力豪、王道杰：《〈奥林匹克 2020 议程：奥运会新规范〉改革关键点及北京冬奥会的践行策略研究》，《体育学研究》，2021 年第 4 期。

② 王润斌、肖丽斌：《“抵制北京冬奥会”的理论批驳与实践应对》，《武汉体育学院学报》，2022 年第 2 期。

③ 郭晴、杨茜：《使命、机遇与挑战：对北京冬奥会国际传播的思考》，《体育科学》，2020 年第 11 期。

④ 黄河、李政、杨小涵：《西方媒体奥运报道的议程网络特征及北京冬奥会传播对策——基于近 6 届奥运会新闻报道的语义网络分析》，《上海体育学院学报》，2021 年第 5 期。

⑤ 杨桦、荆敏：《中国体育与奥林匹克运动：从差异走向融合》，《成都体育学院学报》，2020 年第 1 期。

动发展等重点问题的研究。[①]

三、21世纪以来我国关于冬奥会奥运传播研究存在的主要问题

21世纪以来，随奥林匹克运动与文化在全球的推广，国内研究者立足中国国情，结合传媒行业发展，深耕奥运传播，发表的学术成果陆续填补国内空白，近年来也结合北京2022年冬奥会这一宏大命题开展了相对更多关于冬奥会奥运传播的研究，为中国体育传播学的发展做出了符合时代需求的贡献。

然而由于我国体育传播学的发展历史较短，只有22年的时间，相较于关于夏奥会奥运传播的研究成果，国内关于冬奥会奥运传播的研究成果较少。既有研究虽努力跟随时代且在近年来积极回应时代关切，但仍存在微观、中观、宏观各层面的问题。

（一）微观层面：研究范式窠臼，亟待推陈出新

国内关于冬奥会奥运传播的研究仍在借鉴新闻传播学早期经典理论，如议程设置、使用与满足、拟态环境等，对新兴理论如公共空间、虚拟现实技术、短视频、大数据等结合冬奥会奥运传播活动进行创新的研究不足。在互联网体育传播环境中，研究者较少关注“马克思主义新闻观”理论、“价值—信念—规范”理论、“技术—组织—环境”理论等跨学科理论。通过经典理论或是新兴理论结合冬奥会奥运传播所得出的研究成果在指导现实实践活动时解决问题的力度不够，学科研究反而出现了“内卷化”趋向。

新闻传播相关学科背景的研究者在需要触及其他学科理论作为研究议

---

① 杨桦、仇军、陈琦、孙晋海、方千华、韩春利、周良君、王雷、钟建伟：《新时代我国体育哲学社会科学研究现状与发展趋势——基于国家“十四五”体育学发展规划调研分析》，《体育科学》，2020年第8期。

题的理论支撑时，不能够很好地进行知识迁移。在进行跨学科研究时，研究方法的使用可能出现互不适应。

我国研究者在进行冬奥会奥运传播相关研究时，量化和实证研究运用最为广泛，比如问卷调查法、数理统计法、例证法、文本分析法等，既有研究较少采用混合式研究方法，大多数情况下都是服务于研究对象的客观描述，相关研究议题对样本梳理和个案剖析相对较多，是以某个节目、某个事件、某个项目、某个人物等作为研究对象，或是对单一事件下的某些相关报道的案例研究。

在完成阐释个案表象与发展现状的基本工作之上，透过现象看本质并能针对性提出解决方案的情况是较少的。此外，研究者在文章中选取某一议题做关于夏奥会和冬奥会相关奥运传播内容的历史比较研究的成果也较少。过多关注个案现象会造成更大范围人文关怀缺失，当体育人文精神没有充足地体现在文章中，对于现实问题的解析与探讨会有“只见树木，不见森林”之感。[①]

在科研工具的使用方面，考虑到新闻传播学和体育学专业背景的研究者在应用计算机辅助学科研究时的能力局限，目前缺少应用定性比较分析方法、扎根理论方法、民族志等较为贴近社会前沿的研究方法和 Stata、Python、Nvivo 等较为新颖的计算机软件做辅助科研工具的奥运传播研究成果。

（二）中观层面：跨学科研究难，学界对话欠缺

目前，国内对于“体育传播”的概念界定至少有 4 种视角：一是本体论，认为体育的本质是传播，既是传播媒介，又是传播内容，以非语言符号作为主要传播介质；[②]二是客体论，认为媒介体育是体育信息的媒介文化形态，媒介成为体育发展的重要推动力量之一，体育则成为最受媒介欢迎的传播客体；[③]三

① 吴丹、万晓红、彭羽丰：《21 世纪以来我国体育传播研究的发展进路与未来展望（2000—2020）》，《体育科学》，2022 年第 1 期。

② 陈伟、郝勤：《体育传播学的学科特征与研究现状——兼论体育的传播特征及其信息符号理论》，《体育科学》，2006 年第 6 期。

③ 郭晴、郝勤：《媒介体育：现代社会体育的拟态图景》，《体育科学》，2006 年第 5 期。

是过程论，认为体育传播就是通过人与人之间或大众传播媒介对体育信息的传递与分享，是一种共享信息的过程；[①]四是关系论，认为体育传播主要通过媒体建构体育、媒体介入体育、媒体控制体育3种传播模式来阐释媒体和体育之间的关系。它是涵盖体育媒体、体育传播、体育媒介化等诸多尚未明确的概念与关系命题，传统媒体与新媒体在内容生产和渠道传播层面开展的活动给予新闻传播理论内容时代性丰富。

奥林匹克运动会在进入21世纪后呈现快速发展态势。从体育竞赛活动、体育管理运营、体育内容商业化等层面帮助奥运传播活动与受众发生更多接触。媒体作为受众与奥林匹克运动会相关内容间的桥梁，凭借其特殊立场和不断优化的内容生产、渠道传播活动向受众呈现形式多样的媒介产品，由此造成的传播效果和在传播活动中出现的独特现象都为研究人员提供了新议题。

奥运和媒体、体育和新闻之间的互动反馈到学界，变成了体育学与新闻传播理论研究的交汇。但是关于奥运传播研究和它所属的体育传播研究具有跨学科属性，会在研究议题的选取和研究工作开展中带有跨学科的研究立场和视角，以“奥运传播”的概念界定为例，对于“奥运传播”的核心是“针对奥林匹克运动会开展的传播活动”还是“传播关于奥林匹克运动会的活动内容”，学界目前存在一定争议。

国内体育学界和新闻传播学界的对话存在一定程度欠缺，对应学科领域的研究者固有理论储备和实践经验有限，以“奥运传播”为核心但议题选取延伸至新闻传播学之外的研究，如“奥运遗产开发”“场馆运营管理”“体育产业经济”“城市建设规划”“国际传播话语”等与政治、经济、文化相关且有条件与新闻传播理论或媒体实践活动产生联系的议题，学界需要相对更多的交流。

当同一研究议题涉及多学科相关知识和多样研究方法应用时，国内能提

① 肖焕禹、冉强辉、陈玉忠：《现代体育传播的特征、价值及其发展取向》，《体育科学》，2004年第9期。

供跨学科对话的场合与不同学科研究技术合作的平台仍相对较少。对研究者而言,突破学科壁垒积极进行跨学科对话的主观能动性也应当更大程度的发挥。

(三)宏观层面:语境差别较大,理论嫁接明显

体育传播学在当今世界范围形成了四大主流学派,即以米盖尔·莫拉加斯·斯帕为代表的欧洲学派、以阿拉巴马学派和印第安纳学派为代表的美洲学派、以史提夫·杰克逊和大卫·罗伊为代表的大洋洲学派和由东亚学者组成的亚洲学派。[①]亚洲学派尤以东亚学者们对中国体育传播研究中关于奥运传播的研究产生相对较大影响。

20 世纪 80 年代,西方体育传播学界开始转向体育文化传播研究。这一研究范式也影响了中国体育传播的研究内容。政府、商界、学界、媒体等有关方面围绕着 2008 年北京奥运会和北京 2022 年冬奥会的信息传播,从主观与客观共同促进了研究者逐渐增加基于本国文化背景与意识形态的国际体育传播研究。

基于不同的意识形态和体育产业发展成熟度,各国在体育传播活动中秉承的价值观念不一。对基于奥运传播活动开展的相关体育传播研究而言,国内奥运传播活动与研究成果的对外输出、国外奥运传播活动与研究成果的对内输入、中国奥运传播与国际奥运传播的互动,三种研究视角缺一不可。

我国体育传播研究随着国内外体育传播研究发展,视野国际化程度逐年上升,但美国因其体育产业发展成熟度最高且在当今世界仍是西方国家媒体话语权之首,它所开展的奥运传播相关研究依旧是研究者对所做的奥运传播研究内容国际化贴合度的重要参考。国内学者总结的国外先进经验在本土是否适用,亦需得到更进一步的理论探讨和实践检验。这应当引起国内研究者的重视。

① 张德胜:《新闻传播学"三双式"教学体系构建与实施》,《青年记者》,2016 年第 9 期。

在百年未有之大变局中，应对我国过往关于奥运传播的研究工作优势与不足进行反思，紧跟现今国内国际局势，结合传媒行业、体育行业的前沿动态，让研究内容与对应研究成果顺应新时代我国体育事业发展的需要。

四、我国冬奥会奥运传播研究的发展态势

面对百年未有之大变局，习近平总书记关于体育的重要论述是中国体育改革发展的根本遵循和行动指南。作为体育传播的研究人员，我们要深刻理解和把握新时代体育改革发展的战略定位、战略方针、战略目标、战略思路、战略举措，弘扬中华体育精神，发扬光大奥林匹克精神，加强中外体育人文交流。

体育学与新闻传播学的交融、渗透与发展，推动了体育事业发展和社会进步。北京2022年冬奥会结束后，我国的体育传播活动与相关研究将迎来一波新浪潮。对以往我国关于冬奥会奥运传播研究的梳理和现存问题的反思，从研究者的角度审视奥运传播在未来的发展态势，以下四个方面可加以拓展。

（一）体育新闻生产：人机协同拉升行业标准

2016年，全国“两会”期间，我国首次利用虚拟现实技术进行批量新闻生产；2017年，“机器人新闻写作”成为受行业认可的手段参与到媒体实践活动中，除机器人新闻写作，机器人主播、机器人视频剪辑、机器人稿件审核等新形式陆续参与到新闻生产全流程；2018年，平昌冬奥会举办，国内体育媒体从业者与体育传播研究者增加了对人工智能参与体育新闻生产相关研究的关注；2019年，习近平总书记曾在中共中央政治局第十二次集体学习时首次提出“全程媒体、全息媒体、全员媒体、全效媒体”的发展目标。

2021年，腾讯新闻与腾讯体育联合使用“机器人”完成了腾讯公司对东京奥运会的部分报道工作，在提升体育新闻产出效率的同时做到了信息传播环节零失误零错误。东京奥运会的闭幕，也象征着国内媒体实现了大数据、人

工智能、虚拟现实等技术对体育新闻信源采集、内容生产、渠道分发、个性化推荐、传受双方互动等体育传播活动的覆盖。过往由技术带来的变革为我国体育新闻生产活动的创新打下良好基础。

新的媒体技术带来新的生产方式,新生产方式的出现影响着新媒介产品的内容呈现形式。在对新技术运用的可能性与可行性的探索过程中,行业标准、从业者业务能力、研究者媒体素养都出现过或主动或被动的提升。

实践与认识的更新深刻改变着国内体育新闻生产:短视频在平昌冬奥会首次成为奥运赛事中体育传播活动的主要呈现形式之一,它凭借更快的节奏、更贴合青年受众群体的语态、更符合体育项目在互联网传播的特点等优势渐成当今奥运传播的主流;部分 Vlog+ 体育、花絮类报道在各类社会化媒体用户中的获得的关注甚至一度超过比赛日当天的赛果类新闻;奥林匹克文化衍生内容与新闻传播活动结合,以北京 2022 年冬奥会吉祥物为典型案例,媒体围绕“冰墩墩”这一 IP 开展的奥运传播活动与我国制造业基于“冰墩墩”这一 IP 生产的奥林匹克文化创意产品在国际体育事件的跨文化交流中更是一定程度实现了海内外体育受众对中国体育人文内涵的认同,唤起了海内外体育受众对冰雪项目的兴趣,增加了海内外体育受众与非体育品类受众对冬奥会的关注。

在移动互联时代,社会化媒体平台在体育传播活动中愈发多地应用各类新兴媒体技术以谋求更好传播效果。然而,在技术赋能体育新闻生产与传播的同时,体育新闻内容生产完成后,传播效果层面出现过平台偏向、算法偏见、信息茧房等负面情况。另外,针对不同年龄段的体育受众乃至范围更广的非体育品类受众群,他们的媒介素养良莠不齐,在媒介使用中出现的“智能鸿沟”与“知识沟”有可能带来新的秩序风险。

结合以往存在的问题与解决问题过程中曾经产生过的经验,体育传播活动的从业者与研究者该掌握怎样的新技能或理论知识才能把当今奥运传播面临新命题解决得更为适当?

这需要掌握不同媒体在北京2022年冬奥会所开展的体育新闻内容生产典型案例与搭配使用的新技术，开展案例研究和历史比较研究，进而得出新奥运传播周期体育新闻生产行业标准的变动情况，最终对从业者与研究者提出更具指导实践活动层面意义的新要求。

（二）体育赛事传播：学科融合映照实践活动

22年间，我国已举办2008年北京奥运会、2014年南京青奥会、北京2022年冬奥会。过往在我国举办的奥运赛事，对应城市与各方媒体如何协力讲好一座城的体育故事，在国内和国际传播中如何通过一座城的体育故事形塑一国的体育人文，都是能通过历史比较研究和多样化的案例得出可借鉴经验的研究内容。

研究者立足体育传播活动选取研究议题，回归学科研究时，跨学科融合难以避免。我国关于奥运传播的研究议题既要有历史的纵深感，又要有融合多学科知识与科研方法的先进性。

研究者要深挖国际赛事举办城市（如北京、南京、杭州等）的体育人物故事、体育文化背景、体育人文社会、体育建筑使用等，归纳媒体针对以上要素进行体育传播活动时叙事方式，反思中国的“体育强国梦”和人的日常生活该以何种城市符号相勾连，将“人—赛—媒—城—国”融为一体。

未来，“万物互联” 会作为奥运传播活动在新媒体平台上的新媒介生态。当奥运赛事、国家形象、竞技成绩等因素交织在一起并通过媒体传播给全球的受众，奥运传播所属的体育传播领域的创新也会赋予有关政治经济学理论在互联网体育传播中的新内涵。

基于北京2022年冬奥会在我国成功举办的实际情况和《深入学习习近平关于体育的重要论述》书中的相关要求，新闻传播学或体育学学科背景的研究者需要引入政治经济学、社会学、文化学、心理学等理论资源实现跨学科融合。

研究者可以重点关注体育边缘人群和体育亚文化人群的数字劳动的体育数字实践问题,也可以跳出数字实践参与者圈层,重点关注政府或媒体如何通过内容生产、媒介使用、社交互动、情感交流等方式驱动受众以获得剩余价值等不局限于奥运传播中传受双方的关系问题。

我国关于冬奥会奥运传播的研究必须立足于中国国情。只有以中国特色社会主义媒介环境中的思维代入对奥运传播研究工作和体育传播活动做本土化创新,才能避免盲目照搬西方国家媒体从业经验和有关对奥运传播的研究成果。

(三)体育转播技术:功能迭代创新呈现形式

研究者应既关注 8K 技术在北京 2022 年冬奥会转播工作的应用、AR/VR 技术与互联网体育赛事直播的搭配、虚拟人体解说员在受众观赛时的使用等,又能够更新新闻传播学理论与体育传播活动密切相关的现实问题。重点聚焦以 8K 技术、AR/VR 技术为代表的体育赛事转播新技术,把握新转播技术对画面质量的提升和用户媒体产品时体验的提升,归纳北京 2022 年冬奥会在新转播技术的应用过程中出现的问题,总结新转播技术给传播效果带来提高的先进经验,在明晰技术逻辑的基础上分析不同规格体育赛事应用相关新转播技术的可行性。

基于数字媒体技术革新,媒介产品所创新的视觉呈现形式是达成"展示体育价值、带动体育参与、达成体育共识"目标的重要因素。研究者还要关注新形式呈现过程中传受双方关系的建构、大数据技术助力冬奥会奥运传播内容对受众的精准触达、数字媒体技术在新一届冬奥会的奥运传播活动中展现的利弊。

此外,要注意在流量变现、技术边界、平台治理等内容商业化介入过程中有可能出现传媒伦理问题的媒体实践活动。重点研究媒体产出的新呈现形式的媒介产品和用户之间如何进行非在场的交流,即从"内容生产 – 渠道传播"

到“受众触达－关系建构”、从技术的呈现形式到现实的互动方式。总结在北京2022年冬奥会赛事宣传周期，信息传播者怎样固化已有体育受众群并能在中国这一非冰雪项目大国催生或激活一批新的体育受众群。还要深度挖掘参与到新呈现形式的信息接收者如何在媒体运营的各种手段下调动“情感”“场合”“利益”等在冬奥会赛时产生较高热敏性的因素，进而建立身份认同，最终产生对冬奥会奥运传播活动的价值认同，最终帮助体育赛事实现在更广泛受众群体中的传播。

（四）体育国际形象：对内对外讲好中国故事

体育传播活动对国家形象建构、体育国际交流促进、新型国际关系变化、构建人类命运共同体、维护世界和平等方面都发挥着重要作用。习近平总书记在2021年10月25日致中央广播电视总台央视奥林匹克频道及其数字平台开播上线的贺信中指出，“奥林匹克频道要通过奥林匹克运动和文化传播，讲述中国体育故事，弘扬中华体育精神，加强国际体育交流合作，推动我国同世界各国文明互鉴、民心相通”。

2018—2022年的奥运周期，“讲好中国故事”已作为国家开展对外传播工作的一个战略应用到社会化媒体平台的传播活动中。2022年，在新冠肺炎疫情在全球仍未消散的背景下，中国北京实现了冬奥会的成功举办。通过北京2022年冬奥会向世界讲好中国体育故事，既能优化国内媒体内容生产－渠道传播工作和推进数字媒体技术革新，又可在全球化传播中依靠体育进一步把握话语权。

考虑到新冠肺炎疫情对全球体育行业的冲击和对奥运传播的影响，研究者应当进一步挖掘北京2022年冬奥会中展现的奥运精神和中国传统冰雪文化价值，结合人类命运共同体在体育领域的构建，思考提升中国的国际体育影响力的举措。

如何讲好中国传统冰雪体育故事，挖掘多维度的冬奥体育内涵？在国际传播中，面对西方国家对中国存在的认知偏差和西方媒体对中国所做的误差化、妖魔化报道，国内媒体在海外发布内容时该以怎样的标准去更适应外网传播环境，从而向外国人讲好中国传统冰雪文化故事，促进民心相通，实现情感共鸣。

如何传播中国冰雪项目奥运故事，展现中国的体育国际新形象？在北京2022年冬奥会期间，媒体怎样让一批练习小众体育运动项目的本土运动员（如徐梦桃、武大靖、苏翊鸣等）在国内和国际获得知名度、认可度的提升；奥运选手的故事在经不同呈现形式的媒介产品传播时又是怎样传达中国人的民族特质和精神面貌，使他们在国际舞台上成为中国体育新名片。

如何做好国际体育事件观点表达，培育高媒介素养的参赛选手？部分入籍中国的冰雪项目运动员（如朱易、林孝埈、谷爱凌等）在北京2022年冬奥会赛前、赛时、赛后不同阶段面对国内外媒体采访时展现出的媒介素养，可以作为我国运动员媒介素养教育时的学习案例。各国不同意识形态的媒体在针对同一人物同一事件时的报道中，对运动员的媒介形象建构与运动员所代表国家的国际形象建构，也是探讨新时代我国体育国际形象展示时的素材。

五、结语

回顾以往关于冬奥会奥运传播的研究是为了填补一定的学术研究空白并帮助研究者更好地展望相关研究的发展态势。互联网正成为奥运传播工作的主要场域，我国关于冬奥会奥运传播研究议题的转变会促使我们反思在新时代如何更好地进行奥运传播研究以服务新时代国家体育事业的发展需要。

近年来，以AR技术、VR技术、人工智能（机器人）、大数据技术支撑下的算法应用等传播技术的兴起愈发拓展我们对“冬奥会奥运传播”相关学术研究内容的想象力，通过对相关议题的梳理，更好地把握体育领域里个体与国家、国家与国家、国家与全球间的关系，有利于体育行业从业者与针对体育领域尤其是体育传播相关内容的研究者更便捷地挖掘冬奥会和关于冬奥会奥运传播的历史价值、时代价值。

未来,国内关于冬奥会奥运传播的研究乃至体育传播的研究会面对更为宽广的实践领域和更加开阔的理论视域，研究人员应当能意识到现有局限，从而不断丰富理论资源,逐步拓展方法路径,积极推动跨学科对话。

在百年未有之大变局中,我们需要拥有国际性思维和全球化视野,同时进一步耕耘奥运传播,以有时新性的研究成果对外界进一步诠释奥林匹克精神,发扬体育人文关怀,以期开创未来中国体育传播研究新格局。

参考文献

[1]国家体育总局编写组:《深入学习习近平关于体育的重要论述》,人民出版社,2022 年。

[2]李艳:《后冬奥时期冰雪文化旅游产业空间的延续:政策变迁、行动框架及路径选择》,《体育与科学》,2022 年第 2 期。

[3]李祥虎、袁雷、丁晓梅:《中国政治治理特点对奥运会可持续发展的影响研究》,《沈阳体育学院学报》,2022 年第 2 期。

[4]刘静轩、张子轩、于杰、赵鲁南:《多元与偏见:西方媒体北京冬奥会报道中的中国国家形象话语表征》,《武汉体育学院学报》,2022 年第 3 期。

[5]王润斌、肖丽斌:《“抵制北京冬奥会”的理论批驳与实践应对》,《武汉体育学院学报》,2022 年第 2 期。

[6]钟新、金圣钧、林芊语:《“一起向未来”:人类命运共同体视域下冬奥口号倡议的意义嬗变、价值追溯与国际诠释》,《武汉体育学院学报》,2022 年第 2 期。

[7]崔乐泉、王安荣:《遗产层摞与创造:北京 2022 年冬奥会和冬残奥会遗产战略研究》,《武汉体育学院学报》,2022 年第 2 期。

[8]孙葆丽、朱志强、刘石、赵小瑜、冯雅男、苏贵斌、吴晓华、张昊:《冬奥遗产可持续发展期研究》,《武汉体育学院学报》,2022年第2期。

[9]钟新、蒋贤成:《全球同心、多级对话、情感共鸣——北京2022冬奥会“云端”国际传播的基调、路径与愿景》,《成都体育学院学报》,2022年第1期。

[10]杨国庆:《习近平关于办好北京2022冬奥会重要论述研究》,《成都体育学院学报》,2022年第1期。

[11]陈岐岳、王国松、焦晨曦、刘秋宏:《中国新闻媒体宣传报道冬奥会的常见问题及北京2022年冬奥会和冬残奥会宣传报道策略》,《首都体育学院学报》,2022年第1期。

[12]金朝霞、黄亚玲:《人类命运共同体与北京2022年冬奥会理念的耦合与实践》,《北京体育大学学报》,2022年第1期。

[13]龚方:《仪式、竞技、节日与景观:北京冬奥会与人类命运共同体构建》,《北京体育大学学报》,2022年第1期。

[14]洪鹏飞、蒋依依:《可持续发展议题下的奥运遗产研究进展与趋势——兼论对北京冬奥遗产研究的启示》,《北京体育大学学报》,2022年第1期。

[15]徐笑菡、贺幸辉:《可持续发展模式下奥林匹克运动媒介化的新转向》,《北京体育大学学报》,2022年第1期。

[16]王彦飞、张宏家:《歧视与破解:北京冬奥会话语权力构建与媒介传播的圈层策略》,《体育与科学》,2022年第1期。

[17]吴爱兵:《网络空间的冰雪文化参与:行为特征、价值转向与失范》,《体育与科学》,2022年第1期。

[18]王润斌、肖丽斌:《2022北京冬奥会举办的历史选择、成功基石与风险应对》,《天津体育学院学报》,2022年第1期。

[19]阚军常、翟哲、张宏宇:《我国冰雪运动发展的战略规划与推进路径》,《上海体育学院学报》,2022年第1期。

[20]张建会:《新发展阶段我国体育外交发展的战略思路与实现路径》,

《上海体育学院学报》,2022年第1期。

[21]张昆、蒲蕤:《疫情背景下北京冬奥会国际传播战略与实践策略刍议》,《武汉体育学院学报》,2022年第1期。

[22]叶海波、张宏宇、阚军常:《习近平关于冰雪运动发展重要论述的生成逻辑、核心要义与实践要求》,《西安体育学院学报》,2022年第1期。

[23]吴丹、万晓红、彭羽丰:《21世纪以来我国体育传播研究的发展进路与未来展望(2000—2020)》,《体育科学》,2022年第1期。

[24]魏伟:《中央广播电视总台北京冬奥会国际传播影响力研究》,《中国广播电视学刊》,2022年第4期。

[25]魏伟:《提升体育国际话语权的媒介化、外交与软实力路径研究》,《北京体育大学学报》,2022年第3期。

[26]李丹:《奥运会主题曲的多元一体特征研究》,《广州体育学院学报》,2021年第6期。

[27]范恺、郭英俊、朱邱晗:《北京冬奥会国家认同建构的效应与路径研究》,《体育与科学》,2021年第6期。

[28]胡孝乾、何奇泽:《奥运遗产的研究热点及其对北京2022年冬奥会和冬残奥会遗产治理的启示》,《首都体育学院学报》,2021年第6期。

[29]周榕、吕诗俊、张德胜:《"展示政治"视域下平昌冬奥会政治传播的考察与启示》,《武汉体育学院学报》,2021年第11期。

[30]吕然、杨长明、刘英伟、曲贵文、杨岱泓:《文化资源视角下东北地区冬季体育观光化发展研究》,《沈阳体育学院学报》,2021年第5期。

[31]王莉:《疫情背景下北京冬奥会与国家形象塑造:理论逻辑与实践路径》,《河北体育学院学报》,2021年第5期。

[32]吕婵、阚军常:《冬奥背景下滑雪旅游业助推京津冀一体化战略的价值、困境及突破路径》,《哈尔滨体育学院学报》,2021年第4期。

[33]李静亚、谢群喜、王润斌:《媒介生态学视域下奥运会的社会化传播

转向——兼论对北京 2022 年冬奥会传播的启示》,《成都体育学院学报》,2021 年第 4 期。

[34]王菲、童桐:《范式转型与网络建构:关系管理视域下 2022 年北京冬奥会公关理念及实践探索》,《上海体育学院学报》,2021 年第 7 期。

[35]徐京朝、刘力豪、王道杰:《〈奥林匹克 2020 议程:奥运会新规范〉改革关键点及北京冬奥会的践行策略研究》,《体育学研究》,2021 年第 4 期。

[36]孙葆丽、王家宏、林存真、杨占武、冯雅男、徐子齐:《奥运遗产特点架构研究》,《天津体育学院学报》,2021 年第 4 期。

[37]陈尚伟、刘原、孙晓华、高永强:《习近平关于体育强国重要论述的价值特性研究》,《天津体育学院学报》,2021 年第 3 期。

[38]黄河、李政、杨小涵:《西方媒体奥运报道的议程网络特征及北京冬奥会传播对策——基于近 6 届奥运会新闻报道的语义网络分析》,《上海体育学院学报》,2021 年第 5 期。

[39]黄莉、万晓红、陈蔚、卫才胜、付志铭、张立强、栗晓茹、曾顺旭:《北京冬奥会期间中国国家形象的塑造研究》,《武汉体育学院学报》,2021 年第 5 期。

[40]蒋依依、洪鹏飞、谢婷、杨占东、陈希:《京张体育文化旅游带建设的使命与路径》,《北京体育大学学报》,2021 年第 4 期。

[41]缪律、史国生、周铭扬:《奥林匹克运动深化改革背景下奥运遗产现代治理的中国方案与推进策略》,《大津体育学院学报》,2021 年第 2 期。

[42]胡孝乾、吴楚楚、邓雪:《新冠疫情对 2022 年北京冬奥会体育遗产影响的内容、路径和方式》,《上海体育学院学报》,2021 年第 3 期。

[43]白铂、朱佳滨:《2022 年北京冬奥会文化衍生产品的开发路径研究》,《首都体育学院学报》,2021 年第 1 期。

[44]钟新、陈国韵、令倩:《规范、创新与体验:奥运会媒体运行溯源及 2022 冬奥媒体愿景研究》,《体育科学》,2021 年第 1 期。

[45]张磊、谢军:《2022 北京冬奥会背景下冰雪文化传播策略研究》,《西

安体育学院学报》,2021 年第 1 期。

[46]郭晴、杨茜:《使命、机遇与挑战:对北京冬奥会国际传播的思考》,《体育科学》,2020 年第 11 期。

[47]吴晓华、刘哲剑:《中国滑雪“热”动因与本质——基于科尔曼“浴缸”模型的解释》,《山东体育学院学报》,2020 年第 5 期。

[48]韩子荣、谢军:《北京“奥运遗产”可持续发展:新视角与新机遇》,《首都体育学院学报》,2020 年第 5 期。

[49]杨桦、仇军、陈琦、孙晋海、方千华、韩春利、周良君、王雷、钟建伟:《新时代我国体育哲学社会科学研究现状与发展趋势——基于国家“十四五”体育学发展规划调研分析》,《体育科学》,2020 年第 8 期。

[50]胡建秋、雷晓艳:《日本国家形象战略传播对 2022 年北京冬奥会的经验与启示》,《山东体育学院学报》,2020 年第 3 期。

[51]毕雪梅、黄芦雷娅:《媒介实践与技术创新驱动下的观赏体育崛起及影响——首届体育赛事传播国际论坛综述》,《北京体育大学学报,2020 年第 6 期。

[52]魏伟:《〈字林西报〉奥运会报道始端及内容变化特征研究》,《北京体育大学学报》,2020 年第 6 期。

[53]黄河、刘琳琳、李政:《5G 时代体育赛事移动传播的技术变革与内容创新——兼论对北京 2022 年冬奥会的启示》,《上海体育学院学报》,2020 年第 5 期。

[54]谢军、茹秀英:《北京 2022 年冬奥会和冬残奥会遗产研究助力中国相关领域发展的思考》,《首都体育学院学报,2020 年第 3 期。

[55]谢军、汪流:《北京冬奥会和冬残奥会遗产助力国家发展战略的研究框架构建》,《北京体育大学学报》,2020 年第 4 期。

[56] 李丹:《奥运会主题歌的文化内涵与北京冬奥会主题歌曲创作研究》,《广州体育学院学报》,2020 年第 2 期。

[57]杨桦、荆敏:《中国体育与奥林匹克运动:从差异走向融合》,《成都体

育学院学报》,2020 年第 1 期。

[58]王润斌、王相飞:《〈奥林匹克 2020 议程〉与北京冬奥会筹办:多维影响与践行之道》,《沈阳体育学院学报》,2020 年第 1 期。

[59]俞鹏飞、王庆军:《新媒体时代中国冰雪运动文化传播的机遇、困境及路径》,《体育学刊》,2020 年第 1 期。

[60]孙葆丽、孙葆洁、徐子齐:《夏奥会、冬奥会与经济互动之比较》,《上海体育学院学报,2019 年第 6 期。

[61]赵杰宏、马洪:《三网融合下北京冬奥会赛事直播节目的法律保护研究》,《北京体育大学学报》,2019 年第 7 期。

[62]孙葆丽、孙葆洁、徐子齐:《夏季奥运会和冬季奥运会与文化互动之比较》,《成都体育学院学报》,2019 年第 3 期。

[63]万晓红、周榕、李雪贝:《社会化媒体语境下体育赛事争议的对话性传播路径探讨——以平昌冬奥会女子 3000 米短道速滑判罚事件为例》,《成都体育学院学报》,2019 年第 2 期。

[64]史蒂芬·埃塞克斯,布瑞恩·查克利、余守文:《城市与区域政策中的大型体育赛事:冬奥会的历史》,《体育与科学》,2019 年第 2 期。

[65]杨树人、朱志强:《纵论中国冬季运动与冬季奥林匹克运动的历史渊源、融合和演化(二)》,《哈尔滨体育学院学报》,2019 年第 2 期。

[66]崔乐泉、张红霞:《从传统冰雪到冬奥文化:跨越时空的文化对话》,《体育学研究》,2019 年第 1 期。

[67]孙佳、费郁红:《从平昌冬奥会闭幕式“北京八分钟”看体育赛事的政治传播》,《南京体育学院学报》,2019 年第 2 期。

[68]易剑东:《国际奥委会改革理念阐释与中国体育的战略选择构想》,《上海体育学院学报》,2019 年第 1 期。

[69]王润斌、肖丽斌:《新发展理念下北京冬奥会举办理念的贯彻与前瞻》,《上海体育学院学报》,2019 年第 1 期。

[70]宋俊敏、孙永明:《北京冬奥会面临的公共外交挑战及价值实现》,《河北体育学院学报》,2018年第5期。

[71]袁书营、张颖:《从“东京8分钟”审视2022冬奥会的文化传播》,《北京体育大学学报》,2018年第3期。

[72]易剑东:《热点·视点·观点——北京2022冬奥会研究的回顾与前瞻》,《体育学研究》,2018年第1期。

[73]洪刚:《平昌归来话冬奥》,《体育学研究》,2018年第1期。

[74]杨国庆、王凯、叶强、叶小榆、闫蕾:《北京冬奥会背景下我国冰雪运动推广与发展研究进展——基于2008—2017年的文献分析》,《北京体育大学学报》,2017年第12期。

[75]王晓亮、王帅、成盼攀:《“互联网+”视域下中国冰球运动泛文化发展研究》,《北京体育大学学报》,2017年第11期。

[76]冯雅男、孙葆丽:《冬季奥运会可持续发展研究及对北京2022年冬奥会的启示》,《沈阳体育学院学报》,2017年第5期。

[77]孙葆丽、宋晨翔、杜颖、张畅:《温哥华冬奥会遗产工作研究及启示》,《北京体育大学学报》,2017年第10期。

[78]张璇、肖焕禹:《数据可视化在索契冬奥会报道中的应用研究——以〈纽约时报〉和〈华盛顿邮报〉为例》,《武汉体育学院学报》,2017年第5期。

[79]罗清杨:《新媒介与消费——冰雪运动文化的中国化构建模式探照》,《南京体育学院学报》(社会科学版),2017年第2期。

[80]易剑东:《北京2022年冬奥会的营销机遇——《奥林匹克2020议程》解读》,《体育学刊》,2016年第5期。

[81]易剑东、王道杰:《论北京2022年冬奥会的价值和意义》,《体育与科学》,2016年第5期。

[82]闫晓军、张达、逯合江:《冬奥会背景下北京旅游业的SWOT分析及对策研究》,《哈尔滨体育学院学报》,2016年第1期。

[83]阚军常、张宏宇、董宇、王艾莎:《都灵、温哥华、索契冬奥会文化创意的比较分析》,《首都体育学院学报》,2015 年第 6 期。

[84]孙科:《2022 北京冬奥会:改革·转型·引领——易剑东、张斌对话录》,《体育与科学》2015 年第 5 期。

[85]吕婵:《“后奥运时代”背景下我国承办冬奥会的 SWOT 分析》,《哈尔滨体育学院学报》,2015 年第 4 期。

[86]赵晶、闫育东、张亚楠:《冰雪情,申奥梦——中国北京申办 2022 年冬奥会前瞻》,《北京体育大学学报》,2014 年第 7 期。

[87]白铂、印文晟、金喜添:《冬奥会会徽设计的审美价值研究》,《哈尔滨体育学院学报》,2013 年第 5 期。

[88]刘石:《冬奥会电视传播机制现状与对策研究》,《哈尔滨体育学院学报》,2013 年第 5 期。

[89]邹英、马薇:《我国平面媒体冬奥会新闻报道的可持续发展对策研究》,《沈阳体育学院学报》,2012 年第 2 期。

[90]孙志:《冬季奥运会会徽蕴含的文化特征解读》,《南京体育学院学报》(自然科学版),2011 年第 2 期。

[91]董宇、纪烈维、李尚滨、赵培禹、王沂:《冬季奥运会奖牌设计理念与发展趋势探析》,《首都体育学院学报》,2010 年第 1 期。

[92]朱志强:《冬季奥林匹克运动及其发展趋势》,《上海体育学院学报》,2007 年第 4 期。

[93]朱志强:《论冬季奥林匹克运动的产生和发展》,《哈尔滨体育学院学报》,2007 年第 1 期。

[94]杨树人、田晓玉:《中国申办冬奥会可行性及对社会发展的意义和影响》,《哈尔滨体育学院学报》,2005 年第 5 期。

[95]杨珍、王奥、段梦瑶、龚格:《中国立场、世界眼光、跨界方法、实践指向——体育传播研究的文化转向》,《成都体育学院学报》,2019 年第 1 期。

[96]杨珍:《英国体育传播研究的时代语境、核心关键词与架构探究——兼论中国体育传播研究的理论困境》,《体育科学》,2016年第4期。

[97]张德胜:《新闻传播学“三双式”教学体系构建与实施》,《青年记者》,2016年第9期。

[98]陈伟、郝勤:《体育传播学的学科特征与研究现状——兼论体育的传播特征及其信息符号理论》,《体育科学》,2006年第6期。

[99]郭晴、郝勤:《媒介体育:现代社会体育的拟态图景》,《体育科学》,2006年第5期。

[100]肖焕禹、冉强辉、陈玉忠:《现代体育传播的特征、价值及其发展取向》,《体育科学》,2004年第9期。

“数字沟通力”与天津城市形象传播

王晏殊

[**摘要**]当前数字中国、网络强国、推进大城市向超大城市转型已经成为中国未来发展的国家战略。在这一过程中,新的媒介技术影响下提升大城市的“数字沟通力”极具学理意义和实践价值。其中“连接整合”和“转换融通”两个核心要素对思考“谁来沟通”“沟通什么”和“怎么沟通”等问题具有积极指导意义,也体现出对于媒介技术、社会文化的前瞻思考和现实考量。天津已有城市建设的成绩对于进一步塑造现代化大都市形象奠定了扎实基础,尚有很大潜质。本文旨在创新观念、顶层架构、话语阐述、技术合力等方面进行多维、互动、互融的策略尝试,期冀在传播内容、传播方式和传播效果上提升天津大城市的“数字沟通力”,彰显现代化大都市形象的传播影响力。

[**关键词**]城市传播;数字沟通力;城市形象;天津

作者简介:王晏殊,天津工业大学人文学院副教授。

基金项目:天津市艺术科学规划项目“美育的超链接:智能营销传播视角下的天津博物馆‘云上观展’策略研究”(D22003)。

一、问题的提出

2022年10月底，国务院五部门联合发布《虚拟现实与行业应用融合发展行动计划》(2022—2026年)，这一举措表明新的传播技术创造出的新型传播实践，已然改变了以往城市形象的建设路径和传播网络系统。在此意义上探讨如何提升"数字沟通力"以达成一种让媒介技术"重新连接"城市、塑造城市形象的创新方式，是一个有意义的话题。研究以天津为代表的现代化大都市形象塑造策略及其传播平台优化实践，探寻大都市建设的可沟通性策略与互融互构的传播路径，具有极为重要的理论意义和实践价值。

本文通过对城市传播理论、数字沟通力等核心概念的阐释，基于以天津为代表的现代化大都市形象塑造的现存问题、多平台传播的融合逻辑与进路，利用田野调查、媒介文化研究、数据调研及个案分析等方法对现代化大都市的形象塑造做深入的探讨，期冀能够发挥上至政府、下到个体的主体动能性，获得技术与文化、媒介与社会融合发展的平衡点，为城市形象传播的后续发展提供创新性的学理支撑与应对策略。

二、理论视角和文献梳理

所谓"城市传播"，是指以"城市"作为贯穿人类文明演变的基点，建构以"传播"为核心视角的城市研究范式，将城市理解为一种关系性空间，而传播是编制关系网络的社会实践。从传播学理论视角来看，"城市传播"是技术与社会互动的结合，"城市即媒介"，城市空间的布局、建筑物的设计、人的公共交往、社会话语的交流以及城邦的政治制度彼此缠绕、不可分割，共同铸成了人类的都市文明(孙玮，2012)。城市的角色也不仅限于在产品交换中发挥作用，同时也在信息交换、社会交往中发挥作用(Burd，1978)。因此，关注城市的

"传播"性,关注其中的社会融合互动、公共参与和个体行动,具有重要意义。此外,在当下全球化、新技术、数字化席卷的都市化进程中,信息与传播技术(Information and Communication Technology,简称ICT)革命既加速了城市的去中心化、离散化,也是城市聚合的黏合剂,这一对向心力和离心力正在重新塑造着数字化时代的大都市形态(Audirac,2005)。在此种状况下,"城市传播"也指向了新技术环境下的新兴领域和跨学科领域,如何利用这一复杂的技术环境推进现代化大都市形象的塑造,是热点,也是难题。

"数字沟通力"的概念,是指数字技术可以深度渗透在城市日常生活各个方面,并通过数字化过程将原本按地理位置或社会功能划分区隔的多个社会领域和系统聚集起来,通过线上、线下共通的技术性接口形成大型城市公共政府服务系统的连接聚合。公众在公共数字平台上的交互体验的满意程度,即呈现出该城市数字技术沟通力的高低。因此,提升城市的"数字沟通力",并非"数字化"与"城市"内容的简单叠加,其核心要素在于构建可"连接整合"、可"转换融通"的浑然一体的媒介系统。

立足上述理论视角,本文梳理了历年文献中对于天津的城市形象塑造与传播实践,发现仍然较多地遵循传统传播思路,例如对传播媒介的选择、传播主题的确立、传播策划及创意的表现形式等仍接近于大众媒体时代的无差异化传播,无法满足数字媒体时代针对个体和多平台对于城市形象传播过程中的"可沟通性"需求,因而也无法实现有效的"交互"传播。因此,探讨如何设计策略和如何优化传播路径,以及衡量这些设计与路径的范本可用性,是本文研究的重点。

三、连接与整合:“数字沟通力”语境下的城市形象传播策略

基于评价城市品牌传播效能的“管理力－沟通力－关系力”的逻辑框架,[①]本文尝试以“网络问政、云游文博、媒介事件”三个维度和以“数字沟通力”的关照视角探讨天津为代表的现代化大都市形象塑造策略。

(一)管理力:数字治理与网络问政的内生性驱动

众所周知,互联网与社交媒体改变了舆论过程中的时间节奏,增加了事件发生后的“可沟通性”难度,同时网络空间也正呈现出“底层化”的发展趋势,底层群体作为关键意见领袖群体,正在以其声量和影响力形塑着网络舆论场,一旦宣发错过最初时间窗口,就可能陷入舆论被动境地。这一特点让“网络问政”成为当前政务沟通以及市政形象宣传中非常重要的词汇。

本文对 “天津政务微博 TOP5”“天津城区区委宣传部微信公众号”“天津市新闻单位微信公众号”“天津各区县广播电视新闻中心微信公众号” 以及 “天津市新闻单位微信公众号”等样本数据进行整理(图中数据截至 2022 年 6 月 20 日),这里截取几个比较有代表性的数据指标做进一步可视化分析。

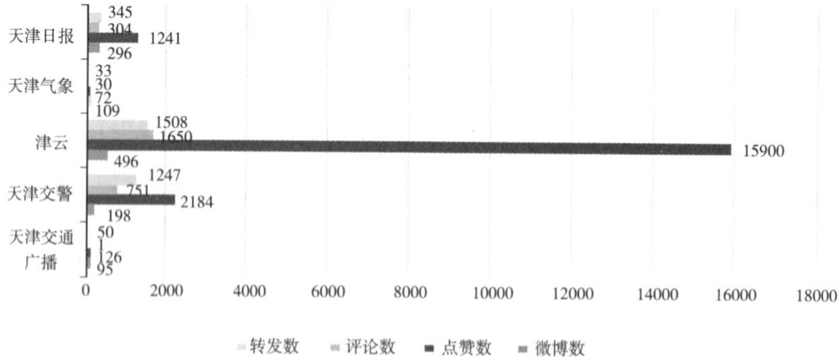

图 1 天津政务微博 TOP5 粉丝活跃度与粘性近 7 天数据分析

① 姚曦、郭晓、贾煜:《价值·互动·网络:城市品牌国际传播效能指标体系建构》,《新闻与传播评论》,2022 年第 4 期。

图 1 显示，津云凭借 1.59 万的点赞量及近乎 1:1 的评论转发比占据天津政务微博的 TOP1。这表明“津云”微博的粉丝互动活跃、粉丝粘性最强。“天津气象”“天津交警”“天津日报”次之，而“天津交通广播”粉丝粘性最差。由此可见，政务类微博作为官方传递信息的权威窗口之一，需要进一步提升与受众的沟通性与互动性，这是提升“网络问政”沟通力的重要环节。

其次，利用互联网的“连接整合”特性，不仅可以提升网络问政能力，让民众借助媒体平台向政府传达见解、表达诉求和提出问题，同时也可倒逼政府职能部门在思想观念、运行方式与组织结构等方面的改良与创新。例如对天津市政各职能部门公众号 WCI[①]前十名数据分析（如表 1 所示）：

表 1　天津市政府各职能部门公众号 WCI 前十名数据表（2022 年 5 月）

公众号	文章总数	超 10W 文章数	阅读总数	阅读总数增量	平均阅读数	平均阅读数增量	头条文章阅读量	在看率	点赞总数	WCI	WCI 增量
健康天津	350	0	333W+	1398250	9533	3882	209W+	0.1%	5333	1272.41	109.83
天津教育报	284	0	164W+	409470	5782	1942	99W+	0.1%	3876	1127.39	59.75
天津税务	242	0	94W+	−621157	3899	−828	75W+	0.0%	557	992.85	−80.51
津门教育	125	0	21W+	−24627	1717	−69	19W+	0.1%	680	790.82	−30.42
天津司法	94	0	19W+	9753	2066	61	15W+	0.1%	457	755.56	−17.86
天津人社	186	0	18W+	8659	978	−29	94228	0.2%	1183	737.80	−0.22
天津市应急管理局	178	0	67722	10449	381	107	45337	0.1%	211	561.91	44.73
天津规划自然资源	102	0	31670	−6340	311	14	22719	0.1%	153	450.33	−21.23
天津生态环境	79	0	22608	4363	286	−18	17503	0.5%	183	440.88	10.8
信用天津	18	0	15700	8556	872	597	13026	0.2%	47	427.95	111.52

表 1 是截至 2022 年 5 月，天津市政府各职能部门公众号 WCI 前十名数据，该表显示天津居民对于健康、教育、税务的关注度最高。不过数据也显示出各职能部门公众号的文章精品、爆款较少，超 10W 的文章数均为“0”，可见相关部门对于公众号内容的制作和传播影响力构建水平有待重视和提高。

① WCI 指数：即微信传播指数，是由清博数据团队（清华大学新闻与传播学院提供学术支持，国内多个高校的知名学者教授担任学术顾问）在考虑各维度数据后，通过一系列复杂严谨的公式推导出的具体指数，能够较权威地反映微信公众号的整体传播力和影响力。

虽然天津“网络问政”在话题设置、频次更新、WCI指数、板块多样化组建方面都有所转型升级，但同时也出现了融媒体矩阵、媒体联动广度和深度不够、难以聚焦和缺乏可持续传播等方面的问题。例如选取WCI指数的最高值“宁河融媒”、最低值“文明东丽”进行对比，分析传播指数差异成因：WCI排名第一的“宁河融媒”，公众号版式简洁、工作栏分明，对于宁河的区县景观展示较为重视，拍摄“极美宁河100秒”视频进行打卡式、特色化宣传，且公众号文章和视频呈现质量较高。WCI排名最后的“文明东丽”，无直播、无视频号服务，公众号内容中规中矩，且无特色化板块。

总体上，天津在打造网络问政的“连接沟通互动”与“整合媒体矩阵”方面都有更好地明确职能定位、发挥协调部门间合作的功能，作为数字时代电子政务环境下的新模式，天津数字治理与网络政务的建设和发展理念也与现代化大都市的整体性治理规划不谋而合。

(二)沟通力：数字文博展演对“近代百年看天津”的技术赋能

博物馆作为现代化大都市形象塑造的界面，具有举足轻重的展示意义。文物展品不仅可以直观地向游客展示当地历史发展历程和地域文化，同时还能运用数字技术营造“云端”历史文化空间，将实体空间嵌入“数字化”记忆，使之成为更广泛的传播和“沟通”载体。2020年上半年，全球90%的博物馆(近85000家)因为疫情闭馆，这为博物馆的数字化建设带来了契机。有统计显示，疫情期间国内博物馆推出的线上资源多达2000多项，浏览和使用人次达5亿，这些数据也表明“文化+科技”的不断融合将会成为新常态(表2和表3为天津文博行业数字技术运用的不完全统计例示)。

表 2 天津十大博物馆数字技术运用统计

名称	运用新技术
天津博物馆	沉浸体验 VR、AR 增强、线上直播、流动公交展览
天津自然博物馆	线上直播、AR、VR 技术、地铁主题线路
平津战役纪念馆	有声故事书、VR 智慧场馆、平津讲堂网课
周恩来邓颖超纪念馆	VR 虚拟展厅、主展厅电子屏海报、红色课堂网课
大沽口炮台遗址博物馆	VR 线上展览、校园文化展演、青少年线上宣讲
天津沉香艺术博物馆	线上直播、VR 展览
元明清天妃宫遗址博物馆	校园活动、公众号 VR 展览
天津市武清区博物馆	官方账号展览、网络调查问卷、展厅内观众互动
中国国家海洋博物馆	馆校联盟网课、VR/AR 技术术展厅
杨柳青博物馆	视频号直播、公从号语音导览

表 3 天津五大地标性建筑数字技术运用统计

名称	运用新技术
天津之眼	VR 全景展示、3D 动画呈现
天津广播电视塔(天塔)	灯光秀、VR 全景展示、光影烟花秀
劝业场	LED 大屏海报、霓虹灯文化符号、路牌文化标志
天津奥林匹克中心体育场	VR 全景俯瞰、夜景灯光秀
天津古文化街	VR 全景地图、观光车直播、民谷灯光秀

近几年,天津文博展演先后运用沉浸式体验技术打造了诸如:天津万象城的《浮世魅影》光影展览;多感官体验技术的“穆夏云观展”线上展览;虚拟现实技术(VR/AR)和数字全息技术呈现的天津博物馆馆藏《敦煌写经》卷本;由天津电视台创作并亮相“中国文化艺术奖首届动漫奖颁奖典礼”的全国首位虚拟动漫歌手“东方栀子”;在天津美术学院美术馆全景呈现的《惊鸿之殿-遇见最古老石窟》的沉浸式剧 Show;等等。以上案例显示出天津在努力形成更为丰富的数字化文化展演空间和技术体验的同时,也为塑造独特的“近代百年看天津”形象赋予了新的传播能量。

（三）关系力："媒介事件"对天津城市"符号"的精准传播

"排球之城""运动之都"是天津未来规划城市形象建设的新"符号"。所谓"城市形象"即"人们对城市的主观印象，是通过大众传媒、个人经历、人际传播、记忆以及环境等共同作用而形成的"[①]，而"媒介事件"的精准传播就是城市形象重塑的重要契机。"媒介事件"概念源于20世纪80年代的美国学者丹尼尔·戴扬和伊莱休·卡茨，旨在强调大众媒体在社会运转中的重要作用。到了数字化时代，媒介事件一反大众媒体时代的"公共"属性，反倒成为可以不断被无数个体解读与重构的"文本"。试想如果某一"事件"在媒体平台发酵，如果处置不当或疏于形象修复，就会让城市形象遭遇"污名化"损害。

要解决上述问题，除了需要政府部门提升应急处置能力、组织具有仪式感的主题传播活动、发挥意见领袖的代言作用，以及利用社交媒体的个体视角与公众互动之外，梳理城市发展特色史，开展数字记忆重塑，让参与者们集体追忆这座城市的"媒介事件"，不失为一个有力举措。例如，2020年东京奥运会开幕式所触发的中国网友对2008年北京奥运会开幕式的重温，即可视为"媒介事件"数字重访的典型案例。同样，天津体育百年来为中国奥林匹克事业做出过杰出的贡献，对"民园广场与天津"的体育文化展演、体育历史人物如李爱锐、张伯苓、王正廷和董守义等做出的贡献、天津体育健将、相关事件、场馆、馆藏展品背后故事等"媒介事件"的挖掘与提炼，均可成为连接天津体育文化与记忆的云端汇聚，它们既是鲜活多样的日常生活展演与情绪表达，也推动了社群与公共层面的知识共享与情感互动。

---

① ［美］刘易斯·福芒德：《城市发展史：起源、演变和前景》，倪文彦、宋俊岭译，中国建筑工业出版社，2005年，第75页。

四、转换与融通：虚拟现实技术下的多平台传播优化路径

数字技术的发展可以对城市中不同的物质空间和文化场景之间做出充满弹性的实时转换，折射出这一城市的转化融通能力。在“物融万物”“万物皆媒”的语境下，各类软件加速嵌入不同的社会系统当中，在推动公共政策的制定和实施、影响城市治理的同时也重构了城市的传播方式和传播路径。那么，我们是否能够厘清数字技术“人－机耦合”的特质和个性？怎样应对传播过程中的技术融通问题与转化挑战？要回答以上现实问题，需要我们重点关注国家五部门最新联合发布的《虚拟现实与行业应用融合发展行动计划（2022—2026）》（以下简称《行动计划》）。

《行动计划》指出，虚拟现实（含增强现实、混合现实）是新一代信息技术的重要前沿方向，是数字经济的重大前瞻领域，将深刻改变人类生产生活方式。其中“推动开展10类“虚拟现实＋”规模化应用试点”这部分内容中特别提到了“虚拟现实＋融合媒体”“虚拟现实＋文化旅游”和“虚拟现实＋智慧城市”对于推动城市文化建设的助力支撑和重要意义。基于《行动计划》的部署以及天津作为现代化大都市建设的长远规划和建设实践，本文提出以下多平台传播优化路径。

（一）城市主题公园的“游戏化”传播

天津计划加快打造杨柳青大运河国家文化公园和大运河海河文化旅游带，并充分联动国家海洋博物馆等文旅资源，因此天津的城市主题公园“数字化推广”势在必行。所谓“游戏化”即借鉴游戏的技术手段和方法吸引人们参与非游戏场景中活动的系列做法。上海“百禧公园”的案例成功证实了这一方法的可行性。2021年百禧公园建成开放时不仅吸引了上海本地市民，全球各地的网络用户也从四面八方涌来“打卡参观”。只不过这些游客是通过沙盒

游戏《我的世界》玩家身份以虚拟游戏的方式游览了公园。有数据显示，该游戏一经上线月活跃用户就超过了 1.41 亿。而设计如此惊人眼球的“百禧公园”线上游戏的创作者——B 站上拥有三百万粉丝的 UP 主“籽岷”，恰恰就是通过在 B 站动态中发布“百禧公园”地图下载链接，就让全球玩家实现了虚拟畅游公园且视频播放量高达 195 万的传播效果。2022 年 7 月，上海又发布了《上海市培育“元宇宙”新赛道行动方案（2022—2025 年）》，其中提到“发展元游戏”将是重要内容。可见，“游戏化”通过观感的整合与协调正在重新塑造着城市的多样化特质。

游戏与视频叠加的案例为我们提供了一种现实空间和游戏、数字技术的互嵌与转化新模式。“游戏化”以其精密微操、玩乐精神、即时同步和虚实穿梭的运作，可以将城市社会的市民转变为“游戏化的人”，同时又通过介入城市公共服务，推动形成“游戏化的城市”，将远程技术驱动的“远程元城市”转为以游戏技术驱动的“随境游戏主城”。

在现有的主题公园中，天津泰达航母主题公园在多平台传播方式上具有一定代表性。例如借助快手、抖音等视频平台向外界推送主题乐园的概况和动态。曾与网红博主“虎哥说车”进行线上线下联动，用军事迷视角展示乐园全貌；或以系列视频《张班长 de 老伙计们》《郭老大探秘》等红色主旋律基调讲解航母发展历史；此外还有旅游攻略 VLOG 类型视频，等等。2021 年 9 月，天津泰达航母主题乐园的 AR 项目正式投入使用。以“云上航母”APP 为载体，将“航母编队”实景资源虚拟化、游戏化、场景化，还实现了所有舱室 100%“云游览”以及 AR 作战游戏的互动感。主题公园的“游戏化”传播能够让用户体验到参与、激励、愉悦和启迪等丰富的价值意义。

未来天津的城市主题公园进行“游戏化”体验设计，便是将发生在实体空间的城市主题公园在线上平台“虚拟数字化”，让在地性的实践纳入到更大的文化语境之中，从而勾连起更为广泛的空间与行动，是一种多平台融通传播的优化路径。按照天津“十四五”规划内容中“线上云游＋线下旅游”的双驱动发展战略，主题公园的“游戏化”传播或将成为天津现代化大都市形象塑造与传播的一个新起点，助力景区以智慧化方式实现创新升级。

（二）“数字孪生”特色街区的“活态化”传播

2021年末，扎克伯格将公司改名为“Meta”，意为元宇宙的“元”，引发世界范围内风暴式的“元宇宙”讨论。元宇宙的实质内涵其实就是虚拟现实（AR/VR）、区块链、云计算、数字孪生等综合技术的一种推进，其一是在技术方面增强媒介的沉浸感与交互性；其二则是建立一个“数字孪生”社会，以拓展人类社会的发展空间。例如，复旦大学新闻传播学院的潘霁教授带领团队与“澎湃新闻”合作的虚拟仿真项目《仿真之城》，完成了“上海曹杨新村”“怀旧烟纸店”“要拆迁的工人文化宫”等一系列“数字孪生”实践。可见，多样态的传播方式和路径可以通过虚拟现实技术完成城市“沟通”的另类可能性。

虚拟现实技术可用来设计开发“数字孪生”的天津城市形象，其一，可运用虚拟仿真3D超高清全景摄像机、三维扫描仪、动作捕捉、声场麦克风等内容影音采集设备，重新拍摄天津城市的特定街区，并探索新型导演叙事，创造性地“讲述”这座城市，让优质的历史文化和旅游资源以另一种“智慧转换”方式“活起来”。其二，也可以开发虚实融合导航、虚拟数字人导游、艺术品及艺术展演的沉浸式体验等大型新媒体交互产品。其三，可采取手机竖屏拍摄方式、以人物讲述贯穿情节始终、以动画结合航拍视频、动态现场反馈视频、历史资料图片影像，以及高精度地理位置服务（LBS）等素材完成一部终端H5，对更大范围用户展示天津的城市现代化进程。最终，上述内容经由线上平台传播后将会极大地改变人们对于天津实际空间的认知和印象，进而拓展城市形象塑造的多维空间。此创意手段还会起到回应时代发展的前沿性、创新性传播的效果。

（三）“你好，天津”短视频的“协作化”传播

近年来，以抖音、快手为代表的短视频平台，成为通过协作式公共参与展开影像都市视觉实践的新方式。2018年“抖音之城”“我的家乡在抖音”等城市短视频带动了中国城市形象工程的重塑风潮，随后多个城市联合平台开展“抖 in City 美好生活节”活动。2021年7月，天津新生传媒力量海河 MCN 与字节跳动签署框架合作协议，将通过媒体号、达人号矩阵建设以及“小屏”短视频打造天津“IP”等方式探索在城市形象塑造进程中的多平台传播路径。以视频分享为主导的第二代社交媒体的崛起，推翻了许多过往研究对于社交媒体的预设，对未来的公众传播提出了重要的新问题。

笔者认为，短视频之所以能掀起重塑城市形象的风潮，一个重要的切入点在于它适配了数字媒体技术的深层逻辑：虚实互嵌的“协作性”。亦即是说，短视频既有文化层面的意义阐释，同时也结合了技术层面的数据手段。“数字移动端的普及和算法、大数据、AI 等智能化技术的广泛运用，把个性化、分散的个体连接起来，形成即时在线的移动社交系统。诞生于其中的短视频以视觉在场的方式不断强化这种连接。”[①]恰如斯科特·麦夸尔（Scott McQuire）在其著作《地理媒介：网络化城市与公共空间的未来》中所言，以网络平台为主体的影像实践可以生发出一系列诸如定位、打卡、拍摄、上传、点赞、转发和评论的新环节，“定位”无处不在。基于算法、大数据和媒体平台的短视频以泛在、交互的形态成为媒体融合的政策话语和行业趋势。短视频正在以“协作化”公共参与的方式让普通人的“手机”影像实践成为建构社会现实的视觉化“通用语言”。

“你好，天津”网络短视频大赛于2021年正式启动，在抖音、快手、微博、微信视频号、津抖云等五个平台开设话题，为“讲好天津故事、展示天津形象、

---

① ［荷兰］何塞·范·迪克：《连接：社交媒体批评史》，晏青、陈光凤译，中国人民大学出版社，2021年，第4页。

提升天津正面传播力”起到了非常积极的作用。目前《光影天津》纪录电影的创意策划也在评选过程中，试图以电影的艺术视角、独特创新的表现手法追忆天津历史及文化内涵。笔者认为，上述两种不同类型、层面的视频影像实践，均需在“实体空间和虚拟空间多个维度的协作式嵌入”方面有所侧重，以体现一种数字时代全新的都市审美尺度。随着“国家文化数字化战略”的推进，这一尺度是数字化城市发展过程中特有的、城市文化品格与技术元素合力联结的新的潜力空间。

五、结语

通过对上述材料的深入分析，针对天津作为现代化大都市的形象塑造及传播，传统主流媒体在进行数字化转型的过程中付出了许多努力，也收获了不少成效，但仍然面临着影响力弱化、传统的仪式化叙事模式被互联网解构的困境。新媒体传播则缺乏更为有效的平台布局和连通虚实的技术转型。未来，提升城市的“数字沟通力”不只是一个手段，而是形成一种文化；提升数字化沟通意识和素养的对象也不再是个体，而是衡量政府治理能力的重要面向。

目前天津的现代化大都市形象塑造及传播尚存在以下问题与挑战：首先，作为“数字化可沟通性”的城市顶层设计、战略方案略显薄弱。其次，数字技术加持下的政府与社会、个人的“融合”传播生态体现不够充分。最后，天津独特的城市“符号”开发不足、优质 IP 资源和百年的城市记忆尚未完全“激活”，“运动之都”“排球之都”等城市名片的打造尚有很大的开拓空间。为此，本文提出如下策略和优化方案：

其一，创新“数字沟通力”理念。基于天津城市建设实践，将实现数字化的“连通”“互融”作为现代化大都市形象塑造的发展目标之一。

其二，布局多平台传播优化路径。制定出台“数字化天津的指标建构与评价体系”，促进天津的媒体“融合”传播生态转型发展。

其三，建构多维合力的“数字城市传播共同体”。在融入京津冀世界级城市群的建设过程中，盘活以天津“津城”“滨城”为代表的超大城市的优质IP资源，增强京津冀区域的数字技术合作与互动，加快自身的内涵式转型发展，提升传播影响力。

总之，数字技术影响下的“连接整合”与“转换融通”构成了提升城市“数字沟通力”的关键要素。与此同时，确定“谁来沟通”“沟通什么”和“怎么沟通”等具体问题的实施也可看作评判传播能力及效果的标准。作为一个创新领域的初步研究，本文尚存在不少局限，但是相信围绕“数字沟通力”与天津大都市形象塑造及传播的研究，将会随着数字化技术的作用日益凸显，成为未来可持续性探讨的话题。

参考文献

[1]陈霖：《城市认同叙事的展演空间——以苏州博物馆新馆为例》，《新闻与传播研究》，2016年第8期。

[2]董天策：《从网络集群行为到网络集体行为——网络群体性事件及相关研究的学理反思》，《新闻与传播研究》，2016年第2期。

[3] 杜欣：《VR技术给城市品牌传播提供的新视角》，《青年记者》，2017年第2期。

[4]复旦大学信息与传播研究中心课题组：《可沟通城市指标体系建构：基于上海的研究（上）》，《新闻与传播研究》，2015年第7期。

[5]郭小霞：《自媒体时代城市形象的创意传播》，《青年记者》，2015年第8期。

[6]胡邵阳、王怡：《从形象到可沟通城市——基于CiteSpace的中国城市传播研究知识图谱分析》，《安徽农业大学学报》（社会科学版），2020年第1期。

[7]金定海：《中国城市观：中国城市形象传播策略研究》，上海三联出版

社,2015 年。

[8] 陆晔:《影像都市的视觉实践与协作式公共参与》,《公共艺术》,2020 年第 6 期。

[9] 刘金波:《超大城市国际传播能力建设研究》,《新闻与传播评论》,2022 年第 6 期。

[10]李明:《社交媒体视域下的城市传播研究》,《中国出版》,2015 年第 13 期。

[11]孟茹、潘丹:《基于新媒体的城市形象整合营销传播研究——以“2015 杭州大使环球行” 项目推广为例》,《浙江理工大学学报》(社会科学版),2016 年第 5 期。

[12] 彭兰:《视频化生存: 移动时代日常生活的媒介化》,《中国编辑》,2020 年第 4 期。

[13]潘忠党:《城市传播研究的探索——“青年的数字生活与都市文化”专题研究的导言》,《新闻与传播研究》,2016 年第 8 期。

[14]孙玮:《可沟通:构建现代城市社会传播网络》,《探索与争鸣》,2016 年第 12 期。

[15]陶贤都:《城市即传播:多维视角下移动城市的传播研究》,《传播与版权》,2016 年第 11 期。

[16]谢静、潘霁、孙玮:《可沟通城市评价体系》,《新闻与传播研究》,2015 年第7 期。

[17]姚永明:《论城市微电影与盐城城市形象建构与传播——以〈盐城之恋〉为例》,《今传媒》,2017 年第 2 期。

[18]喻国明:《元宇宙就是人类社会的深度“媒介化”》,《新闻爱好者》,2022 年第 5 期。

[19]朱天、齐向楠:《媒介化视野下短视频的概念想象、逻辑延伸与价值审视》,《新闻与传播评论》,2022 年第 6 期。

[20]钟智锦、林淑金、刘雪燕、杨雅琴:《集体记忆中的新媒体事件(2002-2014):情绪分析的视角》,《传播与社会学刊》,2017年第40期。

[21]Sanders et a1, Mind the gap: Local government communication strategies and Spanish citizens' perceptions of their cities. Public Relations Review.2015, vol.41.

[22]Arribas-Bel et a1, Cyber Cities: Social Media as a Tool for Understanding Cities. APPLIED SPATIAL ANALYSIS AND POLICY.2015, vol.8.

激活城市集体记忆，唱响津门时代强音

——专题片《行进天津》对津门魅力展示的案例解读

徐世强　王南舒

[**摘要**]媒体融合发展时代，专题片不仅是党和政府宣传主流思想的重要手段，更成为集体记忆的重要表征。《行进天津》通过对画面和声音的修辞、恢弘主题的个案切入、媒体融合的跨屏传播等路径，从视觉到听觉、从历史到未来、从民族到个人，实现了对近代以来百年天津历史跨越的全景再现，展示了天津深厚的革命、历史和文化底蕴以及令人瞩目的发展奇迹。本文以法国著名社会学家莫里斯·哈布瓦赫的集体记忆理论、美国传播学奠基人之一哈罗德·拉斯韦尔的5W传播理论、以及影像叙事等相关理论为支撑，进一步探析专题片对津门这座光荣城市承载的集体记忆与时代意蕴。

[**关键词**]《行进天津》；集体记忆；影像叙事；建构技巧；时代意蕴

“激活”，即借用外在事物触动身体内在的感觉，从而唤起情感的变化。集体记忆理论由法国社会学家莫里斯·哈布瓦赫首次提出，在其著作《论集体记

作者简介：徐世强，天津商业大学马克思主义学院教授；王南舒，天津商业大学马克思主义学院硕士生。

忆》一书中，哈布瓦赫写道："集体记忆可用以重建关于过去的意象，在每一个时代，这个意象都是与社会的主导思想相一致的。"[①]集体记忆建构是激活与重塑家国认同的重要方式，城市是社会民众集体记忆的载体。一个民族、一个国家、一个政党、一座城市之所以需要"激活"集体记忆，是因为集体记忆赋予"过去"一种历史的魅力，把经久不衰的事物储藏在与当下相对应的另一个时空维度里。每个时代都有属于每个时代的集体记忆。随着时代的演变，对社会民众集体记忆的激活与重塑也是一个与时俱进的动态过程。通过对历史画面的复刻与再现，使受众脑海中的记忆鲜活生动地再现出来，在不断唤醒与建构中填充着曾经拥有的内容、形式和意义。

综观中国共产党宣传史，每逢重大历史节点，官方主流媒体都在积极建构集体记忆中发挥"领头羊"作用。专题片一直是官方媒体用以宣传主流思想的重要手段，通过专题片这一重要传播载体，可以实现对社会民众集体记忆的建构。2022年6月，在全社会喜迎党的二十大召开之际，中共天津市委宣传部携手天津海河传媒中心，联合天津市档案馆、天津市委党校、天津大学等科研机构，整合优质资源，推出6集电视专题片《行进天津》。

该专题片以"行进中的天津"为主题，对近代以来天津百余年的发展历程作了全景式地回顾与再现，凸显了天津深厚的文化底蕴和光荣的革命传统，以及党的十八大以来天津在经济、工业、民生变革等领域取得的历史性成就。党的十八大以来，习近平总书记先后4次视察天津，期许殷殷，擘画全局，从"三个着力"重要要求到京津冀协同发展，为天津发展指路领航。《行进天津》以史实为据，用镜头发声，以严谨的分集结构、独特的叙述风格和诗意的解说话语，在全面传递发展成果、阐释发展理念、展望发展未来的同时，不断激活和重塑着社会民众对天津这座魅力之都的集体记忆。

① ［法］莫里斯·哈布瓦赫：《论集体记忆》，毕然、郭金华译，上海人民出版社，2002年，第71页。

一、影像里的历史:《行进天津》集体记忆的内容再现

记忆呈现的是历史发展的脉络。激活集体记忆、重塑家国认同,离不开影像叙事这一重要环节。在回溯津门百年发展历程中,《行进天津》的"传播者"将所要呈现的内容,通过"画面+解说"的艺术表达手法,高度还原历史场景,使所述之人、所叙之事更加真实与客观,从而最大限度激活社会民众对天津这座城市所共存的记忆。

(一)津门红色画卷的集体记忆再现

波澜壮阔的百年党史,在天津留下弥足珍贵的红色印迹。天津是中国最早传播马克思主义、最早建立党的地方组织地区之一。"钊感于国势之危迫,急思深研政理,求得挽救民族、振奋国群之良策,乃赴天津投考北洋法政专门学校。"[①]这是李大钊在《狱中自述》中描写报考北洋法政学堂时的心境。在天津北洋法政学堂的学习生活为李大钊进一步留学日本、领导五四新文化运动、创建中国共产党、成为马克思主义的忠实信仰者奠定了早期基础。《行进天津》通过引用建党百年献礼剧《觉醒年代》中的经典片段,完整呈现了马克思主义的火种在天津点燃的历程、民族道路的"觉醒"与中国共产党成立的历史必然性。

1920年2月,为躲避北洋政府的抓捕,李大钊护送陈独秀离京赴沪。行至天津海河边上,百姓饥不果腹、流离失所的场面深深震撼着陈独秀与李大钊的灵魂,"相约建党"的历史佳话由此书写。"为了让百姓不再流离失所,为了让中国的老百姓过上富裕幸福的生活,为了让穷人不再受欺负,人人都能当家做主,为了人人都受教育,少有所教,老有所依,为了中华民富国强,为了

① 中国李大钊研究会:《李大钊全集》(第5卷),人民出版社,2006年,第226页。

民族再造复兴,我愿意奋斗终生。”这是中华民族救亡图存的先声,是爱国青年革命觉醒的标志,从那一刻起,改变国家和民族命运的红色画卷在天津徐徐铺展,海河之滨燃起了一把驱逐黑暗的火炬。由爱国而奋起,由建党而牺牲,由不忘初心而奔赴使命,正是天津跨越百年的红色画卷。

镜头存在的意义,就是将“静悄悄的遗迹”复活成“活脱脱的历史”。《行进天津》的创作者通过航拍镜头、运动镜头、特写镜头等拍摄手法,将北洋法政学堂、觉悟社、新生社、中共顺直省委旧址、中共中央在津秘密印刷厂旧址、中共中央北方局旧址、天津革命烈士纪念碑、周恩来邓颖超纪念馆、金汤桥、平津战役纪念馆、盘山烈士陵园等红色地标一一串联起来,全景再现了百年天津的历史进程。红色遗址是历史在天津行走过的足迹,是时间更迭的最好见证,也是这座城市革命底蕴最具说服力的象征。每一个红色地标都蕴含着一段革命故事,每一段红色故事都是民族华美的乐章。紧密衔接的镜头带领观众穿越历史的长河,与历史深情对话,激活了观众对津门革命历史和红色底蕴的集体记忆。通过宏观的历史背景呈现和微观的影像细节刻画,《行进天津》在一定程度上拉近了历史与现实的距离。当承载着真实历史的影像呈现在人们眼前时,沉睡的民族集体记忆再一次被激活,天津的红色印迹也就再一次被赋予了独特的含义。

(二)灿若星河名人的集体记忆再现

近代以来,一个个响亮的名字,镌刻进天津历史的经纬。国运跌宕的岁月里,有“谋将来永远幸福……这是一件何等快乐的事”[①]的张太雷,有“愿尽一己之牺牲,到达革命胜利之彼岸”的于方舟和“愿相会于中华腾飞世界时”的周恩来。新中国成立后,有“隆冬时节开垦560亩荒地,多收获4万多公斤粮食”的“铁姑娘”邢燕子,有聚焦国家重大发展需求和世界科技发展前沿的中

① 张太雷:《张太雷文集》,人民出版社,2013年,第4页。

国导弹控制系统研制创始人之一梁思礼、“中国氢弹之父”“两弹一星”元勋于敏、石油地质学家黄汲清、我国元素有机化学和农药化学奠基人杨石先等。他们以践行初心、艰苦奋斗的品格披荆斩棘，砥砺前行，撑起了中华民族的脊梁。

近代百年看天津，看的是历史风云，是城市底蕴，也是每一个生活在这座城市里的平凡英雄。《行进天津》不仅讲述了革命战争时代的历史伟人和为国家重要领域发展奠基的老一辈科学家，同样也将镜头聚焦了平凡人的坚守与使命。天津深厚的文化底蕴孕育出教育界、文学界、医药界等各领域星光熠熠的名家大师。“近现代中国法学奠基者之一”王先惠、著名文学家曹禺、诗人穆旦、“大地之子”梁斌、作家蒋子龙、作家冯骥才、古典文学研究专家叶嘉莹、中国骨科医学奠基人方先之、心脏病学先驱卞万年、中国肿瘤医学之父金显宅、中国临床内分泌学奠基人朱宪彝、“抗疫先锋”张伯礼等，一个个闪亮的名字穿越时空，奠定了天津发展的基石，书写了国家复兴的力量。

从20世纪20年代至今，历史虽已横亘百年，但革命精神却永垂不朽。《行进天津》中呈现的名人名家，都是特定历史时期和特定历史环境的产物，将不同的人物故事交融于时代变迁的浪潮中，使对历史的讲述更具温度，使观众更真切地感受到天津这座城市的历史变幻与时代发展，在潜移默化中进行一次精神的洗礼。飞逝的时光将历史与现实之间的距离不断拉大，当《行进天津》的画面一一划过英雄塑像、纪念碑、名人故居时，观众心中“振兴中华、强国有我”的使命感油然而生。这种身临其境之感，能够更好地激发观众的家国情怀和民族自豪感，这正是《行进天津》这部专题片制作与传播的独特意义。

（三）时代发展成就的集体记忆再现

天津是中国工业最早的城市之一。《行进天津》立足天津工业化和现代化的发展过程，全貌讲述天津的工业故事和发展奇迹。早在民国初年，实业家范旭东便在天津建起亚洲第一座纯碱工厂，为中国的重化工业发展奠定坚实基础。随后面粉、纺织、皮革、机械、邮政、电信、造船、轻工业、金矿等各项工业领域在天津纷纷起步，中国第一辆火车机车、第一辆有轨电车、第一辆自行车、第一个机器造币厂、第一条电报线、第一块手表等多达百项的中国第一在天津诞生。《行进天津》用丰富的画面语言，诉说着中华民族在工业化进程中的成就，记录了天津工业发展的传奇一页。

“一个民族需要有民族精神，一个城市同样需要有城市精神。城市精神彰显着一个城市的特色风貌”[①]，是推动城市发展的内在力量。民族复兴的历史使命绘就了天津的精神底色，科技创新、“制造业立市”则深层重构了天津的时代使命。《行进天津》开篇即将镜头对焦德国汉堡——欧洲第二大集装箱港口，全面展示了天津在推进国际贸易交往、与世界一道持续繁荣的思考。专题片全方位展示了党的十八大以来这10年天津走过的发展道路，展示了天津在多个领域的科技创新成就。归根结底，专题片所呈现出的发展成就，是改革开放40余年和党的十八大以来，全面深化改革的发展理念在天津落地生根所带来的物质基础和精神自信，这种精神自信，也在一定程度上重塑了观众对天津这座“国际都市”的认知。

2020年11月，中共中央党校（国家行政学院）经济学教研部发布了《高质量发展蓝皮书（2020）》，其中在全民共享发展方面，天津位居全国各地区第1名，这充分体现了天津深入贯彻以人民为中心的新发展理念。《行进天津》以“行进中的天津”为主题，既是对历史的详实记录，也是对时代的深情致敬。丰富的叙事镜头连接了天津的历史与现实，全景展示了天津的发展成就，人民的获得感、幸福感与满足感跃然于镜头前。一幅幅充满活力画面的跳动，能够更好引领观众重新领略中国实施改革开放政策的伟大意义，坚定对家乡的情感认同与对国家的制度认同。

---

① 习近平：《坚定文化自信，建设社会主义文化强国》，《求是》，2019年6月15日。

二、记忆的重塑：《行进天津》集体记忆的建构技巧

“大众传播是技巧、艺术和科学的结合”[①]，这三方面缺一不可。2021年2月，习近平总书记在党史学习教育动员大会上的讲话中指出“要鼓励创作党史题材的文艺作品”[②]，使红色基因和革命薪火代代相传。《行进天津》综合运用中心串联式的叙事结构、声画结合的叙述方式和诗情洋溢的解说话语，将天津百年发展历程和辉煌成就娓娓道来，提升了天津的都市魅力，立意高远、可视性强。

（一）中心串联式叙事结构激活集体记忆

无论是回顾历史还是展望未来，专题片的材料都是丰富且庞杂的。记述时代变革、传播发展理念，都离不开严谨的叙事结构。结构不仅是客观事实与主观逻辑的高度统一，更是一部完整作品的存在方式和根本属性。专题片的结构并不全是讲述内容和材料安排的顺序方式，它更着眼于各分集之间，以及每一集中内容衔接的逻辑关系，因为只有逻辑，才更具备说服的力量。在碎片化盛行的新媒体环境中，逻辑的严谨弥足珍贵。

巧妙的叙事结构能够激发受众的情感和思想共鸣。中心串联式叙事结构的关键在于围绕一条中心线，将多个不同部分串联起来，分别对其进行叙事，只为表现同一个主题。《行进天津》共6集，第1集《逐梦远航》形象展现了今天的天津在完成什么样的时代课题；第2集《红色画卷》深切叙述了天津红色血脉的赓续传承；第3集《星河璀璨》着重讲述了在诸多领域为国家作出突出贡献的津门儿女；第4集《魅力之都》生动展现习近平生态文明思想在天津的

---

① ［美］赛弗林、坦卡德：《传播学的起源、研究与应用》，陈韵昭译，福建人民出版社，1985年，第1页。

② 习近平：《在党史学习教育动员大会上的讲话》，《求是》，2021年第7期。

落地实践；第5集《拱卫之城》从全新视角阐发了新时代天津的使命意识和独特贡献；第6集《津沽韵味》以国际视角挥洒出天津独有的神韵和魅力。这6集紧紧围绕着“行进中的天津”这个核心主题，通过讲述天津的革命斗争史、工业现代化、生态文明建设、经济发展奇迹等多个话题，以严谨的逻辑关系为依托，搭建起完整的叙事结构框架，借助恢弘的影像语言，从不同视角集中讲述天津故事、展现天津发展奇迹，使《行进天津》实现分集与分集之间、分集与整体之间的逻辑统一。

《行进天津》改变了以往自上而下的宣传和灌输方式，通过视角之间的灵活转换，试图回到生活本身的逻辑和感触，不仅降低了叙事难度，而且更加贴近群众，贴近生活。在《行进天津》中，邢燕子“国家需要咱干啥，咱就干啥”的清脆嗓音、拿到房屋产权证洋溢着幸福笑脸的社区居民、疫情防控中医护人员红肿的双手——这些鲜活的细节刻画与情感表达，虽不是专题片所要呈现的主体内容，却都是点睛之笔。只有充分关注个体情感，才能够充分激发观众内心的共鸣，完整呈现出人民群众在天津发展中的创造性贡献，并成功激活属于天津人民的集体记忆，建构起属于天津人民的情感认同。

（二）声画并茂多元符号承载集体记忆

《行进天津》以多元的叙事符号承载民众的集体记忆。专题片的叙事符号可分为两种：一种是语言符号，另一种是非语言符号。语言符号包括字幕、解说和同期声，非语言符号包括画面和配乐。一部好的专题片只有善于运用多种叙事符号才能唤醒封尘的记忆，激发新时代的奋斗基因。

《行进天津》运用多元的叙事符号将史实故事化，将故事可视化，使“行进中的天津”主题思想更加鲜明突出。专题片想要完整的展开叙事，传达主题，画面是必不可少的元素。《行进天津》运用大量航拍镜头、远景镜头、跟拍镜头、特写镜头等，完整展现了天津生态之壮美、产业之兴盛、底蕴之厚重。每一帧镜头都是精心摄取、编织而成，诸如解放天津总攻战役、“铁娘子”邢燕子带领开垦队破土开荒、邓小平视察天津等，这些表现天津时代变迁与发展沿革的历史画面一一重现，承载着大量真实信息。不同于其他专题片在回顾历史时将画面处理成黑白色调的手法，《行进天津》中的历史画面基本都保留了素材本身的色彩，因而具有强烈的真实感。这些再现的历史画面触及了几辈人的时代记忆，使得“行进中的天津”这一宏大议题凝结成民众共同的记忆，既在一定程度上避免了纯粹依靠解说词阐明主题的抽象问题，也实现了对民众集体记忆的重塑和建构。

《行进天津》通过配乐和解说来实现记忆的粘合。该片配乐或庄严大气、气势恢宏，或婉转悠扬、灵巧活泼，将风格各式的配乐融为一体，不仅增添了该片的审美意味，渲染了叙事氛围，而且与画面和解说完美配合，直呼主题，让观众沉浸其中。值得一提的是，《行进天津》第 6 集《津沽韵味》中穿插了一段通俗易懂、朗朗上口的说唱音乐，“来到了天津卫，把美食尝一尝”，配合着摇滚大鼓，营造了一种轻松愉悦的都市氛围，为专题片增添了一抹独特意味。《行进天津》的解说词同样是一种诗性的语言。第 1 集《逐梦远航》以“神州大地，华光烁烁，溢彩如星河。天津，粲然天地间，东临渤海，首都门户，这里是中国四大直辖市之一，也是中国北方最大的港口城市。海河，从此奔流入海；岁月，在此温情守望；时代，在这里写下壮丽诗行”起笔，开篇即让观众充分感受到天津既是一座时尚的城市，同时又兼备深厚的文化底蕴。6 集专题片的解说与画面完美搭配，不仅在微观层面上全景展示了天津历史发展脉络和经济发展成就，更在宏观层面上深度诠释了未来天津城市的发展定位，充分彰显了天津与时俱进的都市魅影，在浓墨重彩中勾画出一幅“近悦远来”的都市形象。

（三）搭建融合传播渠道升华集体记忆

“推动传统媒体和新兴媒体融合发展……坚持传统媒体和新兴媒体优势

互补、一体发展,坚持先进技术为支撑、内容建设为根本,推动传统媒体和新兴媒体在内容、渠道、平台、经营、管理等方面的深度融合。"[①]新兴媒体的兴起极大丰富了信息传播的渠道,传统媒体与新兴媒体的融合传播,使《行进天津》一经播出便引发社会各界的强烈反响。2022年6月3日,《行进天津》在天津卫视首播,第1集收视率即达到1.19%,第6集收视率高达1.31%,全网有关宣传、热议《行进天津》的稿件2600余条,总播放量超百万,累计阅读量超过5000万次,讨论热度持续攀升,网络搜索量也呈持续升高趋势。专家、观众们纷纷表示,《行进天津》不仅展现了天津厚重的文化和历史底蕴,更用事实证明天津拥有令人振奋的发展奇迹和广阔无垠的发展未来。天津形象传播四方,这座渤海之滨的都市传奇再一次被海内外中华儿女深入品读。

该片首播后产生了较高的舆论热度,学习强国、微博、微信、哔哩哔哩、今日头条等新兴媒体平台则形成传播矩阵,为其再度广泛传播提供了多样化渠道。通过打造全媒体平台,拓宽传播渠道,《行进天津》所勾画的津门形象,能够以多样化的形式及时传播给观众。同时通过新媒体实时数据的及时反馈,有效缩短时间上的滞后性,并以较快速度获知观众的评价与建议。

各大视频网站相继转播并推出5分钟速览短视频,总播放量突破千万次。天津发布、津云、TJTV新闻频道、津彩青春、今晚报、天津共青团等百余家官方微信公众号适时归纳《行进天津》中阐释的重要思想和精美画面,并将6集专题片统一整合做微信推送,便于微信用户保存重温。在新媒体平台有影响力的部分博主,以《行进天津》为创作素材,将片中讲述的革命先烈和红色故事,与当前网络热词相融合,在抖音、哔哩哔哩等短视频传播平台上进行更具想象力的二度创作和传播,进一步提升了该专题片的传播热度,吸引了众多观众观看此片。《行进天津》的传播由"官方"逐渐走向"民间",传播渠道也由传统的电视逐渐扩展至新媒体,由"单一"走向"多元"。由这些新媒体衍生

① 习近平:《推动媒体融合发展要遵循新闻传播规律》,人民网,http://media.people.com.cn/n/2014/0818/c120837-25489622.html。

出来的作品，在形态上是对《行进天津》的补充，在内容上则是对其内容的提炼与整合，不仅为传播习近平总书记对天津发展的指导思想、天津百余年发展过程中形成的奋斗精神、讲述天津红色故事、传播天津形象做出贡献，更凝练升华了观众对这片热土的集体记忆。

三、认同与传承：《行进天津》集体记忆建构的时代意蕴

每一座城市都有它成长的轨迹。“假如回忆再现，则是因为每一时刻社会都拥有使之重现的必要。”①《行进天津》所承载的集体记忆，不只是客观浅显的历史再现，更深层的意义在于追寻天津的文化根脉，肩负新时代的光荣使命。6集专题片既是对津门历史的继承与弘扬、对民众精神的教育和洗礼，更是对天津未来的憧憬与展望，具有强化家国认同、传承红色精神、再谱津门辉煌的时代意蕴。

（一）重塑自我身份，强化情感认同

受众接受信息，是由感知、思维、想象和情感共同构成的复杂心路历程。《行进天津》以独特的视觉呈现方式，通过活化历史资料、复原历史场域、事件与人物相结合、航拍与情境再现等，生动诠释了天津深厚的历史底蕴，全景展示这座魅力之都的生命历程。通过举旗定向、指路领航的主流声音，拱卫京畿、制造强市的时代之责，灵动悦活、喜乐安康的烟火气息，再现了天津卫独有的精神气韵。在观看《行进天津》时，观众会依据自身的记忆对画面情景进行深入解读，尽管每个人的体悟不同，但最终都指向了对其自身身份的认知和对天津这座古老城市的情感认同。“我们保存着对自己生活的各个时期的记忆，这些记忆不停地再现；通过它们，就像是通过一种连续的关系，我们的

① ［法］莫里斯·哈布瓦赫：《论集体记忆》，毕然、郭金华译，上海人民出版社，2002年，第304页。

认同感得以终生长存。”[①]天津拥有600余年的城市底蕴和100余年的革命传统，这是深深烙印在每一位津门儿女身上的印记，铭刻进生命的肌体，永远无法舍弃，这种深刻的身份认知，也终将激起津门儿女对再创“美好天津”的使命认同。

（二）传承红色精神，传播津门文化

文化是一个国家和城市的内在气韵和灵魂，只有高度的文化自信，专题片才能更好的透视一座城市的历史、现在和未来，更好讲述专属于这座城的故事。《行进天津》以展现津门辉煌历史、传播天津发展理念、体现新时代人文风貌为主要内容，在讲述天津故事、传播津门文化方面进行了创新表达，是对天津城市形象的一次成功传播。专题片通过真实的人物、地点和事件，完成了对天津历史记忆的建构，鲜明再现了天津的红色文化底蕴。《行进天津》留下的这段影像的历史，系统呈现了天津人民在砥砺奋进中所取得的辉煌成绩，譬如以解放天津、根治海河水患以及津门抗疫等为代表的典型事件，一直被不同形式的媒介进行演绎，形成独具津门韵味的红色精神。《行进天津》用镜头语言，生动展现了天津面对新时代的人民之问、民族之问和世界之问正做出怎样的精彩回答，是津沽大地留给中国的一份影像家书，交给时代和人民的一份满意答卷，也是写给世界和未来的一份坚毅宣言。源自近代以来百年奋斗生动实践的红色文化，已成为天津形象的宣传名片，也必将引领天津人民在新时代逐梦道路上踔厉奋发，再创辉煌。

（三）肩负时代使命，再谱天津传奇

一部成功的专题片，不仅需要敏锐地把握城市发展的脉动，更需呈现时代发展的重大命题。天津是近代工业的发源地，天津血脉里自古就流淌着工

① ［法］莫里斯·哈布瓦赫：《论集体记忆》，毕然、郭金华译，上海人民出版社，2002年，第82页。

业的基因。为了核心技术不再受制于人，天津在诸多工业领域不断奋起，领跑世界。《行进天津》以老一辈科学家们将个人命运融入国家发展故事为起笔，全貌描绘了肩负的历史使命，为天津留下不朽的荣耀与功勋，筑就了未来发展的根基与底气。作为对时代关切的回应，《行进天津》展示了天津在多个领域科技创新的成就，重点介绍了由青年人领军的前沿科技团队，将质朴的家国情怀和肩负的时代使命呈现的淋漓尽致。毋庸置疑，制造业是天津立市的根基，也是天津未来发展的战略支撑。今天的天津正行进于中华民族伟大复兴的康庄大路上，新时代的民族使命主要体现在从无到有、从有到优的创新能力上，体现在服务国家发展全局的重大需求上，将小我融入大我，以行进中的天津激发广大津门儿女对祖国和家乡的无限热爱，在天津的行进中继续满怀热忱，勇毅前行，踔厉奋发，笃定不怠，在科技助力下继续书写天津新的传奇，作出新时代的卓越贡献。

四、结语

强国有我，薪火相传；誓言铿锵，信仰领航。6 集专题片《行进天津》不仅记录下百年前那段峥嵘岁月的红色画卷，再现天津与近代中国崛起的历史使命，更将党的十八大以来天津的发展成就作了全景式、立体化的梳理，既有高屋建瓴的宏观论述，又有生动鲜活的微观故事，将习近平总书记对天津发展的殷殷嘱托和深沉厚望，深入浅出地表达出来，成为向党的二十大献礼的恢弘巨制。

参考文献

[1]习近平:《在党史学习教育动员大会上的讲话》,《求是》,第7期。

[2]习近平:《推动媒体融合发展要遵循新闻传播规律》,人民网,http://media.people.com.cn/n/2014/0818/c120837-25489622.html。

[3]习近平:《坚定文化自信,建设社会主义文化强国》,《求是》,2019年6月15日。

[4][法]莫里斯·哈布瓦赫:《论集体记忆》,毕然、郭金华译,上海人民出版社,2002年。

[5][美]赛弗林、坦卡德:《传播学的起源、研究与应用》,陈韵昭译,福建人民出版社,1985年,第1页。

[6]张太雷:《张太雷文集》,人民出版社,2013年。

[7]中国李大钊研究会:《李大钊全集》(第5卷),人民出版社,2006年。

文化遗产视域下中国年画的海外收藏与传播研究

——以天津杨柳青年画为中心

王　坤　窦良羽

[摘要]作为中国年画的知名出产地与集散地,杨柳青年画活态存续至今已有数百年历史。自清代以来,以国外汉学家为主体,有目的、成体系地收集杨柳青年画的行动,至少持续了半个世纪。探究流传海外的杨柳青年画的内容、图示、传播路径与存在样态等信息,有助于阐释传统民艺的精髓,深化中国民间美术跨境传播的认同理论。与此同时,随着近年来非物质文化遗产保护热潮在全球的兴起,探索海外对杨柳青年画持续收藏、展示与研究的因由及效果,有助于提升中国传统民间艺术的对外传播力,使以杨柳青年画为代表的国家级"非遗"项目在充满活力的传承中不断发扬光大。

[关键词]文化遗产;杨柳青年画;海外;收藏;传播

中国年画在农耕文明下诞生与成长,包含着大量历史、信仰、戏曲、民俗的内容,又常用象征符号、谐音纹样来表现,被誉为古代的百科全书。承载中

作者简介:王坤,天津大学人文艺术学院副教授;窦良羽,天津美术学院中国画学院副教授。

基金项目:中国侨联课题"文化基因视域下年画与年文化在海外的传承发展研究"(22CZQK208)。

国民众精神世界的一幅幅画卷,在一代又一代的中国人使用年画的过程中完成对节日文化的传承与发展。正如著名汉学家、俄罗斯科学院院士阿列克谢耶夫(阿理克)所言:“中国年画将一个多姿多彩、活生生的中国展示在世人面前,把中国精神文化、历史、文学、传说所孕育出来的一切精华用大众都能理解的形态表现出来,丰富了人民的生活,将其平日清苦寒微的日子同几千年的生活联系在一起。”[①]

回顾海外对中国年画的收藏历程可以知道,国外将年画视为研究中国近代民间文化的重要资料。然而细数中国年画的搜集与收藏的历史,实际上从发起到高潮都没有发生在中国本土。可以说年画的搜集之始,亦即年画外流的开端。“德国、法国和日本国的博物馆或收藏家,都收有我国清代民间年画多种。中华人民共和国成立后,开始注意到这一问题,命令将清代年画列为文物,不准出口。”[②]显然,“当中国人尚未意识到木版年画及纸马等一年一换的粗糙艺术品的潜在价值时,外国人就开始有目的、大量地收集中华民族这一珍贵文化遗产了”。[③]他们将年画视为极具价值的中华文物。进一步说,首先将年画珍视作一种独特文化和艺术并进行收藏与研究的是海外学者,他们从异文化视角更容易看到年画具有强烈的中国特征。

一、杨柳青年画在海外的收藏与展示

杨柳青年画在国内的主要收藏集中在中国美术馆、天津杨柳青画社、天津博物馆、大树画馆[④]等机构。陆续出版的《杨柳青年画资料集》《中国木版年

---

① [俄]阿列克谢耶夫:《1907年中国纪行》,阎国栋译,云南人民出版社,2016年,第21页。

② 王树村编:《中国民间年画百图》,人民美术出版社,1988年,第5页。

③ 王树村:《中国年画史》,北京工艺美术出版社,2002年,第24页。

④ 大树画馆为冯骥才先生于1993年创建。画馆陈放冯骥才先生书画作品及文化珍藏,也是海内外文艺家和文化人以文会友的沙龙。参见冯骥才文学艺术研究院网站:http://fjcxy.tju.edu.cn/museum_huaguan.html。

画集成·杨柳青卷》《中国古版年画珍本·天津卷》《杨柳青木版年画》以及《中国美术馆藏杨柳青古版年画精品展画集》等画集较为全面地呈现了国内收藏的杨柳青年画。然而，海外对杨柳青年画的收藏情况目前尚未明确掌握。已出版的《苏联藏中国民间年画珍品集》《中国木版年画集成·俄罗斯藏品卷》《中国木版年画集成·日本藏品卷》显示出俄日两国收藏的杨柳青年画代表作，但未体现其全貌。

从时间维度看，海外对中国年画的收集时间早于中国本土；从藏品价值看，正因为收集年代早，其藏品的艺术价值大多也高于中国本土。早期的杨柳青与桃花坞年画在国内博物馆较少能够看到，但是在国外的文博机构却有相当数量的收藏。时至今日，尽管我国的学者开始收集研究年画已有半个多世纪，然而对于海外重要的年画收藏及相关文献的全面统计却仍然欠缺，收藏机构名录、收藏时间、藏品产地、藏品年代、画面内容等信息，尚待系统调查与整理出版。

自 20 世纪 60 年代起，知名汉学家、俄罗斯科学院院士李福清先生开始到世界各地调查中国年画的收藏情况，但这项研究至今没有形成显著的视觉材料成果，李院士本人也已于 2012 年仙逝。他曾说："限于个人精力，还有许多国家的年画收藏有待调查，如乌克兰、芬兰等国，希望将来有人继续我的工作。"[①]笔者在对诸多海外博物馆的藏品及相关文献资料[②]进行梳理后，大致勾勒出杨柳青年画在国外的收藏情况。据不完全统计，英国、法国、德国、美国、波兰、捷克、瑞典、丹麦等国大约 40 个知名机构均藏有杨柳青年画。这些珍贵藏品中的大部分在中国既缺少实物收藏，相关内容也较少有学者研究发表。

---

① 冯骥才、闫国栋主编：《李福清中国民间年画论集》，中国戏剧出版社，2012 年，第 195 页。

② 主要是已刊发的相关主题论文：如李福清的《欧洲与美国的中国民间年画收藏》，见《李福清中国民间年画论集》，中国戏剧出版社，2012 年；徐艺乙的《西方国家对中国民间木版年画的收藏与研究》，见《西北民族研究》，2011 年第 1 期；谢昌一的《赴英国伦敦、法国巴黎考察中国年画的报告》，该文未公开发表，收录于谢昌一先生 2011 年印刷的《年画研究》中，该文于 1998 年 4 月 15 日应日本民艺馆而写。

已公开的资料信息表明，除中国本土外，海外收藏年画数量最多的国家当属俄罗斯，大约有总数超过5000幅[①]的中国传统年画藏品。“因为俄国主要与中国北部发生联系，所以收藏最多的是杨柳青年画。”[②]通过李福清的研究[③]，可知中国年画特别是杨柳青年画在俄罗斯的详细收藏与研究情况。艾尔米塔什博物馆、珍宝馆、俄罗斯民族学博物馆、俄罗斯地理学会、国立东方民族艺术博物馆、喀山大学民族学博物馆等数十所俄罗斯文博机构均藏有杨柳青年画。笔者从已公开的资料梳理出俄藏杨柳青年画作品共372种，这些画作的名称、尺寸、年代、画店、收藏者等信息在拙作“俄罗斯藏杨柳青年画代表作一览表”[④]中有所呈现。

收藏清代康熙、乾隆、嘉庆年间创制的年画数量最多的国家是日本。欧洲一些国家也收藏了这一时期的年画，但其藏品数量远不及日本。日本的海杜美术馆、早稻田大学图书馆、秋田市立红炼瓦乡土馆、名古屋大学图书馆、神户市立博物馆、天理大学附属天理参考馆、大和文华馆、町田市立国际版画美术馆、东洋民俗博物馆、静冈市立芹泽介美术馆、高丽美术馆共11所机构和8位私人藏家共收藏清代至民国年间的中国木版年画362幅，其中有113幅来自天津杨柳青。笔者从已公开的资料中梳理出216种日本藏杨柳青年画作品，在拙作“日本藏杨柳青年画代表作一览表”[⑤]中详细呈现，此不赘述。

除日俄之外，其他国家或多或少收藏杨柳青年画，但具体藏品信息及数量尚不完全清楚。法国汉学家沙畹（Edouard Chavannes）20世纪初游历中国时曾搜集年画，这批藏品由巴黎亚细亚学会档案馆收藏，共238幅，其中87幅

---

① 为出版《苏联藏中国民间年画珍品集》，李福清与王树村于1987年走访了苏联多个博物馆和私人藏家，李福清写道“在三个星期里，我们看了大约5000幅年画”，参见冯骥才、闫国栋主编：《李福清中国民间年画论集》，中国戏剧出版社，2012年，第120页。

② 冯骥才主编：《中国木版年画集成·俄罗斯藏品卷》，中华书局，2009年，第8页。

③ 主要是两篇论文《中国木版年画在俄罗斯》以及《收藏中国年画的俄罗斯博物馆和图书馆》，参见冯骥才主编：《中国木版年画集成·俄罗斯藏品卷》，中华书局，2009年。

④ 王坤：《社会转型期杨柳青年画的发展与传承研究》，中国致公出版社，2019年，第124页。

⑤ 王坤：《社会转型期杨柳青年画的发展与传承研究》，中国致公出版社，2019年，第153页。

戏曲年画出自杨柳青和上海。1998年谢昌一先生到达该馆时，适逢其展出42幅产自天津杨柳青、苏州桃花坞、河北武强、山东泰安、北京五地的年画。遗憾的是，2006年李福清先生前往该馆时，获知所有曾收录于画集的年画都失窃了。据马萨里克大学副教授包捷（Lucie OLIVOVA）的调查，捷克国家博物馆分馆"NAPRSTEK MUSEUM"收藏了近400幅中国年画，多数是19世纪末20世纪初的杨柳青年画，如《林黛玉巧作海棠诗》《郑天会寻师讨药》《罗章日收双妻》《佘塘关》等。李福清曾言："未经介绍和研究过的捷克藏品具有无可置疑的价值。"[①]同理，海外收藏的此前未见的杨柳青年画必然是重要的前置材料，在推动以年画为核心的中国传统民间艺术的深入研究方面有着极高价值。

二、杨柳青年画跨境传播的内容与特征

20世纪50年代之前，流传海外的杨柳青年画的题材种类有神像、仕女、戏出、吉祥、历史故事、神话传说等，与历史上杨柳青本土创制的全部类别基本一致。这一定程度上说明海外收集杨柳青年画时相对无偏差的选择，不同身份的外籍人士如诗人、医生、探险家、传教士、外交官、留学生、植物学家等，不约而同地注意到年画这一独特的民间美术形式并主动收集，当然更为重要的是出于研究目的特意搜寻年画的汉学家，比如阿理克，其尽可能全面收集的心态在1907年5月30日抵达杨柳青作坊时显露无疑，他在日记中写道："我们来到著名的中国北方年画生产地——杨柳青……看到如此丰富的学位论文材料，我的'胃口'大开，买了许多。"[②]梳理俄罗斯学界关于年画的研究成果可以知道，正是阿理克等人在此时无偏差地收集，才为他本人及之后的俄籍学者开展深入的类型研究提供了足够充分的视觉材料。

历史地看，海外各国在收集杨柳青年画的起初阶段并未对题材种类做特

① 冯骥才、闫国栋主编：《李福清中国民间年画论集》，中国戏剧出版社，2012年，第183~184页。

② ［俄］阿列克谢耶夫：《1907年中国纪行》，阎国栋译，云南人民出版社，2016年，第20页。

殊限定。然而随着各类研究成果的陆续发表，诸多专题探讨依然透露出域外学界对于某些特定类别的杨柳青年画的偏好。以《俄罗斯学者关于中国民间年画研究成果目录》[①]为例，文中共记录了 83 项学术成果，成果形式包括论文与著作，时间跨度自 1911 年至 2008 年。其中，以戏曲年画为主题的专门研究有 25 项，占全部成果的近三分之一。其他专题研究如各类神像、吉祥图案、月份牌等各有零星数篇，成果远不及戏曲年画多。究其原因，俄藏年画种类的数量可以从侧面说明。以《中国木版年画集成·俄罗斯藏品卷》为例，作为为数不多的全面展示俄藏中国代表性年画的大部头图集之一，共展示 373 种俄藏年画珍品，其主体是产自杨柳青的 260 种年画，而这部分杨柳青年画的核心题材便是“戏文故事”，共 148 幅，明显超过其他各类题材的总和。

总体来看，俄罗斯学界对于戏文故事年画的收藏与研究热度明显高于其他类别，而这种趋势并非孤例。《中国木版年画集成·日本藏品卷》作为国内公开出版的日藏中国年画珍品主要图集，共收录 362 种产自桃花坞、杨柳青、上海等地的年画遗存。其中，杨柳青藏品 113 幅，约一半是戏文故事年画，且系此前较少出现的图像，价值颇高。虽然日本学界对于苏州年画的探讨明显多于其他地域年画的研究（主要是由于姑苏版年画与日本浮世绘的渊源关系密切），但是对于杨柳青年画，尤其是戏文故事题材的杨柳青年画的研究与展示，在日本正逐年增多。回溯这一学术史历程，与日本的中国文学研究者有很大联系，代表者如青木正儿。其在 1925—1926 年间曾对北京的正月风俗进行记述，其中包括对于天津年画的评价，他写道：“悬挂出售那陋俗的天津制石版画的就是所谓的‘画棚’。有瑞气叆叇的《大过新年图》、贪财之人所钟爱的《财神叫门图》，以及大吉大利的《瑶池上寿图》、祝福家族昌盛的《会亲家图》，稍微文雅一点的地方，还会在万家新春的墙壁上贴上《西湖风景图》《四季花鸟图》，以及谁都喜欢的戏剧画……这些行为都是为了使市民打起精神，有新

① 冯骥才主编：《中国木版年画集成·俄罗斯藏品卷》，中华书局，2009 年，第 520-527 页。

的开始。”[1]将这段笔记与青木编辑的《北京风俗图谱》中的图像(图1)相结合,至少可以准确提取出青木正儿关于天津年画种类的两层观点。其一,年画因题材的不同,如风景与财神,有雅俗之分;其二,戏文故事年画人皆爱之。

图1 《北京风俗图谱》中的“腊月画棚”(局部)

在全国众多的年画出产地中,以戏曲故事题材闻名的主要产地非天津杨柳青莫属,虽然苏州桃花坞、河北武强、四川绵竹等年画产地也有不少戏曲年画存世,但其数量与种类很难超越杨柳青。这也可以解释海外各国在收藏、展示与研究天津杨柳青年画时,常常围绕戏文故事题材的现象。进一步说,戏曲年画所蕴含的戏剧文化与年画图像较容易形成合力,从文本到图像的同时再从图像回归文本,建构出双重轨道交互传播的认知张力。这种形式不仅对于国内传播戏剧文化有效,对于跨境传播至海外的效力很可能更高。如果说认知汉字需要大量专业的知识储备,对海外普罗大众而言较为不易,那么通过观看图像这种表达形式获得有效信息的途径则相对容易掌握。当然,精通汉语的海外学者通过阅读中国古代的经典文本如小说、杂剧、历史故事等文献,

① 转引自[日]中塚亮:《中国文学研究者青木正儿收藏的民国时期的民间版画》,冯骥才主编:《中国木版年画集成·日本藏品卷》,中华书局,2011年,第395页。

查阅相应的戏曲年画图像，并从中萌生学术兴趣，进而产生有一定深度且影响海外的学术成果，这种成体系的研究带动了海外对杨柳青戏文故事年画的关注，曾广泛流行于俄罗斯学界。①

进入21世纪，随着非物质文化遗产保护在全球的兴起，海外学者对中国年画的兴趣不再仅仅局限于收藏画作本身，版子、工具、材料等体现年画活态特质的媒介开始成为国外学者关注的新内容。日中版画研究会主办的杨柳青年画展可以说明这种趋势。2013年5月，位于东京的日中友好会馆美术馆以"早稻田大学图书馆藏故事·戏曲题材中国木版年画展"为主题，展出52幅杨柳青戏文故事年画（均为首次展出）。与以往海外年画展仅注重作品及文献资料有所不同，此次展览对年画纸本背后的绘制技艺与记忆进行了关切。在展馆的玻璃展柜中，印画的工具如棕刷、趟子、棕垫等与画作一同展出（图2）。

此外，围绕天津杨柳青的知名年画店与年画传承人拍摄的视频录像在展馆中同步播放（图3）。这种多维立体的展陈方式显露出日本学界将以杨柳青为代表的中国年画视为活态的民间文化艺术整体。在关切年画作品本身的叙事性的同时，开始关注其创制的工艺流程、人文环境与文化空间。

图2　杨柳青戏文故事年画作品及活态媒材在日本展出的现场照片

① 如俄籍学者维诺格拉多娃以"戏曲年画"为主题发表的系列论文：《中国戏出年画上的动物形象》(1988)；《中国戏出年画上的战争场景》(1988)；《戏曲与儿童（根据中国戏出年画资料）》(1990)；《中国戏出年画上的城市传统建筑》(1990)；《戏出年画：图说文学作品传统的形成》(1991)等。

至于为何选择“义成永”作为年画活态展示的主体，一方面是由于展览的“非遗”展品，即印制工具等，由自清代一直传承至今的天津义成永年画店提供。另一方面，更为重要的是，早在20世纪初，早稻田大学图书馆就收藏了至少10幅“义成永”画店绘制的年画①(图4)。小林邦久在《早稻田大学图书馆所藏的中国民间版画资料》一文中，清楚地说明了该校图书馆所藏“年画”资料的核心，很大一部分来自天津杨柳青，共计两种，142件。这“两种杨柳青年画可推定为是20世纪20年代到30年代的作品，大部分是以杨柳青为中心的天津地区的年画，其中也混杂了若干丰台和上海地区的作品”②。

图3　日本观众在展览现场观看杨柳青年画的绘制视频

图4　早稻田大小图书馆藏民国时期杨柳青戏文故事年画《拿白菊花》

① 这十幅年画分别是:《八门金锁阵》《丁郎寻父打夯歌》《发财还家》《拿白菊花》《俏皮话图》《时来运转》《士农工商庄家忙》《收陆文龙》《四杰村》《大破锁阳城》。王坤:《义成永画店田野调查报告》,中国戏剧出版社,2011年,第77~78页。

② 冯骥才主编:《中国木版年画集成·日本藏品卷》,中华书局,2011年,第396页。

通过分析以日俄两国为代表的海外文博机构收藏杨柳青年画的品类，以及以俄罗斯学界为代表的海外学术成果，可以归纳出一个显著的现象，那便是戏文故事题材的年画吸引着一代又一代国外学者的研究兴趣。这一方面是由于此类年画在视觉图像之外有着成熟的文本系统，另一方面与中国优秀传统文化与艺术作为有机的整体存在密不可分。

三、海外对中国年画与年文化的传承与认同

考察流传海外的中国年画的存续情况，大体可分为三种形式。第一种是作为收藏功用的艺术品，通常被很好的保存与管理；第二种是作为海外家庭居所陈设的一部分，以屏风、壁画、墙画等多种形式布局在海外的宫殿、民居等室内空间；第三种是作为年节习俗的载体，深入参与到国外民众的日常生活，并在相关民俗活动中张贴与使用。进一步说，海外从单纯地收藏中国年画，到以中国年画饰壁，再到接受并实践中国年画所体现的中华年文化（春节文化），这种跨文化传播的进程，一定程度上遵循从图示的表象认知到跨文化的深层认同规律。

首先，中国年画基于各种因素流传到海外始自清朝中期。当今世界最为著名的博物馆和一流的大学都有不同数量的年画收藏，各国学界都进行了不同程度的相关学术研究。自19世纪末至今，不断有海外学者将自己国家收藏的中国年画进行整理出版以及展示研究，并因此受到世界汉学爱好者的关注。这些被国外妥善保存的中国年画，通常是电子化、档案化的，可以为有需要的学者提供视觉材料。可以肯定的说，这种存储在海外的“静态”年画，对于深化、弘扬中国人文艺术内涵的域外价值不可或缺。

其次，出于装饰目的传播海外的年画主要源自苏州和天津两地，并以悬挂、张贴等形式出现在国外的建筑空间内。由于这类年画跨境传播的状态并非静态保存，笔者将此种类型称为“动态”年画。18世纪，遍布欧洲的“中国

风"带动了姑苏版年画的海外传播，体现着西方国家对于中国传统民间美术所具有的东方审美意趣的偏好。在英国、德国、波兰及奥地利等国的多处建筑空间内，均存在姑苏版年画（图5）。"这些姑苏版画壁饰及壁纸大小不一，以不同的形式呈现，有的如一般图画一样，以画框镶嵌，一张张整齐地排列在壁面作为装饰；有的则由数张图画连接而成，加以裱褙后张贴到墙壁，或加以修饰，使之看来与壁纸无异。"[①]不过这种装饰方式随着姑苏版年画的衰落已不复存在。20世纪初，杨柳青年画或许曾作为家居装饰出现在俄国民众的居所空间中，李福清曾言："如果说马什科夫在油画创作中运用了中国木版年画的结构元素，那他的好友孔恰洛夫斯基在1911年完成的《家庭肖像》背景的四分之一为挂在墙上的一幅中国年画所占据。这是最为常见一种年画题材：娃娃抱鱼（年年有余）。"[②]一般而言，油画的写实风格通常是对现实场景的描摹，基于这种艺术创造规律，俄国民居的墙壁上曾一度流行装饰杨柳青各类题材的年画也许并不稀奇（图6）。

图5　奥地利爱斯特赫兹皇宫的"小中国会客室"以苏州年画饰壁

① 徐文琴：《流传欧洲的姑苏版画考察》，冯骥才主编：《年画研究·2016秋》，文化艺术出版社，2016年，第10页。

② ［俄］李福清：《中国木版年画在俄罗斯》，冯骥才主编：《中国木版年画集成·俄罗斯藏品卷》，中华书局，2009年，第468页。

图6　俄国油画家孔恰洛夫斯基1911年所作《家庭肖像》

最后，与中国年画相关联的年俗习惯传播海外，并在异国他乡持续产生影响的现象主要出现在东南亚诸国。在一段时期内，周边邻国不仅依靠从中国进口年画，而且在自己本土形成了相似画面内容的仿制品。一个典型的例子是19世纪天津杨柳青、山东高密的年画流传到朝鲜半岛，促使"李朝民画"的形制与内容以这两地的年画为蓝本进行创制的风潮。日本学者三山陵曾评价："李朝民画以模仿中国为起点，在韩国的土壤中依照李朝社会的习俗，转变为了新的模式，从而形成了独特的艺术。"[①]直到今天，流行于韩国多地的"虎图"木版画与中国山东潍坊、陕西平阳、河北武强、河南滑县等北方年画产地常见的"镇宅神虎"在文化内涵与艺术范式上仍有着明显的根源一致性。那些以中国年画为底本的李朝民画，其画面中除了汉字几乎没有韩文，这一现象也可说明朝鲜半岛民画的受众阶层应能理解汉字与中国文化，由此可以推断，文字与图像叠加的艺术形式是中国年画跨国认同的有效途径之一。

无独有偶，中国南方年画的创制方式、使用功能、审美风貌等要素传播至越南并在地化传承与发展，这是以年画为载体跨境认同中国春节文化的另一

① ［日］三山陵：《朝鲜庶民欣赏的中国年画》，冯骥才主编：《年画研究·2016秋》，文化艺术出版社，2016年，第78页。

个典型案例。我们可以从造纸术、雕版印刷术以及春节习俗在越南的广泛传播与流行,回溯越南年画生成的技术背景与文化背景。通过比较相同题材的年画作品,例如民国时期的滩头年画《老鼠娶亲》与近代的越南年画《老鼠嫁女》,在图像、内容、形式等方面的特征,可以明显看出越南版本在画面布局、主体形象、仪仗形制等方面存在照搬中国版本的痕迹(图7)。此外,以越南年画《雄鸡童子》为例,越南语“鸡”与“吉”并不谐音,但却不影响其延续在中国“求吉”的寓意,从谐音的“越南式”运用可以推论,相比掌握汉字的读音,理解图像的寓意对中国年画的跨境传承更重要。

图7　民国时期的滩头年画《老鼠娶亲》与近代的越南年画《老鼠嫁女》

如果说年画的海外传播在早期阶段，仅作为民间美术的重要形式对国外的收藏、展示与研究产生影响，较少携带“年文化”这一核心基因，那么到了今天，随着全球一体化进程的不断加快，“春节作为中国文化的鲜明符号，正以它独特的魅力被世界上越来越多的人所接受。现在它不但是全球华人的节日，也正在变成世界性的节日”[①]。与年画相似的各种视觉载体，比如福字、中国结、红色等，已然成为中国春节文化跨境传播的新时代符号。尽管外在的表象形式有所更新，但是内在的迎福纳祥、趋吉避害、合家团圆等传统“年”心理，在新式的春节文化行为中，跨越民族与国度，依然充满活力地传承发展着。

四、结语

以木刻雕版水印的方式刊布图像文字并用于民俗活动的传统由来已久。时至今日，这种具有强烈现实性的民间艺术形式不仅在国内保有活力，而且通过多种交流传播方式在国外学界与民众生活中产生影响。以天津杨柳青为主的中国传统年画出产地的各类作品在海外的收藏与展示历程，显露出国外对中国传统民间美术的热衷早于中国本土。通过分析杨柳青年画跨境传播的主要内容，可以明确标识出戏文故事年画在海外持续产生的学术影响。在文化遗产背景下，重新解读以杨柳青年画为代表的中国民间艺术自发地与多地区、多文明之间的有机联系与互动，有利于从不同角度解读传统民间艺术的交流史。虽然海外对中国传统年画的收藏并未随着我国“非遗”保护体系的建立与完善而再次形成热潮，但是以各种新式春节符号为依托的年文化依然能够跨境加强人们的认同感。在新时代背景下，各地的年轻一代正通过中国传统节日（春节）感受民间美术的深层次魅力，并逐步形成关于中国春节文化的记忆与认知。

---

① 张秀明：《华侨华人与“一带一路”视野下的跨文化交流》，《西北工业大学学报》（社科版），2019年第2期。

参考文献

[1]董晓萍:《全球化与民俗保护》,高等教育出版社,2007 年。

[2][美]凯瑞:《作为文化的传播》,丁未译,华夏出版社,2005 年。

[3][法]莫里斯·哈布瓦赫:《论集体记忆》,上海人民出版社,2002 年。

[4][日]青木正儿编图、内田道夫解说:《北京风俗图谱》,东方出版社,2019 年。

[5]萧放:《传统节日与非物质文化遗产》,学苑出版社,2011 年。

[6]王树村:《中国年画发展史》,天津人民美术出版社,2005 年。

延安文化国际传播能力建设研究

王向阳

[摘要]当前中国正在加强国际传播能力建设，以期提升文化软实力。加强国际传播能力建设，可以在历史的动态的国际传播实践中寻求经验。延安时期是中国共产党执政前国际传播做的最好的时期，“红色中国”突破封锁走向世界，成为中国共产党国际传播能力建设的经典案例。延安时期的国际传播能力建设经验是通过文化建设塑造延安形象、运用各种渠道与平台发声和借助他者叙事传播延安故事等，为中国国际传播事业发展和国际传播能力建设提供了重要的经验参考。

[关键词]延安时期；国际传播能力；文化建设；他者叙事

作者简介：王向阳，天津理工大学马克思主义学院讲师。

基金项目：国家社科基金重大项目“‘一带一路’战略与新疆社会发展”（16ZDA152）。

一、引言

文化软实力要想与国际接轨并走向世界，首先必须具有国际传播能力。国际传播能力是伴随着国际传播发展起来的,国际传播的起点是国际传播能力建设。[①]国际传播的发展是历史的、动态的过程,国际传播能力建设也具有历史动态性。了解历史,才能看得远;永葆初心,才能走得远。[②]加强国际传播能力建设,可以在历史的动态的国际传播实践中寻求经验。严格来说,新中国国际传播能力建设肇始于1949年,已经走过70多年的历程。由于国际传播的历史动态性和中国特殊的国情,中国国际传播能力建设充分汲取了党在不同历史时期的成功经验。

延安时期是中国共产党执政前国际传播做的最好的时期,“红色中国”突破封锁走向世界,成为中国共产党国际传播能力建设的经典案例。考虑到党在延安时期国际传播的成功经验,有必要重点研究延安时期国际传播能力建设。延安时期的国际传播能力建设经验为新中国国际传播事业发展和国际传播能力建设提供了重要的经验参考，主要表现在具有先进性的延安文化建设、广泛开辟国际传播的各种渠道和借助他者平台传播延安故事等。

二、具有先进性的延安文化建设

延安时期,文化建设不足导致中国共产党的国际形象缺失与被误读。正如埃德加·斯诺(Edgar Snow)指出,在世界各国中,恐怕没有比红色中国的情况更大的谜,更混乱的传说了。[③]加强文化建设,塑造良好形象显得尤为重要。

---

① 任孟山:《国际传播的路径逻辑:从能力到效力》,《对外传播》,2017年第1期。

② 习近平:《论中国共产党历史》,中央文献出版社,2021年,第261页。

③ [美]埃德加·斯诺:《西行漫记》,董乐山译,外语教学与教研出版社,2005年,第2页。

延安时期的文化建设，既要服务于抗日动员，也要服务于根据地文化建设，又要服务于中共形象塑造，因而文化建设要展示多方面、全方位、立体的延安形象。

（一）贵在真实的物质文化建设

延安时期物质文化建设十分贴近老百姓的生活，主要表现为：一是生产建设的文化。延安时期是中国抗战最艰难的时期，是物质生活匮乏的时期，中国共产党在极端恶劣的环境下坚持自力更生，积极开展生产自救，展示出了生产建设的文化。在延安时期，中国共产党先后提出“自己动手”“军民大生产运动”和“发展经济，保障供给”的要求，展示出改善生活条件，提供物质文化的决心。在党的领导下，延安时期边区经济建设成果显著，边区生活条件不断改善。斯诺在《西行漫记》中引用斯坦普尔博士的报告，对比指出延安时期陕甘宁边区的生产建设的巨大成就。[①]二是表现女性及家庭生活中的文化。女性地位提升是延安时期的特色。延安时期，边区女性无论是参与工作的人数，还是接受文化教育的程度都得到了普遍的提高。这既是由于中国革命重视女性，也得益于女性进行长期艰苦斗争，为自己在红星下赢得的合法地位。[②]在家庭生活方面，中国共产党积极改革家庭生活，不用革命手段，不干涉人民私生活的方法，取得重要成果。[③]三是教育卫生产生的文化。在教育层面，为改变延安教育卫生落后现状，中国共产党努力发展教育卫生事业。苏区的教育制度主要包括学校、军队和社会，共建设几十所培养政治、军事、理论和文化干部的学校。[④]在医疗卫生层面。中国共产党的到来，改善了边区的卫生状况，尼姆在《续西行漫记》中指出，共产党到边区后，常见的那些传染病却一种也没

---

① ［美］埃德加·斯诺：《西行漫记》，董乐山译，外语教学与教研出版社，2005年，第350~371页。

② ［美］尼姆·威尔斯：《续西行漫记》，陶宜、徐复译，解放军文艺出版社，2002年，第168~271页。

③ ［英］冈瑟·斯坦因：《红色中国的挑战》，李凤鸣译，上海科学技术文献出版社，2015年，第103页。

④ 中共中央文献研究室毛泽东组编：《“毛泽东文集”与毛泽东思想》，人民出版社，2002年，第183页。

有发生过。[①]虽然中国共产党所取得的这些文化上的成就，按照西方“先进”标准来衡量可能是微不足道的，但在中国大部分地方，常见的某些明显的弊端，肯定是被消灭了。[②]物质文化建设的成就，引起国际社会的高度关注。

（二）颇具特色的制度文化建设

延安时期制度文化建设主要表现在以下三个方面。一是党的领导制度文化建设。延安时期，党先后建立并完善了民主集中制度体系、中央领导机构工作制度体系、集体领导制度体系、请示报告制度体系等制度建设。特别是按照“三三制”原则建立的陕甘宁边区政府是民主联合政府，为后来的多党合作协商民主制度奠定了实践基础；建立民族自治区，探索出了民族区域自治的民主道路，很大程度上得到了人民的支持和拥护。[③]二是以解决问题为导向的制度文化建设。延安时期，中国共产党坚持实事求是的作风，以解决问题为导向建立制度体系。如为适应抗战需要，党先后修改土地法、选举法等，制定了减租减息和惩治汉奸的条例，这些法律条款的修改，大大激发了群众的积极性；为克服经济困难，党中央发出开展大生产运动的号召，陕甘宁边区政府公布了《陕甘宁边区人民生产奖励条例》《督导民众生产勉励条例》等，解决了党在大困难时期的实际问题。[④]三是规范行为的制度文化建设。延安时期，中国共产党为了团结一切可以团结的力量，开始规范各种行为。在党员干部的行为规范方面，通过三大决定，要求全体党员尤其是干部党员加强党性锻炼。领导干部以身作则，积极参加大生产运动，为边区树立了良好榜样，展示出领导人的精神面貌。颁布训令，惩戒贪污行为。如延安时期，依法判处黄克诚死刑，捍卫了法律制度的尊严。延安时期的制度建设，形成了颇具特色的制度文化，为

① ［美］尼姆·威尔斯：《续西行漫记》，陶宜、徐复译，解放军文艺出版社，2002年，第64页。

② ［美］埃德加·斯诺：《西行漫记》，董乐山译，外语教学与教研出版社，2005年，第368页。

③ 韩玲：《红色文化涵育社会主义核心价值观研究》，人民出版社，2020年，第37~38页。

④ 姜玉齐：《延安时期中国共产党制度建设的经验》，《中国教育报》，2020年2月13日。

展示党的形象创造了良好的条件。

（三）体现先进的理念文化建设

延安时期理念文化建设主要表现在以下三个方面。一是确立了毛泽东思想为党的指导思想。毛泽东思想的提出与确立是在理论形态上实现马克思主义中国化的一个标志，从而为中国先进文化的创造注入了新的灵魂，为中国先进文化的精神旗帜书写上了新的内容，为中国先进文化的发展提供了一系列的基本概念和范畴。毛泽东思想的确立，为实现"要把这个被旧文化统治而愚昧落后的中国，变成一个被新文化统治而文明先进的中国"创造了条件。①二是延安精神的初步形成。延安精神是在延安这一特定的历史时期把马克思主义同中国革命相结合，在长期斗争中形成和逐渐成熟的革命精神，中国共产党在延安时期创造的伟大的理念文化。②延安精神具有丰富的内涵，是众多原生态精神的集合，集中反映"坚定正确的政治方向，解放思想、实事求是的思想路线，全心全意为人民服务的根本宗旨，自力更生、艰苦奋斗的创业精神"③。三是铸就伟大的抗战精神。中国共产党最早举起抗日大旗，率先开展抗日行动，积极支援抗日活动，倡导、推动建立并巩固发展抗日民族统一战线，在抗战中铸就伟大的抗战精神。④伟大的抗战精神，展示了中国共产党人的爱国主义精神，展示了中国共产党在抗战中的中流砥柱的作用，展示了实现中华民族伟大复兴而奋斗的强大精神动力。延安时期，中国共产党通过对先进理念的塑造，使自身形象深入人心。

---

① 《毛泽东选集》（第二卷），人民出版社，1991年，第663页。

② 韩玲：《红色文化涵育社会主义核心价值观研究》，人民出版社，2020年，第35页。

③ 《结合新实际大力弘扬延安精神 开创新世纪改革发展生动局面》，《人民日报》，2002年4月3日。

④ 曲青山：《中国共产党是抗日战争的中流砥柱》，人民网，2020年9月16日，http://theory.people.com.cn/GB/n1/2020/0916/c40531-31863604.html。

三、开辟丰富的国际传播渠道

渠道是国际传播能力建设的核心，也是文化资源转化为文化软实力的重要途径。延安时期，国外对延安的认知，对延安文化的了解，对延安形象的建构得益于中国共产党有效运用各种渠道传播延安文化资源。中国共产党主要通过开辟国外传播阵地、利用外媒力量和建立自己的对外传播机构，开展了一系列对外传播和国际交流活动，摆脱了舆论困局，赢得社会各界支持。

（一）开辟国外传播阵地

开辟国外传播阵地是构建国际传播能力的重要方式，是推动国际传播"走出去"、把国际传播的后方变成国际传播的最前沿的重要手段。开辟国外传播阵地有助于直接传播党的主张和理念、中国的革命运动和抗战情况。延安时期，中国共产党积极推动国际传播"走出去"，通过各种形式直接全面传播党的声音，宣传八路军、新四军抗日事迹和根据地经济社会状况，对构建良好的国际形象起到极大的促进作用。一是成立境外传播机构。延安时期，中国共产党直接创建的比较著名的对外传播媒体是在香港创建的国际新闻社（国新社）以及新华社各分社。国新社于1937年在香港成立，之后与桂林总社合并，成为国新社香港分社。随着1941年国新社国内各分社被迫关闭，香港分社逐渐成为党对外传播的重要平台。此外，从1947年起，新华社开始筹建香港、布拉格、伦敦等分社。虽然新华社国外分社少且不健全，但在促进与加强新华社对外报道方面发挥了显著作用，[①]甚至法国政府都向新华社伦敦分社索要重要文件。[②]二创办或者主持境外报刊。创办报刊是进行国际传播的重要手段，在延安时期，中国共产党在境外创办了一系列报刊，如创刊于香港的《华

① 甘险峰：《中国对外新闻传播史》，福建人民出版社，2004年，第70~73页。

② 刘云莱：《新华社史话》，新华出版社，1988年，第133~134页。

商报》《正报》、英文综合期刊《中国文摘》、《群众》周刊等，对打破国民党的封锁，赢得华侨支持产生了巨大影响。[①]其中比较著名的是由共产党员胡愈之主编的《南洋商报》和主持的《南侨日报》。《南侨日报》是党领导下的报纸，积极与南洋各华侨报纸合作，被海外华侨看成一面爱国的旗帜。[②]三是与国外媒体分享新闻信息。互换新闻消息是传播能力增强的重要标志，有助于推进党的声音的国际传播。如中国共产党领导的《全民通讯社》就与美国合众新闻社驻重庆分社建立了互换新闻的关系，并派员兼任该社特约记者。[③]通过开辟国外传播阵地，传播了党的声音，使党的形象在国际上得到进一步认可。

（二）善于借助外媒力量

国外媒体是重要的国际传播渠道，面对国民党的封锁及自身国际传播能力有限，借助外国记者和外国新闻机构向国际社会传播延安的事迹和声音成为提升延安形象的重要手段。延安时期，中国共产党非常善于借助外媒力量向国际社会传播延安事迹和声音，构建了良好的延安形象。一是领导人直接与外国记者交往。与外国记者和媒体直接交往是国际传播最有效的途径之一，也是国际传播能力建设的有效方式。延安时期，毛泽东、周恩来、朱德等领导人已经深知媒体采访报道对延安形象构建的重要意义。他们非常重视外国记者和媒体，多次亲自接受外国记者的专访，向国外传递了中共和延安的实际情况，主动向国际社会宣介和推广中国共产党的最新理念及其对未来远景的擘画，向外界展示了一个立体的、真实的中共形象。[④]如毛泽东在与美国合众社记者王公达的谈话中，详细谈论了中国抗战的前途、国共合作、民主共和

① 甘险峰：《中国对外新闻传播史》，福建人民出版社，2004年，第55~59页。

② 朱文斌：《中国出版家 胡愈之》，人民出版社，2021年，第184~188页。

③ 甘险峰：《中国对外新闻传播史》，福建人民出版社，2004年，第80~81页。

④ 杨成云：《党在延安时期的对外宣传》，《学习时报》，2021年7月30日。

国和美国的感想。[①]二是吸引和邀请国外记者和媒体。斯诺的《红星照耀中国》的出版引起了国际社会的轰动，国外渴望对中国共产党和延安的深入了解。为适应国外媒体和记者来延安的需要，中国共产党搭建对外交流平台，一方面欢迎国际友人记录和宣传中国共产党的情况，另一方面，邀请外国记者和军事人员访问延安和根据地。如1944年2月，中共驻重庆办事处邀请《纽约时报》《泰晤士报》等媒体记者一行前往采访报道，向他们介绍中共抗战贡献和延安建设的成就，塑造了良好的形象。三是向外媒直接供给材料。周恩来曾指出，增强自己抗战的力量，目前最能利用的有利条件是扩大国际宣传，要以全国统一的对外宣传，有计划有系统的组织材料，向全世界供给。[②]中国共产党于是开始向国内外媒体供给抗日的材料，《时代》周刊连续延安八路军抗战情况称“中国共产党的军队是蒋介石（政府）最精良的部队”[③]，共产党军队抓住一切机会给日军以沉重的打击。[④]有效借助外国媒体能更好传达党的理念和构建党的国际形象。

（三）建立国内对外传播机构

在国际传播“走出去”和“引进来”之后，苦修内功成为加强国际传播能力建设的重要基础。苦修内功就是加强国内对外传播机构的建设。建设国内对外传播机构，能可控、客观和有效的传播党的声音和思想，成为提升延安形象的重要方式。一是成立对外宣传机构。延安时期党成立的重要宣传机构是延安交际处。延安交际处成立于1938年，起初称为交际科，1940年改为交际处，金城任处长。在国际传播手段有限的情况下，延安交际处成为党与外界联

① 中共中央文献研究室、中央档案馆编：《建党以来重要文献选编（1921—1949）第十五册》，中央文献出版社，2011年，第133~137页。

② 共中央文献研究室、中央档案馆编：《建党以来重要文献选编（1921—1949）第十五册》，中央文献出版社，2011年，第13~15页。

③ “China on move”，Time，Dec. 5，1938.

④ “Chinese military”，Time，Nov. 28，1938.

系的窗口，承担着外事接待、统战、外事联络和情报工作。[①]延安交际处给中外记者留下了良好的印象，促进他们对延安的客观报道，为中国共产党和八路军赢得了经济上的援助和政治上的支持，对广大群众和世界人民重新认识和了解延安起了积极作用。此外，海外工作小组、中共长江局国际宣传组等机构在对外传播方面也发挥了重要作用。二是建立对外传播媒体。延安时期，中共重视对外新闻传播，创办了对外传播媒体。1941年中共在延安出版了第一个外文刊物《中国通讯》，刊物采用英、法、俄三种文字，通过向驻重庆的外国记者散发，再由他们转到国外，向国际社会介绍中国人民的抗日和根据地建设。[②]此外，由中共主办的《晋察冀画报》、英文《新华周刊》、英文日文的《新华每日电讯》等报刊的创办在对外传播方面也发挥了重要作用。三是建立对外广播机构。延安时期，延安新华广播电台日语节目的开播标志着中国人民对外广播事业的正式诞生。对日广播取得相当的成效，之后，新华广播电台开办了英语新闻，主要听众是在华外国人，在国外也产生了一定影响。此时，新华社也开始进行对外新闻传播，主要标志就是英文广播的开办。之后，新华社英语口语广播的开办，标志着中国国际广播电台成立。新闻广播稿被在延安的美军观察组整理报告给美国国务院，[③]并经外国记者之手转载于外国通讯社报纸。[④]

四、有效借助他者平台讲述延安故事

延安形象的塑造，依赖于延安故事的广泛传播。如何向国外传播延安故事，很大程度上取决于“谁”在讲述，谁讲的故事更动听。延安时期，延安故事主要是借助他者在讲述。他者分别是对立的他者和旁观的他者，他者叙事也

① 缪平均：《抗日战争中的延安交际处》，《光明日报》，2011年12月14日。

② 甘险峰：《中国对外新闻传播史》，福建人民出版社，2004年，第53~55页。

③ [美]约翰·斯图尔特·谢伟思：《美国对华政策（1944—1945）》，中国社会科学出版社，1989年，第255~256页。

④ 王纪刚：《这里是延安——中国共产党如何对外讲好革命故事？》，人民出版社，2019年，第66页。

就包含着对立叙事和旁观叙事。[1]延安时期的他者叙事主要是作为旁观者的他者的叙事,即作为旁观的外国人讲述延安故事。由于旁观他者与受众文化的一致性,因而故事更容易被接受。[2]延安故事在他者叙事中得到广泛传播。

(一)西方文学作品中的延安故事

著作是重要的叙事方式,也是有效的文化传播方式。西方著作是重要的他者叙事方式,对于跨文化传播具有独特的优势。延安时期,中国共产党的国际形象主要是通过外文叙事塑造的,最主要的外文叙事是著作。其中最具代表的是埃德加·斯诺、艾格尼丝·史沫特莱和安娜·路易斯·斯特朗等人的著作。一是讲述另外一个中国的故事。埃德加·斯诺是第一个到达陕北的外国记者,他在陕北实际生活了四个月,采访了毛泽东等主要领导人,观察并体验了延安的生活,收集了大量第一手材料。在此基础上,斯诺出版了著名的《红星照耀中国》(*Red Star over China*,中译名《西行漫记》),书中称共产党人为严酷爱国的人,是"土地改革者",并将长征描述为"军事史上的伟大功绩之一"。《红星照耀中国》向世界展示了另外一个中国形象,塑造了当时美国人的看法,被评论为"标志着西方了解中国的新纪元"。[3]二是讲述中共抗战的故事。史沫特莱是第一位到延安采访的外国记者,在延安期间他通过与中国共产党领袖和红军领导人的深入接触,进一步了解了中共中央的抗日主张。史沫特莱用著作传播中共抗战的实际情况,《中国在反击》和《中国的战歌》的出版成为国外了解中国抗战的最新材料。同时,他为朱德写的自传《中国的道路》,成为展示中国共产党领导人民抗战的珍贵历史资料,生动展示了中国共

① 刘文明:《全球史研究中的"他者叙事"》,《首都师范大学学报》(社会科学版),2020年第3期,第46页。

② 王庆福、张红玲:《纪录片国际传播中"他者叙事"的跨学科思考》,《现代传播》,2019年第9期,第129页。

③ 甘险峰:《中国对外新闻传播史》,福建人民出版社,2004年,第106页。

产党领导抗战的壮丽画卷。[1]三是讲述新民主主义革命的故事。斯特朗被誉为"中国人民的宣传家",[2]她先后出版了《人类的五分之一》和《中国人征服中国人》等著作,讲述了八路军的英勇抗战事迹,歌颂了中国共产党领导下的广大军民改天换地的英雄业绩。[3]此外,如海伦·斯诺的《续西行漫记》、贝特兰的《华北前线》、卡尔逊的《中国的双星》、福尔曼的《来自红色中国的报道》、斯坦因的《红色中国的挑战》、爱泼斯坦的《中国未完成的革命》、贝尔登的《中国震撼世界》等著作,都在向国外讲述延安和中国共产党的故事。

（二）西方报纸中的延安故事

报纸是另一种重要的叙事方式,也是当时最便捷的传播方式。由于英文报纸的全球垄断地位及全球影响力,使它在他者叙事中具有巨大影响力。延安时期,中国共产党的故事大多依赖西方记者在讲,英文报纸成为他者叙事重要的途径。一是讲述谁能解救中国的故事。西方报纸中,国共对比是常见的报道形式,通过对比讲述谁更能够解救中国的故事。《时代》周刊连续多期追踪报道中国的抗战,指出国民党是有意的失败和撤退,中国共产党是"真正牵动人心的 X 因素",并展示了延安和八路军严守纪律,坚持抗战的决心。[4]《纽约时报》高度关注延安和八路军抗争的情况,曾发表爱泼斯坦的时事通讯,指出八路军与人民保持着密切的联系,从不拿群众一针一线。[5]简短的语言却深刻刻画出了一个完全不同与国民党统治下的中国,是充满希望的、摆脱饥饿和失败主义情绪困扰的中国。二是讲述领导人故事。美国报纸对中国共产党

① 方汉奇主编:《中国新闻传播史》,中国人民大学出版社,2002年,第259~261页。

② 王纪刚:《这里是延安——中国共产党如何对外讲好革命故事?》,人民出版社,2019年,第265页。

③ 甘险峰:《中国对外新闻传播史》,福建人民出版社,2004年,第106页。

④ "The camera oversea:Chinese communists to the rescue",Time,Oct. 11,1937.

⑤ I saw a completely different China. Yan'an was the shape of things to come in China,Global Times,2021年5月12日,https://www.globaltimes.cn/page/202105/1222911.shtml.

领导人的关注在讲述了领导人故事的同时也展示了领导人的形象。《时代》周刊在其文章中称朱德是“中国第一号的游击队战士”[①],《财富》也称朱德等游击队员是“一群难以想象的高效率的人”[②]。可见,中国共产党领导的游击战争得到了西方主流媒体的认可,中国共产党领导人的形象也是正面高大的。三是讲述延安面貌的故事。国外媒体报道中的延安总体情况为社会良好、文化气息浓厚、军民关系和谐、军队战斗素养高等,《时代》周刊、英国广播公司等对此有着详细的描述。[③]正如曾虚白先生在自传中指出，外国报纸对延安客观、正式而又生动的报道,对解放区由衷的赞美,使“全世界对中国的看法因此改观,中共的前进反映了国民党政府的无能与落后”[④]。

(三)海外侨胞叙事中的延安故事

华人华侨是提升延安影响力的重要资源。华人华侨海外的叙事,促进了延安故事在海外侨胞间的传播。延安时期,海外华侨中有重要影响力的是陈嘉庚先生和黄薇先生,他们是意见领袖,在华侨中具有重要的话语权。一是中国的希望在延安。陈嘉庚先生是著名华侨领袖,在南洋侨胞中有巨大的影响力。陈嘉庚先生对延安并不熟悉,在《南侨回忆录》中曾指出:“余久居南洋,时中共势力尚微,且受片面宣传,更难辨其黑白。”[⑤]他的延安之行改变了他对中共的看法,使他看到了中国的希望。他指出,延安“平等无阶级、无苛捐什税、县长民选”等,“经过这次回国的实地考察,发现拯救中国的人早已诞生”,[⑥]并“断定国民党政府必败,延安共产党必胜”。[⑦]陈嘉庚认定,中国的希望在延

---

① “Americans and Chinese communists”, Time, June 26, 1939.

② Chinese military, Fortune, Feb. 9, 1941, pp.49.

③ 朱叶:《抗战时期美国新闻档案中的延安形象》,《理论与改革》,2021 年第 5 期。

④ 曾虚白:《曾虚白自传》上集,联经出版事业公司,2001 年,第 309 页。

⑤ 陈嘉庚:《陈嘉庚回忆录》,东方出版社,2010 年,第 4 页。

⑥ 谭虎娃:《延安精神新论》,人民出版社,2015 年,第 178 页。

⑦ 中国人民政治协商会议全国委员会文史资料研究委员会等:《回忆陈嘉庚》，文史资料出版社,1984 年,第 137 页。

安。[①]由于华侨觉得陈嘉庚先生的话更亲切可信，陈嘉庚及《南侨回忆录》在南洋华侨中影响力巨大，[②]在南洋侨胞中传播了良好的延安故事。二是把中共抗日见闻告知侨胞。黄薇是著名的华侨记者，对中国共产党抗战在南洋的传播起了巨大的推动作用。黄薇先生先后到达延安、晋察冀边区，并把所见所闻撰写成《活跃在华北敌后》《晋察冀边区访问记》等数百篇通讯在《星洲日报》《星州晚报》上发表。[③]同时也先后在菲律宾《星岛日报》《华侨导报》等转载和发表毛泽东等共产党人的一些重要文章。[④]正是在两位先生的真实报道和传播之下，延安真实领导抗战的情况才被侨胞所熟知，中国共产党才被视为中国的希望。

五、结语

在百年未有之变大局背景下，中国在国际社会中面临的“舆论困境”更加突出，国家形象面临“他塑”问题更加严重。无论是疫情初期西方凭借疫情“妖魔化中国”，还是“新疆棉花事件”对中国进行的国际舆论运动，都显示西方国家对国际传播的垄断和中国国际传播的局限性。中国国际传播能力建设逐渐得到重视，以期提升在国际社会中的文化软实力。当前中国国际传播能力建设取得了一定的成效，但依然与综合国力不相匹配，难以完成提升文化软实力的重任。打破国际传播垄断格局，加强国际传播能力建设，是中国当前面临的重要任务。中国推进国际传播能力建设要结合延安时期的实践和自己当前情势，有针对性地加强国际传播各因素建设，促进国际传播能力提升。

---

① 杨国桢：《陈嘉庚》，人民出版社，1987年，第87页。

② 中国人民政治协商会议全国委员会文史资料研究委员会等：《回忆陈嘉庚》，文史资料出版社，1984年，第38页。

③ 柳斌杰：《中国名记者（第六卷）》，人民出版社，2017年，第128页。

④ 赵振祥：《东南亚华文传媒研究》，世界知识出版社，2007年，第510页。

参考文献

[1]习近平:《论中国共产党历史》,中央文献出版社,2021年。

[2][美]埃德加·斯诺:《西行漫记》,董乐山译,外语教学与教研出版社,2005年。

[3][美]尼姆·威尔斯:《续西行漫记》,陶宜、徐复译,解放军文艺出版社,2002年。

[4][英]冈瑟·斯坦因:《红色中国的挑战》,李凤鸣译,上海科学技术文献出版社,2015年。

[5]中共中央文献研究室毛泽东组编:《"毛泽东文集"与毛泽东思想》,人民出版社,2002年。

[6]《毛泽东选集》(第二卷),人民出版社,1991年。

[7]朱文斌:《中国出版家 胡愈之》,人民出版社,2021年。

[8] 中共中央文献研究室、中央档案馆编:《建党以来重要文献选编(1921—1949)第十五册》,中央文献出版社,2011年。

新时代武术文化国际传播的现实基础及其优化策略研究

丁保玉　许世廉

[摘要]本文运用文献资料法、逻辑分析法等研究方法对新时代武术文化国际传播的现实基础进行研究和分析，并提出相应的优化策略。研究认为，在新时代新要求下，武术文化国际传播遇到的中西文化之间的壁垒、武术文化传播内容的单一以及武术文化国际传播主体的水平差异等问题。可通过转变武术文化国际传播理念，在传播内容上做到技术与文化并重，构建传播者培养体系，以期突破武术文化国际传播的现实困境，从“走出去”真正做到“融进去”。

[关键词]武术文化；国际传播；优化策略

作者简介：丁保玉，天津体育学院武术与民族传统体育学院教授；许世廉，天津体育学院武术与民族传统体育学院在读硕士研究生。

基金项目：天津市哲学社会科学规划基金重点项目“新时代津门武术文化创新发展的内在逻辑与推进策略研究”（TJTY21-001）。

2020年5月31日下午，“中共中央政治局就加强我国国际传播能力建设进行第三十次集体学习，中共中央总书记习近平在主持学习时强调，要深刻认识新形势下加强和改进国际传播工作的重要性和必要性，下大气力加强国际传播能力建设”[①]。同时指出“要更好推动中华文化走出去，以文载道、以文传声、以文化人，向世界阐释推介更多具有中国特色、体现中国精神、蕴藏中国智慧的优秀文化”[②]。在这样的背景下，有关于武术文化国际传播问题的思考是非常具有时代意义与战略意义的。如今伴随着国家政策支持力度的不断加大，武术文化国际传播取得了一定的成效，但是武术作为中国传统运动项目在国际传播中的“桎梏”仍是一直存在的。首先就东西方文化而言，由于地理位置的不同，自古以来东方文化与西方文化就有着显著的差异，扎根于中国文化土壤的武术有着深深的东方印记，中国文化与西方文化之间的壁垒一直影响着武术文化对外的传播与交流。其次，在国内对于武术文化传播内容的研究也存在一定的争议，新时代武术文化应以一种什么样的姿态走出去也是当下武术文化国际传播中亟待解决的问题。最后，传播者作为武术文化国际传播中的具体操作者，在传播过程中有着举足轻重的地位，然而近年来随着新媒体的兴起，导致武术文化的传播者群体比较混乱，水平更是大相径庭。建立健全武术文化传播者培养体系迫在眉睫。探寻武术文化国际传播对现有“桎梏”的突破路径，无论对于我国体育强国和文化强国的建设，还是对于我国国际形象的塑造都具有重要的现实意义。

一、加快强国建设与塑造国家形象的时代需求

2019年正式印发的《体育强国建设纲要》，在竞技体育、全民健身和体育

---

① 《习近平在中共中央政治局第三十次集体学习时强调 加强和改进国际传播工作 展示真实立体全面的中国》，《人民日报》，2021年6月2日。

② 《习近平在中共中央政治局第三十次集体学习时强调 加强和改进国际传播工作 展示真实立体全面的中国》，《人民日报》，2021年6月2日。

外交等各个方面都做出了明确指示，指出要“从多方面加强对外和对港澳台体育交流，服务大国特色外交和‘一国两制’事业”①。作为中国传统运动项目的武术自从其产生就受到中国传统文化的浸染，在其发展的过程中吸收了中国传统哲学、传统医学等许多优秀的文化的精髓，相较于其他体育项目而言，更具有中国特色，蕴含中国智慧。可以说，武术算得上是“中华文化的全息影像，从提升软实力的层面来考虑，具有极高的传播价值，可以完整展示出中国文化的底蕴与内涵”②。在体育强国建设中，武术文化的国际传播在对外体育交流中能起到至关重要作用，可以有效提升中国体育的国际影响力，从而更好地服务于大国特色外交和“一国两制”事业。

文化不仅能展示一个国家的风土人情，更是一个国家综合实力的体现。在全球化的今天，文化的影响力与竞争力更能体现出一个国家的整体实力。《中华人民共和国国民经济和社会发展第十四个五年规划和2035年远景目标纲要》明确指出，“到2035年我国要建设成为文化强国”③。“文化强国战略是传统文化在新时代下发展的新机会与新途径，而传统文化则是实现文化强国战略的重要根基”④。在国内做好传承与发扬传统文化，进而通过各种渠道进行优秀文化的传播，在新时代促进我国文化强国建设具有重要意义，中国武术“是在民族传统文化的熏陶和感染下成长发展起来的，它与传统哲学、传统伦理道德、传统兵家思想、传统美学、传统中医等传统文化具有千丝万缕的联系”⑤。新时代加强武术文化的国际传播，可以使国际友人在习练武术的同时领略绚丽多彩的中国文化，促进东西方的文化交流与融合，提升我国文化软实力，加快我国由文化大国向文化强国迈进的步伐。

① 傅胜春：《建设文化强国离不开传统文化》，《人民论坛》，2017年第19期。

② 郭玉成、李守培：《体育强国视域下的武术发展方略》，《上海体育学院学报》，2012年第2期。

③ 郭玉成、刘韬光：《武术构建中国国家形象的作用研究》，《广州体育学院学报》，2012年第4期。

④ 胡平清：《武术教育在学校体育中的功能研究》，北京体育大学，2013年。

⑤ 刘伏海、吴家庆：《传播理论与技巧》，湖南师范大学出版社，1996年，第165页。

国家形象可以体现一个国家的综合实力，并不代表着国家形象等同于国家的综合实力，而是因为一个国家的综合实力（硬实力和软实力）是影响国家形象的关键因素。国家形象是“人们（形象主体）在一定条件下对一个国家（形象客体）由其客观存在所决定的外在表现的总体印象和评价”[①]。一个国家的国家形象并不是由本身来决定的，而是国际社会根据所存在的客观条件对于这个国家的认识和评价。自改革开放以来，中国综合国力得到了显著提升，当前的中国已经从一个饱受欺凌的国家发展到今天以其雄伟的姿态屹立于世界民族之林，但是目前国际社会对于中国的认识与中国发展的速度比起来还是比较缓慢的，这并不利于他们了解认识真实全面的中国，从而会影响中国国家形象的塑造。

近年来，通过各种武打影视剧的传播，在海外人们提及中国首先想到的就是中国功夫，这间接证明了中国武术在海外有着广泛的影响力，已经成为一个中国特有的文化符号，提倡具有中国传统文化特征的武术文化传播，有助于激发外国在公众对中国武术乃至中国文化的兴趣；同时“中华文明是一种思想和平型的文明，协和万邦，亲仁善邻”[②]。武术文化中具有“和”“天人合一”、人与自然和谐等文化内涵，以及武德、武礼表达出的待人友好礼貌的态度，在国际传播中体现出包容开放的大国形象，消解外国社会对中国崛起的担忧。新时代中国武术文化的国际传播对于中国国家形象的塑造有着重要的作用。

---

① 路云亭：《武术真伪辨：对2017–2018年度武术危机事件的思考》，《体育与科学》，2018年第5期。

② 罗应景、杨建营：《李小龙海外传播“功夫”的实践对中华武术走出困境的启示》，《体育与科学》，2021年第3期。

二、新时代武术文化国际传播的现实基础

（一）武术文化国际传播的“壁垒分明”

21世纪是一个开放包容的时代，世界各国之间的交流日益增多，各国文化不断交融，但是随着各种交流活动的不断增加，这其中存在的障碍也在不断的暴露出来。武术作为我国传统运动项目，近年来一直被大力推广，武术“走出去”也取得了相对较好的成效，但是仅仅是“走出去”还远远不够，一个成功的传播案例不应该仅仅是走出去，还要融合进去，准确来说就是被其他文化所接受。中国武术作为中国传统文化之一在对外交流过程中最大的阻力就是东方文化与西方文化之间的壁垒，中西文化基本差异的表现之一即为“中国文化比较注重人与自然和谐，而西方文化则侧重强调征服自然，战胜自然”①。这种文化上的差异造成了东西方体育思想上的不同，“中国传统体育植根于天人合一、阴阳、八卦、五行理论等之中，而西方体育在西方哲学重外在、分析，重自然的斗争等观念的指导下形成和发展”②。中国最具代表性的运动项目即为中国武术，而西方文化领域内则是奥林匹克体育运动，武术所讲究的“天人合一”以及人与自然和谐的思想与奥林匹克体育所认同的竞技思想就是中西方体育文化差异的体现。

另外中国自古农耕经济所占的比重比较大，人们更多地是一种相对保守的思想，不用因为资源的短缺而去掠夺，相对于使用武力人们更加倾向于进行智力的较量，对外筑起长城以保护自己的家园，内部重用文臣削弱武将权力。同时古人更加热衷于文科举而不是武科举，还有“劳心者治人，劳力者治

---

① 孙鸿志、王岗：《中国武术国际化传播的核心问题：理念的缺失》，《中国体育科技》，2011年第3期。

② 陶萍、朱珊珊、吴晓龙：《跨文化传播视角下武术国际传播者培养体系构建研究》，《沈阳体育学院学报》，2021年第1期。

于人”更是人们倾向于智力较量的证明，所以武术在中国古代所扮演的竞技角色是相对较少的，而西方奥林匹克体育就强调在公平的条件下，追求自身成绩的无限突破与伸张，从而拔得头筹，与中国武术相比而言具有明显的竞技性。这样的不同文化背景下所产生的体育价值观加上武术文化在其他的文化地域是一种非自我的文化，自然成为中国武术文化国际传播中的一大障碍。

武术文化国际传播中所遇到的文化上的障碍还包括语言文字方面，不同的文化区域都有各自独立的语言系统，中国武术文化在国际传播中要想在另一语境下获得新生，就必须跨越语言这一阻碍。在近代，因为科学技术的落后，中国遭受到西方列强的严重打击，致使我国文化的对外交流处于被动状态，“西方文化在全球的传播，汉语汉字在海外的影响受到很大冲击”[①]。语言上的障碍对武术文化的传播造成了两个方面的障碍，一是武术的教学自古以来都是言传身教，在国际传播中，除了要有身体技能的教授外，还应有语言的讲解，而武术作为中国土生土长的体育项目，其中有许多的专有武术语言转换成英语一方面会改变其原有的意思；另一方面对于接收者来说挑战也是巨大的，就像是中国的古诗词，只有用中文才能使人体会到其中的指代与神韵。比如武术语言中的懒扎衣、灵猴献桃等专有的武术招式名称也使武术文化国际传播工作受到了的影响。

（二）武术文化传播内容的“舍本求末”

武术是一个庞大且复杂的体系，不同的地区有不一样的拳种流派，并且他们的风格也大不相同。在近代随着西方文化输入，奥林匹克体育不断扩张，为了适应这种潮流中国武术也进行了积极的改造，出现了竞技武术套路与竞技散打，这种革新对于现阶段武术入奥目标的实现是非常有益的。但随着我国综合国力的不断提升，竞技化武术对外传播的缺点不断地暴露出来，有学

① 吴献举、张昆：《国家形象：概念、特征及研究路径之再探讨》，《现代传播》（中国传媒大学学报），2016年第1期。

者指出中国武术国际传播进程的缓慢在于“中国武术偏重于技术的‘体育竞技化’改造，忽略了‘自身的文化主体性’构建”[①]。还有学者认为，中国武术在竞技化过程中走向了两个极端：“一个是追求‘艺术性’的极端，一个是追求‘西方搏击化’的极端”[②]。当然中国武术竞技化并不是不好，其在中国武术进入奥运会的进程中有着极大的推动作用，但是就武术文化国际传播而言，竞技套路与竞技散打是属于文化的表象，武术本身所具有的中国文化意识与精神被削减。

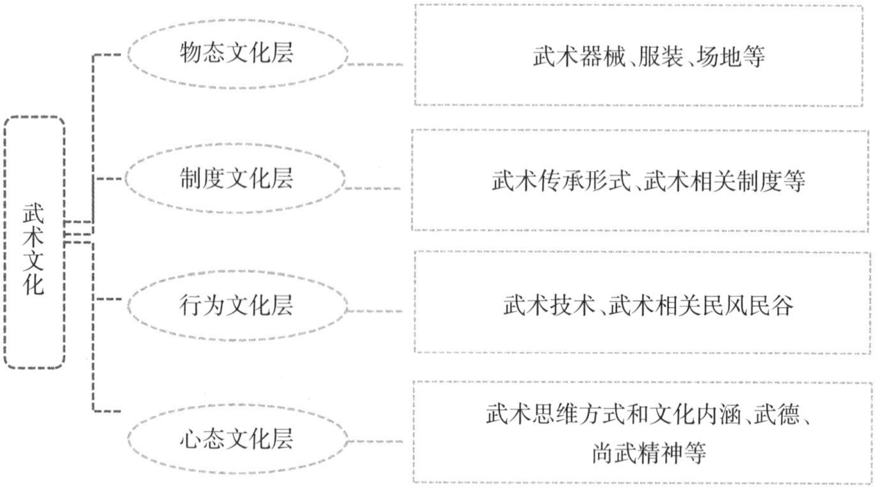

图1　武术文化层次图

有学者将广义的文化划分为“物态文化层、制度文化层、行为文化层和心态文化层四个层次，心态文化层是人们通过长期的实践和意识活动所发展孕育出来的价值观念、审美情趣、思维方式等，是文化的核心部分”[③]。如果将武术文化看作是一个完整的文化主体，那它的核心部分就是武术文化的思维方

① 新华社：国务院办公厅印发《体育强国建设纲要》，[EC/OL].2019-09-02.http://www.gov.cn/zhengce/content/2019-09/02/content_5426485.htm.

② 新华社：《中华人民共和国国民经济和社会发展第十四个五年规划和2035年远景目标纲要》，[EC/OL].2021-03-13.http://www.gov.cn/xinwen/2021-03/13/content_5592681.htm。

③ 易剑东：《体育文化学》，北京体育大学出版社，2006年，第227页。

式、文化内涵等(如图1所示)。然而武术文化这一核心层在当前以竞技武术套路和竞技散打为主要内容的国际传播中并没有很好的体现出来。真正支撑着中国武术发展到今天的因素除了武术积极的进行竞技化改造以适应国际潮流外,还有武术文化的这一核心的部分,这也是对于国外受众来说最难掌握的东西,在进行武术技术这一外在表现形式的传播时,很容易受到传统武术教学模式的影响。另外,中国武术学习的周期比较长,如果没有文化的讲解与渗透,很容易使国外受众在学习的过程中逐渐失去对中国武术的兴趣。在奥运会这个"大舞台"上的武术表演,或者是如今各种武术赛事的举办,在国际传播中所展示的中国武术文化,大多数的传播内容都只停留在武术的技术层面,也就是武术文化的行为文化层,并不利于国外受众学习理解武术文化的深层内涵。

(三)武术文化传播主体的"大相径庭"

传播主体是武术文化国际传播过程中的关键环节,对武术文化在传播过程中的内容与质量有着决定性的作用。"传播主体亦称传播者,指在信息传播过程中,处在'传播'一端的个人或组织。"[①]本文中所指的传播主体(传播者)主要指一些参与武术文化国际传播的武术教练、武术习练者和武术家等个人,随着科技的不断发展和网络等一些新媒体的普及,不乏一些所谓的"武术大师"在网络上对武术进行负面的宣传。2017年与2018年间,民间综合格斗练习者徐晓东先后挑战了太极拳师魏雷和咏春拳师丁浩,并且是在MMA规则下进行比赛,最终以徐晓东的胜利宣告结束,事件发生后以网络为代表的新媒体界与武术界人士一片哗然。这次事件发生后,"人们不仅怀疑武术自身的价值,还直接怀疑中国武术是否还具有任何实战力"[②],这对武术文化的传播造成了非常不好的影响,然而此次事件还未完全平息,2020年"混元形意

① 张岱年、程宜山:《中国文化论争》,中国人民大学出版社,2006年。

② 张岱年、方克立:《中国文化概论》,北京师范大学出版社,2004年,第4页。

太极门”掌门人马保国在短时间内被搏击习练者王庆民击败，而且他还扬言自己的功夫是“点到为止”，在网络短视频中讲别人“不讲武德”，此事件一处再度将中国武术推向了风口浪尖。“徐、雷、丁”事件发生后引起了人们对于武术技击性的怀疑，马保国事件更是引起了人们对中国武术中“武德”“点到为止”等核心文化层内容的怀疑，暂且不论他们武术技能的好坏，就他们不能区分武术与自由搏击的本质问题贸然进行跨界格斗而言，他们就不是一个合格的武术文化传播者。

网络的兴起使武术文化的传播者变得复杂且水平不一，这很容易造成国外受众对于中国武术的“误读”，所以在武术文化国际传播过程中传播者的培养尤为重要，但是目前我国并没有建立专门的武术文化传播人才培养体系，“由于缺乏一体化、标准化的人才培养体系，虽然各大体育院校培养出了一大批具有高尚武德和较高技术水平的武术文化传播者，但这些传播者大多存在对西方文化的认识、外语沟通能力不足和国际法律知识欠缺等问题”[①]。正是由于这些问题的存在，使得中国武术文化国际传播过程中传播主体的水平参差不齐，造成国外受众对于中国武术的误读与曲解，降低了中国武术文化对外传播的效率。

三、新时代武术文化国际传播的优化策略

（一）传播理念的更迭：从走出去到融进去

武术文化国际传播不仅要走出国门，更重要的是要让人接受，做到真正的“融进去”，只有这样中国武术文化才算是真正的走出去，在新时代的背景下，只有新的理念才能指导新的行动，才能有新的作为，中国武术文化要想实

① 张岱年、方克立：《中国文化概论》，北京师范大学出版社，2004年，第124页。

现从“走出去”到“融进去”，必须要打破东西方文化之间的壁垒，但是由于中西方体育价值观的不同，多年来我们通过武术竞技化的改造，在国际传播中也取得了一定的成效，这也导致了武术文化忽略了自身的文化主体性。从1936年柏林奥运会上的武术表演到2008年北京奥运会上的武术展示，引发了无数人对于中国武术的好奇与向往，这是一种以表层的文化身份进行的对外传播。通过这种以武术表演为形式的交流，让更多的国外受众认识了中国武术，但是这种以表演为主的对外交流，在让人对中国武术产生好奇的同时，并不能很好的让他们理解与接纳纷繁的中国文化。武术舞台表演与武术影视的传播应理解为国际传播中的第一步，而在人们学习武术技能时对中国文化产生好奇，再以武术文化或者是以武术为代表的中国传统文化进行对外交流。

故此，在武术文化的国际传播中，首先应以武术表演的形式进行对外的宣传，让更多的人认识中国武术，进而再以武术技能的方式进行传播，在国外受众对武术以及武术文化产生好奇的同时，再进行武术文化心态文化层的国际传播，只有这样从多角度、循序渐进地构建中国武术文化主体，才能增强中国武术文化在国际上的影响力。另外，传播理念的改变还应包括在武术文化国际传播过程中应以开放包容的姿态进行，中国武术的国内习练者大多讲究一种“神韵”，然而若在武术以技能的方式进行传播时，过分的强调这种“神韵”，对于国外受众的习练来说是非常不利的，国人自小就接受中国文化的滋养，在武术神韵的表达上往往更加容易，但在武术的对外传播中过分强调这种神韵，对中国武术国际化进程是非常不利的。同时武术文化的国际传播并不是一个文化对另一个文化的入侵，而是在传播过程中，以开放的姿态，互相交流融会贯通，在“走出去”“融进去”的同时接受其他文化的反馈，这有这样，武术文化国际传播才能真正做到“融进去”，这对中国武术今后的发展也是有利的。

(二)传播内容的革新:从重技术到重文化

近年来无论是走向世界的武术表演,或者是以竞技套路、竞技散打为主的技术传播,都不同程度地忽视了武术本身所具有的文化价值。武术的文化价值甚至远远大于武术作为一项运动的价值,就像摩托车品牌“哈雷·戴维森”。世界上第一辆哈雷摩托车是两个青年在一间小木屋里制作出来的,他们分别是威廉·哈雷和阿瑟·戴维森,后来将两人姓氏结合在一起以“哈雷·戴维森”作为摩托车的品牌,到现在“哈雷·戴维森”不仅仅是一个摩托车的品牌,更是成为一种激情、自由、勇敢、个性的象征。武术文化也是如此,其自身所具有的文化内涵才是其核心的部分,对武术文化内涵的传播价值远大于对武术技能的传播价值。当前中国武术偏重于技术的传播而忽略了武术的文化内涵,这种单一的技术传播并不利于外国受众充分了解中国武术,因此要将武术文化作为一个整体来进行传播。在新时代新要求的背景下,武术文化的国际传播应在传播内容上稍作改进,从之前的只注重技术传播的基础上转变为重文化,注重武术文化内涵的传播并不是要舍弃技术传播,而是在技术与文化双管齐下的基础上偏重于文化方面的传播,但是注重文化方面的传播不免会引起国外受众对于中国文化的警惕,这就对我们的传播者提出了更高的要求,在传播过程中将两者进行融合,这样的传播内容不仅不会引起国外受众对于中国文化的排斥,还能更有利于他们理解技术动作中的文化内涵,提升他们对中国武术的学习兴趣与认同度。

(三)传播主体的培养:从传承者到传播者

传播主体的培养是国际传播过程至关重要的一个环节,培养复合型、专门化的武术传播者是武术文化国际传播的重要保障。传播者首先要是一个出色的传承者,只有自身专业技能出色、理论基础扎实才能在传播过程中成为一个优秀的传播者。目前我国在武术文化传播者的培养方面还有一些不足之处，首先就是国内并没有形成标准化的人才培养体系，虽然近年来全国各大体育院校培养出了一大批具有扎实理论知识、出色技能水平的武术传承者，但是在传承者向传播者转化的过程中，还需要具备对西方文化的认识与了解和出色的外语沟通能力，这就是许多优秀的国内武术传承者在向传播者角色过渡时遇到了许多困难，所以在新时期，培养出一批同时具有高超技术水平、扎实理论知识和出色外语沟通能力的复合型人才是尤为重要的。此外在中国武术文化国际传播的过程中，还要重视武术传播者的综合素质与辨别分析能力。武术文化的国际传播间接影响着中国的国际形象，一个优秀的传播主体应具备在不同阶段、针对不同人群来选择武术文化传播内容的能力，以免在武术文化传播时给国外受众眼中的中国武术蒙上一层神秘的面纱。在传播过程中应以武术技能为先，以武术文化内涵等心态文化层为主，如果过早的强调武术文化方面的内容，不仅不利于他人接受与了解中国文化，相反还会给国外受众武术的学习制造障碍。建立健全武术对外传播者培养体系是顺应时代发展的举措，对提升国家文化实力与国家形象具有重要意义，把握住从传承者到传播者这一关键过程，是中国武术文化走向国际视野的重要前提。

四、结语

中国武术作为中国土生土长的运动项目，几千年来与中华民族风雨同舟，一直发展到今天仍具有极强的生命力，这与武术所具有的文化内涵有很大的关系。武术文化国际传播影响着我国的国家形象，随着时代的变迁，特别是在经济、文化全球化的背景下，武术文化国际传播虽取得了一定的成效，但也暴露出来许多的问题。中国武术文化的国际传播是一个长期的战略性任务，任重而道远，新时代面对中国武术文化国际传播过程中的诸多障碍，应在以下三个方面进行改进：转变传播理念，在武术走出国门们的基础上，努力让中国武术文化“融进去”；改进传播内容，在之前只注重技术传播的基础上注入武术的文化元素，双管齐下并以文化为重；加快构建武术文化传播者培养体系，为武术文化的国际传播提供可靠人才，不断为中国武术的走向世界努力奋斗。此外，面对中西方文化的壁垒，武术文化的国际传播仍是一个值得长期探讨的问题。

参考文献

[1]《习近平在中共中央政治局第三十次集体学习时强调加强和改进国际传播工作展示真实立体全面的中国》，《人民日报》，2021 年 6 月 2 日。

[2]傅胜春：《建设文化强国离不开传统文化》，《人民论坛》，2017 年第 19 期。

[3]郭玉成、李守培：《体育强国视域下的武术发展方略》，《上海体育学院学报》，2012 年第 2 期。

[4]郭玉成、刘韬光：《武术构建中国国家形象的作用研究》，《广州体育学院学报》，2012 年第 4 期。

[5]胡平清：《武术教育在学校体育中的功能研究》，北京体育大学，2013 年。

[6]刘伏海、吴家庆：《传播理论与技巧》，湖南师范大学出版社，1996 年，第 165 页。

[7]路云亭：《武术真伪辨：对 2017–2018 年度武术危机事件的思考》，《体育与科学》，2018 年第 5 期。

[8]罗应景、杨建营：《李小龙海外传播“功夫”的实践对中华武术走出困境的启示》，《体育与科学》，2021 年第 3 期。

[9]孙鸿志、王岗：《中国武术国际化传播的核心问题：理念的缺失》，《中国体育科技》，2011 年第 3 期。

[10]陶萍、朱珊珊、吴晓龙：《跨文化传播视角下武术国际传播者培养体系构建研究》，《沈阳体育学院学报》，2021 年第 1 期。

[11]吴献举、张昆：《国家形象：概念、特征及研究路径之再探讨》，《现代

传播》(中国传媒大学学报),2016年第1期。

[12]新华社:国务院办公厅印发《体育强国建设纲要》,[EC/OL].2019-09-02.http://www.gov.cn/zhengce/content/2019-09/02/content_5426485.htm.

[13] 新华社:《中华人民共和国国民经济和社会发展第十四个五年规划和2035年远景目标纲要》,[EC/OL].2021-03-13.http://www.gov.cn/xinwen/2021-03/13/content_5592681.htm。

[14]易剑东:《体育文化学》,北京体育大学出版社,2006年。

[15]张岱年、程宜山:《中国文化论争》,中国人民大学出版社,2006年。

[16]张岱年、方克立:《中国文化概论》,北京师范大学出版社,2004年。

故事化叙事：短视频如何讲好中国故事

张爱军　杨欣欣

[摘要]“故事”作为具有特殊意义的符号、内容、载体和工具，是国家形象的呈现，成为建构国家形象的要素和传播国家形象的途径与方式。主流媒体在讲好中国故事的实践中始终扮演着重要角色。短视频故事化叙事使大众易于接受信息。短视频故事化叙事存在政治性与娱乐化程度难平衡、同质化内容溢出、语境差异导致的“对空言说”困境、故事化叙事策略待优化等问题。重视“道”与“技”的双重实现，通过人工智能技术优化素材选择，增强故事创意创新力；通过翻译转化破语境之困，不断化解短视频故事化叙事困境。

[关键词]故事化叙事；主流媒体；短视频；中国故事；国际传播

2021年5月31日，习近平总书记指出：“讲好中国故事，传播好中国声音，展示真实、立体、全面的中国，是加强我国国际传播能力建设的重要任

作者简介：张爱军，西北政法大学教授，西北政法大学网络政治传播研究中心主任；杨欣欣，西北政法大学硕士研究生。

务。”[①]建设“丝绸之路经济带”和“21 世纪海上丝绸之路”的合作倡议，中国作为“一带一路”倡议的提出者，首先要能讲清、讲好中国故事、丝路故事，为共建“一带一路”做出积极贡献。短视频在讲好中国故事的实践中具有优势，深入研究短视频在讲好中国故事的地位和作用，显得尤其重要。

一、“故事”和国家形象的关系

“讲好中国故事” 是当下我国国际传播工作的重要任务，“‘讲好中国故事’不仅事关我国国际话语权的提升，更关系到我国国家形象的塑造及价值认同的增强等现实问题”[②]。“国家形象是公众对于一个国家的综合评判与总体印象，既包括本国国民基于文化认同(cultural identity)而形成的自我认知，也包括外界他者对于该国的评价反馈。”[③]国家形象既面向国内，又面向世界，对内、对外“讲好中国故事”对于我国国家形象的塑造发挥着重要作用。“故事”本身作为一种具有特殊意义的符号、内容、载体和工具，成为建构国家形象的要素和传播国家形象的途径与方式。

(一)作为符号的“故事”:国家形象的符号化呈现

国家故事来源于一个国家政治、经济、文化、社会等方面，从不同视角反映和代表着一个国家的形象，是国家形象的符号化呈现。“人类为了肯定自身的存在，必须寻找存在的意义，因此符号是人存在的本质条件。”[④]传播者通过故事符号传递意义，符号化的故事利于形象的塑造。“符号化一方面是指思维赋予外界对象以形式与概念，使对象比在纯粹的自然中更容易认识；另一方

① 程曼丽:《中国国际传播能力建设的当务之急》,《新闻与传播评论》,2021 年第 5 期。

② 蔺叶坤:《“讲好中国故事”的叙事逻辑及实践路径》,《传媒》,2022 年第 7 期。

③ 范红、苏筱:《国家形象与文化符号体系的战略传播——基于日本文化符号传播实践的考察》,《现代传播》,2022 年第 6 期。

④ 赵毅衡:《符号学原理与推演》,南京大学出版社,2016 年,第 4 页。

面是指人的活动不是被动地接受外来刺激,而是主动摄取。”①

人与人之间的交往是通过符号进行的,人们一方面通过符号进行意义的指代和传递,另一方面通过符号进行意义的接收和理解。故事作为一种符号,能够将意义符号化,故事本身、故事当中的各要素都能够充当特定意义的承担者,即作为符号进行意义的呈现和传递。传播者可以通过故事内容将某一事物的意义符号化,再将符号化的形象印刻在大众记忆中,帮助大众更为形象地理解其中的意义,人们通过对符号的认识和理解进行意义的接收。“符号指称的外在形态称为‘能指’,符号所表达的对象意义称为‘所指’,‘意指’是‘能指’和‘所指’的结合体,三者构成了符号系统结构的三个要素。”②“故事”作为一种符号,外在形态所呈现的是故事本身,所表达的对象意义是国家形象或是其价值构成。故事的设计者和创作者通过对故事的设计和呈现能够实现意义的符号化,故事当中IP符号的生产和运作作为重要符号发挥作用,所传达的意义能够通过特定的IP形象得以呈现。

(二)作为内容的“故事”:国家形象建构的要素

“故事”不是空洞的,包含时间、地点、人物、起因、经过、结果等基本要素,通过几个要素的“排列组合”,呈现出具体的、实在的内容。作为内容的“故事”,是国家形象建构的要素,具体的建构过程离不开故事内容当中的各个重要元素。

国家形象是“在物质本源基础之上,人们经由各种媒介,对某一国家产生的兼具客观性和主观性的总体感知”③。建构主义理论强调学习的主动性,认为学习离不开社会互动。从建构国际关系理论的视角来看,“一国的国家身

① 王仕民、陈文婷:《铸牢中华民族共同体意识的符号表达》,《民族学刊》,2021年第9期。

② 王仕民、陈文婷:《铸牢中华民族共同体意识的符号表达》,《民族学刊》,2021年第9期。

③ 刘继南、何辉等:《中国形象:中国国家形象的国际传播现状与对策》,中国传媒大学出版社,2006年,第5页。

份，既包含主体国家对自我的观念，也包含作为他者的对象——国家对该国的观念，是国家间行为交往互动和观念共享的产物”[①]。“故事”是国家形象的间接源像，是对原始物质源像进行选择和加工的结果，进而构成国家形象的建构要素。“故事”作为国家形象建构的要素，融入了一个国家政治、经济、文化、社会等诸多方面的内容。然而能够构成国家形象建构要素的内容并非各个领域的全部内容，也不是其中的任意内容，具体内容素材的选取包含着一定的选取逻辑，最终呈现出的是各个方面当中宏观、中观、微观层面具有一定代表性的内容的缩影。对于代表性素材的故事化呈现，成为人们认识和了解一个国家的重要内容。

（三）作为载体的“故事”：国家形象传播的途径

“故事”作为一种内容载体，成为国家形象传播的途径。媒介技术与传播格局不断变化，传播载体也正不断升级更新，内容传播不再局限于通过图片、文字、墙画这类静态载体进行，还能够通过音频、视频、动画等动态载体展开。作为内容载体的“故事”，同样赋予国家形象元素的呈现与传播更多机会。“学界对叙事学的研究从文学评论、教育学、心理学、社会学等逐渐转向国际政治领域，认为叙事在塑造国家身份、表达政治观点以及意识形态方面发挥了重要作用。”[②]故事化叙事是一种重要的叙事模式，能够吸引人们有意或无意地了解故事内容，进而对故事传达的观点产生理解和认同。“故事”这一形式走入政治领域，使“故事”本身的价值更大化，通过“故事”的讲述，能够促进国与国之间的进一步了解。“故事”作为一种承担着国家形象元素的载体，成为传播国家形象的重要途径。“故事”作为一种内容载体时，如同一个特殊的容器，容纳和承载着传播者想要传达给大众的信息内容和意义，这一“容器”

① 李智：《中国国家形象：全球传播时代建构主义的解读》，新华出版社，2011年，第24页。

② 王守都：《美国“印太战略”概念构建与政策现状——基于战略叙述框架的分析》，《亚太安全与海洋研究》，2019年第3期。

使这些内容和意义避免了直接“暴露”在公众面前，取而代之的是通过“故事”载体开辟了新的传播途径，实现了更为巧妙的传播。

（四）作为工具的“故事”：国家形象传播的手段

作为工具的“故事”，能够发挥工具性的作用，成为国家形象建构与传播的手段和方式。工具质量的优劣会影响工具使用者工作效率的高低，“故事”的好坏同样能够显著影响国家形象建构和传播的效率和效果。

传播者通过故事手段开展传播活动，考验的是故事质量，高质量的故事能够增强传播力，提高传播效果；低质量的故事会阻碍和降低传播的广泛性和深入性。从整体上看，相较于节奏平缓的直接叙述，具有情节起伏的故事叙述形式更容易受到大众的欢迎，直接的文化或价值输入可能会触发人们的抵触心理，“故事”这一形式往往比较容易被大众接受。故事经历了以口语、文字、多媒体为主要传播方式的几个阶段，从口耳相传的说书，到类型日趋丰富的书籍，再到当下动态化的音视频。在不同时期，故事都具有较强的说服力和感染力，人们在对故事的内容和情节表示认同时，往往倾向于自觉或不自觉地理解甚至认同故事所传达的意义和价值。

“故事”作为国家形象的符号化呈现，赋予故事及其构成要素以特殊意义，传递代表国家形象的文化和价值，通过具体的故事内容，凭借故事这一“载体”，建构和传播国家形象。第五代移动通信技术（简称5G）具有高速率、低时延和大连接的特点，这一技术的应用再度助推了传播的泛视频化，媒体纷纷进军短视频领域，通过短视频讲故事成为信息传播的重要方式。

二、国际传播中短视频故事化叙事的优势

据《第49次中国互联网络发展状况统计报告》显示，截至2021年12月，

我国短视频用户规模达 9.34 亿。①在国际传播实践中，主流媒体纷纷进军短视频领域，利用短视频开展的故事化叙事具有显著优势。故事性短视频能够吸引更多注意力，甚至引来大众围观，“短视频 + 故事”的传播模式能够更大限度地满足人们的需求，故事当中的内容和“点”，人们更乐意听；“短视频 + 故事”模式的趣味化内容具有显著优势，故事化叙事具有的趣味性极大增强了信息内容的可读性；“短视频 + 故事”模式的情节化叙事，通过更为立体和形象的叙事，使大众能够听得懂原本稍显晦涩的内容；“短视频 + 故事”模式无处不在的情感“呼唤”，直接“触击”大众情感系统，使其对故事内容或是其中的某个或某些元素产生共情，对内容所传递的价值与意义也更能认同。

（一）“乐意听”：“短视频 + 故事”模式的需求满足最大化

短视频故事化叙事更容易吸引大众围观，对于故事当中的内容，大众更乐意听。短视频涵盖领域广泛，题材丰富，类型多样，具有庞大的受众规模，作为当下一种大众化的信息呈现形式和传播载体，短视频的形式更容易破解“流量密码”，捕获更多注意力。在此基础上，故事化叙事作为一种重要的叙事模式，与短视频这一形式的巧妙结合，有利于提升人们的体验感，满足人们的更多需求。“短视频的趣味性因素结合了新鲜有趣的热点话题、能够满足用户普遍的心理期待时，在一定程度上可以吸引用户关注并参与视频传播。”②5G 技术的应用加剧了“信息爆炸”的程度，注意力资源日趋稀缺，受众为中心的转向更为明确，注意力资源竞争激烈。故事化叙事模式赋予短视频新的吸引力元素，能够吸引大众对短视频内容自觉或不自觉地予以更多关注。人们在使用媒介时，往往倾向于渴望得到某种满足。短视频作为一种大众化的传播形式，具有“短平快”的特征，满足了人们快速获得或接触大量信息的需求。

---

① 《第 49 次中国互联网络发展状况统计报告》，中国互联网络信息中心（CNNIC），2022.2.

② 杨凤娇、孙雨婷：《主流媒体抖音号短视频用户参与度研究——基于〈人民日报〉抖音号的实证分析》，《现代传播》（中国传媒大学学报），2019 年第 5 期。

“短视频+故事”的模式，促使人们能够以更低的成本和更便捷的方式实现更大限度的需求满足。

（二）“听得进”：“短视频+故事”模式的趣味化内容优势

在“短视频+故事”的模式下，趣味化内容的优势尤为凸显。短视频故事化叙事凭借其趣味性增强了信息的可读性，使大众能够真正听得进去所传递的内容，既能发挥吸引大众注意力的优势作用，还能达到帮助大众接受信息的效果。

大众倾向于并且越来越渴望接触趣味性、娱乐化的内容，俄国学者巴赫金在20世纪60年代提出了狂欢理论，在巴赫金所提到的狂欢节里，人们亲密接触，与世界融为一体。为了实现和增强短视频的趣味性，短视频的设计者和创作者从内容设计出发，考虑和采取多种方式和技术手段赋予短视频趣味性元素。趣味性元素的引入使大众在观看短视频时感到轻松和愉快，接受信息并对信息进行解码的过程表现得更为顺利，对于所传递的各个内容及其所附带的意义更容易达到听得进去的效果。故事性短视频具有内容趣味化特征，区别于简单记录型、科普型的短视频，运用故事化叙事模式的短视频融入了“悬念、反转”等元素，使短视频更具趣味性。故事性短视频通过精巧的小故事，能够快速抓住大众的眼球，让大众获得故事带来的趣味性。短视频时长短，因此故事性短视频也擅长运用大反转或是留有悬念的方式处理视频的结尾部分，既满足了情节的完整性，又丰富了大众观看短视频时的感官体验，为大众留有思考的余地，使其能够参与联想与想象的过程，增强了趣味性。

（三）“听得懂”：“短视频+故事”模式的情节化叙事效用

短视频故事化叙事利于实现内容意义的表达和传播，使大众能够听得懂。“短视频+故事”模式强调通过“微剧情”解释内容，“微剧情”保留了剧情设计的基本原则，极大缩短了剧情长度，能够在更短的时间内帮助人们理解信息内容。

对于不常接触的、不熟悉的话题，人们在认识和理解的过程中往往存在较大难度。短视频进一步实现了信息内容的可视化呈现，帮助信息更高效地进行传播，但大多数短视频呈现信息的形式较为简单和单一，例如通过短视频对信息内容进行直接的总结式阐释。故事性短视频则将信息和意义寓于故事情节当中，通过故事情节传递信息，表达意义，使信息意义能够更为形象和立体地呈现在大众面前。短视频制作成本低、周期短，可以实现高效产出，保证较高的更新频率。故事性短视频具有传播持续化的特征，持续或连续的剧集，较高的更新频率，帮助传播者实现持续性的传播。故事化叙事将人们原本不熟悉的话题和内容融入故事设计中，通过精细的情节和结构安排，巧妙的人物设计，符合剧情的台词和配音，恰当的细节描写使原有的内容能够更为清晰地呈现出来。原本令大众感到不熟悉的、晦涩难懂的内容以更为立体化和形象化的形式呈现，人们观看短视频时，在剧情中就能够轻松地认识和理解特定事物，使人们对所传递事物感到更为亲切和接近，对于相应信息内容的掌握也更为顺利，帮助人们实现对内容的理解和意义的认同。

（四）"能认同"："短视频 + 故事"模式无处不在的情感"呼唤"

短视频故事化叙事更能够激发大众的情感共鸣，在情感共鸣和情感认同的驱使下，大众也更容易认同故事所传递的意义。"短视频 + 故事"的模式，将故事及其意义通过更短的时间呈现，也要求传播者通过最短的时间达到传播的目的。无处不在的情感"呼唤"作为一种重要手段被运用在短视频故事化叙事的实践中，加速促进大众对于内容和意义的认同。

情感社会学家诺尔曼·丹森认为，情感世界"是一个理解、解释和意义存在的世界"[①]。情感上的信赖往往能够促进大众产生某种认同。后真相时代的

---

① ［美］诺尔曼·丹森：《情感论》，魏中军、孙安迹译，辽宁人民出版社，1989 年，第 429 页。

今天，情绪先于事实，大众的注意力很难集中于某一事件本身，关注和了解事件的过程中，人们会不由自主地“跟着感觉走”，追求情感的宣泄和满足。后真相时代的大众心理特征正不断提示传播者，要获得大众对意义的认同首先要满足其情感需求，“情感牌”的掌握对于意义的传播十分有利。源于心理学的概念“共情”，是指“一个人能够理解另一个人的独特经历，并对此做出反应的能力”[①]。人们对于故事所引发的情感触动印象深刻，情感上的共鸣容易激发用户对故事的认同，进而形成对于故事所传达意义的认同。目前，不少故事性短视频在故事设计上加入了日常化的容易打动人的情节，以“亲情、爱情、老人、舍己救人”等方面的内容为典型，在情感上触及大众，引发共情，从而加深大众的印象。短视频故事被人们认为是有趣、有意义的，或是能够与大众产生情感共鸣时，大众也会愿意主动跟家人和朋友分享短视频或是短视频当中的内容，从而形成人际传播，有利于形成连续性的情感“呼唤”接力，实现传播的持续化。

短视频故事化叙事凭借其特定优势表现出更强的传播力，达到了更好的传播效果，使大众对于视频内容更乐意听，更容易听得进去，进一步才能够听得懂，对视频传达的意义能认同。短视频故事化叙事的优势无法遮蔽这一过程当中存在的问题，故事性短视频的设计、创作和传播过程中，仍可能陷入到一定的困境当中。

三、国际传播中短视频故事化叙事的困境

故事性短视频在国际传播的实践中发挥着重要作用，短视频故事化叙事的设计、创作和传播过程中，同样也存在一些方面的问题。短视频故事化叙事

① ［以色列］尤瓦尔·赫拉利：《今日简史：人类命运大议题》，林俊宏译，中信出版社，2018年，第3页。

过程中，对于故事设计和视频呈现的娱乐化尺度较难把握；大量的同质化内容透露出故事创意创新力不足的问题；长期的历史互动中，形成了中西方二元叙事模式，二元叙事下的传播生态长期形塑着世界各国人民的思维与认知体系，传播者在讲故事的过程中容易陷入语境困境；故事叙事讲究专门的技法，技法的欠缺导致短视频故事化叙事在摸索前进的过程中仍然存在策略层面的缺陷。

（一）尺度难题：政治性与娱乐化程度难平衡

短视频故事化叙事使短视频的趣味性、娱乐化程度显著增强，这也引发了娱乐化尺度难把握的问题。“讲好中国故事”是当下中国国际传播的重要工作，国际传播具有较强的政治性，因此故事的娱乐化程度应当严格限制在适度范围内。实际上，在实际的短视频创作实践过程中，娱乐化尺度的把握具有一定难度。

现实生活中严肃的规则与界限令大众感到拘束，从而更加倾向于追求临时性的狂欢与快感，娱乐化的内容更容易令人们感到轻松和愉快，也因此受到大众的欢迎。尼尔·波兹曼曾在《娱乐至死》中指出，“一切公众话语日渐以娱乐的方式出现，并成为一种文化精神。我们的政治、宗教、新闻、体育、教育和商业都心甘情愿地成为娱乐的附庸，毫无怨言，甚至无声无息，其结果是我们成了一个娱乐至死的物种”①。在互联网时代，“受众”向“用户”的身份转变，意味着传播权力的下放，去中心化的传播模式要求媒体在内容创作时要充分了解大众需求。注意力竞争中，用户对于娱乐化、狂欢化体验的追求“呼唤”媒体关注，娱乐化尺度问题容易遭到轻视或忽视。主流媒体承担着重大的社会责任，要发挥积极的引导作用，对内容的严肃性和表现形式、手法上的娱乐化程度进行合理地平衡和把握。政治性与娱乐化程度的平衡难以通过参考具体

① ［美］尼尔·波兹曼：《娱乐至死》，章艳译，中信出版社，2015 年，第 4 页。

的量化指标达成，娱乐化程度过高时会增加信息风险和舆论风险，娱乐化性表现不足时大众注意力会呈现出减退趋势。

（二）创意不足：同质化内容溢出

短视频故事化叙事的创意创新力不足，体现在大量溢出的同质化内容。同质化原本主要指不同品牌产品在一些方面相互模仿，逐渐趋同的现象。内容的同质化主要表现为作品内容、创意方面出现的相同或相似的情况，同类内容或剧情反复出现会极大影响大众观感和信息内容的实际传播效果。

网络与媒介技术快速发展，为短视频内容创作和传播提供了极大便利，内容产量也呈现出大幅度上升的趋势。短视频内容整体已经呈现出“供大于求”的现状，各类内容齐聚，内容再创新的难度逐渐增大，大规模的短视频当中不可避免地存在大量同质化内容或剧情。短视频的设计者和创作者在进行故事的设计与创作时，容易有意或无意地生产出同质化内容。有意地产出同质化内容主要是指，内容生产者明知某一创意已经存在较大量的相关内容仍继续模仿这一创意，或是为了降低成本直接选择模仿既有创意；无意地产出同质化内容主要是指，内容为生产者原创，在内容生产者不清楚创意已经存在的前提下造成的创意“撞车”现象。实际上，无意地产出同质化内容在很大程度上是由于内容生产者受到了既有内容创意潜移默化的影响，而创作者本人可能不自知，误把习得性创意当作自己的原创性创意。

短视频具有平民化、低门槛的特点，传播权力下放，几乎人人都能进行短视频的生产和传播，所呈现在大众面前的是大量的短视频账号和短视频内容凭借优质创意获得众多关注和红利。实际上，在这场华丽盛宴的“幕后”，更多的是激烈的流量争夺和感叹创意难的“哀嚎”，爆火的内容始终只是巨大内容池当中的一小部分。短视频故事创意创新成为难题，讲好中国故事固然也存在创意创新的这一难题，国际传播工作的政治性要求的限制更加加剧了故事创意创新力不足的问题。

（三）语境差异："对空言说"的传播困境

长期以来，在社会和自然环境的多重因素影响下，传播过程中存在信息传播者和接收者的隔阂，历史互动中形成的中西方二元叙事模式，导致短视频故事化叙事存在语境困境。传播过程中的隔阂，会造成"'自我'和'他者'之间的矛盾，就是不同文化背景的投射差异，这种矛盾往往会产生传播壁垒"[①]。"社会历史语境涉及与种族、性别、阶级等社会身份相关的意识形态关系"[②]，不同的社会身份固然会导致语境的差异。讲好中国故事既要对内讲，也要对外讲。因此讲述故事时，既要进行立足本我的自我观照，用"局内人"的观点来阐释本族文化；也要立足他者进行对他者的关照，用"局外人"的角度看问题。中国媒体长期以来注重宏大叙事，"红色经典"故事深入人心。

从本国人角度看，国人对国家政治、经济、文化、社会、历史等方面的基本情况普遍有着一定程度的了解，对于媒体所传播的文化和意义更容易理解，"红色经典"故事具有较大的影响力。从世界性角度看，其他国家人民对于中国各方面的基本情况缺乏真实的了解，能够进行了解的渠道十分有限，理解媒体所传播的文化和意义是具有难度的，"红色经典" 故事的传播力受到限制。长期以来，西方国家占据极大的话语优势，在对中国基本情况认识不足的前提下进行相关的信息传播和宣传活动，不利于中国国家形象的客观呈现，会阻碍各国民众对中国进行客观的认识和了解。反思中国以往的叙事方式，仍然可以发现自身的一些缺陷，尤其体现在话语模式的单一性和应变能力的不足。"西方人更喜欢接受日常化、个人化、自然流淌的故事"[③]，在话语表达上也存在特异性，这就要求创作者要能够设计不同类型的内容，避免陷入语境

① 汤文靖、王密林：《纪录片〈智造美好生活〉的故事化叙事创新》，《电视研究》，2022 年第 6 期。

② 胡正荣：《智能化背景下国际传播能力提升与人类命运共同体构建》，《国际传播》，2019 年第 6 期。

③ 张毓强、黄珊：《中国：何以"故事"以及如何"故事"——关于新时代的中国与中国故事的对话》，《对外传播》，2019 年第 3 期。

困境。目前,媒体进行故事化短视频的设计和创作时,仍保留着较为显著的“以我为主”的习惯,这就导致所生产的内容容易陷入到“对空言说”的困境当中。

(四)策略缺陷:故事化叙事策略待优化

故事化叙事有专门的技法讲究,技法水平的高低影响故事水平的高低和短视频呈现效果的好坏。目前,短视频故事化叙事仍存在具体策略方面的缺陷。从宏观设计层面看,多数创作者进行故事性短视频的创作时,表现得相对比较“保守”,设计上局限于对原本故事的直接描述,导致短视频的故事感不强且表现生硬。从各微观层面看,在对故事进行展开叙述的具体方法、切入点、视角、结构等方面仍待优化。

故事始终不欠缺,欠缺的是好故事,“讲故事”讲究方法,在“讲故事”之前要先掌握具体方法,而多数创作者对于方法的掌握是欠缺的。故事的切入点不宜过大或过小,恰到好处的切入点能够极大提升故事的可读性,切入点的选择也是故事叙述的一个难题。故事性短视频存在叙事视角单一的问题,会造成叙事话语不够灵活的结果,针对不同的故事内容,叙事视角可以表现出差异性,而这种合理的差异性目前很少在故事叙述中得到体现。故事情节设计不合理、条理不清楚也是短视频故事化叙事的一大问题,不合理的剧情设置最终会使故事给人以混乱、无头绪的感觉,短视频原本想要表达的意义被削弱或消解,丢失了极大的传播价值。故事化叙事策略的不足会直接影响故事呈现的效果,不利于“讲好故事”,进而阻碍意义和价值的传递。

短视频故事化叙事在目前仍存在一些问题,政治性与娱乐化程度难平衡、同质化内容溢出、语境差异下“对空言说”的传播困境、故事化叙事策略待优化,亟需通过多重有效措施帮助短视频故事化叙事脱离困境,更好发挥优势作用,实现更为高效的传播。

四、国际传播中短视频故事化叙事的优化路径

国际传播具有的政治倾向性要求短视频的设计者和创作者明确政治性原则，创作出具有重要意义和价值的内容，在创作过程中，注重“道”与“技”的双重实现；通过人工智能技术辅助人工，优化素材选择；通过人才引进和创意征集的方式增强内容创意创新力；通过专业翻译手段实现语义和意义转化，破除语境之困。

（一）“道”与“技”的双重实现

短视频故事化叙事，既要确保“道”的实现，也要注重“技”的提升。所谓“道”就是指道理、想要表达的意义，“技”就是“技巧、技法、技术”。“道”与“技”的双构能够提升短视频故事化叙事的水准，进而有利于传播效果的提升。“国际传播是在民族、国家或其他国际行为主体之间进行的、由政治所规定的、跨文化的信息交流与沟通，与国家利益相关联，带有明显的政治倾向性。”[①]短视频故事化叙事要明确政治性原则，实现更具意义和价值的传播。“道理与技巧同时存在于叙事作品中，故事化的电视新闻也不例外。媒体从来不是为讲故事而讲故事，故事的背后是意义，是所要传达的理念，即所谓‘道’。”[②]讲好中国故事不仅是在讲故事，更是旨在传递故事背后的意义和价值，进而展示中国在各个方面的文化，呈现中国国家形象。直接讲道理的方式具有较强的目的性，所传达的理念与人们的既有观念存在差异性时，信息的接受度会降低，“技”的重要性凸显。

---

① [美]罗伯特·福纳特:《国际传播——全球都市的历史、冲突及控制》，华夏出版社，1999年，第7页。

② 韩韶君:《讲好中国故事:“一带一路”背景下电视媒体国际传播策略》，《电视研究》，2019年第6期。

短视频故事化叙事,要传达故事的意义,通过一定的技巧和方法,能够提高讲故事的效率和效果。故事来源于现实,并不意味着讲故事可以对“现实”事件直接照搬照抄,故事并非是对于故事素材的简单堆砌,而是要按照一定的逻辑重新梳理并理清故事线,运用多种技巧和手法,建构一个源于现实,并“高”于现实的故事。短视频故事化叙事过程中不仅要提高讲故事的技巧和能力,即杨义先生所谓的“技”,更要在本质上明确根本的政治性原则,避免过度娱乐化倾向,传递有意义、有价值的内容,即所谓“道”的实现。

(二)人工智能技术优化素材选择

故事素材是故事建构的重要基础,素材的质量会影响最终故事呈现的效果,重视素材选择工作是十分必要的。短视频故事化叙事可以通过人工智能技术优化素材选择,帮助传播者实现更为高效和精准的素材选择。

短视频故事化叙事首先要选定故事的选题和素材,好的选题和素材是讲好故事的重要前提。故事素材往往来源于生活,类型多样,内容丰富,具有较强的广泛性、复杂性。故事素材的质量衡量,一方面是要考察素材是否具有较大价值,其中又包括素材的合理性和导向性;另一方面要考虑素材是否合适,即在某一场景是否适用。具有价值的内容未必就是合适的内容,合适的内容未必具有较高价值,当素材的价值性与适用性相协调,达到一定的平衡点时,就达到了基本的质量要求。

短视频的设计者和创作者在进行策划和准备时,难免会受到个人主观意志的影响,在素材选取过程中难以做到高度客观、理性。并且,人们对于事物和整体环境的认识往往都是局部和不全面的,在选择上未必能够考虑周到。“讲好中国故事”不仅是一场对内的实践,更是一项面向整个世界的重要工作,需要考虑不同环境背景下各方面因素的问题。“人工智能技术的应用提升了传播内容对不同受众文化背景的适应性”[①]，通过深度学习，机器人可以得出不同语言和文化背景下的受众偏好，有助于实现更为精准的素材选择。人工智能技术辅助人工进行选题策划和素材选择，能够极大克服人的主观意志干扰和不全面认知的缺陷，实现更为理性和精准的设计与选择。

（三）增强故事创意创新力

短视频内容存在严重的同质化现象，很多故事剧情被反复套用，创意创新力呈现出明显不足，内容缺乏活力。优化短视频故事化叙事，要不断激发内容创意创新力，避免陷入同质化浪潮，凭借具有新意的内容吸引和占据大众注意力。

内容市场供大于求的局面增加了创意创新的难度，需要满足一定的前提才能更好地实现创意创新。专业知识与素养，充足的时间和精力有利于人们创造出更具创意的内容。主流媒体作为“讲好中国故事”的重要力量，不乏具备较高知识水平与业务水准的专业人才，但其专业人员既有业务占据大量时间和精力，不利于开展更多创意性工作。主流媒体进一步提高创意创新力，可以从“内”与“外”两个层面入手。就“内部层面”而言，主流媒体要积极引进专业人才，成立专门的短视频工作小组、团队或部门，集中力量提高工作效率和质量，激发内容创新力；就“外部层面”而言，面向社会更大范围，还可以通过民间征集，向大众征集“好点子”，集思广益，获得更多创意。

（四）翻译转化破语境之困

不同语言结构存在差异性，不同国家历史文化等因素的影响，导致了语言表达模式和风格的多样化与个性化，加剧了不同语言间的差异性。短视频故事化叙事可以通过翻译转化破解语境之困，译者适当放弃“形式对等”，能

---

① 胡正荣：《智能化背景下国际传播能力提升与人类命运共同体构建》，《国际传播》，2019 年第 6 期。

够尽可能实现更大程度的“意义对等”。“语义由直接意义和间接意义构成，是一个具有双重结构的概念。多数情况下，译者往往会放弃形式对等，甚至对语义进行修改，从而实现源语文本的某些功能性目的。”[①]翻译往往不仅是为了实现从一种语言向另一种语言的转换，更是为了实现意义的传递。翻译过程中，每一字、词、句、篇的具体含义和意义以及结构的设计，共同作为基础层面的转化工作，为更深层面的意义转化做好准备。讲好中国故事不仅是要对内讲，更要对外讲，让中国故事“走出去”。

中国故事“走出去”过程中面临的极大问题就是，世界各国在语言和语境上都存在不同程度的差异，对于同一事物或意义的表达存在明显不同。长期以来，历史文化等方面因素的综合影响，导致不同国家已经形成了具有各自特色的话语模式，各个国家的话语模式在历史演进中不断趋于一种稳定的状态，要想打破一个国家既有的话语模式是十分困难的，也是不切实际和不尽合理的。基于不同国家间的话语差异，传播过程必然存在话语困境，需要在语言间的翻译转化过程中缓解和解决这一问题。媒体建立好短视频故事模型，还需要专业翻译运用翻译技巧进行巧妙转化，通过直译、合译、意译等具体方式，以具体表达形式的“不对等”尽可能实现本质意义上的“对等”。

面对故事性短视频生产、传播过程中可能存在的问题，重视“道”与“技”的双重实现，通过人工智能技术优化素材选择，“内外合力”增强故事创意创新力，通过翻译转化破解语境之困，短视频故事化叙事困境能够逐渐得到突破。

中国在故事化传播的道路上已然有着一定的经验，从过去的“红色经典”影视剧到如今对短视频的探索和进军，这一发展与变化是必然趋势，也是对主流媒体的新的责任与要求。讲好中国故事，做好国际传播工作，要“透过历

① Baker, M.and K.Malmkjr(eds.), *The Routledge Encyclopedia of Translation Studies*(*1st edition*), London and New York: Routledge, 1998, pp.4–6.

史和文化故事的'软传播''巧传播'来唤醒国家间的共同记忆"①。故事之于国家形象的建构和传播,发挥着重要作用,成为国家形象建构和传播的途径与方式。充分利用故事化叙事的优势,使大众对于短视频内容更乐意听、听得进,也能够听得懂,对短视频传达的意义能认同。积极面对短视频故事化叙事过程中面临的政治性与娱乐化程度难平衡、同质化内容溢出、语境差异导致的"对空言说"困境、故事化叙事策略待优化的问题,重视"道"与"技"的双重实现,通过人工智能技术优化素材选择,"内外合力"增强故事创意创新力,通过翻译转化破解语境之困,从而进一步改善与提升国家形象。

参考文献

[1]程曼丽:《中国国际传播能力建设的当务之急》,《新闻与传播评论》,2021年第5期。

[2]蔺叶坤:《"讲好中国故事"的叙事逻辑及实践路径》,《传媒》,2022年第7期。

[3]范红、苏筱:《国家形象与文化符号体系的战略传播——基于日本文化符号传播实践的考察》,《现代传播》,2022年第6期。

[4]赵毅衡:《符号学原理与推演》,南京大学出版社,2016年。

[5]王仕民、陈文婷:《铸牢中华民族共同体意识的符号表达》,《民族学刊》,2021年第9期。

[6]刘继南、何辉等:《中国形象:中国国家形象的国际传播现状与对策》,中国传媒大学出版社,2006年。

[7]李智:《中国国家形象:全球传播时代建构主义的解读》,新华出版社,2011年。

① 张昆、张铁云:《"共识"与"共识的程度":国家形象认知的别种维度》,《现代传播》(中国传媒大学学报),2019年第6期。

[8]王守都:《美国“印太战略”概念构建与政策现状——基于战略叙述框架的分析》,《亚太安全与海洋研究》,2019 年第 3 期。

[9]《第 49 次中国互联网络发展状况统计报告》,中国互联网络信息中心(CNNIC),2022.2.

[10]杨凤娇、孙雨婷:《主流媒体抖音号短视频用户参与度研究——基于〈人民日报〉抖音号的实证分析》,《现代传播》(中国传媒大学学报),2019 年第 5 期。

[11][美]诺尔曼·丹森:《情感论》,魏中军、孙安迹译,辽宁人民出版社 ,1989 年。

[12][以色列]尤瓦尔·赫拉利:《今日简史:人类命运大议题》,林俊宏译,中信出版社,2018 年。

[13][美]尼尔·波兹曼:《娱乐至死》,章艳译,中信出版社,2015 年。

[14]汤文靖、王密林:《纪录片〈智造美好生活〉的故事化叙事创新》,《电视研究》,2022 年第 6 期。

[15]胡正荣:《智能化背景下国际传播能力提升与人类命运共同体构建》,《国际传播》,2019 年第 6 期。

[16]张毓强、黄珊:《中国:何以“故事”以及如何“故事”——关于新时代的中国与中国故事的对话》,《对外传播》,2019 年第 3 期。

[17][美]罗伯特·福纳特:《国际传播——全球都市的历史、冲突及控制》,华夏出版社,1999 年。

[18]韩韶君:《讲好中国故事:“一带一路”背景下电视媒体国际传播策略》,《电视研究》,2019 年第 6 期。

[19]胡正荣:《智能化背景下国际传播能力提升与人类命运共同体构建》,《国际传播》,2019 年第 6 期。

[20]Baker,M.and K.Malmkjr(eds.),*The Routledge Encyclopedia of Translation Studies*(*1st edition*),London and New York:Routledge,1998.

[21]张昆、张铁云:《"共识"与"共识的程度":国家形象认知的别种维度》,《现代传播》(中国传媒大学学报),2019年第6期。

数字传播中音乐作品著作权保护问题研究

崔金珍　刘霄静

[摘要]目前数字音乐市场占我国整体音乐市场的90%以上。数字传播技术不仅有使音乐作品获得更广泛传播的积极效应，也使得盗扒、盗录等侵权行为普遍发生。加之我国的音乐许可体系并不完善，难以对各类数字音乐平台的侵权行为进行制度上的限制，导致音乐作品著作权保护陷入困境。因此有必要构建一个在不强制干预著作权人自行对外授权的基础上，推广集中许可，结合强制许可模式兜底，在某些特殊的必要领域保留法定许可的音乐许可体系，并结合技术手段监管侵权行为，以破解目前困境。

[关键词]数字音乐；版权保护；集中许可；强制许可

一、引言

目前，数字传播技术的快速发展使音乐作品大范围快速传播成为可能，

作者简介：崔金珍，天津财经大学法学院教授；刘霄静，天津财经大学法学院硕士研究生。

著作权人因此有机会获取更高版权费及更大知名度，进一步促进了音乐创作领域的繁荣。但同样由于数字技术的发展，对于音乐作品的盗录、盗扒以及再上传成了一种成本极低但收益极高的行为。加之我国的音乐作品许可体系并不完善，集中许可制度未被广泛接受，也未引入强制许可制度，导致使用人寻求许可难度过高，可能引发其转向使用盗版音乐。与此同时，盗版音乐依托快速而广泛的数字传播，会极大冲击收费相对高的正版音乐，危害正版音乐传播以及著作权人权利保护，最终影响音乐作品市场的健康发展。

二、问题的提出

依托于互联网技术产生的数字传播已经极大改变了目前的音乐行业生态。[①]当音乐作品开始依托于数字技术，其传播的低成本与广范围迅速且严重的冲击了传统音乐市场。我国在音乐市场领域有两个显著的特点：一是市场规模大，2021 年中国为全球第六大音乐市场，收入 10.59 亿美元。[②]二是数字音乐市场规模远超实体唱片市场，我国目前数字音乐销售收入占比超 90%，这种超高占比在其他国家较为罕见，德国 2021 年实体音乐销售额占比为 23.6%，[③]法国这一数据为 48%，[④]而日本 2020 年实体音乐销售收入则达到了 71.3%[⑤]。

由于数字音乐市场的庞大规模及其在整体音乐市场中的超高占比，提供

① 曾田：《网络内容平台竞争与反垄断问题研究》，《知识产权》，2019 年第 10 期。

② Global Music Report 2022，ifpi，https://www.ifpi.org/wp-content/uploads/2022/04/IFPI_Global_Music_Report_2022-State_of_the_Industry.pdf.

③ Musikgesch?ft in Deutschland bald zu vier F ü nfteln digital，BVMI BUNDESVERBAND MUSIKINDUSTRIE，https://www.musikindustrie.de/presse/presseinformationen/musikgeschaeft-in-deutschland-bald-zu-vier-fuenfteln-digital.

④ MARCH é 2021 DE LA MUSIQUE ENREGISTR é E：UNE CROISSANCE SOUTENUE ，SNEP，https://snepmusique.com.

⑤ The Recording Industry in Japan 2021，RIAJhttps://www.riaj.or.jp/f/pdf/issue/industry/RIAJ2021C.pdf.

数字音乐在线播放与下载的平台业已成为音乐市场中最重要的主体。在线音乐平台大致可以分为两类,一类是网络用户自制的在线音乐平台,此类网站提供的基本均为没有获得著作权人授权的盗版音乐;一类是正规的大型平台,平台自身提供的全部是正版音乐,但值得注意的是,其自身虽然并不直接提供盗版音乐作品,但为了吸引更多的用户,对于平台用户自行上传没有版权的音乐或者未经授权而翻唱的歌曲等行为监管并不严格。这些明显的侵权行为都会给我国音乐作品保护带来困难。

此外,在数字传播技术极大冲击音乐作品保护的背景下,我国并未建立起适配新技术的音乐作品许可制度体系。目前我国的许可体系主要是"自愿许可+法定许可"模式,著作权人自行向外许可是主流做法,部分加入著作权集体管理组织的著作权人由该组织集中许可,同时在法律明确规定的部分领域适用法定许可。事实上,在数字传播技术条件下,集中许可和强制许可是解决盗版音乐困境的良策,但我国在此两项制度的建设上较为欠缺。

本论文将在流量经济、数字传播技术和不完善的许可制度三个维度上分析目前我国音乐作品遭遇保护困境的原因,并在此基础上对数字传播背景下音乐著作权保护框架的建设进行构想。

三、流量经济与数字传播技术:各类数字音乐平台屡屡侵权的原因

上文已经提及,我国的数字音乐平台大致分为两类:一类是正规的大型平台;一类是网络用户自制的在线音乐平台。但是这两类平台均存在着不同程度的侵害音乐作品著作权问题, 其共同的原因在于对于更高利润的追求。但具体来看,其侵权的成因并不相同,有必要区分分析。

（一）流量经济：正规音乐平台屡屡侵犯著作权的底层逻辑

我国的数字音乐大规模正版化始于2015年，同年国家版权局发布《关于责令网络音乐服务商停止未经授权传播音乐的通知》，QQ音乐、酷狗音乐、网易云音乐等大型数字音乐平台下架了大量盗版音乐作品，目前此类平台官方上传的音乐已经全部为取得授权的正版音乐。但质言之，数字音乐平台的运行仍遵循互联网企业“流量经济”的底层逻辑。互联网企业的营收来源主要分为两大部分，一部分是网站提供收费服务，直接向用户收取会员费或者服务费；第二部分是依据流量而吸引的广告投资，这部分往往给互联网企业提供巨额的营收。因此数字音乐平台希望自己能够最快速的提供最全面的音乐作品来吸引用户，非常强调音乐作品的传播效率，理想状态是新歌一经创作完成就能立刻上线自己的平台。但是音乐作品著作权人对于自己作品的核心诉求是最大限度的保护自己的著作权，尤其是著作财产权。这两种不同的利益诉求必然产生冲突，数字音乐平台希望著作权人迅速将自己作品以较低的价格授权给平台播放，但著作权人希望通过深入的谈判寻求更高的授权价格和更多的宣传造势以维护自己的著作权益。但在面对大型平台时，除少量头部音乐人外，大部分著作权人在谈判中处于弱势地位，面对平台提出的可能损害著作权的要求只能被动接受，长期来看这也导致了音乐作品保护的困境。

同样，依据“流量经济”重视平台用户数量的逻辑，数字音乐平台目前对于用户自行上传没有版权的音乐作品以及未经许可的翻唱歌曲这两种侵权行为的态度十分暧昧，往往利用“避风港”原则默许此类行为以吸引更多的希望免费收听歌曲的用户。第一，上传没有版权的音乐作品实际上就是盗扒行为，用户将某一音乐作品的音源进行盗扒后通过修改作品名称或歌手名进行伪装，然后上传至音乐平台。例如BLACKPINK的歌曲Pink Venom正版在QQ音乐售价4元，但是在QQ音乐中仍能找到多首用户自行上传的经过修改歌名的原版歌曲。第二，用户自行上传未经许可的翻唱歌曲现象也极为普遍，仍以该歌曲为例，在QQ音乐和网易云音乐都能轻易的找到用户自行翻唱的版本，听起来均与原版相似度较高。网易云音乐上该歌曲的某首翻唱甚至被官方打上了“超55%人播放”的标签，平台对此类行为的态度可见一斑。依据我国《信息网络传播权保护条例》第14、15条的规定，类似数字音乐平台这类的网络服务提供者对于盗版音乐作品负有的是“通知－删除”义务，但是大部分的著作权人很难有精力和技术去逐一监控侵犯自己版权的行为，并通知平台删除，加上平台的默许行为，导致了如今正规平台上盗版音乐仍屡禁不止的现状。

（二）数字传播技术：盗版音乐平台滋生的温床

除了正规音乐平台中出现的某些盗版音乐，盗版音乐平台提供的音乐几乎全部没有获得音乐著作权人的授权，此类网站对于音乐作品保护危害极大。并且这种盗版网站数量众多、屡禁不止，例如“剑网2020”专项行动十大案件中查处的“0791DJ音乐网”，2014年查处的“音扑网”①、“我爱音乐网”②，都是此类网站的典型代表。

究其根本，在于数字技术使得音乐的复制和传播变得极为简单低价，且隐蔽性较强。传统的盗版技术依赖更多的硬件，例如录音机、光驱、光盘等，且需要行为人具备相应的专业知识。但随着数字传播技术的发展，新型盗版技术几乎只需要一台接入互联网的计算机，成本和难度急剧下降，且利润不断增加。其次，由于互联网的去中心化发展趋向，上传音乐的用户数量多、分布广，著作权人极难监控他们的侵权行为。可以说，互联网时代每一刻都在发生着复制、再上传的行为，甚至在这种背景下衍生出了“版权无用论”的观点，持有此观点的人认为版权无法在一个免费复制和传播的互联网环境中存在。

① 江某犯侵犯著作权罪案，安徽省黄山市屯溪区人民法院(2014)屯刑初字第00078号刑事判决书。

② 赵某侵犯著作权罪案，浙江省奉化市人民法院(2014)甬奉刑初字第311号刑事判决书。

此外，音乐作品本身的特点也成为其在数字传播时代易被侵权的原因之一。第一，音乐创作人享有的著作权不同于物权，其权利本身没有物质性，欠缺天然的排他性，部分人支持正版并不排斥部分人使用盗版；且其他用户欣赏盗版作品并不会损耗正版作品本身，对于著作权人经济利益的损害需经历一个较长的传导环节，因此盗版行为很难被及时发现。第二，从音乐自身特性来看，对比电子书和纸质书的差别，数字音乐与CD音乐的差别极小，因此数字音乐的接受度高；[①]并且音乐作品自身文件尺寸小，类型适宜数字传播，[②]两者结合就使得其在数字传播中被盗版的可能性变大。

四、数字传播中音乐作品版权保护困境的法律分析

除了数字传播技术本身导致的音乐作品侵权，现有音乐作品著作权许可制度体系不完善、不适应数字技术发展造成的新问题，也是导致数字传播中音乐作品著作权保护困境的原因之一。

（一）集中许可未被广泛接受

著作权集体管理最初产生是基于私人自治的理念，著作权人为了获取更大的话语权，进而联合形成了最初的著作权集体管理组织。而后，著作权集体管理组织逐渐流变，公权力逐步加入形成了现在各国主要以信托关系为基础的，为组织会员提供对外授权、收取许可费以及维权等一系列服务的组织。[③]著作权集体管理组织对于作品的许可方式为著作权集中许可，集中许可是将作品集中管理，相关权利按照一定的标准打包成若干集合，使用者通过某种

① 王迁：《著作权法限制音乐专有许可的正当性》，《法学研究》，2019年第2期。

② 蒋涵：《互联网环境下的音乐版权保护》，《知识产权》，2016年第7期。

③ 张惠彬、王怀宾：《著作权集体管理制度的反思与回应——信托视角下》，《中国编辑》，2022年第5期。

中介或是机制获得这些许可并支付报酬。集中许可制度除了依赖著作权集体管理这一路径，在欧美地区也存在通过商业性版权代理来实现集中许可的做法。[①]我国主要是著作权集体管理下的集中许可。但我国目前音乐作品领域的著作权集体管理组织中国音像著作权集体管理协会（以下简称：音集协）和中国音乐著作权协会（以下简称：音著协）其自身建设和相关配套法律制度并不完善，导致大量音乐人无法对其信任，进而选择绕开著作权集体管理组织自行授权。

诚然著作权属于私权，目前我国《著作权法》对于著作权人的授权方式并无过多限制。著作权人在除法定许可和合理使用情形之外，对自己作品的相关专有权利均享有授权他人以特定方式利用并获得报酬的权利。但是值得思考的是，完全由著作权人直接对外进行授权实际上并不利于音乐市场健康发展，也不适应如今的社会发展趋势。虽然由著作权人自行授权他人使用自己作品和由著作权集体管理组织进行集中授权都属于自愿许可的范畴。但对比二者，首先是许可效率的区别，在目前的信息网络时代，创作者遍布世界各地，使用者想要与其直接进行沟通和谈判是非常困难和高成本的。但每个国家或地区著作权集体管理组织数量少，联系方式一般会直接公布在其官网，可便于使用者联系。并且著作权的许可实质上是专业性极强的法律行为，著作权集体管理组织往往会由相应的法律人员来进行许可，也就避免了著作权人因缺乏法律专业知识而减损许可效率，甚至受到不公正待遇的可能性。其次对于整体音乐市场产生的影响也不同，《著作权集体管理条例》明确规定不能与使用者订立专有使用合同，即不得独家许可；然而大量选择自行对外授权的音乐人，尤其是头部音乐人，会将自己的作品独家授权给某一数字音乐平台以获取高额利润。以周杰伦的杰威尔音乐有限公司为例，其不是音集协和音著协的会员，并且其音乐作品一直以来都是在腾讯音乐娱乐集团旗下音

① 吴申伦：《UGC模式下我国有声书著作权集中许可制度研究》，《出版发行研究》，2021年第11期。

乐平台进行独播。独家授权的行为显然危害了音乐市场的健康发展，也减损了消费者福利。

此外，我国并没有引入著作权延伸性集体许可制度，在著作权延伸性集体许可制度下，政府通过立法授予著作权集体管理组织可以对特定的作品以及特定的用途进行许可的权利，即使被许可作品的著作权人并非该著作权集体管理组织的会员。该制度实质上就是引入强制性集体管理，我国在2012年的《著作权法修改草案》第60条曾经提出引入这项制度，但遭到了较大的质疑。有学者认为该项制度并不适合我国目前基于行政权力主导下形成的，本就未获取大部分著作权人信任的著作权集体管理体系。[①]本文也认同此观点，著作权延伸性集体许可制度强制性过高，极易导致著作权人的权利受损，也不适应我国音乐许可交易市场的现状。

我国目前集中许可领域的困境形成并不源于未引入著作权延伸性集体许可制度，而是源于著作权集体管理组织并未完全取得广大著作权人的信任。首先，我国著作权集体管理组织的行政性和垄断性较强。依据《著作权集体管理条例》相关规定，任何组织和个人必须在该条例的规定下设立著作权集体管理组织，在行政力量的主导下进行著作权集体管理。且设立新的集体管理组织，其业务范围不能与已经依法登记的著作权集体管理组织的交叉、重合。在行政性和垄断性的背景下，著作权集体管理机构很可能制定种种针对著作权人的不合理条款，例如过高的管理费，大小会员待遇不一致等条款。其次，我国著作权集体管理组织的自身建设并不完善，存在不公开不透明的情况。2020年新修订的《著作权法》规定：著作权集体管理组织应当建立权利信息查询系统，以便相关人员查询使用费和管理费的情况，且也应当将各类费用的相关情况定期向社会公布。但是配套的细则并未明确，现行《著作权集体管理条例》为2013年修订的版本，距今已接近10年，其中权利信息系统可

① 熊琦：《著作权延伸性集体管理制度何为》，《知识产权》，2015年第6期。

查询的内容并不包括使用费和管理费相关情况。然而著作权人普遍最关心版权费用结算和管理组织收取的管理费用是否被合理使用这两个问题。以上两个原因结合导致了我国著作权集体管理组织的“信任危机”，从而使我国集中许可的推广遭遇困境，使用者与著作权人谈判路径不畅，取得许可难度高，最终产生音乐作品被侵权问题。

（二）未引入强制许可制度

关于强制许可的定义和内涵目前学界仍有争议，各国立法也并未做出泾渭分明的定义，非自愿许可、法定许可、强制许可这三个词语内涵存在模糊和交叉之处。例如美国版权法对于非自愿许可的规定就较为模糊，很难区分其实质是强制许可还是法定许可。[①]我国的现行著作权法体系当中也只引入了法定许可的概念，而没有强制许可这一概念。世界知识产权组织 2004 年出版的《世界知识产权组织（WIPO）管理的版权及相关条约指南以及版权及相关权术语汇编》将法定许可与强制许可两概念进行区分，并统一归于非自愿许可体系之下。[②]本文将采用此种定义方法。法定许可是指法律直接给予授权的一种方式，在此种条件下使用人可以不经著作权人同意，只需支付费用（某些特定情况下可能无需支付费用）即可使用作品，例如《著作权法》第 42 条中规定的对录音制品翻录的行为。但此种授权行为往往还有一些其他的限制条件来保护著作人的权益。强制许可是指使用人必须先寻求著作权人许可，无法找到著作权人或者遭到拒绝之后可以向相关行政机关申请许可，行政机关审查之后符合条件可以进行授权。

法定许可由于法律直接授权，可能剥夺著作权人定价权以及选择权。知识产权虽然是出于实现特定公共政策的需要而确立的，[③]但究其本质仍然是

① 熊琦：《著作权法定许可制度溯源与移植反思》，《法学》，2015 年第 5 期。

② Guide to the Copyright and Related Rights Treaties Administered by WIPO and Glossary of Copyright and Related Rights Terms，WIPO，https://www.wipo.int/edocs/pubdocs/en/copyright/891/wipo_pub_891.pdf.

③ 王迁：《知识产权法教程》（第七版），中国人民大学出版社，2021 年，第 3 页。

私权，不宜为了公共利益过度的牺牲知识产权人的权益。应当将法定许可限制在某些特定的情况下，例如义务教育教科书中的引用这种出于公益目的的情况。而完全将授权依赖于直接向著作权人请求也有其弊端，在目前的网络时代越来越多的音乐作品被创作、上传，其传播范围可以轻松的突破国界的限制。此时希望使用音乐的人想要获得授权，就必须自行与著作权人联络，其中存在着巨大的信息差，首先很可能无法获取著作权人的联系方式，其次如果是跨国授权很可能面临种种沟通障碍，在经过多轮谈判后最终仍可能被拒绝。换言之，自愿许可虽然最大限度的保护了著作权人的利益，但是许可谈判成本高、并存在被不合理拒绝的可能性，使用人无法通过正当途径获取音乐作品，最终可能引发盗版。因此如果引入强制性弱于法定许可的强制许可作为补充，音乐使用人在寻求许可无果或者遭遇不合理拒绝之时就可以申请强制许可，借助行政力量来获取正版音乐。此外，强制许可实际上扮演了许可市场的兜底角色，督促著作权人自觉地减少不合理交易条件，也能够避免著作权人与下游的数字音乐平台合意达成独家授权，有助于音乐作品的保护和传播。①

然而我国目前并未引入相关规定，部分希望寻求正版音乐的使用人在遭遇许可困境之后转而走向了盗版，加剧了我国的音乐作品保护的难度。

五、数字传播背景下音乐著作权保护框架构建

数字传播背景下音乐作品的保护困境成因复杂，但主要是数字技术的迅速发展与现行法律法规未及时跟进的矛盾造成的。具言之，法律法规的不完善是该问题的内因，我们有必要加强相关法律法规的建设，并以此驱动数字技术的规范运作，加强民众的正版意识。此外，借助于技术手段构建更完善的

---

① 郑淑凤:《我国录制录音制品法定许可的制度定位、完善思路与建议——兼议〈著作权法〉修改》,《科技与法律(中英文)》,2022年第2期。

监管系统是破除音乐作品在数字传播技术下遭遇保护困境的另一有效手段。

(一)加强著作权集体管理组织建设

在数字传播技术背景下,保护音乐作品很大程度依赖一个完善的许可体系,本文认为可以在不强制干预著作权人自行对外授权的基础上,推广集中许可,并结合强制许可模式兜底,最后在某些特殊的必要的领域保留法定许可。对于著作权人来说,愿意将自己的音乐作品广泛向外授权的可以与著作权集体组织签订协议,由著作权集体组织集中许可;如果某些音乐人从其自身的获利角度考虑,希望保留独家授权的权利,不参与著作权集体组织的集中授权,例如杰威尔音乐有限公司,那么此时使用人可以通过强制许可正当的获取其音乐授权。

目前我国集中许可未被大规模接受主要是由于著作权人对于著作权集体管理组织的不信任。因此加强著作权集体管理组织自身建设是解决此问题的当务之急。

首先,著作权集体管理组织应当完善许可费用确定和转付的相关规定和配套设施。目前我国《著作权集体管理条例》规定应当根据权利人的作品或者录音录像制品等使用情况制定使用费转付办法。但现实中,音著协和音集协并未建立完善的作品使用追踪机制,尤其是在“一揽子许可”情况下很难确定作品被使用了多少次,因此难以明确应当给付著作权人的许可费数额。因此应继续细化许可费的收取标准;并逐步建立音乐作品使用追踪系统,将作品使用的次数、方式等等进行追踪和明确以计算许可费,最后向著作权人公示。

其次,目前我国《著作权法》明确规定著作权集体管理组织为非营利法人,其只能从使用费中提取一定比例的管理费,而不能收取报酬。但此项制度会降低著作权集体管理组织的运营积极性。有学者提出,我们应当在行政性主导的著作权集体管理组织之外设立营利性、民间的此类组织。①其实质为引入"自由竞争型"的著作权集体管理模式,但此制度并不适合我国国情,我国的《著作权法》与英美等国的构建路径是根本不一致的,我国立法中已经明确承认了我国集体管理组织的相对垄断地位。此外,我国公众的正版意识与国外,尤其是一些传统的西方资本主义国家对比来说较为薄弱,盗版频发,在这种背景下,一个相对由行政机关主导的垄断性集体管理组织是更利于著作权人权利保护的。②因此如果贸然允许民间设立营利性著作权集体管理组织,会直接冲击我国的著作权集体管理组织法律体系,也并不利于音乐作品的保护。本文认为,可以在保留管理费的基础上允许现有著作权集体管理组织获取一定比例的报酬,用于激励工作人员和提升机构建设。具体来说,首先著作权集体管理组织应当明确管理费的提取比例并进行详细的记录;其次法律法规可以明确著作权集体管理组织收取报酬的比例或者数额;最后以年度为单位,详细编辑使用费收取情况、管理费以及报酬的提取情况,并定期主动向著作权人公示。目前我国著作权集体管理组织未被大多数著作权人认可主要是因其各类费用的不公开不透明,致使著作权人认为自己的权利有受侵害之虞。现行《著作权集体管理条例》规定,著作权集体管理组织对于各类费用收取、支出应当记录并保留以供查阅,但并未有主动公开的规定,给权利人和使用人都增加了查阅门槛。因此构建使用费、管理费、报酬的定期主动公开体系是十分必要的。

(二)完善强制许可制度

强制许可模式在一个完善的著作权许可体系能发挥兜底性作用,有助于督促著作权人接受合理交易条件下的自愿许可。日本《著作权法》第69条即

① 林洹民:《信托关系下的著作权集体管理组织》,《东南大学学报》(哲学社会科学版),2013年第S1期。

② 湛益祥:《论著作权集体管理》,《法学》,2001年第9期。

规定了此种许可模式，商业录音制品自首次销售之日起超过3年且已被著作权人许可制作为录音制品，准备用此录音制品录制和制作其他商业录音制品的人与著作权人协商不成功时，经过文化厅相关工作人员裁定并支付使用费即可获得使用许可。韩国《著作权法》第52条也规定了强制许可相关内容，商业录音制品在韩国首次销售3年后，其他录音制作者想要重新录制该录音制品，与著作权人协商不成时，获得文化体育观光部相关批准并支付补偿金即可获得许可。我国在2012年的《著作权法修改草案》第46及48条引入了强制许可，录音制品首次出版3个月后，在使用前向国务院著作权行政管理部门申请备案，使用时指明作者姓名、作品名称、出处并按规定支付使用费即可不经著作人许可使用其已发表的作品。但此条款的加入备受争议，尤其是音乐著作权人普遍认为此项规定剥夺了著作权人的私权。[①]事实上，此项规定确实过于激进，尤其是放在10年前的2012年。当时数字传播技术引发的盗版对于音乐作品保护的冲击并不是受到最多关注的问题，著作权人更关注自己的作品如何在许可中获得更高的商业价值。此外具体的规定也不够科学，首先3个月的期限确实过短，日本、韩国的法律均规定此时长为3年；其次对比日韩需要相关行政部门长官批准的要求，我国仅仅要求申请备案，换言之强制许可的应用范围没有限制和标准，只要申请即可通过；最后，日韩对于强制许可的范围主要集中在对商业录音制品翻录，而我国当时则允许所有种类的使用。过于激进的强制许可显然不当的限制了著作权人处分自己作品和进行收益的权利。

因此，我国目前可以考虑构建一个更为科学，能够平衡著作权人权利保护和音乐市场健康运行的强制许可制度体系。首先，对于强制许可的适用应该采取批准制而非申请制，并且应当明确强制许可音乐作品的标准。当某一音乐作品受众广泛，利润极大，且目前处于独家授权状态，著作权人为了维持

① 李燕、胡智文：《从〈著作权法〉“草案”舆情事件谈数字音乐版权问题》，《人民音乐》，2012年第12期。

高利润和高售价而拒绝与其他使用人进行谈判和自愿授权时，可以裁定对其作品进行强制许可。其次，构建一个完善的管理体系也十分必要，可以由主管文化的行政部门来裁定是否对某一音乐作品进行强制许可，然后由著作权集体管理组织来对申请强制许可的使用人缴纳的使用费进行收取和转付。此外，由于我国已经将录音制品翻录纳入法定许可范围，那么可以考虑将强制许可的范围限定在数字传播时代最核心的信息网络传播权。最后，行政部门与著作权集体管理组织应当结合市场价格为强制许可的使用费确定标准，这个标准应当略低于市场价格。质言之，强制许可应当为整个音乐许可市场进行兜底，如果强制许可的价格低于市场价格可以对恶意拒绝许可的著作权人起到震慑作用，推动自愿许可。

（三）构建技术保护系统

在目前数字传播技术的背景下，各国不约而同的开始考虑通过技术手段对盗版音乐进行反制。目前主要存在数字版权管理系统（Digital Rights Management，以下简称 DRM）、数字水印以及区块链等技术手段。[①]然而 DRM 技术存在较大弊端，易引发隐私信息泄露，同时会提升用户使用音乐的难度，因此该技术目前已经被索尼、华纳等大公司放弃。苹果公司采用的是 Fair Play 技术，属于 DRM 技术中的一种。数字水印技术是指将特定的数字信号嵌入数字产品，以达到防复制或去向追踪的目的。目前我国也有提供相关服务的机构，例如数码视讯网站可以为音乐作品提供 DRM 技术支持和添加数字水印；科易网主要提供数字水印技术。但这些网站规模较小，且均为商用网站，著作权人基本均为自行选择是否为自己的作品添加技术保护。

本文认为，目前小规模的商业化数字水印技术应用并不能满足我国对于音乐作品保护的需求，可以考虑搭建一个全国性、大范围的盗版音乐追踪、监

---

① 李琼、贾乐乐：《我国数字音乐版权保护的现实困境与发展策略浅析——以 QQ 音乐为例》，《出版发行研究》，2019 年第 1 期。

管技术系统。由于采用数字水印技术对音乐作品传播进行跟踪需要一定的成本，因此由著作权集体管理组织具体管理该系统是一个较为简便的做法，著作权集体管理组织可以将此部分的成本直接计入著作权人需缴纳的管理费。具言之，该系统首先公示所有加入著作权集体管理组织的著作权人音乐作品版权信息，然后基于这些版权信息，借助数字水印技术对于这些音乐作品的传播痕迹进行记录、保存[①]，便于著作权人发现盗版行为并进行维权。

六、结语

数字传播技术是互联网技术发展整体中的一个部分，在多方面都造福了人类，让普通的听众获得更低成本、便捷接触音乐作品的渠道。我们应当理性分析此技术的消极方面，虽然其一定程度给盗版音乐提供了技术基础，但技术本身无罪。应当考虑的是如何通过科学完善的法律法规体系以及符合发展趋势的技术保护系统来监管、规制数字传播技术，构建更适合我国发展现状的音乐作品许可体系，从而形成一个健康运行的音乐市场，从内部驱动音乐作品使用人自觉地追求获得正当许可的音乐，驱动听众自觉支持正版音乐，方能形成一个良好的音乐作品保护的大环境。

参考文献

[1]蒋涵：《互联网环境下的音乐版权保护》，《知识产权》，2016年第7期。

[2]李琼、贾乐乐：《我国数字音乐版权保护的现实困境与发展策略浅析——以QQ音乐为例》，《出版发行研究》，2019年第1期。

[3]李燕、胡智文：《从〈著作权法〉“草案”舆情事件谈数字音乐版权问

① 刘承韪、孟铂林：《“法律+技术”视角下我国数字音乐版权保护体系构建》，《中南民族大学学报》（人文社会科学版），2020年第1期。

题》,《人民音乐》,2012 年第 12 期。

[4]林洹民:《信托关系下的著作权集体管理组织》,《东南大学学报》(哲学社会科学版),2013 年第 S1 期。

[5]刘承韪、孟铂林:《"法律 + 技术"视角下我国数字音乐版权保护体系构建》,《中南民族大学学报》(人文社会科学版),2020 年第 1 期。

[6]王迁:《知识产权法教程》(第七版),中国人民大学出版社,2021年。

[7]王迁:《著作权法限制音乐专有许可的正当性》,《法学研究》,2019 年第 2 期。

[8]吴申伦:《UGC 模式下我国有声书著作权集中许可制度研究》,《出版发行研究》,2021 年第 11 期。

[9]熊琦:《著作权法定许可制度溯源与移植反思》,《法学》,2015 年第 5期。

[10]熊琦:《著作权延伸性集体管理制度何为》,《知识产权》,2015 年第 6 期。

[11]曾田:《网络内容平台竞争与反垄断问题研究》,《知识产权》,2019 年第 10 期。

[12]湛益祥:《论著作权集体管理》,《法学》,2001 年第 9 期。

[13]张惠彬、王怀宾 :《著作权集体管理制度的反思与回应——信托视角下》,《中国编辑》,2022 年第 5 期。

[14]郑淑凤:《我国录制录音制品法定许可的制度定位、完善思路与建议——兼议〈著作权法〉修改》,《科技与法律》(中英文),2022 年第 2 期。

农村老年群体数字鸿沟的现状与影响因素研究

——以四川省H村为例

刘立荣　付　林

[摘要]互联网发展和媒介技术升级给人们生活带来极大便利，但农村老年群体却逐渐被数字浪潮边缘化。本研究对四川省H村16位老人进行深度访谈，运用扎根理论，通过开放式编码、轴心编码以及选择性编码，最终得出影响农村老年群体使用智能手机的四个因素：社会支持、产品因素、个体因素以及使用动机，并构建了使用智能手机影响因素的理论模型，根据理论模型提出构建以政府为主导的社会支持体系、开展教育、打造适老化手机等建议，希望能帮助解决农村老年群体的数字鸿沟问题。

[摘要]老年群体；数字鸿沟；扎根理论；智能手机

作者简介：刘立荣，天津中医药大学文化与健康传播学院副教授；付林，天津中医药大学文化与健康传播学院本科生。

一、绪论

(一)研究背景及意义

随着中国经济快速发展以及医疗保健设施不断完善,人民生活质量不断提高,人均寿命也在逐年增加。国家统计局发布的第七次全国人口普查结果显示,中国60岁及以上人口为26402万人,占比18.7%(其中,65岁及以上人口为19064万人,占比13.5%)。[①]联合国教科文组织规定,一个国家60岁以上的人口比例超过总人口的10%或65岁以上人口超过7%,则说明该国家已进入“老龄化”社会。

人口老龄化加剧的同时,中国的媒介技术也在快速发展。互联网和智能手机等新媒体已经渗透到人们生活的方方面面,对人们的生活方式和人际交往等产生重大影响。CNNIC发布的第50次《中国互联网络发展状况统计报告》显示,截至2022年6月,我国60岁及以上老年网民仅占网民总数量的11.3%。[②]由此可见,中国老年人口虽已占总人口的18.7%,但老年网民的数量却略显单薄。农村老年网民数量更少,城乡发展不平衡、老龄化问题严重等使得农村老年群体逐渐被数字浪潮“边缘化”,很多老年人不会用智能手机,在日常的交通、医疗、消费等方面遭遇很多不便,农村老年群体面临的“数字鸿沟”问题日益凸显。

本研究旨在找寻农村老年群体数字鸿沟产生的原因及解决办法,为政府机构出台相应的政策或办法提供参考,推动农村信息化发展,帮助农村老年

---

① 《第七次全国人口普查公报(第五号)》,国家统计局网站,http://www.stats.gov.cn/tjsj/tjgb/rkpcgb/qgrkpcgb/202106/t20210628_181 8824.html。

② 《第50次中国互联网络发展状况统计报告》,中国互联网络信息中心网站,http://www.cnnic.net.cn/NMediaFile/2022/0926/MAIN1664183425619U2MS433V3V.pdf。

群体融入数字时代，让农村老年人享受到数字化时代的红利。

（二）文献综述

1.国外文献综述

“知识沟”理论由美国学者P.J.Tichenor在1970年提出，他认为社会经济地位较高的人获得信息的速度往往要比社会经济地位较低的人快，所以当大众媒体传播的信息越来越多时，二者间的知识鸿沟就会越来越大。数字鸿沟是“知识沟”理论在互联网时代的体现。美国国家远程通信和信息管理局（NTI-A）于1999年《在网络中落伍：定义数字鸿沟》中第一次提出数字鸿沟这一概念，认为数字鸿沟（digital divide）是信息富有者与信息贫困者之间的鸿沟，存在于各国、各地区、各产业以及社会阶层与社会阶层之间，已渗透到人们的经济、政治和社会生活之中，成为信息时代一个突出的社会问题。美国学者Prensky在2001年用数字原住民（digital natives）和数字移民（digital migrants）来分别描述从小沉浸在数字环境中的青少年和努力适应数字环境的成年人。[①] 2006年，美国学者Fryer在这两个概念的基础上进一步提出“数字难民”（digital refugees）来形容远离数字文化人群，而老年群体是“数字难民”的主体。[②]

在数字鸿沟产生的原因研究中，不同学者有不同的理解。2007年，Peacock将老年人不上网的核心原因分为三类——缺乏设备、动机淡漠和知识缺乏，并通过实证研究排除了经济因素的影响。[③] 2015年，Deursen等人研究发现，社会和心理障碍导致老年人对数字生活的疏离。[④]2016年，Friemel分析了不

① Prensky M，Digital Natives Digital Immigrants Part 1，*On the Horizon*，No.5，2001，pp.1-6.

② Fryer W，*Digital refugees and bridges*. Infinitethinkingmachine，http://www.infinitethinkingmachine.org/2006/10/digital-refugees-and-bridges.html.

③ Peacock S E，Senior citizens and Internet technology，*European Journal of Ageing*，No.4，2007，pp.191-200.

④ Deursen VAJAM，Helsper E J，A nuanced understanding of internet use and non-use among the elderly，*European Journal of Communication*，No2，2015，pp.171-187.

同年龄人群运用互联网寻找运用信息的能力，证明了老年群体数字鸿沟主要的差异是互联网使用能力。①

2.国内数字鸿沟研究

学者赫国胜、柳如眉提出，“老年数字鸿沟”就是因为年龄差异造成的数字鸿沟，即老年人与年轻人相比，在访问和利用信息和通信技术以及互联网方面存在一定差距。②而老年数字鸿沟产生的原因不同学者看法不同，邓蔚等人认为造成老年数字鸿沟的原因大致可分为两类：老年人自身的原因和媒体方面的原因。③刘爽认为目前老年群体难以融入互联网的主要原因是：市场长期忽视了老年人的需求；互联网文化建构话语壁垒，数字原住民的后现代解码体系压缩老年话语空间。④

针对老年数字融入问题，学者提出了许多解决措施。胡安安提出，政府牵头搭建平台，创新老年人互联网服务商业模式。⑤杨一帆等人则提出构筑年龄友好信息基础设施和治理结构、确认积极老龄化的价值导向、引入非数字公共配套机制等建议。⑥

二、研究设计

（一）研究方法

本研究采用半结构式访谈法及扎根理论研究方法。扎根理论是社会学家

① Friemel T N, The digital divide has grown old: determinants of a digital divide among seniors, *New Media&Society*, No.2, 2016, pp.313-331.

② 赫国胜、柳如眉：《人口老龄化、数字鸿沟与金融互联网》，《南方金融》，2015 年第 11 期。

③ 邓蔚、汪明香：《老龄化传播中数字鸿沟的成因及对策》，《中国广播》，2015 年第 1 期。

④ 刘爽：《经济导向与文化环境——当代老年群体数字鸿沟的形成路径》，《新闻爱好者》，2020 年第 10 期。

⑤ 胡安安、黄丽华、许肇然：《智慧老龄化：消弭“银色”数字鸿沟》，《上海信息化》，2017 年第 10 期。

⑥ 杨一帆、潘君豪：《老年数字鸿沟治理的一个分析框架》，《老龄科学研究》，2019 年第 10 期。

格拉斯和施特劳斯在1967年提出的一种定性研究方法，其主要宗旨是从经验资料的基础上建立理论。研究者在研究开始之前一般没有理论假设，直接从实际观察入手，从原始资料中归纳出经验概括，然后上升到理论。这是一种自下而上建立实质性理论的方法，即从实际生活出发，带着问题去收集数据，经过开放式编码、主轴式编码和选择性编码三大编码过程，从原始数据中总结和提炼出概念和范畴，不断对原始资料和理论进行比较以及归纳，从而建立联系并构建出反映现象本质和意义的理论。

（二）数据收集与整理

本文选择四川省H村的老年人作为访谈对象。四川省H村，位于四川盆地西部，户籍人口12842人，其中老年人口4000人，该村曾以水稻、川芎为主要农作物，现改种柑橘、葡萄等水果，并对外销售，电商得到发展，网络和智能手机普及率也随之提高。H村作为我国西部的一个普通村庄，具有西部农村的一般特点，经济发展与西部其他农村相当，城镇化率与四川其他农村大致相当，通过对H村老年人的研究，可大致推测出中国西部农村老年人智能手机使用概貌。因此本研究以四川省H村为例，在H村选取了16名60周岁及以上的老年人进行了访谈。访谈提纲主要包含受访者的基本信息、受访者是否使用智能手机及其原因等方面。访谈对象具体情况如表1所示。

表1　访谈对象资料

编号	性别	年龄	居住情况	（曾）职业	教育情况
A1	女	73	与配偶居住	务农	初中未毕业
A2	女	63	与子女、孙子居住	打工	小学未毕业
A3	女	75	独居	务农，现在女儿餐馆帮忙	没上过学
A4	女	70	与配偶居住	务农	没上过学
A5	女	69	与配偶居住	务农	小学未毕业
A6	女	75	与配偶、子女居住	务农	没上过学
A7	女	61	与配偶居住	卖鱼	初中未毕业
A8	女	67	与配偶居住	务农	初中未毕业

续表

编号	性别	年龄	居住情况	(曾)职业	教育情况
A9	女	62	与配偶居住	务农	小学未毕业
A10	男	63	与配偶居住	村支部书记退休,现开茶馆	高中毕业
A11	男	60	三代同住	打工	初中未毕业
A12	男	72	与配偶居住	打工、务农	初中毕业
A13	男	70	与配偶居住	打工、务农	小学毕业
A14	男	62	与配偶、子女居住	承包果园	初中未毕业
A15	男	60	与配偶居住	打工	初中未毕业
A16	男	67	与配偶、子女居住	打工、务农	小学未毕业

三、基于扎根理论的研究

(一)开放式编码

开放式编码是扎根理论编码的第一步,是将访谈资料打乱并重新组合赋予新概念的过程。这一步骤对受访者原始陈述进行逐字逐句编码,总结出相关概念,找到它们之间的联系,并将其范畴化。本研究分析编码后共得到94个初始概念,经过仔细合并归纳,形成18个范畴。具体情况如表2所示。

表2　开放式编码

范畴	原始资料语句(初始概念)
家庭因素	A14:现在柑儿也在网上卖嘛,我女儿他们教我在手机上联系快递、弄电商啥的,但是不太熟。(子女帮助) A1:我孙女教过我,教了好几次,我都学不会。(孙女帮助)
社会支持	A10:会主动去咨询卖手机的地方,他们也会告诉我咋用。(店员帮助) A8:如果有老年培训班的话,还是可以去学一下。(社区支持) A3:朋友基本上都用的老年机,用智能机还显得奇怪。(同辈压力)
手机来源	A12:女婿换下的旧手机,我就拿来用了。(女婿给予) A3:我自己去买的。(自己购买)
熟练程度	A3:用过几天,太难了,就没用了。(使用困难) A11:不是很熟练。(使用不熟练)

续表

范畴	原始资料语句(初始概念)
手机价格	A14:自己买的,现在这种几百元就可以买了。(价格低) A4:子女给我买的,我自己买不起。(价格高)
媒介素养	A7:像那些小娃娃要的游戏我就整不来,就这种接打电话、看看抖音、发发微信还行。(操作技能) A9:玩不来,老年机是按键的,智能机是触屏的,很复杂。(操作困难,不会使用)
文化程度	A1:我玩不来,除了接打电话,其他功能都不会。上网也上不来,就是个文盲。(文化低) A4:我字都不认识,看啥新闻哦。(不识字)
身体素质	A16:现在身体也不好了,眼睛看东西都是花的。(眼睛不好) A3:教过啊,但是都忘了,没啥记性,我感觉我一年比一年差。(记忆退化)
手机特性	A12:我接打电话都不便,它跟老年机不一样,老年机按一下那个键就可以了,智能机就要滑,有时候我就滑不动。(触屏特性) A1:希望它不要那么难操作,还有声音再大一点,字再放大一点。(智能手机声音、字体小)
使用时间	A14:每天也没多久,就是联系别人的时候在用,其他时候都没咋用,主要果园的事情也多,没啥时间用手机。(时间不足,很忙) A15:时间还是蛮长的,只要我闲下来都在看手机,现在都没咋打工了,每天空闲时间就多。(空闲时间多、使用时间长)
使用意愿	A12:不愿意,学来没用啊,我平时就去外头跟他们摆龙门阵打乒乓球,学了我也不会去用。(不愿意参加手机培训班) A8:如果有的话,还是可以去学一下,其他老年人去我就跟着去,还可以去聊天。(愿意参加培训班) A16:玩都玩不来,那些都是年轻人玩的,我都搞不懂,之前我孙女天天抱着她手机打游戏,不晓得那有啥子好耍的。(认为是年轻人的东西)
感知易用性	A1:有时候打电话翻不出来电话号码,要点很多东西。(步骤多) A9:就是麻烦,我学又学不会,学来干嘛。(麻烦)
感知实用性	A7:学那么多功能没啥用,我现在会的这些都差不多了。(满足于现有功能) A11:不会,那些学来也没啥用,像我这么大年龄学来就没用了。(感觉没用处) A14:他们加我微信咨询柑橘的事情就要方便点。(工作需要) A12:现在疫情,有时候出去要要扫那个二维码,没得智能手机就扫不起。(健康码)

续表

范畴	原始资料语句(初始概念)
感知风险性	A9:害怕自己点到啥东西就把钱用出去了。(担心金钱支出) A16:这智能手机感觉容易把我的钱骗走,之前看过好多新闻,就是那些网络诈骗的,在网上就把他们银行卡的钱骗完了,我本来就要不来这智能手机,更容易把我钱骗走。(担心上当受骗)
娱乐性	A7:看抖音,看他们发的视频多安逸的。(抖音) A10:还会用来听音乐,每天就点开那个音乐软件听会儿。(听音乐) A15:偶尔会在手机上斗地主、打麻将。(游戏)
沟通联系	A1:智能手机还可以打视频电话,我孙女在外省读书,有时候我女儿给她打电话我就跟她聊几句,但我自己又打不来。(视频聊天) A11:没咋用微信,一般都是打电话来联系。(微信、电话) A12:跟那些朋友住得也近,平时喊到就出去耍了,都不用打电话联系。(当面沟通)
获取信息	A7:一般不看新闻或者科普之类的抖音,我不感兴趣,我看抖音就是为了放松、看个好耍。(不看知识类抖音) A10:因为我是党员,会用学习强国看党课(学习强国);早上出去散步会收听新闻联播(新闻);每天也会看第二天天气(天气预报)。 A15:在抖音上看他们讲军事和健康知识。(军事、健康知识)
网购	A7:现在卖鱼,他们扫我二维码就可以收付款了,这还挺方便的。(手机收付款) A15:优点还是多,可以手机支付,还可以网购。(网上购物)

(二)主轴编码

主轴编码是把初步得到的标签通过进一步的归纳总结,发现各范畴之间的联系,挖掘范畴间的关系,发展主范畴和副范畴的过程。根据18个范畴间的相互关系和逻辑次序,本研究归纳出5个主范畴,分别是手机使用、社会支持、产品因素、个人因素、使用动机,具体内涵如表3所示。

表 3　主轴编码

主范畴	副范畴	范畴内涵
手机使用	手机来源	农村老年群体手机如何获得
	熟练程度	农村老年群体手机使用熟练程度
	使用时间	农村老年群体使用手机时间长短
社会支持	家庭内部	老年群体从家庭内部获得的帮助和鼓励
	家庭外部	老年群体从家庭外部获得的帮助和鼓励
产品因素	产品价格	智能手机价格高低影响手机的使用
	产品特性	智能手机的特性，如触摸屏
个体因素	身体条件	老年人的身体素质水平
	媒介素养	使用媒介的能力
	文化程度	文化水平高低
	使用意愿	是否愿意使用智能手机
	感知易用性	手机使用的容易程度
	感知实用性	对使用手机的好处、功能的认知
	感知风险性	使用手机的风险感知
使用动机	娱乐性	使用手机为了放松
	沟通联系	使用手机来与他人沟通联系
	获取信息	使用手机是为了获取知识
	网购	使用手机网络购物或手机收付款

（三）选择性编码

选择性编码是对主轴编码的进一步深化，选择性编码是从主范畴中挖掘核心范畴，分析核心范畴与主范畴及其他范畴的联结关系，从而构建理论，这是扎根理论的最后阶段。本研究分析了五个主范畴与农村老年群体使用智能手机的关系，最终确定“农村老年人智能手机使用的影响因素”为核心范畴，主范畴的典型关系结构如表 4 所示。

表 4　主范畴的典型关系结构

典型关系结构	关系结构的内涵	受访者代表语句
个体因素→使用智能手机	身体条件、媒介素养、文化程度、使用意愿、感知易用性、实用性、风险性是影响老年群体使用智能手机的内在因素	不愿意去学，学来也没啥用，这太麻烦了，对我来说也是一种负担。
产品因素→使用智能手机	产品价格和产品特性是影响老年群体使用智能手机的外在因素	那种屏幕不像老年机，是按键的，智能机是触屏的，很复杂。
使用动机→使用智能手机	使用动机的不同和强烈程度不同都会影响智能手机的使用	每天用手机的时间还挺长，主要是现在都没咋打工了，每天闲得很，就经常看手机打发时间，放松一下。
社会支持→使用智能手机	社会支持的强弱也会对个体行为产生影响，进而影响智能手机的使用	社区要是开个智能手机培训班，免费教我用，我就去学一下，反正也不亏。

根据以上编码结果以及主范畴的典型关系结构可以构建出农村老年群体智能手机使用影响因素的模型(图 1)，下文将对这一模型进行详细的分析。

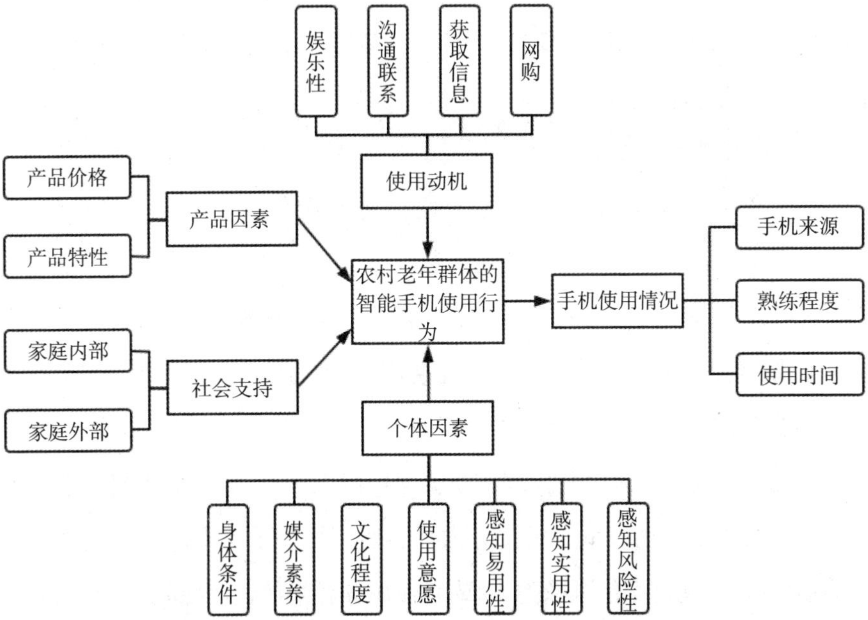

图 1　农村老年群体智能手机使用的影响因素模型图

（四）理论饱和度检验

本研究对12份访谈资料进行编码，利用剩下4份访谈资料进行理论饱和度检验。检验结果发现编码形成的概念开始出现重复，且不再产生新的概念和范畴。因此，研究提出的扎根理论模型达到饱和状态。

四、模型阐释和研究发现

（一）农村老年群体智能手机使用情况

1.智能手机使用数量

本研究访谈16位老年人，其中有7位受访者使用智能手机，9位使用老年机或不使用手机，但受访人数较少，由此推断H村老年群体使用智能手机的比例并不可靠，后经笔者观察并随机选取100位老年人，询问是否使用智能手机这一问题，结果其中仅19人使用智能手机，由此推断H村老年群体中智能手机使用率并不高。

2.手机来源

H村老年群体的智能手机主要有两种获取方式：一是自己购买；二是子女购买或赠送。其中第二种方式占多数，H村老年群体的智能手机大部分是子女购买或者是亲人赠与的二手手机。自己购买智能机的老年人，多是自己收入不错、年龄相对较小或者有着自己使用需求的人。

3.熟练程度

与受访者进行交流以及梳理访谈资料可以发现，拥有智能手机的老年人手机使用熟练度普遍较低，大部分人只会使用智能手机上的接打电话等功能，小部分人会通过微信联系他人，或者使用抖音来放松。大部分老年人完全不会用智能手机，日常只会使用老年机，并且使用老年机也仅限于接打电话这一功能。

4.使用时间

在使用时间上,H 村大多数老年人使用智能手机时间短，除接打电话的时间,非必要不会再使用。这是因为 H 村老年群体的主要娱乐方式是打牌，大多数老年人不愿意浪费打牌的时间去玩手机,一方面是因为智能手机使用不熟练,另一方面是因为线下打牌可以满足老年人的社交需求。少数老年人使用时间相对较长,这部分人已经退休或不再从事劳动,拥有大量空闲时间，又不喜好打牌,于是玩手机便成为空闲时间的消遣。

(二)农村老年群体智能手机使用的影响因素

1.个体因素

(1)身体条件

衰老成为阻碍老年人使用智能手机的一个重要生理因素。记忆力衰退、视力变差以及听力下降是受访者提到的主要生理问题。不少受访者表示子女教过自己如何使用智能手机,但由于记忆力衰退,记不住操作步骤。还有老年人表示看不清智能手机上的字,也听不清手机中的声音。老年人身体机能衰退,精力、注意力下降,在接受新事物、掌握新技能方面遇到重重困难,这使得他们在智能产品主导的数字化时代逐渐被边缘化。

(2)媒介素养和文化程度

所谓媒介素养就是指正确使用大众传播资源的能力,能够充分利用媒介资源完善自我,参与社会进步。研究发现,媒介素养会对使用智能手机产生影响,拥有较高媒介素养的人可以灵活使用智能手机。而 H 村的老年人媒介素养普遍较低,对使用智能手机没有正确的认识,不懂、不会使用智能手机,对智能手机使用有误解,都会导致老年人对智能手机使用产生消极情绪。

文化水平高低也会影响老年人使用智能手机。文化水平高的人可以轻松理解如何使用智能手机,能辨别互联网上的信息,对于学会使用智能手机有一定的自信。而文化水平低的人，不能理解手机上的内容，认为自己学不会或没有能力使用智能手机，从而产生排斥、抗拒心理。

（3）使用意愿

使用意愿也是老年群体使用智能手机的重要影响因素，与客观的生理机能下降相比，老年人主观的排斥对是否使用智能手机影响更大，在访谈过程中，不少对象表示："学来没啥用，太麻烦了。"老年人不愿意接受复杂的、新鲜的事物，希望生活过得简单一点，乐于在熟悉的事务或领域打发时间。

（4）感知易用性和实用性

易用性是指农村老年群体智能手机使用的难易程度，大部分老年人认为智能手机操作复杂，排斥使用。实用性是指农村老年群体对使用智能手机用处大小的认识。目前我国农村老年群体文化水平普遍不高，对于新媒体技术缺乏自我效能感。很多老年人仅满足于接打电话这一单一功能，认为这一功能足以应付日常生活，不愿意进一步学习更多功能。加之老年群体社交范围窄，人际交往限于亲戚邻里，面对面交流就能满足平时交际，很少用智能手机联系朋友。智能手机在年轻人那里备受追捧的娱乐功能在老年人这也未得到青睐，H村老年人常见的娱乐活动有打牌、喝茶等，这些活动也能满足休闲娱乐、打发时间的需求，因此老年人认为智能手机用处不大。

（5）感知风险性

风险性是指农村老年群体认为使用智能手机会遇到危险的程度，比如诈骗电话等。农村老年群体所感知的风险性越高，使用手机的可能性就越低。受访者表示会收到骚扰电话以及垃圾短信，经常听到关于网络诈骗的消息，感知使用智能手机的风险性较高，因此对智能手机敬而远之。

2.使用动机

沟通联系、娱乐、获取知识以及网购是H村老年人使用智能手机的四个主要动机，也是影响老年人智能手机使用的内在因素。首先是沟通联系。H村无论是使用智能手机还是老年手机的老年人，其使用的首要功能都是联系沟通，利用手机可以满足同外出打工的亲人沟通联系。第二，休闲娱乐。农村地区休闲设施较少，日常生活较为贫乏单调，大部分老年人选择打牌来消遣时间，也有部分人使用智能手机来消磨时光、放松娱乐。其中看短视频被提及的次数最多。第三，获取知识。部分使用智能手机的受访者表示，会在抖音上观看军事或者健康等知识科普类短视频，或者收听、收看新闻，获取信息与知识。第四，网购。随着移动支付以及电商的兴起，H村的水果也开始在网上售卖，部分老年人学会了微信收付款："优点还是多，可以手机支付，还可以网购。"

3.产品因素

（1）产品价格

手机价格也会影响农村老年群体使用智能手机。H村老年人对智能手机价格认知不同：有人认为高，会因为价格因素而放弃购买使用智能手机。有人认为不高，自己也能买得起。事实上，现在智能手机的价格在不断下降，几百元甚至一个老年机的价格也能买到质量较好的智能手机。但几百块钱在多数老年人眼中也是昂贵的，尤其是已经丧失劳动力没有经济收入的老年人，他们怕大笔花销会给子女造成负担，因此更加排斥使用智能手机。

（2）产品特性

智能手机目前的特性并不适合老年人的身体状况，智能手机字体、声音较小；老年人长期使用按键手机，不会或者不习惯用触屏智能手机；智能手机操作步骤繁多，老年人很难记住。这些都成为阻碍老年人接受数字化媒介的障碍。

4.社会支持

（1）家庭内部

家庭内部支持是指老年人从家人处获得的帮助。经过访谈得知农村老年群体获得的家庭支持主要来自子女与隔代孙辈。不少研究已指出，子女在消弭老年人数字鸿沟中起着重要作用，子女对老年人的文化反哺可以帮助长辈理解和运用信息，保障他们的生活需求，提高他们的媒介素养。不少受访者表示子女教自己使用智能手机,提高了自己使用智能手机的意愿。研究发现隔代支持也影响老年人智能手机的使用。隔代孙辈作为在网络时代成长起来的"数字原住民",上网、使用智能手机十分熟练。而不少老年人对孙辈疼爱有加,十分听从孙辈的话,孙辈如果建议或者指导老年群体使用智能手机,他们往往能欣然接受。

(2)家庭外部

除家庭支持外,不少受访者也会获得家庭外部的支持。研究发现,受访者会求助于身边的手机销售人员,也愿意参与村委会举办的老年智能手机培训班。除此之外,同辈间的支持也很重要,同辈压力会影响老年群体使用智能手机。如果身边同龄人都使用智能手机或者参与手机培训,那么老年人极有可能跟风做同样的事。

五、缩小农村老年群体数字鸿沟的建议

为了提高农村老年群体智能手机使用率,缩小数字鸿沟,帮助老年群体融入数字化社会,本文提出以下建议:

(一)构建以政府为主导的社会支持体系

首先,政府完善农村上网的硬件环境,加快网络基础设施建设,推进互联网普及并下调、补贴网络费用。其次,政府要加强新媒介技术的宣传,确保越来越多的老年人能够了解和使用数字技术。目前老年群体认为智能手机等新媒介使用复杂、实用性差的错误认知是阻碍其接纳数字化生活的一大障碍,加强宣传让老年人感知智能手机的易用性与有用性,有利于转变老年群体使用智能手机的态度。再次,国家出台相关政策,切实解决老年人运用智能技术困难的问题,并补贴老年人购买智能手机的费用。最后,提供专门的"老年通道"服务,以保障不会使用智能手机的老年人能够享受正常的公共服务。

(二)积极发展老年教育

发挥村委会的作用,开设老年人智能手机培训班,帮助老年人掌握手机基本功能,提高老年人媒介素养;还可以定期举办爱心帮扶、培训宣讲等交流活动;招募一些志愿者,教老年人使用智能手机,解答老年人使用智能手机时遇到的问题,提升他们的上网体验,帮助老年人数字融入。例如可以在寒暑假期间邀请本村的大学生或外出务工返乡的年轻人作为“导师”志愿者,给老年人讲解智能手机及上网知识,因为彼此熟悉认识,老年人更乐于参加,还能增进邻里关系。

(三)发挥同龄人的带动作用

将老年群体集中在一起学习智能手机,发挥同辈间的带动作用,充分调动老年人的积极性,激发老年人学习智能手机的欲望和动力。找到老年人中的意见领袖,通过意见领袖带动老年人学习智能手机,可以提高使用意愿,增强老年群体数字融入的信心。

(四)发挥家庭的支持作用

加强文化反哺,在子代、隔代与老年人之间建立有效的沟通渠道,为老年人使用智能手机等方面提供物质保障和技术支持。首先是子女对老年人的帮助,子女在教老年人使用智能手机时要有耐心,可以手把手教老年人一些基础功能,比如接打电话、收付款等。其次发挥隔代的作用,老年人格外听孙辈的话,因此孙辈教他们使用智能手机效果可能会更好,孙辈可以制作智能手机使用手绘图,一步步教老年人使用。无论子代还是隔代,都应加强与老年人的智能化沟通联络,在不断的使用中,提升老年人的智能手机使用水平。

（五）打造适老化智能手机

适老化智能手机是指充分考虑到并照顾老年人身体机能及行动特点的手机，以满足老年人群的使用需求。首先手机制造商顺应老年群体身体机能变化，推出更适合老年人的产品，比如操作简单、字号大、声音响的手机。其次开发保障老年人手机使用安全的功能，如与子女手机绑定、子女实时查看老人位置、拦截诈骗电话等。另外，手机应用商在开发 APP 时，可以设计两种版本，一种为普通版，一种为更加简单、适合老年人使用的版本。

（六）老年人提升自身媒介素养

首先，老年人自身要转变使用数字产品的态度，改变对电子产品的片面认识，老年人应该主动尝试使用，转变传统思维，以更积极的态度迎接数字化。其次，社会要帮助老年人提高媒介素养，树立数字化思维，多提供一些学习电子产品的机会，让他们全面了解数字化带来的便利，提高使用意愿。最后，老年人积极参与扫盲学校以及智能手机培训班，在日常生活中多使用智能手机，培养媒介素养。

六、结语

本研究对 H 村的 16 位老年人就智能手机使用问题进行了深度访谈，运用扎根理论对原始资料进行了分析编码，认为农村老年群体使用智能手机受到以下四个因素的影响：社会支持、产品因素、个体因素以及使用动机，并构建了农村老年群体使用智能手机影响因素的理论模型。

本研究还存在一些不足：首先，研究对象选取仅限于 H 村，数量、样本有限，并且选取时可能存在一定主观因素干扰。另外，尽管 H 村是中国西部农村的代表性缩影，但村落与村落之间的环境、发展情况不同，使用智能手机的影响因素可能也会有些许差异，因此本文得出的结论是否适用于其他乡村，有待进一步考证。其次，本研究依据扎根理论提出了影响老年群体使用智能手机的理论模型，但是未指出每种因素的影响程度，这需要今后通过问卷调查等量化研究方式进一步完善。

参考文献

[1]陈向明:《扎根理论的思路和方法》,《教育研究与实验》,1999 年第 4期。

[2][英]凯西·卡麦兹:《建构扎根理论:质性研究实践指南》,边国英译，重庆大学出版社,2009 年。

[3]刘鲁川、李旭、张冰倩:《基于扎根理论的社交媒体用户倦怠与消极使用研究》,《情报理论与实践》,2017 年第 12 期。

[4]李凌凌、郭晨:《后喻文化:信息时代的文化反哺》,《新闻爱好者》,2016 年第 1 期。

[5]宋佳琳:《强关系 - 弱关系视角下农村老年人智能手机使用影响因素研究》,《文献与数据学报》,2021 年第 2 期。

[6]杨建宇:《数字难民的数字机遇——创建包容性信息社会的政策重点》,《青年记者》,2013 年第 24 期。

❖优秀论文摘要

以战略思维进行战略创新
以战略耐心赢取战略机遇
——关于构建中国特色战略传播体系的一点思考

王晓晖

2022年10月16日，习近平总书记在党的二十大报告中指出，“科学社会主义在二十一世纪的中国焕发出新的蓬勃生机，中国式现代化为人类实现现代化提供了新的选择，中国共产党和中国人民为解决人类面临的共同问题提供更多更好的中国智慧、中国方案、中国力量”，他向世界宣示“以中国式现代化全面推进中华民族伟大复兴”。同时要求，增强中华文明传播力影响力，讲好中国故事，传播好中国声音，展现可信、可爱、可敬的中国形象。

以党的二十大确立的中国式现代化发展道路为标识，中国发展进入到新的历史方位，与此同时，中央赋予战略传播的要求上升到一个全新的高度，在国家整体发展中的整体站位中，国际传播能力建设工作也上升到一个全新的维度。

当下，中华民族复兴的伟大实践对国际传播战略布局提出的要求与提供

作者简介：王晓晖，南开大学新闻与传播学院教授。

的机遇前所未有；国际局势正在发生与发展的深刻复杂变化、全球化逆流对国际传播战略应对提出的转变与挑战前所未有；深度媒介化持续演进带来的传播方式变化对国际传播战略安排带来的机遇与挑战前所未有。

如何在前无古人、创建人类文明新形态的历史进程中，在百年未有大变局下的风高浪急甚至惊涛骇浪中，在深度媒介化持续演进成为社会操作系统的治理模式重大变革中，有效地构建起具有中国特色的战略传播体系，构建起有效的、面向世界的话语体系，在为自我发展提供足够的解释力的同时，营造良好的外部环境，进一步解决中国的国际地位、中国对世界的贡献与中国的话语权不相匹配的问题，成为中华民族伟大复兴时代的必答题。

为达成中国特色战略传播的有效构建，坚持战略思维至关重要，要求我们从战略上看问题、想问题，把握事物发展总体趋势和方向，从全局、长远、大势上作出判断和决策。要求我们在国家层面上实施整体统筹战略：用中华民族伟大复兴创造的人类文明新形态，用中国式现代化的伟大实践，整合中国形象塑造，达成中国国际认同，构建起中国特色的战略传播体系；在专业层面上的实施整体谋划战略：通过具有战略格局和符合传播规律的中国对外话语体系构建，提高整体解释力、沟通力、活力和魅力；在效果层面上实施整体多元战略：多主题、多渠道，多声部，形成全民多层次外宣矩阵，不断达成中国发展的外溢效应，使之相互照应、相互支撑，在软实力提升过程中收获国际传播的良性生态系统。

习近平总书记关于加强全媒体传播体系建设重要论述及其价值意蕴

丁佳文

党的十八大以来，习近平总书记围绕推进媒体深度融合发展，发表一系列重要讲话，作出一系列重大部署，先后提出构建全媒体传播格局、形成全媒体传播体系的明确要求。

2019年1月25日，中共中央政治局在人民日报社就全媒体时代和媒体融合发展举行第十二次集体学习。习近平总书记指出，推动媒体融合发展、建设全媒体成为我们面临的一项紧迫课题，要求形成“全媒体传播体系”。“全媒体传播体系”将各类媒体作为整个媒体融合发展战略部署的一部分，具有宏观性和方向性，是一个目标明确的顶层规划。

党的十九届四中全会把建立全媒体传播体系作为完善坚持正确导向的舆论引导工作机制的重要内容，对不同媒体在全媒体传播体系中的定位与融合发展方向进行了深入阐释，对完善媒体融合发展布局，指导不同类型媒体的深度融合发展，有重要的实践指导意义，进一步深化了对建立全媒体传播

作者简介：丁佳文，《天津日报》副刊部理论版编辑。

体系的认识。

党的十九届五中全会通过的“十四五”规划建议，提出了实施全媒体传播工程的要求，标志着媒体深度融合发展进入全面落实的新阶段。“实施全媒体传播工程”，意味着全媒体传播格局尤其是全媒体传播体系向落地化建设又迈出了扎实的一步，并将成为一个长期建设的重要任务。

党的二十大报告强调，要加强全媒体传播体系建设，塑造主流舆论新格局。充分体现了党中央对推进媒体融合发展的高度重视，对加快融合转型步伐、巩固壮大主流舆论提出了新的更高要求。

结合近年来习近平总书记的一系列战略部署和重要讲话精神，可以看出，加强全媒体传播体系建设，一直是我国新闻舆论工作领域深化改革的重点任务，是全面深化改革的重要组成部分。

本文从梳理习近平总书记关于全媒体传播体系建设这一重要论述的形成逻辑、核心内涵、重要意义等方面展开阐述，进一步深入研究其理论意义、实践意义和世界意义。同时，对准确把握关于“加强全媒体传播体系建设”相关最新要求，紧扣相关工作重点，具有一定现实意义。

近15年我国对外传播研究的热点嬗变与发展轨迹

——对《对外传播》(2008—2021年)的文献可视化分析

刘 毅 罗 程

文章选取《对外传播》期刊为研究对象，使用CiteSpace(V.5.8.R3)绘制知识图谱进行文献可视化分析，展现2008—2021年间该期刊上作者和研究机构的合作网络、关键词共现及研究热点的演进态势，透视我国对外传播研究的前沿热点、发展轨迹和未来走向。

在重要作者及机构的合作网络方面，核心作者群体已经形成，但作者之间的合作网络比较稀疏，说明学术交流与合作的活跃程度不高。重要发文机构由媒体单位、国内高校和中国外文局三类机构组成。新华社及其下属部门机构是媒体单位的主力军，而高校机构则分成三类：一类是清华、北大、人大、复旦和中传等综合性大学的新闻传播学院或研究机构，另一类是外国语大学的新闻传播学院，还有一类由金融、外语、政治、国际关系、影视艺术等专业学院构成。发文机构的合作网络稀疏，跨机构、跨学科专业之间的合作较少，学术合作与交流还有待加强。

作者简介：刘毅，天津外国语大学教授、科研处副处长；罗程，天津外国语大学国际传媒学院硕士研究生。

在研究热点聚类分析上,9 个关键词聚类被自动汇集出来，按照关键词数量递减排序为:社交媒体、传播效果、海外传播、主流媒体、文化传播、外宣工作、对外报道、中美关系和杭州峰会。关键词聚类呈现出 4 个显著特点:一是紧密围绕着对外传播与外宣工作热点，研究主题与时代保持着同频共振;二是社交媒体的作用日益凸显，正在成为外宣渠道创新的重要媒介平台;三是对外传播效果研究受到学界和业界的高度重视,人工智能等信息技术的快速发展使得精准传播成为可能;四是关键词彰显了国际传播的跨学科属性,国际政治、国际关系、区域国别研究可以和国际传播研究实现协同创新发展。在研究热点变迁分析上,关键词展现了媒介环境变迁的新趋势,从分而治之到融合发展,移动化、可视化、社交化的发展趋势显著,体现了中国对外传播理论发展的内在逻辑、战略思想和实践的变革与发展走势,折射出新形势下中国共产党在推进国际传播能力建设上的求变革新精神,勾勒出加强国际传播能力建设的基本路径。

本文对未来的对外传播研究热点领域做出如下展望:一是战略传播,在战略传播基础理论与历史、从国际传播到战略传播的转型路径、中国特色战略传播体系构建与实践运作等方向上都具有深入探讨的价值。二是精准传播研究,可以在精准传播技术、内容精准生产、推送与投放、传播效果精准反馈、精准传播伦理与法规等方面开展研究。三是国际传播能力与效果评价研究,急需开发出科学严谨、具有可操作性的评价指标体系和运算程序,输入相关指标的量化值后,可以自动拟合出评价结果。四是包括国际传播人才培养在内的国际传播能力建设实践探索。

平台新闻算法黑箱现有规制路径及其争议研究

周书环

随着人工智能的发展，算法正在以前所未有的深度和广度，影响和改变着平台新闻业的发展。算法在新闻业的应用出现在最近十年间。这些新闻生产传播形式包括传感器新闻、机器新闻写作、定向新闻推送和新闻信息服务等。然而算法作为一把双刃剑，一方面在改变新闻写作、评论和在线互动等新闻生产格局，基于其“黑箱”属性赋予算法使用者算法权力的同时，另一方面也带来了新闻推荐歧视、算法共谋、算法失灵、算法侵权等隐忧。算法黑箱被视为算法应用中问题产生的核心根源，并因此引发了公众焦虑和恐惧。因此了解算法黑箱对于识别算法侵犯公民隐私、发现偏见和防止其他算法问题必不可少。所谓算法“黑箱”，是指由于算法技术和语言的复杂性以及人为等因素影响，导致算法的运行过程从输入到输出过程不透明，其功能就像不可理解的“黑箱”。人工智能算法可能成为黑箱的主要原因在于，首先，算法输出依赖于机器学习中不易被人类理解的内在化数据，通过这些数据，编程语言编

作者简介：周书环，天津大学新媒体与传播学院副教授。

写代码输出了内容。然而由于大多数用户没有接受过这些编程语言的培训，由此限制了他们对算法内部工作原理的理解，这种算法结构的复杂性导致算法缺少透明度，这个过程就是一个“黑箱”；另一种原因在于，除了算法本身的技术障碍，人们在编程中也会加入诸多主观偏见和想法，使得算法自动化输出时加入了人类的价值观，导致算法仅仅作为命令的执行者，从而形成“黑箱”。如果这类“黑箱”发生各类侵权事件，可能会使得算法相对人合法权益受损且难以获得救济。

算法新闻业作为深受人工智能影响的行业之一，正是一种在算法决策与技术功能下实现的基于结构化数据的自然语言生产。在技术层面，算法带来了自动化写作、语言翻译、语音转录、VR、AR等；在机制方面，协同过滤、内容审查、平台治理、机构干预和政府规制等，这些因素都影响着平台新闻中算法黑箱的形成。为了最大化社会总体效用，立法者应当结合具体应用场景探索最佳规制方案，明确算法黑箱形成原因和形成过程，确保算法系统中存储输入、中间步骤和输出信息的精确和可理解。例如欧盟的《通用数据保护条例》（以下简称“GDPR”）虽未能完全覆盖算法所有具体决策的类型，但立法者基于算法完全自动化与非完全自动化类型的界分在一定程度上体现了分类治理和关注场景的立法思路。GDPR对算法的划分机理，可以体现出是否存在人工干预是其立法的首要划分依据。即算法在一项决策中，是仅作为决定人类决策的主体，还是成为了被人类操纵的技术工具。因此，本文将算法黑箱的形成过程分为基于算法完全自动化决策的技术黑箱和算法非完全自动化决策的人为干预黑箱。

基于DEA模型的网络意见领袖传播效率研究

张 立 李彤钰 张 雪

当前网络社交环境呈现明显的社会化、区域化特征，四通八达的传播链路上，各个中心节点被少数网络意见领袖占据。意见领袖以自身号召力、影响力和信息优势，引导普通公众参与网络议题，深刻影响着网络舆论动向。不同类别的网络意见领袖在传播活动中的实际效率存在很大差异，对其进行科学评估有利于充分解构舆论传播过程，为网络舆论生态环境治理提供重要参考。

本研究基于网络意见领袖的传播效率评估模型（DEA模型），爬取2017—2018年度百度指数十大热点事件当中“抵制乐天”“江歌案”“红黄蓝幼儿园虐童”“山东辱母杀人案”以及“雄安新区设立”共5个热点事件的公开数据，测算各种类型的网络意见领袖在事件演化过程中的传播效率并分析影响传播效率的因素。

作者简介：张立，西安交通大学新闻与新媒体学院副教授；李彤钰，西安交通大学新闻与新媒体学院硕士研究生；张雪，西安交通大学新闻与新媒体学院博士研究生。

基金项目：国家重点研发计划课题（2020—2023）“全媒体可信共治众创模式与网络传播风控评估关键技术及核心系统”（2020YFB1406901），陕西省社会科学基金项目“陕西重大危机事件舆情治理机制研究”（2022M020）。

研究发现,网络意见领袖可分为即逝型(仅在特定事件中起重要作用,不具备普遍影响力)、阶段型(在多个热点事件中起重要作用,但总体不稳定,具有阶段特性)和稳定型(在多个热点事件中起重要作用,影响力稳定)三类,三种类型网络意见领袖的传播效率存在显著差异。稳定型网络意见领袖的受众群体稳定且庞大,能够在各类热点事件中扮演重要角色,传播效率中等;即逝型网络意见领袖具备信息优势,容易迅速获取公众注意力资源,不具备时间纵向上的优势,传播效率的起伏较大;阶段型网络意见领袖传播效率均值最低。

研究对于"投入-产出"的双向指标建构进行了初步尝试,但仍有优化调试的空间。

研究认为网络舆论意见领袖在互联网生态中具有媒体机构无法替代的优势,但就"投入-产出"来看,其传播效率还有很大提升空间。据此提出优化建议如下:其一是应当提升网络舆论意见领袖的原创动力,注重发布内容的质量,通过高频互动与用户积极建立联系;其二是应以整体效率最大化为导向,充分利用稳定型意见领袖的权威形象和传播优势以及即逝型意见领袖和阶段型意见领袖的独家信息吸引力,促进三类网络意见领袖协同作用,促进传播扩散;其三是做好监督管理和正向疏导,避免网络意见领袖成为谣言传播者和网络暴力施加者,使之更好地服务于网络生态良性发展。

去依附：全球南方视角下发展传播研究的中国化进路

公丕钰

第二次世界大战后，世界殖民体系逐次瓦解，大量第三世界国家开始面对经济发展和现代化任务。这个迫切性的实践议题被学界关注，迅速形成了一股发展研究的热潮。发展传播学正是在这股学术热潮中兴起，其关注大众媒体对第三世界国家发展的影响，考察“如何通过信息的传播和传播技术的改进来促进发展中国家的发展”。

在冷战初期，发展传播的主导范式大为风行，但是在实践效果上却乏善可陈。英国学者科林·斯巴克斯批评主导范式“形成了传统与现代之间的二元对立，过于激进的发展变革可能引发社会动荡，使得反现代化的声音重新得到响应，反而破坏了通向现代的可能性”。20世纪60年代晚期，一些拉丁美洲国家在热情拥抱西方资本和传播技术之后，发现自身发展进入迟滞状态，本土文化亦被西方文化侵蚀。针对西方中心主义发展霸权，一些西方马克思主义学者提出了“依附理论”，强调第三世界国家“去依附”的重要性。主导范

作者简介：公丕钰，天津财经大学人文学院新闻与文化传播系讲师。

式的衰落同样引发施拉姆等主导范式的提出者对于新范式、新方法的探索。20 世纪六七十年代西方国家的新社会运动正风起云涌，个人的价值和主体性被充分强调,参与成了当时政治话语中的关键词。在这个背景下,参与理论成为发展传播理论中被广泛关注和实践的范式。总体来看,发展传播学历经了主导范式、依附范式和参与范式三个主要理论范式的流变,到今天仍然是国际传播研究的重要学术领域。

1982 年，施拉姆学术访华之旅成为改革开放后中国传播学研究兴起的“助燃剂”。发展传播学关注传播与现代化的关系问题,正好贴合了当时中国人对于“四化”的渴求,很快便成为中国传播研究的重要领域。在“全球南方”的视角下,大部分发展中国家并未摆脱对于北方发达国家的依附,发展传播理论和实践也遭遇明显困境。中国的发展传播研究从初期的验证式挪用,到后来的批判性反思,再到今天的在地化探索,总体上走在以“去依附”为特征的中国化进路上。发展传播理论范式的流变潜藏着一条“发达”与“落后”相互博弈的线索，即西方发达国家与发展中国家在发展利益上有近乎悖论的冲突。中国作为“全球南方”的火车头,理应可以就改革开放取得的发展成就进行经验性考察和理论总结。罗杰斯曾言:“唯一认真对待发展传播理论的地方就是中国,因为在那里他们有意图地推动整个人口实现现代化。”因此,中国学者理应继续在发展传播研究上发出声音,用“中国式现代化”回应西方学者将中国发展视为“另类现代化”的傲慢,走出一条有中国特色的发展传播实践和理论道路。

新媒体时代青年群体网络抗争类型分析与政治社会化治理

董向慧

自2016年“帝吧出征”以来，青年群体通过微博、知乎、网络直播等新媒体进行了一系列的网络抗争行为。在肯定青年群体网络抗争作为一种舆情表达和意见表达渠道的同时还应看到，在新媒体时代中，青年群体的网络抗争与青年网络亚文化互相借力、融合，形成了多变、复杂而又矛盾的社会心态，蕴含着自我矮化、网络暴力等消极或激进的社会心理乃至意识形态风险，直接关系着青年群体政治社会化的效果与其对国家、社会制度的合法性认知，尤其值得深入剖析和研究。

青年群体的网络抗争有着多样性、多变性、多维性、多面性等复杂特征。梳理近年来重大的青年群体网络抗争事件，参考网络集体行动的理论框架，基于网络抗争社会心理机制及目的，可将其归纳为四种“理想类型”，即身份认同、情感共意、权益诉求、文化冲突。其中，情感共意与权益诉求概括了网络抗争的“目的”维度，而身份认同与文化冲突则涵盖了网络抗争的“手段”维

作者简介：董向慧，天津社会科学院舆情研究所副研究员。

基金项目：国家社会科学基金项目“技术现象学视角下智能算法嵌入社会与治理研究”（22BSH001）。

度。而从政治社会化效果的角度，网络抗争可分为合法性、抵制性和计划性认同三种。通过整合两种类型分析，可以将网络抗争与政治社会化共同整合进入理论模型中。

将网络抗争的类型划分与政治社会化效果整合，能够将复杂、多变、多样的混合型青年群体网络抗争纳入系统的分析框架。同时，这也为更加精准和有效地进行青年网络抗争的政治社会化治理提供了参照框架——首先要对青年网络抗争进行分类治理。政治社会化治理的核心是引导青年群体一体树立爱国、爱党、爱社会主义制度的政治价值观。因而，可以将青年网络抗争化分为“三色地带”。合法性认同型网络抗争是正向政治社会化的“红色地带”；抵制型认同型网络抗争是负向政治社会化的“黑色地带”；计划性认同网络抗争则是中性政治社会化的“灰色地带”。基于上述划分，在应对青年群体网络抗争的对策上要采取巩固“红色地带”，制度性解决和纳入“黑色地带”，引导和转化“灰色地带”。也就是说，要巩固网络爱国行为中青年群体的爱国热情；及时解决青年群体涉利益诉求、意见表达的抗争事件，吸引和转化青年亚文化群体纳入主流价值观的视域和话语。

首先，从社会心态、意识形态建设的高度开展身份认同型网络抗争的长期治理。既要建设清朗的网络空间，更要从制度和机制去消除青年群体不良社会心态的现实基础，从住房、就业等政策上保障其发展权益。其次，要持久地做好青年群体网络亚文化的转化和引导。政治社会化治理要在尊重和认知青年网络亚文化的基础上，有序引导青年网络亚文化的生态建设和“破圈”建设。最后，要建立和健全高效、快速的青年群体舆情应对、治理机制。针对青年群体的特点，舆情治理既要解决个体、个案的抗争诉求，更要解决机制性和制度性问题，以此巩固、夯实青年政治社会化的根基和基石。

区县级融媒体研究现状与展望

林　靖　曾　红

2018年1月，中共中央宣传部启动了在全国范围内推进区县级融媒体中心建设的相关工作,目前已基本全面实现融媒体中心建设目标。区县级融媒体中心是互联网视域下媒体融合向纵深发展的新探索,是构建全媒体传播体系的重要环节,更是在百年未有之大变局的时代背景下,应对媒介变迁,重构媒介观念,提升政府治理能力的重要载体。

本文通过对2018—2021年中国知网数据库(CNKI)中关于区县级融媒体研究进行知识图谱分析。根据知识图谱中关键词图谱聚类以及中心性,形成了县级融媒体中心、融媒体、县级融媒体、媒体融合发展、媒体融合、人工智能、融媒体环境7个聚类。整体观之,研究主要从宏观出发研究县级融媒体的发展现实路径,探索如何将"融合"的理念贯彻在人员、技术、资源渠道各方面。

就研究者而言,县级融媒体的研究力量分散,各核心作者共现密度较低,

作者简介:林靖,天津师范大学新闻传播学院副教授;曾红,天津师范大学新闻传播学院研究生。

尚没有形成研究合力。研究力量主要集中于京、沪一线高等院校，一定程度上说明，县级融媒体研究有逐步深化、具化的诉求，但仍缺乏在地性的经验论证。从发表来源看，分布较为均衡，说明县级融媒体研究已成为学界较为共识的显性问题。

结合知识图谱分析本文，本文总结出目前研究中呈现了组织建构、社会治理、技术创新三种区县级融媒体中心的研究框架。组织建构框架即将区县级融媒体建设作为国家媒体融合发展战略的组成部分，将区县级融媒体中心作为实体、主体，探索其生存、发展的问题。社会治理框架是以社会治理为目标，站在媒介化社会的背景下，从功能主义的视角出发将媒体融合作为社会治理的有效手段。技术创新框架更侧重将区县级融媒体视为技术创新的实践载体，在媒介技术的变革中实现寓技术于功能的升级迭代之中，更侧重区县级融媒体的实践研究。

基于以上研究，本文提出区县级融媒体建设应站在深度媒介化的背景下，将自身置于结构性变革之中，顺应深度媒介化的机遇与挑战，突破传统的适应思维、应激思维、对抗思维，从媒介发展的底层逻辑出发，获得超越式的认知与发展。具体而言，以“再部落化”对抗“碎片化”为区县级融媒体的建设框架；以“弱关系”实现“强作用”为区县级融媒体建设的角色设定；以“数据”支撑“体验感”为区县级融媒体建设的实践策略。

基于Z世代的法国TikTok传播机制研究

高　冉　史婧怡　林诗婧

21世纪,随着互联网的飞速发展,法国政府更加注重对下一代的媒介素养教育,以帮助Z世代法国人更好地认识媒介、面对媒介、使用媒介。作为"数字原住民",Z世代法国人的社交已难以脱离互联网,他们在互联网上分享音乐、读物,交流思想。面对TikTok(抖音海外版)——目前风靡全球的短视频应用软件,Z世代法国人既体现了自身媒介素养,也表现出了与上一代法国人截然不同的时代特性。在TikTok浪潮袭来初期,他们的态度是不屑的,且认为TikTok平台上的短视频内容毫无内涵可言。

随着TikTok平台功能不断优化,Z世代法国人对该社交应用软件的态度及看法也大有改观。法国TikTok为迅速融入法国市场,从内容生产、人员管理与运营机制三个方面打造适合法国国情的产品。在内容方面,法国TikTok创新本土化内容生产与推荐机制。在人员管理方面,法国TikTok运营团队选择了当地人作为运营总监。在运营机制方面,法国TikTok通过内容分级处理

作者简介:高冉,南开大学融媒体研究中心研究员,南开大学新闻与传播学院讲师;史婧怡,南开大学外国语学院科研助理;林诗婧,西安交通大学外国语学院法语专业本科生。

等方式突破本土化内容审核困境。同时，法国 TikTok 与当地电视媒体，在 TikTok 上联合发起了挑战，在媒体融合的内容分发渠道变革上，实现了积极探索。同时，TikTok 凭借音乐资本为依托、依靠技术赋能用户互动的模式，发展音乐社交。通过简化视频编辑功能与限制用户上传视频时长，TikTok 高度顺应了数字化时代时间碎片化、追求高效的特点，在多款流行社交应用软件饱和的情况下，开拓出新市场。TikTok 还通过独特的算法推送，掌握并顺应用户兴趣爱好，帮助用户建立社交圈，最大化用户粘性。

目前，由 TikTok 引领的新型就业模式正在蓬勃发展，“网红”“博主”逐渐成为热门职业。Z 世代法国人抓住机遇，巧妙地运用 TikTok 缓解自身面临的经济、就业、心理等问题。当前，随着 TikTok 在 Z 世代法国人中的热度不断升高，越来越多的法国政治家、官方媒体入驻 TikTok，并将其视作不可忽视的宣传阵地。法国年轻人也表示，TikTok 在提供欢乐的同时，能让人们更快更深入地了解社会新闻。Z 世代法国人对 TikTok 由“蔑视”到“追捧”的态度一方面得益于疫情“契机”，另一方面也归功于 TikTok 自身平台优势及其对年轻人需求的敏锐捕捉。

通过研究 Z 世代法国人的社交媒体使用现状，探寻 TikTok 的成功之道，及其与 Z 世代法国人的契合点，有助于为我国新兴社会化媒体进一步“走出去”提供借鉴与启示。TikTok 作为我国社交媒体出海的成功范例，在营造主流文化阵地、参与政府监管审查、实现企业价值共创、打造大众阅读平台与推动本土深度互动的方面，对加强我国国际传播能力建设有着不可或缺的参考价值。

互联网时代国际传播权力的三层垄断与应对策略

耿　鹏

国际传播权力是一国在参与跨国信息传播中，对传播资源的控制力和实现自身传播意图的能力。当代国际传播权力的竞争本质上是主权国家对传播底层资源的竞争，是新时代大国竞争关系的表现形式之一。在互联网时代，西方国家从“信息基础设施、文本规则、商业应用”三个层面垄断国际传播权力，构建了国际传播的“非对称权力结构”，也给我国的国际话语权带来巨大挑战。

信息技术基础设施的主权是传播权力垄断的最底层逻辑，也是其他一切信息技术应用的物质基础。尽管早期互联网倡导者认为互联网技术普及将会促进信息传播的全球化和平权化，但实际上当前互联网的发展并没有脱离主权对技术资源的控制与垄断。例如管理全球顶级域名的13个根服务器全部掌握在美国及其盟友手里，且经常性地被用于压制其他国家的国际传播能力。

文本垄断是传播权力垄断的上层建筑。在互联网媒体时代，语言文字、图片、视频等内容符号，通过特定规则下的文本排列，重构了人们对世界的认

作者简介：耿鹏，天津外国语大学国际传媒学院讲师。

知。互联网媒介的“文本垄断”其本质是技术先发优势带来的传播规则的垄断。例如互联网的底层技术决定了英语在互联网应用中的垄断地位,“语言鸿沟”让英语使用者有着天然的传播优势。文本垄断还进一步形成了“语义垄断”(Semantic Monopoly),西方媒体利用语言优势,垄断了对普世价值的解释权,主导了全球话语的构建。

互联网商业应用垄断是传播权力垄断的具体表现形式,是对公众注意力资源的垄断。互联网商业应用是大众文本生产与使用的场景,是受众日常所接触到的层面。与资本深度结合的互联网媒体正在全时间、全空间地侵入以前难以被传统媒体所介入的生活场景, 延长了受众被迫使用媒体的时间,也更深更广地垄断了受众的注意力资源,这进一步加剧了国际传播权力的不平衡。金融资本对互联网商业应用的控制,使西方国家能够利用国内法通过“长臂管辖”间接地影响全球互联网平台的舆论倾向。

对于我国而言, 有针对性地打破国际传播权力垄断是重要的系统性任务。这要求我们提高政治站位,从国家安全层面看待信息技术创新,重视技术自主创新;在产业层面实践国家“双循环”战略,对内用好国内大市场培育优势企业,对外提升在全球信息产业链的议价能力;在信息传播层面大力发展文化产业,提升内容生产能力,积极参与国际话语权的构建;重视本国互联网企业的国际竞争力,深化金融市场改革,并健全相关法律体系。只有多途径多手段协同发力,才能实现我国在国际传播竞争中的破局。

新时代背景下中国航天新闻对外传播中的叙事创新

李倩岚　江言奇

伴随着全球格局和世界体系变革，太空竞争不断加剧。近年来我国航天事业发展迅猛，传统的航天新闻外宣已无法满足国外用户对中国国家形象的认知需求。为取得同综合国力相匹配的国际话语权，我国传统的国际传播范式亟待转型升级，社交媒体给这一境况带来了转机。2016—2022年，中国国际电视台（CGTN）作为中国航天新闻对外宣发的重要平台，把握社交媒体特点，调整航天新闻与媒介形式的适配性，逐步建立起相对成熟的中国航天新闻国际传播的融媒体矩阵。

CGTN将自我展露台前的人格化叙事基线提供了新闻对话的可能性，表明了中国航天开放交流的合作态度。将告知叙事发展为参与叙事的模式强化了新闻沟通的效果，对话也成为互动仪式和共情传播的基础条件。在对话的

作者简介：李倩岚，南京航空航天大学艺术学院新闻传播学系副主任、副教授；江言奇，南京航空航天大学艺术学院新闻传播专业硕士生。

基金项目：国家社会科学基金项目（21CMZ002）；南京航空航天大学校级创新项目"社交媒体时代中国航天强国形象自塑的叙事视角与框架研究"（xcxjh20221102）。

基础上,CGTN 对时空逻辑的重构营造了虚拟的身体在场效应，连贯完整的新闻体系弥补了一部分身体缺席造成的隔阂。CGTN 打造的航天科普融媒体平台围绕中国航天热点事件形成了特定的互动仪式,并在共同的语境中将用户询唤为仪式主体,完成对人类命运共同体认知的传递。在历时性宣传效果的累加方面,CGTN 对素材的二次加工形成了日常化陪伴式的发布模式,对航天事件的复现在用户的记忆网络中设置了唤醒点,扩大了航天新闻外宣的影响范围与效果。航天新闻时空的延展性在逐渐消弭的地理界限中建立了用户的想象性在场,强化了一个地球的认知。文化框架的应用则给航天传播提供了移情借力的落点,放大了情感共鸣效的效果,以图回避锐实力舆论陷阱,弱化航天与军政议题的关联性。CGTN 对叙事体系的改造为文化框架的联动和国家形象的建设设立了锚点。风格化叙事内容和故事化叙事方法对国家的核心价值观进行了具象的表达,完成情感动员。在社交媒体时代,CGTN 对航天新闻外宣的功能与目的定位不再拘泥于航天科技的展示与对新闻事实准确无误地呈现,转向了通过增强情感链接完成的跨圈层传播以扩大中国视角的影响力。

中国主流媒体从传统的议程设置转变为全媒体的交互融合的改变,满足了大量国际用户的情感体验与社会需求;通过采用同步直播、数据新闻、短视频等多种形式实现多视角、跨圈层传播联动,讲述中国航天故事,产生了更为长久的国际传播效果。国家形象自叙能力的提升需要国际平台上建立高度专业且具有影响力的全媒体传播体系,对新媒体思维与叙事模式的思考与探究为未来的国家形象对外宣传策略提供了一些基础的视角。